食品生物化学

（汉英版双语教材）

（第3版）

主　　编　宁正祥

副 主 编　赵谋明　宁　博　战　宇

参编人员　李　娜　董华强　向智男　刘本国　黄志良　于　辉

　　　　　李　妍　师玉忠　周如金　Naveed Ahmad Raan

U0396263

华南理工大学出版社

·广州·

内 容 提 要

本书以人和食物的关系为中心，对食品生物化学的基础理论知识进行了全面、系统的介绍，主要内容包括：静态生物化学、动态生物化学、细胞生物化学、人体生物学、食物生物化学、食品加工化学、食品风味化学、食品添加剂化学等。

本书可供各类大专院校食品科学与工程专业的学生使用，也可供相关专业的学生、研究生和科技工作者参考。

图书在版编目（CIP）数据

食品生物化学/宁正祥主编. —3 版. —广州：华南理工大学出版社，2013.2（2020.4重印）

ISBN 978-7-5623-3870-3

Ⅰ．①食…　Ⅱ．①宁…　Ⅲ．①食品化学-生物化学　Ⅳ．①TS201.2

中国版本图书馆 CIP 数据核字（2013）第 028187 号

食品生物化学（第 3 版）

宁正祥主编

出 版 人：卢家明

出版发行：华南理工大学出版社

（广州五山华南理工大学 17 号楼，邮编 510640）

http://www.scutpress.com.cn　E-mail：scutc13@scut.edu.cn

营销部电话：020-87113487　87111048（传真）

责任编辑：张　颖

印 刷 者：虎彩印艺股份有限公司

开　　本：787mm×1092mm　1/16　印张：31.75　字数：843 千

版　　次：2013 年 2 月第 3 版　2020 年 4 月第 20 次印刷

定　　价：45.00 元

前　言

　　本书是专为食品科学与工程专业的学生编写的教科书，可供各类大专院校食品科学与工程专业学生作为教材，也可供其他专业学生以及研究生、教师和科技工作者参考。

　　本书以人和食物的关系为中心，对食品生物化学的基础理论知识进行了全面和系统的介绍，所讲述的问题主要包括八个方面：

　　一、静态生物化学，包括生物分子糖类、脂类、核酸、蛋白质、酶、维生素和激素的结构、性质与生物功能。

　　二、动态生物化学，包括生物大分子糖类、脂类、蛋白质、核酸的生物合成与降解，生物能量（ATP）的产生以及生物代谢的调节与控制。

　　三、细胞生物化学，包括生物细胞及细胞器、生物膜的结构与功能。

　　四、食物组织生物化学，包括新鲜食用动、植物组织的代谢特点及风味物质的形成。

　　五、食品加工化学，包括糖类、脂类、蛋白质、维生素及食品无机成分的食品营养特性和在食品加工过程中的物理化学变化。

　　六、食品风味化学，包括食品中存在的各种与色、香、味有关的化学成分及在加工、烹调和贮藏过程中的生物化学变化。

　　七、食品添加剂化学，包括食品防腐保鲜剂、抗氧剂、漂白剂、乳化剂、膨松剂、增稠剂等各种常用添加剂的来源、制法、性能、应用方法及毒理学资料等，并着重阐述各类添加剂的化学结构与生理生化效应之间的关系，以及与食品改性及质构变化的关系。

　　八、人体生物学，包括人体基本组织、系统的结构和功能。

　　本书各章内容自成体系，力求在阐述基本理论知识的基础上，尽可能反映现代食品科学的新进展。

编　者

于华南理工大学

目　　录

第一章　糖

糖　糖类物质是含多羟基的醛类或酮类化合物及其缩聚物和某些衍生物的总称。

单糖　凡不能被水解成更小分子的糖为单糖。单糖又可根据糖分子含碳原子数的多少来分类，在自然界分布广、作用大的是五碳糖和六碳糖，分别称为戊糖和己糖。核糖、脱氧核糖属戊糖；葡萄糖、果糖和半乳糖为己糖。

寡糖　凡能水解成少数（2～6）个单糖分子的为寡糖，其中以双糖形式存在最为广泛，蔗糖、麦芽糖和乳糖是其重要代表。

单糖和寡糖都能溶于水，多有甜味。

多糖　凡能水解为多个单糖分子的糖为多糖，其中以淀粉、糖原、纤维素等最为重要。

糖类的存在　糖是生物界中分布极广、含量较多的一类有机物质，几乎所有动物、植物、微生物体内都含有糖，其中以存在于植物界的最多，约占其干重的80%。生物细胞内、血液里也有葡萄糖或由葡萄糖等单糖物质组成的多糖（如肝糖原、肌糖原）存在。人和动物的器官组织中含糖量不超过体内干重的2%。微生物体内含糖占菌体干重的10%～30%，它们以糖或与蛋白质、脂类结合成复合糖存在。

糖类的作用　糖类物质的主要生物学作用是通过氧化而放出大量的能量，以满足生命活动的需要。淀粉、糖原是重要的生物能源，它也能转化为生命必需的其他物质，如蛋白质和脂类物质。纤维素是植物结构糖。

第一节　单　糖

一、单糖的结构

单糖的种类虽然很多，但在结构及性质上均有共同之处，现以葡萄糖为例来阐述单糖的结构。

葡萄糖是最常见的单糖之一，又是许多寡糖和多糖的组成成分。它可以游离形式存在于水果、谷类、蔬菜和血液中，也可以结合形式存在于麦芽糖、淀粉、纤维素、糖原及其他葡萄糖衍生物中。

1. 葡萄糖的化学组成和链状结构

纯净的葡萄糖，其成分是碳、氢和氧，相对分子质量180，分子式为$C_6H_{12}O_6$。

葡萄糖及与葡萄糖同属己醛糖的甘露糖和半乳糖的链状结构式分别为：

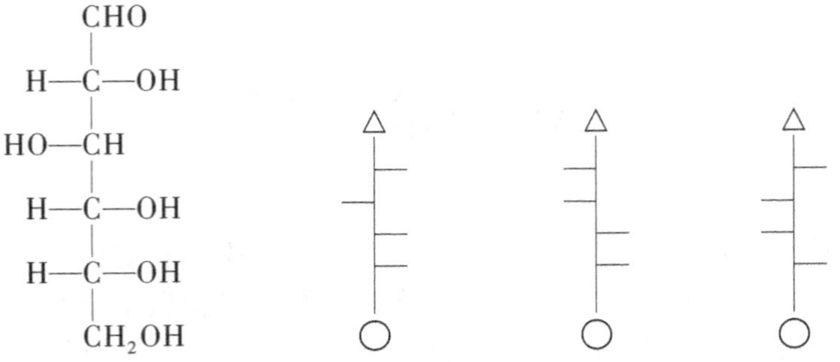

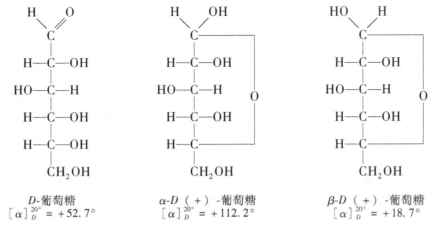

CHO
H—C—OH
HO—CH
H—C—OH
H—C—OH
CH₂OH

葡萄糖　　　　葡萄糖　　　　甘露糖　　　　半乳糖
　　　　　　（简化链式）

在糖的简化链状结构式中，用"├"表示碳链及不对称碳原子羟基的位置，"△"表示醛基"—CHO"，"—"表示羟基"—OH"，"○"表示第一醇基。

2. 葡萄糖的环状结构

葡萄糖不仅以直链结构存在，还以环状形式存在，因为葡萄糖的某些物理性质和化学性质不能用糖的直链结构来解释。例如，葡萄糖不能发生醛的 $NaHSO_3$ 加成反应；葡萄糖不能和醛一样与两分子的醇形成缩醛，只能和一分子醇形成半缩醛。又如，葡萄糖在无水甲醇溶液内受到氯化氢的催化作用，即生成两种各含有一个甲基的所谓 α-甲基葡萄糖苷或 β-甲基葡萄糖苷。

葡萄糖溶液有变旋现象。当将新的葡萄糖溶解于水中时，最初的比旋是 +112.2°。经放置后，比旋逐渐下降至 +52.7°，并不再改变。这个现象并不是因为葡萄糖在水中分解所引起的。因为把溶液蒸干后，仍然得到 +112.2°的 D-葡萄糖。这种旋光度改变的现象叫做变旋现象。很多糖都有此现象。若把比旋为 +112.2°的葡萄糖的浓溶液在 110℃时结晶，则得到另一种比旋为 +18.7°的葡萄糖。这两种葡萄糖溶液放置一定时间后，比旋各有改变，前者降低，后者升高，但最后都变为 +52.7°。为了区别这两种不同比旋的葡萄糖，将比旋为 +112.2°的叫做 α-D(+)-葡萄糖，比旋为 +18.7°的叫做 β-D(+)-葡萄糖。其结构式如下：

D-葡萄糖　　　　　　α-D (+)-葡萄糖　　　　　　β-D (+)-葡萄糖
$[\alpha]_D^{20°} = +52.7°$　　　　$[\alpha]_D^{20°} = +112.2°$　　　　$[\alpha]_D^{20°} = +18.7°$

所有这些特性都是由葡萄糖分子结构本身的变化所引起的。糖分子中既有醛基又有羟基，它们彼此相互作用可以形成半缩醛。事实证明，葡萄糖分子中的醛基与 ⁵C 上的羟基作用形成六元环的半缩醛。这样，原来羰基的 ¹C 就变成不对称碳原子，并形成一对非对映旋光异构体。一般规定，半缩醛碳原子上的 —OH （称为半缩醛羟基）与决定单糖构型的 ⁵C 上的羟基在同一侧称为 α 型葡萄糖；不在同一侧的称为 β 型葡萄糖。半缩醛羟基较其余羟基活泼，糖的许多重要特性都与它有关。

　　葡萄糖的醛基除了可以与^{5}C上的羟基缩合形成六元环以外，还可以与^{4}C上的羟基缩合形成五元环。五元环化合物不甚稳定，天然的糖多以六元环的形式存在。五元环化合物可以看成是呋喃的衍生物，叫呋喃糖；六元环化合物可以看成是吡喃的衍生物，叫吡喃糖。因此，葡萄糖的全名应为 α-D(+)- 吡喃葡萄糖或 β-D(+)- 吡喃葡萄糖。

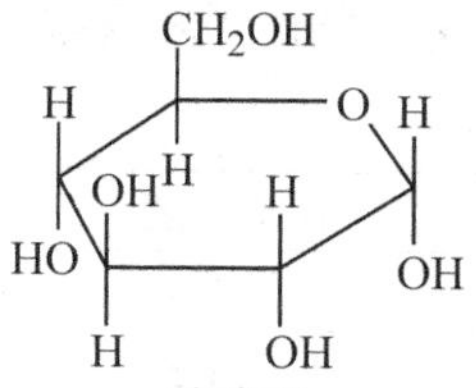

吡喃型 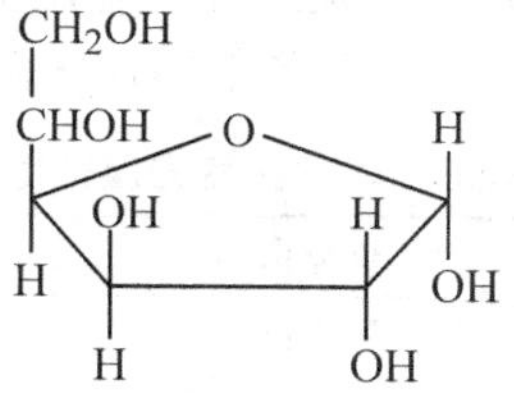　　　　　呋喃型　　　　　　吡喃型 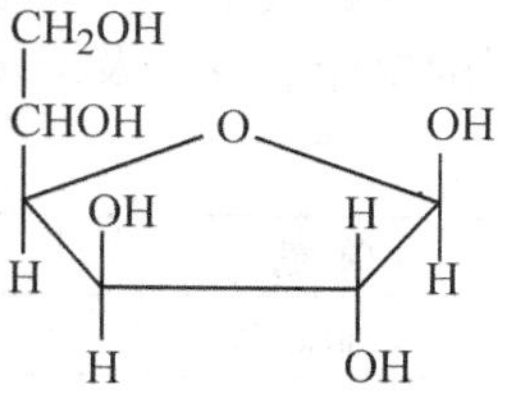　　　　　呋喃型

α-D(+)-葡萄糖　　　　　　　　　　　　β-D(+)-葡萄糖

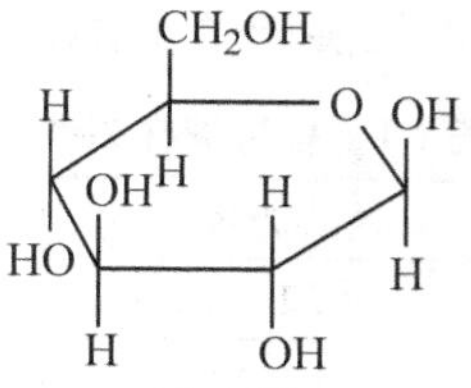

　　以上各透视式均省略了构成环的碳原子。对于 D-葡萄糖来说，投影式中向右的羟基在透视式中处于平面之下的位置；投影式中向左的羟基在透视式中处于平面之上的位置。当直链葡萄糖^{5}C上的羟基与^{1}C上的醛基连成1-5型氧桥、形成环形的时候，为了使^{5}C上的羟基与^{1}C上的醛基接近，依照单链自由旋转不改变构型的原理，将^{5}C旋转109°28′，D-葡萄糖的尾端羟甲基就在平面之上。在透视式中，D、L 和 α、β 的确定是以^{5}C上的羟甲基和半缩醛羟基在含氧环上的排布来决定的。如果氧环上的碳原子按顺时针方向排列时，羟甲基在平面之上为 D 型，在平面之下为 L 型。在 D 型中，半缩醛羟基在平面之下为 α 型，在平面之上为 β 型。

3. 葡萄糖的构象

　　环己烷等六元环上的碳原子不在一个平面上，因此有船式和椅式两种构象，且椅式构象比船式构象稳定。吡喃葡萄糖主要是以比较稳定的椅式构象存在。α-D-吡喃葡萄糖和 β-D-吡喃葡萄糖的构象如下：

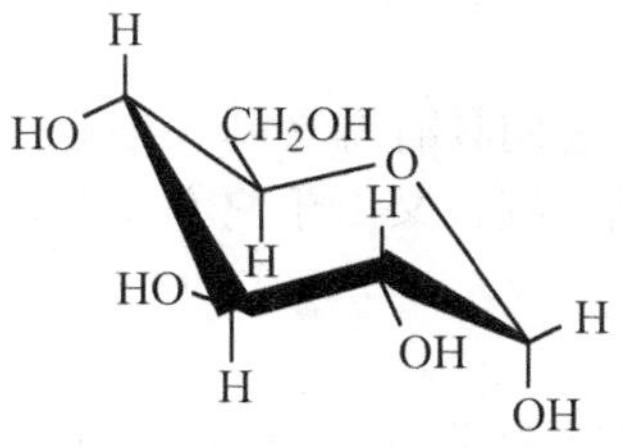

α-D-吡喃葡萄糖　　　　　　　　　　　　β-D-吡喃葡萄糖

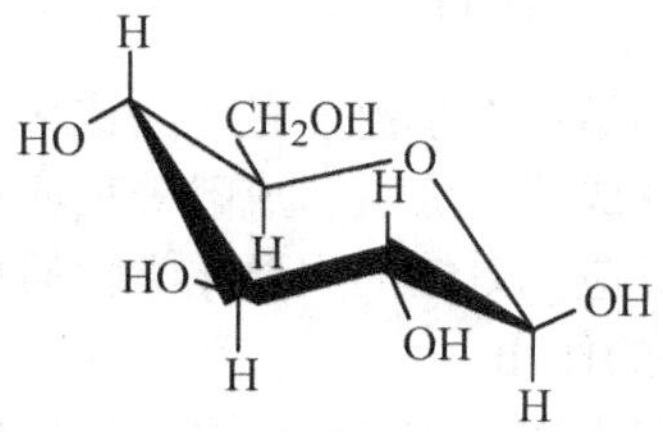

　　葡萄糖的化学反应主要是发生在羟基上，所以葡萄糖分子中的氢原子常省略。葡萄糖的构象也可写成如下形式：

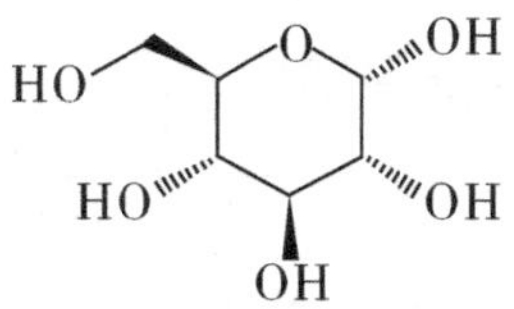

α-D-吡喃葡萄糖　　　　　　　　　　　　β-D-吡喃葡萄糖

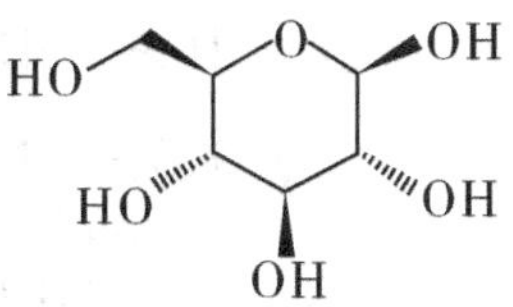

二、单糖的物理性质和化学性质

（一）物理性质

1. 旋光性

一切糖类都有不对称碳原子，所以具有旋光性。旋光性是鉴定糖的一个重要指标。几种重要的单糖、寡糖及多糖的比旋光度如表 1-1 所示。许多单糖在水溶液中都有变旋现象。

表 1-1 各种糖在 20℃（钠光）时的比旋光度数值

单 糖	比旋光度	寡糖及多糖	比旋光度
D-葡萄糖	+52.7°	乳 糖	+55.4°
D-果糖	-92.4°	蔗 糖	+66.5°
D-半乳糖	+80.2°	麦芽糖	+130.4°
L-阿拉伯糖	+104.5°	转化糖	-19.8°
D-甘露糖	+14.2°	糊 精	+195°
D-阿拉伯糖	-105.0°	淀 粉	≥196°
D-木糖	+18.8°	糖 原	+196°～+197°

2. 甜度

甜味的高低称为甜度，甜度是甜味剂的重要指标。目前甜度的测定只能用人的味觉来品评。通常以蔗糖作为测量甜味剂的基准物质，规定以 5%（质量分数，下同）或者 10% 的蔗糖溶液在 20℃ 时甜度为 1 或 100，用相同浓度的其他糖溶液或甜味剂溶液来比较甜度的高低。各种糖的甜度不一（参见表 17-2）。

3. 溶解度

单糖分子中有多个羟基，增加了它的水溶性，尤其在热水中溶解度极大（参见表 17-3）。但单糖不溶于乙醚、丙酮等有机溶剂。

（二）化学性质

单糖的结构都是由多羟基醛或多羟基酮组成，因此它们具有醇羟基及羰基的性质，如具有醇羟基的成酯、成醚、成醛等反应和羰基的一些加成反应，又由于它们相互影响而产生的一些特殊反应。单糖的主要化学性质如下：

1. 酸的作用

戊糖与强酸共热，因脱水而生成糠醛。己糖与强酸共热分解成甲酸、CO_2、乙酰丙酸以及少量羟甲基糠醛，其反应式如下：

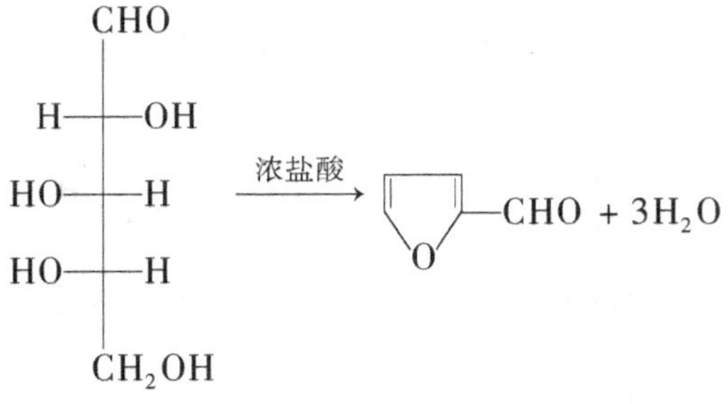

戊糖　　　　　　　　　　糠醛

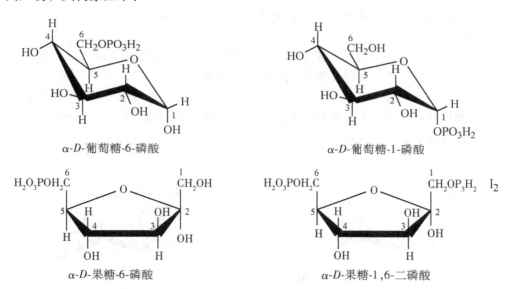

$$
\begin{array}{c}
\text{CHO} \\
\text{H—OH} \\
\text{HO—H} \\
\text{H—OH} \\
\text{H—OH} \\
\text{CH}_2\text{OH}
\end{array}
\xrightarrow{\text{浓盐酸}}
\text{HOH}_2\text{C} \underset{\text{O}}{\bigcirc} \text{CHO}
\xrightarrow{\text{分解}}
\left\{
\begin{array}{l}
\text{乙酰丙酸} \\
\text{甲酸} \\
\text{CO}_2,\ \text{H}_2\text{O}
\end{array}
\right.
$$

己　糖　　　　　　　　　　　羟甲基糠醛

糠醛与羟甲基糠醛能与某些酚类作用生成有色的缩合物，利用这一性质可以鉴定糖。如 α-萘酚遇糠醛或羟甲基糠醛呈紫色，这一反应用来鉴定糖的存在，叫莫利西（Molisch）试验。间苯二酚与盐酸遇酮糖呈红色，遇醛糖呈很浅的颜色，根据这一特性可鉴别酮糖与醛糖。这一反应叫西利万诺夫（Seliwanoff）试验。

2. 酯化作用

单糖为多元醇，当与酸作用时生成酯。生物化学上较重要的糖脂是磷酸酯，它们是糖代谢的中间产物，其构象如下：

α-D-葡萄糖-6-磷酸　　　　　　　　α-D-葡萄糖-1-磷酸

α-D-果糖-6-磷酸　　　　　　　　α-D-果糖-1,6-二磷酸

3. 碱的作用

单糖好像弱酸，它在 18℃ 时的解离常数与弱酸的解离常数比较如下：

单糖	葡萄糖	果糖	半乳糖	甘露糖	乙酸	乳酸
解离常数	6.6×10^{-13}	9.0×10^{-13}	5.2×10^{-13}	10.9×10^{-13}	1.8×10^{-5}	1.4×10^{-4}

体内在酶或弱碱作用下，葡萄糖、果糖和甘露糖三者都可通过烯醇化而相互转化。其构象如下：

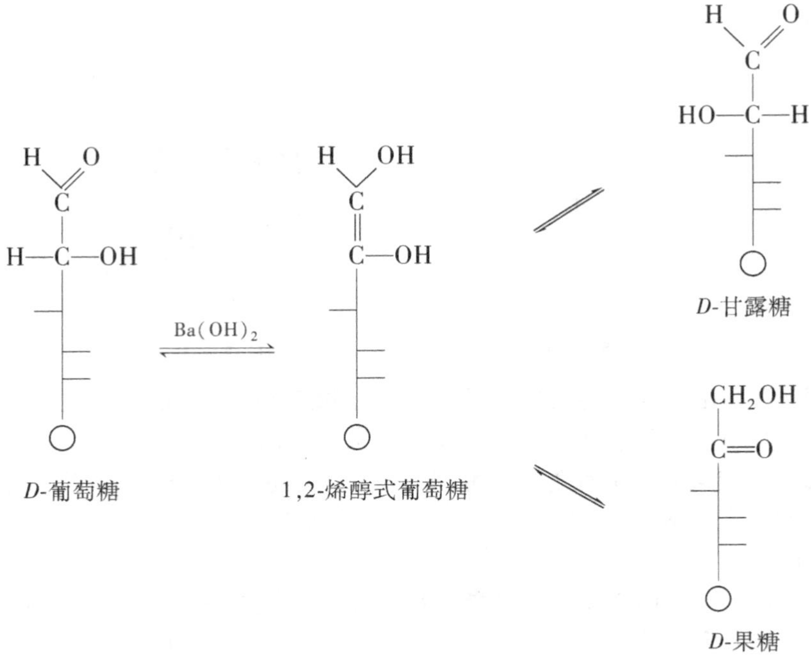

D-甘露糖

1,2-烯醇式葡萄糖

D-葡萄糖

D-果糖

单糖在强碱溶液中很不稳定，可分解成各种不同的物质。

4. 形成糖苷

单糖的半缩醛羟基很容易与醇及酚的羟基反应，失水而形成缩醛式衍生物，通称为糖苷。非糖部分叫配糖体。如果配糖体也是单糖，就缩合生成二糖，也叫双糖。由于单糖有 α 与 β 之分，生成的糖苷也有 α 与 β 两种型式。核糖和脱氧核糖与嘌呤或嘧啶碱形成的糖苷称核苷或脱氧核苷，在生物学上具有重要意义。α-与 β-甲基葡萄糖苷是最简单的糖苷，天然存在的糖苷多为 β 型，其构象如下：

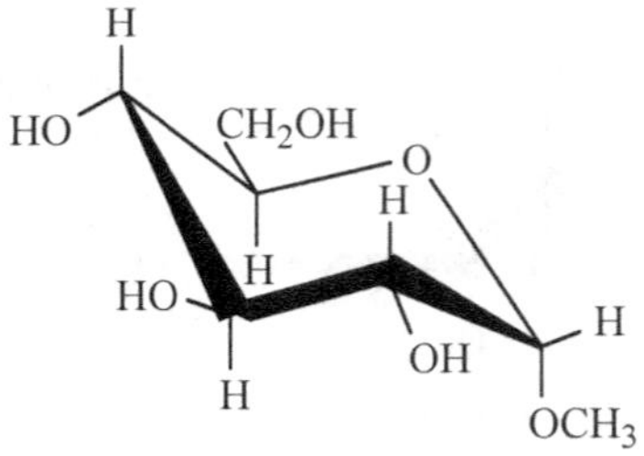

α-甲基-D-葡萄糖苷　　　　　　　　　β-甲基-D-葡萄糖苷

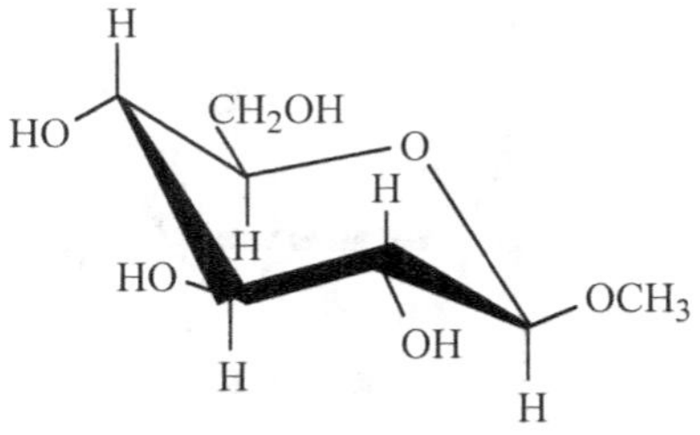

葡萄糖与羟基酪醇反应失水而形成的红景天苷可缓解压力所致的心血管组织损伤和功能紊乱，防止在急冻状态下因周围环境压力继发的心脏收缩力下降并有助于稳定收缩性，具有预防高山症等作用。

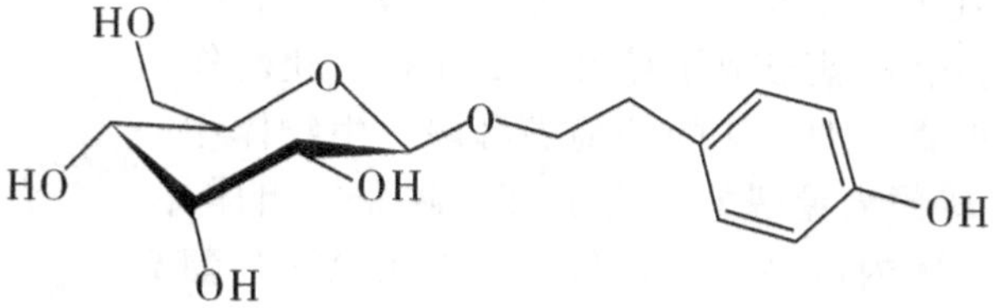

红景天苷

葡萄糖与肌醇反应失水而形成的肌醇葡萄糖苷用于治疗肝硬化、脂肪肝。

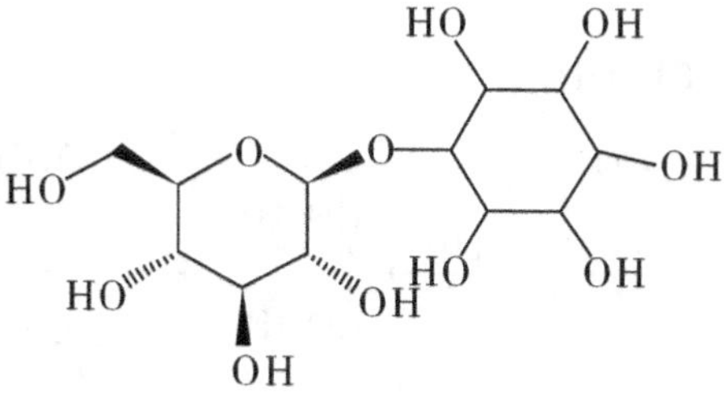

肌醇葡萄糖苷

糖苷与糖的化学性质完全不同。糖苷是缩醛，糖是半缩醛。半缩醛容易变为醛，因此糖可显示醛的多种反应。糖苷需水解才能分解为糖与配糖体，所以糖苷比较稳定，不与苯肼发生反应，不易被氧化，也无变旋现象。

5. 糖的氧化作用

单糖含有游离羰基，因此具有还原能力。某些弱氧化剂（如铜氧化物的碱性溶液）与单糖作用时，单糖的羰基被氧化，而氧化铜被还原成氧化亚铜，测定氧化亚铜的生成量即可测知溶液中的含糖量。实验室常用的费林试剂就是硫酸铜的碱性溶液。单糖与费林试剂作用的反应如下：

$$CuSO_4 + 2NaOH \longrightarrow Cu(OH)_2 + Na_2SO_4$$

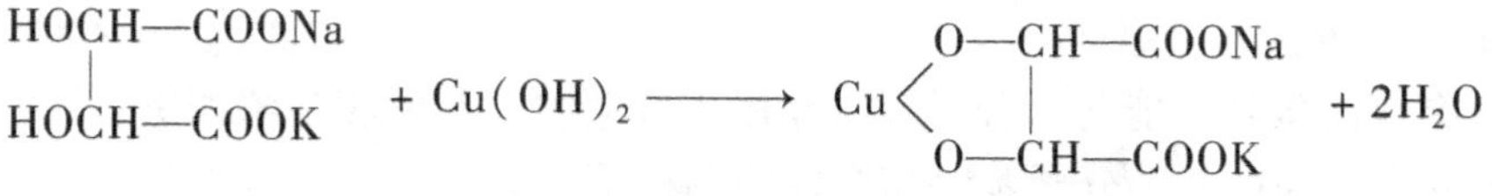

酒石酸钾钠　　可溶性氧化铜络合物

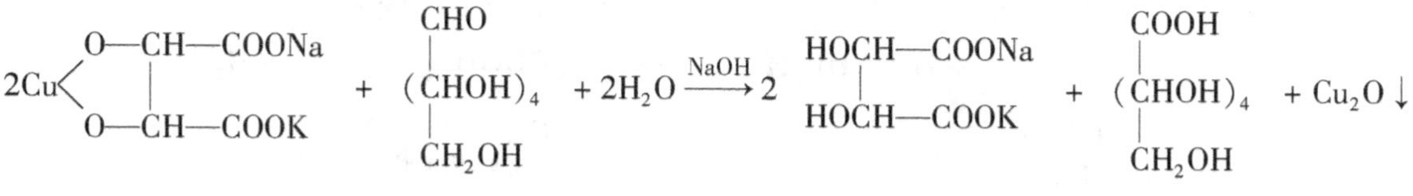

葡萄糖　　葡萄糖酸

葡萄糖酸脱水可形成葡萄糖酸内酯，常用作豆腐凝固剂及膨松剂，加于牛乳中可防止生成乳石，酿酒业可作啤酒石的防止剂，加于牙膏中有助于清除牙垢。

除了羰基之外，单糖分子中的羟基也能被氧化。因氧化条件不同，单糖可被氧化成不同的产物。

醛糖可以三种不同的方式进行氧化而产生与原来糖含有相同碳原子数的酸：①在弱氧化剂（如溴水）作用下形成相应的糖酸；②在较强的氧化剂（如硝酸）作用下，除了醛基被氧化外，伯醇基也被氧化成羧基，生成葡萄糖二酸；③有时只有伯醇基氧化成羧基，这样就形成了糖醛酸。如在氧化酶作用下，葡萄糖形成具有重要生理意义的葡萄糖醛酸。生物体中一些有毒的物质可以和 D-葡萄糖醛酸结合成苷类随尿排出体外，从而起到解毒作用；人体内过多的激素和芳香物质也能与葡萄糖醛酸生成苷类从体内排除。

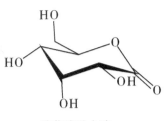

葡萄糖酸内酯

酮糖对溴的氧化作用无影响，因此可将酮糖与醛糖分开。在强氧化剂作用下，酮糖将在羰基处断裂，形成两个酸。其构象如下：

$$\begin{matrix} CH_2OH \\ | \\ C=O \\ | \end{matrix} \quad \xrightarrow{[O]} \quad \begin{matrix} CH_2OH \\ | \\ COOH \end{matrix} \quad + \quad \begin{matrix} COOH \\ | \end{matrix}$$

D-果糖　　　　　　乙醇酸　　三羟基丁酸

6．还原作用

单糖有游离的羰基，所以易被还原。在钠汞齐及硼氢化钠类还原剂作用下，醛糖还原成糖醇，酮糖还原成两个具有同分异构体的羟基醇。其构象如下：

$$\begin{matrix} CHO \\ | \end{matrix} \quad \xrightarrow[H_2]{Na-Hg} \quad \begin{matrix} CH_2OH \\ | \end{matrix} \quad \xleftarrow[H_2]{Na-Hg} \quad \begin{matrix} CH_2OH \\ =O \\ | \end{matrix} \quad \xrightarrow[H_2]{Na-Hg} \quad \begin{matrix} CH_2OH \\ | \end{matrix}$$

D-葡萄糖　　　　D-山梨醇　　　　D-果糖　　　　D-甘露醇

7．糖脎的生成

单糖具有自由羰基，能与 3 分子苯肼作用生成糖脎。其反应步骤如下：

（1）1 分子葡萄糖与 1 分子苯肼缩合成葡萄糖苯腙。

$$\begin{matrix} H-C=O \\ | \\ (CHOH)_4 \\ | \\ CH_2OH \end{matrix} + H_2NNHC_6H_5 \longrightarrow \begin{matrix} H-C=N-NHC_6H_5 \\ | \\ (CHOH)_4 \\ | \\ CH_2OH \end{matrix} + H_2O$$

D-葡萄糖　　　　苯肼　　　　　　　　葡萄糖苯腙

（2）葡萄糖苯腙再被 1 分子苯肼氧化成葡萄糖酮苯腙。

$$\begin{matrix} H-C=N-NHC_6H_5 \\ | \\ H-C-OH \\ | \\ (CHOH)_3 \\ | \\ CH_2OH \end{matrix} + H_2NNHC_6H_5 \longrightarrow \begin{matrix} H-C=N-NHC_6H_5 \\ | \\ C=O \\ | \\ (CHOH)_3 \\ | \\ CH_2OH \end{matrix} + C_6H_5NH_2 + NH_3$$

葡萄糖酮苯腙

（3）葡萄糖酮苯腙再与另一分子苯肼缩合，生成葡萄糖脎。

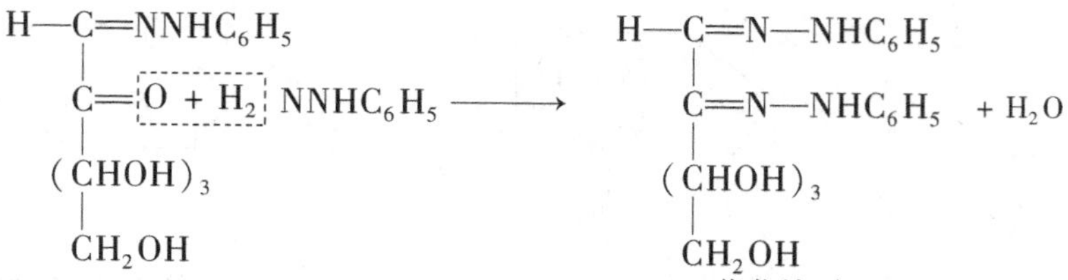

H—C=NNHC6H5
C=O + H2 NNHC6H5
(CHOH)3
CH2OH
H—C=N—NHC6H5
C=N—NHC6H5
+ H2O
(CHOH)3
CH2OH

葡萄糖脎

糖脎为黄色结晶，难溶于水。各种糖生成的糖脎形状与熔点都不相同，因此常用糖脎的生成来鉴定各种不同的糖。

8. 氨基化作用

单糖分子中的—OH（主要是^{2}C、^{3}C 上的—OH）可被—NH_2 取代而产生氨基糖，也称糖胺。天然存在的氨基糖有 2-氨基-*D*-葡萄糖（又称 *D*-葡糖胺），2-氨基-*D*-甘露糖、2-氨基-*D*-半乳糖和 3-氨基-*D*-核糖等。其构象如下：

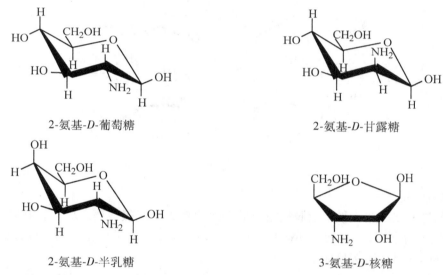

H
HO
CH2OH
O
H
H
HO
OH
H
NH2
H

2-氨基-*D*-葡萄糖

H
HO
CH2OH
O
NH2
H
HO
OH
H
H
H

2-氨基-*D*-甘露糖

OH
H
CH2OH
O
H
H
HO
OH
H
NH2
H

2-氨基-*D*-半乳糖

CH2OH
O
OH
NH2
OH

3-氨基-*D*-核糖

自然界的氨基糖多以乙酰氨基糖的形式存在，其中较重要的有以下几种：

（1）N-乙酰-*D*-葡糖胺（N-acetyl-glucosamine，简称 NAG）与 N-乙酰胞壁酸（N-acetylmuramic acid，简称 NAM 或 NAMA）。

NAG 是乙酰基与葡糖胺的氨基结合而成的化合物，广泛分布于自然界，为多种糖肽或糖蛋白的组分。细菌胞壁酸、甘油菌壁酸、肽聚糖和壳多糖等都含有乙酰葡糖胺。前三者是构成细菌细胞壁和细菌荚膜的主要成分。壳多糖是甲壳动物外壳和昆虫甲壳的组分。

NAM（乙酰胞壁酸）是胞壁酸与乙酰基结合的产物，它同 NAG 都是肽聚糖的成分。

（2）乙酰神经氨酸（NAN）是神经氨酸与乙酰基结合所成的化合物，又称唾液酸。神经氨酸是一种 3-脱氧-5-氨基糖酸。

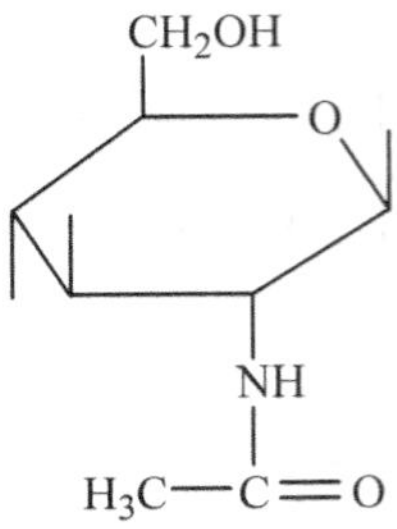

N-乙酰-D-葡萄糖胺 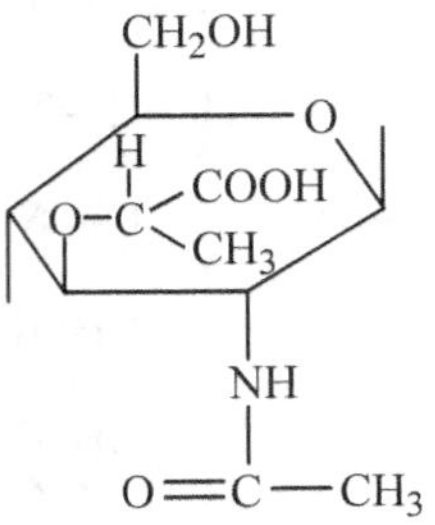　　　　　乙酰胞壁酸 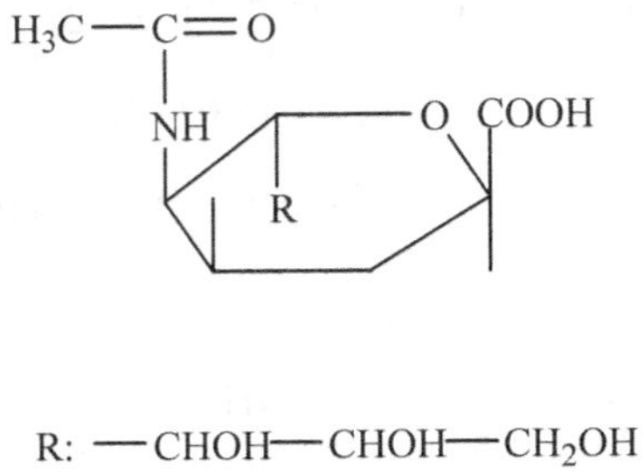　　　　　　乙酰神经氨酸

　　氨基糖除作为 NAG、NAM 和唾液酸的组成成分外，还有不少生物物质也含氨基糖。例如，乙酰-2-氨基半乳糖是软骨蛋白质的成分，3-氨基-D-核糖为碳霉素（carbomycin）的成分。苦霉素（picromycin）、红霉素（erythomycin）和粘多糖分子中都含有氨基糖。

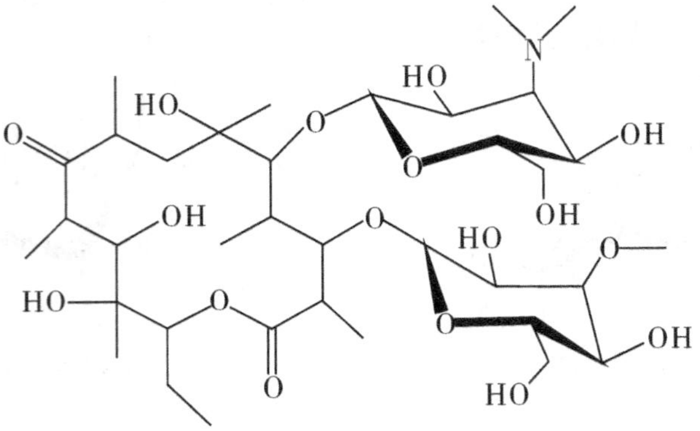

红霉素

9. 脱氧作用

　　单糖的羟基之一失去氧即成脱氧糖。最普通的是 D-2-脱氧核糖、L-鼠李糖和 L-岩藻糖。D-2-脱氧核糖是脱氧核糖核酸（DNA）的成分，L-岩藻糖是藻类糖蛋白的成分，L-鼠李糖为植物细胞壁的成分。其构象如下：

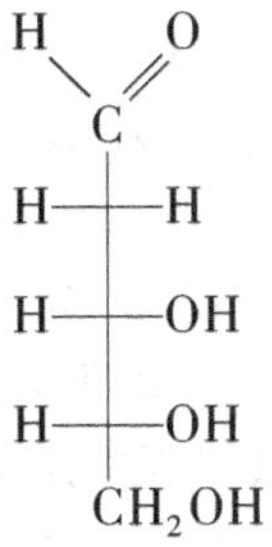

D-2-脱氧核糖 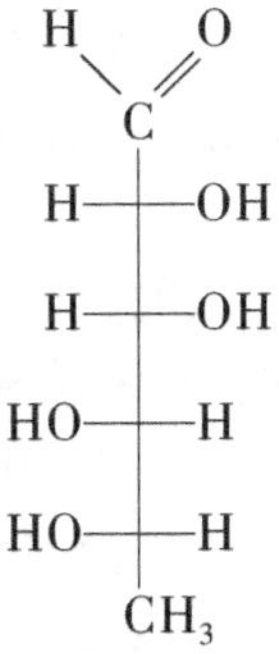　　　　　　　L-鼠李糖 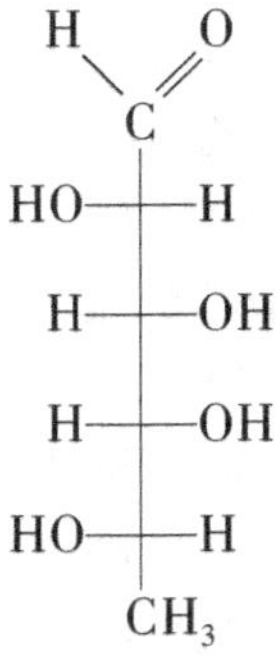　　　　　　　L-岩藻糖

三、重要的单糖

单糖根据原子数多少，分别叫丙糖、丁糖、戊糖、己糖等。

1. 丙糖

含三个碳原子的糖称为丙糖。比较重要的丙糖有 D-甘油醛和二羟基丙酮，它们的磷酸酯是糖代谢的重要中间产物。

2. 丁糖

含四个碳原子的糖称为丁糖。自然界中常见的丁糖有 D-赤藓糖及 D-赤藓酮糖，它们的磷酸酯是糖代谢的重要中间产物。

3. 戊糖

自然界存在的戊醛糖主要有 D-核糖、D-2-脱氧核糖、D-木糖和 L-阿拉伯糖，它们大多以多聚戊糖或糖苷的形式存在。戊酮糖有 D-核酮糖和 D-木酮糖，均是糖代谢的中间产物。

（1）L-阿拉伯糖　L-阿拉伯糖广泛分布于植物界，是粘质、树胶、果胶物质与半纤维素的组成成分。其熔点为 160℃ ，比旋为 +104.5°。酵母不能使其发酵。

（2）D-木糖　D-木糖是植物粘质、树胶及半纤维素的组成成分。其熔点为 143℃ ，比旋为 +18.8°。酵母不能使其发酵。

（3）D-核糖及 D-2-脱氧核糖　D-核糖及 D-2-脱氧核糖是核酸的组成成分。它的衍生物核醇是维生素 B_2 等一些维生素与辅酶的组成成分。核糖与脱氧核糖以呋喃型存在于 RNA、DNA 等天然化合物中。D-核糖的比旋为 −23.7°，D-2-脱氧核糖的比旋为 −60°。

4. 己糖

重要的己醛糖有 D-葡萄糖、D-半乳糖、D-甘露糖；重要的己酮糖有 D-果糖、D-山梨糖。

（1）D-果糖（左旋糖）　D-果糖（左旋糖）广泛分布于生物界。果糖的 ^2C 上为一酮基，所以是酮糖。果糖可以形成半缩醛，所以有环状结构，也有变旋现象。果糖的比旋为 −92.4°，酵母可使其发酵，是糖类中最甜的糖。

（2）D-半乳糖　D-半乳糖是乳糖、蜜二糖、棉籽糖、琼胶、粘质和半纤维素的组成成分。其熔点为 167℃ ，比旋为 +80.2°。可被乳糖酵母发酵。

（3）D-甘露糖　D-甘露糖是植物粘质与半纤维素的组成成分。其比旋为 +14.2°，酵母可使其发酵。

（4）D-山梨糖　D-山梨糖是维生素 C 合成的重要中间产物。其熔点为 159 ～ 160℃ ，比旋为 −43.4°。

5. 庚糖

自然界存在的主要有 D-甘露庚酮糖和 D-景天庚酮糖。其构象如下：

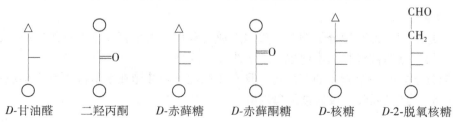

　D-甘油醛　　二羟基丙酮　　D-赤藓糖　　D-赤藓酮糖　　D-核糖　　D-2-脱氧核糖

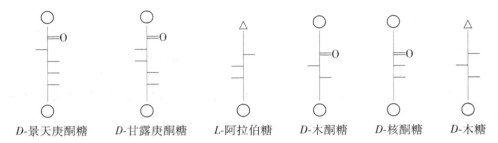

| D-景天庚酮糖 | D-甘露庚酮糖 | L-阿拉伯糖 | D-木酮糖 | D-核酮糖 | D-木糖 |

四、单糖的重要衍生物

1. 糖醇

糖醇可溶于水及乙醇中，较稳定，有甜味，不能还原费林试剂。常见的有甘露醇及山梨醇。甘露醇广泛分布于各种植物组织中，其熔点为106℃，比旋为－21°，海带中的甘露醇含量占干重的5.2%～20.5%，是制作甘露醇的原料。山梨醇在植物界分布也很广，其熔点为97.5℃，比旋为－1.98°，山梨醇氧化时可形成葡萄糖、果糖或山梨糖。

2. 糖醛酸

糖醛酸由单糖的伯醇基氧化而得，其中最常见的是葡萄糖醛酸，它是肝脏内的一种解毒剂。半乳糖醛酸存在于果胶中。

3. 氨基糖

糖中 —OH 为 —NH$_2$ 所代替，即为氨基糖。自然界中存在的氨基糖都是氨基己糖，常见的是 D-氨基葡萄糖，存在于几丁质、唾液酸中。氨基半乳糖是软骨组成成分软骨酸的水解产物。

4. 糖苷

糖苷主要存在于植物的种子、叶子及树皮内。天然糖苷中的糖苷基有醇类、醛类、酚类、固醇和嘌呤等。糖苷大多极毒，但微量糖苷可作为药物。重要的糖苷有能引起溶血的皂角苷、具有强心剂作用的毛地黄苷以及能引起葡萄糖随尿排出的根皮苷，苦杏仁苷也是一种毒性物质。

第二节　寡　糖

寡糖是由少数分子的单糖（2～6个）缩合而形成的糖。与稀酸共煮，寡糖可水解成各种单糖。寡糖中以双糖分布最为普遍。

一、双糖

1. 麦芽糖

麦芽糖是由两个葡萄糖分子缩合、失水形成的双糖。大量存在于发芽的谷粒中，特别是麦芽中。淀粉、糖原被淀粉酶水解也可产生少量麦芽糖。

麦芽糖分子内有一个游离的苷羟基，具有还原性。麦芽糖在水溶液中有变旋现象，比旋光度为＋136°，且能成脎，极易被酵母发酵。

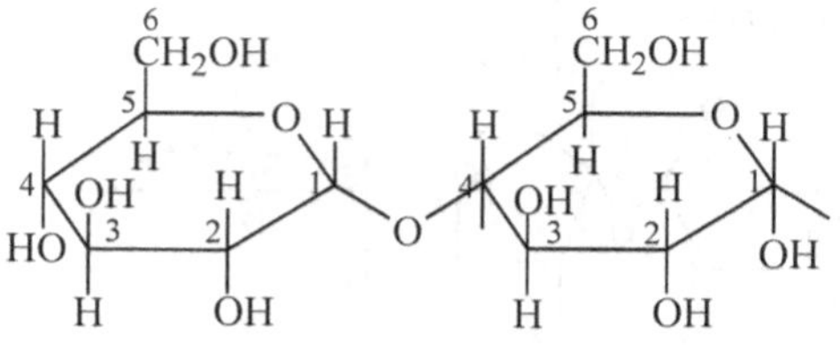

α 型　　　　　　　　α 型　　　　　　　　　　　β 型　　　　　　　　α 型

麦芽糖（葡萄糖-α-1,4-葡萄糖苷）　　　　乳糖（葡萄糖-β-1,4-半乳糖苷）

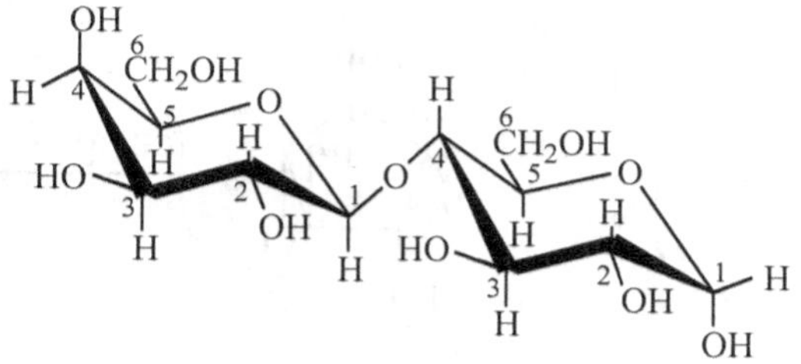

2. 乳糖

乳糖是哺乳动物乳汁中主要的糖。牛乳含乳糖4%，人乳含乳糖5%～7%，这是乳汁中唯一的糖。它是由葡萄糖和半乳糖各1分子缩合、失水形成的。乳糖不易溶解，味不甚甜，具有还原性，且能成脲。纯酵母不能使其发酵，能被酸水解，右旋，其比旋光度与葡萄糖相近，$[\alpha]_D^{20°} = +55.4°$。

3. 蔗糖

日常食用的糖主要是蔗糖。甘蔗、甜菜、胡萝卜和有甜味的果实（如香蕉、菠萝等）里面都含有蔗糖。甘蔗含蔗糖约20%。蔗糖是由葡萄糖和果糖各1分子缩合、失水形成的。

蔗糖很甜，易结晶，易溶于水，但较难溶于乙醇。若加热至160℃，便成为玻璃样的晶体；加热至200℃便成为棕褐色的蔗糖。它没有自由醛基，无还原性，右旋，其比旋光度$[\alpha]_D^{20°} = -92.4°$，比另一水解产物葡萄糖的比旋光度$[\alpha]_D^{20°} = +52.2°$的绝对值大，使水解溶液具有左旋性。

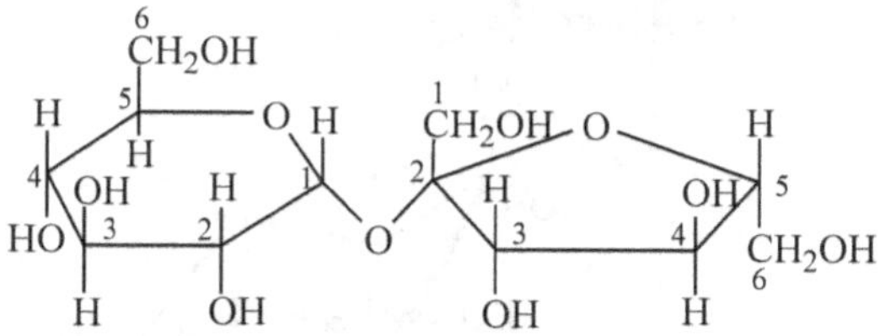

α 型　　　　　　　β 型　　　　　　　　　β 型　　　　　　　　β 型

蔗糖〔α-葡萄糖-(1,2)-β-果糖苷〕　　　　纤维二糖〔β-葡萄糖-(1,4)-β-葡萄糖苷〕

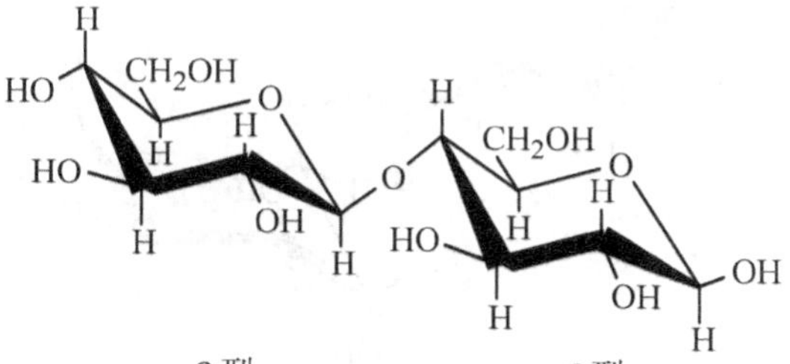

蔗糖卤代产物　　三氯蔗糖是以蔗糖为原料的功能性甜味剂，甜度可达蔗糖的600倍。这种甜味剂具有无能量、甜度高、甜味纯正、高度安全等特点，是目前最优秀的功能性甜味剂之一。三氯蔗糖的合成步骤如下：

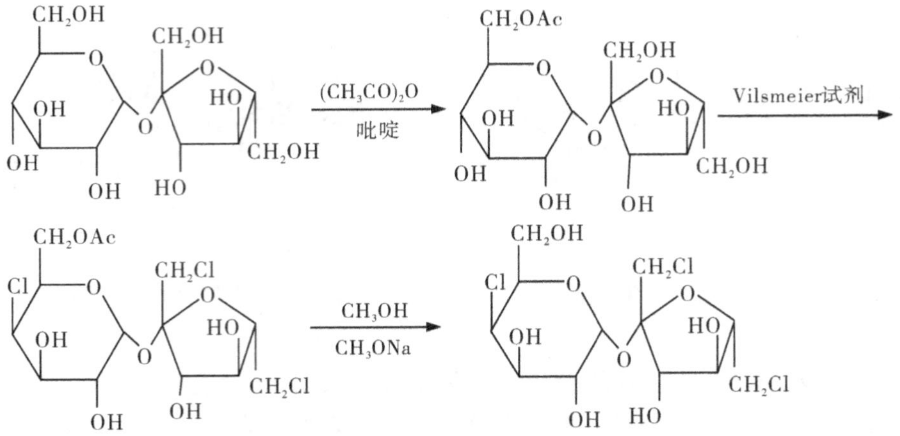

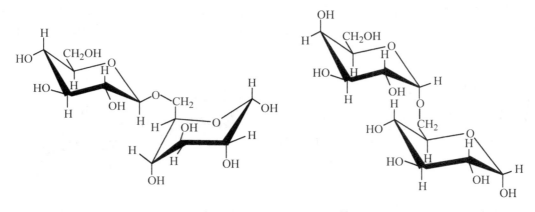

4. 纤维二糖

纤维二糖是纤维素的基本构成单位。水解纤维素可得到纤维二糖。纤维二糖由两个β-D-葡萄糖通过1,4键相连，它与麦芽糖的区别是纤维二糖为β-葡萄糖苷。

5. 龙胆二糖

龙胆二糖存在于苦杏仁苷及藏红花中，它是由两个葡萄糖单位通过1,6键结合而成的。其构象如下：

龙胆二糖［β-葡萄糖-(1,6)-α-葡萄糖苷］　　　　　　蜜二糖［α-半乳糖-(1,6)-α-葡萄糖苷］

6. 蜜二糖

蜜二糖是棉籽糖的组成成分，它是由半乳糖与葡萄糖以1,6键缩合而成的双糖。

7. 海藻二糖

海藻二糖存在于海藻、真菌及卷柏中，由两个葡萄糖分子通过它们的第一碳原子结合而成，故无还原性。其构象如下：

二、三糖

自然界中广泛存在的三糖仅有棉籽糖，分子式为 $C_{18}H_{32}O_{16}$。常见于多种植物中，尤其是棉籽与桉树的干性分泌物（甘露蜜）中。甜菜中也有棉籽糖，用甜菜制糖时，糖蜜中含有大量棉籽糖，棉籽糖的水溶液比旋为 $+105.2°$，不能还原费林试剂。与酸共煮时，棉籽糖即行水解，生成葡萄糖、果糖和半乳糖各一分子。它的结构式为：

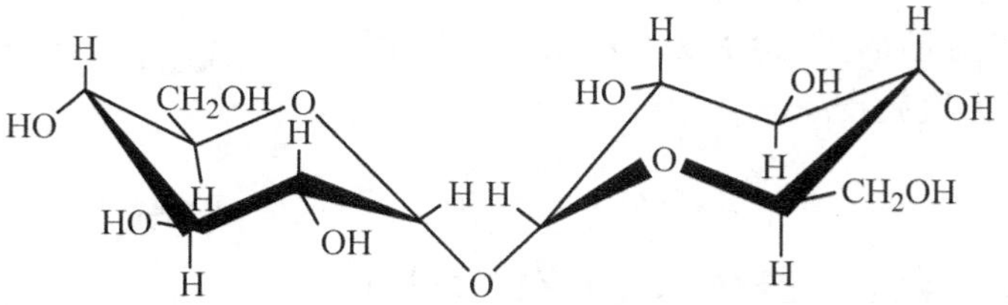

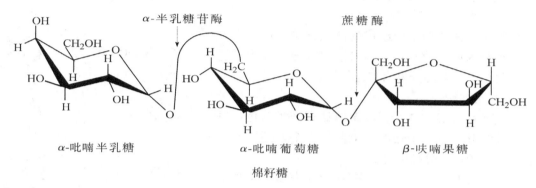

海藻二糖〔α-葡萄糖-(1,1)-α-葡萄糖苷〕

α-半乳糖苷酶　　　　　　　　蔗糖酶

α-吡喃半乳糖　　　　　α-吡喃葡萄糖　　　　　β-呋喃果糖

棉籽糖

在蔗糖酶作用下，棉籽糖分解成果糖和蜜二糖；在 α-半乳糖苷酶作用下，棉籽糖分解成半乳糖和蔗糖。

三、四糖

水苏糖是目前研究得比较清楚的四糖，存在于大豆、豌豆、洋扁豆和羽扁豆种子内，由 2 分子半乳糖、1 分子 α-葡萄糖及 1 分子 β-果糖组成。它的结构式为：

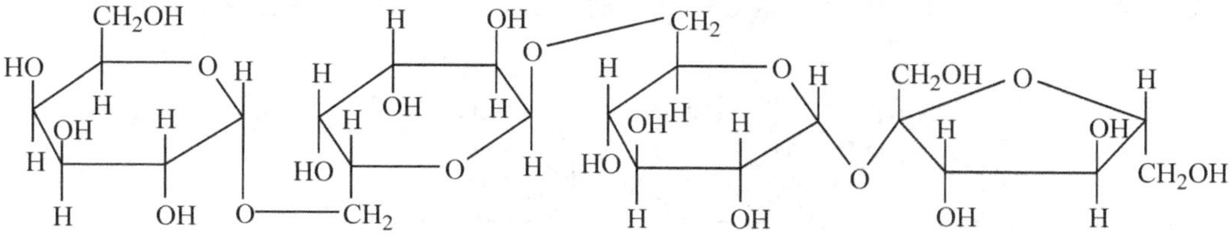

水　苏　糖

第三节　多　糖

多糖是由多个单糖分子缩合、失水而成的，它是自然界中分子结构复杂且庞大的糖类物质。多糖可以由一种单糖缩合而成，如戊糖胶、木糖胶、阿拉伯糖胶、己糖胶（淀粉、糖原、纤维素等），也可以由不同类型的单糖缩合而成，如半乳糖甘露糖胶、果胶等。一些多糖具有复杂的生理功能，如粘多糖、血型物质等，它们在动物、植物和微生物中起着重要的作用。

结构多糖　一些不溶性多糖，如植物的纤维素和动物的甲壳多糖，是构成植物和动物骨架的原料，称为结构多糖。

储存多糖　淀粉和糖原等是生物体内以储存形式存在的多糖，在需要时可以通过生物体内酶系统的作用分解、释放出单糖。

多糖在水溶液中不形成真溶液，只能形成胶体。多糖有旋光性，但无变旋现象。

一、淀粉

淀粉以显微镜可见大小的颗粒大量存在于植物种子（如麦、米、玉米等）、块茎（如薯类）以及干果（如栗子、白果等）中，也存在于植物的其他部位。它是植物营养物质的一种储存形式。

淀粉是由葡萄糖单位组成的链状结构，用热水处理，淀粉分为两种成分：一为可溶解部分，称为直链淀粉，另一不溶解部分称为支链淀粉。

1. 直链淀粉

直链淀粉可溶于热水，以碘液处理产生蓝色。每个直链淀粉分子有一个还原性端基和一个非还原性端基，是一条长而不分枝的链。

直链淀粉的相对分子质量在 60 000 左右，相当于 300 ～ 400 个葡萄糖分子缩合而成。直链淀粉不是完全伸直的，它的分子通常是卷曲成螺旋形，每一转有 6 个葡萄糖分子，如图 1-1 所示。

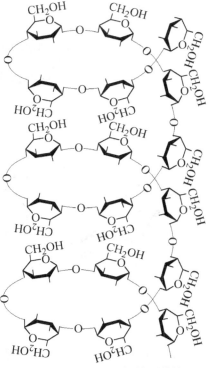

图 1-1　直链淀粉的螺旋形结构

2. 支链淀粉

支链淀粉的相对分子质量非常大，在 $5 \times 10^4 \sim 10^6$ 之间。每 24 ～ 30 个葡萄糖单位含有一个端基，每一直链是由 α-1,4 糖苷键连结，而每个分支是由 α-1,6 键连结，如图 1-2 所示。支链淀粉至少含有 300 个 1,6 糖苷键连结在一起的链，与碘反应呈紫色或红紫色。

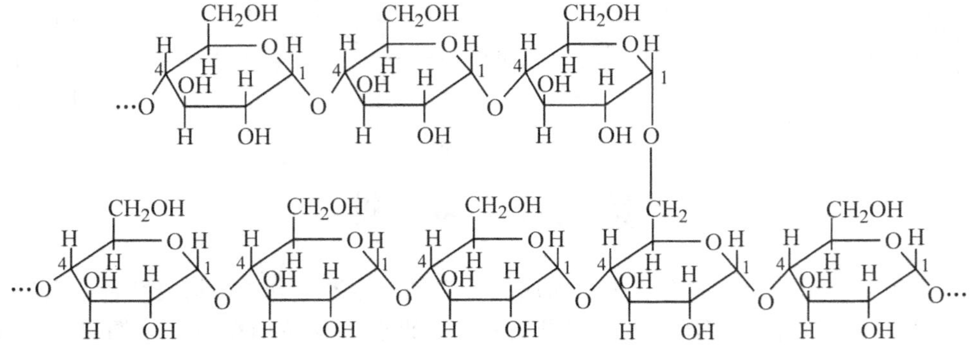

图 1-2　支链淀粉-葡萄糖的结合方式

一般淀粉中都含有直链淀粉和支链淀粉。玉米淀粉、马铃薯淀粉分别含有 27% 和 20% 的直链淀粉，其余部分为支链淀粉。有的淀粉（如糯米）全部为支链淀粉，而有的豆类淀粉则全是直链淀粉。

淀粉用酸或酶水解为葡萄糖的过程是逐步进行的：

$$淀粉 \xrightarrow{水解} 红色糊精 \xrightarrow{进一步水解} 无色糊精 \xrightarrow{进一步水解} 麦芽糖 \xrightarrow{进一步水解} 葡萄糖$$

（遇碘显蓝色） （遇碘显红色）   （遇碘不显色）   （遇碘不显色）

二、糖原

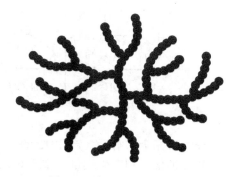

糖原是动物体内的主要多糖，是葡萄糖极容易利用的储藏形式。它是由葡萄糖残基组成的非常大的有分枝的高分子化合物。糖原中的葡萄糖残基的大部分是以 α-1,4 糖苷键连结。分枝是以 α-1,6 糖苷链结合的，大约每 10 个残基中有一个 α-1,6 糖苷键，如图 1-3 所示。糖原的端基含量占 9%，而支链淀粉为 4%，故糖原的分枝程度比支链淀粉高 1 倍多。糖原的相对分子质量很高，约为 5×10^6。

图 1-3 糖原的分子结构

糖原的两个主要储藏部位分别为肝脏及骨骼肌。肝脏中的糖原浓度比肌肉中要高些，但是在肌肉中储存的糖原则比肝脏多，这是因为肌肉的总量比肝脏大得多的缘故。糖原在细胞的胞液中以颗粒状存在，直径为 10 ~ 40nm。除动物外，在细菌、酵母、真菌及甜玉米中也有糖原存在。

三、菊糖

许多植物以多缩果糖作为糖类化合物的储藏物质，称为菊糖。菊科植物如菊芋、大丽花的根部以及蒲公英、橡胶草等都含有菊糖，代替了一般植物的淀粉，因而也称为淀粉。菊糖中的果糖都是以 D-呋喃糖的形式存在。菊糖分子中含有约 30 个 1,2-糖苷键连接的果糖残基。菊糖分子中除含果糖外，还含有葡萄糖。葡萄糖可出现在链端，也可以出现在链中。

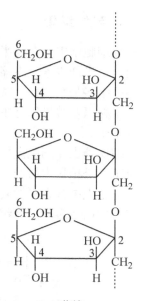

菊糖不溶于冷水而溶于热水中，因此可用热水提取，然后在低温中（如 0℃）沉淀出来。菊糖具有还原性。淀粉酶不能水解菊糖，因此人和动物都不能消化它。蔗糖酶可以极慢的速度水解菊糖。真菌（如青霉菌、酵母）及蜗牛含有菊糖酶，可以使菊糖水解。

菊糖

四、纤维素

纤维素是植物中最广泛的骨架多糖，植物细胞壁和木材差不多有一半是由纤维素组成的。棉花、亚麻是较纯的纤维素。在木材中，纤维素常与半纤维素及木质素结合存在，它是造纸的原料。用煮沸的 1% NaOH 处理木材，然后加入次氯酸钠及亚硫酸钠，就可去掉木质素，留下纤维素。

植物纤维素不是均一的物质，粗纤维可以分为 α，β 和 γ-纤维素三种。α-纤维素不溶于 17.5% NaOH，它不是纯粹的纤维素，因为在其中含有其他聚糖（如甘露聚糖）；β-纤维素溶于 17.5% NaOH，加酸中和后可沉淀出来；γ-纤维素溶于碱而加酸不沉淀。这种差别大概是由于纤维素结构单位的结合程度和形状不同而引起的。

纤维素是由葡萄糖分子组成的。在纤维素中，葡萄糖单位以 β-1,4 糖苷键相连接。将纤维素水解，可以离析出纤维二糖、纤维三糖及纤维四糖等。纤维素的结构可以用下式表示：

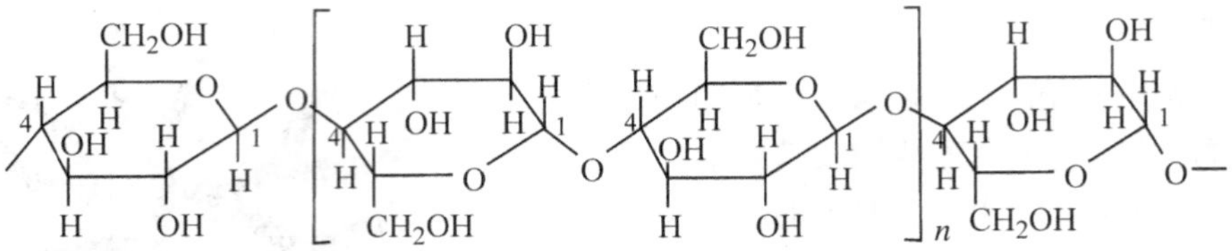

纤维素

纤维素完全水解后，产生大量的 β-葡萄糖；在部分水解时产生纤维二糖；水解充分甲基化的纤维素，则产生大量的 2,3,6-三甲氧基葡萄糖，表明纤维素的分子没有分支。

纤维素不溶于水，但可溶于铜盐的氨水溶液中。由不同的制备样品估量出它的相对分子质量在 $5 \times 10^4 \sim 4 \times 10^5$ 之间，每分子纤维素含有 300 ~ 2500 个葡萄糖残基。

用电子显微镜观察，纤维素分子排列成束状，其排列开头和"绳索"相似，纤维是由许多"绳索"集合组成的。用超声波震荡可以裂开纤维，再用电子显微镜观察，就可以看出"绳索"的真相。

五、半纤维素

植物细胞壁中存在有半纤维素，可以用稀碱溶液提取。如用稀酸水解，则产生己糖或戊糖。因此，半纤维素是多缩己糖或多缩戊糖。多缩己糖中有多缩甘露糖和多缩半乳糖。实际上，半纤维素是杂聚糖，常含有 2 ~ 4 种或更多种不同的糖。多缩甘露糖存在于谷类茎秆、松柏科木材以及酵母细胞中；多缩半乳糖在次生细胞壁中分布很广，存在于蒿秆、木材和羽扁豆种子中。

多缩戊糖也在细胞壁中广泛存在，比较普遍的是多缩木糖和多缩阿拉伯糖。多缩木糖存在于芦苇、松柏科木材中，水解后产生 D-木糖；多缩阿拉伯糖在初生细胞壁中与果胶一起存在，花生壳中含有多缩阿拉伯糖。

多缩戊糖及多缩己糖都是以 β-1,4 糖苷键相连接的。多缩木糖的分子结构为：

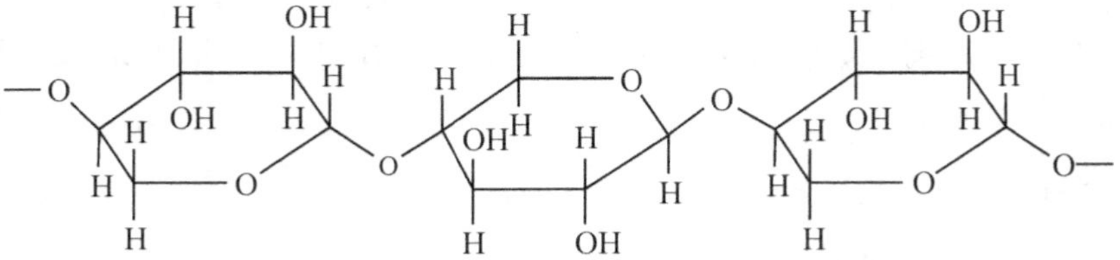

多缩木糖

六、果胶物质

果胶物质一般存在于初生细胞壁中，在水果如苹果、桔皮、柚皮及胡萝卜等中含量较多。果胶物质可分为三类，即果胶酸、果胶酯酸及原果胶。

1．果胶酸

果胶酸的主要成分为多缩半乳糖醛酸，水解后产生半乳糖醛酸。植物细胞中胶层中有果胶酸的钙盐和镁盐的混合物，它是细胞与细胞之间的粘合物。某些微生物如白菜软腐病菌能分泌分解果胶酸盐的酶，使细胞与细胞松开。植物器官的脱落也是由于中胶层中果胶酸的分解。

2．果胶酯酸

果胶酯酸常呈不同程度的甲酯化，酯化范围在 0 ～ 35% 之间。一般把酯化程度很低（约 5% 以下）的称为果胶酸，酯化程度高的称为果胶酯酸。果胶酯酸是水溶性的溶胶。酯化程度在 45% 以下的果胶酯酸在饱和糖溶液中（65% ～ 70%）或在酸性条件下（pH3.1 ～ 3.5）形成凝胶（胶冻），为制糖果、果酱等的重要物质，称为果胶。

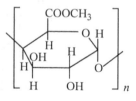

果胶酯酸（部分）

3．原果胶

原果胶不溶于水，主要存在于初生细胞壁中，特别是薄壁细胞及分生细胞的胞壁。苹果和柑桔皮富含原果胶，后者可达干重的 40%。目前对原果胶的分子结构还没有确切的了解，可能是由果胶分子和细胞壁的阿拉伯聚糖结合而成的。

在水果成熟时，果胶和果胶酸盐在酶的作用下使两者由不溶解态变成溶解态，因而使水果由较硬质的状态变成柔软的成熟水果。

果胶物质除含多缩半乳糖醛酸外，还含少量糖类，如 L-阿拉伯糖、D-半乳糖、L-鼠李糖、D-葡萄糖等。

七、甲壳质

甲壳质亦称几丁质，是一种 N-乙酰葡萄糖胺的同聚物，为组成甲壳类的外壳（如虾、蟹）及昆虫类外骨骼的结构成分。N-乙酰葡萄糖胺以 β-1,4 糖苷键相连结。脱乙酰甲壳质用于免拆手术线和人造皮肤。

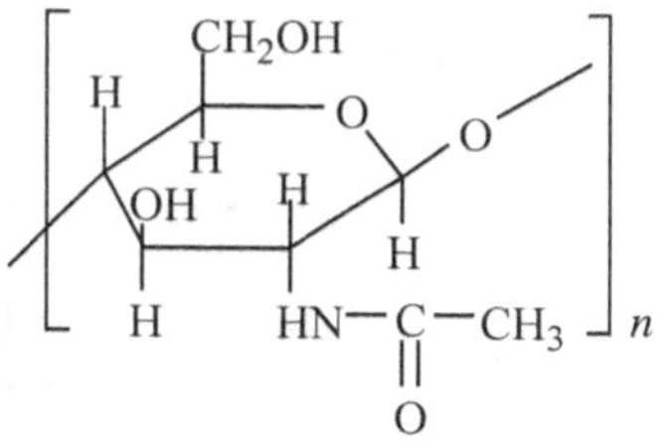

甲壳质

八、肽聚糖

在细菌的细胞壁中含有由多糖与氨基酸连结而成的复杂聚合物，因其肽链不太长，故应把这些聚合物叫做肽聚糖。肽聚糖的糖链是由 N-乙酰葡萄糖胺（NAG）及 N-乙酰胞壁酸（NAM）以一个 β-1,4 糖苷键组合而成的二糖。N-乙酰葡萄糖胺以其 ^{3}C 位羟基与乳酸的 α-羟基以醚键连结。在肽聚糖中，每个乳酸部分的羧基转而与四肽相连，该四肽是由 L-丙氨酸、D-异谷氨酰胺、L-赖氨酸、D-丙氨酸组成，分子结构如图 1-4 所示。其中，R 可以是 L-Lys、L-Orn（鸟氨酸）或 L-高丝氨酸，随不同细菌而异。与 R 相连的 $(Gly)_5$ 肽是骨干链之间的交联，有增加肽聚糖硬度的作用。

一切细菌和蓝藻的细胞壁都含有肽聚糖，革兰氏阳性细菌细胞壁所含的肽聚糖占其干重的 50% ～ 80%，革兰氏阴性细菌细胞壁的肽聚糖含量占其干重的 1% ～ 10%。

肽聚糖的功用是保护细菌细胞不被破坏，溶菌酶可破坏肽聚糖分子中 NAG-NAM 间的 1,4 糖苷键。抗菌素能抑制肽聚糖的生物合成。

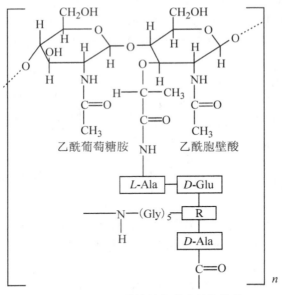

乙酰葡萄糖胺　　　乙酰胞壁酸

肽聚糖的基本结构单位

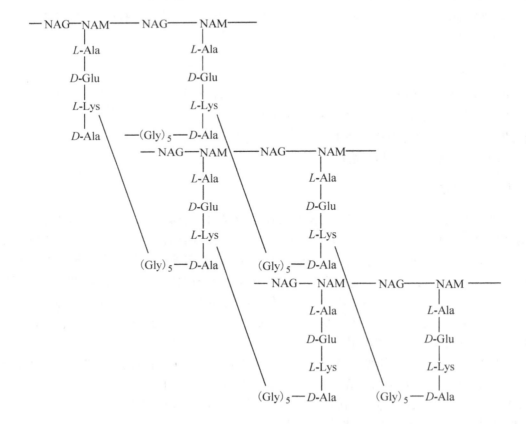

图 1-4　在肽聚糖分子中邻近 NAG-NAM 骨干链上五肽与四肽间的交联示意图

九、菌壁酸（磷壁酸质）

菌壁酸一词代表两类从革兰氏阳性细菌提取的含磷丰富的化合物：一类是以磷酸甘油为基本单位的多聚物，称甘油菌壁酸；另一类是以磷酸核糖醇为基本单位的多聚物，称核糖醇菌壁酸。

甘油菌壁酸的结构又分下列三个类型：

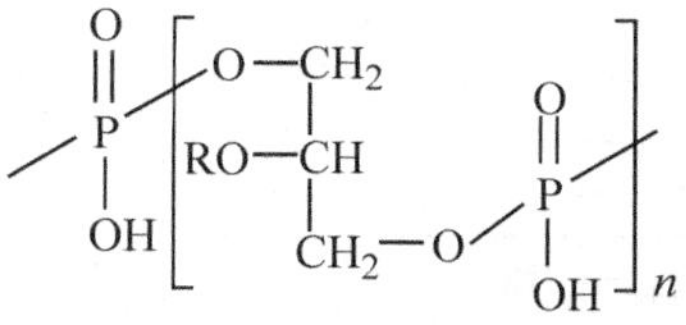

R＝H 或（氨基）糖或丙氨酸

（A）型　结构单位为磷酸甘油

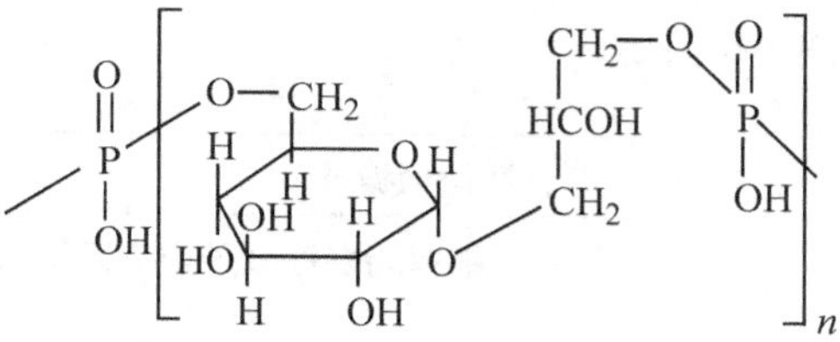

（B）型　结构单位为葡萄糖磷酸甘油

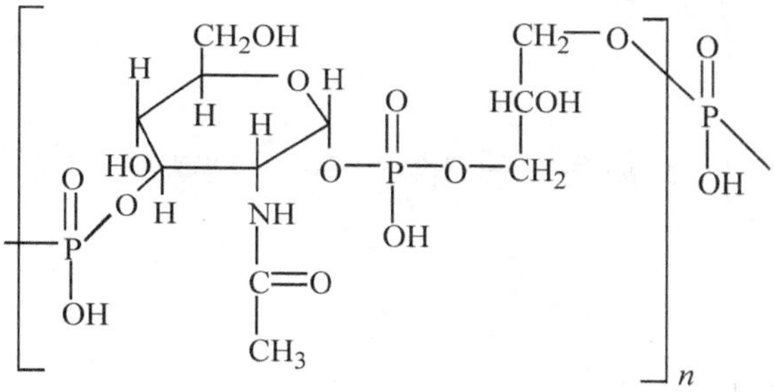

（C）型　结构单位为 N-乙酰葡萄糖胺-1-磷酸甘油磷酸

核糖醇菌壁酸分子的基本结构单位是磷酸核糖醇。在基本结构单位外还含有 D-丙氨酸、糖或氨基糖。

菌壁酸只存在于革兰氏阳性细菌胞壁的外层和质膜与胞壁之间的周围间隙中或附着在质膜上，约占其细胞干重的 50%；革兰氏阴性细菌不含菌壁酸。

在细菌细胞壁中，菌壁酸是同肽聚糖连接的，连接方式可能是菌壁酸的磷酸甘油醇（或磷酸核糖醇）以磷脂键与肽聚糖分子中胞壁酸 ^{6}C 位上的—CH_2OH 连接。

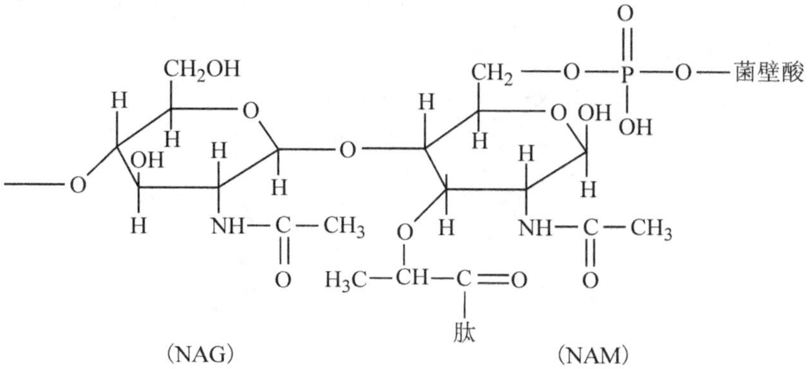

（NAG）　　　　　　　　（NAM）

菌壁酸溶于水或 5% 的三氯醋酸，也可被溶菌酶分解。

菌壁酸的作用是为同质膜结合的酶提供有利环境。也有实验表明，菌壁酸有抗原作用，给动物注射菌壁酸可使受试动物体内产生抗体。分子中的糖基和连接键是决定产生哪种抗体的关键。

十、脂多糖

革兰氏阴性细菌细胞壁含有十分复杂的脂多糖，脂多糖种类很多，其分子结构一般由三部分组成，如图 1-5 所示。

图 1-5　细菌脂多糖分子中三段结构单位的排列顺序

菌壁外层专一性低聚糖链的组分随菌株而异，各种菌的中心多糖链都极相似或相同，也都有脂质。脂质与中心多糖链相连接。有的细菌的脂多糖结构已弄清楚，在如鼠伤寒沙门氏菌的脂多糖中，其三段结构的组成为：

外层低聚糖链

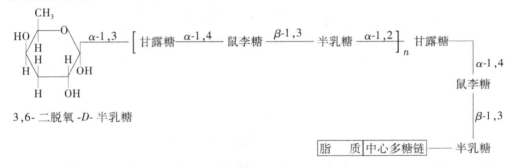

中心多糖链

脂质结构

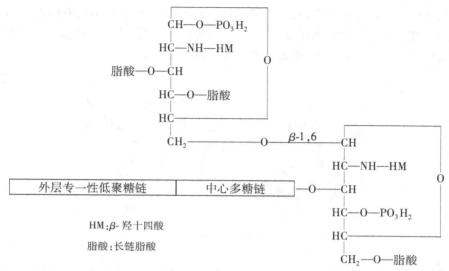

HM:β-羟十四酸

脂酸:长链脂酸

细菌脂多糖分子中的外层低聚糖链是使人致病的部分，带电荷的磷酸基团能与其他离子结合，对维持细菌胞壁的必需离子环境有一定作用。外层低聚糖链和中心多聚糖链结构中的某些单糖对这类细菌的生长不是必需的。

十一、粘多糖类

粘多糖类是含氨的多糖，它存在于软骨、肌腱等结缔组织中，构成组织间质。各种腺体分泌出来的起润滑作用的粘液多富含粘多糖，在组织成长和再生过程中、受精过程中以及机体与许多传染源（细菌、病毒）的相互作用过程中都起着重要作用。其代表性物质有透明质酸、硫酸软骨素及肝素等。

1. 透明质酸

透明质酸的主要功能是在组织中吸持水分，具有保护及粘合细胞使其不致分散的作用。透明质酸在医学美容业广泛用于面部美容。其结构单位如下：

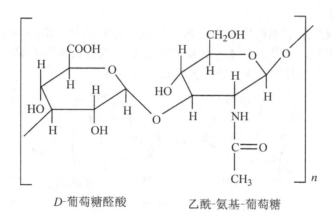

D-葡萄糖醛酸　　　乙酰-氨基-葡萄糖

透明质酸：β-1,3 键型

在具有强烈侵染性的细菌中、在迅速生长的恶性肿瘤中以及在蜂毒与蛇毒中都含有透明质酸酶，它能引起透明质酸的分解。

2. 硫酸软骨素

硫酸软骨素也是高分子聚合物，分为软骨素-4-硫酸与软骨素-6-硫酸两类。两者除硫酸基位置不同、红外光谱差别较明显外，其他许多物理、化学性质都较接近。硫酸软骨素也含有重复的二糖单位，以软骨素-6-硫酸为例，其结构单位如下：

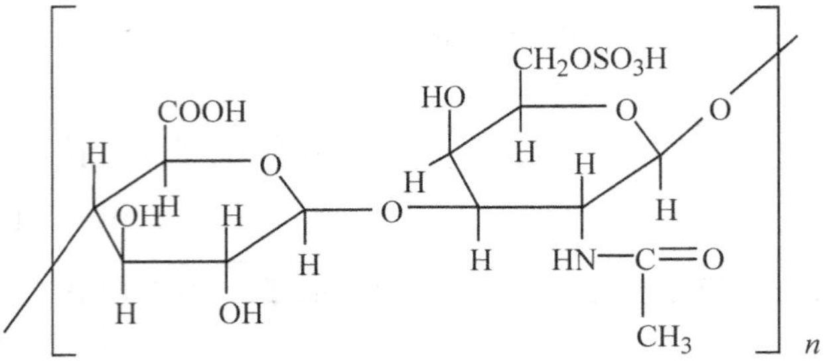

软骨素-6-硫酸

3. 肝素

肝素在动物体内分布很广，也是粘多糖类物质，但组成较为简单。与硫酸软骨素不同，其硫酸部分不仅以硫酸酯的形式存在，而且也可和氨基葡萄糖的氨基结合。其可能结构是：

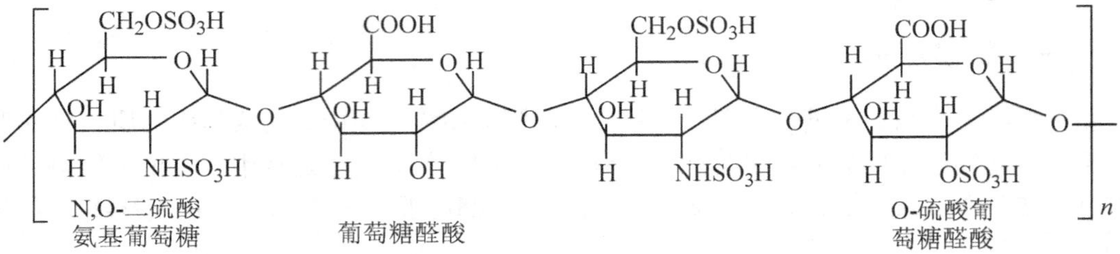

N,O-二硫酸 葡萄糖醛酸 O-硫酸葡
氨基葡萄糖 萄糖醛酸

肝素的生物学意义在于它具有阻止血液凝固的特性。目前广泛应用肝素作为输血时的血液抗凝剂，临床上也常用它防止血栓形成。

4. 硫酸角质素

硫酸角质素与硫酸软骨素的区别为：除含糖成分有差别外，硫酸角质素不受许多酶类，如透明质酸酶等的影响。婴儿几乎不存在硫酸角质素，以后随着年龄的增大逐渐增加，直到20～30岁时，其含量约占肋骨软骨中粘多糖总量的50%。

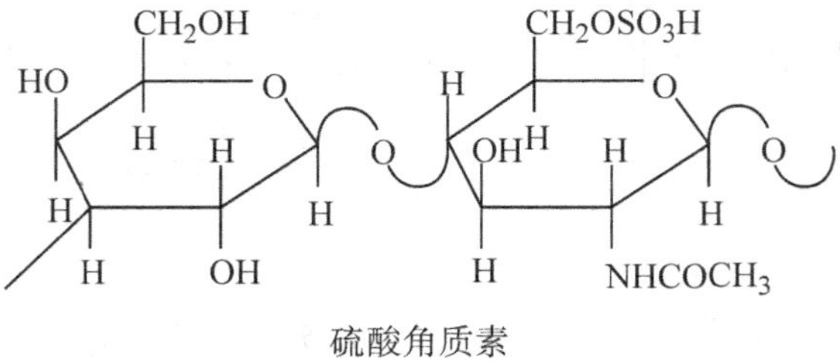

硫酸角质素

CHAPTER 1　SACCHARIDES

Saccharides ['sækəraid]（糖类）comprise more than 90% of the dry matter of plants. They are abundant, widely available, and inexpensive. They are common components of foods, both as natural components and as added ingredients. Their use is large in terms of both the quantities consumed and the variety of products in which they are found. They have many different molecular structures, sizes and shapes and exhibit a variety of chemical and physical properties. They are amenable to both chemical and biochemical modification, and both modifications are employed commercially in improving their properties and extending their use. They are also safe.

Starch[staːtʃ]（淀粉）, lactose, and sucrose ['sjuːkrəus]（蔗糖）are digestible by humans, and they along with D-glucose ['gluːkəus]（葡萄糖）and D-fructose ['frʌktəus]（果糖）are human energy sources, providing $70\% \sim 80\%$ of the calories in the human diet worldwide. In the United States, they supply less than that percentage, in fact, only about 50%, of the human caloric intake. Health organizations recommend that the percentage of the total calories the average American consumes in the form of fat (about 37%) be reduced to no more than 30% and the difference be made up with carbohydrate, especially starch.

Carbohydrates are aldehyde ['ældihaid]（醛，乙醛）or ketone ['kiːtəu]（酮）compounds with multiple (two or more) hydroxyl groups. The term carbohydrate is applied to a large number of relatively heterogeneous compounds found in all animals and plants. They are the most abundant biomolecules on earth; however in human beings they form only 1% of body mass. The term carbohydrate, which signifies hydrate of carbon, is derived from the fact that the first compounds of this group which were studied had an empirical [em'pirikəl]（实验式的）formula $C_x(H_2O)_y$. But now it is known that many Carbohydrates contain hydrogen and oxygen not in the same proportion as in water, e. g. deoxyribose[diːˌɔksi'raibəus]（去氧核糖）which is $C_5H_{10}O_4$. Another definition of carbohydrates is that they are polyhydroxylated [poli'haidrɔksi]（多羟基的）compounds with at least 3 carbon atoms, with potentially active carbonyl groups which may either be aldehyde or ketone groups; they also include those compounds which yield them on hydrolysis [hai'drɔlisis]（水解）. Some carbohydrates also contain N and S. Carbohydrates are also contain N and S. Carbohydrates are also called saccharides.

1.1　Classification of Saccharides

There is no single satisfactory classification of carbohydrates. One commonly described classification is given below.

1.1.1　Monosaccharides [ˌmonəu'sækəraid]（单糖）

There are simple sugars which can't be further hydrolyzed and have the empirical formula $(CH_2O)_n$ where $n = 3$ or some larger number. Monosaccharides are either aldoses ['ældəus]（醛糖）or ketoses ['kiːtəus]（酮糖）. A few examples of each type are given in Table 1-1.

Table 1-1 Some examples of aldose and ketose forms of monosaccharides

No. of carbon atoms present	Generic name	Example of an aldose	Example of a ketose
3	Trioses	Glyceraldehyde	Dihydroxyacetone
4	Tetroses	Erythrose	Erythrulose
5	Pentoses	Ribose	Ribulose
6	Hexoses	Glucose	Fructose
7	Heptoses	Glucoheptose	Sedoheptulose

The type of carbonyl group (aldehyde or ketone) and the generic name are combined in naming the monosaccharides. For example, glucose is an aldose as well as a hexose; it is therefore, an aldohexose [ˌælədə'heksəus] （己醛醣）. Fructose, on the other hand, is a ketohexose. Glyceraldehyde [ˌglisə'ræ1dihaid] （甘油醛）is an aldotriose. The monosaccharides are white crystalline ['kristəlain] （结晶）solids, very soluble in water; most have a sweet taste.

1. 1. 2 Oligosaccharides [ˌoligəu'sækəraids] （寡糖）

These on hydrolysis yield from 2 to 10 (according to some 2 to 6) molecules of monosaccharides. Of these, the disaccharides are the ones that are physiologically important, e. g. maltose ['mo:ltəus] （麦芽糖）(2 glucose molecules), saccharose or sucrose (1 molecule of each of glucose and fructose) and lactose ['læktəus] （乳糖）(1 molecule of each of glucose and galactose). The monosaccharides are joined to each other through glycosidic linkages. Some other oligosaccharides are: α-dextrins (polymers of about 8 glucose molecules), maltotriose (has 3 glucose molecules), isomaltose (glucose dimmer ['daimə] （二聚物）having α 1→6 linkage) and trehalose ['tri:hə‚ləus] （海藻糖）(glucose dimer having α 1→1 linkage).

1. 1. 3 Polysaccharides [poli'sækəraids] （多聚糖，多糖）

As the name indicates, these carbohydrates contain a large number of sugar units in their molecules. They serve as stores of fuel and also form structural elements of cells. These consist of the following types:

Homopolysaccharides On the hydrolysis, these yield only one type of monosaccharide units. These include starch, glycogen ['glaikəudʒen] （糖原）, cellulose ['seljuləus] （纤维素）and dextrins ['dekstrin] （糊精）, all of which are glucose polymers.

Heteropolysaccharides （杂多糖） This is a very large group containing two or more different types of monosaccharide units. These can be subdivided into the following three subgroups.

Mucopolysaccharides （粘多糖） These include hyaluronic acid （透明质酸）, heparin ['hepərin] （肝磷脂）, chondroitin [kən'drəuitin] （软骨素）sulfates, blood group polysaccharides and serum mucoids. These substances, in addition to containing carbohydrate parts, also contain acid groups.

Mucilages ['mju:silidʒ] （粘液，胶水） These include agar, vegetable gums and pectins ['pektin]（胶质）; all of these are of plant origin.

Hemicellulose It is also a heteropolysaccharide occurring in plant kingdom.

1. 1. 4 Derived Saccharides

These are derived from saccharide by various chemical reactions. These include the following:

Oxidation products   Various sugar acids, e. g. gluconic acid, glucuronic acid and glucaric acid, are derived from glucose on its oxidation. Ascorbic acid (vitamin C) is also an oxidation product of glucose and is produced in the bodies of many animals, but not in man.

Reduction products   These are polyhydroxy [pɔli'haidrɔksi] (多羟基的) alcohols, e. g. glycerol and ribitol derived from glyceraldehyde and ribose ['raibəus] (核糖) respectively.

Amino sugars   These have —NH$_2$ group at carbon No. 2 and include glucosamine [gluːkəu'sæmiːn] (葡萄糖胺，氨基葡萄糖), galactosamine [gəˌlæk'təusəˌmiːn] (半乳糖胺) and mannosamine derived from glucose, galactose and mannose ['mænəus] (甘露糖) respectively.

Deoxy sugars   These have less number of oxygen atoms than other sugars. An important example is 2-deoxyribose that is present in DNA molecule; it has one oxygen atom less as compared to ribose.

In addition, carbohydrate molecules also are found in combination with proteins and lipids, e. g. in glycoproteins, glycolipids, sulfolipids and gangliosides. These are discussed in chapters on proteins and lipids.

1. 2   The Asymmetric (chiral) Carbon Atom *D*- and *L*-monosaccharides

As already mentioned, monosaccharides are polyhydroxy compounds, i. e. they possess alcoholic or hydroxyl (OH) groups. Depending upon the number of these groups, monosaccharides contain many centers of asymmetry [æ'simətri] (不对称) which affect their optical and biological activities. The structure of the smallest sugar containing three carbon atoms namely glyceraldehydes can be represented in the following forms called Fisher's projection formulas (Fig. 1-1). In this case the carbon chain is written vertically with carbon No. 1 at the top and the -H and -OH are written to the left or right.

```
     H—C=O                          H—C=O
        |                              |
     H—C—OH                       HO—C—H
        |                              |
     H—C—OH                        H—C—OH
        |                              |
        H                              H
```

(1) *D*-glyceraldehyde or *D*-glycerose   (2) *L*-glyceraldehyde or *L*-glycerose

Fig. 1-1   *D*-and *L*-glyceraldehyde (Fisher's projection formulae). Carbon atoms are designated 1, 2 and 3 starting from above, i. e. the side containing carbonyl (aldehyde or ketone) group. Both are mirros images of each other in relation to their asymmetric carbon atoms.

Carbon No. 2 in both cases is an asymmetric carbon atom which is defined as that carbon atom to which four different atoms or groups are attached. Structure No. (1) is called *D*-glyceraldehyde and structure No. (2) is called *L*-glyceraldehyde depending upon the sides on which H and OH are attached to the asymmetric carbon atom. All sugars having more than 3 carbon atoms have two or more asymmetric carbon atoms. All such sugars whose asymmetric carbon atom of *D*-glyceraldehyde are called *D*-sugars. On the other hand, all sugars whose carbon atom situated farthest from the potential aldehyde or ketone group has the same configuration as the asymmetric carbon atom of *L*-glyceraldehyde are called *L*-sugars. The *D* and *L* forms of a sugar are stereoisomers [ˌstiəriəu'aisəmə] (立体异构) of each other and are mirror images of each other; such sugar isomers have been given the special name, enantiomers [i'næntiəumə] (对映体). It should be clearly understood that *D* and *L* don't mean dextro- or levo-rotatory (to be discussed later), but these terms only signify the configuration of the above-mentioned asymmetric carbon atom. Because all sugars are compared with *D*- and *L*-glyceraldehyde for this purpose, glyceraldehydes is called the reference sugar. In nature, *D*- sugars are generally much more abundant than *L*- sugars.

1.3　Some Important Monosaccharides

1.3.1　Hexoses ['heksəus] (己糖)

D-glucose　It is also called dextrose (because of dextrorotation) and occurs widely distributed in nature. It occurs as such or in combination with other sugars forming important disaccharides such as sucrose, maltose and lactose (Fig. 1-2).

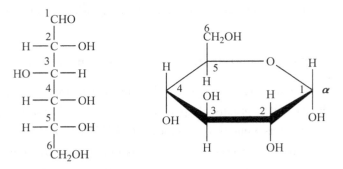

Fig. 1-2　*α-D*-glucose; open chain (left) and Haworth's formula (right) showing it as glucopyranose (1→5 ring).

It is commercially obtained from starch, which is a polymer of hundreds or thousands of glucose residues. Human blood contains 60 to 100 mg glucose per dL in the fasting condition. Under normal conditions only a trace of glucose passes out in urine, which can only be demonstrated by special methods. However, large amounts of glucose are found in the urine of patients of diabetes mellitus. On reduction, glucose forms the alcohol sorbitol ['sɔːbitəl, 'sɔːbitəul] (山梨醇). On being oxidized, glucose gives rise to 3 types of sugar acids depending upon the condition of the experiment. Glucose predominant as it is a stable ring.

D-fructose　It is also called fruit sugar and occurs in plant kingdom as such or as combined with glucose in sucrose. The polysaccharide inulin used in investigating kidney function yields it on hydrolysis. Animal tissues also contain it in small amounts. Fructose is the sweetest of all sugars (173% of sucrose). It is fermented by yeast.

Galactose　It mainly occurs as a part of the lactose molecule in which it is combined with glucose. Nervous tissue also contains it in the form of galactolipds. It also occurs in the seed coats of legumes. It is an aldohexose, is dextrorotatory and exhibits mutarotation (变旋，旋光). It has 32% sweetness of sucrose. It differs from glucose only in respect to configuration around carbon No. 4. Two sugars, which differ from each other in the configuration around one specific carbon at-

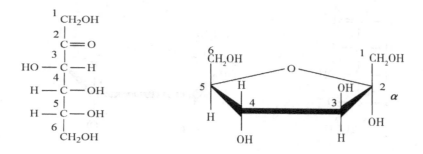

Fig. 1-3 α-D-fructose; open chain (left) and Haworth's formula (right) showing it as fructofuranose ($2 \rightarrow 5$ ring).

om, are called epimers of each other. Therefore, galactose is epimer of glucose in respect to carbon No. 4.

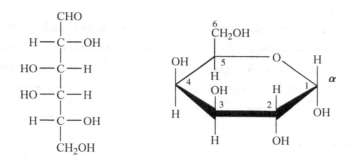

Fig. 1-4 α-D-galactose; open chain (left) and Haworth's formula (right) showing it as galactopyranose ($1 \rightarrow 5$ ring).

D-mannose It is a part of the molecule of the polysaccharide of many glycoproteins. It is also present in the polysaccharide component of tuberculoprotein [tjuˌbɔːkjuləu'prɔutiːn] （结核菌蛋白）. If ingested, it is absorbed and in the body it is converted to glucose. It shows chemical reactions similar to glucose. It differs from glucose only in configuration around carbon No. 2; in other words it is an epimer of glucose in respect to carbon No. 2.

1.3.2 Pentoses

These are monosaccharides containing a chain of 5 carbon atoms. Pentoses occur widely distributed in nature, in plant as well as animal kingdom, usually as a component of a polysaccharide. Ribose (Fig. 1-5) is a constituent of the ribonucleic acid (RNA) of the cell and of many important substances found in cells, such as ATP, GTP, CTP, UTP, NAD^+, $NADP^+$ and coenzyme A. The deoxy form of ribose, i. e. 2-deoxy D-ribose occurs in DNA. All these compounds are of great importance and are described in detail in relevant chapters.

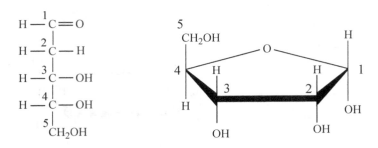

Fig. 1-5   Ribose; open chain (left) and Haworth's formula (right).

Pentoses have the following properties: (1) They may be aldoses or ketoses. (2) They possess strong reducing properties. (3) They form osazone ['əusə,zəun] (脎) crystals with phenyl-hydrazine. (4) With acids they are converted to furfurals ['fəːfəræls] (糠醛). (5) They are not fermented by yeast. Pentoses are an important constituent of the diet of herbivorous animals, but their role in human nutrition is not well established.

1.3.3   Deoxy Sugars

These represent sugars in which the oxygen of a hydroxyl group has been removed, leaving be-hind the hydrogen. The most important deoxy sugar is the pentose termed 2-deoxy-*D*-ribose (Fig. 1-6) usually called 2-dexyribose or merely deoxyribose, which is a constituent of deoxyribonucleic acid or DNA. This sugar gives most of the sugar reactions, but it does not form osazones. It is very unsta-ble.

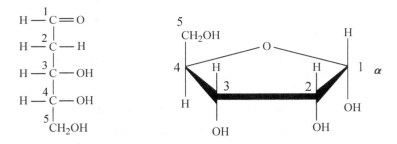

Fig. 1-6   2-deoxy-*D*-ribose (usually called deoxyribose); open chain (left) and
Haworth's formula (right); the latter structure shows α form of deoxyribose.

Deoxy hexoses also occur in nature, e. g. *L*-fucose ['fjuːkəus] (海藻糖) (6-deoxy *L*-galac-tose) in milk and blood group substances.

1.4   Disaccharides

The disaccharides consist of two monosaccharide units joined by an O-glycosidic linkage. The most common disaccharides are sucrose, maltose and lactose.

1.4.1   Sucrose

It is also called saccharose and is the common table sugar. It is disaccharide, which on hydrolysis yields 1 molecule of each of *D*-glucose and *D*-fructose (Fig. 1-7). Because sucrose, unlike maltose and lactose, contains no free atom, therefore it is without reducing properties, which appear only, when it has been hydrolyzed, yielding its constituent monosaccharides. For the same reason, sucrose does not form osazone crystals and also does not show the property of mutarotation.

Sucrose, like other disaccharides, can be utilized in the body only if taken by mouth because the specific intestinal enzyme, sucrase, hydrolyzes it to glucose and fructose which are then absorbed. If given by an intravenous injection, it is not metabolized and is rapidly excreted in urine.

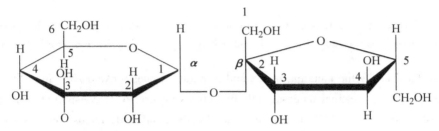

Fig. 1-7 Sucrose O-α-D-glucopyranosyl (1→2) β-D-fructofuranoside. Carbon No. 1 of α-D-glucose is connected to carbon No. 2 of β-D-fructose through an oxygen bridge (O-glycosidic bond).

1.4.2 Maltose

It is formed by an O-glycosidic linkage between on molecule of α-D-glucose with another molecule of α-D-glucose with the elimination of one water molecule (Fig. 1-8). Because of the presence of a free anomeric carbon atom, it is a reducing sugar, forms osazone crystals and shows mutarotation. It is 32% as sweet as sucrose.

Maltose is formed in vivo by the action of salivary ['sælivəri] (唾液的，分泌唾液的) amylase ['æmə₁leis] (淀粉酶) on starch and in vitro by partial hydrolysis of starch by acids. Further acid hydrolysis of starch or the action of the enzyme maltase on maltose will result in the production of glucose. Maltose is present in various baby and invalid foods.

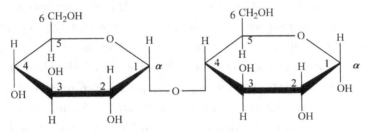

Fig. 1-8 Maltose (α form). O-α-D-glucopyranosyl-(1→4)-α-D-glucopyranose. Carbon No. 1 of one α-D-glucose is attached to the carbon No. 4 of the other D-glucose is through an oxygen bridge.

1.4.3 Lactose

It is formed as a result of O-glycosidic linkage between one molecule of β-D-galactose and 1 molecule of D-glucose through β-1→4 linkage (Fig. 1-9).

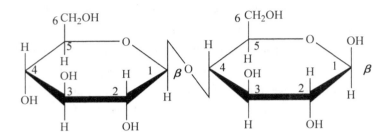

Fig. 1-9   Lactose (β form). O-β-D-galactopyranosyl- (1→4) -β-D-glucopyranose. The glucose part ontains the anomeric carbon atom which may be either in α or β from giving rise to α- or β-lactose respectively.

It is synthesized by the lactating breast and in nature it occurs exclusively in milk. The enzyme lactase present in the intestinal mucosal cells hydrolyzes lactose to its constituent monosaccharides. It is the least sweet sugar (16% of sucrose). As already mentioned, lactose possesses one potential aldehyde group and therefore it is a reducing sugar; it forms osazone crystals and shows mutarotation. Certain bacteria can ferment lactose to lactic acid, e. g. in souring of milk. These bacteria include *Lactobacillus acidophilus* (嗜酸乳酸菌) and *Lactobacillus bulgaricus* (保加利亚乳酸菌).

1.4.4   Other disaccharides

Two other disaccharides of physiological importance are isomaltose (1→6 glucose dimmer) and trehalose (1→1 glucose dimer).

1.5   Polysaccharides

These are of two types, homopolysaccharides and heteropolysaccharides.

1.5.1   Homopolysaccharides

Starch   It is the main form in which carbohydrates are ingested by man. It contains two types of polysaccharide units, amylose ['æmələus] （直链淀粉）and amylopectin [ˌæmiləu'pektin] （支链淀粉）, which in turn are made up by the polymerization of a large number of α-D-glucose molecules with the elimination of water molecules; in other words, it is a polyglucose. Amylose forms hydrated micelles which give a blue color with iodine; in micelles it occurs in the form of a twisted helical coil. The carbon No. 1 of the first glucose is attached to the carbon No. 4 of the second through an oxygen bridge with the elimination of a water molecule and so on. The molecule weight of amylose ranges between a few thousands to 500000. A segment of amylose molecule is represented in Fig. 1-10.

The other subunit of starch, amylopectin, is more abundant than amylose and forms 72% to 80% of starch. It is made up of two types of linkages. Most of the linkages, about 97%, are the same as those in amylose (1→4 linkages) but in addition there is at places 1→6 bond formation which results in the branching of the molecule. In 1→6 linkage carbon No. 1 is that of a terminal glucose molecule of the straight chain while carbon No. 6 belongs to a non-terminal glucose residue. Each straight chain contains from 24 to 30 glucose units. The amylopectin molecule is much bigger than amylose and its M_r may be as high as 100 millions. It forms a micellar or colloidal solution, which gives a purple or blue-violet color with iodine. Amylopectin can be represented as shown in

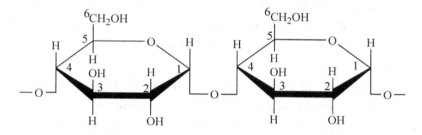

Fig. 1-10   A part of amylose chain. α-D-glucose residues are attached to each other by 1→4 glycosidic linkages.

Fig. 1-11. Because free aldehyde groups are not found in starch, therefore it does not act as a reducing substance. Due to the same reason, starch also does not form osazone crystals.

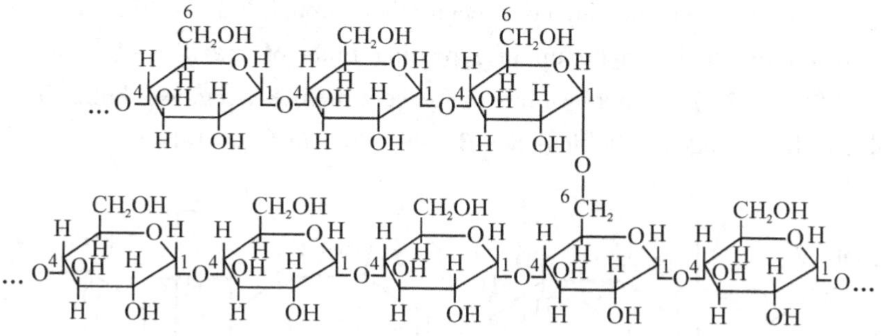

Fig. 1-11   A part of amylopectin molecule showing many α 1→4 linkages and one α 1→6 glycosidic linkage at the branching site. There are about thirty α 1→4 linkages per α 1→6 linkage.

1.5.1.1   Action of acids on starch

Acids completely hydrolyze starch because both 1→4 and 1→6 linkages are attacked by acid hydrolysis. In this process, starch pass through the following stages, which give reactions with iodine as, indicated against each stage. Starch (insoluble in cold water): Blue —→ Soluble starch (lower molecule weight): Blue —→ Amylodextrin: Blue-purple —→ Erythrodextrin: Red —→ Achroodextrin: No color —→ Maltose: No color —→ Glucose: No color.

1.5.1.2   Action of enzymes on starch

The enzymes hydrolyzing starch are called amylases. Both saliva and pancreatic juice have such enzymes called salivary amylase and pancreatic amylase respectively. These enzymes are α-amylases and hydrolyze starch into maltose, maltotriose and α-dextrins.

Dextrins   These are the intermediate products in the hydrolysis of starch by acids or by the enzyme amylase. Dextrins consist of a very complex mixture of molecules of different sizes and structures. Dextrins occur in the leaves of all starch-producing plants representing intermediates either in the synthesis of starch from glucose, or in the breakdown of starch. They generally have a sweet taste. α-Dextrins have on average eight α-D-glucose residues showing mostly α-1→4 linkages in addition to an α-1→6 linkage.

Dextrans   The dextran [ˈdekstrən] (右旋糖苷) molecules have different sizes, some having a molecular weight up to 4000000. Their solutions are highly viscous. Dextrans are D-glucopyranose（吡喃（型）葡萄糖）polymers; however, branching sites are highly variable and may involve $1\rightarrow2$, $1\rightarrow3$, $1\rightarrow4$, or $1\rightarrow6$ linkages between adjacent glucose units. Their formation may be represented as follows:

$$n \; [\text{Sucrose}] \rightarrow [C_6H_{10}O_5]_n + n \; [\text{Fructose}] \; C_6H_{10}O_5 = \text{Dextran}$$

Dextrans are used in medicine as plasma substitute or extender in the treatment of hypovolemic shock. For this purpose, however, the particle size is brought to molecular weights ranging from 25000 to 70000 by a carefully regulated hydrolysis of the native (original) dextran with acid or enzymes.

Cellulose   It is the chief organic matter in the world comprising more than half of all the organic carbon. It is present mainly in the plant kingdom (wood, cotton) but also occurs in some marine animals. It is an unbranched polymer consisting of a large number (up to 2500) of glucose. Actually β-D-glucopyranose residues joined to each other through β-$1\rightarrow4$ linkages (Fig. 1-12). Cellulose can be considered to be made up of repeating units of the disaccharide called cellobiose [ˌseləˈbaiəus]（纤维二糖）. Cellobiose has the same structure as maltose but unlike maltose which has α-$1\rightarrow4$ glycosidic linkage, cellobiose has β-$1\rightarrow4$ linkage (Fig. 1-12).

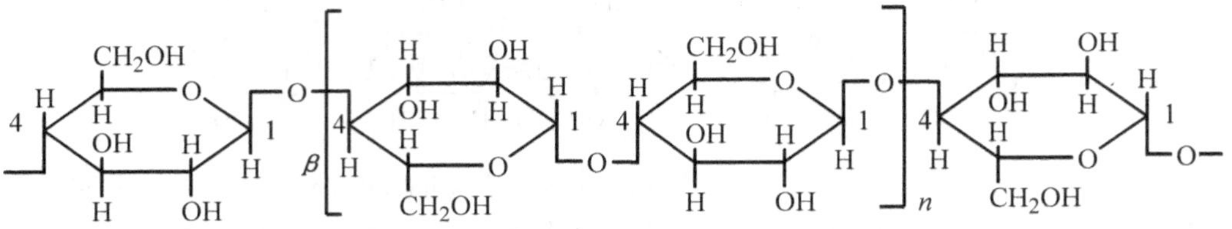

Fig. 1-12   Cellulose. It is shown β-$1\rightarrow4$ linkages between adjacent β-D-glucose residues.

The β configuration permits cellulose to form very long straight chains. The parallel chains of cellulose give rise to fibrils that have a high tensile strength. Its chief importance in human nutrition is that it provides fiber and bulk to the food. This roughage serves to satisfy the appetite and in addition it stimulates intestinal peristalsis. It is not digested in the human gastrointestinal tract because man lacks the enzyme cellulase. Although herbivorous animals also do not secrete cellulase, they can utilize cellulose by virtue of symbiotic intestinal microorganisms that split it into D-glucose units which are further metabolized. Its average molecular weight is around 570000 and it has been synthesized in the laboratory. Substitution of -OH group of carbon No. 2 by an acetylated amino group gives rise to chitin. After cellulose, chitin is the second most abundant biopolymer on earth.

Glycogen   It occurs mainly in the liver and the muscle where it represents the main storage polysaccharide in the same way as starch functions in plants in plant cells; glycogen is therefore also called animal starch. Other cells of the body also contain it but to a lesser extent; even some plants contain glycogen. Its structure closely resembles that of amylopectin in that it is a polymer of α-D-glucose units and in its molecule both $1\rightarrow4$ as well as $1\rightarrow6$ linkages are present (Fig. 1-13). However, glycogen is a much more branched molecule than amylopectin because the chains are shorter averaging 12 glucose residues. In addition, the glycogen molecule is very compact. In glycogen molecule, 92% of linkages are of 1→4 type and 8% of 1→6 type.

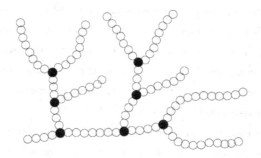

Fig. 1-13   Glycogen molecule. Each circle represents a glucose
residue. Black circles represent sites where 1→6 glycosidic
linkages occur giving rise to an extremely branched structure.

It is described as having a tree-like structure. On hydrolysis, it yields glucose. Glycogen gives
a red color with iodine. Glycogen is not destroyed by a hot strong KOH or NaOH solution.

1.5.2   Heteropolysaccharides

These polysaccharides contain in their molecules certain groups in addition to carbohydrates.
These are glycosaminoglycans and mucilages.

Glycosaminoglycans (GAGs)   In animals a large number of heteropolysaccharides are pres-
ent which are generally composed of a repeating disaccharide unit consisting of an amino sugar and
an acidic sugar. The amino sugar is either glucosamine or galactosamine in which an acetyl group is
attached to the amino group; in addition the amino sugar may possess sulfate group(s), which result
in loss of their positivity. The other component of the disaccharide unit is the acidic sugar, which is
either glucuronic acid or its carbon No. 5 epimer *L*-iduronic acid; in some cases both of these may be
present. The carboxyl groups as well as sulfate groups present on the repeating disaccharide units are
responsible for the strong negative charge on the GAG molecules. The negative charge gives them the
property of having a shell of water around each molecule and due to their possession of only one type
of electric charge (negative) their molecules repel each other making them viscous and slippery.
GAGs are found in cartilage, skin, blood vessels, cornea, tendons, ligaments, loose connective tis-
sue, heart valves, etc. With the exception of hyaluronic acid, all GAGs occur in combination with
proteins through covalent bonds forming proteoglycan [ˌprəutiəˈglaikæn] (蛋白聚糖, 蛋白多糖)
monomers in which the polysaccharides make up to 95 % or more of their mass. These substances
include a group of important biological substances such as hyaluronic acid, chondroitin sulfate and
heparin, etc.

Hyaluronic acid   It has been isolated from several tissues and even bacteria. Solutions of hy-
aluronic acid have high viscosity and help in the lubrication of the joints of animals. In tissues it
forms an important part of the intercellular cement substance and resists penetration by bacteria.
Chemically it is a substance of a high molecular weight and consists of alternating residues of
N-acetylglucosamine and glucuronic acid.

Chondroitin sulfates   These are the most abundant GAGs in the body and are found in the ground substance of tissues especially cartilage and occur as combined with protein. These consist of a large number of alternating units of N-acetyl galactosamine 4-(or 6-) sulfate and glucuronic acid.

Heparin   It is an anticoagulant found intracellularly in most cells lining the arterial vasculature of liver, spleen, lungs and thymus; it is also present in blood. On hydrolysis, its each mole yields one mole each of D-glucosamine and D-glucuronic acid and 2 or more moles of H_2SO_4.

Other GAGs include keratan sulfate, dermatan sulfate and heparan sulfate. GAGs are degraded by hydrolases released from lysosomes ['laisəsəums] (溶酶体).

Mucilages   These are complex colloidal materials present in plants and possess the property of forming gel or have adhesive properties. These include agar, vegetable gums and pectins, which are described below.

Agar   It is vegetable mucilage obtained from sea weeds. It is sulfuric acid ester and a complex galactose polysaccharide. Agar forms a sol in hot water that sets (i. e. gels) on cooling. Agar is non-digestible and if ingested stimulates intestinal peristalsis. For this reason, it is used as a laxative. It is also used in making media to grow bacteria because agar gel is not liquefied by bacteria.

Vegetable gums   These are carbohydrate materials containing hexoses or pentoses or both in glycoside union and a carbohydrate acid group. Gum arabic, upon hydrolysis, yields galactose, arabinose [ə'ræbənəus] (阿拉伯糖), rhamnose and glucuronic acid. It is used in the preparation of pharmaceuticals, in confections and as an adhesive.

Pectins   It is used to represent substances, which at certain pH values and in the presence of sugar cause the formation of jellies. Pectins occur widespread in nature but are found especially in the pulp of citrus fruits, apples, beets[biːts](甜菜) and carrots. On hydrolysis, they yield galacturonic acid, arabinose, galactose, acetic acid and methyl alcohol.

Hemicellulose   It is the general name for a group of high M_r. carbohydrates that resemble cellulose but are more soluble and more easily decomposed. These can be extracted with dilute alkalies and are precipitated by dilute acids. On hydrolysis, hemicellulose yields monosaccharides and sugar acids of various types.

1. 6   Special Roles of Saccharides (Summary)

Oligosaccharides are present in the molecules of integral proteins of all cell membranes on the extracellular (细胞外的) face.

Oligosaccharides are also present in secreted proteins such as antibodies and blood clotting factors.

Complexes of carbohydrate with proteins have been shown to act as receptors [ri'septəz] (接受器，受体) on cell membranes which are thus involved in molecular targeting. The term molecular targeting means that the receptor will recognize a specific molecule and get it bound with itself. This specific molecule-receptor complex may then enter the cell interior by a process called endocytosis[ˌen'dəusai'təusis](内吞作用). Once in the cell interior, the specific molecules will exert their characteristic effects. In addition, by this process certain molecules are removed from circulation.

Saccharides derivatives such as protein-glycan-heparan sulfate are involved in the adhesion of one neuron ['njuəron] (神经细胞, 神经元) to the other during development of the nervous system. This has been shown in the aggregation of retinal neurons.

The glycosaminoglycans (along with fibrous proteins) are the integral constituents of the gel-like extracellular matrix, i. e. the ground substance that fills the extracellular space in animal tissues.

Ribose and 2-deoxyribose are integral parts of nucleosides['njuːkliəsaidz] (核苷), nucleotides and nucleic acids (RNA as well as DNA).

Ribose is an integral part of high-energy phosphate compounds, i. e. ATP, GTP, UTP and CTP and second messengers, i. e. cAMP and cGMP.

第二章　脂　类

脂类　脂类是生物细胞和组织中不溶于水，而易溶于乙醚、氯仿、苯等非极性溶剂中，主要由碳氢结构成分构成的一大类生物分子。脂类包括的范围很广，这些物质在化学成分和化学结构上也有很大差异。

简单脂类　包括不含脂肪酸的脂类，有萜类、类固醇类、前列腺素类等（表 2-1）。

复合脂类　包括与脂肪酸结合在一起的各种脂类，有脂酰甘油、磷酸甘油酯类、结合脂类、蜡等。

结合脂类　脂类分子常与其他化合物结合在一起，例如，糖脂类含有糖分子和脂分子，脂蛋白类含有脂类和蛋白质。这类以混杂形式结合的生物分子兼有两种不同化合物的物理、化学性质，具有特殊的生物功能。

表 2-1　脂类的分类

脂 类 名 称	主 要 结 构 成 分
复合脂类（与脂肪酸结合的脂类）	
脂酰甘油酯类	甘油
磷酸甘油酯类	甘油-3-磷酸
糖鞘脂类	鞘氨醇
脂蛋白类	蛋白质
蜡	高相对分子质量的非极性醇
简单脂类（不含结合脂肪酸的脂类）	
萜类	
类固醇类	
前列腺素类	

脂类的生物学功能　脂类是构成生物膜的重要物质，几乎细胞所含有的全部磷脂类都集中在生物膜中。生物膜的许多物性，如柔软性、对极性分子的不可通透性、高电阻性等都与脂类有关。脂类是机体代谢所需燃料的储存形式和运输形式。在机体表面的脂类有防止机械损伤和防止热量散发等保护作用。脂类作为细胞表面物质，与细胞的识别、种特异性和组织免疫等有密切关系。有一些属于脂类的物质具有强烈的生物学活性，这些物质包括某些维生素和激素等。

第一节　三脂酰甘油类

脂酰甘油又称为酰基甘油酯，即脂肪酸和甘油所形成的酯。三脂酰甘油是酰基甘油中的一大类，三脂酰甘油的结构如下：

三脂酰甘油曾称为甘油三酯。三脂酰甘油是甘油的 3 个羟基和 3 个脂肪酸分子脱水缩合后形成的酯。当甘油分子与 1 个脂肪酸分子缩合时，称为单脂酰甘油，是常用的食品乳化剂。

一、脂肪酸

在组织和细胞中，绝大部分的脂肪酸是作为复合脂类的基本结构成分而存在的，以游离形式存在的脂肪酸含量极少。从动物、植物、微生物中分离出的脂肪酸已有百种以上，所有的脂肪酸都有一长的碳氢链，其一端有一个羧基。碳氢链有的是饱和的，如硬脂酸、软脂酸等；有的含有一个或多个双键，如油酸等；少数脂肪酸的碳键含有叁键。不同脂肪酸之间的区别主要在于碳氢链的长度及不饱和双键的数目和位置。

脂肪酸常用简写法表示。简写法的原则是：先写出碳原子的数目，再写出双键的数目，最后表明双键的位置。因此软脂酸可写为 16:0，表明软脂酸为具有 16 个碳原子的饱和脂肪酸；油酸写为 18:1（9）或 $18:1^{\Delta 9}$，表明油酸为具有 18 个碳原子，在 9～10 碳原子之间有一个不饱和双键的脂肪酸；花生四烯酸写为 20:4（5、8、11、14）或 $20:4^{\Delta 5,8,11,14}$，表明花生四烯酸具有 20 个碳原子、4 个不饱和双键，即在第 5～6、8～9、11～12、14～15 碳原子之间各有一个不饱和键。表 2-2 列举了一些重要的饱和、不饱和脂肪酸以及一些在结构上比较特殊的脂肪酸。非直链形式的稀有脂肪酸大多具有生物活性，常是一些中草药的药效成分之一，如含有环或支链的脂肪酸可抗菌消炎。

表 2-2　某些天然存在的脂肪酸

习惯名称	简写符号	系统名称	分 子 结 构 式	熔点/℃
		饱和脂肪酸		
月桂酸	12:0	n-十二烷酸	$CH_3(CH_2)_{10}COOH$	44.2
豆蔻酸	14:0	n-十四烷酸	$CH_3(CH_2)_{12}COOH$	53.9
软脂酸	16:0	n-十六烷酸	$CH_3(CH_2)_{14}COOH$	63.1
硬脂酸	18:0	n-十八烷酸	$CH_3(CH_2)_{16}COOH$	69.6
花生酸	20:0	n-二十烷酸	$CH_3(CH_2)_{18}COOH$	76.5
山榆酸	22:0	n-二十二烷酸	$CH_3(CH_2)_{20}COOH$	—
掬焦油酸	24:0	n-二十四烷酸	$CH_3(CH_2)_{22}COOH$	86.0
		不饱和脂肪酸		
棕榈油酸	$16:1^{\Delta 9}$	9-十六碳烯酸	$CH_3(CH_2)_5CH{=}CH(CH_2)_7COOH$	
油 酸	$18:1^{\Delta 9,cis}$	9-十八碳烯酸（顺）	$CH_3(CH_2)_7CH{=}CH(CH_2)_7COOH$	13.4
	$18:1^{\Delta 11,trans}$	9-十八碳烯酸（反）	$CH_3(CH_2)_5CH{=}CH(CH_2)_9COOH$	
亚油酸	$18:2^{\Delta 9,12}$	9,12-十八碳二烯酸	$CH_3(CH_2)_4CH{=}CHCH_2CH$ $=CH(CH_2)_7COOH(cis,cis)$	−5
α-亚麻酸	$18:3^{\Delta 9,12,15}$	9,12,15-十八碳三烯酸	$CH_3CH_2CH{=}CHCH_2CH{=}CHCH_2CH$ $=CH(CH_2)_7COOH(all\ cis)$	−11

（续表）

习惯名称	简写符号	系统名称	分 子 结 构 式	熔点/℃
γ-亚麻酸	$18:3^{\Delta 6,9,12}$	9,6,12-十八碳三烯酸	$CH_3(CH_2)_4CH=CHCH_2CH=CHCH_2CH$ $=CH(CH_2)_4COOH$ (all cis)	
花生四烯酸	$20:4^{\Delta 5,8,11,14}$	5,8,11,14-二十碳四烯酸	$CH_3(CH_2)_4(CH=CHCH_2)_4(CH_2)_2$ $COOH$(all cis)	-49.5
甘碳五烯酸	$20:5^{\Delta 5,8,11,14,17}$	5,8,11,14,17-甘碳五烯酸	$CH_3CH_2(CH=CHCH_2)_5CH_2CH_2COOH$ (all cis)	
廿二碳六烯酸	$22:6^{\Delta 4,7,10,13,16,19}$	4,7,10,13,16,19-廿二碳六烯酸	$CH_3CH_2(CH=CHCH_2)_6CH_2COOH$ (all cis)	
		少见脂肪酸		
反油酸	$16:1^{\Delta 9,trans}$	9-十六碳烯酸（反）	$CH_3(CH_2)_5CH=CH(CH_2)_7COOH$(trans)	
	$18:1^{\Delta 9,trans}$	9-十八碳烯酸（反）	$CH_3(CH_2)_7CH=CH(CH_2)_7COOH$(trans)	
结核硬脂酸			$CH_3(CH_2)_7CH(CH_2)_8COOH$ $\quad\quad\quad\quad\ \ \vert$ $\quad\quad\quad\quad\ \ CH_3$	
结核菌酸			$CH_3(CH_2)_3CH(CH_2)_5CH(CH_2)_9CHCH_2COOH$ $\quad\quad\quad\ \vert\quad\quad\quad\ \vert\quad\quad\quad\ \ \vert$ $\quad\quad\quad\ CH_3\quad\quad\ \ CH_3\quad\quad\ \ CH_3$	
乳杆菌酸			$CH_3(CH_2)_6HC\!-\!CH(CH_2)_9COOH$ $\quad\quad\quad\quad\ \diagdown\ /$ $\quad\quad\quad\quad\ \ CH_2$	
脑羟脂酸		α-羟二十四烷酸	$CH_3(CH_2)_{21}CHCOOH$ $\quad\quad\quad\quad\quad\ \vert$ $\quad\quad\quad\quad\quad\ OH$	
桐油酸	$18:3^{\Delta 9,11,13}$	9,11,13-十八碳三烯酸	$CH_3(CH_2)_3CH=CH-CH=CH-CH$ $=CH(CH_2)_7COOH$	
神经酸	$24:1^{\Delta 15}$	15-二十四碳烯酸	$CH_3(CH_2)_7CH=CH(CH_2)_{13}COOH$	
大枫子酸			$\square CH(CH_2)_{12}COOH$	
蓖麻酸			$CH_3(CH_2)_5CHCH_2CH=CH(CH_2)_7COOH$ $\quad\quad\quad\quad\ \vert$ $\quad\quad\quad\quad\ OH$	
芥子酸	$22:1^{\Delta 13}$	13-二十二碳烯酸	$CH_3(CH_2)_7CH=CH(CH_2)_{11}COOH$	
		α-羟二十四碳烯酸	$CH_3(CH_2)_7CH=CH(CH_2)_{11}CHCOOH$ $\quad\quad\quad\quad\quad\quad\quad\quad\quad\ \vert$ $\quad\quad\quad\quad\quad\quad\quad\quad\quad\ OH$	

高等动、植物的脂肪酸有以下共性：

①多数链长为 14～20 个碳原子，都是偶数。最常见的是 16 或者 18 个碳原子。12 个碳以下的饱和脂肪酸主要存在于哺乳动物的乳脂中。

②饱和脂肪酸中最普遍的是软脂酸和硬脂酸。不饱和脂肪酸中最普遍的是油酸。

③在高等植物和低温生活的动物中，不饱和脂肪酸的含量高于饱和脂肪酸。

④不饱和脂肪酸的熔点比同等链长的饱和脂肪酸的熔点低（见表 2-2）。

⑤高等动植物的单不饱和脂肪酸（含有一个不饱和键的脂肪酸）的双键位置一般在第 9～10 位碳原子之间。多不饱和脂肪酸（含有一个以上不饱和键的脂肪酸）中的一个双键一般位于第 9～10 位碳原子之间，其他的双键位于 Δ^9 和烃链的末端甲基之间，而且在两个双键之间往往隔着一个甲烯基。例如，亚油酸的双键位置为 9～10、12～13，其间就有一个甲烯基：

$$CH_3CH_2CH_2CH_2CH_2CH{=}CH{-}CH_2{-}CH{=}CHCH_2CH_2CH_2CH_2CH_2CH_2COOH$$

13　12　　　　　10　9

甲烯基

只有少数植物的不饱和脂肪酸中含有共轭双键（—CH=CH—CH=CH—）。

⑥高等动植物的不饱和脂肪酸几乎都具有相同的几何构型，而且都属于顺式。只有极少数不饱和脂肪酸属于反式（见表2-2）。反式脂肪酸的简写表示法和顺式脂肪酸表示法的不同之处是在表示双键位置的符号右边加有 "*trans*" 的字样。如反十六碳烯酸写作$16{:}1^{\Delta 9,trans}$，又如反油酸写作 $18{:}1^{\Delta 9,trans}$ 等。

⑦细菌所含脂肪酸的种类比高等动、植物少得多。细菌脂肪酸的碳原子数目和高等动、植物脂肪酸的碳原子数目相似，也在 12 ～ 18 个碳原子之间，而且细菌中绝大多数脂肪酸为饱和脂肪酸，有的脂肪酸还带有分枝的甲基。细菌的不饱和脂肪酸只带有一个双键，到目前为止，还未发现带有两个以上双键的不饱和脂肪酸。

必需脂肪酸　哺乳动物体内能够合成饱和脂肪酸和单不饱和脂肪酸，但不能合成亚油酸和亚麻酸。我们把维持哺乳动物正常生长所需的而体内又不能合成的脂肪酸称为必需脂肪酸。哺乳动物体内所含的必需脂肪酸以亚油酸含量最多，它在三脂酰甘油和磷酸甘油酯中，占脂肪酸总量的 10% ～ 20%。哺乳动物体内的亚油酸和亚麻酸是从植物中获得的。这两种脂肪酸在植物中含量非常丰富，哺乳动物中的花生四烯酸是由亚油酸合成的，花生四烯酸在植物中并不存在。必需脂肪酸在体内的作用还未完全阐明，已发现的一个功能是作为合成前列腺素的必需前体，前列腺素是类似激素的物质，极微量的前列腺素就可以产生明显的生物活性。

饱和脂肪酸和不饱和脂肪酸的构象有很大的差别。饱和脂肪酸的碳氢链比较灵活，能以各种构象形式存在，因碳骨架中的每个单键可以自由旋转，它的完全伸展形式几乎是一条直链。

不饱和脂肪酸因有不能旋转的双键，而使整个脂肪酸分子只能具有一种或少数几种构象。双键的顺式构象使脂肪酸的碳氢链发生大约30°的弯曲。

顺式不饱和脂肪酸当加入一些催化剂并加热时，即可转化为反式。用这种方法可以很容易地使油酸转变为反油酸。虽然反油酸不是自然界存在的天然脂肪酸，但当将食用的菜籽油催化加氢时即可大量产生反油酸，催化加氢是制造人造黄油——麦吉林的必需步骤。人体内曾发现有反油酸，可能是食用人造黄油的缘故。

二、三脂酰甘油的类型

三脂酰甘油有许多不同的类型，主要是由它们所含脂肪酸的情况决定的。如果三个脂肪酸都是相同的，称为简单三脂酰甘油，如三硬脂酰甘油、三软脂酰甘油、三油酰甘油等，商品名称依次称为 tristearin, tripalmitin, triolein 等。如果含有两个或三个不同脂肪酸的三脂酰甘油称为混合三脂酰甘油。例如，一软脂酰二硬脂酰甘油，俗名 1-palmitoyldislearin，即属于混合三脂酰甘油。

多数天然脂肪都是由简单三脂酰甘油和混合三脂酰甘油组成的复杂混合物。到目前为止，还没有发现天然脂肪中脂肪酸的分布规律。

三、三脂酰甘油的理化性质

（一）物理特性

三脂酰甘油的熔点是由其脂肪酸成分所决定的。一般随饱和脂肪酸的数目和链长的增加而升高。例如，猪的脂肪中含油酸50%，熔点为36～40℃。人的脂肪中含油酸70%，溶点为17.5℃。植物油中含大量的不饱和脂肪酸，因此呈液态。

三脂酰甘油不溶于水，也没有形成高度分散态的倾向，而二脂酰甘油和单脂酰甘油因有游离羟基，故有形成高度分散态的倾向，其形成的水微粒称为微团。二脂酰甘油和单脂酰甘油常用于食品工业，使食物更均匀，便于加工。二脂酰甘油和单脂酰甘油都可以被机体利用。

三脂酰甘油倾向生成多晶变态。不论是简单酯还是混合酯，大部分均有三种多晶变态，用Ⅰ，Ⅱ，Ⅲ或 α，β，γ 命名。如三硬脂酰甘油：

Ⅰ型（α 型），稳定，熔点72.5℃，密度最大，三斜形堆积；

Ⅱ型（β 型），介稳，熔点64.3℃，密度中等，正交形堆积；

Ⅲ型（γ 型），不稳定，熔点54.4℃，密度小，六方形堆积。

硬脂酰二油酰甘油熔点为23℃，三种多晶型的熔点分别为22.9℃、8.6℃和 -1.5℃。其他甘油脂也有类似现象，最少为三晶型，并且属单晶体的多晶型。当熔融油脂冷却时，产生最不稳定的易熔结晶型，以后渐渐变为最稳定型，此种转变当接近熔点时进行得最快。

晶型对油脂的物理性质影响很大，油脂的塑性稠度受晶粒的大小及其总体积的影响。当晶粒的平均大小减少时，油脂逐渐变得坚硬；当晶粒的平均大小增加时，则变软。如猪脂的结晶粗大，影响其使用。结晶大小与温度升降影响很大，一般在接近熔点温度调温让其结晶，可得到均匀微小的晶体，这是可可脂生产中最重要的一环。

（二）化学性质

1. 由酯键产生的性质

（1）水解和皂化　当将酰基甘油与酸或碱共煮或与脂酶作用时，都可发生水解。当用碱水解时称为皂化作用。皂化的产物是甘油和肥皂，肥皂即脂肪酸的钠盐。酸水解与碱水解的区别在于：酸水解是可逆的，而碱水解是不可逆的。碱水解不可逆的原因是因为当有过量碱存在时，脂肪酸的羧基全部处于解离状态或成为负离子，因而没有和醇发生作用的可能性；在酸性条件下，反应体系基本上是可逆的，而使反应趋向平衡。所以，一般是用碱而不是用酸来水解脂肪。

皂化值是指完全皂化1g油或脂（简称油脂）所消耗的氢氧化钾的毫克数。

（2）酸酯取代及醇酯变换　在一定条件下，脂肪酸和醇类可分别与三脂酰甘油发生酸酯取代和醇酯变换反应：

$$
\begin{array}{l}
CH_2OCOR_1 \\
| \\
CHOCOR_2 \\
| \\
CH_2OCOR_3
\end{array}
\quad
\begin{array}{l}
R_4OH \\
+ \\
R_5COOH
\end{array}
\longrightarrow
\begin{array}{l}
CH_2OH \\
| \\
CHOCOR_5 \\
| \\
CH_2OCOR_3
\end{array}
\quad
\begin{array}{l}
R_4OCOR_1（醇酯变换产物） \\
+ \\
R_2COOH（酸酯取代产物）
\end{array}
$$

油脂工业中，可利用醇酯变换反应生产二脂酰甘油：

$$2 \begin{bmatrix} \text{—OCOR} \\ \text{—OCOR} \\ \text{—OCOR} \end{bmatrix} + \begin{bmatrix} \text{—OH} \\ \text{—OH} \\ \text{—OH} \end{bmatrix} \xrightarrow{\text{微波反应器}} 2 \begin{bmatrix} \text{—OH} \\ \text{—OCOR} \\ \text{—OCOR} \end{bmatrix} + \begin{bmatrix} \text{—OCOR} \\ \text{—OH} \\ \text{—OCOR} \end{bmatrix}$$

如为了减少棉籽油冬化处理，用相对分子质量较低的脂肪酸取代部分棕榈酸，可达到降低浊点的目的。利用醇酯变换（醇解）反应则可制备各种单酯。

在熔点以上的温度条件下，油脂可进行分子内重排和分子间重排反应，即酯酯重排。此时，脂肪酸进行随机分布反应，用 A，B，C 代表脂肪酸；a，b，c 代表其摩尔分数，则当体系达到平衡后，即可知甘油酯的种类和组合比率为

简单甘油酯：$AAA = (a \times a \times a)/10000(M\%)$

双脂酸甘油酯：$AAB = 3(a \times a \times b)/10000(M\%)$

三脂酸混合酯：$ABC = 6(a \times b \times c)/10000(M\%)$

利用酯酯重排反应可对原料油脂进行有效的改质，如将猪油改质后可加工成可塑性范围很大的起酥油。

2. 由不饱和脂肪酸产生的性质

（1）氧化 油脂在空气中暴露过久即产生难闻的臭味，这种现象称为酸败。酸败的化学本质是由于油脂水解放出了游离的脂肪酸，后者再氧化成醛或酮，低相对分子质量的脂肪酸（如丁酸）的氧化产物都有臭味。脂解酶或称脂酶可加速此反应，脂肪酸的双键先氧化

为过氧化物 $O\!-\!O$ ，再分解成为醛或酮。油脂暴露在日光下可加速此反应。

中和 1 克油脂中的游离脂肪酸所消耗的氢氧化钾的毫克数称为酸值。酸败的程度一般用酸值来表示。

不饱和脂肪酸氧化后形成的醛或酮可聚合成胶膜状的化合物，桐油等可用作油漆即根据此原理。

（2）氢化 油脂中的不饱和键可以在金属镍催化下发生氢化反应，氢化可防止酸败作用。

（3）卤化 油脂中不饱和键可与卤素发生加成反应，生成卤代脂肪酸，这一作用称为卤化作用。碘值是 100g 油脂所能吸收的碘的克数。也可用碘的百分数表示，在实际测定中多用溴化碘或氯化碘。

3. 由羟酸产生的性质

油脂中含羟基的脂肪酸可与醋酸酐或其他酰化剂作用形成相应的酯，称为乙酰化。乙酰化值是 1g 乙酰化的油脂所放出的乙酸用氢氧化钾中和时，所需氢氧化钾的毫克数。

第二节 磷脂类

磷脂是分子中含磷酸的复合脂，分为磷酸甘油酯和鞘氨醇磷酯类，其醇类物质分别为甘油和鞘氨醇。

一、磷酸甘油酯

（一）磷酸甘油酯的组成

这类化合物中所含甘油的第 3 个羟基被磷酸酯化，而其他两个羟基被脂肪酸酯化。它的

结构可表示如下：

$$
\begin{array}{l}
\mathrm{CH_2OCOR_1} \\
\mathrm{R_2OCO-C-H} \qquad \mathrm{O^-} \\
\mathrm{CH_2-O-P-O-X} \\
\qquad\qquad\quad \mathrm{O}
\end{array}
\qquad (\text{X 为醇基})
$$

　　磷酸甘油酯所含的两个长的碳氢链，使整个分子的一部分带有非极性的性质。而甘油分子的第三个羟基是有极性的，这个羟基与磷酸形成酯键相连。我们把这个极性部分称为极性头，把非极性的碳氢长链称为非极性尾。所以，这类化合物又称为两性脂类，或称极性脂类。不同类型的磷酸甘油酯的分子大小、形状、极性头部基团的电荷等都不相同，每一类磷酸甘油酯又根据它所含脂肪酸的不同分为若干种。分子中一般含有 1 分子饱和脂肪酸和 1 分子不饱和脂肪酸，不饱和脂肪酸在第 2 个碳原子上。

（二）主要的磷酸甘油酯

1. 磷脂酰胆碱

磷脂酰胆碱又称胆碱三磷酸甘油酯，俗名为卵磷脂，见表 2-3。

表 2-3　常见甘油磷脂的名称、分子组成、分布和生物作用

系统名称	习惯名称	相同部分（分子/分子）			不同部分（分子/分子）		分布及生物作用
		甘油	脂肪酸	磷酸	氨基醇	其他	
$L\text{-}\alpha\text{-}$磷脂酰胆碱 3-sn-磷脂酰胆碱	卵磷脂	1	2	1	胆碱 $\overset{+}{\mathrm{HOCH_2CH_2N(CH_3)_3}}$		植物、动物中（脑、精液、肾上腺和红细胞中尤多，卵黄含量可达 8% ～ 10%）。生物膜主要成分之一。控制肝脂代谢，防止脂肪肝的形成
$L\text{-}\alpha\text{-}$磷脂酰乙醇胺 3-sn-磷脂酰乙醇胺	脑磷脂	1	2	1	乙醇胺 $\overset{+}{\mathrm{HOCH_2CH_2NH_3}}$		参与血液凝结
$L\text{-}\alpha\text{-}$磷脂酰丝氨酸 3-sn-磷脂酰丝氨酸	丝氨酸磷脂	1	2	1	丝氨酸 $\mathrm{HO-CH_2-CH-COO^-}$ $\overset{+}{\mathrm{NH_3}}$		引起损伤表面凝血酶原的活化
$L\text{-}\alpha\text{-}$磷脂酰肌醇 3-sn-磷脂酰肌醇	肌醇磷脂	1	2	1 ～ 3	肌醇		单磷酸脂存在于肝、心肌中；双、三磷酸脂存在于脑中
$L\text{-}\alpha\text{-}$磷脂酰缩醛 3-sn-磷脂酰缩醛	缩醛磷脂	1	1 （2C）	1	胆碱或乙醇胺	长链烯醇 （1C）	细胞膜、肌肉和神经细胞膜中含量特别丰富
二磷脂酰甘油	心磷脂	3	4	2	—	—	存在于细菌细胞膜中、真核细胞线粒体内膜中

磷脂酰胆碱（卵磷脂）是白色蜡状物质，极易吸水，其不饱和脂肪酸能很快被氧化。各种动物组织、脏器中都含有相当多的磷脂酰胆碱（卵磷脂），卵黄中含量达 8% ～ 10% 。

胆碱的碱性甚强，可与氢氧化钠相比，在生物界分布很广，且有重要的生物功能。磷脂酰胆碱有控制动物机体脂肪代谢、防止形成脂肪肝的作用。乙酰胆碱是一种神经递质，与神经兴奋的传导有关。在甲基移换作用中胆碱可提供甲基。

2. 磷脂酰乙醇胺

磷脂酰乙醇胺又称乙醇胺磷酸甘油酯，俗名脑磷脂。脑磷脂也是在动植物中含量最丰富的磷脂，脑磷脂与血液凝固有关，可能是凝血酶致活酶的辅基。

3. 缩醛磷脂

缩醛磷脂与前面几类不同之处是：分子中一个脂肪酸是长链脂肪酸，与甘油 ^{2}C 以酯键相连，另一个是长碳氢链，以顺式 α，β 不饱和醚键与甘油 ^{1}C 相连。其结构式如下：

$$CH_3(CH_2)_7CH{=\!=}HC(CH_2)_7OCOCH \begin{array}{c} H_2C{-\!\!-}O{-\!\!-}CH{=\!=}CH(CH_2)_{15}{-\!\!-}CH_3 \\[2mm] \qquad\qquad\qquad O \\[1mm] CH_2{-\!\!-}O^-{-\!\!-}P{-\!\!-}O{-\!\!-}CH_2{-\!\!-}CH_2{-\!\!-}{}^+NH_3 \\[1mm] \qquad\qquad\qquad O \end{array}$$

缩醛磷脂

缩醛磷脂是烷基醚酰基甘油酯的类似物，缩醛磷脂所共有的极性头是乙醇胺，与磷酸相连。缩醛磷脂在细胞膜中，特别是在肌肉和神经细胞膜中含量丰富。

重要的磷酸甘油酯还有丝氨酸磷脂、肌醇磷脂和心磷脂等。

（三）磷酸甘油酯的性质

1. 氧化作用

纯的磷酸甘油酯都是白色蜡状固体，暴露在空气中容易变黑，这是由于磷酸甘油酯中的不饱和脂肪酸在空气中被氧化，形成过氧化物，进而形成黑色过氧化物的聚合物。当在人体皮肤中富集时则可形成黄褐色斑、寿斑等。

2. 溶解度

磷酸甘油酯溶于含有少量水的多数非极性溶剂中，用氯仿—甲醇混合溶剂很容易将组织和细胞中的磷酸甘油酯类萃取出来，但是磷酸甘油酯不易溶于无水丙酮。当将磷酸甘油酯溶在水中时，除极少量易形成真溶液外，绝大部分不溶的脂类形成微团。

3. 电荷和极性

所有的磷酸甘油酯在 pH = 7 时，其磷酸基团带有负电荷。磷酸基团离解的 pK' 值为 1 ～ 2 。磷脂酰肌醇、磷脂酰甘油、磷脂酰糖类的极性头部不带电荷，但因含有羟基，所以是极性的。而磷脂酰乙醇胺和磷脂酰胆碱的极性头部在 pH = 7 时都带正电荷，因此这两种化合物本身是既带正电荷又带负电荷的兼性离子，而整个分子是电中性的。磷脂酰丝氨酸含有一个氨基（pK' = 10）和一个羧基（pK' = 3），因此磷脂酰丝氨酸分子在 pH = 7 时带有 2 个负电荷和 1 个正电荷，净剩 1 个负电荷。O-赖氨酰磷脂酰甘油有 2 个正电荷和 1 个负电荷，净剩 1 个正电荷，见表 2-4。

表 2-4　各种甘油磷脂极性头部和电荷量

甘油磷脂	极　性　头　部	磷酸基团	肌醇等基团	净电荷
磷脂酰肌醇	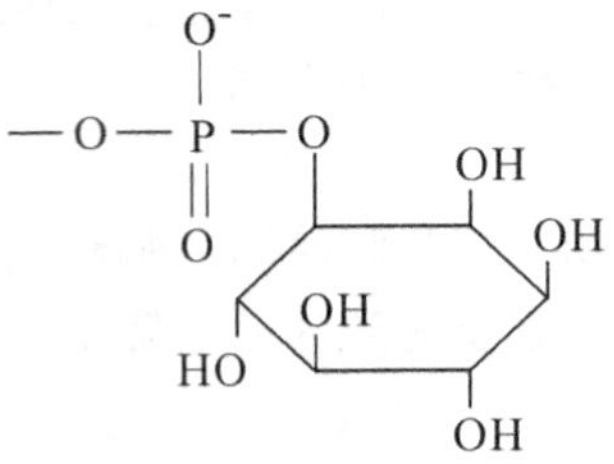	-1	0	-1
磷脂酰甘油	$-O-P-O-CH_2-CHOH-CH_2OH$	-1	0	-1
磷脂酰糖类	$-O-P-O-$糖	-1	0	-1
磷脂酰胆碱	$-O-P-O-CH_2CH_2\overset{+}{N}(CH_3)_3$	-1	+1	0
磷脂酰乙醇胺	$-O-P-O-CH_2CH_2\overset{+}{N}H_3$	-1	+1	0
磷脂酰丝氨酸	$-O-P-O-CH_2CH-COO^-$ $\overset{+}{N}H_3$	-1	+1, -1	-1
S'-O-赖氨酰磷脂酰甘油	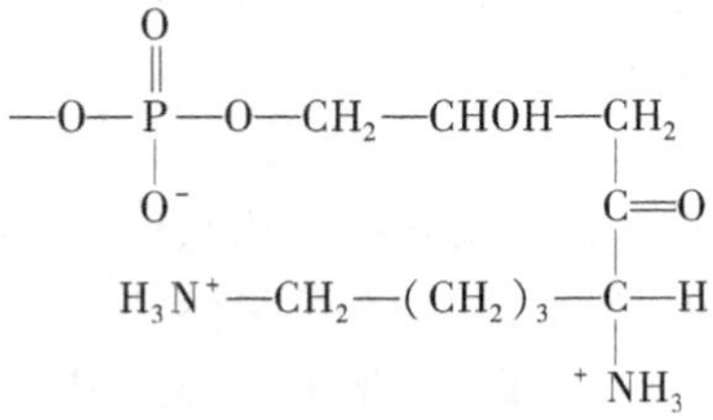 $-O-P-O-CH_2-CHOH-CH_2$ ... $H_3N^+-CH_2-(CH_2)_3-C-H$ $\overset{+}{N}H_3$	-1	+2	+1
二磷脂酰甘油（心磷脂）	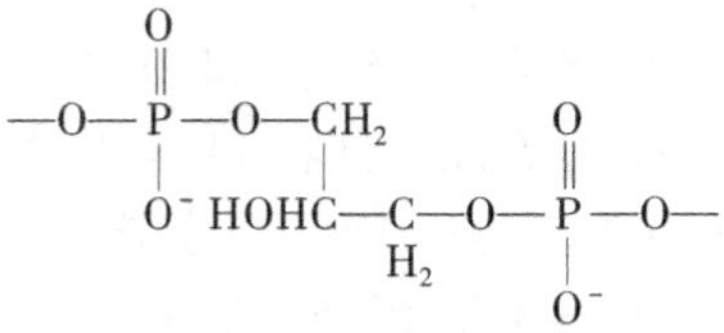 $-O-P-O-CH_2$ ... $HOHC-C-O-P-O-$	-2	0	-2

4．水解作用

磷酸甘油酯用弱碱水解生成脂肪酸的金属盐，剩余的部分不被水解。水解磷脂酰乙醇胺的反应如下：

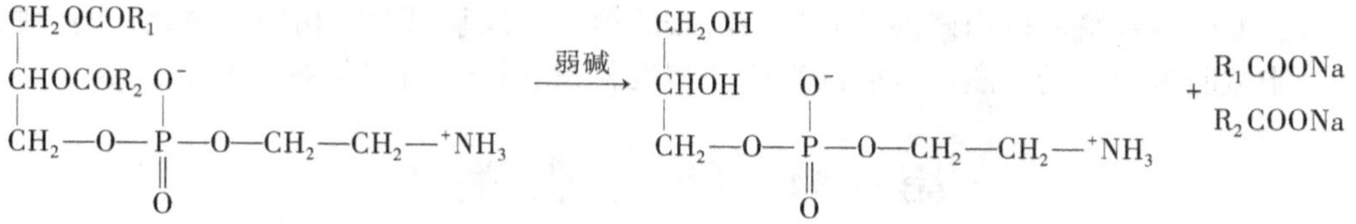

$$
\begin{array}{l}
\text{CH}_2\text{OCOR}_1 \\
\text{CHOCOR}_2 \ \text{O}^- \\
\text{CH}_2\text{—O—P—O—CH}_2\text{—CH}_2\text{—}^+\text{NH}_3 \\
\qquad\qquad\ \ \text{O}
\end{array}
\xrightarrow{\text{弱碱}}
\begin{array}{l}
\text{CH}_2\text{OH} \\
\text{CHOH} \quad \text{O}^- \\
\text{CH}_2\text{—O—P—O—CH}_2\text{—CH}_2\text{—}^+\text{NH}_3 \\
\qquad\qquad\ \text{O}
\end{array}
+
\begin{array}{l}
\text{R}_1\text{COONa} \\
\text{R}_2\text{COONa}
\end{array}
$$

如有强碱水解则生成脂肪酸、乙醇胺和磷酸甘油。

二、鞘氨醇磷脂类

鞘氨醇磷脂类是长的、不饱和的氨基醇，是鞘氨醇而非甘油的衍生物。其结构式如下：

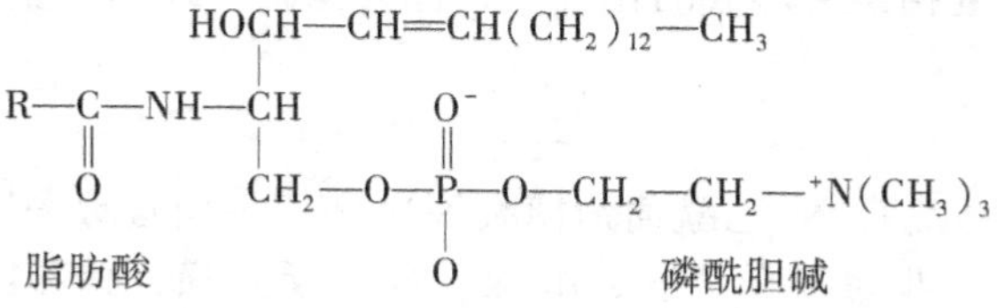

$$
\begin{array}{l}
\qquad\qquad\quad \text{HOCH—CH}=\text{CH(CH}_2)_{12}\text{—CH}_3 \\
\text{R—C—NH—CH} \qquad\quad \text{O}^- \\
\quad\ \text{O} \qquad\quad \text{CH}_2\text{—O—P—O—CH}_2\text{—CH}_2\text{—}^+\text{N(CH}_3)_3 \\
\qquad\qquad\qquad\qquad\quad\ \text{O}
\end{array}
$$

脂肪酸 　　　　　　　　　磷酰胆碱

鞘氨醇磷脂

1．鞘氨醇

鞘氨醇是鞘脂类所含有的氨基醇的一种，它因含有氨基故为碱性。已发现的鞘氨醇类有30余种，在哺乳动物的鞘脂类中主要含有鞘氨醇和二氢鞘氨醇；在高等植物和酵母中为4-羟双氢鞘氨醇，又称植物鞘氨醇；海生无脊椎动物常含有双不饱和氨基醇，如4,8-双烯鞘氨醇，其结构式如图2-1所示。

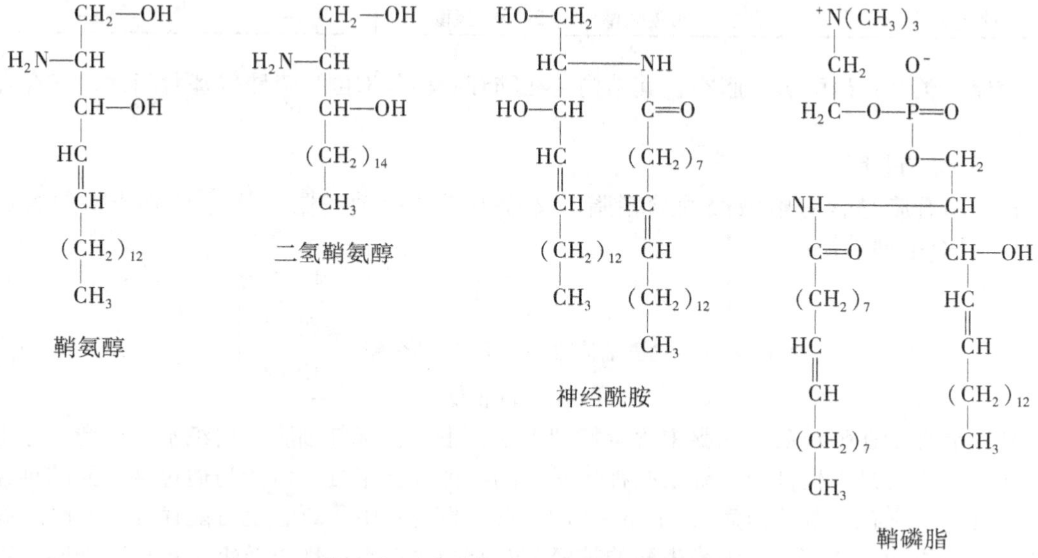

图2-1 鞘氨醇、二氢鞘氨醇、神经酰胺、鞘磷脂的结构式

2．神经酰胺

神经酰胺是构成鞘脂类的母体结构，它的结构是由鞘氨醇和1个长链脂肪酸（18～26个C）以鞘氨醇第二个碳上的氨基与脂肪酸的羧基形成的酰胺键相连。因此，神经酰胺含有

两个非极性的尾部。鞘氨醇第一个碳原子上的羧基是与极性头相连的部位。

3. 鞘磷脂

鞘磷脂是鞘脂类的典型代表，它是高等动物组织中含量最丰富的鞘脂类。鞘磷脂的极性头是磷酰乙醇胺或磷酰胆碱由磷酸基和神经酰胺的第一个羟基以酯键相连，因此，鞘磷脂的性质和磷脂酰胆碱以及磷脂酰乙醇胺的性质很相近，在 pH = 7 时也是兼性离子。

第三节　结　合　脂　类

一、糖脂类

一个或多个单糖残基与脂类部分单脂酰或二脂酰甘油，像鞘胺醇样，长链上的碱基或神经酰胺上的胺基以糖苷键相连所形成的化合物，称为糖脂。以脑苷脂和神经节苷脂为代表。

1. 脑苷脂类

其共同结构是：

葡萄糖（或半乳糖、岩藻糖、N-乙酰葡萄糖胺等）——糖苷键——鞘氨醇——酰胺键——脂肪酸（24℃）

它占脑干重的11%，少量存在于肝、胸腺、肾、肾上腺、肺和卵黄中。天然存在的脑苷脂种类如表2-5所示。

表 2-5　四种天然存在的脑苷脂

脑 苷 脂 类	脂 肪 酸 残 基	相对分子质量	熔 点（℃）
角苷脂	二十四碳烷酸（24:0）	812	180
羟脑苷脂	2-羟二十四碳烷酸	828	212
神经苷脂	二十四碳烯酸（24:0），即神经酸	810	180
羟神经苷脂	2-羟二十四碳烯酸，即2-羟神经酸	—	—

脑硫脂类又称硫酸脑苷脂类，其结构是在脑苷脂糖基 ^{3}C 位为硫酸残基所酯化，它存在于脑中。

2. 神经节苷脂

神经节苷脂是含有唾液酸的糖鞘脂，又称为唾液酸糖鞘脂。脑神经节苷脂的熔点为190℃，具有下列结构：

半乳糖 —N-乙酰葡糖胺 —半乳糖-葡萄糖—〔神经酰胺〔鞘氨醇／脂肪酸〕〕
　　　　　　　　　　　唾液酸

神经节苷脂在脑灰质和胸腺中含量特别丰富，也存在于红细胞、白细胞、血清、肾上腺和其他脏器中，是中枢神经系统某些神经元膜的特征性脂组分，可能与通过神经元的神经冲动传递有关。它在一些遗传病（如 tay - sachs 病）患者脑中积累，也可能存在于乙酰胆碱和其他神经介质的受体部位，细胞表面的神经节苷脂与血型专一性以及组织免疫和细胞识别等都有关系。

二、脂蛋白类

脂蛋白类可根据蛋白质组成，大致分为以下三类：

1. 核蛋白类

其代表是凝血酶致活酶，它含脂类达40%～50%（其中卵磷脂、脑磷脂和神经磷脂占其大半），含核酸约18%。

2. 磷蛋白类

卵黄中的脂磷蛋白，含脂类18%。在中性盐（氯化钠等）存在下溶于水，但用醇从中除去脂后即不再溶解。

3. 单纯蛋白类

它与脂的重要结合物有血浆脂蛋白，可溶于水；还有从脑等组织中分离得到的脑蛋白脂，它不溶于水，易溶于氯仿、甲醇和水的混合溶液中。

血浆脂蛋白类型多种，脂类蛋白质部分的含量和组成比例并不相同，它们在体内的合成部位和生理功能也各不相同。通常用高 NaCl 浓度或密度梯度下超速离心方法，根据不同脂蛋白所含脂类多少、密度大小的差别，可将血浆脂蛋白分为五个密度范围不同的组成部分：乳糜微粒、极低密度脂蛋白（VLDL）、低密度脂蛋白（LDL）、中间密度脂蛋白（IDL）和高密度脂蛋白（HDL）。根据不同脂蛋白所带电荷和颗粒大小的差别，可用纸电泳、乙酸纤维薄膜电泳和琼脂糖电泳等方法将血浆脂蛋白分为四个区带：位于原点不移动的乳糜微粒、前β-、β-和α-脂蛋白等。总结、对比各种血浆脂蛋白的性质如表2-6所示。

表2-6 主要的人血浆脂蛋白的组成和性质

脂蛋白类别	密度（g/cm³）	颗粒直径（nm）	主要载脂蛋白（apo）	组成（%）干重				
				蛋白质	胆固醇	胆固醇脂	磷脂	三酰甘油
乳糜颗粒	0.92～0.96	100～500	B-48，A，C，E	1～2	2	4	8	84～85
VLDL	0.95～1.006	30～80	B-100，C，E	10	8	14	18	50
IDL	1.00～1.019	25～50	B-100，E	18	8	22	22	30
LDL	1.01～1.063	18～28	B-100	25	9	40	21	5
HDL	1.063～1.21	5～15	A-1，A-2，C，E	50	3	17	27	3

乳糜微粒是由小肠上皮细胞合成的，主要成分来自食物脂肪，还有少量蛋白质。由于它的颗粒大，使光散射呈乳浊状，这是餐后血清混浊的原因。也由于它的颗粒大、比重轻，当放置在4℃冰箱过夜时，它上浮，形成白色"奶油"样层，这是临床检查病理性乳糜微粒存在的简易方法。

极低密度脂蛋白（LDL₁，又称 VLDL） 它是由肝细胞合成的，其主要成分也是脂肪。当血液流经脂肪组织、肝和肌肉等组织的毛细血管时，乳糜微粒和 VLDL 为毛细血管管壁脂蛋白脂酶所水解，所以在正常人空腹血浆中几乎不易检查出乳糜微粒和 VLDL。

低密度脂蛋白（LDL） 它来自肝脏，富含胆固醇，磷脂含量也不少。

中密度脂蛋白（IDL） 其所含的三酰甘油和胆固脑的量介于 VLDL 和 LDL 之间。一部分 IDL 被肝直接吸收，其余部分转变为 LDL。

高密度脂蛋白（HDL） 它也来自肝脏，其颗粒最小，主要脂类组分为磷脂和胆固醇，分别约占总血浆脂类的45%和38%。

第四节 简单脂类

简单脂类的特点是它们都不含结合的脂肪酸，它们在组织和细胞内的含量都比复合脂类少，但是却包括许多有重要生物功能的物质，如维生素、激素、前列腺素等。

简单脂类主要分为三大类：萜类、类固醇类化合物和前列腺素类。

一、萜类

萜类和类固醇类化合物都不含有脂肪酸，都是非皂化物质，而且都是异戊二烯的衍生物。

萜的分类主要根据异戊二烯的数目，有两个异戊二烯构成的萜称为二萜，同理还有三萜、四萜等等。

萜类有的是线状，有的是环状，有的二者兼有。相连的异戊二烯有的是头尾相连，有的是尾尾相连，多数直链萜类的双键都是反式，但是11-顺-视黄醛等11位上的双键为顺式。

植物中多数萜类都具有特殊臭味，而且是各类植物特有油类的主要成分。例如，柠檬苦素、薄荷醇、樟脑等依次是柠檬油、薄荷油、樟脑油的主要成分。

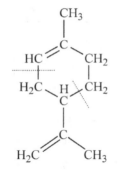

11-顺-视黄醛   柠檬苦素（环状单萜）

1. 单萜

如柠檬苦素，其结构如右上式。

2. 二萜

植物中存在的倍半萜和二萜类一般都具有药理活性，如叶绿醇健胃、青蒿素抗疟、穿心莲内酯祛热解毒、紫杉醇抗癌、甜菊糖苷治疗糖尿病等。

（1）叶绿醇 又称植醇，是叶绿素组成成分，其结构式如下：

$$H_3C-CH-(CH_2)_3-CH-(CH_2)_3-CH-CH_2-CH_2-CH_2-C=CH-CH_2OH$$

其中各支链上依次连有 CH_3、CH_3、CH_3、CH_3

叶绿醇

（2）青蒿素 是从中药青蒿中提取的有过氧基团的内酯药物。是高效、速效抗疟药。作用于疟原虫红细胞内期，适用于间日疟及恶性疟，特别是对抢救脑型疟有良效。

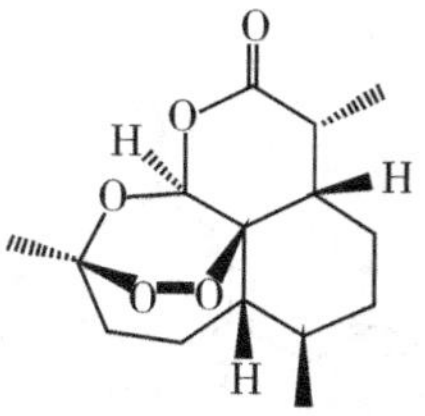

青蒿素

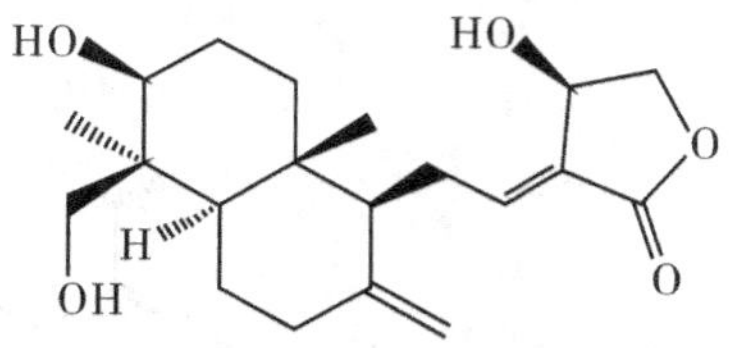

穿心莲内酯

（3）**穿心莲内酯** 为二萜类内酯化合物，是植物穿心莲的主要有效成分，具有祛热解毒，消炎止痛之功效，对细菌性与病毒性上呼吸道感染及痢疾有疗效。

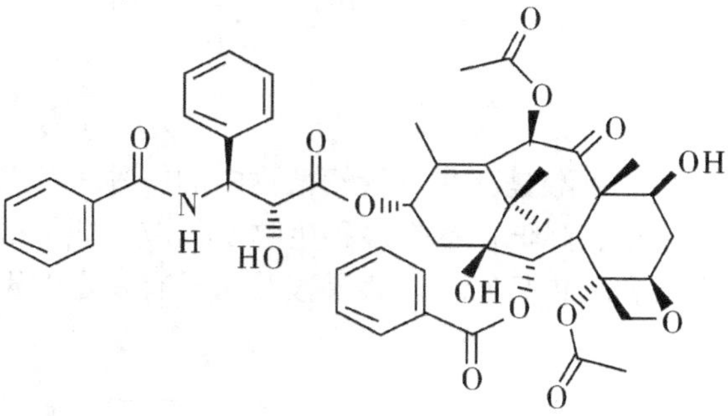

（4）**紫杉醇** 化学名称为 5β，20-环氧-1，2α，4，7β，10β，13α-六羟基紫杉烷-11-烯-9-酮-4，10-二乙酸酯-2-苯甲酸酯-13 〔（2'R，3'S）-N-苯甲酰-3-苯基异丝氨酸酯〕，是从紫杉（*Taxus brevifolia*）的树皮中提出的一种四环二萜化合物。它是微管的特

紫杉醇

异性稳定剂，能抑制细胞有丝分裂而抗癌。紫杉醇主要在肝脏代谢，随胆汁进入肠道，经粪便排出体外。

（5）**甜菊糖苷** 属四环二萜类化合物，具有高甜度、低热能的特点，用于治疗糖尿病。

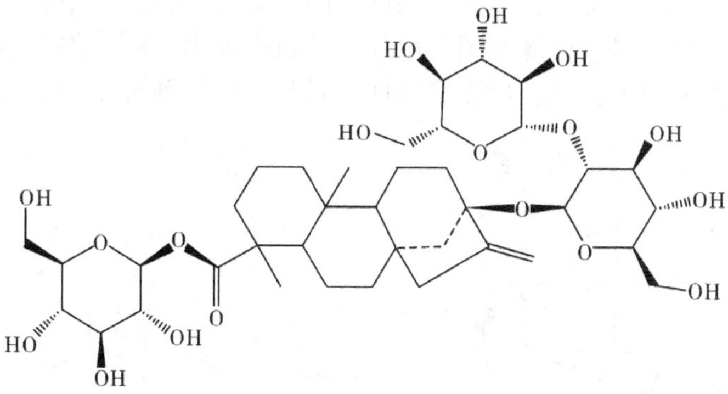

甜菊糖苷

3. 三萜

例如鲨烯，其结构式如下：

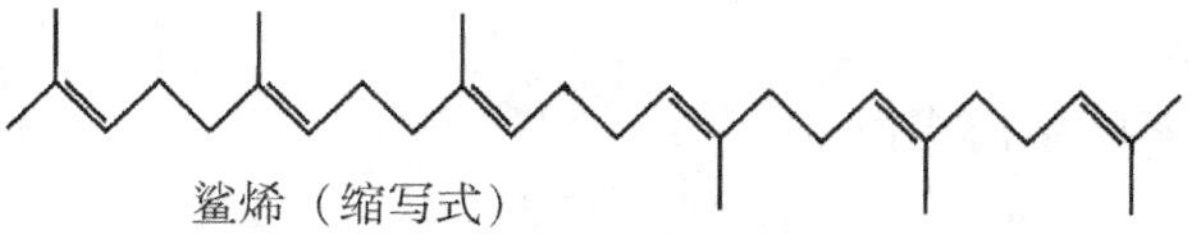

鲨烯（缩写式）

甘草酸是甘草的甜味成分，对肉瘤、癌细胞生长有抑制作用，对艾滋病的抑制率更高达90%，可增强人体免疫功能，而且也是很好的食品添加剂和香料基料。它可作为药物，具有抗炎、抗变态反应；也可作为甜味剂，广泛用于各类食品中。其结构式如下：

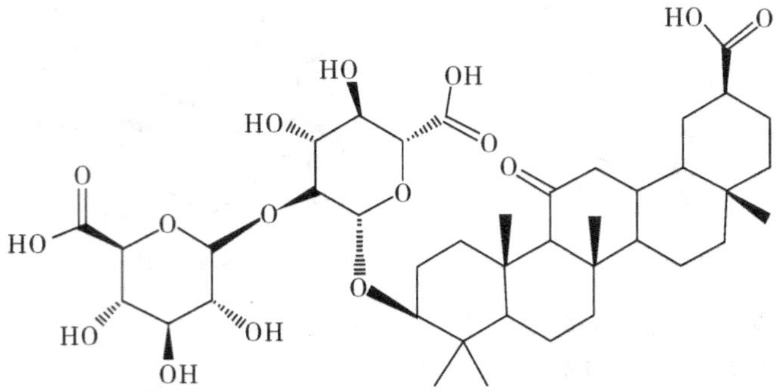

甘草酸

熊果酸是存在于天然植物中的一种三萜类化合物，具有镇静、抗炎、抗菌、抗糖尿病、抗溃疡、降低血糖等多种生物学效应。熊果酸还具有明显的抗氧化功能，因而被广泛地用作医药和化妆品原料。熊果酸对精子有一定的毒性作用，其结构式如下：

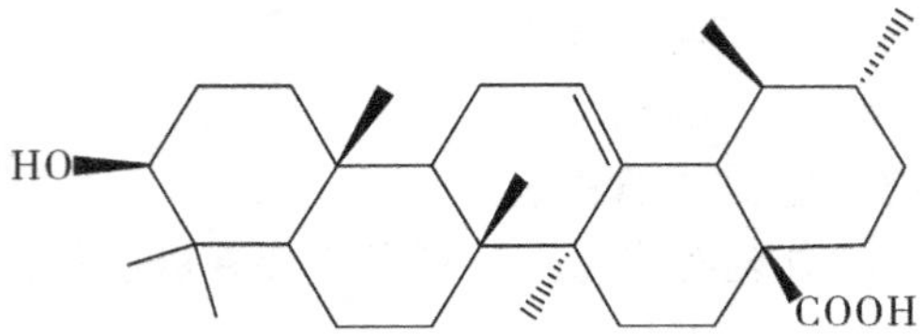

熊果酸

齐墩果酸为五环三萜类合物，主要有保肝、降转氨酶、促进肝细胞再生且具有抗炎、强心利尿、抗肿瘤等作用。引入重氮基团可增加亲核攻击能力，同时将醇基酮基化、羧酸基团酯化，以增强脂溶驻膜能力，延长代谢半衰期，可将齐墩果酸分子修饰成高效肾药。

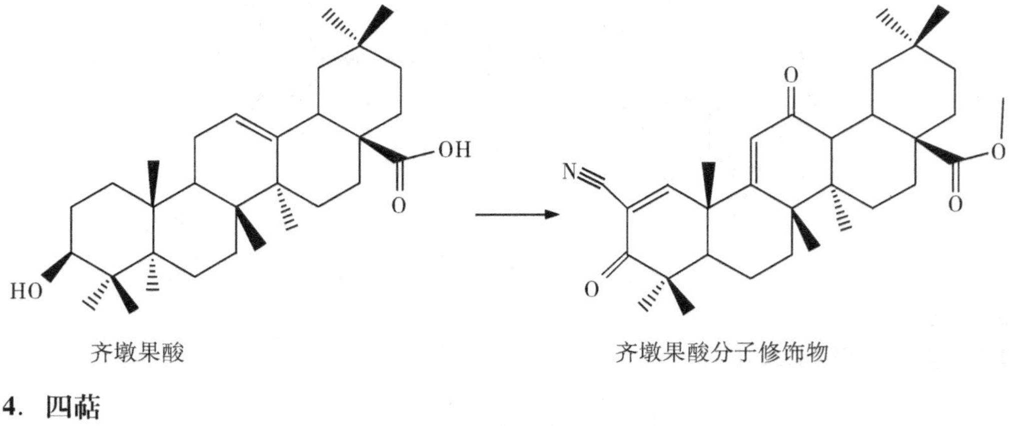

齐墩果酸　　　　　　　　　齐墩果酸分子修饰物

4. 四萜

胡萝卜素的结构式为：

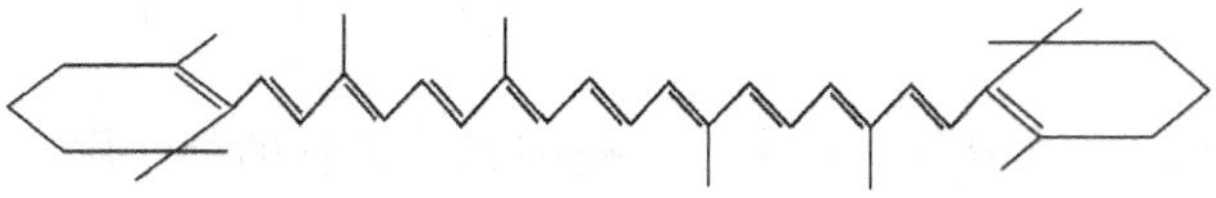

β-胡萝卜素

此外，还有多聚萜类，如天然橡胶等；维生素 A、E、K 等都属于萜类。多聚萜醇常以磷酸酯的形式存在，这类物质在糖基从细胞质到细胞表面的转移中，有类似辅酶的作用。糖基在细胞表面用于合成结合糖类。

二、类固醇类

类固醇类化合物即甾类，广泛分布于生物界。用脂肪溶剂提取动物组织中的脂类物质，其中常有多少不等的、不能为碱所皂化的物质，它们以环戊烷多氢菲为基本结构，称为类固醇类化合物。类固醇类化合物中又有一大类叫固醇类，其特点是在甾核的第 3 位上有一个羟基，在第 17 位上有一个分枝的碳氢链。根据甾核上羟基的变化，又分为固醇和类固醇衍生物两大类。

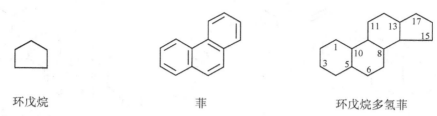

环戊烷　　　　　　　　　　菲　　　　　　　　　　环戊烷多氢菲

1．固醇类（固醇）

固醇类在生物界分布甚广，为一环状高分子一元醇。在生物体中，它可以游离状态或以与脂肪酸结合成酯的形式存在。

（1）动物固醇　动物固醇多以酯的形式存在。胆固醇是脊椎动物细胞的重要组分，在神经组织和肾上腺中含量特别丰富，约占脑固体物质的 17%；人体内发现的胆石，几乎全都是由胆固醇构成；肝、肾和表皮组织含量也相当多。伴随着胆固醇共同存在的还有微量的胆固醇的二氢化物，称胆固烷醇。胆固醇的结构式为：

胆固醇　　　　　　　　　　　　　　　　胆固醇烷醇

胆固醇易溶于乙醚、氯仿、苯及热乙醇中，不能皂化。胆固醇^{3}C羟基易与高级脂肪酸形成酯键。胆固醇与毛地黄糖苷容易结合而沉淀，利用这一特性可以测定溶液中胆固醇的含量。胆固醇在氯仿溶液中与乙酸酐及浓硫酸结合产生蓝绿色，其颜色的深浅与胆固醇浓度成正比，常用这一颜色反应来测定胆固醇（限于不饱和胆固醇）。

胆固醇能被动物吸收利用，动物体内也能自行合成，其生理功能尚未完全清楚。它与生物膜的透性、神经髓鞘的绝缘物质以及动物细胞对某种毒素的保护作用有一定的关系。

7-脱氢胆固醇存在于动物皮下，可能是由胆固醇转化而来的，在紫外线作用下可形成维生素 D_3。

（2）植物固醇　为植物细胞的重要组分，不能为动物吸收利用。植物固醇含量以豆固醇和麦固醇最多，它们分别存在于大豆、麦芽中。

（3）酵母固醇　存在于酵母菌、毒菌中，其含量以麦角固醇最多，经日光和紫外线照

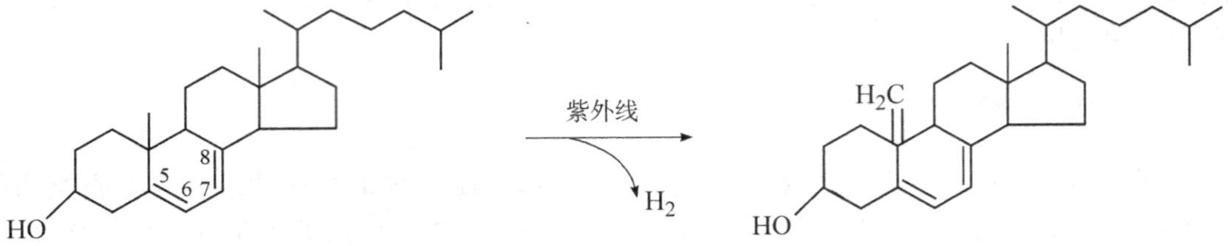

7-脱氢胆固醇　　　　　　　　　　　　　　　维生素D₃

射可以转化成维生素 D_2。

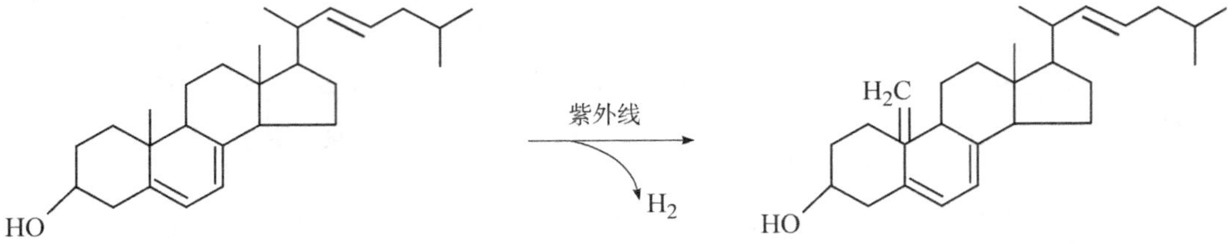

麦角固醇　　　　　　　　　　　　　　　　维生素D₂

2. 固醇衍生物

固醇衍生物的典型代表是胆汁酸，它具有重要的生理意义。

胆汁酸在肝中合成，可自胆汁中分离得到。人胆汁中含有三种不同的胆汁酸，即胆酸（3，7，12-三羟基）、脱氧胆酸（3，12-二羟基）及鹅脱氧胆酸（3，7-二羟基）。其结构式如下：

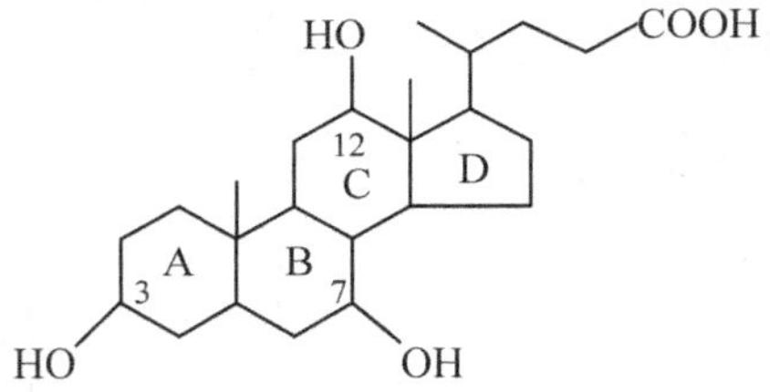

胆酸

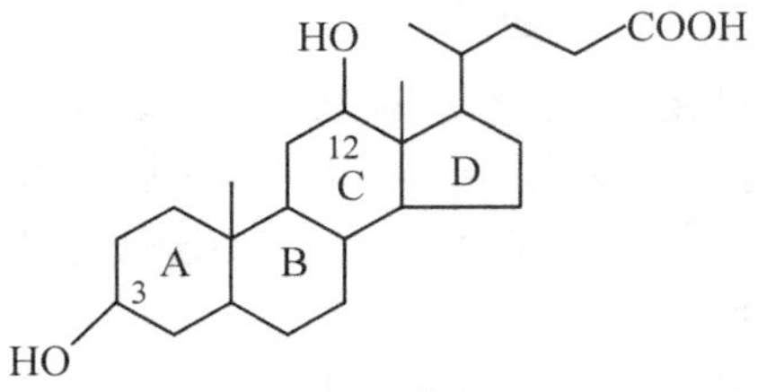

脱氧胆酸 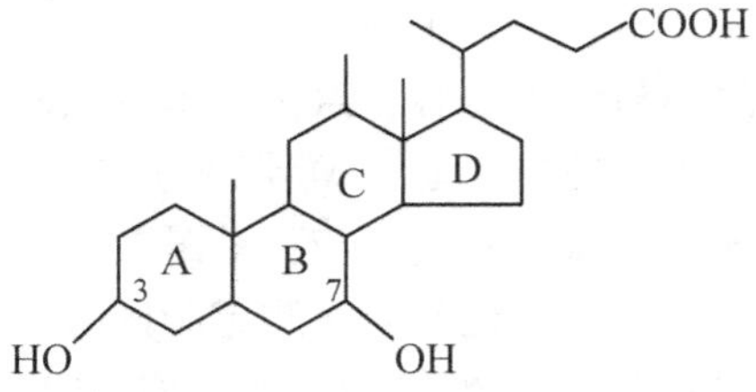　　　　　　　　　　　　　　鹅脱氧胆酸

大多数脊椎动物的胆酸能以肽键与甘氨酸（H_2NCH_2COOH）、牛磺氨酸（$H_2NCH_2CH_2SO_3H$）结合，分别形成甘氨胆酸和牛磺胆酸两种胆盐。它们是胆苦的主要原因。胆盐是一种乳化剂，能降低水和油脂的表面张力，使肠腔内油脂乳化成微粒，以增加油脂与消化液中脂肪酶的接触面积，便于消化吸收。

人参皂苷（Ginsenoside）也是一种固醇类化合物，被视为是人参中的活性成分，具有较高的抗肿瘤活性，可诱导肿瘤细胞凋亡，对正常细胞无毒副作用。其中研究最多且与肿瘤细胞凋亡最为相关的为人参皂苷 Rh2 与人参皂苷 Rg3。

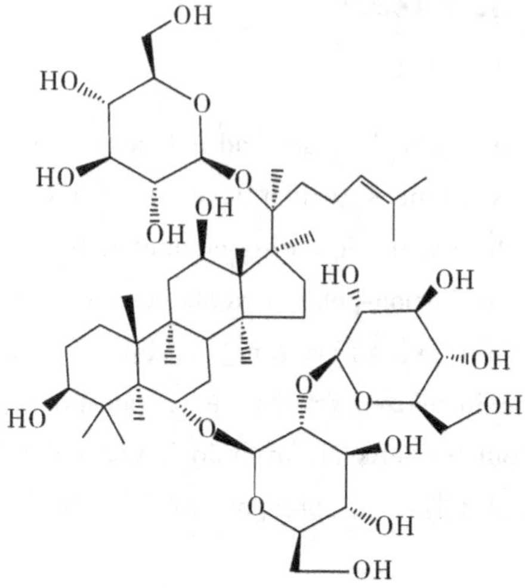

人参皂苷 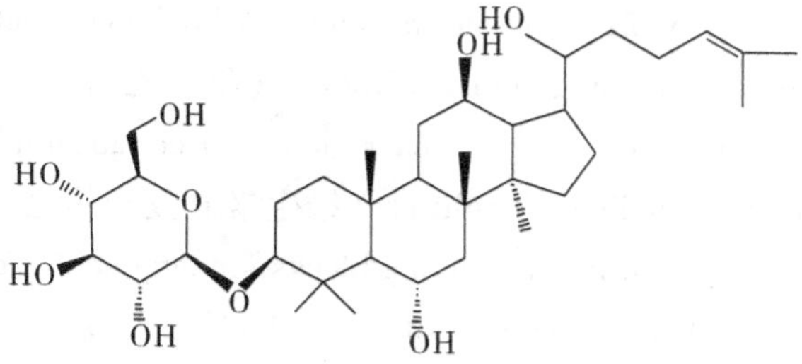　　　　　　　　　　　　　人参皂苷 Rh2

　　胆固醇含有一个醇羟基，可与有机酸发生酯化反应，其酯化产物在熔点附近会依温度升降而迅速在溶液 - 晶体间反复进行相变，且非常灵敏和稳定。此液晶色温特性依酯化基团的分子大小和物化特性不同而异。此物化特性使胆固醇酯类成为液晶基元而应用于各种液晶显示器材中。

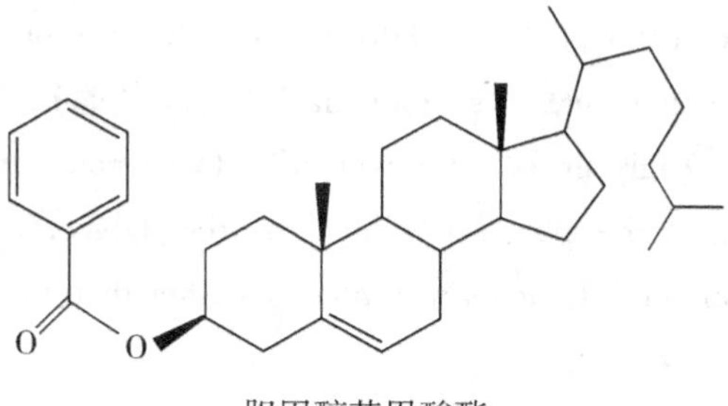

胆固醇苯甲酸酯

CHAPTER 2　LIPIDS

The lipids are organic substances occurring in plant and animal tissues and belong to a very heterogeneous ［ˌhetərəuˈdʒiːniəs］（不同种类的） group of substances, which have only a few properties in common. Lipids have been defined as substances having the following characteristics:

They are insoluble in water（hydrophobic）but soluble in non-polar solvents commonly termed fat solvents, e. g. ether ［ˈiːθə］ （醚，乙醚）, chloroform［ˈklɔ(ː)rəfɔːm］ （氯仿）, benzene, acetone, etc. This is because although certain lipids contain ionized groups, e. g. phosphate, serine and choline ［ˈkəuliːn］ （维生素 B 复合体之一）, but the bulk of any lipid is non-polar.

Their primary building blocks are fatty acids, glycerol （甘油）, sphingosine ［ˈsfiŋɡəusi(ː)n］ （神经鞘氨醇） and sterol ［ˈsterul］ （固醇）.

They can be utilized by the living organisms.

2.1　Classification of Lipids

There is no single internationally accepted system of classification of lipids. The following is one of the schemes of classification.

2.1.1　Simple Lipids

Fats　These are esters［ˈestəs］（酯）of fatty acids with glycerol. The names neutral fat, triglyceride and fat are used synonymously ［siˈnɔnimausli］ （同义地）; the term triacylglycerol is being used nowadays instead of triglyceride. However, due to its common usage in medical literature the term triglyceride rather than the more scientific term triacylglycerol will be used in this book.

Waxes　These are esters of fatty acids with alcohols other than glycerol （higher M_r monohydric alcohols.）

2.1.2　Compound or Complex Lipids

These are esters of fatty acids containing groups in addition to an alcohol and a fatty acid.

Phospholipids　These are lipids that contain an alcohol, fatty acid（s）and a phosphoric ［fɔsˈfɔrik］ （含磷的） acid residue; in addition they frequently have N-containing bases and other substituents; Based upon the type of alcohol present, phospholipids are divided into glycerophospholipids and sphingophospholipids in which the alcohol present is glycerol and sphingosine respectively.

Glycolipids　These contain sphingosine, a fatty acid and carbohydrate.

Sulfolipids ［ˈsʌlfulipidz］ （脑硫脂）　These contain sphingosine, a fatty acid, a sugar and a sulfate group.

Gangliosides ［ˈɡæŋɡliəsaidz］ （神经节苷脂）　These are very complex molecules. Their hydrolytic products are sphingosine, fatty acids, sugar units, N-acetylhexosamine and N-acetylneuraminic acid.

Lipoproteins   These are complexes of lipids with proteins.

2. 1. 3   Derived, Precursor and Associated Lipids

These are the hydrolytic products of the above mentioned compounds and include diglycerides, (diacylglycerols), fatty acids, alcohols including glycerol, sterols, vitamins D, E, K and carotenoids ['kə'rɔtənɔidz] (类胡萝卜素); eicosanoid compounds and terpenes ['tɜ:pi:ns] (萜烯, 萜烃) also belong to this class of lipids.

2. 2   Fatty Acids

These are acids occurring in natural triglycerides and are monocarboxylic acids arranging in chain length from 4 to usually 24 carbon atoms. All fatty acids have a single carboxyl group at the end of a hydrocarbon chain, which makes them acids. With some exceptions they contain even number of carbon atoms and the majority of fatty acids are those containing 16 and 18 carbon atoms. The naturally occurring saturated ['sætʃəreitid] (饱和的) fatty acids below 8 carbons in length are lipids at room temperature and are volatile. In waxes, fatty acids containing up to 34 carbon atoms have been found. Some bacterial waxes, such as those extracted form the tubercle bacilli, have very complex fatty acids that may contain as many as 90 carbon atoms.

2. 2. 1   Saturated Fatty Acids

Table 2-1 gives names, formulae and symbols of some important fatty acids.

Table 2-1   Important saturated fatty acids with their formulae and symbols

Common Name	Formula	Symbol
1. Butyric acid (丁酸)	C_3H_7COOH	4:0
2. Caproic acid	$C_5H_{11}COOH$	6:0
3. Palmitic acid	$C_{15}H_{31}COOH$	16:0
4. Stearic acid (硬脂酸, 十八 (烷) 酸)	$C_{17}H_{35}COOH$	18:0
5. Arachidic acid	$C_{19}H_{39}COOH$	20:0
6. Lignoceric acid	$C_{23}H_{47}COOH$	24:0

The symbols of saturated fatty acids have two numbers: the first represents the number of carbon atoms in the fatty acid while the second denotes the number of double bonds which obviously is zero in all these cases. Fatty acids with greater than 10 carbon atoms have been given systemic names too. For example, palmitic [pæl'mitik] (棕榈的) acid, stearic acid and arachidic acid are respectively call *n*-hexadecanoic acid (十六(烷)酸, 棕榈酸), *n*-octadecanoic acid (十八烷酸) and eicosanoic acid (二十烷酸); the symbol *n* means the normal unbranched structure. Palmitic acid and stearic acid are the two most fatty acids in human beings.

2. 2. 2   Unsaturated Fatty Acids

These are much more reactive than saturated fatty acids. Those having only one double bond are called monounsaturated acids. Oleic acid （油酸） and palmito-oleic acid are the most abundant monounsaturated, i. e. monoenoic fatty acids in man. Fatty acids with more than one double bond are called polyunsaturated, i. e. polyenoic fatty acids.

Table 2-2   Important unsaturated fatty acids with their formulae and symbols

Name	Formula	Symbol
1. Palmito-oleic acid	$C_{15}H_{29}COOH$	$16:1^{\Delta9}$
2. Oleic acid	$C_{17}H_{33}COOH$	$18:1^{\Delta9}$
3. Linoleic acid （亚油酸）	$C_{17}H_{31}COOH$	$18:2^{\Delta9}$
4. Alpha Linolenic acid （亚麻酸）	$C_{17}H_{29}COOH$	$18:3^{\Delta9,12,15}$
5. Gamma Linolenic acid	$C_{17}H_{29}COOH$	$18:3^{\Delta6,9,12}$
6. Arachidonic acid	$C_{19}H_{31}COOH$	$20:4^{\Delta5,8,11,14}$

In symbols of unsaturated fatty acids, the first number represents the number of carbon atoms in the fatty acid; the second number represents the number of double is the Greek letter, delta; it signifies double bond and the numbers following it are the numbers of the first carbon number No. 5, 8, 11 and 13. There is still another way to name unsaturated fatty acids. In this method counting of the carbon atoms is done from the —CH_3 group side. The type of fatty acid is given by the number of the first carbon atom from —CH_3 group side showing the double bond and the symbol Ω （omega） or simply n is placed before it.

Fig. 2-1   Structure of arachidonic acid

It is 5, 8, 11, 14, tetraenoic acid. Numbers represent numbers of carbon atoms counted from the —COOH terminal.

Thus the structure of arachidonic acid and hexadecanoic acid given in Fig. 2-1 shows that it has four double bonds situated at carbon atoms No. 5, 8, 11 and 14 when counted from the —COOH terminal side. However it is an omega-6 （or n-6） fatty acid when the carbon atoms are counted from —CH_3 terminal side.

The melting points of saturated fatty acids increase with an increase in their chain length. For example, it is 8℃ for butyric acid, 62℃ for palmitic acid and 70℃ for stearic acid. The melting points of unsaturated fatty acids decrease with increasing unsaturation as is clear from table 2-3.

Higher the degree of saturation and higher the chain length, higher will be the melting point. Vegetable oils like cottonseed oil, corn oil, soybean oil, etc. have an excess of unsaturated fatty acids and are liquids at room temperature. On hydrogenation under pressure and in the presence of nickel, which acts as the catalyst these oils are solidified; this is due to an increase in their melting points on becoming saturated.

2. 2. 3   Melting Points of Fatty Acids

Table 2-3   Melting points of some unsaturated fatty acids

Name of fatty acid	No. of double bond （s）	Melting point （℃）
Oleic	1	14
Linoleic	2	−5
Linoleinic	3	−10
Arachidonic	4	−50

2. 2. 4   Solubility of Fatty Acids

At physiological pH, the terminal carboxyl group, which has a pK_a around 4.8, ionizes becoming —COO⁻. This anionic group provides hydrophilic property to the fatty acids making them water-soluble. However the non-polar hydrocarbon chain being hydrophobic tends to make fatty acids hydrophobic. Thus the water-solubility of a fatty acid is determined in part by the ratio of the polar hydrophilic carboxyl group to the non-polar hydrophobic residue. Acetic acid is completely miscible with water because it contains only one hydrophobic, i. e. methyl group. As the chain length increases, the solubility of fatty acids decreases due to the increased number of methylene groups. With the same chain length the presence of double bonds increases the solubility; thus palmito-oleic acid is more soluble than palmitic acid.

2. 2. 5   Isomerism in Fatty Acids

Saturated chains may be straight chains or branched. Thus $CH_3CH_2CH_2COOH$ is the normal (n), i. e. straight chain butyric acid while
$$
\underset{H_3C}{\overset{H_3C \quad H}{\diagup}} C\text{—COOH}
$$
is the branched isobutyric acid.

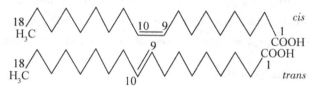

Fig. 2-2   Oleic acid: *cis* (above) and *trans* (below) forms

Carbon atoms are numbered, starting from the —COOH terminal.

In unsaturated fatty acids, the presence of a double bond can also give rise to isomerization; they can have either *cis* or *trans* configuration. All naturally occurring unsaturated fatty acids of mammals are of the *cis* configuration. The *cis* bond does not permit rotation around C—C and thus introduces rigid bend or kink in the hydrocarbon part of the molecule. The *trans* fatty acids are produced when natural fats contain unsaturated fatty acids are hydrogenated. Oleic acid can exist in two forms, *cis*-oleic acid and *trans*-oleic acid; the latter has a much higher melting point; *cis* and *trans* oleic acids are shown in Fig. 2-2. If the fatty acid has two or more double bonds, they are always spaced at three carbon intervals, e. g. 5, 8, 11 and so on.

2. 2. 6 Nutritionally Essential fatty Acids

Certain fatty acids must be taken in food by man because these fatty acids cannot be synthesized in the body. These are linolenic acid and α-linolenic acid which are polyunsaturated fatty acids.

2. 2. 7 Chemical Properties of Fatty Acids

Formation of salts　The fatty acids form salts with alkali metals and alkaline earth metals. Salts of sodium, potassium [pə'tæsijəm] (钾), calcium and magnesium [mæg'niːzjəm] (镁) are soaps. The sodium and potassium salts are soluble, while calcium and magnesium salts are insoluble in water. Potassium salts are too soluble for cake soaps; they are used in liquid preparation.

Formation of detergents　Reduction of the carboxyl group of fatty acids produces alkyl alcohols, which can be sulfated or sulfonated to form alkyl, sulfates or sulfonates which act as detergents. Unlike soaps, detergents are stable in acidic solutions and do not form insoluble salts with calcium or magnesium. They can be therefore used for washing clothes in hard water. Detergents are good cleansers because they are efficient wetting agents and emulsifiers.

Formation of esters　In combination with alcohols, fatty acids form esters. Mono-, di- and tri-glycerides (monoaycl-, diacyl- and triacyl-glycerols respectively) occur in nature.

Formation of eicosanoids　The polyunsaturated 20 carbon-containing fatty acids give rise to very important compounds which include prostaglandins (PGs), prostacyclins, thromboxanes, leukotrienes and lipoxins; the first three of these compounds are grouped under the term prostanoids though the name prostaglandins is loosely used as synonymous with prostanoids. Eicosanoids have many important physiological roles and some are finding a place in therapeutics.

2. 2. 8 Special Reactions of Unsaturated Fatty Acids

Hydrogenation　This results in the production of saturated fatty acids by adding H at double bonds.

Halogenation [hælədʒ'neiʃən] (卤化)　Halogens are readily added to the double bonds and the degree of halogenation is a good index of the degree of unsaturation of fatty acids.

Oxidation　The unsaturated fatty acids are much more easily oxidized than saturated fatty acids. It is a complicated process and the products of oxidation are manyfold.

2. 3　Neutral Fats or Triglycerides

Neutral fats usually called fats are fatty acid esters of glycerol, i. e. triglycerides and are more scientifically called triacylglycerols. These are the most common and wide spread class of lipids in nature being specially abundant in nuts, seeds and the fat depots of animals. Triglycerides represent the storage form of lipids.

Fig. 2-3 Structures of glycerol and triglyceride

Carbon atoms from above downwards in glycerol molecule represent carbon atoms No. 1, 2, and 3 respectively.

The formulas of glycerol and a triglyceride are given in Fig. 2-3. R', R'' and R''' represent the alkyl radicals of fatty acids and may be the same or different from each other. In this triglyceride, carbon No. 2 of the glycerol molecule represents an asymmetric carbon atom because the fatty acids present in positions No. 1 and 3 are different. It is named L because carbon No. 2 of glycerol part possesses the same configuration as is present in L-glyceraldehyde.

2.3.1 Physical Properties of Fats

The specific gravity of fats is generally lower than that of water, i. e. below 1.0.

The melting points of fats depend upon their constituent fatty acids. Greater the amount of unsaturated fatty acids in the fat molecule, lower will be the melting point.

Pure fats possess no color, odor or taste. The presence of these properties in fats is the result of foreign substances dissolved or mixed in the fats. For example, the yellow color of butter is due to the presence of plant pigments like carotene and xanthophyl.

2.3.2 Chemical Properties of Fats

Hydrolysis This can be accomplished by heating fats with water at high temperatures and pressures. The complete hydrolysis of a triglyceride into one molecule of glycerol and three molecules of fatty acids is shown in Fig. 2-4. The hydrolysis of the dietary fat is efficiently accomplished mostly by the enzyme lipase present in the pancreatic juice.

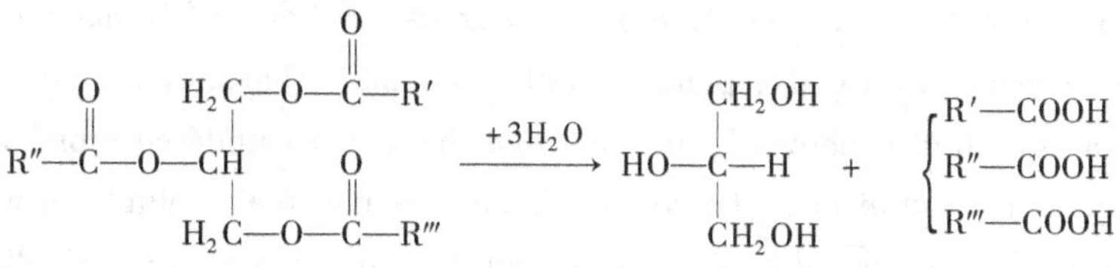

Fig. 2-4 Hydrolysis of a triglyceride

One molecule of glycerol and three molecules of fatty acids are liberated.

Saponification [səpɔnifi'keiʃən] （皂化）**and saponification number** By boiling with strong alkalies such as NaOH, the fats are readily decomposed into glycerol and salts of constituent fatty acids (soaps). The saponification number is defined as the number of mg of KOH required to neutralize the fatty acids liberated from 1 gram of fat. Those fats which mostly have short chain fatty acids have a higher saponification number than those containing fatty acids with longer chain lengths better fat has a relatively higher saponificaiton number, as it is rich in short chain fatty acids.

Reactions due to unsaturation   The double bonds of unsaturated fatty acids in fats undergo the reactions such as hydrogenation, halogenation and oxidation. Hydrogenation of liquid vegetable fats is done commercially to obtain solidified fats like margarines. The degree of halogenation is an index of the unsaturated fatty acid content of a fat. The number of grams of iodine which will be absorbed by 100 grams of a fat which contain relatively more saturated fatty acid. The iodine numbers of some important fats are given in Table 2-4. It can be seen that out of these fats, cottonseed oil is the most abundant in unsaturated fatty acids.

Rancidity [ræn'siditi] （恶臭，腐臭）   Many fats develop an unpleasant odor and taste when they are allowed to stand in contact with air at room temperature; this is called rancidity. Rancidity is due to two different processes, which are oxidative and hydrolytic in nature. Oxidation of the fat molecules gives rise to some short chain aldehydes and ketones, which have objectionable, taste odor. The oxygen of the air is necessary for the occurrence of this type of rancidity; this can be presented by the addition of antioxidants such as vitamin E to

Table 2-4   Iodine numbers of some fats

Fat	Iodine number
Coconut oil	6 ~ 10
Butter fat	26 ~ 28
Beef fat	35 ~ 42
Human fat	65 ~ 69
Olive oil	79 ~ 88
Cottonseed oil	103 ~ 111

foods. The hydrolytic type of rancidity is due to the slow hydrolysis of fats, which in case of fats like butter results in the liberation of short chain fatty acids, which have rancid odor and taste. Hydrolysis of fats may be hastened by bacterial contaminants, which produce enzymes called lipases. Rancidity also results in a loss of certain essential dietary constituents such as vitamins A and E, carotenes and α-linolenic acid.

2.4   Compound or Complex Lipids

This term includes phospholipids, glycolipids, sulfolipids and gangliosides.

2.4.1   Phospholipids

Glycerophospholipids   These are also called phosphoglycerides or glycerol phosphatides; these are the phospholipids containing glycerol, fatty acids, H_3PO_4 and in many cases a nitrogenous base as well. They occur in all cells, plant as well as animal. That they are very important as constituents of cellular structure is shown by the fact that they do not undergo rapid mobilization during starvation as happens to neutral fats. These compounds are not freely soluble in water but are water miscible; they do not make true solutions in water but they disperse forming micelles. They are good emulsifying (emulsify [i'mʌlsifai] 乳化) agents.

Phosphatidic acids   In these, one of the fatty acids of a triglyceride is replaced by H_3PO_4 (Fig. 2-5). These are parent compounds of all glycerophospholipids. They are present in cells in small amounts only.

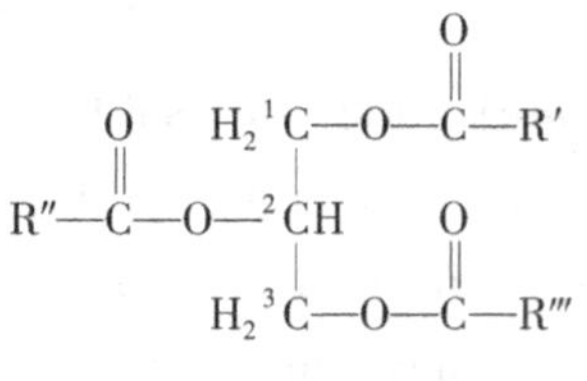

Lecithins ['lesiθins] （卵磷脂）   These are derivatives of L-phosphatidic acid in which choline

Fig. 2-5   Structure of L-phosphatidic acid
Carbon atoms of glycerol part are numbered.

(a nitrogenous base) is joined to H_3PO_4 (phosphatidic acid + choline = lecithin); see Fig. 2-6. In other words they are phosphatidyl-cholines. Choline is trimethylethanolamine (ethanolamine [ˌeθəˈnɔləmiːn] 乙醇胺) and is a quaternary ammonium compound, which is as strongly basic as NaOH. Depending upon the type of the fatty acids R′ and R″, there are many types of lecithins. Both of its fatty acids may be saturated, both may be unsaturated or one may be saturated while the other may be unsaturated.

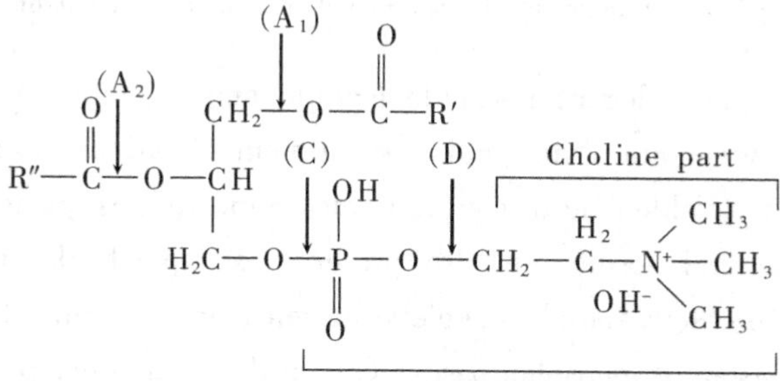

Fig. 2-6 Structure of phosphatidylcholine (a lecithin)

Arrows show the sites where phospholipases A_1, A_2, C and D can bring about hydrolytic cleavage. Phospholipase B acts on the site which remains intact after phospholipase A_1 or A_2 has acted.

Lecithins are soluble in all fat-solvents except acetone. They are white waxy materials. They are the most abundant of the phospholipids in serum and bile. They are good emulsifying agents for fats. Lecithins are convertible to lysolecithins by the enzymatic removal of one of a fatty acid group attached to either carbon No. 1 or 2; the latter compounds cause hemolysis of erythrocytes. The enzyme catalyzing the conversion of lecithin to lysolecithin is called phospholipase A and is found in snake venoms. This enzyme is of two types A_1 and A_2, which catalyze hydrolysis at carbon No. 1 and 2 respectively. Three more phospholipases are found; these are phospholipases B, C and D. Phospholipase B, also called lysophospholipase acts on the lysolecithin and removes the remaining fatty acid. Phospholipase C attacks the lecithin molecule at carbon No. 3 liberating diglyceride and phosphocholine (same as phosphoryl choline). Phospholipase D liberates choline from the lecithin molecule leaving behind phosphatidic acid. These enzymes act on cephalin [ˈsefəlin] (脑磷脂) in the same way as on lecithin.

Lecithins occur in the substance surfactant secreted by type-Ⅱ cells of the lung alveoli. Surfactant has a surface tension lowering effect and is of great help in facilitating lung expansion at birth and later. The potentiality of the lungs to expand after birth can be predicted by a chemical analysis of the amniotic fluid. If the ratio of lecithin to sphingomyelin in this fluid is high, it means normal condition.

Cephalins These are structurally identical with lecithins except that the base choline is replaced by ethanolamine, serine or inositol, forming phosphatidylethanolamine (Fig. 2-7), phosphatidelserine or phosphatidylinositol respectively. Phospholipids that contain threonine have also been isolated. Cephalins are so named because they occur in high concentration in brain tissue. Cephalins have properties generally similar to lecithins and occur in association with them; however, they are more acidic than lecithins. They also take part in clotting of blood.

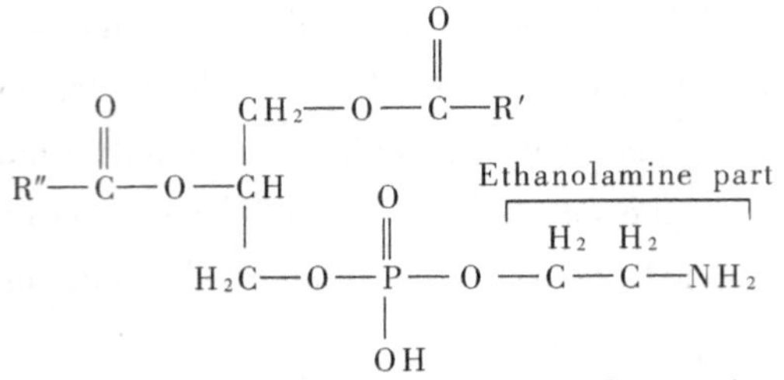

$$
\begin{array}{l}
\qquad\qquad\qquad\qquad O \\
\qquad\qquad\qquad\qquad \| \\
\quad O\qquad\quad CH_2-O-C-R' \\
\quad \| \qquad\qquad | \\
R''-C-O-CH\qquad O\qquad\text{Ethanolamine part} \\
\qquad\qquad\quad |\qquad\quad \|\qquad\quad H_2\ \ H_2 \\
\qquad\qquad H_2C-O-P-O-C-C-NH_2 \\
\qquad\qquad\qquad\quad | \\
\qquad\qquad\qquad OH
\end{array}
$$

Fig. 2-7　Structure of phosphatidylethanolamine（a cephalin）

Plasmalogens　The plasmalogens resemble lecithin and cephalin in structure but instead of containing a fatty acid they contain a vinyl either substituent at carbon No. 1 of glycerol and on hydrolysis liberate a higher fatty aldehyde instead of a fatty acid. In most plasmalogens the base is ethanolamine though choline and serine are also present. A typical plasmalogen is illustrated in Fig. 2-8. Plasmalogens are chiefly found in skeletal muscle, heart, brain, liver and platelets. Plasmalogens appear to be resistant to phospholipases. One of the related compounds is the platelet-activating factor, which is released from basophils; it stimulates the aggregation of platelets and releases serotonin ［ˌsiərəˈtəunin］（含于血液中的复合胺）from them.

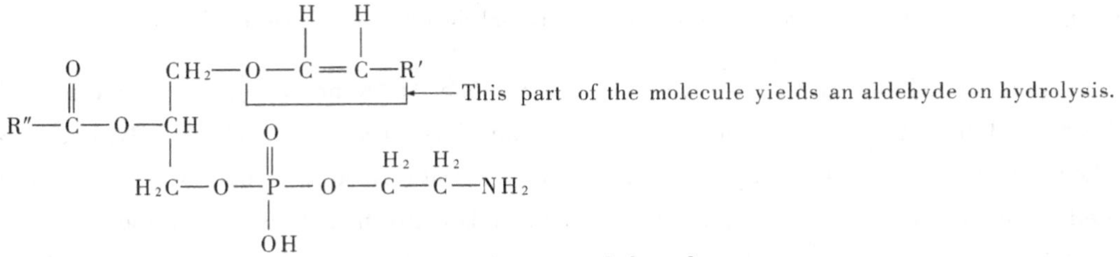

$$
\begin{array}{l}
\qquad\qquad\qquad\qquad H\ \ H \\
\qquad\qquad\qquad\qquad |\ \ \ | \\
\quad O\qquad\quad CH_2-O-C=C-R'\longleftarrow \text{This part of the molecule yields an aldehyde on hydrolysis.} \\
\quad \| \qquad\qquad | \\
R''-C-O-CH\qquad O \\
\qquad\qquad\quad |\qquad\quad \|\qquad\quad H_2\ \ H_2 \\
\qquad\qquad H_2C-O-P-O-C-C-NH_2 \\
\qquad\qquad\qquad\quad | \\
\qquad\qquad\qquad OH
\end{array}
$$

Fig. 2-8　Structure of plasmalogen

Sphingophospholipids　These are represented by various types of sphingomyelins. Their molecules contain sphingosine to which are attached a long chain fatty acid and phosphocholine or phosphoethanolamine. Sphingosine is an unsaturated, amino group（NH_2）- containing 18-carbon alcohol. The attachment of sphingosine with the fatty acid occurs through the —NH_2 of sphingosine and

—COOH of the fatty acid giving rise to $\quad\begin{array}{c}O\ \ H\\ \|\ \ |\\ -C-N-\end{array}$ linkage. In certain cases, dihydrosphingosine replaces sphingosine. In simple terms, a sphingomyelin is:

$$\begin{array}{c}\text{Sphingosine—Phosphocholine or phosphoethanolamine}\\ |\\ \text{Fatty acid}\end{array}$$

Sphingosine-fatty acid combination is called ceramide. Sphingomyelins are therefore ceramide phosphocholine and ceramide phosphoethanolamine. Ceramide is the fundamental structural unit common to all sphingolipids ［ˌsfiŋgəuˈlipidz］（神经鞘磷脂）. Sphingomyelins are present in large amounts in brain and nerve tissues and in smaller amounts in other tissues and blood. Because sphingomyelins contain phosphocholine or phosphoethanolamine, therefore they possess polar groups resembling glycerophospholipids. Spingomyelins are more stable molecules than glycerophospholipids. The detailed structures of sphingosine, phosphocholine and sphingomyelin are given in Fig. 2-9.

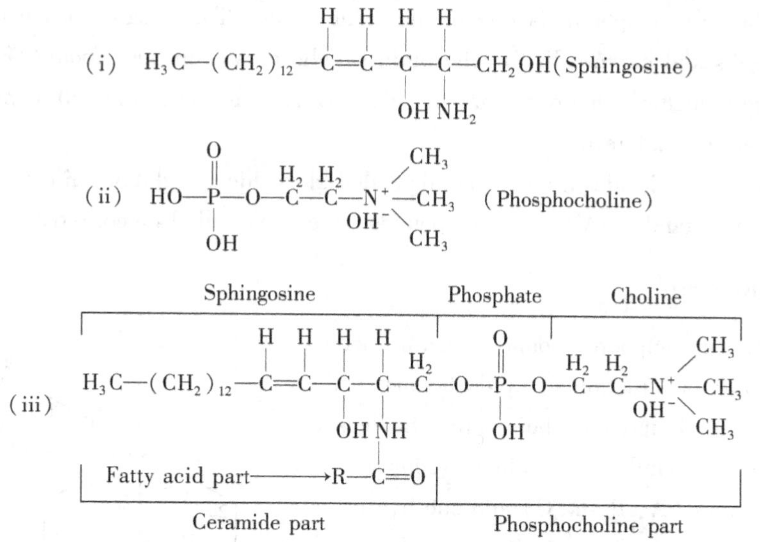

(i) $H_3C—(CH_2)_{12}—\overset{H}{\underset{}{C}}=\overset{H}{\underset{OH}{C}}—\overset{H}{\underset{NH_2}{C}}—\overset{H}{\underset{}{C}}—CH_2OH$ (Sphingosine)

(ii) $HO—\overset{O}{\underset{OH}{P}}—O—\overset{H_2}{C}—\overset{H_2}{\underset{OH^-}{C}}—N^+—\overset{CH_3}{\underset{CH_3}{}}$ (Phosphocholine)

Fig. 2-9   Structures of (i) sphingosine, (ii) phosphocholine and (iii) sphingomyelin

2.4.2   Glycolipids

These are ceramide sugars; their structure is represented here:

Sphingosine—Sugar(s)
|
Fatty acid(usually containing 22 to 26 carbon atoms).

The molecule of glycolipids may contain one to six (or more) sugar units. Due to the presence of sphingosine, they are also called glycosphingolipids or just sphingolipids; they differ from sphingophospholipids in not having phosphocholine or phosphoethanolamine in their molecules. Glycolipids occur mostly in white matter of the brain and in the myelin sheaths of nerve fibers. Various glycolipids such as cerebron and kerasin differ from each other in the type of fatty acid or the type of sugar present in their molecules. A common fatty acid present in these compounds is a 24 carbon-containing fatty acid, namely cerebronic acid. Glycolipids containing only one sugar unit are called cerebrosides ['seribrəusaidz](脑苷脂). Cerebrosides containing glycose and galactose occur in the plasma membranes['membreins](生物膜) of non-neural and neural tissues respectively. Glycolipids have been found to be the determinants of blood group antigens, A and B.

2.4.3   Sulfolipids

These are also called sulfatides and occur chiefly in the white matter of the brain but also in other tissues. They are the sulfuric acid esters of cerebrosides. They can be represented as given below:

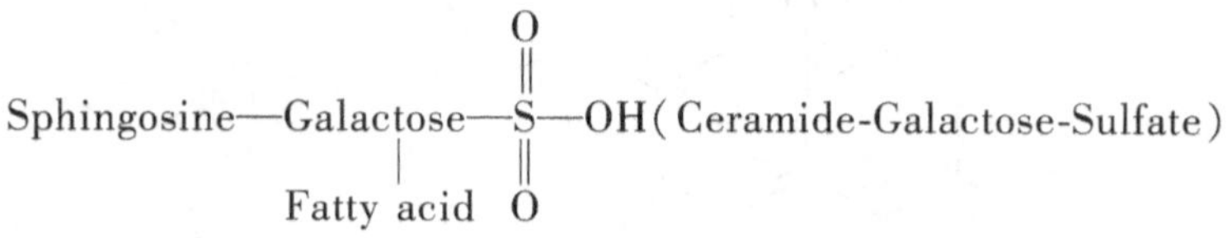

$$Sphingosine—Galactose—\overset{O}{\underset{O}{S}}—OH(Ceramide-Galactose-Sulfate)$$
$$\underset{Fatty\ acid}{|}$$

2.4.4   Gangliosides

The hydrolytic products of these most complex sphingolipids are sphingosine, fatty acids, several sugar units including glucose and galactose and in addition, N-acetyl hexosamine and N-acetyl neuraminic acid; the last compound is one of the sialic acids. The gangliosides occur in brain, spleen, red blood cells and nerve cells. In the brain gangliosides contribute about 6% of the membrane lipids in the gray matter. One of the gangliosides (GM1) present in the cell membrane acts as the site for attachment of cholera toxin.

Closely related to gangliosides are compounds called globosides ['glubəuˌsaidz] （红细胞糖甘酯）, hematosides and strandin. All these compounds have been called mucolipids.

2.5 Steroids and sterols

A large number of compounds found in nature occurring in the nonsaponifiable fraction of lipids belong to the class of compounds called steroids; their parent nucleus is perhydrocyclopentano-phenanthrene, which consists of three six-membered rings (A, B and C) and one five-membered ring (D). These rings are joined or fused to each other and have a total of 17 carbon atoms (Fig. 2-10).

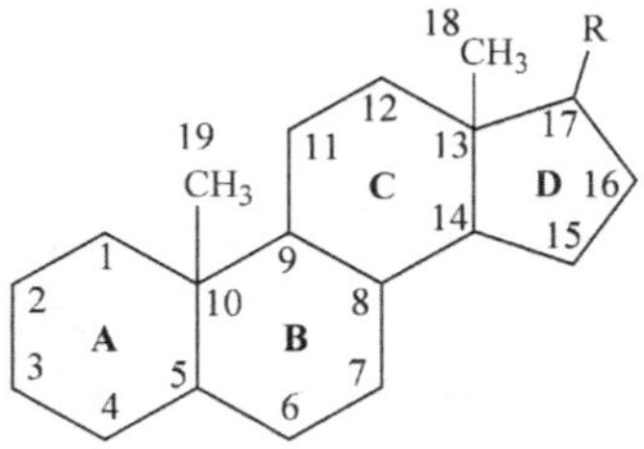

R represents side chain; A, B, C and D are rings. Methyl groups at carbon No. 13 and 10 are assigned carbon No. 18 and 19 respectively.

Fig. 2-10   Structure of steorid nucleus

In most of the natural steroids a methyl group is present at carbon No. 13 and one is usually present at carbon No. 10. A subgroup of steroids is sterols, which contain one of more hydroxyl groups and no carbonyl groups; their names end in ol. Some of the natural compounds belonging to steroids are cholesterol[kə'lestərɔl]（胆固醇）, ergosterol [ɜː'gɔstərɔl] （麦角固醇）, bile acids and so on.

2.5.1 Cholesterol

It is the most abundant animal sterol (Fig. 2-11). It was first isolated in 1784 from gall stones (cholesterol = solid bile). It occurs in all animal tissues. It is most abundant in the adrenal gland (10%) followed by nervous system (2%). Normal plasma level ranges from 150 to 220 mg per dL but a level of 200 mg per dL is at present considered to be the maximum desirable. Some 140 grams of cholesterol may be present in an adult human being.

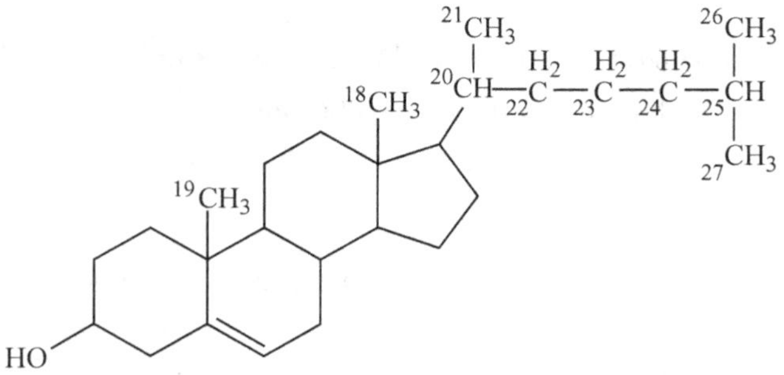

Fig. 2-11   Structure of cholesterol

The side chain has 8 carbon atoms.

Cholesterol occurs in all animals but only in a few higher plants. It generally crystallized in the form of white rhombic plates. It is without taste and odor. It is insoluble in water but is soluble in chloroform, ether and acetone (fat solvents). It is also very soluble in liquid fat and in solution of bile salts. It is precipitated by digitonin, which is a glycoside present in the leaves and seeds of digitalis. It is solid at room temperature and melts at 150℃.

Cholesterol forms esters due to the presence of —OH group in its molecule. Cholesterol occurs in tissues in free as well as bound form, i. e. as esterified with fatty acids. Cholesterol occurs in plasma membranes of tissue cells and in the plasma lipoproteins.

2.5.2   7-Dehydrocholesterol

This sterol occurs in many tissues but that which is present in the skin has a special role. It is converted to vitamin D_3, i. e. cholecalciferol when the skin is exposed to ultraviolet rays. Exposure to sunlight also results in the formation of vitamin D_3 in the skin because sunlight contains some u. v. rays; for this reason, vitamin D_3 is also called sunlight vitamin.

2.5.3   Ergosterol

It is the main sterol of fungi and yeasts. Its name originates from the fact that it was first isolated from ergot, a fungus which grows on plants especially rye. When irradiated with ultraviolet rays, it is converted to ergocalciferol, which is the same as vitamin D_2. Its structure is given in Fig. 2-12.

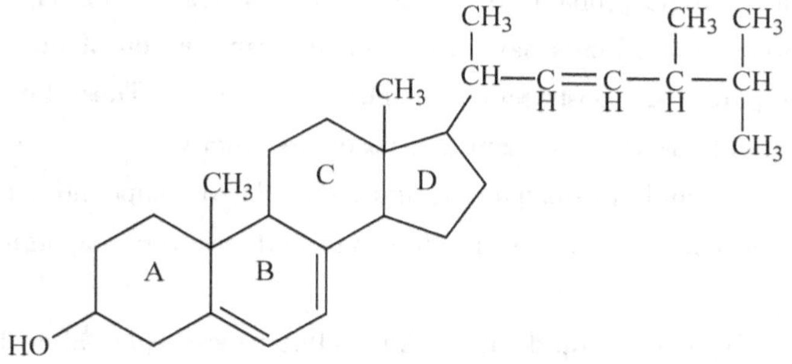

Fig. 2-12   Ergosterol

Note that it has two double bonds in ring B. The side chain has one double bond and nine carbon atoms.

2.6   Terpenes

These are compounds which comprise multiple units of the 5 carbon-containing hydrocarbon, namely isoprene; isoprene has the following structure.

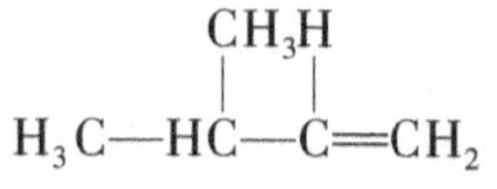

The number of isoprene units greatly varies in different terpenes. Terpenes may be either linear or cyclic molecules; some substances have both linear and cyclic terpenes in their molecules. Terpenes include vitamins A, E an K; coenzyme Q also belongs to these compounds. Other compounds related to terpenes are camphor, menthol and limolene that are present in oils of camphor, mint and lemon respectively.

2. 7 Functions of Lipids

Lipids are good sources of energy, as they provide 9. 1 kilocalories per gram fat utilized in the body. Lipids in food also act as carriers of fat-soluble vitamins and nutritionally essential fatty acids. They also make the food more palatable and serve to decrease its mass.

The dietary lipids decrease gastric motility and secretions and have a high satiety value.

Body fat provides contour to the body and also gives anatomical stability to organs like kidneys. When a person loses weight rapidly, his kidneys are liable to become floating kidneys.

Fats are good energy reservoirs in the body. Adipose['ædipəus]（动物脂肪的）tissue is best suited for this purpose due to its very little water content.

Lipids exert an insulating effect on the nervous tissue.

Lipids are an integral part of cell protoplasm and cell membranes.

Some lipids act as precursors of very important physiological compounds. For example, cholesterol is the precursor of steroid hormones, while 7-dehydrocholesterolis the precursor of vitamin D_3.

Presence of lipids like cholesterol and others in the skin makes it highly resistant to the absorption of water-soluble substances and also to the action of many chemical agents. Also these lipids help to prevent water evaporation from the skin; without this protection, the amount of the daily insensible perspiration would probably be 15 to 20 liters instead of the usual 300 to 400ml.

The sphingosine-containing lipids have a role in the transmission of the nerve impulses across synapses as they form part of the postsynaptic membrane receptors. These lipids are also concerned with blood group specificity as well as organ and tissue specificity.

Eicosanoids, which include prostaglandins and their related compounds, possess very important physiological and pharmacological actions in the body and are very important physiological compounds.

In certain cases derivatives of lipids act as intracellular messengers after they are released. For example the plasma membrane contains phosphatidylinosditol- 4,5-bisphosphate. This compound is acted upon by phospholipase C that is a hormone-sensitive enzyme and is activated when certain hormones, e. g. vasopressin bind to their receptor molecules in target cells. Two derivatives are released; these are diacylglycerol and inositol-1, 5-trisphosphate. Diacylglycerol in turn activates the enzyme protein kinase C which brings about further enzyme activation. Inlsitol-1,4,5-trisphosphate causes release of intracellular calcium ions which bring about enzyme activation an other hormonal responses.

第三章 核 酸

核酸是生物遗传信息的载体，分脱氧核糖核酸（DNA）和核糖核酸（RNA）两大类。所有的细胞都同时含有这两类核酸。DNA 主要集中在细胞核内，占细胞干重的5%～15%，在线粒体、叶绿体中也有少量 DNA。RNA 主要分布于细胞质中。对于病毒来说，要么只含 DNA，要么只含 RNA。所以，可按照所含核酸的类型，将病毒分为 DNA 病毒与 RNA 病毒两大类。

核酸的生物功能主要是遗传的物质基础，某些小分子核酸具有酶的功能。

第一节 核 苷 酸

核酸是一种多聚核苷酸，它的基本结构单位是核苷酸。核苷酸由碱基（嘌呤碱与嘧啶碱）、戊糖和磷酸组成。

核酸中的戊糖有 D-核糖和 D-2-脱氧核糖两类。根据核酸中所含戊糖种类的不同，可将核酸分为核糖核酸（RNA）和脱氧核糖核酸（DNA）。两类核酸的基本化学组成见表3-1。

表3-1 两类核酸的基本化学组成

基本化学组成	DNA	RNA
嘌呤碱	腺嘌呤 鸟嘌呤	腺嘌呤 鸟嘌呤
嘧啶碱	胞嘧啶 胸腺嘧啶	胞嘧啶 尿嘧啶
戊 糖	D-2-脱氧核糖	D-核糖
酸	磷酸	磷酸

一、核苷酸的结构

1. 碱基
核酸中的碱基分为嘧啶碱和嘌呤碱两类。

（1）嘧啶碱 嘧啶碱是母体化合物嘧啶的衍生物。核酸中常见的嘧啶碱有三类：胞嘧啶、尿嘧啶及胸腺嘧啶。DNA 与 RNA 两类核酸都含有胞嘧啶，胸腺嘧啶只含于 DNA 中，某些 tRNA 中也发现有极少量的胸腺嘧啶核糖核苷酸，尿嘧啶则只含于 RNA 中。植物组织的 DNA 中还有相当数量的 5-甲基胞嘧啶。一些大肠杆菌噬菌体核酸中，不含胞嘧啶，而由 5-羟甲基胞嘧啶所代替。它们的结构式如下：

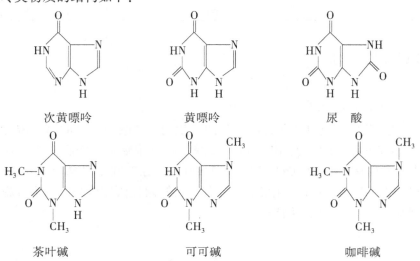

嘧啶 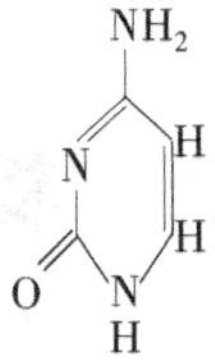　　　　　　　胞嘧啶 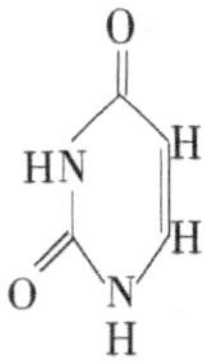　　　　　　尿嘧啶

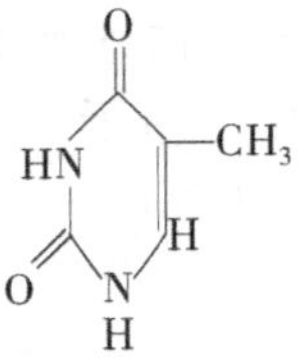

胸腺嘧啶 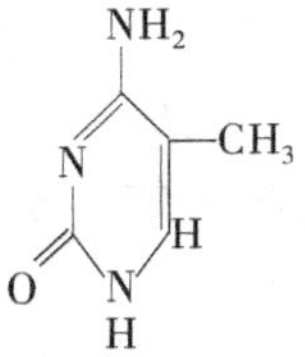　　　　5-甲基胞嘧啶 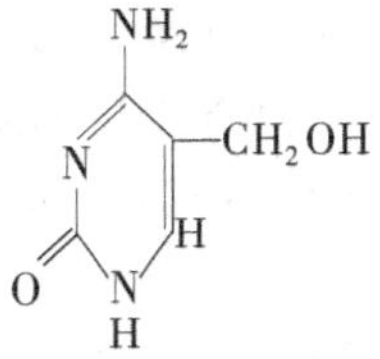　　　5-羟甲基胞嘧啶

（2）嘌呤碱　核酸中常见的嘌呤碱有两类，即腺嘌呤及鸟嘌呤。嘌呤碱是由母体化合物嘌呤衍生而来的。

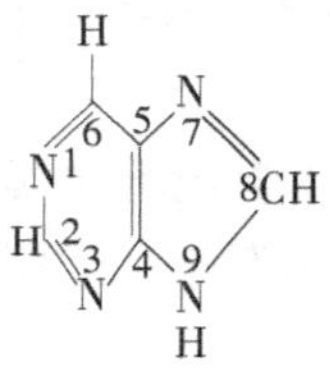

嘌呤 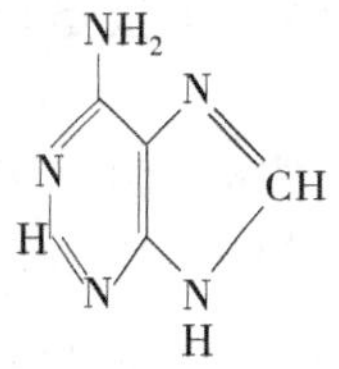　　　　　　　腺嘌呤 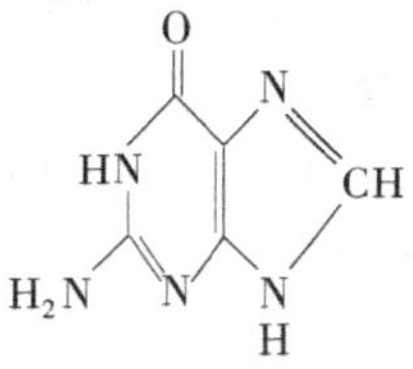　　　　　　鸟嘌呤

天然存在的重要嘌呤碱还有次黄嘌呤、黄嘌呤、尿酸、茶叶碱、可可碱、咖啡碱。次黄嘌呤、尿酸是嘌呤核苷酸代谢的产物。茶叶碱、可可碱及咖啡碱分别含于茶叶、可可及咖啡中，它们都是黄嘌呤的甲基化衍生物，都有增强心脏活动的功能，其生物活性依甲基化程度而提高。

这些嘌呤类物质的结构如下：

次黄嘌呤　　　　　黄嘌呤　　　　　　尿　酸

茶叶碱　　　　　　可可碱　　　　　　咖啡碱

此外，一些植物激素，如玉米素（N-异戊烯腺嘌呤）、激动素（N-呋喃甲基腺嘌呤）等也是嘌呤类的衍生物。

（3） 稀有碱基　除了表 3-1 中所列五类基本碱基外，核酸中还有一些含量甚少的碱基，统称为稀有碱基。稀有碱基的种类极多，大多数都是甲基化碱基。大分子核酸中的碱基甲基化的过程发生于核酸大分子生物合成以后，是生物细胞识别自体核酸与外源核酸的一种标识，具有抗内源核酸酶水解的作用，它对核酸的生物学功能具有极其重要的意义。核酸中甲基化碱基的含量一般不超过碱基总量的 5%，但 tRNA 中甲基化碱基可高达 10%。

2. 核苷

核苷是一种糖苷，由戊糖和碱基缩合而成。糖与碱基之间以糖苷键相连接。

核苷中的 D-核糖及 D-2-脱氧核糖均为呋喃型环状结构。糖环中的 ^1C 是不对称原子，所以有 α 及 β 两种构型，但核酸分子中的糖苷键均为 β-糖苷键。

肌苷为 D-核糖与次黄嘌呤通过 β-糖苷键连接而形成的化合物，是核酸中嘌呤组分的代谢中间产物。它适用于各种原因引起的白细胞减少症、血小板减少症、各种心脏疾患、急性及慢性肝炎、肝硬化等的防治。

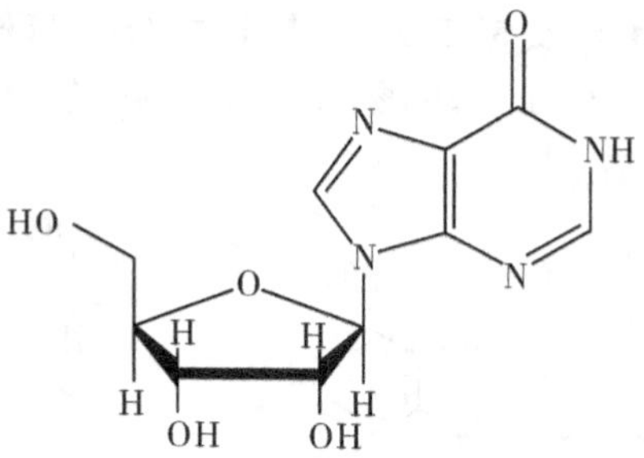

肌苷

tRNA 中含有少量假尿嘧啶核苷（用符号 Ψ 表示），其结构很特殊，它的核糖不是与尿嘧啶的 ^1N 相连接，而是与嘧啶环的 ^5C 相连接。

3. 核苷酸

核苷中的戊糖羟基被磷酸酯化形成核苷酸。

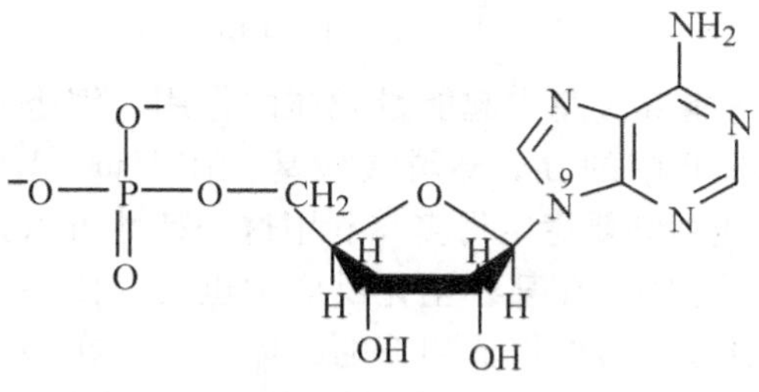

5′-腺嘌呤核苷酸
（AMP）

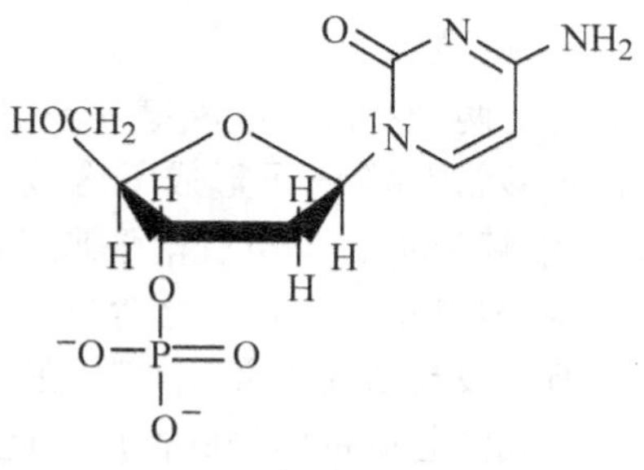

3′-胞嘧啶脱氧核苷酸
（3′－dCMP）

核糖核苷的糖环上有三个自由羟基，能形成三种不同的核苷酸，即 2′-核糖核苷酸、3′-核糖核苷酸及 5′-核糖核苷酸*。脱氧核苷的糖环上有两个自由羟基，所以只能形成两种核苷酸。生物体内游离存在的多是 5′-核苷酸。用碱水解 RNA 时可得到 2′-及 3′-核糖核苷酸

---

* 在命名上，将糖环碳原子的标号加 "′"，碱基的原子标号不加 "′" 以示区别。

的混合物。

常见的核苷酸及其缩写符号如表 3-2 所示。

表 3-2　常见的核苷酸

碱　　基	核　糖　核　苷　酸	脱　氧　核　糖　核　苷　酸
腺 嘌 呤	腺嘌呤核苷酸（AMP）	腺嘌呤脱氧核苷酸（dAMP）
鸟 嘌 呤	鸟嘌呤核苷酸（GMP）	鸟嘌呤脱氧核苷酸（dGMP）
胞 嘧 啶	胞嘧啶核苷酸（CMP）	胞嘧啶脱氧核苷酸（dCMP）
尿 嘧 啶	尿嘧啶核苷酸（UMP）	—
胸腺嘧啶		胸腺嘧啶脱氧苷酸（dTMP）

4. 多磷酸核苷酸

细胞内还有一些游离存在的多磷酸核苷酸，它们都具有重要的生理功能。

5′-二磷酸核苷酸（5′-NDP）及 5′-三磷酸核苷酸（5′-NTP）* 　细胞内的 5′-NDP 是核苷的焦磷酸酯，5′-NTP 是核苷的三磷酸酯。最常见的是腺二磷（5′-ADP）、腺三磷（5′-ATP）。腺三磷的结构如下左图。

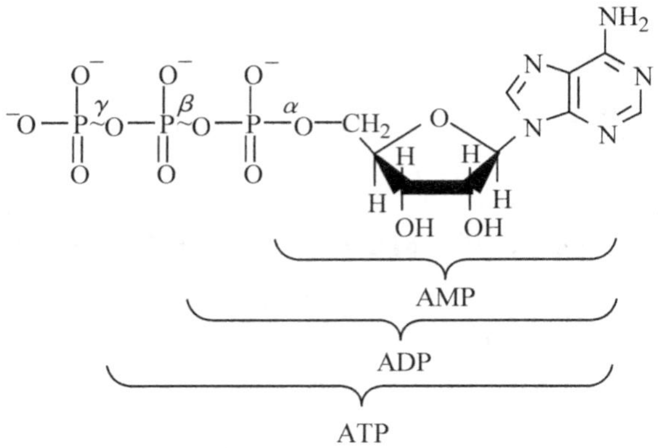

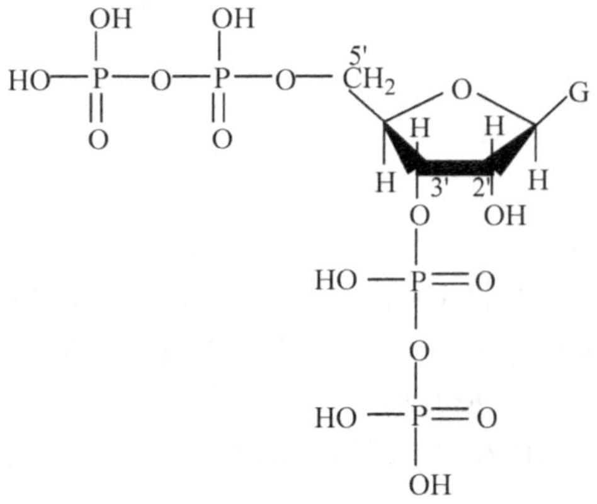

ppGpp

ATP 含有两个高能磷酸酯键（～ P），在细胞能量代谢中起能量载体的作用。细胞内的多磷酸核苷酸常与镁离子形成复合物而存在。ATP 中的 β-，γ-磷酸残基，在 1 mol/L HCl 中，100℃水解 7min，即可脱落下来，而 α-磷酸残基则要稳定得多，利用这一特性可以分别测定 ATP 和 ADP 中不稳定磷之含量。GTP，CTP 及 UTP 在某些生化反应中也具有传递能量的作用，但远没有 ATP 普遍。UDP 在多糖合成中可作为携带葡萄糖的载体。CDP 在磷脂的合成中作为载体起携带胆碱的作用。此外，各种三磷酸核糖核苷及三磷酸脱氧核糖核苷是合成 RNA 与 DNA 的前体。

鸟嘌呤核苷四磷酸酯（ppGpp）（上右图）及五磷酸酯（pppGpp）在代谢调节控制中具有重要作用。在大肠杆菌中，它们参与 rRNA 合成的控制。

5. 环化核苷酸

重要的有 3′,5′-环化腺苷酸（cAMP）及 3′,5′-环化鸟苷酸（cGMP）。它们普遍存在于

　＊　5′-NDP、5′-NTP 中的字母 N 代表四种碱基中的任何一种。

动、植物及微生物细胞中，含量极微，但具有极重要的生理功能。细胞内环化 AMP 的合成按下列途径进行：

$$ATP \xrightarrow[-PPi]{\text{腺苷酸环化酶}} cAMP \xrightarrow{\text{cAMP 磷酸二酯酶}} 5'\text{-AMP}$$

所以，细胞内 cAMP 的浓度取决于这两种酶活力的高低，cAMP 及 cGMP 分别具有放大激素作用信号及缩小激素作用信号的功能，称为细胞内二级信使。cAMP 也参与大肠杆菌中 DNA 转录的调控。此外，2′,3′-环化核糖核苷酸 cNMP 是 RNA 酶解或碱解的中间产物，其结构式如下：

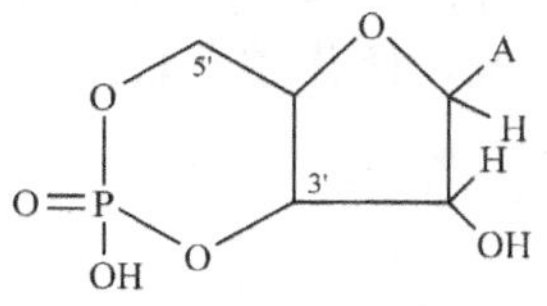

3′,5′-cAMP 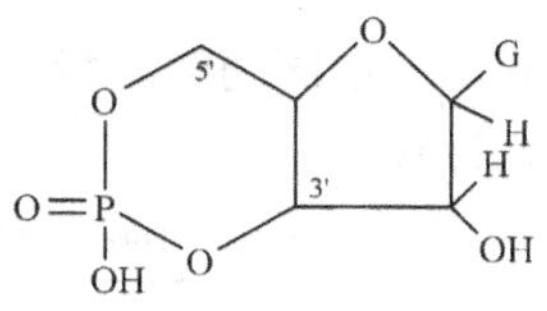　　　　　　　　3′,5′-cGMP 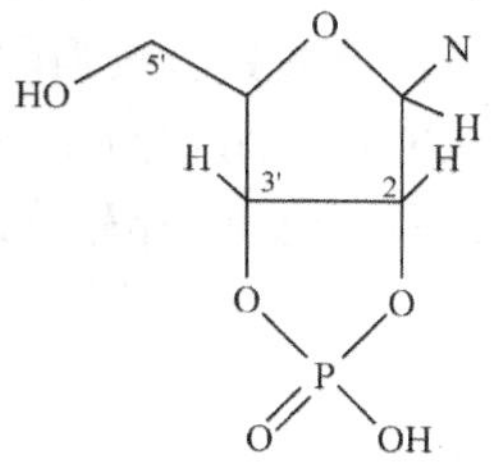　　　　　　　　2′,3′-cNMP

二、核苷酸的性质

1. 一般性状

核苷酸为无色粉末或结晶，易溶于水，不溶于有机溶剂。核苷酸溶液具有旋光性，因为戊糖含有不对称碳原子。

2. 紫外吸收

由于嘌呤碱和嘧啶碱具有共轭双键，所以碱基、核苷及核苷酸在 240 ～ 290nm 波段有一强烈的吸收峰，其最大吸收值在 260 nm 附近，不同的核苷酸有不同的吸收光谱特性。因此，可以用紫外分光光度计定性地鉴定核苷酸及定量地测定核苷酸。

3. 核苷酸的互变异构作用

碱基上带有酮基的核苷酸能发生烯醇式转化。在溶液中，酮式与烯醇式两种互变异构体常同时存在，并处于一定的平衡状态；在体内核酸结构中，核苷酸以酮式结构为主要存在形式。

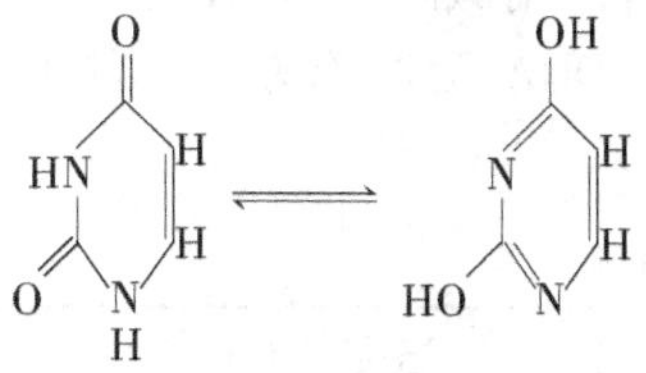

（酮式）　　　　　（烯醇式）　　　　　　（酮式）　　　　　（烯醇式）
尿嘧啶　　　　　　　　　　　　　　　　　胞嘧啶

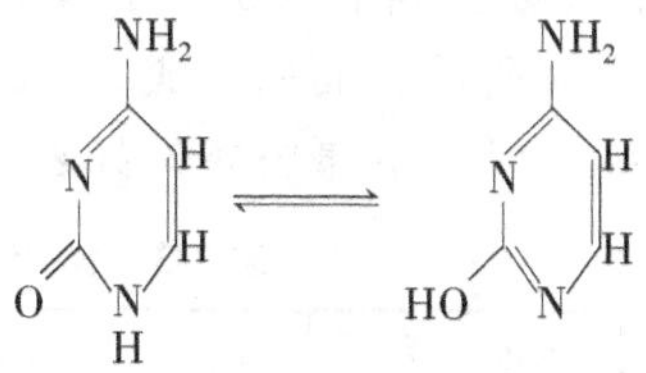

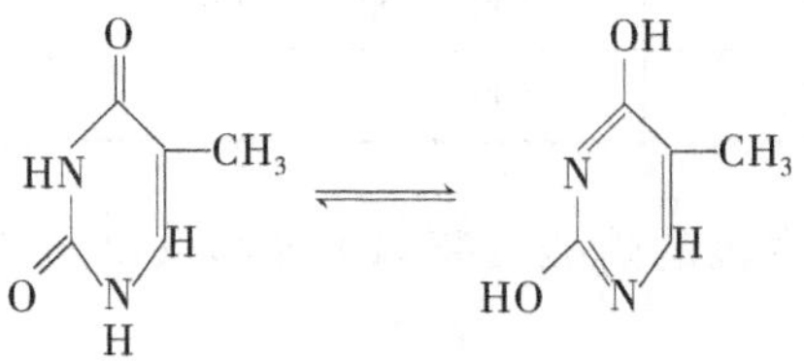

（酮式）　　　　　（烯醇式）　　　　　　（酮式）　　　　　（烯醇式）
胸腺嘧啶　　　　　　　　　　　　　　　　鸟嘌呤

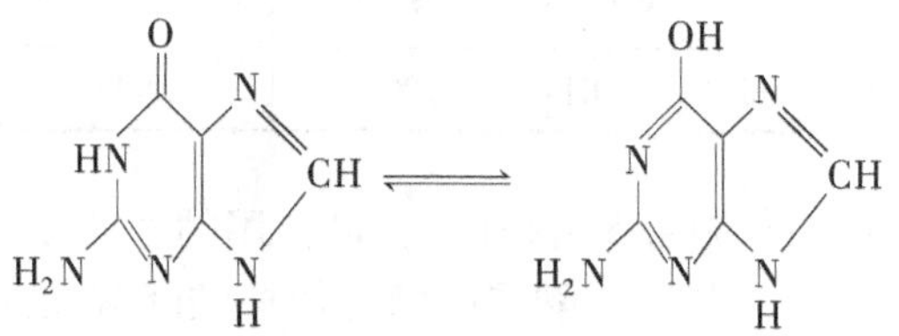

碱基之间有形成氢键的能力，对核酸的生物学功能具有决定性意义。碱基上的重要官能团都能参与氢键的形成，这些官能团有腺嘌呤、鸟嘌呤及胞嘧啶上的—NH_2；腺嘌呤、鸟嘌呤环 1 位上的亚氨基；嘧啶碱 3 位上的亚氨基；胞嘧啶 2 位上、胸腺嘧啶及尿嘧啶 4 位上及鸟嘌呤 6 位上电负性很强的氧原子。由于酮式与烯醇式碱基在形成氢键的能力上有一定的差异，所以当 DNA 复制时碱基发生互变异构作用，就可能引起突变。

4. 碱基、核苷及核苷酸的解离

由于嘧啶和嘌呤化合物杂环中的氮以及各种取代基具有结合和释放质子的能力，所以这些物质既有碱性解离又有酸性解离的性质。戊糖的存在使碱基的酸性解离特性增强，磷酸的存在则使核苷酸具有较强的酸性。应用离子交换柱层析和电泳等方法分级分离核苷酸及其衍生物，主要是利用它们在一定条件下具有不同的解离特性这一事实。核苷酸为兼性离子，所以，核苷酸等电点（pI）可以按下式计算：

$$pI = \frac{pk_1^{'} + pk_2^{'}}{2}$$

三、核苷酸类物质的制备及应用

1. 核苷酸类物质的制备

以核酸为原料，以酸、碱或特异的酶降解可以得到各种碱基、核苷或核苷酸。

用酸水解核酸，可以直接得到碱基，这是因为核酸中的糖苷键对酸不稳定。一般来说，脱氧核糖的 N-糖苷键较核糖的 N-糖苷键易被酸水解；而嘌呤碱的糖苷键又较嘧啶碱的糖苷键易被酸水解。因此，在常温下用稀盐酸处理 DNA，即可释放出腺嘌呤和鸟嘌呤。而要从 RNA 中水解出胞嘧啶和尿嘧啶，则必须在较高温度下与浓酸作用。在此条件下胞嘧啶脱去氨基。

用碱降解 RNA 可产生 2′-, 3′-核糖核苷酸的混合物，如果进一步水解则产生核苷。RNA 降解成核苷的方法是用氢氧化镧，在碱性 pH 值条件下加热，可以得到腺苷、鸟苷、胞苷及尿苷。

在温和的条件下（如常温下 0.3 ～ 1 mol/L 氢氧化钠）用碱降解 RNA 时，要经过一个 2′, 3′-环式核苷酸的中间阶段，而后生成 2′-及 3′-核苷酸。DNA 无 2′-羟基，不能形成环式中间物，所以 DNA 抗碱。常用的碱解条件如表 3-3。

表 3-3　常用的碱降解条件

试　　剂	温度（℃）	时　　间	试　　剂	温度（℃）	时　　间
1mol／L NaOH	80	60min	0.05 mol／L KOH	100	40min
0.3 mol／L NaOH	37	16h	10% 哌啶	100	90min
0.1 mol／L NaOH	100	20min	1% 哌啶	100	5h

如果要制备 5′-核苷酸，最常用的办法是酶解，如桔青霉的磷酸二酯酶可使核酸降解成 5′-核苷酸。牛脾磷酸二酯酶可使核酸降解成 3′-核苷酸。

2. 核苷酸类物质的分离

核酸经降解后所得的产物必须经过分离才能得到纯的制品，最常用的分离方法有三种：

①纸层析，特别适用于分离小量的嘌呤和嘧啶碱；②纸电泳，用于分离少量的核苷酸；③离子交换柱层析，可以用于较大量的碱基、核苷或核苷酸的制备，生产上常采用这种方法。此外，各种薄层层析可用于核苷酸类物质的极微量而又快速的分离。

3. 核苷酸类物质的应用

肌苷酸与鸟苷酸是强力助鲜剂，它与谷氨酸钠（味精）按1:（10～20）比例混合后，可使味精的鲜味增加几十倍到一百多倍。

ATP，GTP 类物质有改善机体代谢的功能，5′-核苷酸有促进骨髓机能，使白血球升高的作用；混合核苷酸用于输液，有促进病人康复的作用；5-氟尿嘧啶、6-巯基嘌呤、胞嘧啶阿拉伯糖苷等核苷酸类似物具有抗癌作用；5-碘脱氧尿苷有治疗病毒性角膜炎的作用；多聚肌苷酸:多聚胞苷酸［简称 Poly（I:C）］是干扰素的诱导剂，有抗病毒的作用。

第二节　脱氧核糖核酸（DNA）

一、DNA 的碱基组成

DNA 由四种主要的碱基即腺嘌呤、鸟嘌呤、胞嘧啶和胸腺嘧啶组成，此外，还含有少量稀有碱基。各种生物的 DNA 的碱基组成具有如下规律：

（1）所有 DNA 中腺嘌呤与胸腺嘧啶的物质的量相等，即 A＝T；鸟嘌呤与胞嘧啶（包括5-甲基胞嘧啶）的物质的量相等，即 G＝C。因此，嘌呤的总数等于嘧啶的总数，即 A＋G＝C＋T。

（2）DNA 的碱基组成具有种的特异性，即不同生物种的 DNA 具有自己独特的碱基组成。

（3）DNA 的碱基组成没有组织的特异性，没有器官的特异性，即同一生物体的各种不同器官，不同组织的 DNA 具有相同的碱基组成。

（4）年龄、营养状态、环境的改变不影响 DNA 的碱基组成。

所有 DNA 中 A＝T，G＝C 这一规律的发现，为 DNA 双螺旋结构模型的建立提供了重要依据。DNA 只有种的特异性而无组织特异性，而且环境因素不影响 DNA 的碱基组成，这些特性使 DNA 可以用作生物分类的指标。

二、DNA 的一级结构

核酸的一级结构指组成核酸的诸核苷酸之间连键的性质，以及核苷酸排列的顺序。核酸的空间结构指多核苷酸链内或链间通过氢键折叠卷曲而成的构象，核酸的空间结构可以分为二级结构与三级结构。

DNA 的一级结构是由数量极其庞大的四种脱氧核糖核苷酸，通过 3′,5′-磷酸二酯键彼此连接起来的直线形或环形分子。由于脱氧戊糖中^{2}C 上不含羟基，^{1}C 与碱基相连，所以唯一可能的是形成 3′,5′-磷酸二酯键，所以，DNA 没有侧链。

基因　是染色体上的具有特定功能的一段 DNA 序列，是一种相对独立的遗传信息基本单位，它编码蛋白质、tRNA 或 rRNA 分子，或者调节这样一段序列的转录。

基因组　是一种生物结构建成和生命活动所需遗传信息的总和，即生物体的全套 DNA 序列。这些信息编码在细胞内的 DNA 分子中。对真核生物例如人类来说，细胞核内全部染色体分子的总和就是它们的基因组。

基因芯片（Gene Chip）　又称 DNA 芯片、DNA 微阵列（DNA microarray），是将大量的 DNA 片段按预先设计的排列方式固化在载体表面如硅片、玻片上，并以此为探针，在一定的条件下，与样品中待测的靶基因片段杂交，通过检测杂交后的信号，实现对靶基因信息的快速检测。基因芯片可以分为很多种类，常见并广泛应用的有 cDNA 微点阵和寡核苷酸原位合成两种。

三、DNA 的二级结构

1. B-DNA 的结构——双螺旋结构

Watson 和 Crick 两人于 1953 年提出了 DNA 分子双螺旋结构模型，如图 3-1 所示。认为在相对湿度为 92% 时，结晶的 B 型 DNA 钠盐是由两条反向平行的多核苷酸链，围绕同一个中心轴构成的双螺旋结构。多核苷酸链的方向取决于核苷酸间的磷酸二酯键的走向，习惯上以 $^{3}C'\longrightarrow{}^{5}C'$ 为正向。两条链都是右手螺旋。链之间的螺旋形凹槽，一条较浅，宽度为 0.6nm，深度为 0.75nm；另一条较深，宽度为 1.2nm，深度为 0.85nm。嘌呤和嘧啶碱基层叠于螺旋内侧，碱基平面与纵轴相垂直，碱基之间的堆集距离为 0.34nm。磷酸基与脱氧核糖在外侧，彼此之间通过磷酸二酯键相连接，形成 DNA 的骨架。糖环平面与纵轴平行，双螺旋的直径为 2nm。顺轴方向，每隔 0.34nm 有一个核苷酸，两个核苷酸间的夹角为 36°，因此，沿中心轴每旋转一周有 10 个核苷酸，每隔 3.4nm 重复出现同一结构。两条核苷酸链依靠彼此碱基之间形成的氢键相联系而结合在一起。碱基之间形成氢键，A 与 T 相结合，其间形成两个氢键；G 与 C 相结合，其间形成三个氢键，所以 G、C 之间的连接更为稳定一些。这种碱基之间互相匹配的情形称为碱基互补。因此，当一条核苷酸链的碱基序列确定以后，即可推知另一条互补核苷酸链的碱基序列。DNA 复制、转录、反转录的分子基础都是碱基互补。

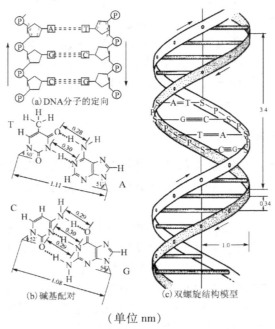

（单位 nm）

图 3-1　DNA 分子双螺旋结构模型

Watson 和 Crick 的模型所提供的是 DNA 结构的平均特征，后来对 DNA 晶体所作的 X 光衍射分析才提供了更为精确的信息，见表 3-4。

按照上述模型，双螺旋结构对链上核苷酸排列顺序并无任何限制，因此大分子 DNA 中核苷酸排列的方式是千变万化的，但是每一种生物的 DNA 都具有自己特异的核苷酸序列。

维持 DNA 双螺旋结构稳定的力 DNA 双螺旋结构是很稳定的，主要有三种力量维持 DNA 双螺旋结构的稳定。一是互补碱基对之间的氢键，它在使四种碱基形成特异的配对上虽然十分重要，但并不是使 DNA 结构稳定的主要力量，因为氢键的能量是十分小的，而且氢键的断裂往往是协同进行的，在一定条件下只要 DNA 分子中有少数氢键断裂，其余氢键也几乎同时发生断裂，而实际上 DNA 并非如此。其次，游离的碱基（或核苷）即使在很高的浓度下也不会由于形成氢键而发生碱基配对。DNA 分子中碱基的堆集可以使碱基缔合，所以使 DNA 结构稳定的第二种力，也是主要的力，是碱基堆集力。碱基堆集力是由于芳香族碱基的 π 电子之间相互作用而引起的，DNA 分子中碱基层层堆集，在 DNA 分子内部形成了一个疏水核心，核心内几乎没有游离的水分子，所以使互补的碱基之间形成氢键。第三种使 DNA 分子稳定的力是磷酸残基上的负电荷与介质中的阳离子之间形成的离子键。由于 DNA 在生理 pH 值条件下带有大量的负电荷，要是没有阳离子（或带正电荷的多聚胺、组蛋白）与它形成离子键，DNA 链由于自身不同部位之间的斥力也是不稳定的。与 DNA 结合的离子如 Na^+、K^+、Mg^{2+}、Mn^{2+}，在细胞内是大量存在的。此外，原核细胞的 DNA 常与精胺及亚精胺结合，真核细胞 DNA 则与组蛋白相结合。

DNA 双螺旋二级结构是很稳定的，但不是绝对的。实验证明，即使在室温中，处于溶液中的 DNA 分子内也有一部分氢键被打开，而且打开的部位处于不断的变化之中。此外，碱基对氢键上的质子也不断地与介质中的质子发生交换。所有这些现象都说明 DNA 的结构处于的动态运动之中。

以上叙述的是 B-DNA 的结构，溶液中及细胞内的天然状态的 DNA 几乎都是 B 型的。

2．A-DNA 分子的结构

在相对湿度为 75% 以下所获得的 DNA 纤维的 X 光衍射分析资料表明，这种 DNA 纤维具有不同于 B-DNA 的结构特点，称为 A-DNA。A-DNA 也是由反向的两条多核苷酸链组成的双螺旋结构，也为右手螺旋，但是螺体较宽而浅，碱基对与中心轴之倾角也不同，呈现 19°。RNA 分子的双螺旋区以及 RNA-DNA 杂交双链具有与 A-DNA 相似的结构。

3．Z-DNA 分子的结构

A. Rich 在研究 CGCGCG 寡聚体的结构时，发现了自然界中存在的不同于 A-DNA 和 B-DNA 的另一类 DNA。在 CGCGCG 晶体中，磷酸基在多核苷酸骨架上的分布呈 Z 字形，所以称这类 DNA 为 Z-DNA。Z－DNA 呈左手双螺旋结构，只有一条大沟，而无小沟。

天然 B-DNA 的局部区域可以出现 Z-DNA 结构，说明 B-DNA 与 Z-DNA 之间是可以互相转变的。

表 3-4 比较了 A-DNA、B-DNA、Z-DNA 的一些主要特性。

表 3-4　A-DNA、B-DNA 和 Z-DNA 的特性比较

项　目 ＼ 螺旋类型	A-DNA	B-DNA	Z-DNA
外　形	粗　短	适　中	细　长
每对碱基之距离（nm）	0.23	0.3	0.38
螺旋直径（nm）	2.55	2.37	1.84
螺旋方向	右　手	右　手	左　手
糖苷键构型	反　式	反　式	C，T 反式；G 顺式
每匝螺旋碱基对数目	11	10.4	12
螺　距（nm）	2.46	3.32	4.56
碱基对与中心轴之倾角（°）	19	1	9
大　沟	狭，很深	宽，深	平　坦
小　沟	很宽，浅	窄，很深	很窄，深

四、DNA 的三级结构

在双螺旋结构（二级结构）的基础上，DNA 还可以形成三级结构：双链环型的超螺旋和开环型。双链环型 DNA 可以以超螺旋型与开环型两种不同的形式存在，如图 3-2 所示。它们的物理性质、化学性质及生物化学性质很不相同。当双链环型 DNA 因某种原因而使它的二级结构上每匝螺旋的碱基数目发生改变时，由于分子力学上的原因，使 DNA 分子进一步捻成超螺旋型。

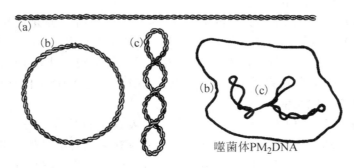

图 3-2　DNA 三级结构模式图

（a）直线型双螺旋结构；　（b）开环型结构；　（c）共价闭环超螺旋型结构

超螺旋型 DNA 具有更为紧密的结构、更高的浮力密度、更高的熔点和更大的 S 值。当超螺旋型 DNA 的一条链上出现一个缺口时，超螺旋结构就被松开，而形成开环型结构。

第三节 核糖核酸（RNA）

一、RNA 的类型

不论是动物、植物还是微生物细胞内都含有三种主要的 RNA，即核糖体 RNA（rRNA）、转运 RNA（tRNA）和信使 RNA（mRNA）。

1. rRNA

rRNA 约占全部 RNA 的 30%，是构成核糖体的骨架。大肠杆菌核糖体中的 rRNA 有三类，即 5S rRNA，16S RNA，23S rRNA。这些不同的 rRNA 的核苷酸排列顺序是不同的，它们能与细菌染色体 DNA 的不同部位杂交。动物细胞核糖体中的 rRNA 有四类：5S rRNA，18S RNA，28S rRNA 及 5.8S rRNA。

2. tRNA

tRNA 占全部 RNA 的 16%，tRNA 的生物功能是在蛋白质生物合成过程中转运氨基酸。细胞内 tRNA 的种类很多，估计有 50 多种。每一种氨基酸都有与其相对应的一种或几种 tRNA。

3. mRNA

mRNA 的碱基组成与 DNA 十分相当，所以有时把它叫作 D-RNA。mRNA 在代谢上很不稳定，是合成蛋白质的模板，每种多肽链都由一种特定的 mRNA 负责编码，所以细胞内 mRNA 的种类是很多的，但每一种 mRNA 的数量却极少。

除了这三类主要的 RNA 以外，细胞内还有一些其他类型的 RNA，如核内小分子 RNA 等。

二、RNA 的碱基组成

RNA 中所含的四种基本碱基是腺嘌呤、鸟嘌呤、胞嘧啶和尿嘧啶，此外还有几十种稀有碱基。RNA 的碱基组成不像 DNA 那样具有严格的 A = T，G = C 的规律。

tRNA 的碱基组成中，腺嘌呤的含量近似于尿嘧啶的含量，鸟嘌呤的含量近似于胞嘧啶的含量。这与 tRNA 结构中双螺旋结构所占比例较大是一致的。

肿瘤病毒 RNA 是双链结构，其碱基组成有严格的 A = U，G = C 的关系。

三、RNA 的结构

RNA 的一级结构为直线形多聚核苷酸，相对分子质量的差别极大，组成 RNA 的诸核苷酸之间的连键也为 3′,5′-磷酸二酯键。RNA 为单链分子，它通过自身回折而使得可以彼此配对的碱基（A = U，G = C）相遇，形成氢键，同时形成双螺旋结构；不能配对的碱基区形成突环（loop）被排斥在双螺旋结构之外。根据 X 光衍射分析，RNA 中的双螺旋区每匝由 11 对碱基组成，这与 DNA 原双螺旋结构不同。RNA 双螺旋结构的稳定因素主要也是碱基堆集力，其次才是氢键。每一段双螺旋区至少需要有 4 ~ 6 对碱基才能保持稳定。

1. tRNA 的结构

所有的 tRNA，不论其来自动物、植物还是微生物，都具有许多结构上的共同特点：

（1）分子由 70 ~ 90 个核苷酸残基组成，沉降常数都在 4S 左右。

（2）碱基组成中有较多的稀有碱基。

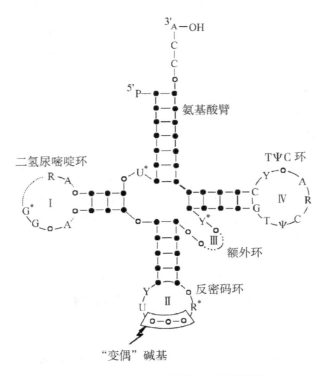

图 3-3　tRNA 三叶草形二级结构模型

R—嘌呤核苷酸；Y—嘧啶核苷酸；T—胸腺嘧啶核糖核苷酸；Ψ—假尿嘧啶核苷酸

带星号的表示可以被修饰的碱基，黑的圆点代表螺旋区的碱基，白的圆圈代表不互补的碱基

（3）3′末端皆为……CpCpAOH。这是从 DNA 上转录后在特殊的酶催化下添加上去的。

（4）二级结构都呈三叶草形，由氨基酸臂、二氢尿嘧啶环、反密码环、额外环和 TΨC 环等五部分组成，如图 3-3 所示。

①氨基酸臂　由 7 对碱基组成，富含鸟嘌呤，末端为—CCA。蛋白质生物合成时，氨基酸活化后，连接于这一末端的腺苷酸上。

②二氢尿嘧啶环（Ⅰ）　由 8～12 个核苷酸组成，以具有两个二氢尿嘧啶（核苷酸）分子为特征，所以称为二氢尿嘧啶环（DHU 环）。

③反密码环（Ⅱ）　由 8～12 个核苷酸组成，环的中间是反密码子，由三个碱基组成。在遗传信息的翻译过程中起重要作用。次黄嘌呤核苷酸(也称肌苷酸)常出现于反密码子中。

④额外环（Ⅲ）　由 3～18 个碱基组成。对于不同的 tRNA，这个环的大小不同，所以它是 tRNA 分类的重要指标。

⑤假尿嘧啶核苷-胸腺嘧啶核糖核苷环（TΨC 环）（Ⅳ）　由 7 个核苷酸组成，通过由 5 对碱基组成的双螺旋区（TΨC 臂）与 tRNA 的其余部分相连，除个别 tRNA 外，所有的 tRNA 中此环必定含有-T-Ψ-C-碱基序列，所以称为 TΨC 环。

（5）tRNA 具有倒 L 形的三级结构，如图 3-4 所示，其生物学功能与其三级结构有密切的关系。目前认为氨酰 tRNA 合成酶是结合于倒 L 形的侧臂上的。

2. mRNA 的结构

绝大多数真核细胞 mRNA 在 3′末端有一段长约 200 个残基的多聚腺苷酸，这一段 poly（A）是转录后逐个添加上去的，原核生物的 mRNA 一般无 poly（A）。poly（A）的结构与

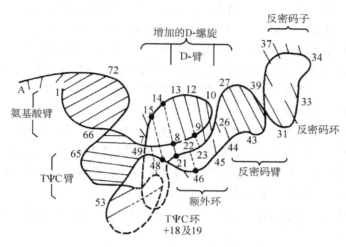

图 3-4 酵母苯丙氨酸 tRNA 的三级结构

（按 Robertus 等 1974 年提出的模型）

mRNA从核转移至胞质的过程有关，也与 mRNA 的半衰期有关。真核细胞 mRNA5′末端还有一个极为特殊的"帽子"结构：m7G5′ppp5′Nm，即 5′末端的鸟嘌呤[7]N 被甲基化，具有抗核酸酶水解的作用，也与蛋白质合成的起始有关。

3. rRNA 的结构

5S rRNA 也具有类似三叶草形的结构，其他 rRNA 也是由部分双螺旋结构和部分突环相间排列组成的。

第四节 核酸的理化性质

1. 核酸的粘度

天然 DNA 分子的长度可以达到几厘米，而分子的直径只有 2nm，所以即使是极稀的 DNA 溶液，也有极大的粘度。RNA 的粘度要小得多，当核酸溶液因受热或在其他因素作用下发生螺旋──→线团转变时，则粘度降低。

2. 核酸的紫外吸收

由于核酸的组成成分嘌呤碱及嘧啶碱有强烈的紫外吸收，所以核酸也有强烈的紫外吸收，最大吸收值在 260nm 处，蛋白质最大吸收值在 280nm 处。利用这一特性，可以鉴别核酸样品中的蛋白质杂质，还可以对核酸进行定量测定。

3. 核酸的酸碱性质

多核苷酸链中两个单核苷酸残基之间的磷酸残基的解离具有较低的 pK' 值（$pK' = 1.5$），所以当溶液的 pH 值高于 4 时，全部解离呈多阴离子状态。因此，可以把核酸看成是多元酸，具有较强的酸性。核酸的等电点较低，酵母 RNA（游离状态）的等电点为 pH2.0 ～ 2.8。多阴离子状态的核酸可与金属离子结合成盐，一价阳离子如 Na^+，K^+，两价阳离子如 Mg^{2+}，Ca^{2+}，Mn^{2+} 等都可与核酸形成盐。核酸盐的溶解度比游离酸的要大。多阴离子状态的核酸也能与碱性蛋白，如组蛋白等结合。病毒与细菌中的 DNA 常与精胺、亚精胺等多阳离子胺类相结合，使 DNA 分子具有更大的稳定性和柔韧性。其结构式如下：

$H_3N^+—CH_2CH_2CH_2—^+NH_2—CH_2CH_2CH_2CH_2—^+NH_2—CH_2CH_2CH_2—^+NH_3$（精胺）

$H_3N^+—CH_2CH_2CH_2—^+NH_2—CH_2CH_2CH_2CH_2—^+NH_3$（亚精胺）

由于碱基对之间氢键的性质与其解离状态有关，而碱基的解离状态又与 pH 值有关，所以溶液的 pH 值直接影响核酸双螺旋结构中碱基对之间氢键的稳定性。对 DNA 来说，碱基对在 pH 值 4.0～11.0 之间最为稳定，超越此范围，DNA 就要变性。

4. 核酸的变性、复性及杂交

核酸的变性是指核酸的双螺旋结构解开，氢键断裂，并不涉及核苷酸间共价键的断裂。

引起核酸变性的因素很多，由于温度升高而引起的变性叫热变性；由于酸碱度的改变而引起的变性叫酸碱变性；乙醇、丙醇等有机溶剂可以改变核酸溶液中介质的介电常数，可以引起核酸变性；尿素、酰胺等试剂也可引起核酸变性。

变性 DNA 在适当的条件下，又可使两条彼此分开的链重新缔合成双螺旋结构，这一过程叫复性。

在变性 DNA 的复性过程中，会发生不同变性 DNA 片段之间的杂交。DNA-DNA 和 DNA-RNA 的同源序列之间均可进行杂交。

第五节　核蛋白体

在有机体内，核酸常与蛋白质结合成复合体即核蛋白体而存在。比较重要的核蛋白体有病毒、染色体及核糖体。

一、病毒

病毒是非细胞形态的生物，主要由蛋白质与核酸组成，有的病毒还含有脂类及糖类物质，一个完整的病毒单位称为病毒粒子。在病毒粒子中，核酸位于内部，蛋白质包裹着核酸，这层蛋白质外壳称为衣壳。衣壳由许多亚基组成，每一亚基称为衣粒。病毒核酸也分两类：DNA 病毒和 RNA 病毒。含 DNA 的病毒，称为 DNA 病毒；含 RNA 的病毒，称为 RNA 病毒。还没有发现既含 DNA 又含 RNA 的病毒。病毒对宿主细胞的侵染性是由核酸决定的，衣壳蛋白的作用有两方面：一是与病毒的宿主专一性有关；二是起保护核酸免受损伤的作用。有的病毒（如多瘤病毒、SV-40、腺病毒等）能引起侵染细胞的转化而成为癌细胞。

1. 植物病毒

植物病毒外形常呈棒状，大部分植物病毒含单链 RNA（如烟草花叶病毒等），但也有含双链 RNA 的植物病毒，由于它有可能作为植物基因工程的基因载体，所以受到人们的重视。

2. 噬菌体

噬菌体是以细菌与放线菌为宿主的病毒。

3. 动物病毒

一般较植物病毒大，含 DNA 或 RNA，有的还有脂蛋白被膜，或叫套膜，如流感病毒、疱疹病毒等。被膜表面带有许多突起，其成分是糖蛋白，具有许多功能，如对宿主细胞的识别等。

二、染色质

真核细胞的核内所具有的染色体的数目因不同的生物种类而异，人的体细胞有 46 个染色体。染色体只能在细胞有丝分裂的中期借助于摩尔根染色在光学显微镜下看到。从电镜照片来看，它是由细丝状的物质折叠而成的，这种细丝状的物质就是染色质，它的基本生物化学组成（以小牛胸腺染色质为例）是：如以 DNA 为 100，则组蛋白为 114，染色质非组蛋白为 33，RNA 为 7。

染色质中的蛋白成分可分为两大类：组蛋白和染色体非组蛋白。

1. 组蛋白

组蛋白是碱性蛋白，富含碱性氨基酸（如精氨酸、赖氨酸等），相对分子质量较小，在 $10\,000 \sim 20\,000$ 之间。根据组蛋白所含碱性氨基酸的不同，将组蛋白分成五类：I（H_1，F_1），IIb_2（H_2b，F_2b），IIb_1（H_2a，F_2a_2），III（H_3，F_3），IV（H_4，F_2a_1）。在进化位置上相差极远的生物的组蛋白，其氨基酸成分仍十分相似，只差 $1 \sim 2$ 个氨基酸。说明组蛋白基因在漫长的生物进化历程中很少遭受突变。组蛋白结构的这一特征，说明它不可能承担调节 DNA 转录的作用。

2. 染色体非组蛋白

这类蛋白数目十分庞大，用聚丙烯酰胺凝胶电泳，可以分出的区带达 100 多条，有的是酸性蛋白。染色体非组蛋白包含各种各样的酶，如 DNA 聚合酶、RNA 聚合酶、多核苷酸连接酶、核酸水解酶类、蛋白酶类、蛋白激素等。这类蛋白质具有物种、组织的特异性，它的含量与细胞生理状态有关，所以目前倾向于认为这类蛋白质参与 DNA 转录的调控。而组蛋白只起非特异性的掩蔽基因的作用。

CHAPTER 3 NUCLEIC ACID

The nucleic acids are informational molecules because their primary structure contains a code or set of directions by which they can duplicate themselves and guide the synthesis of proteins. The synthesis of proteins (most of which are enzymes) ultimately governs the metabolic activities of the cell. In 1953, Watson, an American physicist, and Crick, an English biologist, proposed the double helix structure for DNA. This development set the stage for a new and continuing era of chemical and biological investigation. The two main events in the life of a cell are divided to make exact copies of themselves and manufacturing proteins; both rely on blueprints coded in genes.

There are two types of nucleic acids found in all living cells. Deoxyribonucleic Acid (DNA) is found mainly in the nucleus of the cell, while Ribonucleic Acid (RNA) is found mainly in the cytoplasm of the cell although it is also synthesized in the nucleus. DNA contains the genetic codes to make RNA and the RNA in turn then contains the codes for the primary sequence of amino acids to make proteins.

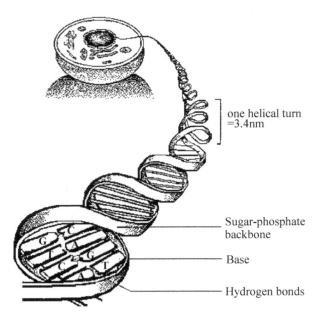

one helical turn
=3.4nm

Sugar-phosphate backbone

Base

Hydrogen bonds

Fig. 3-1   Structure of DNA

It is illustrated by a right-handed double helix, with about 10 nucleotide pairs per helical turn. Each spiral strand, composed of a sugar phosphate backbone and attached baseds, is connected to a complementary strand by hydrogen bonding (non-covalent) between paired bases, adenine(A) with thymine(T) and guanine (G) with cytosine(C).

3. 1   Nucleic Acid Parts List

The best way to understand the structures of DNA and RNA is to identify and examine individual parts of the structures first. The complete hydrolysis of nucleic acids yields three major classes of compounds: pentose sugars, phosphates, and heterocyclic amines (or bases).

3.1.1   Phosphate

A major requirement of all living things is a suitable source of phosphorus. One of the major uses for phosphorus is as the phosphate ion, which is incorporated into DNA and RNA.

3.1.2   Pentose Sugars

There are two types of pentose sugars found in nucleic acids. This difference is reflected in their names; deoxyribonucleic acid indicates the presence of deoxyribose, while ribonucleic acid indicates the presence of ribose.

3.1.3   Heterocyclic Amines

These are sometimes called nitrogen bases or simply bases. The heterocyclic amines are derived from two root structures: purines or pyrimidines. The purine root has both a six and a five member ring; the pyrimidine has a single six member ring. There are two major purines, adenine (A) and guanine (G), and three major pyrimidines, cytosine (C), uracil (U), and thymine (T). The structures are shown in the graphic. As you can see, these structures are called "bases" because the amine groups as part of the ring or as a side chain have a basic property in water.

A major difference between DNA and RNA is that DNA contains thymine, but not uracil, while RNA contains uracil but not thymine. The other three heterocyclic amines, adenine, guanine, and cytosine are found in both DNA and RNA.

3.2   Nucleotides

Nucleotides are the basic monomer building block units in the nucleic acids. A nucleotide consists of a phosphate, pentose sugar, and a heterocyclic amine.

3.2.1   Adenosine 5'-monophosphate (AMP)

The phosphoric acid forms a phosphate-ester bond with the alcohol on carbon number 5 in the pentose. Nitrogen in the heterocyclic amines displaces the —OH group on carbon number 1 of the pentose. If the sugar is ribose, the general name is ribonucleotide and deoxyribonucleotide if the sugar is deoxyribose. The other four nucleotides are synthesized in a similar fashion.

3.2.2   Polymeric Nucleotides

The primary structure of both DNA and RNA consists of a polymeric chain of nucleotides. The formation of the polymeric nucleotides follows the polyester synthesis principle. The nucleotides are joined together by phosphate-ester bonds between the —OH on carbon number 3 of one pentose and the —OH on carbon number 5 of the next pentose which is referred to as the 3', 5' phosphate linkage.

The backbone structure for either DNA or RNA is the alternating pentose sugar and phosphate units. The heterocyclic amines or bases, which are part of this polymeric structure, are said to be "side chains" of the "backbone" structure. The backbone for RNA is alternating phosphate - ribose - phosphate - ribose - etc. The possible bases are adenine, cytosine, guanine, and uracil.

3.3   DNA-Double Helix Structure

Watson and Crick developed the double helix as a model for DNA. The secondary structure of

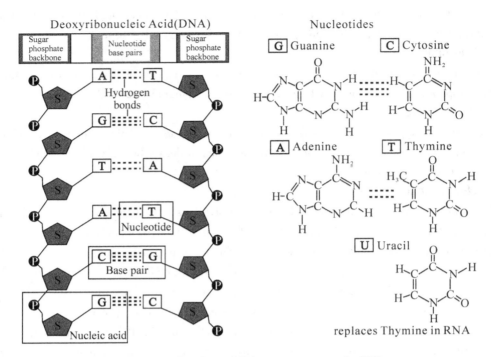

Fig. 3-2   Nucleotides and linkages pattern to make DNA

DNA is actually very similar to the secondary structure of proteins. The protein single alpha helix structure held together by hydrogen bonds was discovered with the aid of X-ray diffraction studies. The X-ray diffraction patterns for DNA show somewhat similar patterns.

In addition, chemical studies by E. Chargaff indicate several important clues about the structure of DNA (the DNA of all organisms). (1) The concentration of adenine equals that of thymine; (2) The concentration of guanine equals that of cytosine.

The double helix in DNA consists of two right-handed polynucleotide chains that are coiled about the same axis. The heterocyclic amine bases project inward toward the center so that the base of one strand interacts or pairs with a base of the other strand. According to the chemical and X-ray data and model building exercises, only specific heterocyclic amine bases may be paired.

3.3.1   Base Airing Principle

The Base Pairing Principle is Complementary, base pairs are adenine and thymine (A—T), guanine and cytosine (G—C). This base pairing is called complementary because there are specific geometry requirements in the formation of hydrogen bonds between the heterocylic amines. Heterocyclic amine base pairing is an application of the hydrogen bonding principle. In the structures for the complementary base pairs given in the graphic, notice that the thymine - adenine pair interacts through two hydrogen bonds represented as (T═A) and that the cytosine-guanine pair interacts through three hydrogen bonds represented as (C≡G).

3.3.2   DNA Double Helix

The double-stranded helical model for DNA is easiest way to visualize DNA as an immensely long rope ladder, twisted into a corkscrew shape. The sides of the ladder are alternating sequences of deoxyribose and phosphate (backbone) while the rungs of the ladder (bases) are made in two parts with each part firmly attached to the side of the ladder. The parts in the rung are heterocyclic amines held in position by hydrogen bonding. Although most DNA exists as open-ended double helices, some bacterial DNA has been found as a cyclic helix.

3.3.3 DNA Replication Process

Several enzymes and proteins are involved with the replication of DNA. At a specific point, the double helix of DNA is caused to unwind possibly in response to an initial synthesis of a short RNA strand using the enzyme helicase. Proteins are available to hold the unwound DNA strands in position. Each strand of DNA then serves as a template to guide the synthesis of its complementary strand of DNA. DNA polymerase Ⅲ is used to join the appropriate nucleotide units together. The replication process is shown in Fig. 3-3.

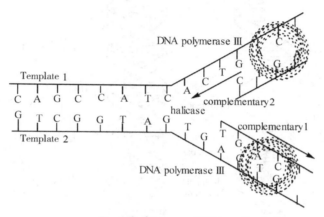

Fig. 3-3   Process of DNA replication

In the Fig. 3-3, Template 1 guides the formation of a new complementary 2 strand. The DNA template guides the formation of a DNA complementary strand (not an exact copy of itself). For example, looking at template 2, this process occurs because the heterocyclic amine, adenine (A), codes or guides the incorporation of only thymine (T) to synthesize new DNA. The replication of DNA is guided by the base pairing principle so that no other heterocyclic amine nucleotide can make hydrogen bond and fit correctly with cytosine. The next heterocyclic amine is cytosine (C) and guides the incorporation of guanine (G) while similar arguments applies to the other bases. Exactly the opposite reaction occurs using template 2 (far right margin) where cytosine (C) guides the incorporation of guanine (G) to form a new complementary 2 strand.

3.4   RNA-transcription

The differences in the composition of RNA and DNA have already been noted. In addition, RNA is not usually found as a double helix but as a single strand. However, the single polynucleotide strand may fold back on itself to form portions, which have a double helix structure like the tertiary structure of proteins.

The biosynthesis of RNA, called transcription, precedes in much the same fashion as the replication of DNA and also follows the base pairing principle. Again, a section of DNA double helix is uncoiled and only one of the DNA strands serves as a template for RNA polymerase enzyme to guide the synthesis of RNA. After the synthesis is complete, the RNA separates from the DNA and the DNA recoils into its helix.

The transcription of a single RNA strand is illustrated in the Fig. 3-4. One major difference is that the heterocyclic amine, adenine, on DNA codes for the incorporation of uracil in RNA rather than thymine as in DNA. For example, thymine in DNA still codes for adenine on RNA not uracil, while the adenine on DNA codes for uracil in RNA. Although RNA is synthesized in the nucleus, it migrates out of the nucleus into the cytoplasm where it is used in the synthesis of proteins.

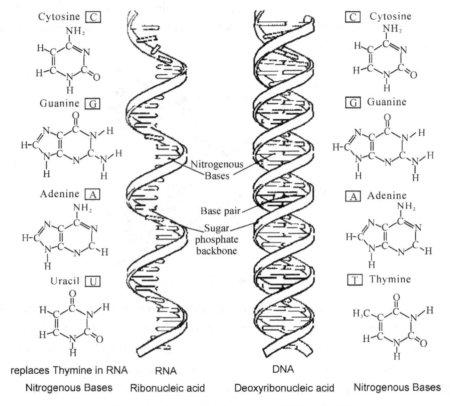

Fig. 3-4   Structural differences in DNA and RNA

3.5 Types of RNA

3.5.1 Messenger RNA

Messenger RNA (mRNA) is synthesized from a gene segment of DNA, which ultimately contains the information on the primary sequence of amino acids in a protein to be synthesized. The genetic code as translated is form RNA not DNA. The messenger RNA carries the code into the cytoplasm where protein synthesis occurs.

3.5.2 Genetic Code

Each gene (or distinct segment) on DNA contains instructions for making one specific protein with order of amino acids coded by the precise sequence of heterocyclic amines on the nucleotides. Since proteins have a variety of functions including those of enzymes mistakes in the primary sequence of amino acids in proteins, may have lethal effects.

It has been determined that the genetic code is actually based upon triplets of nucleotides which provide 64 different codes using the 4 nucleotides. Each nucleotide triplet, called a codon, can be translated into an amino acid to be incorporated into a protein being synthesized.

3.5.3 Ribosomal RNA

In the cytoplasm, ribsomal RNA (rRNA) and protein combine to form a nucleoprotein called a ribosome. The ribosome serves as the site and carries the enzymes necessary for protein synthesis. The ribosome attaches itself to mRNA and provides the stabilizing structure to hold all substances in position as the protein is synthesized. Several ribosomes may be attached to a single RNA at any time.

3.5.4 Transfer RNA

Transfer RNA (tRNA) contains about 75 nucleotides, three of which are called anticodons, and one amino acid. The tRNA reads the code and carries the amino acid to be incorporated into the developing protein.

There are at least 20 different tRNA's — one for each amino acid. Part of the tRNA doubles back upon itself to form several double helical sections. On one end, the amino acid, phenylalanine, is attached. On the opposite end, a specific base triplet, called the anticodon, is used to actually "read" the codons on the mRNA.

第四章 蛋 白 质

蛋白质是以氨基酸为基本单位的生物大分子，是动物、植物和微生物细胞中最重要的有机物质之一，是生命存在的形式。

第一节 蛋白质的化学组成与分类

一、蛋白质的化学组成

蛋白质含有碳、氢、氧和氮元素，大部分还含有硫。有些蛋白质还含有其他的元素，特别是磷、铁、锌及铜。

大多数蛋白质的基本组成十分相似，其中，碳占 50% ～ 55%，氢占 6% ～ 8%，氧占 20% ～ 30%，氮占 15% ～ 18%，硫占 0% ～ 4%。大多数蛋白质所含氮素约为 16%，因该元素容易用凯氏（Kjeldahl）定氮法进行测定，故蛋白质的含量可由氮的含量乘以 6.25（100/16）计算出来。

蛋白质的相对分子质量非常大，但是用酸水解后，蛋白质分子产生一系列相对分子质量低的简单有机化合物——α-氨基酸。构成蛋白质的 α-氨基酸共有 20 种。

二、蛋白质的分类

简单蛋白质是水解时只产生氨基酸的蛋白质。

结合蛋白质是水解时不仅产生氨基酸，还产生其他有机或无机化合物的蛋白质。结合蛋白质的非氨基酸部分称为辅基。

简单蛋白质的分类如下：

1. 清蛋白

清蛋白溶于水及稀盐、稀酸或稀碱溶液，为饱和硫酸铵所沉淀，广泛存在于生物体内，如血清蛋白、乳清蛋白等。

2. 球蛋白

球蛋白为半饱和硫酸铵所沉淀，不溶于水而溶于稀盐溶液的称为优球蛋白；溶于水的称为拟球蛋白。普遍存在于生物体内，如血清球蛋白、肌球蛋白和植物种子球蛋白等。

3. 谷蛋白

谷蛋白不溶于水、醇及中性盐溶液，但易溶于稀酸或稀碱，如米谷蛋白和麦谷蛋白等。

4. 醇溶谷蛋白

醇溶谷蛋白不溶于水及无水乙醇，但可溶于 70% ～ 80% 的乙醇中。其组成特点是脯氨酸和酰胺较多，非极性侧链远较极性侧链多。这类蛋白质主要存在于植物种子中，如玉米醇溶蛋白、麦醇溶蛋白等。

5. 组蛋白

组蛋白溶于水及稀酸，但为稀氨水所沉淀。其分子中组氨酸、赖氨酸较多，呈碱性，如小牛胸腺组蛋白等。

6．鱼精蛋白

鱼精蛋白溶于水及稀酸，不溶于氨水。分子中碱性氨基酸特别多，因此呈碱性，如鲑精蛋白等。

7．硬蛋白

硬蛋白不溶于水、盐、稀酸或稀碱。这类蛋白是动物体内构成结缔组织或具有保护功能的蛋白质，如角蛋白、胶原、网硬蛋白和弹性蛋白等。

结合蛋白质的分类如下：

1．核蛋白

核蛋白的辅基是核酸，如脱氧核糖核蛋白、核糖体、病毒等。

2．脂蛋白

脂蛋白是与脂质结合的蛋白质，脂质成分有磷脂、固醇和中性脂等，如血中的 β_1-脂蛋白、卵黄球蛋白等。

3．糖蛋白和粘蛋白

辅基成分为半乳糖、甘露糖、己糖胺、己糖醛酸、唾液酸、硫酸或磷酸等，如卵清蛋白、γ-球蛋白、血清类粘蛋白等。

4．磷蛋白

磷酸基通过酯键与蛋白质中的丝氨酸或苏氨酸残基侧链相连，如酪蛋白、胃蛋白酶等。

5．血红素蛋白

辅基为血红素，它是卟啉类化合物，卟啉环中心含有金属。含铁的如血红蛋白、细胞色素 C，含镁的有叶绿蛋白，含铜的有血蓝蛋白等。

6．黄素蛋白

辅基为黄素腺嘌呤二核苷酸，如琥珀酸脱氢酶、D-氨基酸氧化酶等。

7．金属蛋白

金属蛋白是与金属直接结合的蛋白质。如铁蛋白含铁，乙醇脱氢酶含锌，超氧化物歧化酶（SOD）含硒，黄嘌呤氧化酶含钼和铁等。

蛋白质按其分子外形的对称程度可以分为球状蛋白质和纤维状蛋白质两大类。球状蛋白质分子对称性佳，外形接近球状或椭球状，溶解度较好，能结晶，大多数蛋白质属于这一类。纤维状蛋白质对称性差，分子类似细棒或纤维。它又可分成可溶性纤维状蛋白质（如肌球蛋白、血纤维蛋白原等）和不溶性纤维状蛋白质（包括胶原蛋白、弹性蛋白、角蛋白以及丝心蛋白等）。

还可依据蛋白质的生物功能进行分类，把蛋白质分为酶、运输蛋白质、营养和储存蛋白质、收缩蛋白质或运动蛋白质、结构蛋白质和防御蛋白质等。

第二节　氨基酸

蛋白质中存在的 20 种氨基酸，除脯氨酸外，在其 α-碳原子上都有一个自由的羧基及一个自由的氨基；由于脯基酸的 α-氨基被取代，它实际上是一种 α-亚氨基酸。此外，每种氨基酸都有一个特殊的 R 基团。

一、氨基酸的分类

根据 R 基团的极性，一般可将氨基酸分为四类：①非极性或疏水；②极性但不带电荷；③在 pH7 中带负电荷；④在 pH7 中带正电荷。在说明不同氨基酸在蛋白质的功能时，这种分类法很有意义。

表 4-1　具有非极性或疏水的 R 基团氨基酸

氨基酸名称	分子式	pK'—COOH	pK'—$^+NH_3$	pI	$\Delta G'_{R基}$*
丙氨酸（Ala）	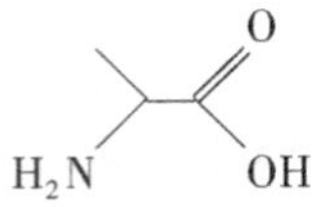	2.34	9.69	6.02	3.10
缬氨酸（Val）	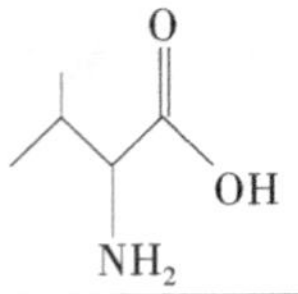	2.34	9.62	5.97	7.05
亮氨酸（Leu）	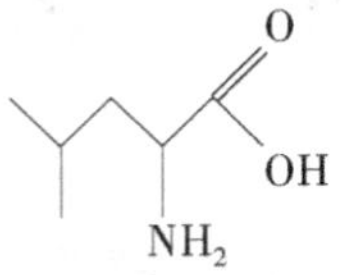	2.36	9.60	5.98	10.10
异亮氨酸（Ile）	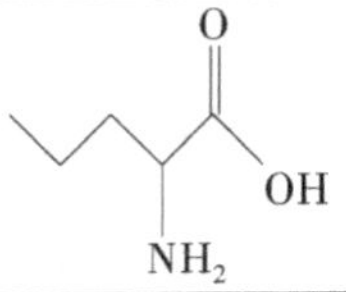	2.36	9.68	6.02	12.40
脯氨酸（Pro）	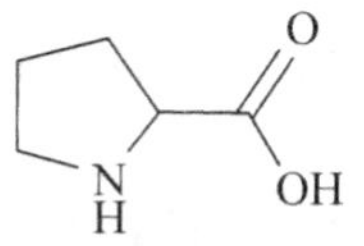	1.99	10.60	6.30	10.85
苯丙氨酸（Phe）	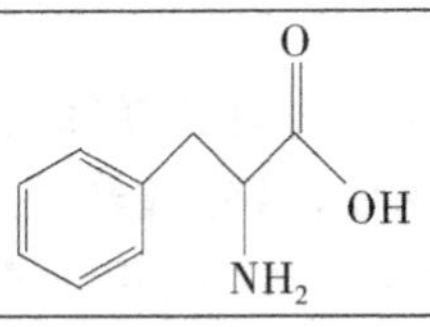	1.83	9.13	5.48	11.10
色氨酸（Trp）	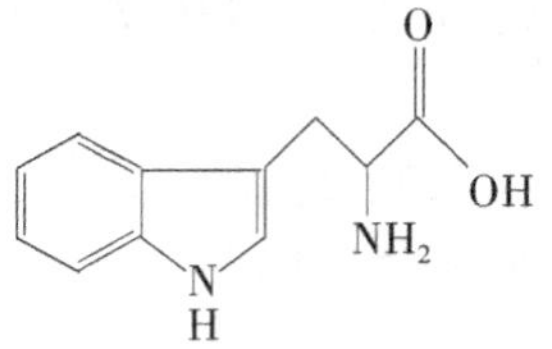	2.38	9.39	5.89	12.55
甲硫氨酸（Met）	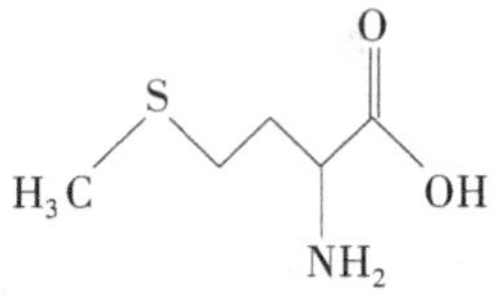	2.28	9.21	5.75	5.45

* $\Delta G'_{R基}$为侧链疏水性（乙醇→水），单位为 kJ/mol。下同。

1. 具有非极性或疏水 R 基的氨基酸

这类氨基酸共有 8 种，其中 5 种具有脂肪烃侧链（丙氨酸、亮氨酸、异亮氨酸、缬氨酸及脯氨酸），两种具有芳香环（苯丙氨酸及色氨酸），一种含硫氨基酸（甲硫氨基酸或称蛋氨酸），如表 4-1 所示。这类氨基酸在水中的溶解度比极性氨基酸小。

2. 具有极性不带电荷 R 基的氨基酸

这类氨基酸比疏水氨基酸易溶于水，它们所含的极性 R 基团能形成氢键。丝氨酸、苏氨酸及酪氨酸的极性是由羟基引起的，而天冬酰胺和谷氨酰胺的极性则是由酰胺基引起的。半胱氨酸的极性来自其巯基（—SH）。天冬酰胺和谷氨酰胺分别是天冬氨酸和谷氨酸的酰胺化合物，它们极易为酸碱所水解。缩写符号 Asx 及 Glx 分别代表天冬氨酸或天冬酰胺及谷氨酸或谷酰胺。甘氨酸虽然不带有 R 基团，但由于其带电荷的氨基和羧基占整个分子的大部分，具有明显的极性，所以也归入此类，如表 4-2 所示。

表 4-2　具有极性不带电荷 R 基团的氨基酸

氨基酸名称	分子式	pK'—COOH	pK'—$^+$NH$_3$	pK'—R ($\Delta G'_{R基}$)	pI
甘氨酸 (Gly)	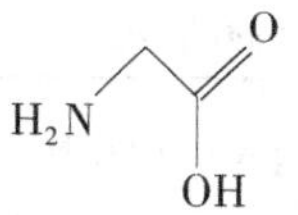	2.34	9.60	(0)	5.97
丝氨酸 (Ser)	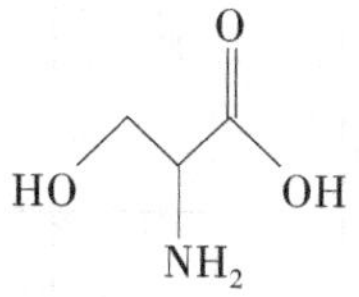	2.21	9.15	(0.17)	5.68
苏氨酸 (Thr)	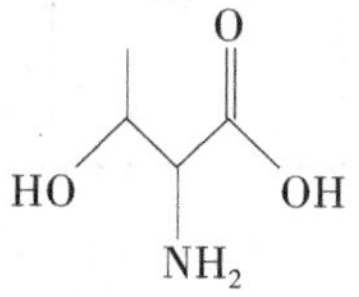	2.63	10.43	(1.85)	6.53
半胱氨酸 (Cys)	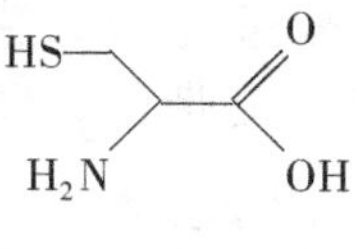	1.71	8.33	10.78 (SH) (4.20)	5.02
酪氨酸 (Tyr)	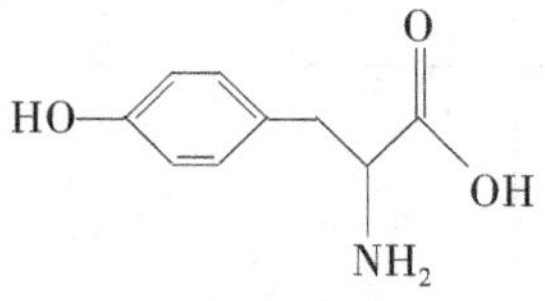	2.20	9.11	10.07 (OH) (12.00)	5.66

（续表）

氨基酸名称	分子式	pK'—COOH	pK'—$^+NH_3$	pK'—R ($\Delta G'_{R基}$)	pI
天冬酰胺 （Asn）	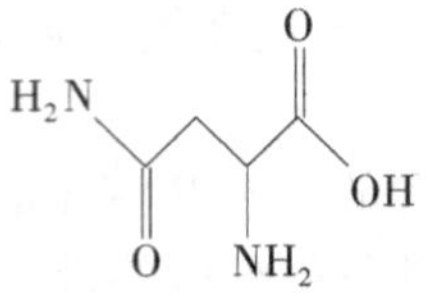	2.02	8.8	（-0.04）	5.41
谷氨酰胺 （Gln）	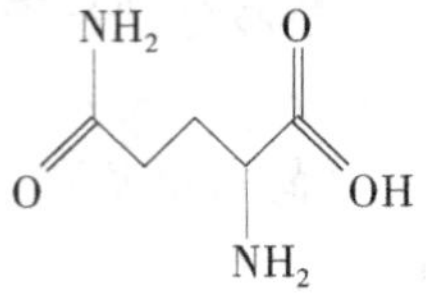	2.17	9.13	（-0.4）	5.65

3. 基团带负电荷的氨基酸

这类氨基酸在 pH7.0 时具有净的负电荷，它们都含有第二个羧基，如表4-3所示。谷氨酸的钠盐就是调味用的味精。

表 4-3　R 基团带负电荷的氨基酸

氨基酸名称	分子式	pK'—COOH	pK'—$^+NH_3$	pK'—R ($\Delta G'_{R基}$)	pI
天冬氨酸（Asp）	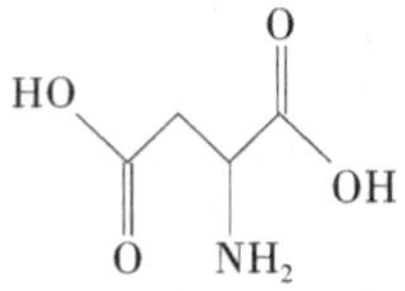	2.09	9.82	3.86 （β-COOH） （2.25）	2.97
谷氨酸（Glu）	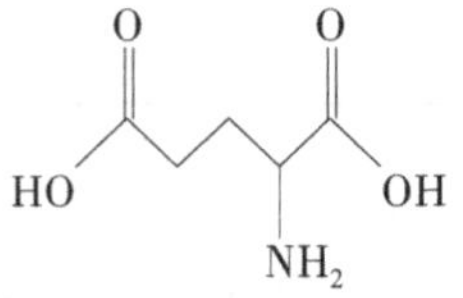	2.19	9.67	4.25 （γ-COOH） （2.30）	3.22

4. R 基团带正电荷的氨基酸

在这类氨基酸中，R 基团在 pH7.0 时带有正电荷。赖氨酸在其脂肪链的 ε 位置上带有第二个氨基，精氨酸带有正电荷的胍基，而组氨酸带有弱碱性的咪唑基，见表4-4。在 pH6.0 时组氨酸50%以上的分子带电荷，而在 pH7.0 时带正电荷的分子少于10%。

表 4-4　R 基团带正电荷的氨基酸

氨基酸名称	分子式	pK'—COOH	pK'—$^+NH_3$	pK'—R ($\Delta G'_{R基}$)	pI
赖氨酸 （Lys）	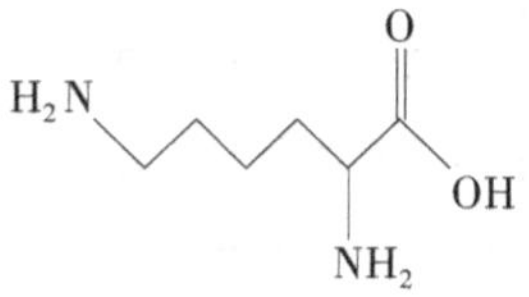	2.18	8.95	10.53 （ε-NH$_3$） （6.25）	9.74

（续表）

氨基酸名称	分子式	pK'—COOH	pK'—⁺NH₃	pK'—R ($\Delta G'_{R基}$)	pI
精氨酸（Arg）	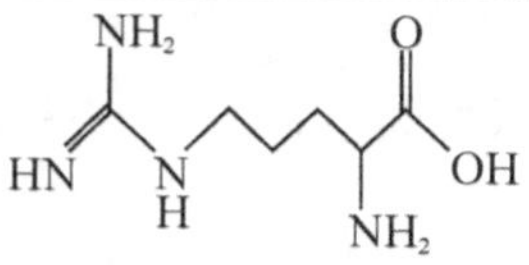	2.17	9.04	12.48（胍基）(3.10)	10.76
组氨酸（His）	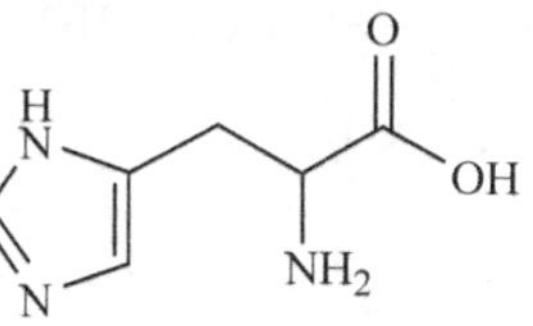	1.82	9.17	6.00（咪唑基）(2.10)	7.59

二、蛋白质的稀有氨基酸

除去上述 20 种氨基酸外，一些蛋白质的水解液中还含有少数其他氨基酸，这些都是正常氨基酸的衍生物，其中有 4-羟基脯氨酸，存在于纤维蛋白、胶原蛋白以及某些植物蛋白中（如烟草细胞壁的糖蛋白）。在胶原蛋白的水解液中也分离出 5-羟基赖氨酸。N-甲基赖氨酸存在于肌球蛋白中，另一种重要的特有氨基酸是 γ-羧基谷氨酸，存在于凝血酶原及某些具有结合离子功能的其他蛋白质中。锁链素（一种赖氨酸的衍生物，其中央的吡啶环结构由 4 个赖氨酸分子的侧链组成）则仅在弹性蛋白中发现。从甲状腺蛋白中分离出 3,5-二碘酪氨酸和甲状腺素等，都是酪氨酸的衍生物。稀有氨基酸都是从肽链中的正常氨基酸前体经过化学修饰产生的，含稀有氨基酸的蛋白质多具有较强的生物活性。

三、非蛋白质氨基酸

除去蛋白质的 20 种普通氨基酸及少数稀有氨基酸外，已发现有 150 多种其他氨基酸，存在于各种细胞及组织中，呈游离状态或者结合状态，但并不存在于蛋白质中，所以称为非蛋白质氨基酸。它们大多数是蛋白质中存在的 α-氨基酸的衍生物，但是也发现有 β-，γ或 δ-氨基酸。某些非蛋白质氨基酸呈 D 构型，如细菌细胞壁中存在的 D-谷氨酸和 D-丙氨酸。

有些非蛋白氨基酸在代谢上作为重要的前体或中间产物，例如，β-丙氨酸是维生素泛酸的前体，瓜氨酸及鸟氨酸是合成精氨酸的前体，γ-氨基丁酸是神经传导的化学物质。有些非蛋白氨基酸，如高丝氨酸及刀豆氨酸，在氮素运转及储藏上具有一定作用。

植物含有非常多的非蛋白氨基酸，对动物和微生物有一定的生理活性，有些具有极特殊的结构。例如，刀豆氨酸、黎豆氨酸及 β-氰丙氨酸对其他生物是有毒的。现在一般认为，非蛋白氨基酸是植物的次生代谢物质。植物生长的时间愈长，富积的次生代谢物质就愈多，次生代谢物质的结构就愈复杂，对其他生物的生理活性也就愈强。中草药的主要药效成分多是植物次生代谢物。

一些非蛋白氨基酸的分子结构如下：

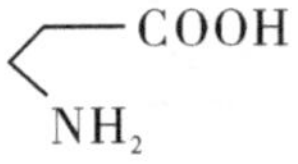

β-丙氨酸 　　　γ-氨基丁酸 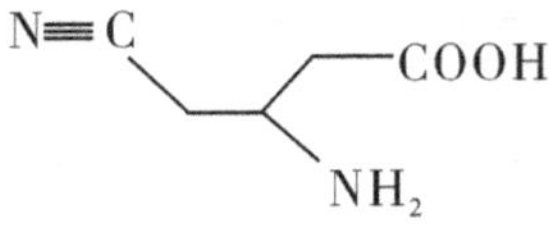　　　β-氰丙氨酸 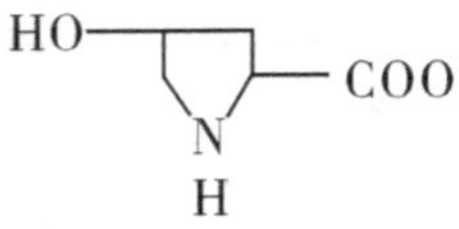　　　4-羟脯氨酸

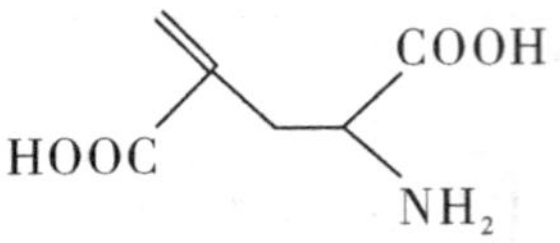

γ-亚甲基谷氨酸（存在于花生中） 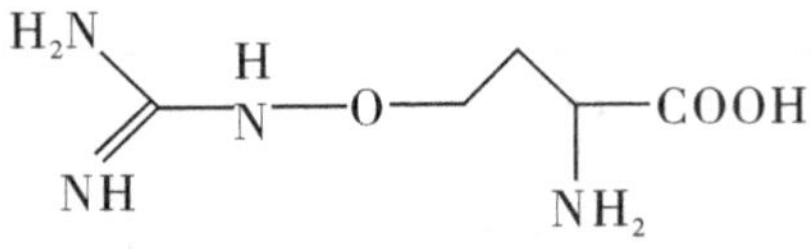　　　刀豆氨酸 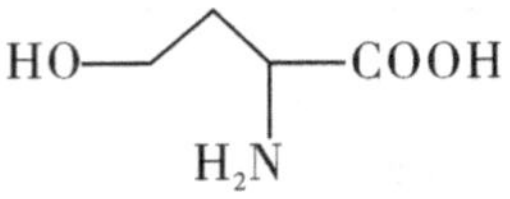　　　高丝氨酸

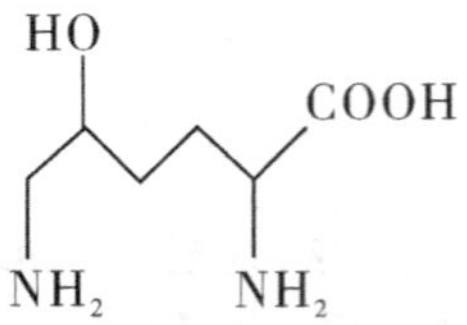

5-羟赖氨酸 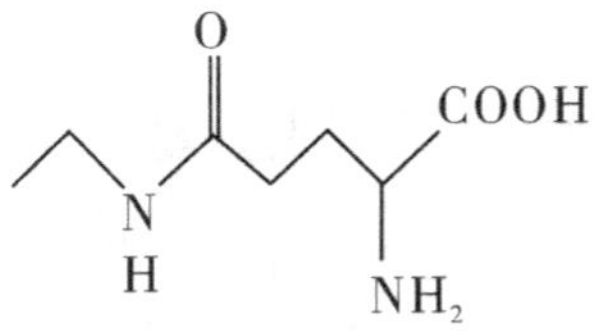　　　茶氨酸（存在于茶叶中）

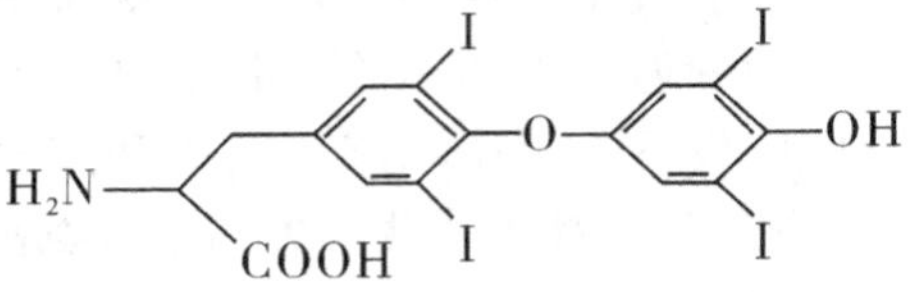

甲状腺素 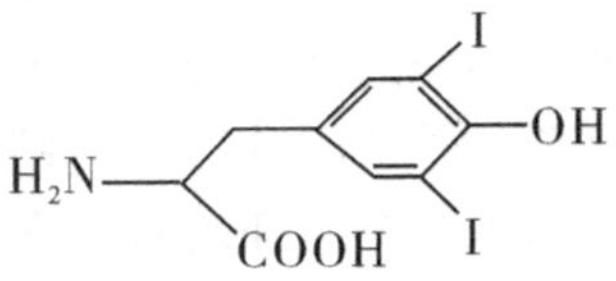　　　3,5-二碘酪氨酸

四、氨基酸的酸碱性质

氨基酸在水溶液中通常解离成两性离子，而不是呈不解离的分子状态。

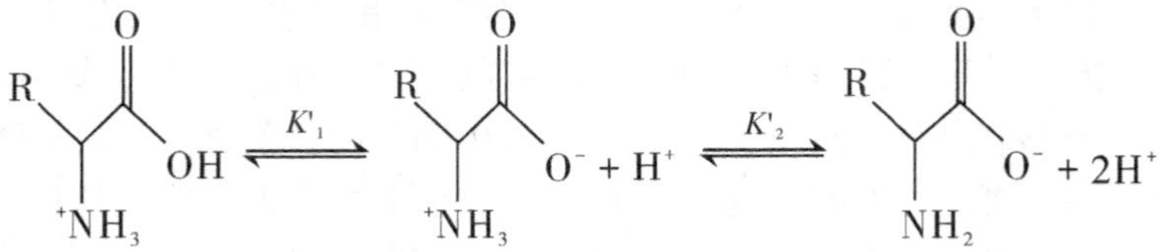

阳离子　　　　　　兼性离子　　　　　　阴离子

一氨基一羧基氨基酸（如甘氨酸）在低 pH 值时，为二盐基性酸 $H_3N^+CHRCOOH$，用碱滴时它可以供给两个质子（H^+）：

$$^+NH_3CHRCOOH \longrightarrow {}^+NH_3CHRCOO^- + H^+ \longrightarrow NH_2CHRCOO^- + 2H^+$$

当 pH 值升到 6 时，从羧基失去 1 个质子形成两性离子 $NH_3^+CHRCOO^-$，在电场中呈中性；进一步升高 pH 值即失去第 2 个质子，产生 $NH_2CHRCOO^-$。第一步解离的 pK 为 $2.0 \sim 2.5$，α-COOH 基解离；第二步解离的 pK 为 $9.0 \sim 10$，即 α-NH_3^+ 基解离。其他含有可解离的 R 基团的氨基酸还存在额外的解离形式，视其 R 基团的 pK 值而定。

在 pH 值 5.97 时，甘氨酸分子的净电荷等于零，在电场中这个分子不再流动，这就是它的等电 pH 值。pI 代表等电点时的 pH 值，为 pK_1 及 pK_2 的算术平均值，即 pI =（pK_1 + pK_2）/2。甘氨酸的解离曲线如图 4-1 所示。

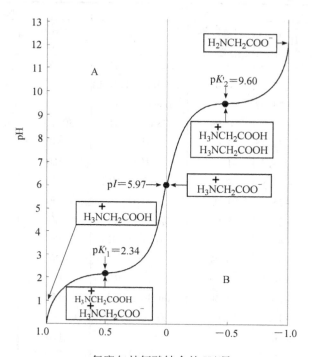

每摩尔甘氨酸结合的 H$^+$ 量

图 4-1　甘氨酸的解离曲线

（方块内表示在解离曲线拐点处的 pH 值时所具有的离子形式）

五、氨基酸的吸收光谱

氨基酸都不吸收可见光，但酪氨酸、色氨酸和苯丙氨酸可显著地吸收紫外光。由于大多数蛋白质都含有酪氨酸残基，因此用紫外分光光度计测定蛋白质对 280nm 处紫外光的吸收，可以作为测定蛋白质含量的快速而简便的方法。

六、氨基酸的溶解度、旋光性和味感

在水中，胱氨酸、酪氨酸、天冬氨酸、谷氨酸等溶解度很小，精氨酸、赖氨酸的溶解度特别大，见表 4-5。在盐酸溶液中，一切氨基酸都可有不同程度的溶解度。

在天然氨基酸中，只有甘氨酸无旋光性。

氨基酸的味感与其立体构型有关。D 型氨基酸多数带有甜味，甜味最强的是 D-色氨酸，可达蔗糖的 40 倍。L 型氨基酸有甜、苦、鲜、酸等四种不同味感。民间用澄清的生石灰水蒸鸡蛋，味道极甜美，就是部分苦味的 L 型氨基酸转变为甜味的 D 型氨基酸的结果。

七、氨基酸的化学反应

氨基酸的羧基具有一羧酸羧基的性质（如成盐、成酯、成酰胺、脱羧、酰氯化等），氨基酸的氨基具有一级胺（R—NH$_2$）氨基的一切性质（如与 HCl 结合、脱氨、与 HNO$_2$ 作用等）。还有一部分性质则为氨基、羧基共同参加或支链 R 基团参加的反应。

表 4-5　天然氨基酸的溶解度和旋光性

氨基酸	溶解度（%）（25℃）	旋光性			味感*		
		比旋	质量分数（%）	溶剂	阈值（mg/100mL）	L 型	D 型
胱氨酸	0.011	−212.9	0.99	1.02mol/L HCl	—	—	—
酪氨酸	0.045	−7.27	4.0	6.03mol/L HCl	—	微苦	甜
天冬氨酸	0.05	+24.62	2.0	6mol/L HCl	3	酸（弱鲜）	—
谷氨酸	0.84	+31.7	0.99	1.73mol/L HCl	30（5）	鲜（酸）	—
色氨酸	1.13	−32.15	2.07	H_2O	90	苦	强甜
苏氨酸	1.59	−28.3	1.1	H_2O	260	微甜	弱甜
亮氨酸	2.19	+13.91	9.07	4.5mol/L HCl	380	苦	强甜
苯丙氨酸	2.96	−35.1	1.93	H_2O	150	微苦	强甜
蛋氨酸	3.38	+23.4	5.0	3mol/L HCl	30	苦	甜
异亮氨酸	4.12	+40.6	5.1	6.1mol/L HCl	90	苦	甜
组氨酸	4.29	−39.2	3.77	H_2O	20	苦	甜
丝氨酸	5.02	+14.5	9.34	1mol/L HCl	150	微甜	强甜
缬氨酸	8.85	+28.8	3.40	6mol/L HCl	150	苦	强甜
丙氨酸	16.51	+14.47	10.0	5.97mol/L HCl	60	甜	强甜
甘氨酸	24.99	0	—	—	110	甜	甜
羟脯氨酸	36.11	−75.2	1.0	H_2O	50	微甜	—
脯氨酸	62.30	−85.0	1.0	H_2O	300	甜	—
精氨酸	易溶	25.58	1.66	6mol/L HCl	10	微苦	弱甜
赖氨酸	易溶	+25.72	1.64	6.03mol/L HCl	50	苦	弱甜
谷氨酰胺	—	—	—	—	250	弱鲜甜	—
天冬酰胺	—	—	—	—	100	弱苦酸	—

* 阈值为 L-氨基酸的数据。谷氨酸和天冬氨酸呈酸味，其钠盐才呈鲜味。

（一）由氨基参加的反应

1. 与 HNO_2 的反应

氨基酸的 α-氨基定量地与亚硝酸作用产生羟酸和 N_2，所生成的 N_2 可用气体分析仪器加以测定，这是 Van Slyke 氏氨基氮测定法的原理。

$$R—CH—COOH \ +HNO_2 \longrightarrow R—CH—COOH \ +N_2\uparrow +H_2O$$
$$\underset{NH_2}{|} \qquad\qquad\qquad \underset{OH}{|}$$
氨基酸　　　　　　　　　　　　　　羟酸

ε-氨基（如赖氨酸）与 HNO_2 作用较慢，α-氨基在室温下 3～4min 作用即完全。脯氨酸、羟脯氨酸中的亚氨基、精氨酸、组氨酸和色氨酸环中的结合氮皆不与亚硝酸作用。

2. 与醛类的反应

氨基酸的 α-氨基能与醛类化合物反应生成弱碱，即所谓的西佛碱。

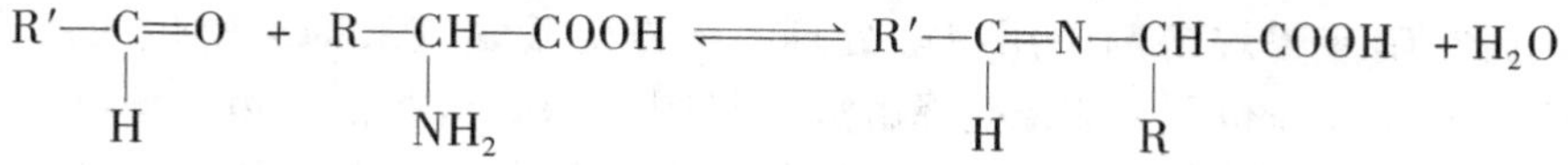

$$R'-\underset{\underset{H}{|}}{C}=O + R-\underset{\underset{NH_2}{|}}{CH}-COOH \Longrightarrow R'-\underset{\underset{H}{|}}{C}=N-\underset{\underset{R}{|}}{CH}-COOH + H_2O$$

$$\text{醛} \qquad\qquad \alpha\text{-氨基酸} \qquad\qquad\qquad\qquad \text{西佛碱}$$

西佛碱是氨基酸作为底物的某些酶促反应的中间物。

氨基酸的氨基与中性甲醛作用的反应可表示如下：

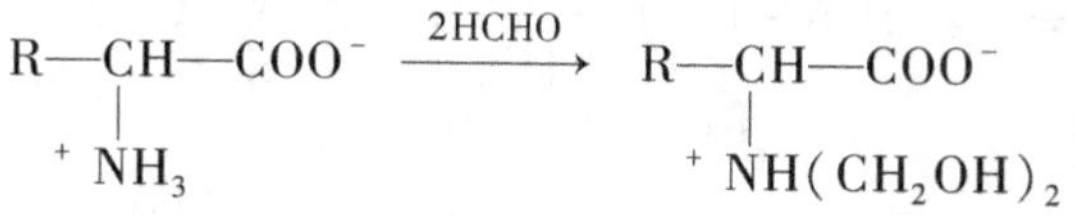

$$R-\underset{\underset{^+NH_3}{|}}{CH}-COO^- \xrightarrow{2HCHO} R-\underset{\underset{^+NH(CH_2OH)_2}{|}}{CH}-COO^-$$

$$\alpha\text{-氨基酸} \qquad\qquad\qquad \text{氨基酸的二羟甲基衍生物}$$

氨基酸的氨基与中性甲醛结合成氨基酸二羟甲基衍生物后，氨基酸两性离子中 NH_2 基的离解度增加，释出的 H^+ 即可以酚酞作指示剂用标准 NaOH 溶液加以滴定，每释放出一个 H^+ 相当于一个氨基酸。甲醛滴定可用来测定蛋白质的水解程度。

牛磺酸与葡萄糖脱水反应生成的牛磺酸葡萄糖胺用于治疗关节炎和痛风，有助于修复受损软骨，刺激新软骨的生成，改善发炎症状，舒缓关节疼痛、僵硬及肿胀症状。

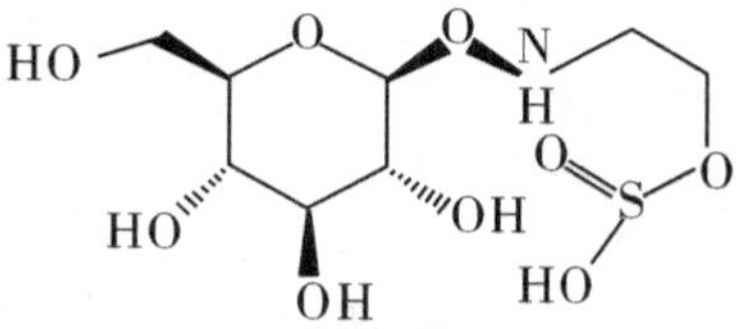

牛磺酸葡萄糖胺

3. 成盐作用

氨基酸的氨基与 HCl 作用即产生氨基酸盐酸化合物，用 HCl 水解蛋白质制得的氨基酸即为盐酸化合物。

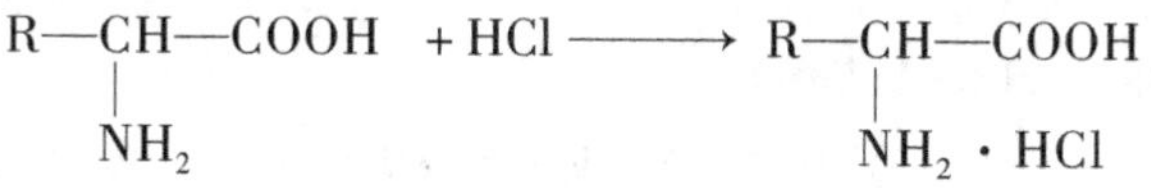

$$R-\underset{\underset{NH_2}{|}}{CH}-COOH + HCl \longrightarrow R-\underset{\underset{NH_2\cdot HCl}{|}}{CH}-COOH$$

4. 酰基化和羟基化反应

氨基酸氨基的一个 H 可被酰基或羟基（包括环烃及其衍生物）取代，这些取代基对氨基酸的氨基有保护作用。

桑格（Sanger）反应　桑格用 1-氟-2,4-二硝基苯（缩写为 FDNB）试剂测定氨基酸及肽中的氨基，此反应对鉴定多肽链的氨基末端的氨基酸特别有用，原理如图 4-2 所示。FDNB 也与赖氨酸的 ε-氨基反应，但这个衍生物用层析法容易与 α-氨基的 DNP 衍生物区别开。

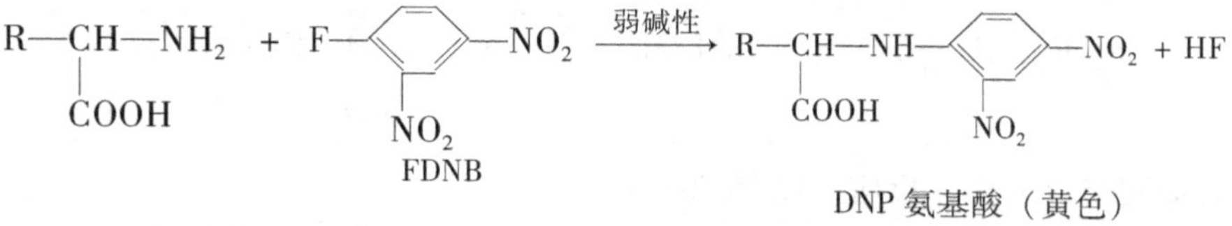

$$R-\underset{\underset{COOH}{|}}{CH}-NH_2 + F-\!\!\!\!\bigcirc\!\!\!\!-NO_2 \xrightarrow{\text{弱碱性}} R-\underset{\underset{COOH}{|}}{CH}-NH-\!\!\!\!\bigcirc\!\!\!\!-NO_2 + HF$$

FDNB

DNP 氨基酸（黄色）

图 4-2　桑格反应

艾德曼（Edman）反应　用苯异硫氰酸与 α-氨基酸定量反应，即生成苯异硫腈氨基酸衍生物，然后在硝基甲烷溶剂中用甲酸处理，苯异硫腈氨基酸即裂解生成乙内酰苯硫脲（简称PTH）。这个反应也称为艾德曼降解法（见图4-3）。这些衍生物无颜色，容易用层析法分离后显色鉴定，艾德曼反应广泛用于鉴定多肽链中的N末端氨基酸。在测定多肽链的氨基酸顺序上，艾德曼反应具有很大的优点。

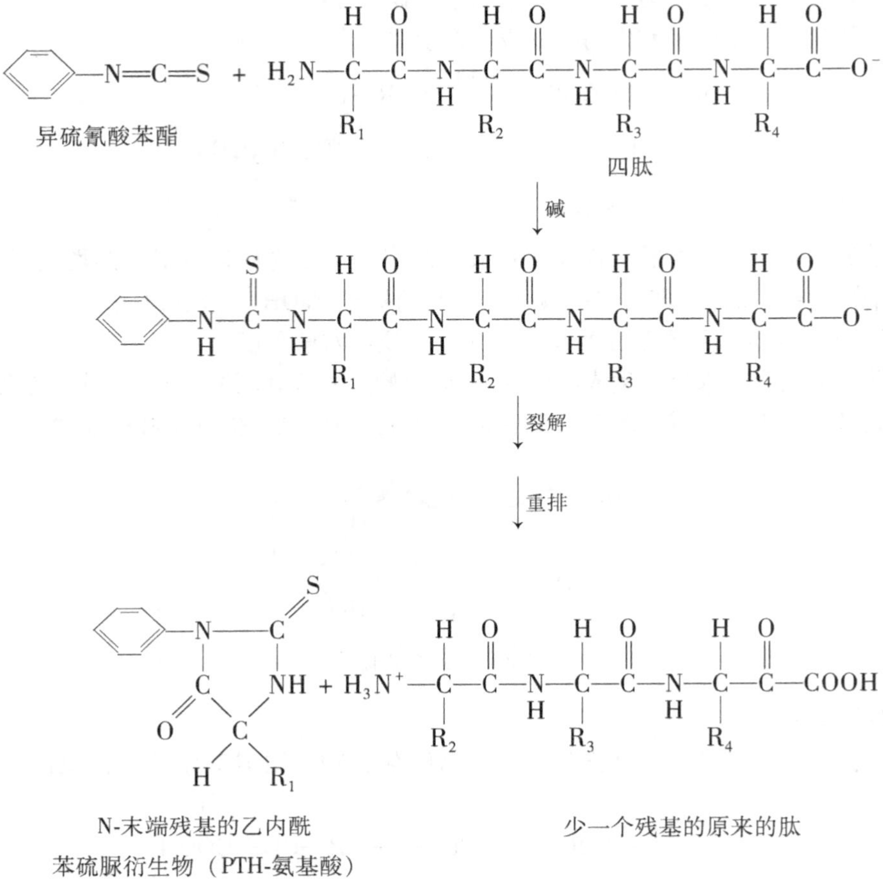

图4-3 艾德曼反应

（二）由羧基参加的反应

氨基酸的羧基和其他有机羧酸一样，在一定的条件下可以起成酯、成盐、成酰氯、酰胺、脱羧和迭氮等反应。

1. 成酯和成盐反应

氨基酸在有 HCl（干氯化氢气）存在下与无水甲醇或乙醇作用即产生氨基酸甲酯或乙酯。

$$R—CH—COOH + C_2H_5OH \xrightarrow{\text{HCl 气}} R—CH—COOC_2H_5$$
$$\qquad | \qquad\qquad\qquad\qquad\qquad\qquad\quad |$$
$$\quad NH_2 \qquad\qquad\qquad\qquad\qquad\qquad\quad NH_2$$

如将氨基酸与 NaOH 起反应，则得到氨基酸钠盐。

当氨基酸的羧基变成乙酯（或甲酯）或钠盐后，羧基的化学性质就被掩蔽了（或者说羧基被保护了），而氨基的化学性质就突出地显示出来（或者说氨基被活化了），可与酰基结合。

在此应当指出，氨基酸的羧基变成甲酯或乙酯和变成钠盐等反应都是把羧基的活性掩盖起来了，但是有少数其他酰化氨基酸酯，最重要的如对-硝基苯酯（酰化氨基酸同对-硝基苯酚作用所成的酯）和酰化氨基酸的苯硫酯，则不但不减少其羧基的化学性质，反而增加它作为酰化剂的能力，而易与另一氨基酸（钠盐或乙酯形式的）氨基结合。这类酯称为"活化酯"。

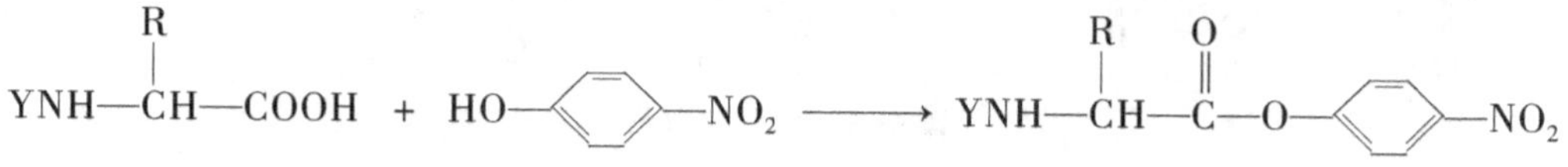

$$\underset{\text{酰化氨基酸}}{YNH-\underset{\underset{R}{|}}{CH}-COOH} + \underset{\text{对-硝基苯酚}}{HO-\bigcirc-NO_2} \longrightarrow \underset{\text{酰化氨基酸对-硝基苯酯}}{YNH-\underset{\underset{R}{|}}{CH}-\underset{\overset{O}{\|}}{C}-O-\bigcirc-NO_2}$$

Y = 酰基

2. 酰氯化反应

酰化氨基酸同 PCl_5 或 PCl_3 在低温下起作用，其 COOH 基即可变成 COCl 基。

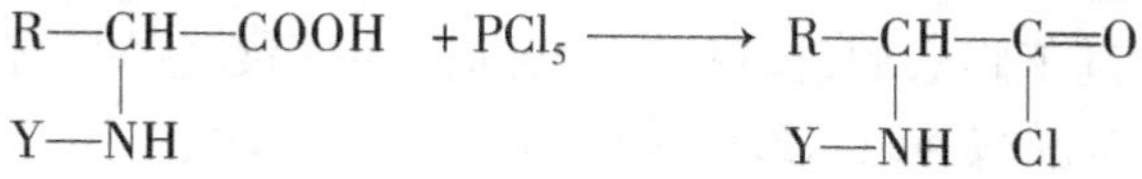

$$\underset{\text{酰化氨基酸}}{\underset{\underset{Y-NH}{|}}{R-CH}-COOH} + PCl_5 \longrightarrow \underset{\text{酰化氨基酰氯}}{\underset{\underset{Y-NH}{|}}{R-CH}-\underset{\underset{Cl}{|}}{C=O}}$$

这个反应可使氨基酸的羧基活化，使之易与另一氨基酸的氨基结合。

3. 成酰胺反应

在体外，氨基酸酯与氨（在醇溶液中或无水状态）作用即可形成氨基酸酰胺。

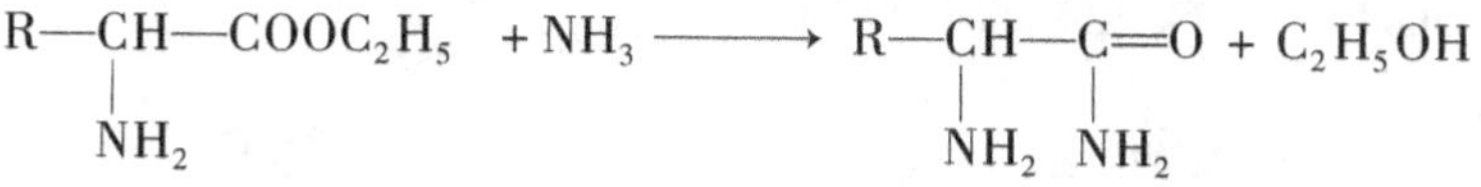

$$\underset{\underset{NH_2}{|}}{R-CH}-COOC_2H_5 + NH_3 \longrightarrow \underset{\text{氨基酸酰胺}}{\underset{\underset{NH_2\ NH_2}{|\quad}}{R-CH}-C=O} + C_2H_5OH$$

动、植物机体在 ATP 及天冬酰胺合成酶存在情况下，可利用 NH_4^+ 与天冬氨酸作用合成天冬酰胺；同样，谷氨酸与 NH_4^+ 作用产生谷氨酰胺。

4. 迭氮反应

氨基酸可以通过酰基化和酯化先将自由氨基酸变为酰化氨基酸甲酯，然后与联氨和 HNO_2 作用便变成迭氮化合物。这个反应有使氨基酸的羧基活化的作用。

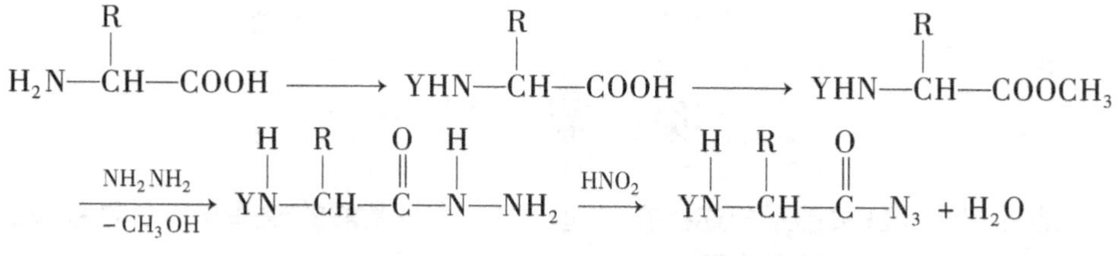

$$\underset{}{H_2N-\underset{\underset{R}{|}}{CH}-COOH} \longrightarrow \underset{}{YHN-\underset{\underset{R}{|}}{CH}-COOH} \longrightarrow \underset{}{YHN-\underset{\underset{R}{|}}{CH}-COOCH_3}$$

$$\overset{NH_2NH_2}{\underset{-CH_3OH}{\longrightarrow}} \underset{}{YN-\underset{\overset{H}{|}}{CH}-\underset{\overset{R}{|}}{C}-\underset{\overset{O}{\|}}{}\underset{\overset{H}{|}}{N}-NH_2} \overset{HNO_2}{\longrightarrow} \underset{\text{酰化氨基酸迭氮}}{YN-\underset{\overset{H}{|}}{CH}-\underset{\overset{R}{|}}{C}-\underset{\overset{O}{\|}}{}N_3} + H_2O$$

（三）由氨基和羧基共同参加的反应

α-氨基酸与茚三酮在碱性溶液中共热，产生紫红、蓝色或紫色物质，两个亚氨基酸——脯氨酸和羟脯氨酸与茚三酮反应形成黄色化合物（如图 4-4）。利用这一颜色反应可以作为氨基酸的比色测定方法。进行茚三酮反应后，在 440nm 处测定脯氨酸和羟脯氨酸，在 570nm 处测定所有其他主要氨基酸。

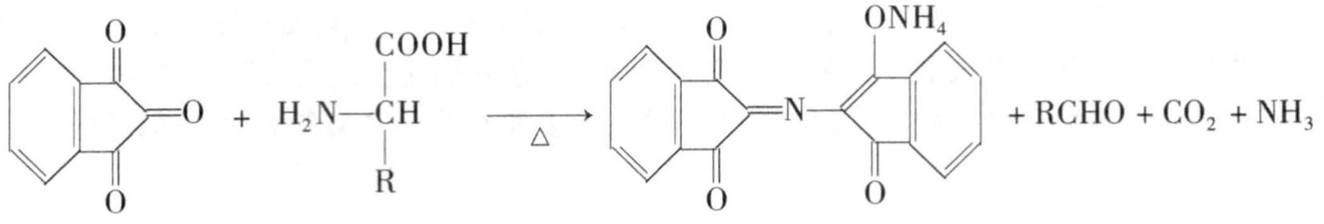

图 4-4 茚三酮反应

（四）R 基的反应

氨基酸中 R 基团有官能团时，也能参加化学反应。例如丝氨酸、苏氨酸、羟脯氨酸都含有羟基，能形成酯。酪氨酸中的苯酚基、组氨酸中的咪唑基具有芳香环或杂环的性质，能与重氮化合物（如对氨基苯磺酸的重氮盐）结合而生成棕红色的化合物，这一反应可用于定性、定量测定。重氮苯磺酸与组氨酸的反应如下：

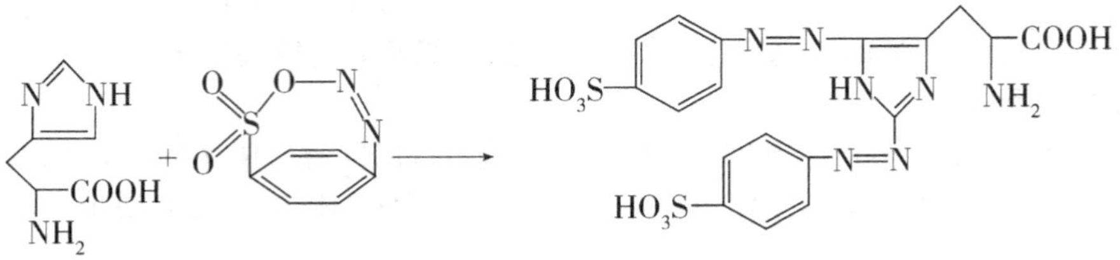

重氮苯磺酸　　　　　　　　棕红色

半胱氨酸侧链上的巯基（—SH）反应活性高，在碱性溶液中容易失去硫原子，并且容易被氧化而成胱氨酸。极微量的某些重金属离子，如 Ag^+、Hg^{2+} 就能与巯基反应，生成硫醇盐，导致巯基酶失活。

$$\underset{}{HS—CH_2—}\underset{NH_2}{\underset{|}{CH}}—COOH + Ag^+ \xrightarrow{-H^+} Ag—S—CH_2—\underset{NH_2}{\underset{|}{CH}}—COOH$$

硫醇盐

第三节　肽

氨基酸能够彼此以酰胺键互相连接在一起，即一个氨基酸的羧基与另一氨基酸的氨基形成一个取代的酰胺键，这个键称为肽键，如下式虚线区所示：

$$R_1—\underset{COOH}{\underset{|}{CH}}—NH_2 + HOOC—\underset{NH_2}{\underset{|}{CH}}—R_2 \longrightarrow R_1—\underset{COOH}{\underset{|}{CH}}—NH—\underset{O}{\underset{\|}{C}}—\underset{NH_2}{\underset{|}{CH}}—R_2 + H_2O$$

这个化合物称为肽，两个氨基酸分子所形成的肽称为二肽，三个氨基酸缩合成的肽称为三肽，依此类推。若一种肽含有少于 10 个氨基酸，则为寡肽，超过此数的肽统称为多肽。动植物及微生物中都存在的谷胱甘肽（GSH）是一种三肽，广泛存在于自然界中，它是由谷氨酸、半胱氨酸及甘氨酸组成的。

$$HOOC—CH—CH_2—CH_2—C—NH—CH—C=O$$
$$\qquad\ \ NH_2 \qquad\qquad\quad O \quad HS—CH_2 \quad NH—CH_2—COOH$$

$$2GSH \underset{+2H}{\overset{-2H}{\rightleftharpoons}} GS—SG$$

谷胱甘肽（简写 GSH）

在所有活细胞中都含有谷胱甘肽，小麦胚和酵母中含量特别高，它是某些酶（如乙二醛酶）的辅酶。谷胱甘肽含有活性的巯基，较易被氧化，同时两分子的还原型谷胱甘肽（GSH）通过二硫键的结合，形成氧化型的谷胱甘肽（GS—SG）。

谷胱甘肽的还原型和氧化型的转变是可逆的，在保持某些酶活性中起着重要的作用。

阿斯巴甜（AsPartame），化学名称为 *L*-天冬氨酰-*L*-苯丙氨酸甲酯，是一种合成甜味剂。其结构式如下：

阿斯巴甜

一些微生物产生的肽链不是开链，而形成环状的环链，如短杆菌肽 S 和短杆菌酪肽 A，它们都具有抗菌素的作用。

L—Leu—D—Phe—L—Pro—L—Val—L—Orn　　L—Val—L—Orn—L—Leu—D—Phe—L—Pro

L—Orn—L—Val—L—Pro—D—Phe—L—Leu　　L—Tyr—L—Gln—L—Asn—D—Phe—L—Phe

短杆菌肽 S　　　　　　　　　　短杆菌酪肽 A
（Orn 代表鸟苷酸）

脑啡肽是一种神经递质，能够激活处于抑制或沉睡状态的脑细胞，对因脑损伤导致的后遗症有很好的恢复作用。

Met-脑啡肽的一级结构：　　　　　Tyr-Gly-Gly-Phe-Met

Leu-脑啡肽的一级结构：　　　　　Tyr-Gly-Gly-Phe-Leu

内啡肽是由脑下垂体和脊椎动物的丘脑下部所分泌的多肽，具有镇痛作用。它能与吗啡受体结合，产生跟吗啡、鸦片剂一样的止痛和欣快感。常见的内啡肽有 α-内啡肽、β-内啡肽和 γ-内啡肽，分别含 16、31、17 个氨基酸残基。从哺乳类的脑提取出来的 α-内啡肽一级结构：

H-Tyr-Gly-Gly-Phe-Met-Thr-Ser-Glu-Lys-Ser-Gln-Thr-Pro-Leu-Val-Thr-OH

而 γ-内啡肽一级结构：

H-Tyr-Gly-Gly-Phe-Met-Thr-Ser-Glu-Lys-Ser-Gln-Thr-Pro-Leu-Val-Thr-Leu-OH

内腓肽也被称为"快感荷尔蒙"或者"年轻荷尔蒙"，意味着这种荷尔蒙可以帮助人保持年轻快乐的状态。

第四节　　蛋白质的结构

每种蛋白质分子在其天然状态都有一定的三维结构，称之为构象。蛋白质按照它们的构象可以分为纤维蛋白和球蛋白两大类。

纤维蛋白　　不溶于水及稀盐溶液，是一种坚韧的物质，它们由许多条多肽链沿着一个轴平行排列，形成长的纤维或薄板。纤维蛋白是动物结缔组织的基本结构成分，例如，肌腱和骨骼基质的胶原，毛发、角、皮革、指甲、羽毛的 α-角蛋白，以及弹性结缔组织的弹性蛋白。

球蛋白　　其多肽链折叠，形成紧密的球状，大多数球蛋白溶解于水溶液并容易扩散，它们通常在细胞中具有多种功能，在已知的上千种不同的酶类中，几乎大部分属于球蛋白，抗体、动物激素以及许多具有运转功能的蛋白质如血清蛋白及血红蛋白也属于球蛋白。

有些蛋白质介于纤维蛋白与球蛋白之间，它们像纤维蛋白一样具有长棒状结构，并且像球蛋白一样，可溶于水溶性盐溶液中，如肌球蛋白是动物肌肉的重要结构蛋白，也是动物细胞中执行运动功能的功能蛋白。

通常，蛋白质按照不同的结构水平分为一级结构、二级结构、三级结构及四级结构。

一、蛋白质的一级结构

蛋白质的一级结构又称为化学结构，是指氨基酸在肽链中的排列顺序及二硫键的位置，是多肽链具有共价键的主链结构。每种蛋白质都有其特定的氨基酸排列顺序，肽链中氨基酸间以肽键为连接键。一条多肽链至少有两个末端，带游离氨基的一端称为 N 端，带游离羧基的一端称为 C 端。

蛋白质的种类和生物活性都与肽链的氨基酸种类和排列顺序有关，蛋白质的一级结构决定它的二级和三级结构，其三维结构所需的全部信息也都储存于氨基酸的顺序之中。

二、蛋白质的二级结构

蛋白质的二级结构是指多肽链中彼此靠近的氨基酸残基之间由于氢键相互作用而形成的空间关系，是指蛋白质分子中多肽链本身的折叠方式。主要是 α-螺旋结构，其次是 β-折叠结构和 β-转角。

1. 多肽链的构象

蛋白质的一个特征是它们具有特定的三维结构。一个任意排列的多肽链不具有生物活性，生物功能来源于一定的构象。蛋白质的一级结构决定了它的构象。

肽键是刚性的并且具有平面结构。肽键中氮原子上的孤电子对与相邻羧基之间的共振相互作用表现出高稳定性。共振是在两种形式的肽键结构（结构 1 与结构 2）之间发生的：

结构 1　　　　　　　　　结构 2　　　　　　　　结构 3

肽键的实际结构是一个共振杂化体，如结构 3 所示，这是介于结构 1 和 2 之间的平均中间态。羧基碳和酰胺氮都是 sp^3 杂化，两者都是平面的，所有 6 个原子几乎都处于同一平面内。肽键长度为 0.132nm，介于 C—N 单键 0.143nm 与 C=N 双键 0.127nm 之间。肽键的平面性质在肽链折叠成三维构像的过程中很重要，由于 C—N 肽键具有双键性质，绕键旋转能障比较高，约为 75kJ/mol，对于肽链来说，这一能障在室温下足以有效防止旋转。在肽平面内，两个 $^\alpha C$ 可以处于顺式构型或反式构型，其中，反式构型比顺式稳定，两者相差 8kJ/mol，因此，肽链中肽键都是反式构型。重要的例外就是含有脯氨酸的肽键，它可以是反式的，也可以是顺式的，因为四氢吡咯环引起的空间位阻消去了反式构型的优势。

肽平面内的 C=O 与 N—H 呈反式排列，各原子间的键长和键角都是固定的，肽链主链上只有 α 碳原子连接的两个键，即 $^\alpha C—^1N$ 键和 $^\alpha C—^2C$ 键是单键，能自由旋转。绕 $^\alpha C—^1N$ 键旋转的角度称 ϕ（角），绕 $^\alpha C—^2C$ 键旋转的角度称 φ（角）。原则上，ϕ 和 φ 可以取

–180°～＋180°之间的任一值。这样，多肽链的所有可能构象都能用 ϕ 和 φ 这两个构象角（称二面角）来描述，如图 4-5 所示。虽然 $^{\alpha}$C 原子的两个单键可以在 –180°～＋180° 范围内自由旋转，但不是任意二面角（ϕ，φ）所决定的肽链构象都是立体化学所允许的，如 ϕ =0°，φ =0°时的构象就不存在。二面角（ϕ，φ）所决定的构象能否存在，主要取决于两个相邻肽单位中非键合原子之间的接近有无阻碍。

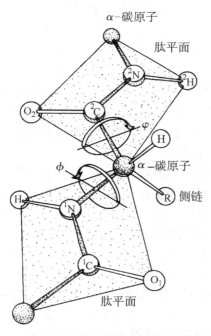

（a）完全伸展的肽链构象（并示出肽平面）

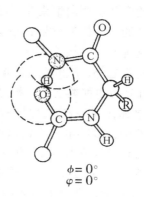

$\phi = 0°$
$\varphi = 0°$

（b）相当于 ϕ =0°，φ =0°时的构象
（由于相邻肽平面的 H 原子和 O 原子之间的空间重叠，此构象实际上不允许存在，ϕ 和 φ 同时旋转180°则转变为完全伸展的肽链构象）

图 4-5 肽链构象

2．α-螺旋结构

α-螺旋是蛋白质中最常见、含量最丰富的二级结构。α-螺旋中每个残基（$^{\alpha}$C）的成对二面角 ϕ 和 φ 各自取同一数值，ϕ = –57°，φ = –48°，即形成具有周期性的构象，如图 4-6 所示。多肽主链可以形成右手或左手螺旋，每圈螺旋有 3.6 个氨基酸残基，沿螺旋轴方向上升 0.54nm，每个残基绕轴旋转 100°，沿轴上升 0.15nm。α-螺旋中氨基酸残基的侧链伸向外侧，相邻螺圈之间形成链内氢键，氢键的取向几乎与中心轴平行，氢键是由肽键上的 N—H 中的氢和它后面（N 端）第四个残基上的 C＝O 中的氧之间形成的。

蛋白质中的 α-螺旋几乎都是右手的，因其空间位阻较小，比较符合立体化学的要求，易于形成，构象稳定。左手 α-螺旋虽然很少，但也偶有出现，如在嗜热菌蛋白酶中就有很短一段左手 α-螺旋。

α-螺旋在折叠中具有协同性，一旦形成了一圈

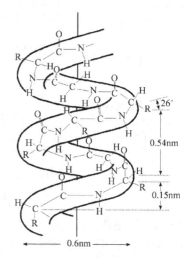

图 4-6 α-螺旋（右手）的三维结构
（R 是氨基酸残基的侧链）

α-螺旋，随后逐个残基的加入就会变得更加迅速、容易，这是因为第一圈螺旋成为一个为安装相继的螺旋残基所需的模板。

一条多肽链能否形成 α-螺旋，以及形成的螺旋是否稳定，与它的氨基酸组成和排列顺序有极大的关系。R 基的大小及电荷性质对多肽链能否形成螺旋也有影响。如 R 基小，并且不带电荷的多聚丙氨酸，在 pH 值 7.0 的水溶液中能自发地卷曲成 α-螺旋。含有脯氨酸的肽链不具亚氨基，不能形成链内氢键，因此，多肽链中只要存在脯氨酸（或羟脯氨酸），α-螺旋即被中断，并产生一个"结节"。

3. β-折叠结构

β-折叠或 β-折叠片是蛋白质中第二种最常见的二级结构，如图 4-7 所示。两条或多条几乎完全伸展的多肽链侧向聚集在一起，相邻肽链主链上的 —NH 和 C=O 之间形成有规则的氢键，这样的多肽构象就是 β-折叠片。在 β-折叠片中，所有的肽键都参与链间氢键的交联，氢键与肽链的长轴接近垂直，在肽链的长轴方向上具有重复单位。除作为某些纤维状蛋白质的基本构象之外，β-折叠也普遍存在于球状蛋白质中。

β-折叠可分为两种类型，一种是平行式，肽链的排列极性（N→C）是相同的，即所有肽链的 N 末端都在同一方向；另一种是反平行式，肽链的极性一顺一倒，N 末端间隔同向。

在 β-折叠中，多肽主链为锯齿状折叠构象。侧链的 $^{\alpha}C$—$^{\beta}C$ 键几乎垂直于折叠片平面，侧链 R 基交替地分布在片层平面的两侧。反平行式 β-折叠在纤维轴上的重复周期为 0.7nm，平行式是 0.65nm，因此，平行式的折叠程度略大于反平行式。在平行式构象中，$\phi = -119°$，$\psi = +113°$；在反平行式中，$\phi = -139°$，$\psi = +135°$。在纤维状蛋白质中，β-折叠主要是反平行式，而在球状蛋白质中反平行和平行两种方式几乎同样广泛存在。此外，在纤维状蛋白质的 β-折叠中，氢键主要是在肽链之间形成；而在球状蛋白质中，β-折叠既可以在不同肽链或不同分子之间形成，也可以在同一肽链的不同部分之间形成。

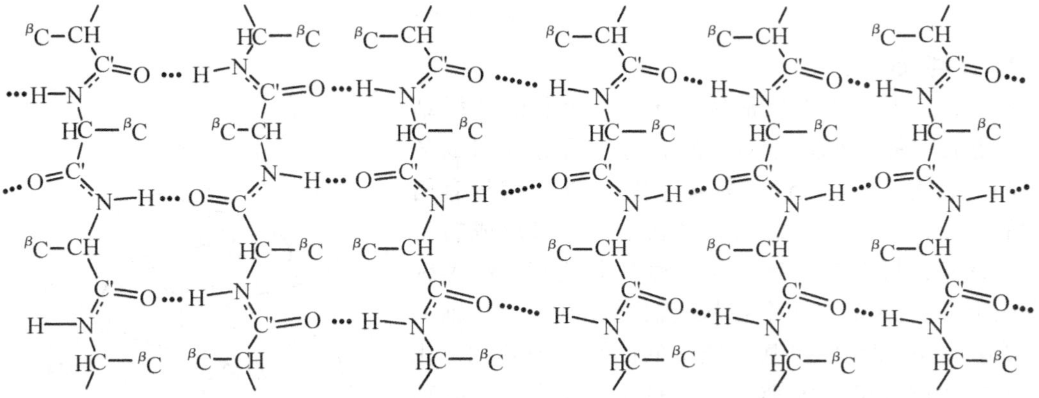

反平行式　　　　　　　　　　　　　平行式

图 4-7　β-折叠的平行式和反平行式

4. β-转角结构

β-转角也称回折、β-弯曲或发夹结构，存在于球蛋白中，如图 4-8 所示。β-转角有三种类型，每种类型都有 4 个氨基酸残基，弯曲处的第一个残基的 C=O 和第四个残基的 NH 之间均形成一个 4→1 氢键，产生一种不很稳定的环形结构。类型 I 和类型 II 的关系在于中心肽单位旋转 180°。类型 II 中 ^{3}C 几乎无例外地是甘氨酸残基，否则由于空间位阻，不能形成氢键。类型Ⅲ是在第1个和第3个残基之间形成的一小段 3_{10}-螺旋。类型Ⅰ和类型Ⅲ几乎没有区别，因为它们的 $^{1,\alpha}C$ 的构象是相同的，并且 $^{2,\alpha}C$ 的构象也相差很小。β-转角多数都处在球状蛋白质分子的表面，在这里改变多肽链的方向阻力比较小。β-转角约占球蛋白全部残基的25%左右，含量十分丰富。β-转角的构象是由第二残基 $^{2,\alpha}C$ 和第三残基 $^{3,\alpha}C$ 的二面角（ϕ_2, φ_2; ϕ_3, φ_3）所规定的，三个类型的特征二面角分别为：

类　型	ϕ_2	φ_2	ϕ_3	φ_3
Ⅰ	$-60°$	$-30°$	$-90°$	$0°$
Ⅱ	$-60°$	$+120°$	$+80°$	$0°$
Ⅲ	$-60°$	$-30°$	$-60°$	$-30°$

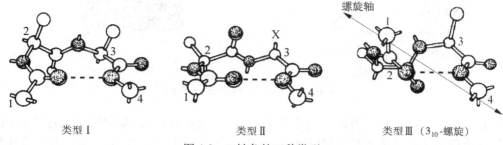

图 4-8　β-转角的三种类型

5. 超二级结构

在蛋白质中，特别是在球状蛋白质中，经常可以看到由若干相邻的二级结构单元组合在一起，彼此相互作用，形成规则的、在空间上能辨认的二级结构组合体充当三级结构的构件，称为超二级结构。已知的超二级结构有三种基本组合形式：$\alpha\alpha$，$\beta\alpha\beta$ 和 $\beta\beta\beta$。

（1）$\alpha\alpha$　这是一种由两股或三股右手 α-螺旋彼此缠绕而成的左手超螺旋，重复距离约为 14nm，它是 α-角蛋白、肌球蛋白、原肌球蛋白和纤维蛋白原中的一种超二级结构。由于超卷曲，螺旋主链的 ϕ 和 ψ 角与正常的 α-螺旋略有偏差，每圈螺旋为 3.5 个残基。α-螺旋沿轴有相当的倾斜，重复距离从 0.54nm 缩短到 0.51nm。螺旋之间的相互作用是由侧链 R 基所控制的，螺旋之间可能作用的侧链是非极性侧链，朝向超螺旋内部，极性侧链则处于蛋白质分子的表面，与水接触。超螺旋的稳定性主要是由于非极性侧链间的范德华力相互作用的结果。单个 α-螺旋链每隔 7 个残基重复一次。

（2）$\beta\alpha\beta$　最简单的 $\beta\alpha\beta$ 组合是由二段平行式的 β 链和一段连接链组成，此超二级结构称 $\beta\times\beta$ 单位。连接链或是 α-螺旋或是无规则卷曲，它大体上反平行于 β 链，最常见的 $\beta\alpha\beta$ 组合是由三段平行式的 β 链和二段 α-螺旋链构成，此超二级结构称为 Rossmann-fold。其中的肽链连接几乎都是以右手交叉连接方式处于 β-折叠片的一侧，是由于 β 链倾向于右手扭转而产生的。

（3）$\beta\beta\beta$　β-曲折和回形拓扑结构是 $\beta\beta\beta$ 组合的两种超二级结构。

β-曲折　是另一种常见的超二级结构，由在一级结构上连续、在 β-折叠中相邻的三条反平行式 β-链通过紧凑的 β-转角连接而成。β-曲折含有与 α-螺旋相近数目的氢键。

回形拓扑结构　也是反平行式 β-折叠片中常出现的一种超二级结构。

三、蛋白质的三级结构

蛋白质的三级结构是指多肽链中相距较远的氨基酸之间的相互作用而使多肽链弯曲或折叠形成的紧密而具有一定刚性的结构，是二级结构的多肽链进一步折叠、卷曲形成复杂的球状分子结构，如图4-9所示。

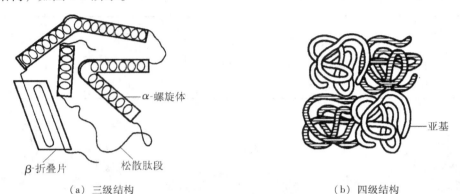

（a）三级结构　　　　　　　　　　　　　（b）四级结构

图4-9　蛋白质的高级结构示意图

多肽链所发生的盘旋是由蛋白质分子中氨基酸残基侧链（R基团）的顺序决定的，三级结构是由分子内的各种相互作用形成的。在球状蛋白质中，极性的R基团由于其亲水性，大部分位于分子的外表；而非极性的R基团则位于分子内部，从而在球状蛋白质分子内部造成一个疏水的环境。三级结构包含的唯一共价键连结是二硫键，它是由多肽链的两个半胱氨酸残基氧化后形成的。非共价相互作用，如离子键（盐键）、氢键、疏水键的相互作用等，对三级结构的形成也有很大贡献，如图4-10所示。

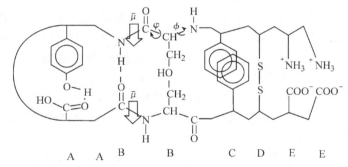

A　　A　　B　　　B　　　C　D　E　E

图4-10　决定蛋白质二级和三级结构的键或相互作用
A—氢键；B—偶极相互作用；C—疏水相互作用；D—二硫键；E—离子相互作用

由X射线衍射等所得到的蛋白质结构的研究表明，有些氨基酸如谷氨酸、丙氨酸、亮氨酸能促进α-螺旋的形成，其他氨基酸如甲硫氨酸、缬氨酸、异亮氨酸常常存在于β-折叠中，而脯氨酸、甘氨酸及天冬酰胺则存在于拐弯处。由此可见，肽链的折叠构象信息实际上已经在氨基酸顺序中确定了。因此，如果几个适于形成螺旋的残基集中在一起，就可形成一个螺旋，螺旋可向两端延长，而一遇到脯氨酸，螺旋即被打断。同样，适当的残基集中在一起，可以形成β-折叠片，见表4-6。

表 4-6 氨基酸在 15 种蛋白质的二级结构（β-转角、α-螺旋和 β-折叠）中的分布（摩尔分数）

氨基酸	β-转角	α-螺旋的 N 端	α-螺旋的内部	α-螺旋的 C 端	β-折叠
Asp	41.3	13.9	13.9	5.6	15.3
Glu	21.4	20.3	24.1	12.7	6.3
Lys	36.6	4.2	16.0	15.1	20.2
Arg	26.3	1.6	11.1	14.3	12.7
His	31.5	10.2	22.4	18.4	6.1
Asn	47.2	8.9	7.9	7.9	12.9
Gln	30.6	9.5	21.6	17.6	14.9
Cys	42.8	8.5	8.5	14.9	17.0
Thr	34.8	11.6	14.3	6.2	19.7
Ser	41.9	10.5	9.9	7.9	11.2
Tyr	44.8	7.2	6.0	3.6	24.1
Trp	40.7	17.1	25.7	2.9	14.3
Gly	45.8	6.4	7.1	6.4	9.6
Ala	20.0	8.5	28.1	9.1	17.1
Val	15.8	5.3	21.4	6.1	27.5
Leu	23.1	6.6	28.7	9.0	26.2
Ile	22.3	8.3	22.2	3.3	30.0
Phe	35.0	5.9	23.6	9.8	21.6
Pro	48.8	15.4	—	1.5	6.1
Met	22.2	4.0	28.0	16.0	24.0
平均值	33.2	8.8	16.7	8.8	17.1

在蛋白质的三维折叠中还有一个层次称为结构域。多肽链在某些区域，相邻的氨基酸残基形成有规则的二级结构（α-螺旋、β-折叠、转角和无规卷曲等）片段并集装在一起形成超二级结构。在此基础上，多肽链折叠成近乎球状的三级结构。对于较大的蛋白质分子或亚基，多肽链往往由两个或两个以上相对独立的三维实体缔合而成三级结构。这种相对独立的三维实体就称为结构域。最常见的结构域含 100 ～ 200 个氨基酸残基，少至 40 个左右，多至 400 个以上。结构域是球状蛋白质的折叠单位，多肽链折叠的最后一步是结构域的缔合。

很多多结构域的酶的活性中心都位于结构域之间，通过结构域容易构建具有特定三维分布的活性中心。由于结构域之间常常只有一段肽链相连，形成所谓"铰链区"，使结构域容易发生相对运动，但这种柔性的铰链不可能在亚基之间存在，因为它们之间没有共价连接，如作较大的运动，亚基将完全分开。结构域之间的这种柔性有利于活性中心结合底物和施加应力，有利于别构中心结合调节物和发生别构效应。

结构域有由 β 链组成中心部分的"内桶"和由 α-螺旋链组成周围的"外桶"的 β 桶状结构及平行于 β-折叠片的两侧各有一层 α-螺旋和环的马鞍形结构，或由四个 α-螺旋组成的螺旋索结构等组织式样。

四、蛋白质的四级结构

四级结构是指两条或多条肽链以特殊方式结合成有生物活性的蛋白质。例如，很多种酶是寡聚体，含有 2 个或 4 个多肽链，这些多肽链称为亚基或单体。维持四级结构的内聚力与维持三级结构的力是相同的，有些寡聚体依靠疏水键，另一些则靠静电吸引（离子键）。四级结构分为均一的（含有相同的亚基）及不均一的（含有不同的亚基）两类。

第五节　蛋白质的性质

一、蛋白质的胶体性质

蛋白质的相对分子质量很大，一般在 $10^4 \sim 10^6$ 之间，因此它的水溶液必然具有胶体的性质，如布朗运动、光散射现象、电泳现象，不能透过半透膜，具有吸附能力等。蛋白质是亲水力很强的胶体，在这些胶体颗粒的表面上有一层很厚的水膜而且带有相同的电荷，使胶体颗粒互相排斥，故能在水溶液中使颗粒相互隔开而不致聚合下沉，保持其稳定性。在一定的条件下，蛋白质溶液可以变为凝胶，在凝胶体内，溶剂和蛋白质形成一种如同胶冻的外表均一体，其中有的水形成很厚的水膜包围着蛋白质颗粒，有的水则积存在胶粒间的空隙。豆腐、奶酪等就是用蛋白质制成的凝胶体。

在酸性或碱性溶液中，蛋白质分子解离成带正电荷或负电荷的离子，如果将蛋白质的胶体溶液的 pH 值调节到等电点，此时胶体颗粒很不稳定，再经过脱水作用就发生沉淀。

利用胶体对半透膜的不可渗过性，可将蛋白溶液内低分子的杂质与蛋白质分离开，而得到较为纯净的蛋白质，这种以半透膜提纯蛋白质的方法，称为透析法。

二、蛋白质的沉淀

蛋白质在溶液中靠水膜和电荷保持其稳定性，水膜和电荷一旦除去，蛋白质就开始粘在一起而形成较大的蛋白质团，最后从溶液中沉淀出来。蛋白质的这种脱水作用可借助各种脱水剂、中性盐和重金属盐等来进行。如将甲醇、乙醇及丙醇等脱水剂加入蛋白质溶液中，由于这些脱水剂分子的亲水性比蛋白质的亲水能力更强，使蛋白质失去水膜，在分子亲和力的影响下聚合而产生沉淀。如能迅速使蛋白质与脱水剂分离，则蛋白质仍能保持原有的溶解状态。

若在蛋白质溶液中加入定量的中性盐，则能使蛋白质脱水并中和其电荷而从溶液中沉淀出来，中性盐的这种沉淀作用称为盐析作用。硫酸铵、硫酸钠和氯化钠是常见的几种蛋白质盐析剂。在盐析过程中，若能将沉淀中大部分的盐除去，蛋白质仍能恢复其溶于水的性质。含有各种不同蛋白质的溶液如用不同浓度的盐类进行盐析，可将蛋白质分离成不同的部分。例如，用半饱和的硫酸铵可以将球蛋白沉淀下来，再用全饱和的硫酸铵可以从上述滤液中提取残留的清蛋白。因此，利用盐析法可以分离和制取各种蛋白质和酶制品。

重金属盐如 $HgCl_2$、$AgNO_3$、$Pb(CH_3COO)_2$ 及 $FeCl_3$ 等及生物碱试剂如苦味酸、磷钨酸、三氯乙酸等都能与蛋白质结合成不溶解的蛋白质，而使其沉淀下来。

三、蛋白质的两性解离及等电点

蛋白质是由各种氨基酸组成的高分子，具有许多游离的氨基和羧基，以及咪唑基、胍基、巯基等，所以，在化学性质上也和氨基酸一样，既能像酸一样解离，也能像碱一样解离，因此，是两性离子。

在碱性介质（pH > pI）中，蛋白质解离成酸，使蛋白质带负电荷；而在酸性介质（pH < pI）中，则能解离成碱，使分子带正电荷。因此，若以电流通过蛋白质溶液，则在碱性介质中，蛋白质分子移向阳极；而在酸性介质中，蛋白质分子便移向阴极。蛋白质在电场中能够泳动的现象，称为电泳。

电泳方法有多种，一种是将蛋白质溶于缓冲液中通电进行电泳，在溶液与溶剂间形成界面，称为自由界面电泳；另一种方法是将蛋白质溶液加在含有缓冲液的支持物上进行电泳，不同组分形成带状，称为区带电泳。其中用滤纸作支持物的称为纸电泳，用凝胶（如淀粉、琼脂、聚丙烯酰胺等）作支持物的称为凝胶电泳。如果在玻璃管中进行凝胶电泳，蛋白质的不同组分在分开后形成环状如圆盘，称为圆盘电泳。也可以在铺有凝胶的玻璃板上或在其他凝胶膜（如醋酸纤维膜）上进行电泳，称为平板电泳。

在酸性或碱性蛋白质溶液中通过电流时，蛋白质便向阴极或阳极移动，当调节溶液到一定 pH 值时，蛋白质分子内的阴、阳电荷数相等，因此蛋白质分子便不在电场中移动，蛋白质分子内阴、阳电荷相等时的 pH 值称为等电点 pI。pI 是由解离的 R 基团的数目及 pK 值决定的，如果蛋白质的碱性氨基酸（赖氨酸、精氨酸）的含量较高，那么 pI 即高，超过 pH 值 7.0；如果蛋白质的酸性残基（天冬氨酸及谷氨酸）占优势，其 pI 即低。

等电点与蛋白质性质有密切的关系，在等电点时，蛋白质的溶解度最小，其他性质如粘度、渗透压及膨胀性等也都最小。

四、蛋白质的变性

大多数蛋白质分子只有在一定的温度和 pH 值范围内才能保持其生物学活性。将蛋白质分子暴露在极端的温度或 pH 值中就会使它们发生变化，称为变性。球蛋白变性最显著的反应就是溶解度下降。大多数蛋白质加热到 50℃ 以上即发生变性，有些蛋白质冷却到 15℃ 以下也会发生变性。鸡蛋清加热形成不溶解的凝固体就是加热变性的一个例子。

变性蛋白质丧失其特有的生物学活性，例如，将酶加热，它催化特异化学反应的能力就会丧失。由于变性时蛋白质肽链的主链中的共价键并未打断，所以变性是因为天然蛋白分子多肽链的特有折叠结构的任意卷曲或伸展所致。

五、蛋白质的颜色反应

蛋白质分子中所含的肽键、苯环、酚以及某些氨基酸能与某些试剂起作用发生颜色反应，应用这些颜色反应可以确定蛋白质的存在。

1. 双缩脲反应

双缩脲反应是用以测定肽键（ —CO—NH— ）特性的反应，蛋白质在碱性溶液中能与硫酸铜产生红色或蓝紫色的反应。

双缩脲是两分子脲经加热放出一分子 NH_3 而得到产物，其化学反应如下：

$$H_2N—C—NH_2 + H_2N—C—NH_2 \xrightarrow{\Delta} H_2N—C—N—C—NH_2 + NH_3$$

脲　　　　　　　　　　　　双缩脲

凡化合物含有两个或两个以上的肽键结构都可呈双缩脲反应，双缩脲反应产生的蓝色物质是铜与二肽的肽键结合成的复杂化合物。

2. 米隆（Millon）反应

当在蛋白质溶液中加入米隆试剂（硝酸汞、亚硝酸汞、硝酸及亚硝酸的混合溶液），然后加热，即有砖红色沉淀析出。含有酚基的化合物都有这个反应，故含酪氨酸的蛋白质能与米隆试剂生成砖红色沉淀。

3. 酚试剂反应

蛋白质与碱性硫酸铜及磷钨酸–钼酸反应，产生蓝色化合物，反应有关基团为酚基，有此反应的氨基酸为酪氨酸。

4. 乙醛酸反应

将浓硫酸缓缓加入蛋白质与乙醛酸的混合液中时，硫酸与混合液形成两层，在两层交界处有色环出现，为色氨酸与乙醛酸缩合物的颜色。

5. 水合茚三酮反应

凡含有 α-氨基酸的蛋白质都能与水合茚三酮发生蓝紫色反应。

6. 蛋白黄色反应

蛋白质在硝酸溶液中产生黄色反应，此黄色为硝酸与苯环生成的硝基化合物，故凡含苯丙氨酸、酪氨酸的蛋白质均有此反应。

7. 醋酸铅反应

凡含有半胱氨酸、胱氨酸的蛋白质都能与醋酸铅起反应，因其中含—S—S—或—SH 基，故能生成黑色的硫化铅沉淀。

第六节　蛋白质的生物功能

本章讨论了蛋白质的结构，从氨基酸到蛋白质，由简单而复杂，逐渐出现了一级、二级、三级及四级结构。随着各级结构的出现，蛋白质表现出各种不同的生物功能。除了一些抗菌素和简单的激素是长短不同、任意伸展的肽链以外，较复杂的蛋白质如酶、运载蛋白、抗体、激素、收缩蛋白、结构蛋白、病毒衣壳蛋白等都至少具有三级结构以至四级结构。

蛋白质表现出生命现象中多种多样的功能，最大一类的蛋白质是酶，执行生物催化作用，是中间代谢的推动者，目前已知道的酶在 4000 种以上。酶分子在构象上通常是球状的，有些酶有一条多肽链，而另一些则有多条。

第二大类蛋白质是结构蛋白，它们构成动植物机体的组织和细胞。在高等动物中，纤维蛋白、胶原是结缔组织及骨骼中的结构蛋白，α-角蛋白是组成毛、发、羽毛、角、皮肤的结构蛋白。膜蛋白是细胞内各种生物膜的重要成分，它与带极性的脂类组成膜结构。在真核细胞中，膜在细胞中占很大部分，因此，膜蛋白在细胞中是最丰富的蛋白质之一。

另一类蛋白质在生物的运动和收缩系统中执行重要功能。肌动蛋白和肌球蛋白是肌肉收缩系统的两种主要成分，肌动蛋白是由单个小的球蛋白亚基连成的细丝；肌球蛋白是一个长的棒状分子，一端有一个球状的头部。

有些蛋白质具有运输功能，它们属于运载蛋白，它们能够结合并且运输特殊的分子。例如，血红蛋白在血液中能运输氧，无脊椎动物则以血蓝蛋白运输氧。血清蛋白在血液中运输脂肪酸，β-脂蛋白在血液中运输脂类，细胞色素在叶绿体和线粒体内具有传递电子的功能。

此外，还有许多种蛋白质具有其他的生物功能，其中有些是激素，如胰岛素是调节葡萄糖代谢的激素，人体缺少胰岛素即患糖尿病。有些蛋白是毒素，如蓖麻蛋白、蛇毒等对高等动物是有剧毒的。动物体中的免疫球蛋白是抗体，具有保护功能，能防御病毒的侵染。

在动植物中，有些蛋白质主要作为储藏物，如植物种子中的谷蛋白、醇溶蛋白等可供种子萌芽时利用，动物的卵清蛋白及酪蛋白等也是储藏蛋白。

所有生物，从最简单的病毒到最高级的人类，它们的蛋白质都含有相同的 20 种氨基酸，它们本身并无内在的生物活性或毒性，但是蛋白质的三维构象却赋予蛋白质以特殊的生物活性，而这种构象则是由多肽链中的氨基酸的特殊顺序决定的。

CHAPTER 4   PROTEINS

The proteins ［′prəti:ns］（蛋白质）are extremely complicated molecules and are the nitrogenous ［nai′trɔdʒənəs］（氮的）compounds made up of a variable number of amino ［′æmi:nəu］（氨基的）acid residues joined to each other by a specific type of covalent bond called peptide ［′peptaid］（肽）bond or peptide linkage. They are the most abundant organic molecules in the cell interior where they constitute 50% or more of their dry mass. In the cell, proteins are found in all its parts. The name protein is derived from the Greek protos, which means the first or the supreme. There are 20 amino acids, which have been found to occur in all proteins and for which genetic codons exist. There are other amino acids, which do not occur in proteins but have special functions. Amino acids possess two characteristic functional groups, the amino group, —NH$_2$ and the carboxyl group （羧基）, —COOH. Most amino acids have one —NH$_2$ and one —COOH group but some have more than one of these. Amino acids are generally soluble in water but are insoluble in fat solvents ［′solvənts］ （溶剂）, e. g. chloroform, acetone, ether, etc. They possess high melting ［′meltiŋ］（熔化的）points. All amino acids that occur as components of proteins have, with the exception of proline ［′prəuli:n］（脯氨酸）, their amino group in α position to the carboxyl group; in other words, they are α-amino acids. Because these amino acids are L-amino acids, therefore they are called L-α-amino acids. The carboxyl group too is attached to the α-carbon atom.

The general formula of an amino acid is given below.

$$R—\overset{\overset{\displaystyle H}{|}}{\underset{\underset{\displaystyle NH_2}{|}}{C}}—COOH \quad or \quad R—\overset{\overset{\displaystyle H}{|}}{\underset{\underset{\displaystyle NH_3^+\,(Protonated\ state)}{|}}{C}}—COO^- \ (Carboxylate\ state)$$

R represents the side chain, which greatly varies from one amino acid to the other. The latter structure shows the amino acid as a zwitterion having a negatively-charged （负电荷的）carboxylate group and a positively-charged （正电荷的）protonated ［′prəutəneitid］（质子化的）amino group and is the more correct one; this is because at physiological pH （ = 7. 4）it is not possible for an amino acid to occur in the uncharged form. However, for the sake of simplicity the formulas of amino acids will be given in this book in the uncharged form.

4. 1   Amino Acids Occurring in Protein Molecules (Standard Amino Acids)

4. 1. 1   Introduction of Standard Amino Acids

Although more than 300 amino acids are known, but only 20 amino acids take part in the formation of all types of proteins, plant as well as animal in origin. These 20 amino acids are called primary, standard or normal amino acids. Each of these amino acids has one or more genetic codon (s), which are present within the molecule of specific messenger RNAs which themselves are produced under direction of genes occurring in DNA molecules. A list of these 20 amino acids along with their symbols, both 3-lettered and 1-lettered, is given below.

(1) Glycine (Gly)

$$H-\overset{\overset{\displaystyle H}{|}}{\underset{\underset{\displaystyle NH_2}{|}}{C}}-COOH$$

It is the simplest amino acid and is the only amino acid which has no aymmetric carbon atom. It is named so because it tastes sweet.

(2) Alanine (Ala)

$$H_3C-\overset{\overset{\displaystyle H}{|}}{\underset{\underset{\displaystyle NH_2}{|}}{C}}-COOH$$

(3) Serine (Ser)

$$H_2C-\overset{\overset{\displaystyle H}{|}}{\underset{\underset{\displaystyle OH}{|}}{C}}\overset{}{\underset{\underset{\displaystyle NH_2}{|}}{}}-COOH$$

Its—OH group can participate in H bonding or in binding with phosphate or carbonhydrate.

(4) Threonine (Thr)

$$H_3C-\overset{\overset{\displaystyle H}{|}}{\underset{\underset{\displaystyle OH}{|}}{C}}-\overset{\overset{\displaystyle H}{|}}{\underset{\underset{\displaystyle NH_2}{|}}{C}}-COOH$$

Like serine, it also has —OH group.

(5) Valine (Val)

$$\begin{matrix} H_3C \\ \diagdown \\ \diagup \\ H_3C \end{matrix} \overset{\overset{\displaystyle H}{|}}{C}-\overset{\overset{\displaystyle H}{|}}{\underset{\underset{\displaystyle NH_2}{|}}{C}}-COOH$$

It has a branched side chain.

(6) Leucine (Leu)

$$\begin{matrix} H_3C \\ \diagdown \\ \diagup \\ H_3C \end{matrix} \overset{\overset{\displaystyle H}{|}}{C}-CH_2-\overset{\overset{\displaystyle H}{|}}{\underset{\underset{\displaystyle NH_2}{|}}{C}}-COOH$$

It has a branched side chain.

(7) Isoleucine (Ile)

$$\begin{matrix} H_3C \\ \diagdown \\ \diagup \\ C_2H_5 \end{matrix} \overset{\overset{\displaystyle H}{|}}{C}-\overset{\overset{\displaystyle H}{|}}{\underset{\underset{\displaystyle NH_2}{|}}{C}}-COOH$$

It has a branched side chain.

(8) Cysteine (Cys)

$$H_2C-\overset{\overset{\displaystyle H}{|}}{\underset{\underset{\displaystyle SH}{|}}{C}}\overset{}{\underset{\underset{\displaystyle NH_2}{|}}{}}-COOH$$

Its sulfhydriyl group is an important component of the active site of many enzymes. Two mole-

cules of cysteine on being oxidized can combine with each other through covalent —S—S—
(i. e. disulfide) linkage forming the dimer compoud cystine whose formula is given below.

$$\text{HOOC}-\underset{\underset{\text{NH}_2}{|}}{\overset{\overset{\text{H}}{|}}{\text{C}}}-\text{CH}_2-\text{S}-\text{S}-\text{CH}_2-\underset{\underset{\text{NH}_2}{|}}{\overset{\overset{\text{H}}{|}}{\text{C}}}-\text{COOH}$$

Cystine (left) formation takes place in structure of proteins after the latter have been synthe-
sized by what is called posttranslational modification.

(9) Methionine (Met) $\text{H}_3\text{C}-\text{S}-\text{CH}_2-\text{CH}_2-\underset{\underset{\text{NH}_2}{|}}{\overset{\overset{\text{H}}{|}}{\text{C}}}-\text{COOH}$

Cysteine, cystine and methionine are sulfur-containing amino acids.

(10) Phenylalanine (Phe) $\langle\bigcirc\rangle-\text{CH}_2-\underset{\underset{\text{NH}_2}{|}}{\overset{\overset{\text{H}}{|}}{\text{C}}}-\text{COOH}$

(11) Tyrosine (Tyr) $\text{HO}-\langle\bigcirc\rangle-\text{CH}_2-\underset{\underset{\text{NH}_2}{|}}{\overset{\overset{\text{H}}{|}}{\text{C}}}-\text{COOH}$

It was named so because it was first isolated from cheese which in Greek is tyros.

(12) Tryptophan (Try) $-\text{CH}_2-\underset{\underset{\text{NH}_2}{|}}{\overset{\overset{\text{H}}{|}}{\text{C}}}-\text{COOH}$

Phenylalanine, tyrosine and tryptophan contain aromatic rings in their molecules.

(13) Aspaitic acid (Asp) $\text{HOOC}-\text{CH}_2-\underset{\underset{\text{NH}_2}{|}}{\overset{\overset{\text{H}}{|}}{\text{C}}}-\text{COOH}$

At pH 7. 0 it has a net negative charge.

(14) Asparagine (Asn) $\text{H}_2\text{N}-\underset{\underset{\text{O}}{\|}}{\text{C}}-\text{CH}_2-\underset{\underset{\text{NH}_2}{|}}{\overset{\overset{\text{H}}{|}}{\text{C}}}-\text{COOH}$

It is the amide of aspartic acid. It was the first amino acid to be discovered in 1806 and it was
named so because it was isolated from asparagus.

(15) Glutamic acid (Glu) $HOOC-CH_2-CH_2-\overset{\overset{\displaystyle H}{|}}{\underset{\underset{\displaystyle NH_2}{|}}{C}}-COOH$

It was first found to occur in wheat protein namely gluten. At pH 7.0 it has one net negative charge. Aspartic acid and glutamic acid are acidic amino acids containing more than one—COOH group.

(16) Glutamine (Gln) $H_2N-\overset{\overset{\displaystyle }{}}{\underset{\underset{\displaystyle O}{\|}}{C}}-CH_2-CH_2-\overset{\overset{\displaystyle H}{|}}{\underset{\underset{\displaystyle NH_2}{|}}{C}}-COOH$

It is the amide of glutamic acid.

(17) Lysine(Lys) $HOOC-CH_2-CH_2-CH_2-CH_2-\overset{\overset{\displaystyle H}{|}}{\underset{\underset{\displaystyle NH_2}{|}}{C}}-COOH$

At pH 7.0 lysine possesses a net positive charge. Lysine occurring within a protein molecule can be hydroxylted to form hydroxylysine whose structure is given below.

(Hydroxylysine) $HOOC-CH_2-\overset{\overset{\displaystyle }{}}{\underset{\underset{\displaystyle OH}{|}}{CH}}-CH_2-CH_2-\overset{\overset{\displaystyle H}{|}}{\underset{\underset{\displaystyle NH_2}{|}}{C}}-COOH$

(18) Arginine(Arg) $H-\overset{\overset{\displaystyle }{}}{\underset{\underset{\underset{\underset{\displaystyle NH_2}{|}}{\underset{\displaystyle C=NH}{}}}{|}}{N}}-CH_2-CH_2-CH_2-\overset{\overset{\displaystyle H}{|}}{\underset{\underset{\displaystyle NH_2}{|}}{C}}-COOH$

At pH 7.0 it has one net positive charge.

(19) Histidine (His)
$-CH_2-\overset{\overset{\displaystyle H}{|}}{\underset{\underset{\displaystyle NH_2}{|}}{C}}-COOH$

At pH 7.0 it has one net positive charge.

Lysine ['laisiːn] (赖氨酸), hydroxylysine, arginine ['aːdʒini(ː)n] (精氨酸) and histidine ['histidiːn] (组氨酸) are basic ['beisik] (碱性的) amino acids with more than one nitrogenous groups.

(20) Proline (Pro)   In addition to the 19 primary amino acids given above there is an imino acid, proline, whose side chain and α-amino group form a ring structure. Proline is the derivative [di'rivətiv] (衍生物) of pyrrolidine and is an example of cyclic amino acids.

In some cases, proline after being incorporated in a peptide molecule is hydroxylated to form hydroxyproline. The usual hydroxy form of proline is 4-hydroxy proline; it has been found to occur only in collagen, which is a protein occurring in connective tissue. Another hydroxy derivative of proline is 3-hydroxyproline, which also occurs in collagen but to a lesser extent than 3-hydroxyproline.

Proline　　　　　　　　　　　　　　4-Hydroxyproline

4. 1. 2　Classification of Standard Amino Acids

This is based upon the type of side chain, i. e. R group present because it is the side chain, which gives distinctive properties to amino acids.

（1）Amino acids with non-polar aliphatic side chains

These are present in glycine, alanine, valine, leucine, isoleucine and proline. Their side chains are hydrophobic［ˌhaidrəuˈfəubik］（疏水的）and tend to cluster together.

（2）Amino acids with aromatic side chains

These include phenylalanine, tyrosine［ˈtairəsiːn］（酪氨酸）and tryptophan and are said to be relatively polar. The hydroxyl group of tyrosine can form H bonds and shows polarity［pəuˈlæriti］（极性）. The N of the imidazole［ˌimiˈdæzəul］（咪唑）ring present in tryptophan gives polarity to this amino acid. Phenylalanine shows little polarity. These amino acids absorb u. v. light which explains the strong absorbance of light by proteins at 280 nm. This property is used to detect and measure proteins.

（3）Amino acids with uncharged polar side chains

These are present in asparagines［əsˈpærədʒiːns］（天冬酰胺酸）, glutamine［ˈgluːtəmiːn］（谷氨酸盐）, cysteine［ˈsistin］（半胱氨酸）, methionine, serine［ˈseriːn, ˈsiəriːn］（丝氨酸）and threonine［ˈθriːniːn］（苏氨酸）. The polarity of these amino acids is due to the presence in their structures of functional groups that form H bonds with water. These functional groups are hydroxyl groups in serine and threonine, S atoms in cysteine and methionine and amide［ˈæmaid］（氨基化合物）groups in asparagines and glutamine.

（4）Amino acids with acidic［əˈsidik］（酸性的）side chains

These are present in glutamic acid（谷氨酸）and aspartic acid（天冬氨酸）; these amino acids are negatively charged at neutral pH and are usually called glutamate and aspartate respectively

（5）Amino acids with basic side chains

These are present in lysine, arginine and histidine. Lysine and arginine are strong bases with positive charge on them, while histidine is a weak base. Histidine after being incorporated in a protein molecule may show either a positively charged or negatively charged side chain, which is determined by the ionic environment provided by the protein.

4.2   Nonstandard Amino Acids

These amino acids, contrary to the standard amino acids already described, don't take part in protein synthesis but many of them play important role in the body. There are several hundreds of such amino acids, a few of which having important physiological functions are given below.

$$
\begin{array}{ll}
\text{(1) Citrulline} & \underset{\underset{\displaystyle H_2N-C=O}{}}{H-N}-CH_2-CH_2-CH_2-\overset{\overset{\displaystyle H}{|}}{\underset{\underset{\displaystyle NH_2}{|}}{C}}-COOH
\end{array}
$$

$$
\begin{array}{ll}
\text{(2) Ornithine} & H_2N-CH_2-CH_2-CH_2-\overset{\overset{\displaystyle H}{|}}{\underset{\underset{\displaystyle NH_2}{|}}{C}}-COOH
\end{array}
$$

Citrulline and ornithine occur in the liver, where they take part in the formation of urea from NH_3.

(3) β-alanine $H_2N-CH_2-CH_2-COOH$

It is a part of the molecule of a vitamin namely pantothenic acid.

(4) Gamma-aminobutyric acid (GABA) $H_2N-CH_2-CH_2-CH_2-COOH$

It occurs in brain and other tissues. It has an important physiologial role as a neurotransmitter.

(5) Iodinated amino acids Diiodotyrosine (DIT)

$$
\underset{\underset{\displaystyle COOH}{|}}{\overset{\overset{\displaystyle NH_2}{|}}{HC}}-\overset{H_2}{C}-\langle\text{ring}\rangle-OH
$$

These are monoiodotyrosine (MIT), diiodotyrosine (DIT), triiodotyrosine (T_3) and tetraiodotyrosine (T_4). The last two are thyroid hormones ['hɔ:məuns] (激素), while the first two are intermediates in their synthesis.

4.3   The Peptide Linkage or the Peptide Bond

In a peptide molecule the amino acids are attached to their neighboring axis by α-COOH groups on one side and by α-NH_2 groups on the other; one molecule of H_2O is eliminated in this process. In this way, an acid-amide bond is formed which is called a peptide bond. Below is given the general formula of peptide linkages between four amino acid residues forming a tetrapeptide.

$$
H_2N-\overset{\overset{R}{|}}{\underset{\underset{H}{|}}{C}}-\overset{}{\underset{\underset{O}{\|}}{C}}\longrightarrow N-\overset{\overset{H\;R}{|\;|}}{\underset{\underset{H\;O}{|\;\|}}{C-C}}\longrightarrow N-\overset{\overset{H\;R}{|\;|}}{\underset{\underset{H\;O}{|\;\|}}{C-C}}\longrightarrow N-\overset{\overset{H\;R}{|\;|}}{\underset{\underset{H}{|}}{C}}-COOH
$$

side containing   side containing

free amino group   free carboxyl group

$$
-\overset{}{\underset{\underset{O}{\|}}{C}}\longrightarrow \overset{\overset{H}{|}}{N}-
$$

In the above formula the bonds marked by arrows are the peptide bonds and there are 3 such bonds joining 4 amino acids; a tetrapeptide is thus formed. Amino acids present within a peptide are called amino acid residues or moieties. Peptides of more than 10 amino acid residues are called polypeptides. Polypeptides of high molecular weights (i. e. with a M_r above 10 000) are called proteins. Treatment of proteins with proteolytic enzymes such as trypsin causes splitting or cleavage of protein molecules in smaller peptides, because these enzymes effect selective hydrolysis only at certain sites. On the other hand, prolonged boiling with strong mineral acids brings about addition of water molecules at the sites of all peptide bonds causing hydrolysis of protein molecules giving rise to amino acids; this however destroys tryptophan. The peptide bond is rigid because being a partial double bond, its is shorter than a single bond. This prevents the rotation between the carbon and nitrogen of this bond. The —C≡O and —NH groups though uncharged but are polar; they can therefore take part in forming hydrogen bonds (hydrogen-bond (n. /v.) 氢键).

4. 4　Important of Proteins

As already mentioned the word protein is derived from the Greek word proto that means "I occupy first place or a substance of prime importance" and was given to these compounds because of their primary importance in all living organisms. Details will be given under individual proteins in relevant sections, but a summary of their more important roles is given below.

Proteins take an essential part in the formation of protoplasm, which is essence of all forms of life.

Nucleoproteins, which are complexes of proteins with nucleic acids, serve as carriers of heredity from one generation to the other.

Enzymes which are biological catalysts, with only a few exceptions, are proteins and without them life will not be possible.

Proteins are an integral part of all viruses which are very important from a pathogenic point of view.

Each one gram of dietary protein furnishes 4. 1 kilocalories when oxidized in the body. Good quality dietary proteins have essential amino acids, which can't be synthesized in the body.

Many proteins have specialized functions. Hemoglobin [ˌhiːməˈgləubin] (血色素) acts as carrier. Some act as hormones, e. g. insulin, growth hormone and parathyroid hormone, etc. Antarctic fish contain antifreeze proteins, which protect their blood from freezing.

The proteins present in blood plasma [ˈplæzmə] (血浆) act as colloidal particles and exert an osmotic [ɔzˈmɔtik] (渗透的) pressure of 25 to 30 mmHg.

Plasma proteins take part in blood coagulation and transport of substances such as hormones, drugs, metals like iron and copper.

Antibodies against infections are also proteins and are termed immunoglobulins.

The role of proteins in the plasma membranes where they act as transporting or carrier molecules.

Proteins make complexes with carbohydrates and lipids. Proteins are distinct from carbohydrates and in that they contain about 16% N in addition to C, H and O which on an average amount to

53% , y% and 23% respectively. Generally they also contain S (about 1% of total mass) less commonly P. Some proteins contain metals like Fe, Cu and Zn. The animals synthesize their own body proteins from amino acids derived from dietary proteins. Plants are the ultimate sources of protein. Proteins are big molecules and belong to a class of compounds called macromolecules [ˌmækrəuˈmɔlikjuːls] （高分子）. Their molecular weights vary from a few thousands to several millions.

4.5 Classification of Proteins

Proteins have been classified in several ways. The following classification is based upon physicochemical properties of proteins. A protein may belong to one of the three types, i. e. simple proteins, compound or conjugated proteins and derived proteins.

4.5.1 Simple Protein

On hydrolysis, these proteins yield only amino acids or their derivatives. These consist of the following types.

Albumins   These are water-soluble proteins and occur in both plant and animal kingdoms. Examples are serum albumin, ovalbumin and lactalbumin in animals and legumelin in plants. They are coagulated by heat; the amount of heat needed for this purpose is different for different proteins and also varies at different pH values in that minimum heat is needed at their isoelectric pH (see later). They can be precipitated by fully saturation with ammonium sulfate. Some of the albumins contain carbohydrate residues and are therefore not simple proteins in the real sense.

Globulins [ˈglɔbjulins] （球蛋白）   These are insoluble in water but soluble in dilute salt solutions and are heat coagulable to a variable extent. They are found in animals, e. g. lactoglobulin, myosin in muscle, ovoglobulin, serum globulins and also in plants, e. g. legumin. Globulins are more easily precipitated than albumins and this can be done by only half saturation with ammonium sulfate [ˈsʌlfeit] （硫酸盐）. Thus half-saturation with ammonium sulfate can be used to separate globulins from albumin; this process is called salting out.

Globins   These are rich in histidine but are not basic. They unite with heme to form hemoglobin. Hemoglobins of different species differ only with respect to globin and the heme part is the same in all cases.

Prolamins   These are soluble in 7% to 80% ethanol but are insoluble in water and absolute alcohol. Examples are gliadin of wheat and zein of maize. These are rich in the amino acid proline but deficient in lysine.

Histones   These are very strongly basic proteins as they are rich in arginine. In combination with deoxyribonucleic acid (DNA) they form nucleoproteins or more correctly nucleohistones which occur in cell nuclei forming chromatin material. The association of DNA and histones gives rise to complexes called nucleosomes, 10 nm in diameter, in which DNA strands wind around a core of his tone molecule. Histones are soluble in water but not in ammonium hydroxide. These proteins contain little or no tryptophan but tyrosine is present in their molecules.

Protamines   These are present in sperm cell. They are of relatively smaller size. They are basic proteins and resemble histones but unlike them are soluble in ammonium hydroxide. Like histones, they form nucleoproteins with nucleic acids and are rich in arginine. These proteins lack in both tyrosine and tryptophan.

Albuminoids   These are also called scleroproteins and occur only in animals; they do not occur in plants. These proteins include collagen and elastin, which occur in the connective tissues, and keratin, which is found in ectodermal tissues such as nails, hair, hoofs, horns, etc. These proteins are described below:

Collagen   This protein is present in the connective tissue throughout the body, e. g. in skin, bone (ossein of bone is identical with collagen), tendons, cornea of the eye, etc. It is resistant to digestion by pepsin and trypsin. Collagen forms the major protein of extracellular connective tissue. It is the most abundant protein in the animal kingdom forming some 25% to 35% of body protein. It has a high glycine content (32% to 35%) while the two imino acids, proline and hydroxyproline, make up another 25% of the amino acids present. It contains no tryptophan and very little tyrosine. It is the only protein out of 25 proteins tested that was found to contain hydroxylysine. Not all collagen is the same; at least 19 different types have been demonstrated, several of which are non-fibrillar. The formation and structure of collagen-I, a typical fibrillar collagen, is described in Fig. 4-1.

(A)

(B)

(C)

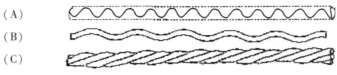

Fig. 4-1   Tropocollagen

(A) Helix of a single strand. (B) Single strand in an ordinary form. (C) 3-coil-coiled structure of tropo-collagen. Association of a large number of tropocollagen molecules gives rise to collagen.

Collagen is first produced as pre-procollagen molecule within the mesenchymal cells such as fibroblasts. It is connected to procollagen after the molecule undergoes hydroxylation of proline and lysine and certain other modifications such as oxidation, reduction and glycosylation. Hydroxylation is catalyzed [ˈkætəlaizd] (催化) by specific hydroxylases which need ascorbic acid for their activity. The procollagen comes out of the cell in the form of triple helix. Procollagen is then converted to tropocollagen under the influence of the enzyme procollagen peptidase. In this process peptides are given off. Tropocollagen consists of 3 polypeptide chains of equal length each consisting of about 1 000 amino acid residues. The helical structure of these polypeptide chains is of left-handed type. Tropocollagen is a rod shaped molecule, about 300 nm long and 1. 5 nm thick. The three helices making it wrap around one another with a right hand twist. A large number of tropocollagen chains associate to form collagen microfibrils. The tropocollagen molecules are arranged head-to-tail in parallel bundles. The fibrils are stabilized first by intrachain H bonds; later they are further stabilized by covalent bonds formed within and between helices. The molecule of collagen can not be stretched. This inextensibility of the collagen molecule is responsible for its special function to give strength to the fibrous framework of the parenchymatous organs. Collagen fibers can support up to 10 000 times their weight and according to some its fibers are even stronger than steel wires of the same diameter. With advancing age, more and more cross-links are established between collagen chains; this results in the stiffening and decreased solubility of its molecules.

Collagen is converted to gelation on boiling with acid water. In this process the three strands of collagen are separated from each other. Gelatin is an easily digestible protein but nutritionally it is a poor protein as it is deficient in certain nutritionally essential amino acids. Collagen is in contrast with the mucopolysaccharides of the ground substance is metabolically more stable and a slow turnover.

Elastin   This is an extracellular fibrous protein that occurs in elastic tissues (tendons, arteries); it is not converted to gelatin and has little or no hydroxyproline. Elastic tissue is a mixture of elastin, collagen and a carbohydrate-containing protein called elastomucin.

Keratin   It occurs in animal skin, nails, horns, hoofs, hair, wool, feathers, tortoise shell, etc. to which it gives strength; it constitutes almost the entire dry weight of these. Unlike collagen and elastin, which are extracellular, keratin is found within the cell. It is made by the polymerization of monomeric precursors called pre-keratin. Like collagen, 3 helical strands wrap together forming superhelix, which is called protofibril. It is insoluble in water, organic solvents and in dilute acids and alkalies. It has high cystine content forming cross-links between peptide chains that provide strength to its molecule. Chemically, keratin is quite inert and resistant.

4.5.2   Compound or Conjugated Proteins

In these molecules the protein is attached or conjugated to some non-protein groups.

Nucleoproteins   These proteins are the result of the conjugation of certain basic proteins (histones) with nucleic acid (DNA and RNA). These proteins are most abundant in tissues having a large proportion of nuclear material, e.g. yeast and thymus.

Phosphoproteins   These are proteins conjugated with phosphoric acid and include casein of milk and vitellin of egg yolk.

Lipoproteins   These are conjugated proteins containing lipid substances like lecithin, cholesterol, triglycerides and fatty acids. These occur in blood plasma, nervous tissue, egg yolk, milk and cell membranes. Bacterial antigens and viruses also contain lipoproteins.

Carbohydrate-containing proteins: Glycoproteins   These are proteins to whose polypeptide backbone are covalently attached oligosaccharide (glycan) chains. This term also includes mucoproteins. The carbohydrate content of these proteins ranges from 1% to over to 85% by weight. They are found in serum, egg white, human urine, tendons, bones and cartilage. They are generally present in all kinds of animal mucins, which they make slippery and suitable for lubrication, and in the blood group substances. Plasma proteins that transport iron and copper and the proteins that act as antibodies are also glycoproteins.

Chromoproteins   These are compounds of proteins with pigments such as heme and include hemoglobin and cytochromes.

Metalloproteins   These are proteins that are in combination with metallic atoms, e.g. ferritin (iron) and ceruloplasmin (copper).

4.5.3   Derived Proteins

This class of proteins includes substances, which are derived from simple and conjugated proteins. These proteins are subdivided into primary and secondary derived proteins.

4.5.3.1   Primary derived proteins

These are synonymous with denatured proteins. A protein is called a native protein if its amino acid composition and molecular conformation are unchanged from that found in the natural states. These properties control all the functions of a protein, e. g. solubility, enzymic activity, specialized role if any, etc. Denaturation takes place when some or all of the cross linkages which normally keep the molecular structure of a protein intact are split, although there is no hydrolysis of the protein molecule. In most cases denaturation is not reversible. However, renaturation, i. e. reversal of denaturation has been observed with certain proteins; in this case the properties, which had been lost on denaturation, are restored. Denaturation may be brought about by many chemical or physical agents such as heat, X-rays, ultrasonic waves, shaking or stirring for a long time, extremes of pH, salt of heavy metals, neutral chemical agents such as urea and organic solvents such as alcohol and acetone. One example of a protein showing denaturation followed by renaturation is ribonuclease. This enzymatic protein is a single polypeptide that contains 4 disulfide bonds. If β-mercaptoethanol is added to its solution in the presence of urea or guanidine, the four —S—S— bonds become reduced to —SH and its structure becomes randomized and it loses its biological activity of an enzyme. If urea or guanidine and β-mercaptoethanol are removed and the solution is exposed to air, ribonuclease becomes renatured and its catalytic activity reappears. This is brought about by the oxidation of —SH and reappearance of the original —S—S— bonds.

The primary change in denaturation, as mentioned above is the splitting of some or all of the protein cross linkages; occasionally it takes place also by partial hydrolysis resulting in the loss of certain amino acids or peptides of relatively low molecular weight. Because of their reduced solubility, the denatured proteins usually precipitate or flocculate at or near the isoelectric pH of the native protein. This flocculation can be reversed and the denatured protein resolubilized by adding dilute acids or alkalies. However, if the protein suspension at its isoelectric pH is heated, the protein is coagulated and is not easily redissolved by treatment with dilute acids or alkalies. Denaturation of dietary proteins on cooking is useful because denatured proteins are more easily digestible.

4. 5. 3. 2   Secondary derived proteins

These substances are intermediates formed in the progressive hydrolysis of protein molecules. They are of different sizes and different amino acid compositions and are roughly grouped into proteoses, peptones and peptides according to their molecular size.

Proteoses   These are soluble in water, are not coagulated by heat and are precipitated from their solutions by full saturation with ammonium sulfate. The molecules with relatively larger molecular weight are called primary proteoses, while those having smaller molecular was called secondary proteoses.

Peptones   These are of simpler structure than proteoses. They are soluble in water, are not coagulated by heat and are not precipitated from their solution by saturation with ammonium sulfate but are precipitated by phosphotungstic acid.

Polypeptides   These result from the further hydrolysis of peptones. The polypeptides in turn give rise to fragments of still shorter chain lengths called oligopeptides.

Oligopeptides   These are composed of only a relatively few amino acid residues. They are named according to the number of amino acid groups present, e. g. dipeptides, tripeptides, tetrapeptides and so on. They are water-soluble, are not coagulated by heat, are not salted out of solution, but are often precipitated by phosphostungstic acid. Mixtures of proteoses, peptones and peptides can be prepared by both acid and enzymatic digestion of proteins. The peptones used for bacteriological cultures are such mixtures. Various mixtures of this type are prepared by the enzymatic digestion of casein for nutritional purposes.

4.6 Other Classifications of Proteins

Table 4-1 Classification based upon function

Proteins	Introduction
Catalytic proteins	These are the enzymes and are simple or conjugated proteins
Regulatory or hormonal proteins	Many proteins and polypeptides act as hormones, e. g. insulin, growth hormone etc.
Structural proteins	These contribute to the structure of tissues; examples are collagen, elastins and keratin
Transport proteins	These serve to carry substances, e. g. transferrin carries iron
Immune proteins	The proteins contained in the gamma globulin fraction of the plasma represent antibodies (immunoglobulins)
Contractile proteins	Actin and myosin occur in the muscle fibers and take part in their contraction
Genetic proteins	These are in combination with nucleic acids, e. g. histones
Storage proteins	These store protein for nutritional purposes, e. g. ovalbumin in egg white, casein in milk, gluten and gliadin in wheat and zein in maize

Table 4-2 Classification based upon molecule length and shape*

Fibrous proteins	Globular proteins
These have an axial ratio of more than 10 (5 according to other authors); these are long threadlike molecules whose helical strands often form fibers or sheet. Examples are collagen, elastin and keratin. These are insoluble in water	These have a spheroid or ovoid shape and have an axial ratio of less than 10 (or according to others less than 5). These are further subdivided into albumins, which are water-soluble, and globulins, which are soluble in dilute salt solutions. The interior of them is occupied by nonpolar amino acids, while polar and charged amino acids are most frequently found in the exterior of globular proteins

* Depending upon their axial ratio (molecular length/molecular width) the proteins can be classified as fibrous and globular.

4.7 Amphoteric Proteins of Amino Acids and Proteins

Amino acids can act both as acids and bases depending upon the pH of the medium in which they are placed. Due to this property they are called amphoteric electrolytes or ampholytes or dipolar [dai'pul] (两极性的, 偶极的) ions. The behavior of amino acids at different pH values is shown in Fig. 4-2.

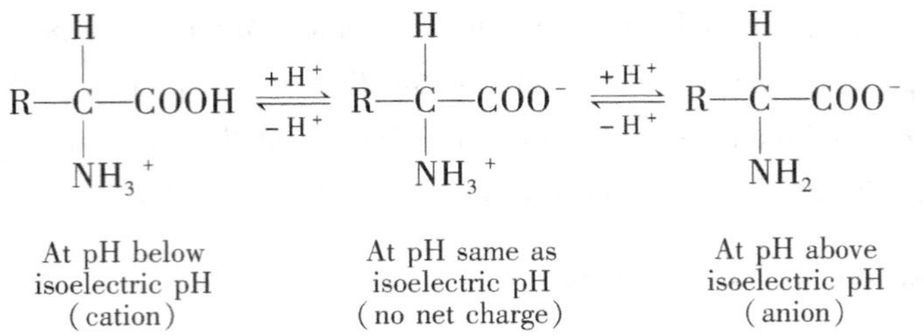

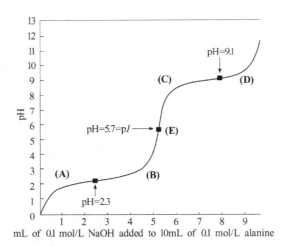

Fig. 4-2 Amphoteric behavior of an amino acid at different pH value

Just as we plotted titration curve of acetic acid, we can also plot titration curve of an amino acid, e. g. alanine by adding —OH ions (Fig. 4-3). In this case two zones of strong buffering activity are seen. The first zone is due to the gradual conversion of cationic form of alanine to its dipolar form. The peak value of this buffering region is 2.3, which represents pK_1. Buffering is minimum from pH 3 to 8. On reaching pH value of 8, buffering again becomes strong as now the dipolar form of alanine starts being converted to the anionic form. The peak value of this second stage of strong buffering is 9.1, which represents pK_2 of alanine. The average of pK_1 and pK_2 = (2.3 + 9.1)/2 = 5.7 represents the pI, i. e. the isoelectric pH of alanie at which no net charge is present on its molecule.

Fig. 4-3 Titration curve of alanine

(AB) = Buffering zone No. 1 with peak at pH 2.3; At the start alanine had one net positive charge.

(CD) = Buffering zone No. 2 with peak at pH 9.1; At the end alanine will have one net negative charge.

(E) Represents the isoelectric pH (pI) of alanine which is the average of the peak values of the two buffering zones, i. e. (2.3 +9.1)/2 = 5.7. At this pH, alanine has one positive and one negative charge, i. e. no net charge. Note: Amino acids having three dissociable hydrogens (e. g. histidine) will have three buffering zones and three pK_a values.

Note: Titration curve of histidine shows three pK values, i. e. pK_1, pK_2 and pK_3 which are 1.8, 6.0 and 9.2. This is because this amino acid has three chemical group, each of which can reversibly gain or lose a proton. These are carboxyl group, the imidazole group of the side chain and the α-amino group. Because the imidazole group of its side chain has a pK value (6.0) closed to the physiological pH, therefore histidine can act as a buffer in the body.

That pH at which an amino acid or a protein possesses no net charge is called its isoelectric pH abbreviated as pI. The isoelectric pH values of amnio acids vary greatly. For example the isolelectric pH of aspartic acid is 3. 0, while that of arginine is 10. 8. It can be seen from above that at a pH below its isoelectric pH the —NH$_2$ group will associate or get protonated group will dissociate forming —NH$_3^+$ while at pH higher than the isoelectric pH the —COOH group will dissociate forming —COO$^-$. In the former case the amino acid acts as a H$^+$ acceptor, i. e. a base while in the latter case it acts as H$^+$ donor, i. e. an acid. Because proteins are formed by an aggregation of a large number of amino acids, they also have characteristic isoelectric pH values. For this reason, the proteins also act as zwitterions; the different behavior of a protein at different pH values is given below.

(1) Positively charged, when the pH of the solution is less than its isoelectric pH.

(2) Without any charge when the pH of the solution is equal to its isoelectric pH.

(3) Negatively charged, when the pH of the solution is more than its isoelectric pH.

The physical and chemical properties of proteins are dependent on the charge on their molecules. At its isoelectric pH, the physical properties of a protein are at its minimum. For example, mobility in an electric field, osmotic pressure, swelling capacity, viscosity and solubility are minimal at the isoelectric pH; due to the last property a protein is most easily precipitated at its isoelectric pH. These minimal properties of proteins at their isoelectric pH values can be utilized for determining their isoelectric pH.

4. 8   The Three Dimensional Structure of Proteins

The majority of proteins are compact, highly convoluted molecules with the position of each atom relative to the others determined with great organization of increasing complexity; these are termed primary, secondary and tertiary structures. Proteins, which possess more than one polypeptide chain in their molecule, also possess a fourth structure called the quaternary structure.

4. 8. 1   Primary Structure of a Polypeptide

The sequence of amino acid residues along the peptide chain is called the primary structure of the peptide; this also includes the determination of the number of amino acid residues in a peptide chain, and whether the peptide chain is open, cyclic or branched. The primary structure of various peptides is regulated by the respective genes on specific chromosome. By convention, the numbering of the amino acid residues in a peptide chain starts from the amino acid residue containing a free —NH$_2$ group.

There are 20 amino acids, which initially enter into the formation of peptide molecules through peptide linkages between successive amino acid molecules. On a large scale, an unlimited number of peptide molecules are possible from 20 amino acids. These peptides will differ from each other in the number and the sequence of amino acids in their respective molecules. The number of amino acids in a peptide molecule varies from a few to several hundreds or more, which are joined to each other through peptide linkages. It will be seen later that the substitution of a single amino acid by another in a peptide chain may result in a dramatic change in its properties. For example, the abnormal hemoglobin found in sickle cell anemia called hemoglobin S (Hb S) differs from the normal Hb in one respect only; Hb S has valine instead of glutamic acid at position No. 6 in the β chains of Hb.

The number of amino acid residues in some polypeptides is given: insulin (51), ribonuclease (124), protein of the tobacco mosaic virus (158), α chain of hemoglobin (141), β chain of hemoglobin (146).

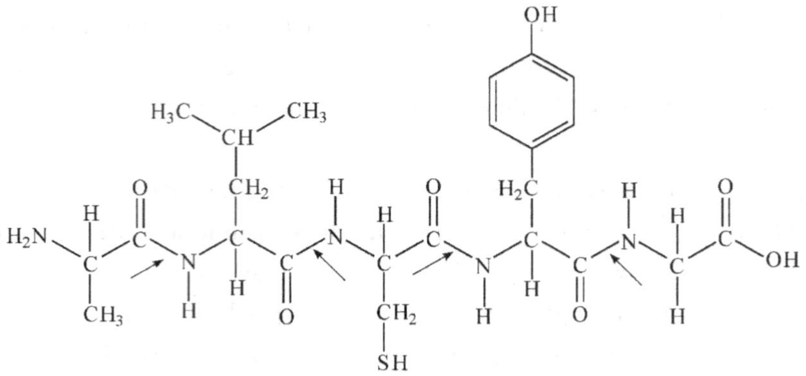

Fig. 4-4   Primary structure of a pentapeptide comprising alanie, leucine, cysteine, tyrosine and glysine

It has 4 peptide linkages, marked by arrows. It is obvious that alanine has a free—NH$_2$ group, while glycine has a free—COOH group. It is named as alanyl-leucyl, cysteyl-tyrosyl-glycine.

Insulin of beef origin is the protein whose primary structure was discovered first of all. This was done by Sanger in 1953, who was awarded Nobel Prize for chemistry in 1958. At present the detailed primary structure of insulin of several other species including man is known. The insulins of pork and whale origin have the sequence of amino acids; these differ from the human insulin in respect to only one amino acid. The beef and sheep insulins differ from human insulin in respect to 3 and 4 amino acids respectively.

4.8.2   Secondary Structure of a Polypeptide

The discussion of primary structure of polypeptides gives the impression that peptide chains are quite straight and extended. But X-ray diffraction experiments on peptide and protein crystal have shown that polypeptide chains tend to twist or coil upon themselves in a characteristic manner. The folding of the polypeptide chain into a specific coiled structure held together by H bonds is called the secondary structure of a protein; it may take one of the following forms.

4.8.2.1   Alpha-helix

It is a clockwise, rodlike spiral and is formed by intrachain H bonding between the   C=O group of each amino acid and the   —NH$_2$ group of the amino acid that is situated 4 residues ahead in the linear sequence.

The helical structure gives stability to the peptide molecule because each peptide bond participates in H bonding. The H bonds are individually weak but collectively are the major forces stabilizing the helix. The other main force helping to maintain the α-helix is hydrophobic interaction. Proteins containing show great strength and elasticity and can be easily stretched because they are in the form of a tight coil. The helix may be coiled in a right handed or left handed direction, but the right handed helix is the more stable form and is the one seen in α-helix. Each turn of the helix contains 3.6 amino acid residues.

4.8.2.2 β-Pleated sheet

In this case portion of polypeptide chain contain 5 to 10 amino acid residues from different primary structural regions line up side by side just as a sheet of cloth can be folded again and again; H bonds exist between these peptide strands running closer to each other. The peptide strands forming β-pleated sheets may run in the same direction (parallel strands) or in opposite directions (antiparallel strands). Proteins containing this structure are in elastic because the H bonds are at right angle to the direction of stretching and simply hold the bundles of adja-

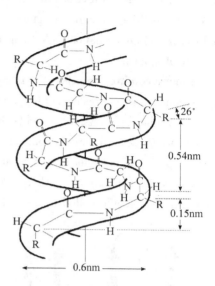

Fig. 4-5   Alpha helix structure of protein
Arrows point towards intra-chain H bonds.

cent portion of the peptide chain together. Thus the β-pleated sheet cannot be further extended as it is already almost fully extended.

Various polypeptides have α-helix and β-pleated structures to a highly variable extent but one of these structures may predominate. This is due to the presence of certain amino acid in the protein molecules, which may interfere with the formation of a certain structure. For example proline whose peptide N cannot form a hydrogen bond prevents α-helix formation and fits only in the first turn of an α-helix; elsewhere it produced a bend called β-bend. β-bends are also often produced at glycine residues. β-bends serve to given the polypeptide a compact globular shape. Chymotrypsin is virtually devoid of α-helix, but myoglobin [ˌmai'glubin] (肌血球素) and hemoglobin show a predominantly α-helix structure. α-keratin has a highly developed α-helix, while collagen and fibroin (present in certain silks) show a β-pleated structure.

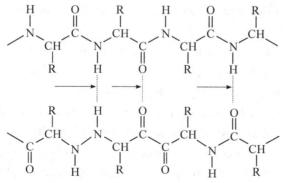

Fig. 4-6 β-Pleated sheet structure of a fibrous protein
Arrows show H bonds between adjacent portions of the folded peptide chain.

Loop or coil conformation   In addition to the α-helix and β-pleated sheets and bends which represent repetitive structures in globular protein molecules, the protein molecules also show a simpler loop or coil conformation called non-repetitive secondary structure which usually constitutes 50% of the total molecule.

Supersecondary motifs   In many globular proteins characteristic structural features called supersecondary structures or motifs are produced at sites where for example two β-sheets are connected to each other by an α-helix strand; this will be called supersecondary motif. More complex motifs are seen where several strands connect several β-sheets. It must be noted that the secondary structure of a polypeptide is not always in an ordered state but is on the contrary in a disordered state. This is seen in many enzymes where transition from disordered to a stable ordered state only occurs when special molecule called ligand is bound to it.

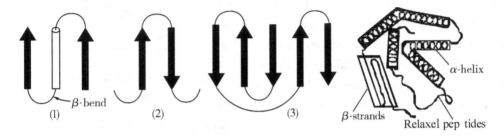

Fig. 4-7   Secondary structure of proteins showing motifs (structural elements)
Arrows represent β-strands, cylinder represents α-helix, thin ribbons represent loop or coil conformations.
(1) Two parallel β-sheets connected by polypeptide regions with an α-helix in between.
(2) Two antipatrallel β-sheets joined by β-bend (reverse turn).
(3) Five β-sheets, parallel as well as anti-parallel; it also shows β-bends, and loop or coil conformation.
Note: The directions of arrow point form the —NH$_2$ terminal to the —COOH terminal.

4. 8. 3   Tertiary Structure of a Polypeptide

The tertiary structure of a polypeptide means its overall shape or conformation. It has been calculated that if the chain of myoglobin could be extended, then the length of its molecule would be 20 times its width. But X-diffraction studies of this protein have shown its structure to be just like a football. This means that its molecule is folded and refolded on itself to give rise to a definite 3-dimensional conformation, which makes it globular (i. e. rounded) and somewhat rigid molecule; this is called its tertiary structure.

Factors maintaining the tertiary structure of a polypeptide:

(1) Disulfide, i. e.   —S—S—   covalent linkages between adjacent cysteine residues after oxidative removal of the hydrogens of their   —SH   groups.

(2) H bonds. These can be between amino acid side chains containing loosely bound hydrogens (such as in the alcohol groups of serine and threonine) with electron-rich atoms such as N atoms of histidine or the carbonyl oxygen of carboxyl groups, amide groups and peptide bonds.

(3) Attractions between the negatively charged carboxyl groups and positively charged amino groups also stabilize the tertiary structure.

(4) Van der Waal's force, which exits between non-polar side chains of amino acids, also provide some stability to the molecule.

(5) Ester linkages between a —COOH group and a —OH group on two different amino acids. This however is of little importance.

In most polypeptides only a portion of the molecule acts as the basic functional unit. These basic functional and structural units of a polypeptide are called domains. Tertiary structure of a polypeptide may be defined as the way in which domains fold along with the final arrangement of domains in the polypeptide.

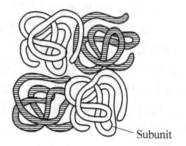

Fig. 4-8   Tertiary structure of myoglobin

Black area is heme. The polypeptide chain is coiled on itself. Shaded and non-shaded areas represent non-helical and helical parts of the molecule respectively.

Fig. 4-9   Quaternary structure of a protein

4. 8. 4   Quaternary Structure of Proteins

When a protein molecule is made up of more than one peptide chain subunits, each of which as its own primary, secondary and tertiary structure the number as well as the arrangement of these polypeptide subunits is called the quaternary structure. For example, the globin part of hemoglobin has four polypeptide chains in its molecule, two α and two β chains. Each of the α and β chains enfolds a heme group. The way these four subunits aggregate or polymerize to form hemoglobin molecule is termed its quaternary structure.

The subunits are usually held together by non-covalent bonds such as H bonds, ionic bonds and hydrophobic interactions. Proteins having up to 40 polypeptide chains have been discovered e. g. the bovine hepatic glutamate dehydrogenase; it has a relative molecular mass of 10^6.

第五章　酶

在活细胞中进行着大量的化学反应，这些化学反应的特点是速度非常之高且能有条不紊地进行，从而使得细胞能同时进行各种降解代谢及合成代谢，以满足生命活动的需要。如果让这些化学反应在体外进行，则速度非常之慢，或者需要高温高压等特殊条件才能快速进行。生物细胞之所以能在常温常压下以极快的速度和很高的专一性进行化学反应，是由于其中存在着生物催化剂。生物催化剂的特征是它们有高度的专一性和极高的催化效率，是无机催化剂所不能比拟的，这类生物催化剂统称为酶。

酶是具有生物催化作用的蛋白质。酶的催化作用条件温和，其催化作用具有高效率性、专一性及可调控性，使得生物体在新陈代谢过程中的各个反应能有条不紊地进行。

第一节　酶的催化性质

一、酶是生物催化剂

（一）酶和一般催化剂的比较

酶作为生物催化剂和一般催化剂相同，具有以下特性：

1. 用量少而催化效率高

酶与一般催化剂一样，虽然在细胞中的相对含量很低，却能使一个慢速反应变为快速反应。

2. 不改变化学反应的平衡点

和一般催化剂一样，酶仅改变化学反应的速度，并不改变化学反应的平衡点，酶本身在反应前后也不发生变化。

3. 可降低反应的活化能

催化剂，包括酶在内，能降低化学反应的活化能。在催化反应中，只需较少的能量就可使反应物进入"活化态"。

（二）酶作为生物催化剂的特性

1. 催化效率高

以分子比表示，酶催化的反应速度比非催化反应速度高 $10^8 \sim 10^{20}$ 倍，比其他催化反应高 $10^7 \sim 10^{13}$ 倍。以转换数（每分钟每个酶分子能催化多少个反应物分子发生变化）表示，大部分酶为1000，最大的可达100万以上。

2. 酶的作用具有高度的专一性

一种酶只能作用于某一类或某一种特定的物质，这就是酶作用的专一性。通常把被酶作用的物质称为该酶的底物，所以也可以说一种酶只作用于一个或一类底物。如糖苷键、酯键、肽键等都能被酸碱催化而水解，但水解这些化学键的酶却各不相同，即它们分别需要在具有一定专一性的酶作用下才能水解。

3. 酶易失活

一般催化剂在一定条件下会因中毒而失去催化能力，而酶却较其他催化剂更加脆弱，更易失去活性，强酸、强碱、高温等条件都能使酶破坏而完全失去活性。所以酶作用一般都要求比较温和的条件，如常温、常压，以及接近中性的酸碱度等。

4. 酶活力的调节控制

酶活力是受调节控制的，它的调控方式很多，包括抑制剂调节、共价修饰调节、反馈调节、酶原激活及激素控制等。

5. 酶的催化活力与辅酶、辅基和金属离子有关

有些酶是复合蛋白质，其中的小分子物质（辅酶、辅基及金属离子）与酶的催化活性密切相关，若将它们除去，酶就失去活性。

高效率、专一性以及作用条件温和使酶在生物体新陈代谢过程中发挥着强有力的作用，酶活力的调控使生命活动中各个反应得以有条不紊地进行。

二、酶的化学本质

（一）酶的本质

酶是具有生物催化活性的蛋白质，同其他蛋白质一样，酶蛋白主要由氨基酸组成，因此，也具有两性电解质的性质，并且有一、二、三、四级结构，也受某些物理因素（加热、紫外线照射等）及化学因素（酸、碱、有机溶剂等）的作用而变性或沉淀而丧失酶活性。酶的相对分子质量很大，其水溶液具有亲水胶体的性质，不能透析。在体外，酶能被胰蛋白酶等水解而失活。

酶的化学本质是蛋白质，但不能说所有蛋白质都是酶，只是具有催化作用的蛋白质才称为酶。

（二）酶的组成分类

根据酶的组成成分，可分为简单蛋白酶和复合蛋白酶两类。

简单蛋白酶 有些酶只是其蛋白质部分具有催化功能，称为简单蛋白酶。

复合蛋白酶 另外一些酶的活性还需要有非蛋白成分才具有催化功能，称为复合蛋白酶或结合蛋白酶。复合蛋白酶的非蛋白成分称为辅因子或辅基，一些金属酶需要 Mg^{2+}、Fe^{2+}、Zn^{2+}等金属作辅基；另一些酶则需要有机化合物如 B 族维生素作为辅因子，称为辅酶。酶的蛋白质部分称酶蛋白，酶蛋白与其辅因子一起合称为全酶。

在催化反应中，酶蛋白与辅助因子所起的作用不同，酶反应的专一性及高效率取决于酶蛋白本身，而辅助因子则直接对电子、原子或某些化学基团起传递作用。

根据酶蛋白分子的特点又可将酶分为三类：

1. 单体酶

单体酶只有一条多肽链，属于这一类的酶很少，一般都是催化水解的酶，相对分子质量在 13 000 ~ 35 000 之间，如溶菌酶、胰蛋白酶等。

2. 寡聚酶

寡聚酶由几个甚至几十个亚基组成，这些亚基可以是相同的多肽链，也可以是不同的多肽链，亚基之间不是共价结合，彼此很容易分开。

3. 多酶体系

多酶体系是由几种酶彼此嵌合形成的复合体，它有利于一系列反应的连续进行，如脂肪酸合成酶体系、呼吸链酶系等。

第二节　酶的分类

酶的种类很多，现在已经知道的酶有4000多种，而且还不断有新酶出现。1961年，国际生化协会酶命名委员会根据酶所催化的反应类型将酶分为六大类，分别用1，2，3，4，5，6的编号来表示，再根据底物中被作用的基团或键的特点将每一大类分为若干个亚类，每个亚类可再分若干个亚亚类，仍用1，2，3，…编号。故每一个酶的分类编号由"."隔开的四个数字组成，编号之前常冠以酶学委员会的缩写EC。酶编号的前三个数字表明酶的特性，即反应性质、反应物（或底物）性质、键的类型，第四个数字是酶在亚亚类中的顺序号。如EC1.1.1.27为乳酸:NAD^+氧化还原酶。

在系统命名法中，一种酶只可能有一个名称和一个编号。在国际科技文献中，一般使用酶的系统名称，但因某些系统名称太长，为方便起见，有时仍用酶的习惯名称。习惯命名的原则是据反应底物（如淀粉酶）或所催化的反应性质（如水解酶）以及二者相结合（如乳酸脱氢酶，即EC1.1.1.27）的原则来命名，有时还加上酶的来源（如胃蛋白酶）或酶的其他特点（如酸性磷酸酯酶）。习惯命名缺乏系统性，有时出现一酶数名或一名数酶的情况。

六大类酶的国际系统分类及所催化反应如表5-1、表5-2所示。

1. 氧化还原酶类

氧化还原酶类即催化生物氧化还原反应的酶，如脱氢酶、氧化酶、过氧化物酶、羟化酶以及加氧酶类。

2. 转移酶类

转移酶类即催化不同物质分子间某种基团的交换或转移的酶，如转甲基酶、转氨基酶、己糖激酶、磷酸化酶等。

3. 水解酶类

水解酶类即利用水使共价键分裂的酶，如淀粉酶、蛋白酶、酯酶等。

4. 裂解酶类

裂解酶类即由其底物移去一个基团而使共价键裂解的酶，如脱羧酶、醛缩酶和脱水酶等。

5. 异构酶类

异构酶类即促进异构体相互转化的酶，如消旋酶、顺反异构酶等。

6. 合成酶类

合成酶类即促进两分子化合物互相结合，同时使ATP分子中的高能磷酸键断裂的酶，如谷氨酰胺合成酶、谷胱甘肽合成酶等。

表 5-1　酶的国际分类表——大类及亚类 [*]

（表示分类名称、编号、催化反应的类型）

1.　氧化还原酶类	4.　裂合酶类
（亚类表示底物中发生氧化的基团的性质）	（亚类表示分裂下来的基团与残余分子间键的类型）
1.1　作用在 —CH—OH 上	4.1　C—C
1.2　作用在 —C=O 上	4.2　C—O
1.3　作用在 —CH—CH 上	4.3　C—N
1.4　作用在 —CH—NH$_2$ 上	4.4　C—S
1.5　作用在 —CH—NH 上	
1.6　作用在 NADH, NADPH 上	
2.　转移酶类	5.　异构酶类
（亚类表示底物中被转移基团的性质）	（亚类表示异构的类型）
2.1　一碳基团	5.1　消旋及差向异构酶
2.2　醛或酮基	5.2　顺反异构酶
2.3　酰基	
2.4　糖苷基	
2.5　除甲基之外的烃基或酰基	
2.6　含氮基	
2.7　磷酸基	
2.8　含硫基	
3.　水解酶类	6.　合成酶类
（亚类表示被水解键的类型）	（亚类表示新形成键的类型）
3.1　酯键	6.1　C—O
3.2　糖苷键	6.2　C—S
3.3　醚键	6.3　C—N
3.4　肽键	6.4　C—C
3.5　其他 C—N 键	
3.6　酸酐键	

[*] 详见 Enzyme Handbook. Thoms E. Barm Ed. 1969.

表5-2 六大类酶及其反应代表

酶 类	反 应	
1. 氧化还原酶类	氧化类型	$AH_2 + B \rightleftharpoons A + BH_2$
醇脱氢酶	醇→醛　　　$CH_3CH_2OH \longrightarrow CH_3CHO + 2H$	
琥珀酸脱氢酶	双键形成　$^-OOCCH_2CH_2COO^- \longrightarrow {}^-OOCCH{=}CHCOO^- + 2H$	
2. 转移酶类	转移的基团	$AB + C \rightleftharpoons A + BC$
磷酸转移酶	磷酸基 $RO{-}\overset{\displaystyle O}{\underset{\displaystyle O^-}{P}}{-}O^- + HOR' \longrightarrow ROH + {}^-O{-}\overset{\displaystyle O}{\underset{\displaystyle O^-}{P}}{-}OR'$	
氨基转移酶	氨基 $R{-}\underset{\displaystyle NH_3^+}{CH}{-}COO^- + R'{-}\overset{\displaystyle O}{C}{-}COO^- \rightleftharpoons R'{-}\overset{\displaystyle O}{C}{-}COO^- + R'{-}\underset{\displaystyle NH_3^+}{CH}{-}COO^-$	
3. 水解酶类	水解的键	$AB + H_2O \longrightarrow$
肽酶	肽 $R{-}\overset{\displaystyle O}{C}{-}NH{-}R' + HOH \longrightarrow R{-}\overset{\displaystyle O}{C}{-}O^- + {}^+NH_3{-}R'$	$AH + BOH$
磷酸酯酶	磷酸酯 $R{-}O{-}\overset{\displaystyle O}{\underset{\displaystyle O^-}{P}}{-}O^- + HOH \longrightarrow R{-}OH + HPO_4^{2-}$	
4. 裂解酶类	移去的基团	$AB \longrightarrow A + B$
脱羧酶	二氧化碳 $R{-}\underset{\displaystyle NH_3^+}{CH}{-}COO^- \longrightarrow R{-}\underset{\displaystyle NH_3^+}{CH_2} + CO_2$	
脱氨酶	氨 $R{-}\underset{\displaystyle NH_3^+}{CH_2CHR'} \rightleftharpoons RCH{=}CHR' + NH_3$	
5. 异构酶类	异构化的基团	$AB \rightleftharpoons BA$
表异构酶	五碳糖的 ^3C　D-核酮糖-5-磷酸$\rightleftharpoons D$-木酮糖-5-磷酸	
消旋酶	α 碳的取代　L-丙氨酸$\rightleftharpoons D$-丙氨酸	
6. 合成酶类	形成的共价键	$A + B + ATP \rightleftharpoons$
乙酰-CoA 合成酶	C—S　乙酸 + CoA—SH + ATP $\rightleftharpoons$乙酰—S—CoA + AMP + PPi	$AB + ADP + Pi$
丙酮酸羧化酶	C—C　丙酮酸 + CO_2 + H_2O + ATP $\rightleftharpoons$草酰乙酸 + ADP + Pi	

第三节　酶的专一性

　　酶的两个最显著的特性是高度的专一性和极高的催化效率，不同的酶具有不同程度的专一性，可以将酶的专一性分为绝对专一性、相对专一性和立体专一性三种类型。

1. 绝对专一性

　　有些酶的专一性是绝对的，即除一种底物以外，其他任何物质它都不起催化作用，这种专一性称为绝对专一性。若底物分子发生细微的改变，便不能作为酶的底物，例如，脲酶只能分解脲，对脲的其他衍生物则完全不起作用。

$$(NH_2)_2CO + H_2O \xrightarrow{\text{脲酶}} 2NH_3 + CO_2$$

2. 相对专一性

一些酶能够对在结构上相类似的一系列化合物起催化作用，这类酶的专一性称为相对专一性。它又可以分为基团专一性和键专一性两类。

现以水解酶为例说明这两种类型的专一性。设 A、B 为底物的两个化学基团，两者之间以一定的键连结，当水解酶作用时，反应如下：

$$A—B + H_2O \longrightarrow AOH + BH$$

（1）基团专一性　有些酶除了要求 A 和 B 之间的键合适外，还对其所作用键两端的基团具有不同的专一性。例如 A—B 化合物，酶常常对其中的一个基团（如 A）具有高度的甚至是绝对的专一性，而对另外一个基团（如 B）则具有相对的专一性，这种酶的专一性称为基团专一性。例如，α-D-葡萄糖苷酶能水解具有 α-1,4 糖苷键的 D-葡萄糖苷，这种酶对 α-D-葡萄糖基团和 α-糖苷键具有绝对专一性，而底物分子上的 R 基团则可以是任何糖或非糖基团（如甲基），所以这种酶既能催化麦芽糖的水解，又能催化蔗糖的水解。

（2）键专一性　有些酶的专一性更低，它只要求底物分子上有适合的化学键就可以起催化作用，而对键两端的 A、B 基团的结构要求不严，只有相对的专一性。例如，酯酶对具有酯键（RCOOR′）的化合物都能进行催化，酯酶除能水解脂肪外，还能水解脂肪酸和醇所合成的酯类。这种专一性称为键专一性。

3. 立体专一性

一种酶只能对一种立体异构体起催化作用，对其对映体则全无作用，这种专一性称为立体专一性。自然界有许多化合物有立体异构体存在，如氨基酸和糖类有 D 及 L 型的异构体，D-氨基酸氧化酶能催化许多 D-氨基酸的氧化，但对 L-氨基酸则完全不起作用。所以，D-氨基酸氧化酶与 DL-氨基酸作用时，只有一半的底物（D 型）被水解，可用此法来分离消旋化合物。

第四节　影响酶反应速度的因素

在活细胞中，一个合成反应必须以足够快的速度满足细胞对反应产物的需要，而有毒的代谢产物也必须以足够快的速度进行排除，以免积累到损伤细胞的水平。若需要的物质不能以足够快的速度提供，而有害的代谢产物不能以足够快的速度排走，势必造成代谢的紊乱。因此，研究酶反应的速度既可阐明酶反应本身的性质，又可了解生物体的正常和异常的新陈代谢。

酶反应是很复杂的，它的速度受底物浓度、酶本身的浓度、介质的 pH 值、温度、反应产物、变构效应、活化剂和抑制剂等因素的影响。

一、底物浓度的影响

所有的酶反应，如果其他条件恒定，则反应速度取决于酶浓度和底物浓度。如果酶浓度保持不变，当底物浓度增加，反应初速度随之增加，并以双曲线形式达到最大速度。

酶反应速度并不是随着底物浓度的增加直线增加，而是在高浓度时达到一个极限速度，这时所有的酶分子已被底物所饱和，即酶分子与底物结合的部位已被占据，速度不再增加。这个问题可以用 Michaelis 与 Menten 于 1913 年提出的学说来解释。

1. 单底物反应

Michaelis-Menten 学说的要点是假设有酶-底物中间产物的形成，并假设反应中底物转变成产物的速度取决于酶-底物复合物转变成反应产物和酶的速度，其关系如下：

$$E + S \xrightleftharpoons[K_{-1}]{K_1} ES \xrightarrow{K_2} E + P$$

$$\ \text{酶}\ \ \text{底物}\qquad\qquad \text{酶 - 底物复合物}\quad \text{酶}\ \ \text{产物}$$

在上式中，K_1，K_{-1} 和 K_2 为三个假设过程的速度常数。

设 $\dfrac{K_2 + K_{-1}}{K_1} = K_m$，$v_{max} = K_2 [E_1]$，$[E_1]$ 为酶的总浓度，则

$$v = \frac{v_{max}\ [S]}{[S]\ + K_m}$$

这就是 Michaelis-Menten 方程，K_m 为米氏常数，它是酶的一个重要参数。当 $v = \dfrac{1}{2}v_{max}$ 时，则

$$K_m = [S]$$

所以米氏常数 K_m 为反应速度达到最大速度一半时的底物浓度，如图 5-1 所示。

测定 K_m 值有许多种方法，最常用的是 Lineweaver-Burk 的双倒数作图法。取 Michaelis-Menten 方程的倒数，可得下式：

$$\frac{1}{v} = \frac{K_m}{v_{max}} \times \frac{1}{[S]} + \frac{1}{v_{max}}$$

此方程相当于一直线的数学表达，即

$$y = bx + a,$$

K_m 可以从直线的截距计算出来。

K_m 的重要意义是：

（1）K_m 不是酶-底物复合物 ES 的单独离解常数，而是 ES 在参加酶促反应中整个复杂化学平衡的离解常数，因为在一种酶促反应中，不是只有一系列的 ES 生成。K_m 代表整个反应中底物浓度和反应速度的关系，K_m 只与酶的性质有关，而与酶浓度无关。

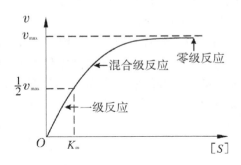

图 5-1　酶反应速度与底物浓度的关系
$[S]$ — 底物浓度；v — 反应速度；v_{max} — 最大反应速度；K_m — 米氏常数

（2）在严格条件下，不同酶有不同的 K_m 值，因而它是酶的重要物理常数，可通过测定 K_m 值鉴定不同的酶类，但如果一个酶有几种底物，则对每一种底物各有一个特定的 K_m 值。K_m 还受 pH 值及温度的影响。

（3）当速率常数 K_2 比 K_{-1} 大很多时，米氏常数 K_m 表示酶对底物的亲和力。K_m 值高表示酶和底物的亲和力弱，K_m 值低表示亲和力强。同一种酶有几种底物就有几个 K_m 值，其中 K_m 值最小的底物一般称为该酶的最适底物或天然底物。

2. 多种底物的反应

实际上大多数酶反应是比较复杂的，一般包含有一种以上的底物，至少也是两种底物，即双底物反应：

$$A + B \xrightarrow{E} P + Q$$

目前认为大部分双底物反应可能有三种反应机理：

（1）依次反应机理

$$E + A \rightleftharpoons EA \overset{B}{\rightleftharpoons} EAB \rightleftharpoons EPQ \overset{P}{\rightleftharpoons} EQ \rightleftharpoons E + Q$$

用图式说明：

需要 NAD^+ 或 $NADP^+$ 的脱氢酶的反应就属于这种类型。如：

$$\begin{array}{ccccc} NAD^+ & CH_3CH_2OH & CH_3CHO & NADH + H^+ \\ \downarrow & \downarrow & \uparrow & \uparrow \\ E\text{———}\kern-1em & & & \text{———} E \\ E - NAD^+ & E \cdot NAD^+ \cdot CH_3CH_2OH & E\text{—}NADH \end{array}$$

$$E \cdot NADH \cdot CH_3CHO + H^+$$

（2）随机机理　加入底物 A 及 B 后，产物 P 及 Q 以随机的方式释放出来。

$$E\text{—}\begin{array}{c} A \ \ B \\ \downarrow \ \ \downarrow \\ \boxed{\begin{array}{cc} E & A \\ E & B \end{array}} \\ \uparrow \ \ \uparrow \\ B \ \ A \end{array}\text{—} EAB \rightleftharpoons EPQ \text{—}\begin{array}{c} Q \ \ P \\ \uparrow \ \ \uparrow \\ \boxed{\begin{array}{cc} E & P \\ E & P \end{array}} \\ \downarrow \ \ \downarrow \\ P \ \ Q \end{array}\text{—}E$$

例如，糖原 $+ Pi \xrightarrow{磷酸化酶} G\text{-}1\text{-}P^* + 糖原$

$$E\text{—}\begin{array}{c} Pi \ \ 糖原 \\ \downarrow \ \ \downarrow \\ \boxed{\ } \\ \uparrow \ \ \uparrow \\ 糖原 \ \ Pi \end{array}\text{—} E(糖原)(Pi) \rightleftharpoons E(G\text{-}1\text{-}P)(糖原) \text{—}\begin{array}{c} 糖原 \ \ G\text{-}1\text{-}P \\ \uparrow \ \ \uparrow \\ \boxed{\ } \\ \downarrow \ \ \downarrow \\ P\text{-}1\text{-}G \ \ 糖原 \end{array}\text{—}E$$

（3）乒乓反应机理

$$E + A \rightleftharpoons EA \rightleftharpoons FP \overset{P}{\rightleftharpoons} F \overset{B}{\rightleftharpoons} FB \rightleftharpoons EQ \rightleftharpoons E + Q$$

转氨酶是乒乓催化反应的典型，转氨酶首先与氨基酸（底物 A）作用，产生中间物 EA，然后释放出 α-酮酸（产物 P）。其间有一个辅酶结构转变的阶段：辅酶中的磷酸吡哆醛变为磷酸吡哆胺，酶 E 转变成 F，然后 F 再与底物 B（另一个酮酸）作用，释放出产物（相应的氨基酸）。

$$\begin{array}{cccc} 谷氨酸 & \alpha\text{-}酮戊二酸 & 丙酮酸 & 丙氨酸 \\ \downarrow & \uparrow & \downarrow & \uparrow \\ E\text{———————————————————————}E \\ E \cdot 谷氨酸 \rightleftharpoons F \cdot \alpha\text{-}酮戊二酸 & F \cdot 丙酮酸 \rightleftharpoons E \cdot 丙氨酸 \end{array}$$

乙酰辅酶 A 羧化酶与乙酰辅酶 A，ATP，HCO_3^- 三个底物作用，也属此类：

$$乙酰 CoA + ATP + HCO_3^- \longrightarrow 丙酰 CoA + ADP + Pi$$

酶·生物素 ——————————————————————————————→ 酶·生物素

$$酶·生物素 —COO^-$$

（F）

它们的动力学公式都已推导出来，比较复杂，可见于某些专门著作中。

二、酶浓度的影响

在一定条件下，酶反应的速度与酶的浓度成正比。因为酶进行反应时，首先要与底物形成一中间物，即酶-底物复合物，当底物浓度大大超过酶浓度时，反应达到最大速度，如果此时增加酶的浓度，可增加反应速度，酶反应速度与酶浓度成正比关系。

三、温度的影响

一个反应的速度常数 K 和温度的关系可用 Arrhenius 方程式表示：

$$2.3 \lg K = \lg A - E_a / (RT)$$

式中，A 为常数，E_a 为活化能，R 为气体常数，而 T 为绝对温度。

温度对酶反应的影响是双重的：①随着温度的增加，反应速度也增加，直至达到最大速度为止。②随温度升高而使酶逐步变性，即通过减少有活性的酶而降低酶的反应速度。在酶本身不被变性的温度范围内，Arrhenius 方程才适用。在一定条件下每一种酶在某一温度下才表现出最大的活力，这个温度称为该酶的最适温度。最适温度是上述温度对酶反应双重影响的结果。在低于最适温度时，前一种效应为主；在高于最适温度时，后一效应为主。一般来说，动物细胞的酶的最适温度通常在 37 ~ 50℃，而植物细胞的酶的最适温度较高，通常在 50 ~ 60℃。生产上，酶一般应在最适温度以下进行催化反应，以延长酶的使用寿命。

四、pH 值的影响

一般催化剂当 pH 值在一定范围内变化时，对催化作用没有多大影响。但是，每一种酶只能在一定的 pH 值范围内表现出它的活性，而且在某一 pH 值范围内酶活性最高，称为最适 pH 值。在最适 pH 值的两侧，活性都骤然下降，所以一般酶反应 pH 值曲线呈钟形，如图 5-2 所示。

最适 pH 值时为什么酶的催化作用最大？可能有下列几种原因：

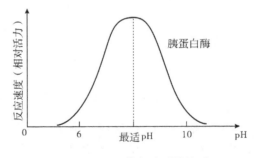

图 5-2　pH 值与酶活性关系

（1）pH 值能影响酶分子结构的稳定性　一般来说，酶在最适 pH 值时是稳定的，过酸或过碱都能引起酶蛋白变性而使酶失去活性。

（2）pH 值能影响酶分子的解离状态　因为酶是蛋白质，pH 值的变化会影响到蛋白质上的许多极性基团（如氨基、羧基、咪唑基、巯基等）的离子特性。在不同 pH 值条件下，这些基团解离的状态不同，所带电荷也不同，只有在酶蛋白处于一定解离状态下，才能与底物形成中间物，而且酶的解离状态也影响酶的活性。例如，胃蛋白酶在正离子状态下有活性，胰蛋白酶在负离子状态下有活性，而蔗糖酶在两性离子状态下才具有活性。

（3）pH 值对底物解离的影响　许多底物或辅酶具有离子特性（如 ATP、NAD^+、CoA 等），pH 值的变化影响它们的解离状态，而酶只与某种解离状态的底物才形成复合物。例如，在 pH9.0～10.0 时，精氨酸解离成正离子，而精氨酸酶解离成负离子，此时酶活性最大。有些酶在酸性 pH 值最适，如胃蛋白酶；有些在碱性 pH 值最适，如碱性磷酸酯酶。大部分酶的最适 pH 值在 7 附近。

五、酶原的激活和激活剂

1. 酶原的激活

有的酶在分泌时是无活性的酶原，需要经某种酶或酸将其分子作适当的改变或切去一部分才能呈现活性，这种激活过程称为酶原致活作用或酶原激活作用。例如，胰蛋白酶原的激活就是用肠激酶将其 N 端的一个肽段（六肽）切去，即变为活性胰蛋白酶，激活后产生的少量胰蛋白酶又可激活胰蛋白酶原。消化酶系和凝血酶在初分泌时都是酶原形式。

2. 激活剂

凡是能提高酶活性的物质，都称为激活剂。激活剂对酶的作用具有一定的选择性，一种激活剂对某种酶能起激活作用，而对另一种酶可能起抑制作用。酶的激活剂多为无机离子或简单有机化合物。

无机离子如 K^+、Na^+、Mg^{2+}、Zn^{2+}、Fe^{2+}、Ca^{2+} 及 Cl^-、Br^- 等，一是作为酶的辅助因子，二是作为激活剂起作用。

某些还原剂如 Cys、GSH、氰化物等能激活某些酶，使酶蛋白中的二硫键还原成巯基，从而提高酶活性，如木瓜蛋白酶等。

EDTA（乙二胺四乙酸）为金属螯合剂，可解除重金属离子对酶的抑制作用而成为常用激活剂。

六、酶的抑制作用和抑制剂

许多化合物能与一定的酶进行可逆或不可逆的结合，而使酶的催化作用受到抑制，这种化合物称为抑制剂，如药物、抗生素、毒物、抗代谢物等都是酶的抑制剂。一些动物、植物组织和微生物能产生多种水解酶抑制剂，如加工处理不当，会影响其食用安全性和营养价值。

酶的抑制作用可以分为三大类，即竞争性抑制、非竞争性抑制和不可逆的抑制。

1. 竞争性抑制作用

有些化合物特别是那些在结构上与天然底物相似的化合物可以与酶的活性中心可逆地结合，所以在反应中抑制剂可与底物竞争同一部位，与酶结合形成酶-抑制剂复合物：

$$E + I \rightleftharpoons EI$$

式中，I 为抑制剂，EI 为酶-抑制剂复合物。酶-抑制剂复合物不能再与底物结合生成 EIS。因为 EI 的形成是可逆的，并且底物和抑制剂不断竞争酶分子上的活性中心，这种情况称为竞争性抑制作用。竞争性抑制作用的典型例子为琥珀酸脱氢酶，当有适当的氢受体时，此酶催化下列反应：

$$琥珀酸（丁二酸） + 受体（FAD） \rightleftharpoons 反丁烯二酸 + 还原性受体（FADH_2）$$

许多与琥珀酸结构相似的化合物都能与琥珀酸脱氢酶结合，但不脱氢，这些化合物阻塞了酶的活性中心，因而抑制正常反应的进行。抑制琥珀酸脱氢酶的化合物有乙二酸、丙二酸、戊二酸等，其中抑制作用最强的是丙二酸，当抑制剂与底物的浓度比为 $1:50$ 时，酶被抑制 50%。

2. 非竞争性抑制作用

有些化合物既能与酶结合，也能与酶-底物复合物结合，称为非竞争性抑制剂，用下列反应表示其过程：

$$\begin{array}{ccc} E+S & \rightleftharpoons ES & \longrightarrow E+P \\ + & + & \\ I & I & \\ \Updownarrow & \Updownarrow & \\ EI & \overset{S}{\rightleftharpoons} EIS & \end{array}$$

非竞争性抑制剂与竞争性抑制剂的不同之处在于，这种抑制剂能与 ES 结合，而 S 也能与 EI 结合，都形成 ESI。高浓度的底物不能使这种类型的抑制作用完全逆转，因为底物并不能阻止抑制剂与酶相结合。这是由于抑制剂和酶的结合部位与酶的活性部位不同，EI 的形成发生在酶分子不被底物作用的另一个部位。

许多酶能被重金属离子如 Ag^+、Hg^{2+} 或 Pb^{2+} 等抑制，都是非竞争性抑制的例子。

重金属离子与酶的巯基（—SH）形成硫醇盐：

$$E-SH + Ag^+ \rightleftharpoons E-S-Ag + H^+$$

因为巯基对酶的活性是必需的，故形成硫醇盐后即失去酶的活性。由于硫醇盐形成具有可逆性，这种抑制作用可用加适当的巯基化合物（如半胱氨酸、谷胱甘肽）的办法去掉重金属而得到解除。

竞争性抑制作用、非竞争性抑制作用及无抑制酶反应的区别列于表 5-3。

表 5-3　各种抑制作用的比较

类　　型	公　　式	v_{max}	K_m
无抑制剂（正常）	$v = \dfrac{v_{max}[S]}{K_m + [S]}$	v_{max}	K_m
竞争性抑制	$v = \dfrac{v_{max}[S]}{K_m\left(1+\dfrac{[I]}{K_i}\right)+[S]}$	不变	增加
非竞争性抑制	$v = \dfrac{v_{max}[S]}{\left(1+\dfrac{[I]}{K_i}\right)+(K_m+[S])}$	减小	不变
反竞争性抑制*	$v = \dfrac{v_{max}[S]}{K_m+\left(1+\dfrac{[I]}{K_i}\right)[S]}$	减小	减小

*酶必须先与底物结合后才能与抑制剂结合：$E+S \overset{K_m}{\rightleftharpoons} ES \overset{I}{\underset{K_i}{\rightleftharpoons}} ESI$。

3. 不可逆的抑制作用

不可逆抑制剂是靠共价键与酶的活性部位相结合而抑制酶的作用，不能用透析、超滤等物理方法除去抑制剂而恢复酶活性。

　　按照不可逆抑制作用的选择性不同，又可分为专一性的不可逆抑制和非专一性的不可逆抑制两类。专一性不可逆抑制仅仅和活性部位的有关基团反应，非专一性的不可逆抑制则可以和一类或几类基团反应。但这种区别也不是绝对的，因作用条件及对象等不同，某些专一性抑制剂有时会转化，产生非专一性不可逆抑制作用。

　　有些抑制剂的抑制活性是潜在的，其抑制基团隐藏于分子内部或呈结合态，或在酶的催化过程中形成。这类抑制剂有着与底物类似的结构，能有效地与酶的活性部位相结合，在酶的催化作用下，抑制剂分子中的潜在抑制基团被活化，并与酶活性中心的功能基团不可逆地结合，从而导致酶的失活，这类抑制称为酶的"自杀性抑制剂"。

　　从大豆中已分离出大豆胰蛋白酶、胰淀粉酶和脂酶抑制剂。在蛋清中存在有丰富的蛋白酶抑制剂，微生物分泌的酶抑制剂种类特别多，如链霉菌是制备蛋白酶抑制剂的极好材料。

第五节　酶的作用原理

　　据目前所知，与酶高催化效率有关的重要因素有以下几个方面：

①底物与酶的活性中心诱导楔合形成转变态；

②酶使底物分子中的敏感键"变形"而易于断裂；

③某些酶与底物形成不稳定的、共价的中间物而对底物进行"共价催化"；

④酶活性中心的某些基团作为质子供体或质子受体而对底物进行"酸碱催化"；

⑤酶活性中心提供低介电疏水区域；

⑥酶活性中心催化基团提供电子跃迁连续能级而降低反应活化能。

1. 底物和酶诱导楔合形成转变态

　　当底物未与酶结合时，酶活性中心的催化基团还未能与底物十分靠近，但由于酶活性中心的结构有一种可适应性，即当专一性底物与活性中心结合时，酶蛋白会发生一定的构象改变，使反应所需要的酶分子中的催化基团与结合基团正确地排列并定位，以便能与底物楔合，使底物分子可以"靠近"及"定向"于酶，这使活性中心局部的底物浓度提高。酶构象发生的这种改变是反应速度增高的一种很重要的原因。

2. 酶使底物分子中的敏感键发生"变形"而易于断裂

　　酶中的某些基团或离子可以使敏感键中的某些基团的电子云密度增高或降低，产生"电子张力"，使敏感键的一端更加敏感，更易于发生反应，有时甚至使底物分子发生变形，这样就使酶-底物复合物易于形成。

3. 共价催化

　　这种方式是底物与酶形成一个反应活性很高的共价中间物，这个中间物很容易变成转变态，因此反应的活化能显著降低，底物可以越过较低的"能阀"而形成产物。

4. 酸碱催化

　　有机模式反应提出，酸碱催化剂是催化有机反应的最普遍和最有效的催化剂。

　　酶蛋白中含有好几种可以起广义酸碱催化作用的功能基，如氨基、羧基、硫氢基、酚羟基及咪唑基等，其中组氨酸的咪唑基既是一个很强的亲核基团，又是一个有效的广义酸碱功能基。

　　影响酸碱催化反应速度的因素有两个：一是酸碱的强度。在这些功能基中，组氨酸中咪唑基的解离常数约为 6.0，这意味着由咪唑基上解离下来的质子浓度与水中的 $[H^+]$ 相近，因此它在接近于生物体液 pH 值的条件下，既可以作为质子供体，又可以作为质子受体在酶反应中起催化作用。因此，咪唑基是最有效、最活泼的一个催化功能基。二是这些功能基供出质子或接受质子的速度。咪唑基供出或接受质子的速度十分迅速，其半衰期小于 10^{-10} s，且供出或接受质子的速度几乎相等。由于咪唑基有如此的优点，所以虽然组氨酸在大多数蛋白质中含量很少，却很重要。

5. 酶活性中心是低介电疏水区域

某些酶的活性中心穴内相对地说是非极性的，因此，酶的催化基团被低介电环境所包围，在某些情况下，还可能排除高极性的水分子。这样，底物分子的敏感键和酶的催化基团之间就会有很大的反应力，有助于加速酶的反应。

6. 提供电子跃迁连续能级而降低反应活化能

酶活性中心催化基团分属不同的肽键共振系统，通过刚性肽键平面而能相对区分，催化基团各自拥有类似分子轨道的区域性最高占有轨道和最低空轨道。不同催化基团的区域性前沿轨道能级各不相同，从而为底物分子的电子跃迁提供了连续能级而使反应活化能显著降低。就好像一个人（电子）从地面（最高占有轨道）要跳上九楼顶（最低空轨道），一般条件下是很难实现的，但通过楼梯即可轻而易举地到达九楼顶（活化态）。在酶促反应中，酶活性中心各催化基团不同的前沿轨道能级铺成了到达反应活化态的连续过渡梯级，使底物分子最高占有轨道成键电子能在温和条件下就可专一而高效地拾级而上，轻易越过活化能障而活化，或酶活性中心催化基团可有效降低酶促反应的活化能，使生物细胞在常温常压下即可高效、专一、有条不紊地进行各种生物化学反应和生命活动。

第六节　多酶体系和调节酶

细胞内除 pH 值、代谢物浓度、金属离子浓度及辅酶浓度等因素可以调节酶活性外，还有一些调节酶，可以在多酶体系中对代谢反应起调节作用。调节酶一般可以分为两种类型：

（1）别构酶　也称变构酶。这种酶除了有活性中心外，还有一个别构中心，当专一性代谢物非共价地结合到别构中心上时，它的催化活性即发生改变。

（2）共价调节酶　在其他酶的作用下，这种酶能在活性形式与非活性形式之间互相转变。

这两类酶都能在很短的时间内对组织或细胞的代谢变化迅速地作出反应，别构酶可在几秒钟内作出反应，共价调节酶则在几分钟内作出反应。

一、多酶体系

细胞中的许多酶常常是在一个连续的反应链中起作用。所谓连续的反应链是指前一个酶反应的产物恰是后一个酶反应的底物。多数酶均以这种方式相互联系在一起。在完整细胞内的某一代谢过程中，由几个酶形成的反应链体系，称为"多酶体系"。多酶体系一般分为可溶性的、结构化的和在细胞结构上有定位关系的三种类型。

有的多酶体系中的酶，在细胞质中以可溶性的形式各自作为独立的单体存在，它们之间没有结构上的联系。

更多的多酶体系，结构化程度较高，体系中各个酶彼此有机地结合在一起，精巧地镶嵌成一定的结构，形成多酶复合体。例如，脂肪酸合成酶复合体，含有 7 种不同的酶，它们围绕着酰基载体蛋白（ACP）排列成紧密的复合体，共同作用小于分子的前体（乙酰辅酶 A 或丙二酰辅酶 A），催化合成脂肪酸。

二、多酶体系的自我调节

生物体内的代谢过程包含着许多个多酶体系的酶促反应，这些反应序列有的是直线式的，有的是分枝式的，还有的是循环式的。它们之间相互交叉、错综复杂。但是，在完整细胞内，这样种类繁多的多酶反应却又能互不干扰，各自有序地协调地进行着。各个代谢过程不仅按一定的方向进行，而且还能根据内外条件的改变而随时加以调节，以避免某种代谢物过度积累而造成生命活动的紊乱。

在完整细胞内，多酶体系都具有自我调节的能力。这种多酶体系反应的总速度取决于其中反应速度最慢的那一步反应。这步速度最慢的反应限制着全部反应序列的反应，称为"酶反应限速步骤"。大部分具有自我调节能力的多酶体系的第一步反应就是限速步骤，它控制着全部反应序列的总速度。催化第一步反应的酶大多能被全部反应序列的最终产物所抑制或激活。有时则是反应序列分叉处的酶受到最终产物抑制，这个过程称为反馈作用。第一步反应的酶或分叉处的酶属于调节酶中主要的一类——别构酶。许多多酶体系的自我调节都是通过其体系中的别构酶来实现的。

三、别构酶

已知的别构酶在结构上有以下特点：

（1）有多个亚基。

（2）除了有可以结合底物的酶活性中心外，还有可以结合调节物的别构中心或称调节中心，而且这两个中心位于酶蛋白的不同部位上，既可处在不同亚基上（如天冬氨酸转氨甲酰酶，ATCase），又可处在同一个亚基的不同部位上。

别构酶的活性中心负责对底物的结合与催化，别构中心则负责调节酶反应速度。

1. 别构效应

调节物（或效应物）与酶分子中的别构中心结合后诱导出或稳定住酶分子的某种构象，使酶活性中心对底物的结合与催化作用受到影响，从而调节酶的反应速度及代谢过程，此效应称为酶的"别构效应"。

2. 别构动力学

根据底物浓度对酶反应速度的影响，可将别构酶分为两类：

（1）正协同效应别构酶　这类别构酶的初速度——底物浓度关系是 S 型的 v-$[S]$ 曲线，酶结合一分子底物（或效应物）后，酶的构象发生了变化，这种新的构象促进了酶对后续底物分子的亲和性。这种正协同效应使得酶的反应速度对底物浓度的变化极为敏感，可在十分狭窄的底物或调节物浓度范围内严格控制酶的活力，从而使别构酶可以灵敏地调节酶反应速度。

（2）负协同效应别构酶　这类酶的动力学曲线在表观上与双曲线类似，在底物浓度较低的范围内酶活力上升很快，但随底物浓度继续增长，反应速度提高却较小。即负协同效应可使酶反应速度对底物浓度的变化不敏感。

3. 别构效应的判别

国际上常用 Hill 系数来判断酶属于哪一种类型。Hill 在研究血红蛋白与氧结合关系时，

用被氧饱和的百分比$\overline{Y}_S$对氧分压$[S]$作图，发现也具有S形曲线，并得出经验公式

$$\lg[\overline{Y}_S/(1-\overline{Y}_S)]=n\lg[S]-\lg K$$

式中，K为平衡常数。

以$\lg[\overline{Y}_S/(1-\overline{Y}_S)]$对$\lg[S]$作图，可得一条直线，其斜率$n$称为Hill系数。用于酶学研究时有：米氏酶，$n=1$；正协同效应酶，$n>1$；负协同效应酶，$n<1$。

也可根据Koshland等建议的比例式定量地判别

$$R_S=\frac{\text{酶与底物（或配基）结合达90\%饱和度时的底物（或配基）浓度}}{\text{酶与底物（或配基）结合达10\%饱和度时的底物（或配基）浓度}}$$

米氏酶$R_S=81$；正协同效应酶$R_S<81$；负协同效应酶$R_S>81$。

四、共价调节酶

共价调节酶可由其他的酶对其结构进行共价修饰，而使其在活性形式与非活性形式之间相互转变。其有两种不同的类型。

第一种类型是磷酸化酶及其他一些酶，它们受ATP转来的磷酸基的共价修饰，或脱下磷酸基来调节酶活性：

$$\text{酶的无活性形式（E）} \underset{\text{Pi}\quad\text{H}_2\text{O}}{\overset{\text{ATP}\quad\text{ADP}}{\rightleftharpoons}} \text{酶的活性形式（E—Pi）}$$

第二种类型是大肠杆菌谷氨酰胺合成酶及其他一些酶，它们受ATP转来的腺苷酰基的共价修饰，或酶促脱腺苷酰基，而调节酶活性：

$$\text{酶活性较高形式（E）} \underset{\text{ADP}\quad\text{H}_2\text{O}}{\overset{\text{ATP}\quad\text{Pi}}{\rightleftharpoons}} \text{酶活性较低形式（E—ADP）}$$

谷氨酰胺合成酶催化下列反应：

$$\text{ATP}+\text{谷氨酸}+\text{NH}_3 \overset{E}{\rightleftharpoons} \text{ADP}+\text{谷氨酰胺}+\text{Pi}$$

谷氨酰胺合成酶有12个亚基，腺苷酰基从ATP掉下后连接到每一个亚基的专一性酪氨酸残基上，产生酪氨酸酚羟基的腺苷酰衍生物，形成酶的低活性形式。

第七节　同功酶和诱导酶

一、同功酶

同功酶是指能催化同一种化学反应，但其酶蛋白本身的分子结构组成却有所不同的一组酶。这类酶存在于生物的同一种属或同一个体的不同组织中，甚至同一组织、同一细胞中。这类酶由两个或两个以上的肽链聚合而成，其肽链可由不同的基因编码，它们的生理性质及理化性质，如血清学性质、K_m值及电泳行为都是不同的。

例如，存在于哺乳动物中的五种乳酸脱氢酶（LDH）都催化同样的反应：

$$\underset{\text{乳酸}}{\text{CH}_3\text{—CHOH—COOH}}+\text{NAD}^+ \overset{\text{LDH}}{\rightleftharpoons} \underset{\text{丙酮酸}}{\text{CH}_3\text{—CO—COOH}}+\text{NADH}+\text{H}^+$$

不过它们对底物的K_m值却有显著的区别。它们都含有4个亚基，这些亚基分为两类：一类

是骨骼肌型的，以 M 表示；另一类是心肌型的，以 H 表示。5 个同功酶的亚基组成分别为 HHHH（这一种在心肌中占优势），HHHM，HHMM，HMMM 及 MMMM（这一种在骨骼肌中占优势）。

LDH 同功酶中的两种不同的肽链是受不同的基因控制而产生的。同功酶在分支代谢的调节中起重要作用。

一般情况下，父母亲缘关系愈远，一些同功酶肽链差异可能就愈大，这是人类进化的源泉和动力。

二、结构酶和诱导酶

根据酶的合成与代谢物的关系，人们把酶相对区分为结构酶和诱导酶。

1. 结构酶

细胞内结构酶是指细胞中天然存在的酶，它的含量较为稳定，受外界的影响很小，如糖代谢酶系、呼吸酶系等。

2. 诱导酶

诱导酶是指当细胞中加入特定诱导物后诱导产生的酶，它的含量在诱导物存在下显著增高，这种诱导物往往是该酶底物的类似物或底物本身。诱导酶在微生物中较多见，例如，大肠杆菌平时一般只利用葡萄糖，当培养基不含葡萄糖而只含乳糖时，开始时代谢强度显著低于培养基含有葡萄糖的情况，继续培养一段时间后，代谢强度慢慢提高，最后达到与含葡萄糖时一样，因为这时大肠杆菌中已产生了属于诱导酶的半乳糖苷酶。

人体内降解酒精的乙醇脱氢酶、凝乳酶等也是诱导酶。

第八节　抗体酶和核糖酶

一、抗体酶

抗体是专一于抗原分子的、有催化活性的一类具有特殊生理学功能的蛋白质。由抗原分子促进而大量地产生，并与抗原分子之间有专一性结合。

人们模拟酶与底物的过渡态结构合成的一些类似物称为半抗原。用人工合成的半抗原对动物进行免疫，再检查动物体中是否能产生一些具有催化活性的抗体，以便了解抗原分子是否可促进产生大量的、新颖的酶。现正制备出具有酯酶活性的抗体，如磷酸酯类似物。

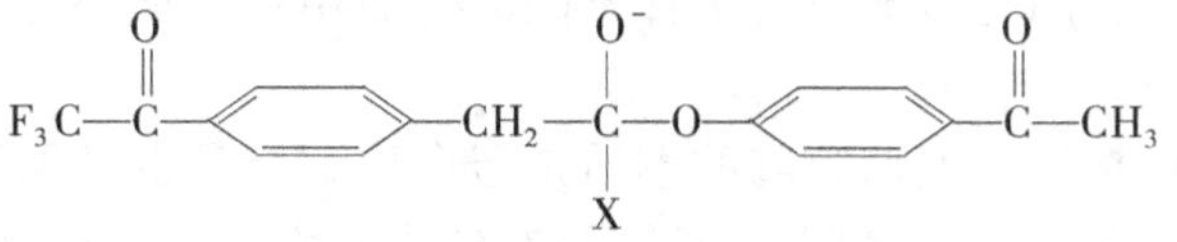

酯　　　　　　　　　　酯酶的水解过程为：首先，酯的羰基碳原子受到亲核攻击（X）；接着发生水解，形成

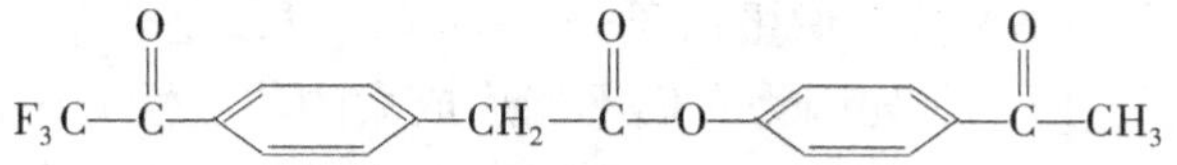

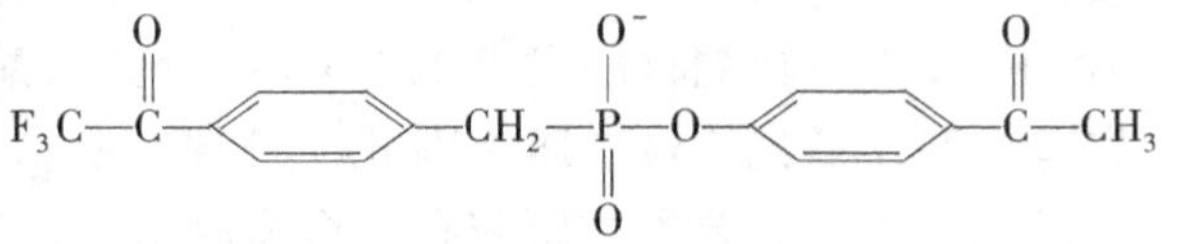

四面体的过渡态；过渡态最终断裂，形成水解产物。为了探讨抗体的特点，制备共价连接着磷酸基的该过渡态的磷酸酯类似物，这个稳定的类似物与酯水解的过渡态在几何学上极为相似。用它去免疫小鼠，可获得对这个酯水解反应有催化作用的抗体，这个抗体专一性地结合在酯水解过渡态分子上。实际上，专一于这个磷酸酯类似物的单克隆抗体可催化酯的水解。在抗体的催化下，反应速度比溶液中自发的水解速度高 1000 倍，而且这个催化抗体服从 Michaelis-Menten 动力学，磷酸酯类似物对这个抗体所催化的反应，表现出竞争性抑制，这个酯水解反应还表现高度的立体专一性，但是，它与那些动力学上十分完善的酶比较，还是有差别的。

因此，可以认为能够制备出一些特定的抗体，例如，某些可以切割病毒或肿瘤的、有催化活性的抗体，催化某些天然酶所不可催化的反应。

二、核糖酶

人们认为所有的酶都是蛋白质，然而有些 RNA 分子也可具有类似酶的高效催化活性。最令人震惊的例子是 L19RNA。它是原生动物四膜虫 26S rRNA 前体经自身拼接所释放出的内含子的缩短形式。L19RNA 在一定条件下能够以高度专一性的方式去催化寡聚核糖苷底物的切割与连接，五聚胞苷酸能被 L19RNA 转化成或长或短的聚合物，特别是 C_5 可以降解成 C_4 及 C_3；同时，又能形成 C_6 及更长些的甚至最大达到 30 个胞苷酸残基的寡聚核苷酸片段的聚合物。因此，L19RNA 是既有核糖核酸酶活性，又有 RNA 聚合酶活性的生物分子，可以看作是酶了。

这个 RNA 在寡聚胞苷酸 ^6C 上的作用比在寡聚尿苷酸 ^6U 上快得多，而在 ^6A 上及 ^6G 上则一点也不起作用。此 RNA 酶服从 Michaelis-Menten 动力学规律，对于 ^5C 来说，其 K_m 值为 $42\mu mol/L$，转换数 K_{cat} 值为 $0.033s^{-1}$。由于找到脱氧 ^5C 是 ^5C 的竞争性抑制剂，其 K_i 为 $260\mu mol/L$，因而确定 L19RNA 的底物不可缺少 $2'—OH$ 基。因此，L19RNA 表现出经典酶促作用的好几种特征：要求高度的底物专一性，符合 Michaelis-Menten 动力学，对竞争性抑制剂敏感。

这种具有 395 个核苷酸的 RNA 分子是怎样既起核糖核酸酶作用，又起 RNA 聚合酶作用的？现在还不清楚它的三维结构，因此还不能确切地阐明其作用机理。

已知 RNA 可以形成严格的三维结构，这种结构可以与专一性底物结合，并稳定地与底物形成过渡态。L19RNA 的 K_{cat}/K_m 值与核糖核酸酶 A 极为相似，但比大部分常用的蛋白质酶低 5 个数量级。受这个 RNA 催化的 ^5C 的水解速度大约是未受它催化的 ^5C 水解速度的 10^{10} 倍，也就是说，RNA 分子像蛋白质分子一样，可以是非常有效的催化剂。但是大多数 RNA 还是不同于蛋白质，首先因为它们不能形成大的非极性分子，而且与蛋白质相比，它们的易变性也小得多，因为核酸只有 4 种不同的构成单位，而不像蛋白质那样有 20 种氨基酸作为基本构成单位。

因此，自然界中大部分酶的本质是蛋白质，但是也必须注意到，蛋白质不是生物催化领域中唯一的物质，有些 RNA 分子也具有催化能力，我们称这些本质为 RNA 的酶为核糖酶。

现已确认 L19RNA 以及核糖核酸酶 P 的 RNA 组分具有酶活性，多少年来人们一直在争论：自然界中先有核酸还是先有蛋白质？因此，发现与确认上述这些 RNA 具有酶活性对于人们关注的生物进化、生命起源等的研究有着重要启示，并且开拓了一个新的研究领域。

第九节　酶　工　程

"酶工程"是指酶制剂在工业上的大规模生产及应用，是对自然酶进行适当的加工与改造。

虽然现在世界上已发现和鉴定的酶有 4000 种以上，但是由于分离和提纯酶的技术比较复杂、繁琐，因而酶制剂的成本高、价格贵，不利于广泛应用，所以到目前为止，投入大规模生产和应用的商品酶只有数十种，小批量生产的商品酶只有几百种。酶工程可以分为化学酶工程和生物酶工程两大类。

一、化学酶工程

化学酶工程亦称为初级酶工程，由酶学与化学工程技术相互结合而形成。主要通过化学修饰、固定化处理甚至通过化学合成等手段，改善酶的性质以提高催化效率、降低成本，包括自然酶、化学修饰酶、固定化酶及化学人工酶的研究和应用。

医学上进行治疗以及基础酶学研究要求酶纯度高、性能稳定，治疗上还需要低或无免疫原性，所以常常对纯酶进行化学修饰以改善酶的性能。例如，抗白血病药物天冬酰胺酶的游离氨基经过脱氨基作用、酰化反应等修饰后，在血浆中的稳定性得到显著提高；人的 α-半乳糖苷酶 A 经交联反应修饰后，酶活性比自然酶稳定；酶与聚乙二醇、多糖、某些蛋白质结合后，酶的性质亦可得到改善。α-淀粉酶与葡聚糖结合后，热稳定性显著增加，该自然酶的半衰期只有 2.5min，结合酶则为 63min。

固定化酶是指酶蛋白被结合到特定的支持物上并保持催化活性的一类酶。酶的固定化技术包括吸附、交联、共价结合及包埋等 4 种方法。固定化酶的优点是：①可以用离心法或过滤法很容易地将酶与反应液分离开来，在生产应用中十分方便有利。②可以反复使用，在某些情况下甚至可以使用千次以上，可有效地节约成本。③稳定性能好。例如，用固定化氨基酰化酶分析 D、L 型氨基酸；固定化酶传感器又称酶电极，可用来检测和调节体液中代谢物的浓度；用固定化葡萄糖异构酶生产高果糖玉米糖浆；用固定化酶技术半合成新青霉素等。模拟生物体内的多酶体系，将完成某一组反应的多种酶和辅助因子固定化，可以制成特定的反应器。高效、专一、实用的生物反应器可通过将含酶的微生物、细胞、细胞器固定化而制得，固定化微生物组成的生物反应器已在工业生产中应用。还可模拟酶的生物催化功能，用化学半合成法或化学全合成法合成人工酶催化剂。例如，用电子传递催化剂 $[Ru(NH_3)_5]^{3+}$ 与巨头鲸肌红蛋白结合，使能与 O_2 结合，但无催化功能的肌红蛋白转变成能氧化各种有机物（如抗坏血酸）的半合成酶，它接近于天然的抗坏血酸氧化酶的催化效率。全合成酶不是蛋白质，而是小分子有机物，它们掺入到酶的催化基团并控制酶的空间构象，从而像自然酶那样专一性地催化化学反应。例如，由环糊精制成的人工转氨酶能催化 α-酮酸与磷酸吡哆胺专一性地合成氨基酸。

二、生物酶工程

生物酶工程是在化学酶工程基础上发展起来的，是以酶学和 DNA 重组技术为主的、与现代分子生物学技术相结合的产物。生物酶工程主要包括三个方面：①用 DNA 重组技术（即基因工程技术）大量地生产酶（克隆酶）；②对酶基因进行修饰，产生遗传修饰酶（突变酶）；③设计新的酶基因，合成自然界不曾有过的、性能稳定、催化效率更高的新酶。

酶基因的克隆和表达技术的应用使克隆各种天然的蛋白基因或酶基因成为可能。先在特定酶的结构基因前加上高效的启动基因序列和必要的调控序列，再将此片断克隆到一定的载体中，然后将带有特定酶基因的上述杂交表达载体转化到适当的受体细菌中，经培养繁殖，分离得到大量的表达产物——目标酶。一些来自人体的酶制剂，如治疗血栓栓塞病的尿激酶原，就可以用此法取代从大量的人尿中提取。

还可采用生物技术对酶蛋白进行选择性遗传修饰，即酶基因的定点突变。在分析氨基酸序列弄清酶的一级结构及 X 射线衍射分析弄清酶的空间结构的基础上，由功能推知结构或由结构推知功能，设计出酶基因的改造方案，确定选择性遗传修饰位点，就能人工合成出所设计的酶基因，用于生产某些昂贵、特殊的药品和生物制品，以满足人类的特殊需要。

需要改善的酶学性质包括：对热、氧化剂、非水溶剂的稳定性；对蛋白水解作用的敏感性；免疫原性；最适 pH 值、离子强度及温度；催化效率；对底物和辅助因子的专一性与亲和力；反应的立体化学选择性；催化效率；别构效应；反馈抑制；多功能性；在纯化或固定化过程中酶的功能和理化性质等。

第十节　酶的分离提纯及活力测定

一、酶的分离提纯

对酶进行分离提纯有两方面的目的：一是为了研究酶的理化特性，对酶进行鉴定，必须要用纯酶；二是作为生化试剂及工业用酶，常常也要求有较高的纯度。

根据酶在体内作用的部位，可将酶分为胞外酶及胞内酶两大类。胞外酶易于分离，如收集动物胰液即可分离出其中的各种蛋白酶及酯酶等。胞内酶存在于细胞内，必须破碎细胞才能进行分离。分离提纯步骤简述于下：

（1）选材　应选择酶含量高、易于分离的动、植物组织或微生物材料作原料。

（2）破碎细胞　动物细胞较易破碎，通过一般的研磨器、匀浆器、捣碎机等就可破碎。

细菌细胞具有较厚的细胞壁，较难破碎，需要用超声波、细菌磨、溶菌酶、某些化学溶剂（如甲苯、脱氧胆酸钠）或冻融等处理加以破碎。

植物细胞因为有较厚的细胞壁，也较难破碎。

（3）抽取　在低温下，用水或低盐缓冲液，从已破碎的细胞中将酶溶出，这样所得到的粗提液中往往含有很多杂蛋白质及核酸、多糖等成分。

（4）分离及提纯　根据酶是蛋白质这一特性，用一系列提纯蛋白质的方法，如盐析（用硫酸铵或氯化钠）、调节 pH 值、等电点沉淀、有机溶剂（乙醇、丙酮、异丙醇等）分级分离等法提纯。

酶是生物活性物质，在提纯时必须考虑尽量减少酶活力的损失，因此全部操作需在低温下进行。一般在 0 ~ 5℃间进行，用有机溶剂分级分离时必须在 -15 ~ 20 ℃下进行。为防止重金属使酶失活，有时需在抽提溶剂中加入少量 EDTA 作螯合剂；为了防止酶蛋白 SH 基被氧化失活，需要在抽提溶剂中加入少量巯基乙醇。在整个分离提纯过程中不能过度搅拌，以免产生大量泡沫而使酶变性。

在分离提纯过程中，必须经常测定酶的比活力，以指导提纯工作正确进行。

　　若要得到纯度更高的制品，还需进一步提纯，常用的方法有磷酸钙凝胶吸附、离子交换纤维素（如 DEAE-纤维素）分离、葡聚糖凝胶层析、离子交换-葡聚糖凝胶层析、凝胶电泳分离及亲和层析分离等。

　　（5）保存　最后需将酶制品浓缩、结晶，以便于保存。酶制品一般都应在 −20℃ 以下低温保存，常用含有少量巯基乙醇或二硫苏糖醇的甘油作保存溶剂。

　　酶很易失活，绝不可用高温烘干，可采用的保存方法是：①保存浓缩的酶液：用硫酸铵沉淀或硫酸铵反透析法使酶浓缩，使用前再透析除去硫酸铵。②冰冻干燥：对于已除去盐分的酶液可先在低温结冻，再减压使水分升华，制成酶的干粉，保存于冰箱中。③浓缩液加入等体积甘油，于 −20 ℃下保存。

二、酶活力的测定

　　酶活力也称为酶活性，是指酶催化一定化学反应的能力。

　　检查酶的含量及存在，不能直接用质量或体积来表示，常用它催化某一特定反应的能力来表示，即用酶的活力来表示。酶活力的高低是研究酶的特性、进行酶制剂的生产及应用的一项必不可少的指标。

1. 酶活力与酶反应速度

　　酶活力的大小可以用在一定条件下，它所催化的某一化学反应的反应速度来表示，即酶催化的反应速度愈大，酶的活力就愈高，速度愈小，酶的活力就愈低，所以测定酶的活力（实质上就是酶的定量测定）就是测定酶促反应的速度。

　　酶反应速度可用单位时间内单位体积中底物的减少量或产物的增加量来表示，所以反应速度的单位是：浓度/单位时间。

　　反应速度只在最初一段时间内保持恒定，随着反应时间的延长，酶反应速度逐渐下降。引起下降的原因很多，如底物浓度的降低、酶在一定的 pH 值及温度下部分失活、产物对酶的抑制、产物浓度增加而加速了逆反应的进行等。因此，研究酶反应速度应以酶促反应的初速度为准，这时上述各种干扰因素尚未起作用，速度保持恒定不变。

　　测定产物增加量或底物减少量的方法很多，常用的方法有化学滴定、比色、比旋光度、气体测压、测定紫外吸收、电化学法、荧光测定以及同位素技术等。选择哪一种方法，要根据底物或产物的物理化学性质而定。在简单的酶反应中，底物减少与产物增加的速度是相等的，但一般以测定产物为好，因为测定反应速度时，实验设计规定的底物浓度往往是过量的，反应时底物减少的量只占其总量的一个极小的部分，测定时不易准确；而产物则从无到有，只要方法足够灵敏，就可以准确测定。

2. 酶的活力单位（U）

　　酶的活力大小也就是酶量的大小，常用酶的活力单位来度量。

　　1961 年国际酶学会议规定：1 个酶活力单位，是指在特定条件下，在 1min 内能转化 1μmol 底物的酶量，或是转化底物中 1μmol 的有关基团的酶量。特定条件是指温度选定为 25℃，其他条件（如 pH 值及底物浓度）均采用最适条件。这是一个统一的标准，但使用起来不如习惯用法方便。例如 α-淀粉酶，习惯用每小时催化 1g 可溶性淀粉液化所需要的酶量来表示，也可以用每小时催化 1mL 2% 可溶性淀粉液化所需要的酶量作为一个酶单位。习惯表示法常不够严格，同一种酶有好几种不同的单位，不便于对酶活力进行比较。

3. 酶的比活力

比活力的大小也就是酶含量的高低，即每毫克酶蛋白所具有的酶活力。一般用单位/mg蛋白（U/mg 蛋白质）来表示。有时也用每克酶制剂或每毫升酶制剂含有多少个活力单位来表示（单位/g 或单位/mL）。它是酶学研究及生产中经常使用的数据，可以用来比较每单位质量酶蛋白的催化能力。对同一种酶来说，比活力愈高，表明酶愈纯。

4. 酶的转换数 K_{cat}

转换数为每秒钟每个酶分子转换底物的数量（μmol）。它相当于一旦酶-底物（ES）中间物形成后，酶将底物转换为产物的效率。在数值上，$K_{cat} = K_2$，此处的 K_2，即米氏方程导出部分中的 K_2，是由 ES 形成产物的速度常数。

第十一节　酶在食品工业中的应用

很久以前，人类就开始利用酶来制备食品，如在酿造中利用发芽的大麦来转化淀粉，以及用破碎的木瓜树叶包裹肉类以使肉嫩化等。在酶学发展史上，食品科学家对酶学的贡献主要是如何利用和控制酶。许多重要的酶所催化的反应从生长过程一开始就起作用；在发育和成熟期间，这些酶的种类和数量都逐渐地改变；在不同的器官、组织和细胞中，酶的活力是不同的。掌握各种酶类的作用特点及食物内源酶系活力变化规律，对食品保藏和加工具有重要的意义。

一、酶对食品质量的影响

1. 酶对食品感观质量的影响

任何动植物和微生物来源的新鲜食物，均含有一定的酶类，这些内源酶类对食品的风味、质构、色泽等感观质量具有重要的影响，其作用有的是期望的，有的是不期望的。如动物屠宰后，水解酶类的作用使肉嫩化，改善肉食原料的风味和质构；水果成熟时，内源酶类综合作用的结果会使各种水果具有各自独特的色、香、味，但如果过度作用，水果会变得过熟和酥软，甚至失去食用价值。在食品加工、储藏等过程中，由酚酶、过氧化物酶、维生素 C 氧化酶等氧化酶类引起的酶促褐变反应对许多食品的感观质量具有极为重要的影响。

2. 酶对食品营养价值的影响

在食品加工中，营养组分的损失大多是由于非酶作用所引起的，但是食品原料中的一些酶的作用也具有一定的影响。例如，脂肪氧合酶催化胡萝卜素降解而使面粉漂白，在蔬菜加工过程中则使胡萝卜素破坏而损失维生素 A 源；在一些用发酵方法加工的鱼制品中，由于鱼和细菌中的硫胺素酶的作用，使这些制品缺乏维生素 B_1；果蔬中的维 C 氧化酶及其他氧化酶类是直接或间接导致果蔬在加工和储存过程中维生素 C 氧化损失的重要原因之一。

3. 酶促致毒与解毒作用

在生物材料中，一些酶和底物处在细胞的不同部位，仅当生物材料破碎时，酶和底物的相互作用才有可能发生。有时底物本身是无毒的，在经酶催化降解后变成有害物质。例如，木薯含有生氰糖苷，虽然它本身无毒，但是在内源糖苷酶的作用下，产生剧毒的氢氰酸。

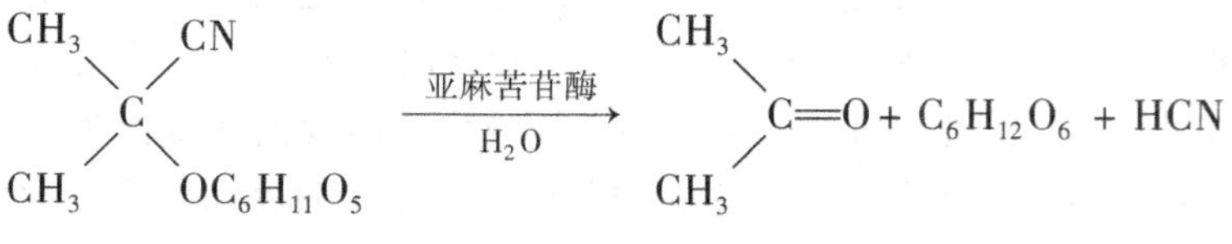

十字花科植物的种子以及皮和根含有葡萄糖芥苷，在芥苷酶作用下会产生对人和动物体有害的化合物。例如，菜籽中的原甲状腺肿素在芥苷酶作用下产生的甲状腺肿素（见下反应式）能使人和动物体的甲状腺代谢性增大。因此，在利用油菜籽饼作为新的植物蛋白质资源时，去除这类有毒物质是很关键的一步。

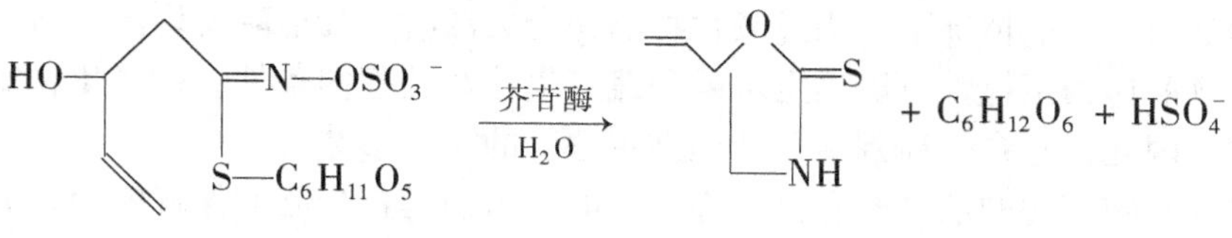

原甲状腺肿素　　　　　　　　　　　　甲状腺肿素

在酶的作用下，也可将食物中有毒的食物成分降解为无毒的化合物，从而起到解毒的作用。因食用蚕豆而引起的血球溶解贫血病是人体缺乏解毒酶的重要例子。这种症状仅出现在血浆葡萄糖-6-磷酸脱氢酶水平很低的人群中，蚕豆中的毒素蚕豆病因子能使体内葡萄糖-6-磷酸脱氢酶缺乏更为严重。蚕豆病因子的化学成分是蚕豆嘧啶葡萄糖苷和蚕豆嘧啶核苷，在酸或 β-葡萄糖苷酶作用下产生降解：

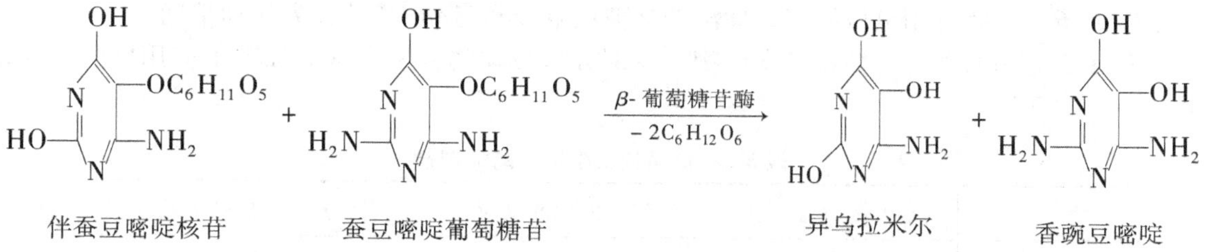

伴蚕豆嘧啶核苷　　　　　蚕豆嘧啶葡萄糖苷　　　　　　　异乌拉米尔　　　　　香豌豆嘧啶

降解产生的酚类碱极不稳定，在加热时可迅速氧化降解。

通过酶的作用还可除去食品中其他的毒素和抗营养素，见表5-4。

表5-4　酶作用除去食品中的毒素和抗营养素

物　质	食　品	毒　性	酶　作　用
乳糖	乳	肠胃不适	β-半乳糖苷酶（乳糖酶）
寡聚半乳糖	豆	肠胃胀气	α-半乳糖苷酶
核酸	单细胞蛋白	痛风	核糖核酸酶
木酚素糖苷	红花籽	腹泻	β-葡萄糖苷酶
植酸	豆、小麦	矿物质缺乏	植酸酶
胰蛋白酶抑制剂	大豆	不能利用蛋白质	脲酶
蓖麻毒	蓖麻豆	呼吸器官舒缩、麻痹	蛋白酶
氰化物	水果	死亡	硫氰酸酶、氰基苯丙氨酸合成酶
亚硝酸盐	各种食品	致癌物	亚硝酸盐还原酶
咖啡因	咖啡	亢奋	微生物嘌呤去甲基酶
胆固醇	各种食品	动脉粥样硬化	微生物酶
皂草苷	苜蓿	牛气胀病	β-葡萄糖苷酶
含氯农药	各种食品	致癌物	谷胱甘肽-S-转移酶
有机磷酸盐	各种食品	神经毒素	酯酶

二、酶活性的控制

控制食品中酶活力的主要方法是热处理和冷冻,适当地运用热加工法能破坏包括微生物产生的所有酶的活力,但热处理一般会损害食品的品质,所以热法灭活应控制在恰好破坏食品中全部酶活力。一般情况下,当过氧化物酶完全失活时,其他酶类均已灭活。因此,采用残余过氧化物酶作为指标,可以确定水果和蔬菜最佳热处理的条件。过氧化物酶存在于所有植物组织中,因此,它是一项判断热处理是否适度的重要参数。

冷冻并没有破坏酶的活力,它仅仅降低酶的活力而延长食品的保藏期限。如果食品在冷冻前没有经过热烫处理,那么当它解冻时酶的活力会显著地升高。

三、酶在食品分析和加工中的应用

由于酶具有特异性,适合用于测定植物和动物材料中特殊的化合物。一般情况下,当采用酶定量地进行食品成分分析测定时,没有必要先将它纯化。在酶法分析过程中,也可采用固定化酶或酶电极,如用固定化脲酶和对铵离子灵敏的玻璃膜制成电极,当酶作用脲时,产生了铵离子,后者可用电极测定,此法如同玻璃电极测定 pH 值那样方便和精确。

食品工业用酶多来自植物和微生物,少部分来自动物,酶在食品加工中应用极为广泛,具体详见表 5-5。

表 5-5　食品加工中使用的酶制剂

酶	来　源	催化的反应	食品中的应用
(一) 糖酶			
1. α-淀粉酶	(1) 大麦芽 (2) 霉菌 　黑曲霉 　米曲霉 　米根霉 (3) 细菌 　枯草杆菌 　地衣芽孢杆菌	淀粉、糖原 + H_2O →糊精、寡糖、单糖 (α-1, 4-葡聚糖键)	在酿造工业中水解淀粉;为酵母提供可发酵的糖;缩短婴儿食品的干燥时间;改进小麦风味 在面包制造中为酵母提供可发酵的糖;改进面包的体积和质构;在酿造工业中代替酿造用大麦的麦芽;除去啤酒中的淀粉混浊;转变低粘度淀粉成为高度可发酵的糖浆;控制粘度和稳定糖浆 在生产糖浆时,在加入淀粉葡萄糖苷酶之前,将淀粉液化、糊精化;在酿造中加速麦芽液的液化;帮助回收糖果碎屑;有助于水分在焙烤食品中的保留
2. β-淀粉酶	(1) 小麦 (2) 大麦芽 (3) 细菌 　多粘芽孢杆菌 　蜡状芽孢杆菌	淀粉、糖原 + H_2O →麦芽糖 + β-限制糊精 (α-1, 4-葡聚糖键)	在焙烤和酿造工业中,提供可发酵的麦芽糖以产生 CO_2 和乙醇;帮助制造高麦芽糖浆

（续表）

酶	来　源	催化的反应	食品中的应用
3. β-葡聚糖酶	(1) 黑曲霉 (2) 枯草杆菌 (3) 大麦芽	β-D-葡聚糖 + H_2O→寡糖 + 葡萄糖（β-1,3 和 β-1,4 键）	在酿造中脱去糖胶；水解大麦的 β-葡聚糖胶，加速酿造中的过滤；在咖啡取代物的制造中提高提取物的产量
4. 葡萄糖淀粉酶	(1) 黑曲霉 (2) 米曲霉 (3) 米根霉	淀粉、糖原 + H_2O→葡萄糖（右旋糖）（α-1,4 和 α-1,6-葡聚糖键）	直接将低粘度淀粉转变成葡萄糖，然后利用葡萄糖异构酶将它转变成果糖
5. 纤维素酶	(1) 黑曲霉 (2) 木霉	纤维素 + H_2O→β-糊精（β-1,4-葡聚糖键）	组成复合酶系；帮助果汁澄清；提高香精油和香料的产量；改进啤酒的"酒体"；改进脱水蔬菜的烧煮性和复水性；帮助增加种子可利用蛋白质的提取；利用葡萄和苹果果皮废物生成可发酵的糖；从纤维素废物生产葡萄糖
6. 半纤维素酶	黑曲霉	半纤维素 + H_2O→β-糊精（角豆胶、瓜尔豆胶的 β-1,4-葡聚糖键）	帮助除去咖啡豆的外壳；使食品胶有控制地降解；从面包中除去戊糖胶；促进玉米脱胚；提高植物蛋白质的营养有效性；促进酿造中的糖化作用
7. 转化酶（蔗糖水解酶）		蔗糖 + H_2O→葡萄糖 + 果糖（转化糖）	催化形成转化糖；在糖果生产中防止结晶和起砂
8. 乳糖酶（β-半乳糖苷酶）	黑曲霉	乳糖 + H_2O→半乳糖 + 葡萄糖	水解乳品中的乳糖；增加甜味，防止乳糖的结晶；生产低乳糖含量牛乳；改进含乳面包的焙烤质量
9. 果胶酶（含聚半乳糖醛酸酶、果胶甲基酯酶、果胶酸裂解酶）	(1) 黑曲霉 (2) 米根霉	果胶甲酯酶脱去果胶的甲基；聚半乳糖醛酸酶水解 α-D-1,4-半乳糖醛酸苷	帮助澄清和过滤果汁和葡萄酒；防止在浓缩果汁和果肉中形成凝胶；控制果汁的混浊程度；控制果冻中的果胶含量；在糖渍水果制造中促使柑桔瓤瓣分离
（二）蛋白质水解酶		一般水解蛋白质和多肽并产生相对分子质量低的肽	嫩化肉；提高从动物和植物提取油和蛋白质的得率；控制和改良蛋白质的功能性质；制备水解蛋白质；改进鱼蛋白质的加工；改进曲奇饼干和维夫饼干的质量；提高麦芽中淀粉酶的活力；改进谷物、腌泡菜的品质

（续表）

酶	来　源	催化的反应	食品中的应用
1. 菠萝蛋白酶	菠萝		
2. 无花果蛋白酶	无花果		
3. 木瓜蛋白酶	木瓜	植物蛋白酶一般水解多肽、酰胺和酯（特别是包括碱性氨基酸或亮氨酸或甘氨酸的键），同时产生相对分子质量低的肽	
4. 霉菌蛋白酶	（1）黑曲霉 （2）米曲霉	微生物蛋白酶水解多肽和产生相对分子质量低的肽	改进面包的颜色、质构和形态特征；控制面团流变性质；嫩化肉；改进干燥乳的分散性、蒸发乳的稳定性和涂抹用干酪的涂抹性能
5. 细菌蛋白酶	（1）枯草杆菌 （2）地衣芽孢杆菌		改进饼干、薄型蛋糕和水果蛋糕的风味、质构和保藏质量；帮助鱼中水分的蒸发；帮助在蔗糖生产中的过滤
6. 胃蛋白酶	猪或其他动物的胃	水解含有相邻于芳香族氨基酸或二羧基氨基酸肽键的多肽，同时产生相对分子质量低的肽	牛胃蛋白酶常作为凝乳酶的取代品和乳凝结剂；生产水解蛋白质
7. 胰蛋白酶	动物胰	水解多肽、酰胺和酯，被作用的键包括 L-精氨酸和 L-赖氨酸的羧基，同时产生相对分子质量低的肽	抑制乳的氧化风味；生产水解蛋白质
8. 粗制凝乳酶	（1）反刍动物的第四胃 （2）内寄生虫 （3）毛霉属 （4）微小毛霉	各种凝乳酶的特异性和胃蛋白酶的特异性相类似，作为酸性蛋白酶，它们活力的最适 pH 值在酸性范围；或许在活性部位含有天门冬氨酸的羧基，它们对于乳中 κ-酪蛋白的一个特殊的 Phe-Met 键具有非常高的选择性，因而能在裂开此键时引发乳的凝结	在制造干酪时，将乳凝结；在干酪成熟过程中，帮助形成风味和质构；惯用的动物（牛）粗制凝乳酶中的主要成分是凝乳酶、胃蛋白酶和胃分解蛋白酶；微生物粗制凝乳酶取代动物粗制凝乳酶

（续表）

酶	来　源	催化的反应	食品中的应用
（三）酯（三酰基甘油）水解酶、酯酶	（1）牛、小山羊和羊的前胃组织 （2）动物胰组织 （3）米曲霉 （4）黑曲霉	水解三酰基甘油成简单脂肪酸，产生一和二酰基甘油和游离脂肪酸	动物酯酶在干酪制造和脂解乳脂肪中形成风味，微生物酯酶催化脂（如浓缩鱼油）的水解
（四）氧化还原酶			
1．过氧化氢酶	（1）黑曲霉 （2）小球菌属	$2H_2O_2 \rightarrow 2H_2O + O_2$	除去乳和蛋白在低温消毒后的残余 H_2O_2；除去因葡萄糖氧化酶作用而产生的 H_2O_2
2．葡萄糖氧化酶-过氧化氢酶	黑曲霉	葡萄糖 $+ O_2$ $\xrightarrow{\text{葡萄糖氧化酶}}$ 葡萄糖酸 $+ H_2O_2$ $2H_2O_2 \xrightarrow{\text{过氧化氢酶}} 2H_2O + O_2$	除去蛋中的糖以防止在干燥中和干燥后产生褐变和不良风味；除去饮料和色拉佐料中的 O_2 以防止不良风味，提高保藏稳定性；改进焙烤食品的颜色和质构及面团的加工性
3．脂肪氧合酶	大豆粉	亚油酸（和其他 1,4-戊二烯多不饱和脂肪酸）$+ O_2 \rightarrow$ LOOH（氢过氧化物）	氢过氧化物漂白面团中的类胡萝卜素和氧化面筋蛋白中的巯基以改进面团的流变性
（五）异构酶			
葡萄糖异构酶	（1）游动放线菌属 （2）凝结芽孢杆菌 （3）链球菌属	葡萄糖 $\Longleftrightarrow$ 果糖 木糖 $\Longleftrightarrow$ 木酮糖	在制备高果糖玉米糖浆时，将葡萄糖转变为果糖

CHAPTER 5   ENZYMES

Enzymes can be defined as the reaction catalysts of biological systems i. e. biological catalysts. They are produced by living cells and they are capable of catalyzing chemical reactions between certain reactants [riː'æktənts] (反应试剂) to yield specific products. The set of enzymes in each cell is genetically determined. A catalyst is an agent that in minute amounts increases the velocity of reaction without appearing in the final products of the reaction. The substance on which an enzyme acts is called substrate ['sʌbstreit] (底物). Many enzymes have been crystallized in a pure form; urease was the first enzyme to be crystallized in 1926 by Summer. The enzymes can bring about chemical reactions in tissues or even in vitro at comparatively low temperatures and low dilutions. Enzymes only accelerate the rate of chemical reactions but do not initiate them so reactions can take place without enzymes but will be extremely slow.

Enzymes are protein in nature and need cofactors known as co-enzymes for functioning, which may or may not be protein in nature. Before a chemical reaction takes place the reactants need some energy for activation that is termed as the energy of activation (E-act). It is defined as the minimum amount of energy in Calories per mole required by the reactants in order to start the chemical reaction. It is obvious that this obligatory requirement for E-act puts a restriction on chemical reactions. The rate of reaction is inversely proportion to the E-act, greater the E-act slower will be the reaction and vice versa. The rate of velocity of an enzyme-catalyzed reaction is the number of substrate molecules, which are converted to product molecules per unit time. It is usually expressed as moles of product formed per minute.

5.1   The Mechanism of Enzyme Reactions

The mechanism of a typical enzyme-catalyzed reaction includes the following stages.

(1) Formation of enzyme-substrate complex   The three dimensional structure of enzymes (E) permits them to recognize their substrate (S) in a specific manner and to form an enzyme-substrate complex (E + S ⟶ ES). The linkages between the enzyme and the substrate are by non-covalent bonds including H bonds, electrostatic bonds and van der Wall's bonds; thus very weak bonds are involved in binding the enzymes and substrates together. The binding takes place between the substrate molecule and a place over the enzyme called the substrate site or active site. The active sites can be considered to function as a cleft that can trap substrate molecule for which it has high affinity and great specificity [ˌspesi'fisiti] (专一性). This is because of the active site of the enzyme is complementary to the bond; this is lock and key mechanism of enzyme reaction. In other cases, the active site is rigid but shows flexibility and presences of the substrate molecule induces a conformational change in the enzyme molecule which is the base of induces fit mechanism of enzyme action. The active site is represented as an assembly of reactive chemical groups on the enzymes molecule. These chemical groups are exposed to the exterior of the enzyme molecule due to characteristic fold-

ing of the polypeptide chain in its three dimensional tertiary structure.

(2) Conversion of the substrate to the product (P) forming EP   ES ——→EP

(3) Release of product from the enzyme   EP ——→E + P

The sequence of the enzymatic reaction is therefore E + S ⇌ES ——→EP ——→E + P

A model of an enzyme reaction involving one substrate molecule is summarized as E + S ⇌ES ——→E + P where the enzyme (E) reversibly combines with its substrate to form an ES complex that subsequently breaks down to the product, regenerating the free enzyme for further activity.

5.2   Classification of Enzymes

Names of enzymes in many cases consists of the name of substrate and ends in ase e. g. sucrase, lipase and urease etc., in some cases the name of enzyme indicates the action of enzyme e. g. transmethylase, oxidase etc. and in some cases the name of enzyme is trivial and don't show substrate or action.

5.2.1   Oxidoreductases

These catalyze oxidation-reduction reactions. Classes of this group includes the dehydrogenases, oxidases, oxygenases, reductases, peroxidases and hydroxylases.

5.2.2   Transferases

These catalyze reactions that involve the groups from one molecule to another. Examples of such groups include amino, carboxyl, methyl, phosphoryl and acyl. Transferases are commonly named with the prefix "trans" e. g. transcarboxylases, transmethylases and transmethylases.

5.2.3   Hydrolases

Hydrolases catalyze reactions in which cleavage of bonds is accomplished by adding water. These include the esterases, phosphotases and peptidases.

5.2.4   Lyases

Lyases catalyze reactions in which groups like H_2O, CO_2 and NH_3 are removed to form a double bond or are added to double bond. Decarboxylases, hydratases, deaminases and synthases are examples of Lyases.

5.2.5   Isomerases

This is heterogeneous group of enzymes and catalyzes several types of intermolecular rearrangements. The epimerases catalyze the inversion of asymmetric carbon atoms. Mutases catalyze the intra-molecular transfer of functional groups.

5.2.6   Lignases

Lignases catalyze reactions joining two molecules by forming C—O, C—S, C—N and C—C bonds; these reactions need a source of high-energy phosphates, e. g. ATP, GTP, etc. The names of many lignases include the term synthetase and several other lignases are called carboxylases.

5. 3   Factors Affecting Enzyme Activity

5. 3. 1   Enzyme Concentration

Enzyme concentration is important factor in enzyme activity, enzymes are required in minute quantities to act as organic catalyst and directly proportional to the speed of reaction so optimum quantity is required for proper functioning.

5. 3. 2   Substrate Concentration

This factor determines the speed, direction and time of completion of the enzymatic reaction. High concentration of substrate will give high yield of the product of reaction.

5. 3. 3   Effect of Temperature

All chemical reactions being carried out by enzymes require specific temperature according to the nature of substrate and enzyme. So optimum temperature is necessary for functioning of enzyme. High temperature can even denature the protein content of the enzyme.

5. 3. 4   Effect of pH

Enzymes are sensitive to pH of the medium and can perform within specific range of pH otherwise these are not even stable e. g. α-amylase need pH range from 5 to 5. 8 for conversion of amylose to glucose and maltose.

5. 3. 5   Effects of Products of Reaction

Product concentration in reaction media is important for speed and direction of reaction because substrate and product are inter-convertible in most of the enzymatic reactions and removal of product is necessary to keep reaction active otherwise equilibrium will stop the reaction.

5. 3. 6   Presence of Cofactors (Coenzymes)

In many cases, enzymes are inactive and they need cofactors also called as co-enzymes for activation. For example α-amylase is stable within pH range from 5 to 5. 8, but in presence of Ca^{2+} ion, it is stable beyond this limit.

5. 3. 7   Presence of Inhibitors

Inhibitors are chemical substances, which can bind enzyme molecule making it unavailable for the reaction media.

5. 4   Properties of Enzymes

5. 4. 1   Specificity

Enzymes are specific in there action which means that an enzyme will act on only one substrate (although there are some exception but we will not discuss it here) e. g. glucokinase is specific for conversion of glucose but hexokinase is an enzyme for conversion of hexoses including glucose, fructose and mannose.

5. 4. 2   Protein Nature

Enzymes are proteins in nature hence sensitive to heat and pH. High temperatures and acidic medium can denature enzymes causing the loss of their biochemical activity. These are produced by living cells but act in vivo and as well as in vitro conditions. Enzymes perform well in specific range of temperature and pH, optimum values of these factors are maintained by biological systems (in vivo) and same rule is followed in vitro conditions.

5.4.3   The Direction of Enzymes Reaction

Most enzymatic reactions are reversible i. e. the same enzyme can catalyze reaction in both directions e. g. $A + B \longrightarrow C + D$. However the actual direction of the reaction is determined by the certain factors, which include availability of free energy etc.

5.4.4   Coenzymes or Proenzymes or Zymogens

Enzymes are inactive when first produced, later by the action of another enzyme or some other substance these inactive forms are converted to the active form. A variable number of amino acids are split off from the molecule of the proenzyme thus exposing the active site of enzyme. For example, trypsinogen which contains 229 amino acids losses 6 amino acids and pepsinogen which contains 363 amino acids losses 42 amino acids to form trypsin and pepsin respectively.

5.4.5   Induction of Enzyme Synthesis

Some biological systems i. e. some microorganisms can induct the actual substrate to produce an enzyme. For example, certain microorganisms can induct penicillin itself to develop penicillinase enzyme, which can destroy penicillin making the microorganism resistant to the action of penicillin.

5.4.6   Repression of Enzymes

It is reverse of induction for example *E. coli* make the enzyme tryptophan synthetase only when the mediums where they are growing don't have tryptophan. After when the tryptophan is added to the medium the production of enzyme is stopped.

5.4.7   Isozymes or Isoenzymes

These are the enzymes from the same microorganism for the same function but are distinct chemically and physically.

5.5   Use of Enzymes in Food Industry

Uses of enzymes in food industry are becoming more common due to following reasons: ①Development of products similar to the traditional ones; ②Improvement in quality of products; ③Use of enzymes is more economical; ④New and cost effective processing methods are being developed due to uses of enzymes; ⑤Use of enzyme is time and energy saving; ⑥Development of new products, which became possible due to use of enzymes.

5.5.1   Enzyme Sources

Plant sources   Many enzymes from plant source are being used now e. g. papain from Papaya, Ficin from fig and Bromelin from pineapple etc.

Animal sources   The first enzyme obtained from animal source was protease originated from bovine source and generally obtained from lamb.

Microbial sources   Bacteria, yeast and mold are being used as enzyme source and these are being classified into three categories: those traditionally being used in food fermentation, microorganisms accepted as harmless food contaminants and microorganisms other than two categories.

Microbial source of enzymes is more popular than other two sources due to ease of production, more variety, stability and safety. Normally non-spore forming strains are used to minimize the hazard of toxin production. After production of enzyme, isolation is important. So mostly microorganism with extra-cellular production are preferred than those with intra-cellular. Commonly used genera are *Rhizopus*, *Aspergillus*, *Bacillus*, *Mucor*, *Candida*, *Micrococcus*, *Streptococcus* etc.

5.5.2 Common Uses in Food Industry

Followings are the common uses of enzymes in food industry: ①Hydrolysis of proteins e. g. soy protein hydrolysis; ②Milk clotting enzymes are being used in dairy industry; ③Proteolytic enzymes are used for meat tenderization; ④Proteases used in baking and brewing industry; ⑤Glucoamylase used for conversion of glucose from starch; ⑥α-amylase for production of glucose and maltose.

第六章　维生素和辅酶

维生素是维持生物正常生命过程所必需的一类有机物质，需要量很少，但对维持人体健康却十分重要。人体一般不能合成它们，必须从食物中摄取。维生素的主要功能是通过作为辅酶的成分调节机体代谢。

维生素包括两大类，一类是水溶性维生素，另一类是脂溶性维生素。在水溶性维生素中除维生素 C 外，B 族维生素都作为辅酶的成分在酶反应中担负催化作用，各种维生素见表 6-1。

表 6-1　维生素及其辅酶类型

类　别	种　类	辅酶或其他功能	生化作用
水溶性维生素	维生素 C		羟化作用中的辅助因素
	硫胺素	焦磷酸硫胺素（TPP）	α-酮酸氧化脱羧等
	核黄素	黄素单核苷酸（FMN）	氢原子（电子）转移
		黄素腺嘌呤二核苷酸（FAD）	氢原子（电子）转移
	尼克酸（烟酸）	烟酰胺腺嘌呤二核苷酸（NAD）	氢原子（电子）转移
		烟酰胺腺嘌呤二核苷酸磷酸（NADP）	氢原子（电子）转移
	泛酸	辅酶 A	酰基基团的转移
	吡哆醛	磷酸吡哆醛	氨基基团的转移
	生物素	胞生物素	羧基的转移
	叶酸	四氢叶酸	一碳基团的转移
	维生素 B_{12}	辅酶 B_{12}	氢原子的 1,2 移（位）
	硫辛酸	硫辛酰赖氨酸	氢原子和酰基基团的转移
脂溶性维生素	维生素 A	11-视黄醛	视觉循环，防止皮肤病变
	维生素 D	1,25-羟胆钙化甾醇	钙和磷酸的代谢
	维生素 E		抗氧化剂，预防不育症
	维生素 K		凝血酶原的生物合成

维生素原　能在人及动物体内转化为维生素的物质称为维生素原。

同效维生素　同效维生素的化学结构与维生素相似，并有维生素生物活性的物质称为同效维生素。

第一节　水溶性维生素

1. 维生素 C

维生素 C 即抗坏血酸，人体不能合成维生素 C。哺乳动物中灵长类和豚鼠的体内也不能合成。如果食物中缺乏维生素 C，就出现坏血病，表现为毛细管脆弱、皮肤上出现小血斑、牙龈发炎出血、牙齿动摇等。

在生物体内，抗坏血酸在抗坏血酸酶的作用下，脱去氢转化为脱氢抗坏血酸。抗坏血酸在细胞内的作用与细胞的羟基化作用有关，还可能与氧化还原有关。抗坏血酸的化学结构式和氧化还原反应如下：

$$\text{L-抗坏血酸} \underset{+2H}{\overset{-2H}{\rightleftharpoons}} \text{L-脱氢抗坏血酸} \underset{-H_2O}{\overset{+H_2O}{\rightleftharpoons}} \text{二酮基古洛糖酸}$$

抗坏血酸没有羧基，其酸性来自烯二醇的羟基，由于羟基和羰基相邻，所以烯二醇基极不稳定，在水溶液中极易氧化。温度、光线、金属离子（Cu^{2+}，Fe^{2+} 等）及碱性环境等因素对抗坏血酸的氧化有促进作用，糖类、氨基酸、果胶、明胶及多酚类等物质则对抗坏血酸有保护作用。

在食品中，把 L-抗坏血酸和 L-脱氢抗坏血酸称为有效维生素 C，如再加上脱氢抗坏血酸发生内酯环水解而生成的没有生物活性的二酮基古洛糖酸，合称为总维生素 C。

D-异抗坏血酸易于合成，成本低，虽无生物活性，但在抗氧性上与天然的 L-抗坏血酸相同，因此，食品工业中多采用 D-异抗坏血酸作为抗氧剂。抗坏血酸的脂肪酸酯类则用于脂肪性食品的抗氧化剂。

维生素 C 的主要食物来源为水果、蔬菜，成人日需求量为 30mg。

维生素 C 可促进胶原蛋白抗体的形成，因胶原蛋白抗体能够包围癌细胞，因此，维生素 C 具有抗癌作用。维生素 C 能促进胆固醇转化为胆汁酸，可使高胆固醇血症患者的胆固醇下降，维生素 C 的强还原性能将 Fe^{3+} 还原成 Fe^{2+}，而使其易于吸收，有利于血红蛋白的形成。

此外，维生素 C 还具有解毒作用等，但摄入过多维生素 C 时（每人每天口服 4～9g 维生素 C），则会改变血液的酸度，造成尿酸沉积，引起关节剧痛，并可形成肾结石等疾病而损害肾脏，还可加重糖尿病等。

2. 硫胺素和羧化辅酶

硫胺素或称维生素 B_1，存在于许多植物种子中，尤其是在谷物种子的外皮中，因而在未经研磨的大米和全麦粒制作的食物中，此种维生素的含量较丰富。在动物组织和酵母中，维生素 B_1 主要以辅酶即焦磷酸硫胺素的形式存在。维生素 B_1 在酸性条件下相当稳定，在碱性条件下加热及 SO_2 处理易破坏，常因热烫预煮而损失。

焦磷酸硫胺素在 α-酮酸脱氢酶、丙酮酸脱羧酶、转酮酶和磷酸酮糖酶中起辅酶的作用。硫胺素分子中噻唑环的 ^2C 位置上的氢原子容易解离出一个质子而形成一个负碳离子，负碳离子与呈正碳离子的酮酸加成。其加成物经电子重排发生脱羧基反应，以后醛基解离再生成负碳离子。成人每天膳食中宜有 1.1～2.1mg 的硫胺素。人体在摄入糖类多时，对硫胺素的需求量也大。

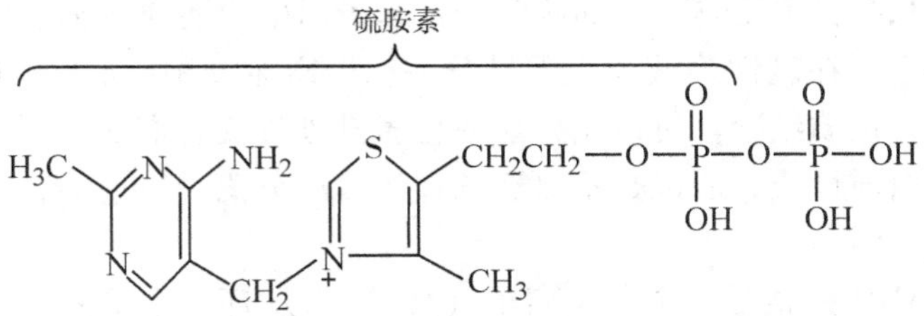

硫胺素

硫胺素焦磷酸（TPP）

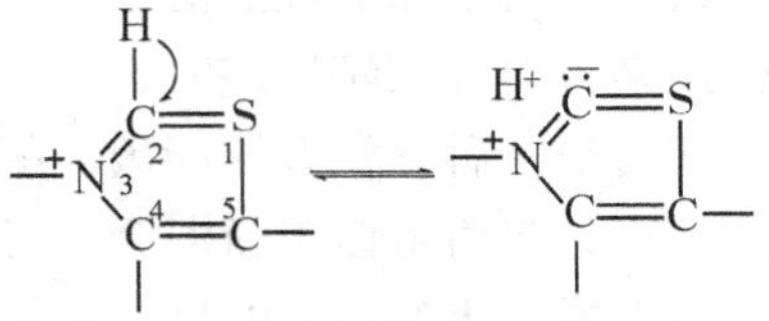

噻唑　　　　负碳离子($=\overset{..}{C}-$)

3. 核黄素和黄素辅酶

核黄素即维生素 B_2，化学结构中含有二甲基异咯嗪和核醇两部分。核黄素是黄素蛋白（FP）的辅基，有黄素单核苷酸（FMN）和黄素腺嘌呤二核酸（FAD）两种形式。

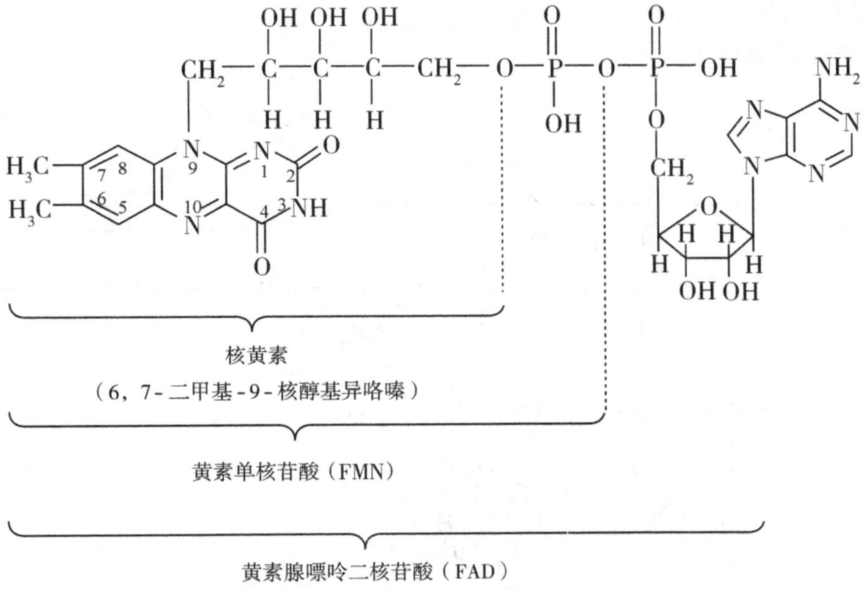

核黄素
（6，7-二甲基-9-核醇基异咯嗪）

黄素单核苷酸（FMN）

黄素腺嘌呤二核苷酸（FAD）

核黄素可以在绿色植物、细菌和真菌中合成，但不能在动物体内合成，在动物体内它以黄素辅酶的形式存在，成人每日需核黄素量为 $1.2 \sim 2.1 \text{mg}$。

核黄素辅酶的功能是起氧化还原作用，还原型的核黄素是无色的，暴露在空气中时极易氧化而变为黄色。维生素 B_2 的氧化型及还原型结构如下：

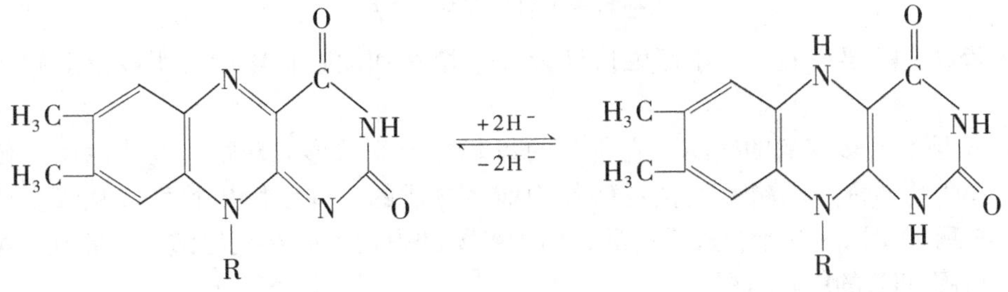

$+2H^-$　$-2H^-$

氧化型核黄素
（黄色）

还原型核黄素
（无色）

R = FMN 或 FAD 分子其余部分

上式表明，还原反应是在一个"1,4 加成反应"中加入两个氢原子而生成还原或消色的核黄素。核黄素在酸性溶液中对热稳定，在碱性溶液及光下易分解。FMN 和 FAD 与蛋白质紧密连结，而且在酶提纯时，也仍与蛋白质结合。可以用冷酸或用煮沸处理使它们从酶蛋白中分离出来，后一种方法能破坏酶蛋白质性质，所以是不可逆的；用冷酸分离是可逆的，将核黄素部分与酶蛋白重新混合又可恢复活性。

黄素蛋白所参加的酶反应是从 NADH 处接受一个负氢离子（H^-）和从环境中接受一个质子（H^+），并可从很多有机物上接受一对氢原子，如从氨基酸、脂肪酸硫酯、嘧啶、醛、α-羟酸和琥珀酸等。其中有些反应是催化从邻近两个碳原子上脱下两个氢原子而形成一个双键。

4. 泛酸和辅酶 A

泛酸又称维生素 B_3，是辅酶 A 和酰基载体蛋白的组成成分，它是乙酰化作用的辅酶。泛酸在碱性溶液中易水解。

辅酶 A 的结构式如下：

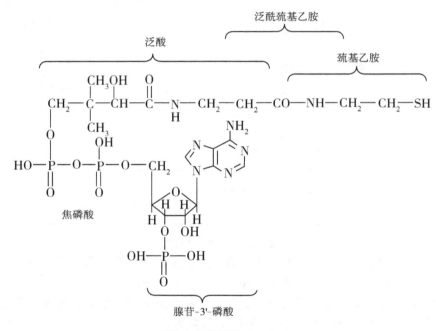

辅酶 A（简写为 CoA-SH）

人在营养上需要泛酸，由于泛酸广泛存在于植物和动物食物中，所以泛酸缺乏症极少见。

辅酶 A 是酰基转移酶的辅酶，它所含的巯基可与酰基形成硫酯，在代谢中起传递酰基的作用。在生物体内，辅酶 A 是由泛酸作为前体合成的。许多微生物可以从缬氨酸的脱氨产物——α-酮异戊二酸开始合成泛解酸，由天冬氨酸脱羧生成 β-丙氨酸，二者在泛酸合成酶的催化下利用 ATP 的能量合成泛酸：

$$\text{泛解酸} + \beta\text{-丙氨酸} + \text{ATP} \xrightarrow{\text{泛酸合成酶}} \text{泛酸} + \text{AMP} + \text{PPi}$$

5. 烟酰胺、烟酸和辅酶

烟酸又称维生素 B_5 或维生素 PP，它包括烟酸和烟酰胺两种化合物。在体内，烟酸以烟酰胺态存在，维生素 B_5 不受光、热、氧破坏，是最稳定的一种维生素。

烟酸和烟酰胺的分布很广，动植物组织中都有，肉产品中较多，缺乏这种维生素会引起人患癞皮病，成人每日需 12～21mg 尼克酸。

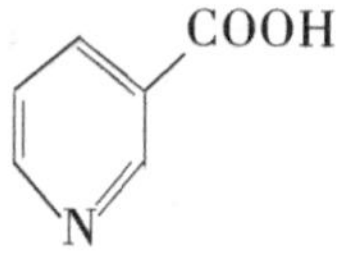

尼克酸 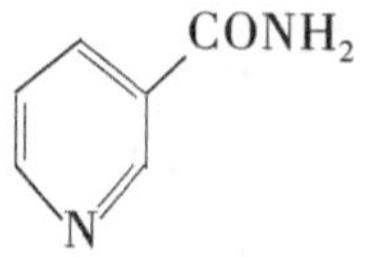　　　　　　　尼克酰胺

烟酸虽然是维生素，但它与一般的维生素不同，在人体中能由色氨酸少量合成，若饮食中含有适量色氨酸时，则每日所需的烟酸一部分可通过这个途径获得。

烟酰胺核苷酸是一些催化氧化还原反应的脱氢酶的辅酶。

烟酰胺腺嘌呤二核苷酸（NDA）和烟酰胺腺嘌呤二核苷酸磷酸（NADP）的结构式如下：

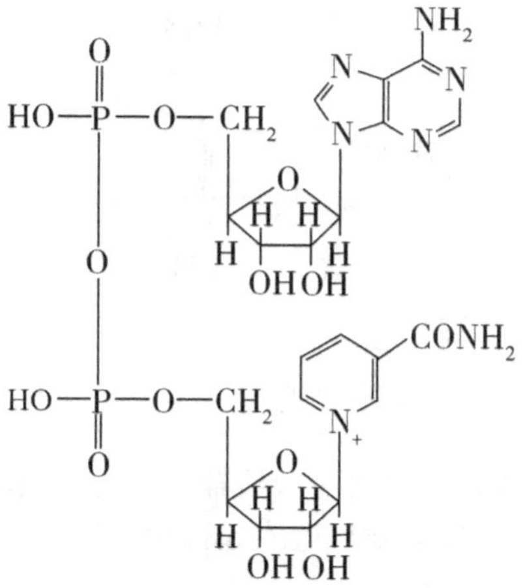

NAD⁺(烟酰胺腺嘌呤二核苷酸) 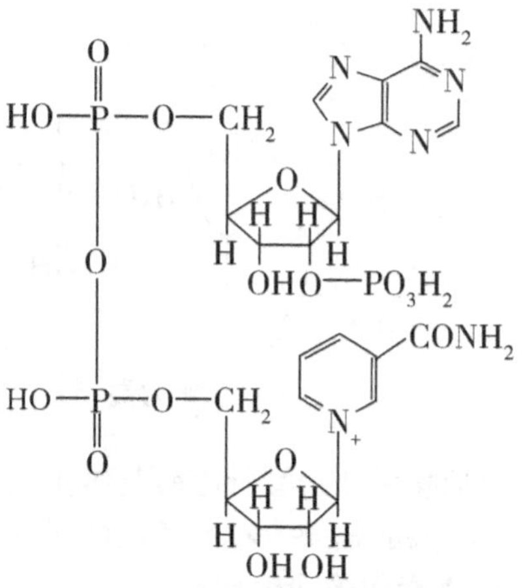　　　　　　NADP⁺(烟酰胺腺嘌呤二核苷酸磷酸)

NDA⁺ 也称为辅酶 I （缩写为 Co I）或二磷酸吡啶核苷酸（缩写为 DPN）。NADP⁺ 也称辅酶 II （Co II）或三磷酸吡啶核苷酸（TPN）。

NAD⁺ 和 NADP⁺ 都是脱氢酶的辅酶，这两个辅酶都传递氢，区别在于：NADPH，H⁺ 一般用于生物合成代谢中的还原作用，提供生物合成作用所需的还原力，如脂肪酸合成；而 NADH，H⁺ 则常用于生物分解代谢过程，如氧化磷酸化作用，通过偶联形成 ATP 而提供生命活动所需的能量。氢的传递在其辅酶分子中的尼克酰胺部位进行，例如，在醇脱氢酶的催化下，醇（ RCH_2OH ）脱去两个氢原子，转化为醛（RCHO），所脱去的两个氢原子由尼克酰胺部分来传递。氧化态的尼克酰胺接受两个电子和一个质子而转变成还原态，从底物分子脱下的两个氢原子之一就以质子形态剥离到环境中而形成生物细胞内的质子浓度差。经典的物理发电机剥离电子产生电位差，而生物细胞则是剥离质子产生质子浓度差，这是生命最为奥妙之处，是细胞力能和信息的基础。

含 NAD⁺ 和 NADP⁺ 的脱氢酶不仅对其底物是专一的，而且对其辅酶也是专一的。例如，在氧化的磷酸戊糖途径中催化 6-磷酸葡萄糖氧化时，$NADP^+$ 立即被还原。同样，乙醇脱氢酶在催化乙醇氧化的同时将 NAD^+ 还原。这个反应可以用下列反应来表示：

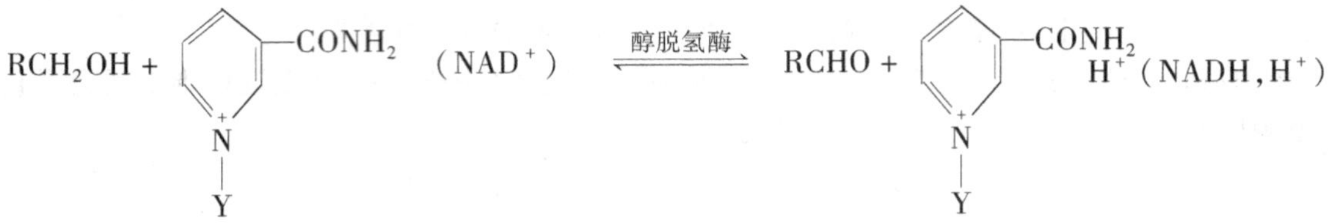
RCH2OH +
CONH2
(NAD+)
醇脱氢酶
RCHO +
CONH2
H+ (NADH,H+)
N
Y
N
Y

6. 吡哆醇和脱羧辅酶

吡哆醇又称维生素 B_6，包括吡哆醇、吡哆醛和吡哆胺，还有它们的辅酶形式——磷酸吡哆醛和磷酸吡哆胺。维生素 B_6 耐热、酸、碱，但对光敏感。这些化合物的结构式如下：

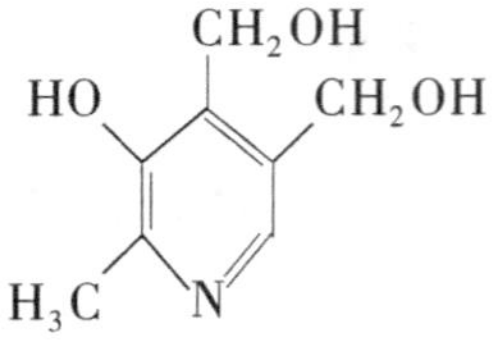
CH2OH
HO
CH2OH
H3C
N

吡哆醇

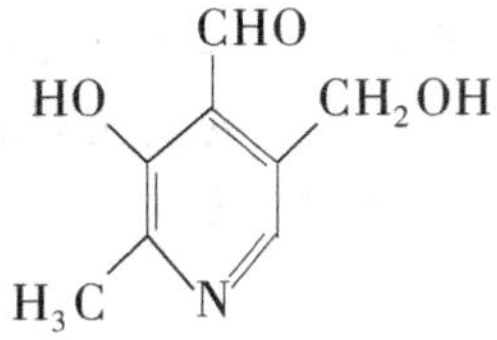
CHO
HO
CH2OH
H3C
N

吡哆醛

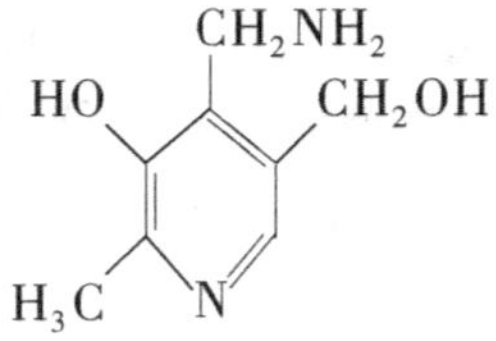
CH2NH2
HO
CH2OH
H3C
N

吡哆胺

（维生素 B_6）

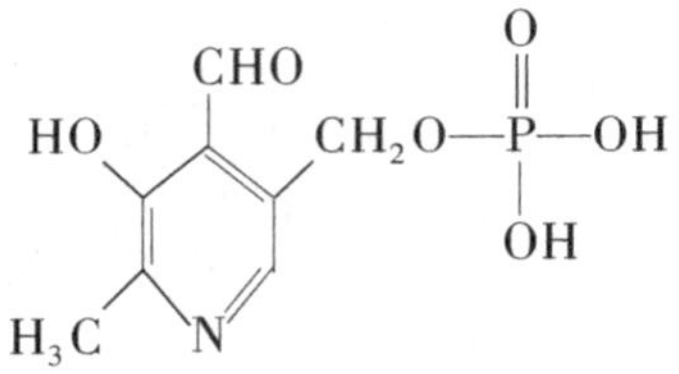
CHO
O
HO
CH2O—P—OH
OH
H3C
N

磷酸吡哆醛

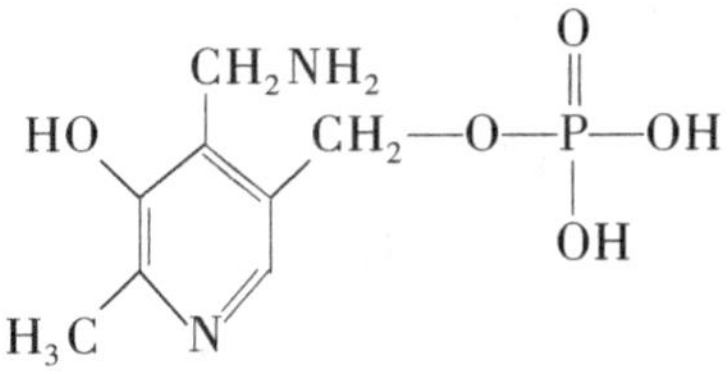
CH2NH2
O
HO
CH2—O—P—OH
OH
H3C
N

磷酸吡哆胺

磷酸吡哆醛和磷酸吡哆胺是维生素 B_6 的辅酶形式，有时也称脱羧辅酶。它们是转氨酶、氨基酸脱羧酶的辅酶。在氨基酸的转氨、脱羧和外消旋等重要反应中起催化作用。

7. 生物素和羧基生物素

生物素又称维生素 B_7 或维生素 H。人体缺乏生物素时引起皮炎和毛发脱落。生鸡蛋清中有一种蛋白质，称为抗生物素蛋白，可以与生物素紧密结合，从而使生物素失去作用。生物素的结构式如下：

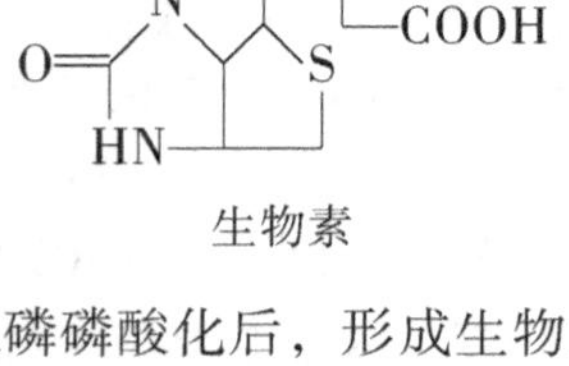
H
N
COOH
O
S
HN

生物素

羧基生物素是由生物素经腺三磷磷酸化后，形成生物素的腺二磷烯醇酯，与 CO_2 反应，产生羧基生物素和腺二磷。这个反应式表述如下：

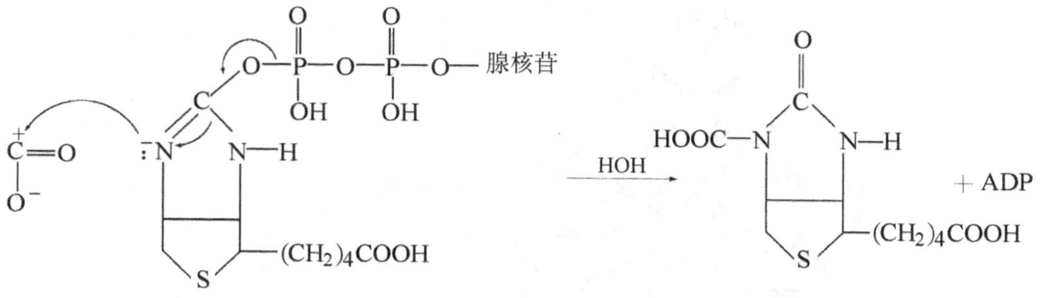

生物素-腺二磷烯醇酯　　　　　　　　　　　　　1′-N-羟基生物素

8. 叶酸和叶酸辅酶

叶酸亦称蝶酰谷氨酸（PGA）或维生素 B_{11}，它的结构式如下：

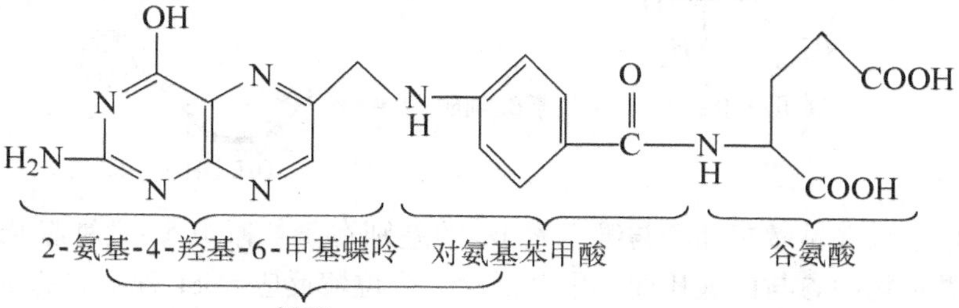

叶酸是一些微生物的生长因素。人体缺乏叶酸时呈现贫血症状，日需要量为 0.5mg 左右。四氢叶酸是一个传递一碳单位的辅酶。下列结构式表明四氢叶酸传递"活化甲酸"的形式：

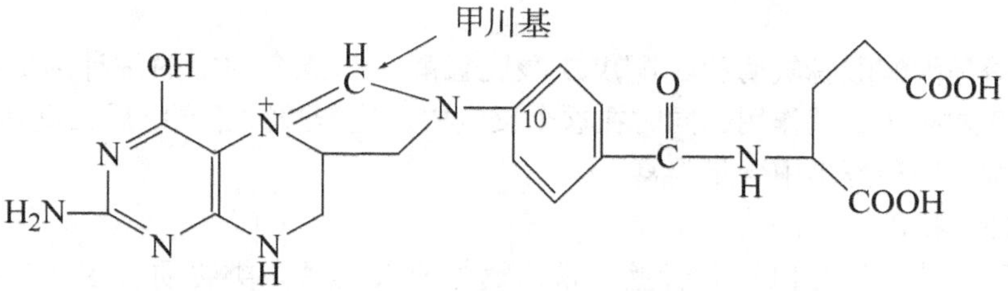

N^5,N^{10}–甲川四氢叶酸

9. 维生素 B_{12} 和维生素 B_{12} 辅酶

维生素 B_{12} 又称钴胺素，是一种抗恶性贫血的维生素，存在于肝中。维生素 B_{12} 又是一些微生物的生长因素。维生素 B_{12} 的化学分子式为 $C_{63}H_{90}O_{14}N_{14}PCo$，分子中有氰和钴，还有咕啉。维生素 B_{12} 和维生素 B_{12} 辅酶的化学结构通式如下：

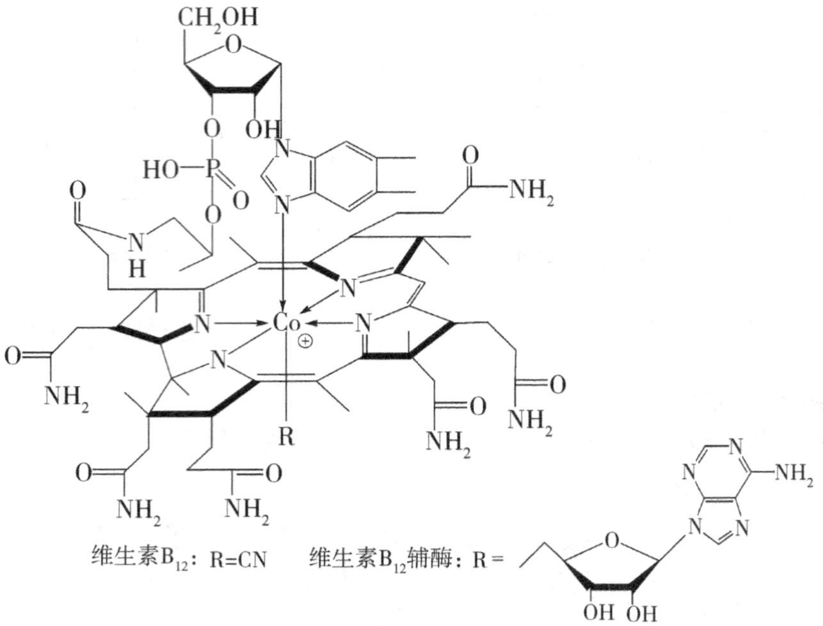

维生素B$_{12}$：R=CN　　　维生素B$_{12}$辅酶：R =

维生素 B$_{12}$ 辅酶和钴胺素辅酶与维生素 B$_{12}$ 的差别在于：氰被 5′-脱氧腺苷所取代。维生素 B$_{12}$ 辅酶在微生物中参与丙酸代谢、甲基活化、变位酶反应等 11 种不同的生化反应。

10. 硫辛酸

硫辛酸是酵母及一些微生物的生长因素，硫辛酸可以传递氢，硫辛酸氧化型和还原型之间相互转化的反应式如下：

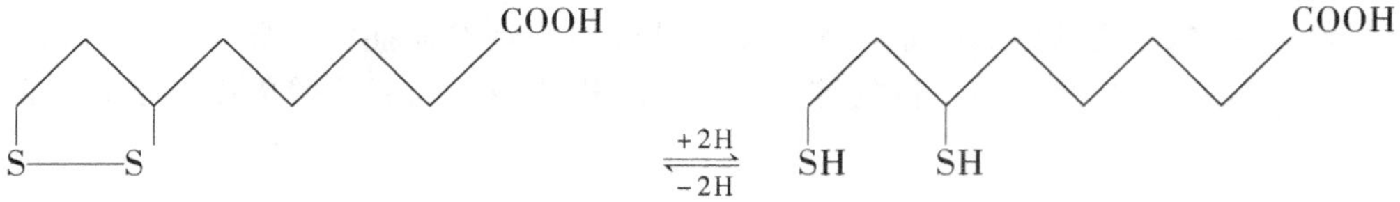

硫辛酸（氧化型）　　　　　　　硫辛酸（还原型）

硫辛酸是丙酮酸脱氢酶和 α-酮戊二酸脱氢酶多酶复合物中的一种辅助因素，在此复合物中，硫辛酸起转酰基作用，同时在这个反应中，硫辛酸被还原以后又重新被氧化。

硫辛酸在肝和酵母中含量丰富。

11. 维生素 P

维生素 P 是一组与保持血管壁正常渗透性有关的黄酮类物质，主要是芸香苷，也包括橙皮苷、圣草苷等。维生素 P 能保持毛细血管完整，降低管壁的渗透性及脆性。

维生素 P 常与维生素 C 共存，在柑桔、芹菜等水果蔬菜中含量丰富。柑桔皮是工业上提取维生素 P 的主要原料。

第二节 脂溶性维生素

1. 维生素 A

维生素 A 已发现有 A_1 和 A_2 两种结构。A_1 存在于动物肝脏、血液和眼球的视网膜中，又称视黄醇；而 A_2 只在淡水鱼中存在。A_2 比 A_1 在化学结构上多有一个双键。它们的化学结构式和物理性质如下：

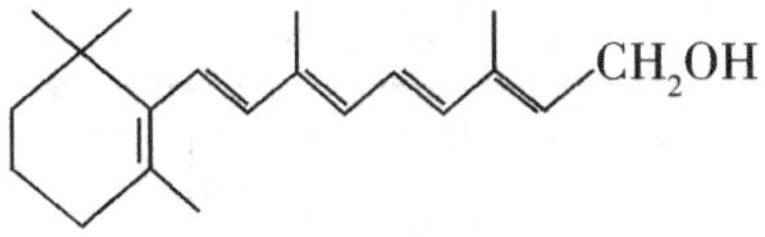

维生素 A_1（$C_{20}H_{30}O$），熔点 64℃，$\lambda_{max} = 325nm$（乙醇溶液）

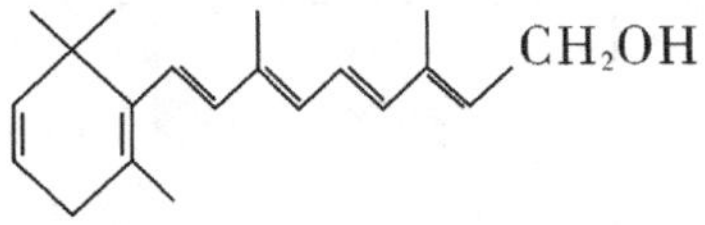

维生素 A_2（$C_{20}H_{28}O$），熔点 17 ～ 19℃，$\lambda_{max} = 352nm$（乙醇溶液）

维生素的化学结构和 β-胡萝卜素的结构有联系。

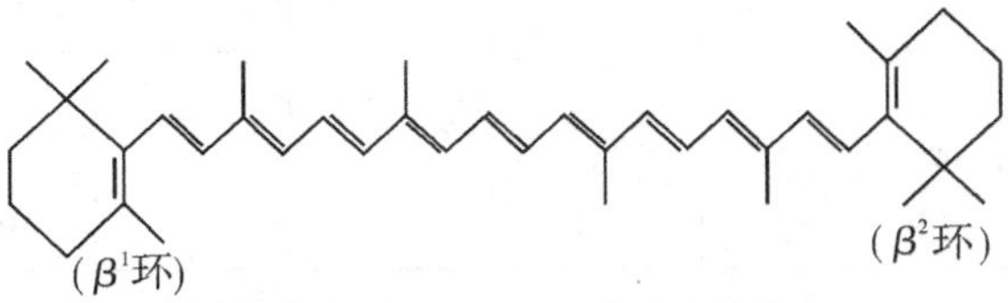

（β^1环）　　　　　　　　　（β^2环）

β-胡萝卜素（$C_{40}H_{56}$），熔点 184℃

一个 β-胡萝卜素分子加水断裂为两分子维生素 A_1，其过程主要在动物的小肠粘膜内进行，动物的肝脏主要为储存维生素 A 的场所。

β-胡萝卜素分子是一个两边反向对称的化学结构，分子中包含两个 β-紫罗兰酮环（β^1 环和 β^2 环）和四个异戊二烯。属于胡萝卜素碳氢化合物的，除 β-胡萝卜素外，尚有 α-胡萝卜素、γ-胡萝卜素、隐黄质、番茄红素、叶黄素等，它们结构的差别只是在环的结构上。叶黄素的两个环跟维生素 A_1 的环不同，因此叶黄素分子加水断裂不能得到维生素 A_1 分子。胡萝卜素类化合物的环状结构跟维生素 A_1 的关系参见表 6-2。

维生素 A 和视觉有关，缺乏维生素 A 会导致视紫质恢复延缓和暗视觉障碍，这就是夜盲症的病因所在。供给足够的维生素 A 或某几类胡萝卜素时，夜盲症可以得到纠正。在一般情况下，如果膳食中常有绿色蔬菜供给胡萝卜素，即不易患夜盲症。维生素 A 还可促进上皮细胞的正常形成，防止皮肤病变。

1 国际单位维生素 A 等于 0.3μg 视黄醇。

表 6-2　胡萝卜素类化合物的环状结构

名称及分子式	β^1 环	β^2 环	加水断裂成维生素 A_1 的分子数
β-胡萝卜素 $C_{40}H_{56}$			2
α-胡萝卜素 $C_{40}H_{56}$			1
γ-胡萝卜素 $C_{40}H_{56}$			1
隐黄质 $C_{40}H_{56}OH$（黄玉米粒色素）		（OH）	1
番茄红素 $C_{40}H_{56}$			0
叶黄素 $C_{40}H_{56}O_2$	（HO）	（OH）	0

2. 维生素 D

维生素 D 是由维生素 D 原经过紫外光激活后形成的，维生素 D 原是环戊烷多氢菲类化合物，目前已发现了六种结构相似的物质都具有维生素 D 的生理功能，被分别称为维生素 D_2，D_3，…，D_7。其中 D_2、D_3 和 D_7 的生物效价基本相等，而 D_4，D_5，D_6 的相对生物效价分别为前三者的 $\frac{1}{2}\sim\frac{1}{3}$、$\frac{1}{40}$ 和 $\frac{1}{300}$。动物体内普遍存在 7-脱氢胆固醇，经紫外光照射后形成维生素 D_3，如图 6-1 所示；在 D_3 的 24 位增加一个甲基，则为 D_4；若改为乙基，则为 D_5；大多数植物中都含有麦角固醇，在阳光下可形成 D_2，如图 6-2 所示；在 D_2 的 28 位上增加一个碳，即 24 位上连接一个乙基侧链，则为 D_6。

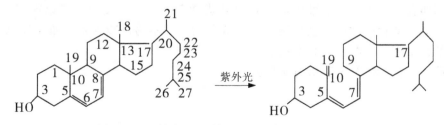

图 6-1　7-脱氢胆固醇转化为维生素 D_3 的反应式

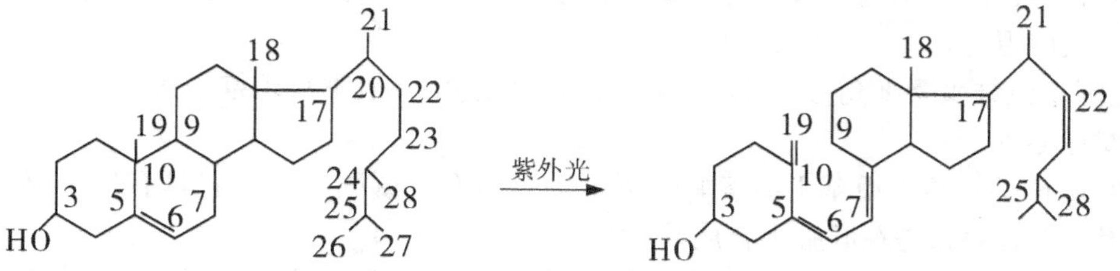

图 6-2　麦角固醇转化为维生素 D_2 的反应式

维生素 D 和动物骨骼的钙化有关系，因此，维生素 D 被命名为钙化醇。骨骼的正常钙化必须有足够的钙和磷，而且钙和磷的比例要合适，这个比例的范围在 $1:1 \sim 2:1$ 之间；此外，还必须有维生素 D 的存在。维生素 D 有促进动物小肠吸收钙的功能。

当钙化醇通过血液进入人体的肝脏后转化为 25-氢胆钙化醇；进入肾脏后转化为 1,25-二氢胆钙化醇，进入肠后促进 Ca^{2+} 的运输；进入骨骼时促进钙的吸收与沉积。至于胆钙化醇如何促进 Ca^{2+} 的运输，与 PO_4^{3-} 的关系，以及在骨中沉积，等等，都尚待研究。

维生素 D 在中性及碱性溶液中能耐高温和耐氧化，在酸性溶液中则会逐渐分解，所以油脂氧化酸败可引起维生素 D 破坏，而在一般烹调加工中不会损失。

维生素 D 通常在食品中与维生素 A 共存，在鱼、蛋黄、奶油中含量丰富，尤其是海产鱼肝油中含量特别丰富。

3. 维生素 E

维生素 E 也称生育酚，广泛分布于植物组织中，以蔬菜、麦胚、植物油的非皂化部分含量较多。

维生素 E 有 8 种，差别只在甲基的数目和位置，其中两种在侧链上含有 3 个双键，但都具有相同的生理功能，以 α-生育酚的生物效价最高。α-生育酚的结构式如下：

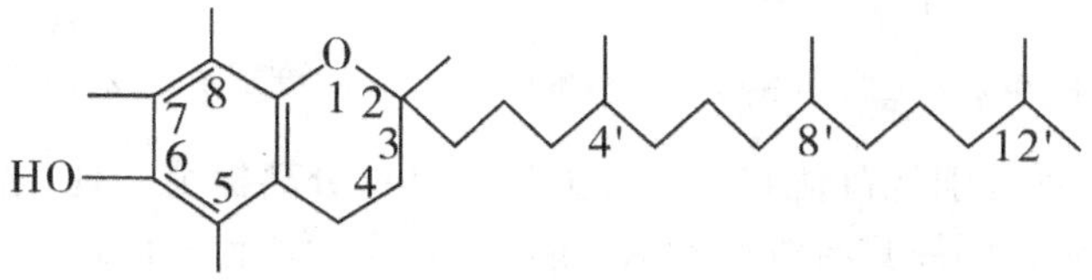

α-生育酚

α- 生育酚：5,7,8-三甲基生育酚；	ζ- 生育酚：5,7,8-三甲基-3,7,11 三烯生育酚；
γ- 生育酚：7,8-二甲基生育酚；	β- 生育酚：5,8-二甲基生育酚；
η- 生育酚：7-甲基生育酚；	δ- 生育酚：8-甲基生育酚；
ε- 生育酚：5,8-二甲基-3,7,11-三烯生育酚；	θ- 生育酚：5,7-二甲基生育酚

α-生育酚为黄色油状液体，对热和酸较稳定，对碱不稳定，可缓慢地被氧化破坏。金属离子如 Fe^{2+} 能促进维生素 E 氧化为 α-生育酚醌。在食品中，尤其是植物油中，维生素 E 主要起着抗氧化剂的作用，能使脂肪及脂肪酸自动氧化过程中产生的游离基淬灭。维生素 E 的抗氧化作用能使细胞膜和细胞器的完整性和稳定性免受过氧化物的氧化破坏，还能保护巯基不被氧化而保持许多酶系的活性。

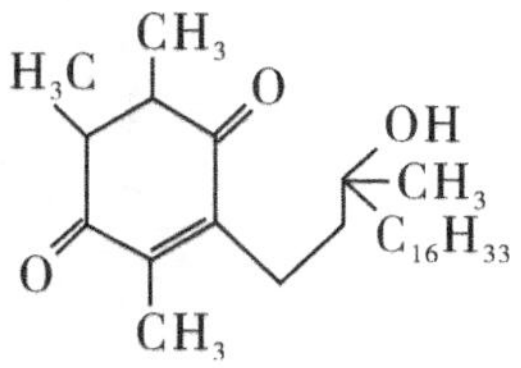

α-生育酚醌

雄鼠缺乏维生素 E 时，睾丸退化，不能形成正常精子；雌鼠缺乏维生素 E 时，胚胎不能正常发育。对于其他一些实验动物（如豚鼠、兔等）在缺乏维生素 E 时，肌肉退化。

1 国际单位维生素 E 等于 1.1mg α-生育酚，食物中一般不缺乏维生素 E。

4. 维生素 K

维生素 K 是一类 2-甲基-1,4-萘醌的衍生物，与血液凝固有关。它具有促进凝血酶原合成的作用，凝血酶原是在肝脏中合成的。

维生素 K 在绿色蔬菜中含量丰富，动物肠道微生物能够合成维生素 K，初生婴儿会出现维生素 K 缺乏症。阻塞性黄疸病人由于维生素 K 的吸收发生障碍，从而引起血浆中凝血酶原含量的降低，出现血凝迟缓。

维生素 K 是黄色粘稠油状物，可被空气中氧缓慢地氧化而分解，并迅速地被光进一步破坏，对热稳定，但对碱不稳定。

天然存在的维生素 K 只有 K_1 和 K_2 两种，其余均为人工合成，共有 70 多种，常见的维生素 K_1、K_2 和 K_3 的化学结构式如下：

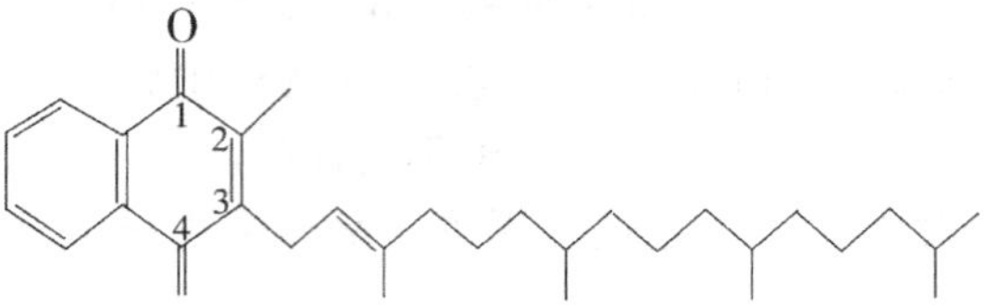

维生素 K_1
(2-甲基-3-叶黄烯基-1,4-萘)

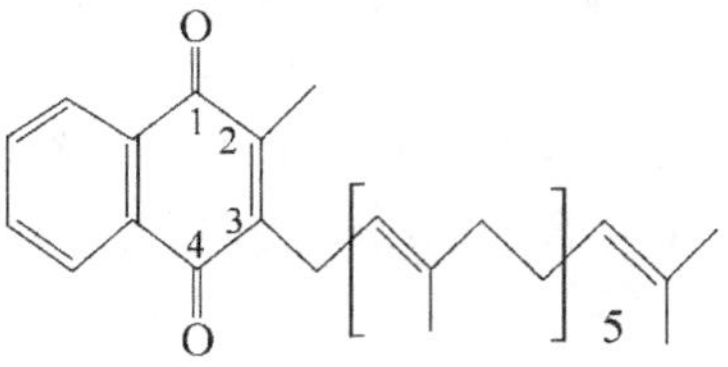

维生素 K_2(2-甲基-3-二法呢基-1,4-萘醌)

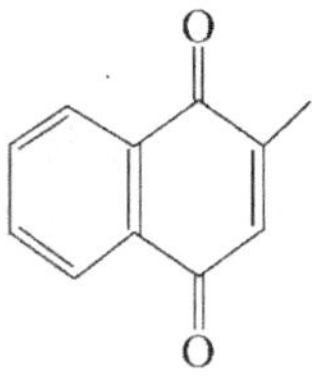

维生素 K_3(2-甲基-1,4-萘醌)

维生素 K_1 和 K_2 可分别从苜蓿和鱼粉等天然产品中分离提纯，现在能够人工合成。维生素 K_3 是人工合成产物，同样具有维生素 K 的生物作用。维生素 K 跟脂蛋白联结在一起，存在于线粒体中。

5. 辅酶 Q

辅酶 Q 亦称泛醌，意思是到处都有的醌。人体的许多器官都含有泛醌，估计总含量在 0.5 ～ 1.5g 范围之内。泛醌广泛存在于酵母、植物叶和种子以及动物的心脏、肝脏和肾脏中。在细胞中，泛醌即辅酶 Q 存在于线粒体中，并和细胞呼吸链有关。辅酶 Q 的化学结构式和它传递氢的反应式如下：

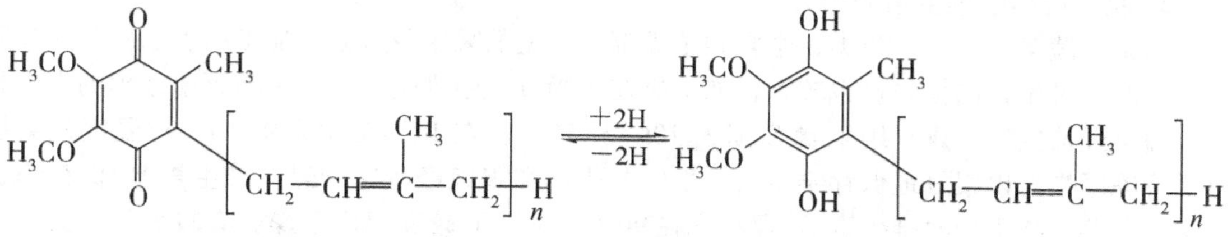

泛醌(辅酶Q)　　　　　　　　　　泛氢醌(辅酶Q-2H)(n=6~10)

第三节 维生素在食品储存和加工过程中的变化

植物性食品中维生素含量受土壤、季节、品种、栽培条件、成熟度和新鲜度的影响，动物性食品也可因饲料等不同而使其中维生素含量有季节性差异。维生素类多含有不饱和双键和还原性基团，因此，维生素是所有营养素中受加工和储存条件影响最大的一类营养素。

一、储存过程中维生素的损失

收获的水果和蔬菜在储存过程中会产生维生素的损失，其损失量的大小与储存时间、温度、湿度、气体组成、机械损伤及种类、品种等因素有关。在储存过程中，维生素会产生酶促降解、光促分解及氧化降解等。一般情况下，储存温度愈高，水含量愈多，则维生素的损失也愈大。采用低温气调储存，可有效减少维生素的损失。易被氧化分解的维生素有维生素 C，B_1，B_6，H，A，D，E 等，对光、射线敏感的维生素有维生素 A，K，B_1，C，D 等。

二、加工过程中维生素的损失

食品原料每经过一次加工，维生素都要受到一次损失，因此，一般情况下，成品中的维生素含量要低于食物原料中的含量。

1. 热加工过程中维生素的损失

食品的加热处理可分为热烫、巴氏杀菌、加热杀菌、烹调热加工、焙烤及油炸等热处理，热敏性的维生素易在热加工中损失。热烫过程中由于热的作用、沥滤和氧化作用而引起维生素损失。在水中热烫时，水溶性维生素的损失随接触时间的延长而增加，但脂溶性维生素受影响的程度较轻，蒸汽热烫对水溶性维生素的损失率相对低于水热烫，微波热烫对维生素的保存率至少可以达到蒸汽热烫的维生素保存率。热烫过程损失最多的是维生素 C，B_1，B_2，B_5，损失大小取决于热烫方法及温度、时间等条件。轻度的加热处理（包括巴氏杀菌在内）过程中，维生素的热损失不大，但是氧化损失会比较高。为了减轻氧化作用，果汁、啤酒、葡萄酒之类液体巴氏杀菌都在间接式热交换器而不是在开口式薄膜杀菌器中进行，而且在巴氏杀菌前往往经脱气处理。一般情况下，高温短时巴氏杀菌更有利于保存维生素，轻度加热处理过程中除维生素 C，B_1，B_2，B_{12} 等热敏性及易被氧化破坏的维生素有不同程度的损失外，其他维生素损失很少或无损失。但强热处理或长时间加热处理会导致大量维生素损失，例如，罐头杀菌就有大量维生素损失，尤其是水果蔬菜罐头维生素损失更大，有50% 左右的维生素损失；油炸、烘烤中也有大量维生素损失，其损失大小取决于热处理时间、温度及热处理方式。因此，在食品加工中应尽量避免高温及长时间热处理。

2. 脱水过程中维生素的损失

水果、蔬菜、肉类、鱼类、牛乳和蛋类都是常见的采用脱水方法加工的食品。食品在脱水加工时，维生素的损失量也较大，如牛奶在干燥过程中维生素的损失与灭菌处理的损失相当。蔬菜经热空气干燥，维生素 C 损失 10%～15%，在 B 族维生素中，B_1 对温度最为敏感。冷冻干燥可以很好地保存维生素。牛肉、猪肉和鸡肉经冷冻干燥，维生素 B_1 保存率达95%；蔬菜冷冻干燥时维生素 B_1 保存率在 90% 以上。而较高温度干燥会有较大的损失，如鼓式干燥，B_1、B_6、叶酸保存率仅为 80%。脂溶性维生素在脱水过程中几乎不损失或损失很少，如牛乳在喷雾干燥、鼓式干燥或真空浓缩过程中维生素 A，D，E 几乎无损失。

3. 粮谷精加工过程中维生素的损失

粮谷类通常要经去壳、研磨、磨粉等精加工工序，除去了大量胚芽和谷物表皮，胚芽和谷物表皮富含维生素，因此，会造成维生素损失。例如，糙米和精白米相比，精白米损失维生素 E 85% 左右，维生素 B_1，B_2，B_5 分别损失 80%，40%，65%。小麦经精加工后维生素损失更大。

4. 食品加工过程中化学因素对维生素损失的影响

食品加工过程中的酸、碱处理均可导致各类维生素不同程度的损失。泛酸、叶酸、维生素 K 等在酸性条件下易分解；维生素 B_1，B_2，B_{12}，胡萝卜素等在碱性条件下易降解。采用 SO_2，Na_2SO_3 等处理食品原料时，维生素 B_1 易破坏。添加氧化剂或进行漂白处理时，维生素 A、B_1、B_6，C，D，E，H 等因氧化而损失。一些金属离子的存在也可使某些维生素破坏，如 Cu^{2+} 可促进维生素 B_1 和 C 的分解，Fe^{3+} 促进维生素 B_2 的降解，此外，脂质过氧化物能促进维生素 A，D，E 的分解。

CHAPTER 6   VITAMINS

Vitamins are group of organic substances, chemically highly diversified, existing in living cells normally used as food by humans and other living things. These are essential in minute quantities in body for normal growth and maintenance of the life. Vitamins participate in various chemical and biochemical processes of the metabolism process. These are generally classified into two groups based on their solubility in fat and water, the fat-soluble vitamins and the water-soluble vitamins.

6.1   Fat-soluble Vitamins

Fat-soluble vitamins are soluble in fats and are supplied to the body of living organisms through foods containing them. In the body these are stored wherever the fat is deposited and are excreted exclusively in the feces. Vitamins include in this group are A, D, E and K.

6.1.1   Vitamin A

Chemically vitamin A is called retinol and it is a pale yellow crystalline substance abundant in foods of animal origin like halibut liver oil, cod liver oil, milk, butter, cheese and eggs. In plant foods it is found in carrots, spinach, tomatoes, cabbage, peas, mangoes and papaya. One of the carotenoids, β-carotene is the precursor of the retinol, when foods containing this are eaten it is converted into retinol in body and serve the same functions like vitamin A. Vitamin A is anti-infective vitamin and it is essential for growth and metabolism of all body cells. It participates in formation of pigment rhodopsin, which is found in retina of eye and helps to adjust vision in reduced and dim light. It makes the skin smooth and provides resistance against infection. In human body it is stored in liver and body draws when needed.

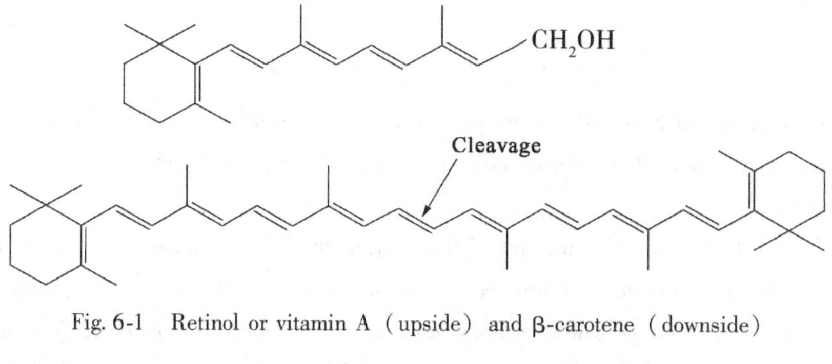

Fig. 6-1   Retinol or vitamin A (upside) and β-carotene (downside)

Vitamin A and carotene are quite stable to processing and cooking but some of it may be lost during frying and sun drying. Oxidation of retinol may cause loss of it during storage so anti-oxidant or refrigeration is recommended.

6.1.2   Vitamin D

It is known as cholecalciferol and closely resembles cholesterol. It is a white crystalline compound, soluble in lipids and found in foods of animal origin such as fish, liver oil, eggs, butter, liver and cheese. It is also produced in human body by the action of ultraviolet light of sun on the skin. Another form of this vitamin is ergocalciferol or vitamin D_2 and can be obtained by irradiating the vegetable sterol called ergosterol.

Vitamin D helps the body in absorption and metabolism of calcium and phosphorous to build strong bones and teeth. Vitamin D is quite stable to heat so processing and cooking of food can't produce much harm to it.

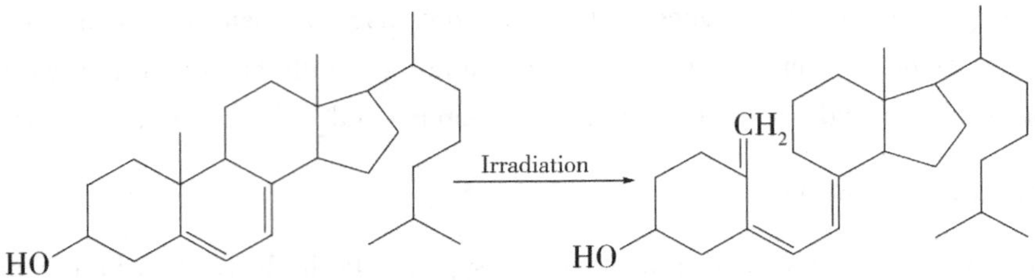

Fig. 6-2　Formation of vitamin D (cholecalciferol) in human body skin by the action of sun light

6.1.3　Vitamin E

Chemically vitamin E is known as tocopherols and found in many foods especially oil seeds. Seven different types of it are known and α-tocopherol is pale yellow viscous oil. The tocopherols act as antioxidants and protects fats and oils from oxidation. Vitamin E is found in foods like wheat, vegetable oils, eggs and milk. Its deficiency causes sterility in rates, in humans it is believed that it interferes with reproduction and results in degenerative disease of nervous system and damage to the liver.

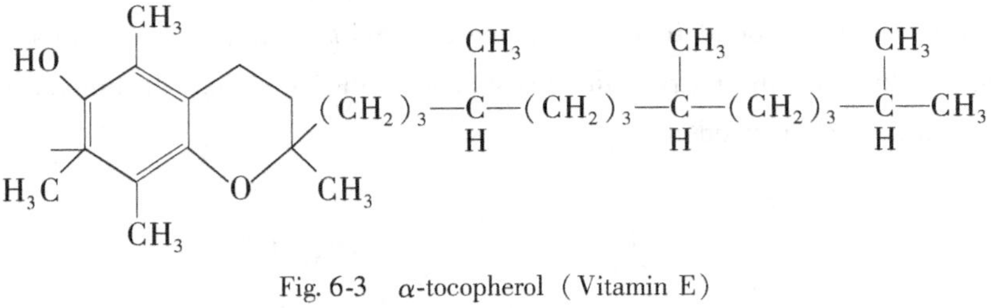

Fig. 6-3　α-tocopherol (Vitamin E)

The activity of vitamin E is lost during processing of vegetable oils to margarine and shortening. It is also exclusively decreased if auto-oxidation of lipids in food is severe.

6.1.4　Vitamin K

Vitamin K activity is found in number of fat-soluble naphthaquinone derivatives, of which three forms K_1, K_2 and K_3 are known. Vitamin K_1 is yellow, viscous oil, while K_3 (menadione, a synthetic product) crystallizes as yellow needles from alcohol and petroleum ether. Vitamin K is widely distributed and some good sources are green leafy vegetables, peas and some bacteria (present in intestines of humans and other mammals) also synthesize it.

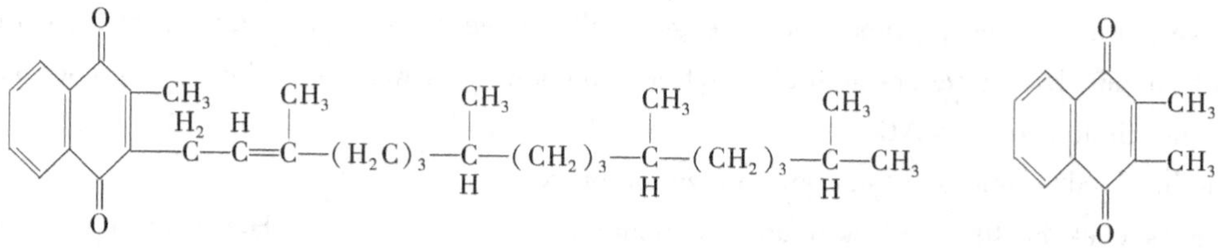

Fig. 6-4   Vitamin K_1 (left) and menadione (right)

Vitamin K is anti-haemorrhagic so helps in blood clotting and protects liver damage. This vitamin is photo-reactive and little is known about its chemical behavior in food.

6. 2   Water-soluble Vitamins

This class is much more diversified than that of fat-soluble vitamins. These are almost collectively concerned with the transfer of energy while some are involved in the formation of red blood cells. Chemically all water soluble vitamins differ from each other and vitamins include are vitamins of B group and vitamin C. Vitamins of the B group are the thiamine, riboflavin, nicotinic acid, pyridoxine, folic acid, biotin, cyanocobalamine, choline, paraaminobenzoic acid and inositol. Like the fat-soluble vitamins, these are also required in minute quantities but unlike fat-soluble vitamins, these are not stored in body and excreted through urine.

6. 2. 1   Thiamine (Vitamin B_1)

Thiamine is also called aneurine and vitamin B_1. It is a white crystalline substance highly soluble in water and made up of thiazole and pyrimidine moiety. It is found in all cereal grains, potatoes, peas, dry beans, nuts, meat and milk. Thiamine participates as coenzyme in the breakdown and oxidation of glucose and the metabolism of pyruvic acid. It helps body cells to obtain energy from food, keeps the nerves in healthy condition, and promotes good appetite and digestion. Some thiamine is stored in liver of humans for normal functioning of brain and heart for almost six weeks and rest is excreted.

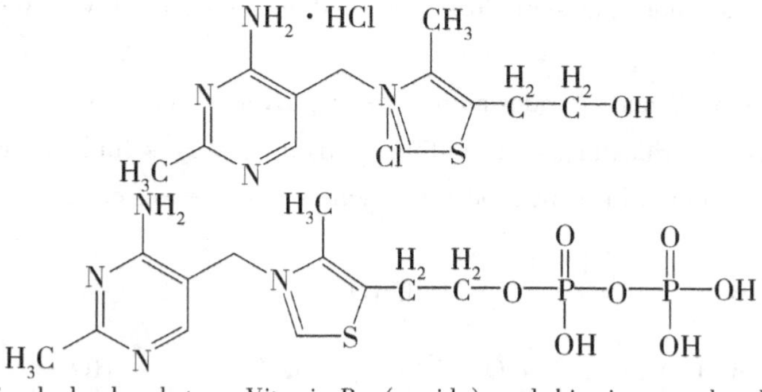

Fig. 6-5   Thiamine hydrophosphate or Vitamin B_1 (upside) and thiamine pyrophosphate (downside)

As it is water-soluble vitamin so can be lost during washing, boiling, cooking, roasting and baking. It is also sensitive to the temperatures high than 100℃. Sulpher dioxide, sulphites and alkaline substances like sodium bicarbonate are detrimental to this vitamin during preparation and preservation.

6. 2. 2   Riboflavin (Vitamin B_2)

Riboflavin or vitamin B_2 is a yellow, crystalline, water-soluble compound. Dried brewer's yeast, liver, kidney, heart, lean meat, eggs, milk, cheese and dark leafy vegetables are good source of vitamin B_2. It occurs naturally as free compound, as well as in the form of coenzyme flavin adenine dinucleotide (FAD).

It is involved in release of energy, utilization of oxygen, keeps eyes healthy and skin around mouth and nose smooth. It is less soluble to water and more stable to heat than thiamine. Losses during processing are less than thiamine and it is lost more under acidic conditions than that of alkaline. It is also sensitive to light and readily lost in food exposed to sun.

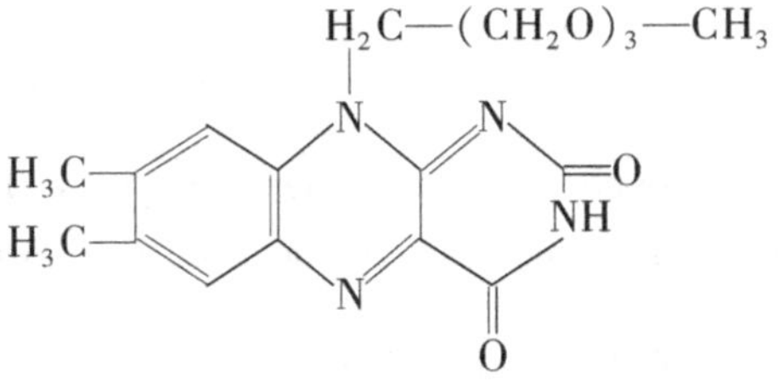

Fig. 6-6　Riboflavin (Vitamin B_2)

6.2.3　Niacin

Niacin is also known as nicotinic acid, nicotinamide or vitamin P. it is a white crystalline, water soluble solid existing in foods either as nicotinic acid as nicotinamide or as one of the nicotinamide coenzyme (NAD, NADP). In body, nicotinic acid is converted to nicotinamide that can also be formed by the amino acid tryptophan. It is widely distributed, some rich sources are brewer's yeast, liver, lean meat, poultry, fish, leafy vegetables, ground nuts, beans, peas, whole grains, cereals and enriched breads.

Fig. 6-7　Nicotinic acid (on right) and nicotinamide (on left)

Nicotinic acid like thiamine and riboflavin is also involved in oxidation of glucose in the body, helps body to use oxygen to produce energy. It helps in maintenance of health of skin, tongue, digestive track and the nervous system. Niacin is one of the most stable vitamins, being relatively resistant to heat, acid and alkali but some losses occur due to its solubility in water.

6.2.4　Vitamin B_6

Pyridoxine, pyridoxal and pyridoxamine are relatively related compounds and commonly referred as vitamin B_6. Pyridoxine is crystalline in nature, very soluble in water and soluble in alcohol. This vitamin is found in many foodstuffs such as rice, yeast, cereals, egg yolk, meat, liver and kidney.

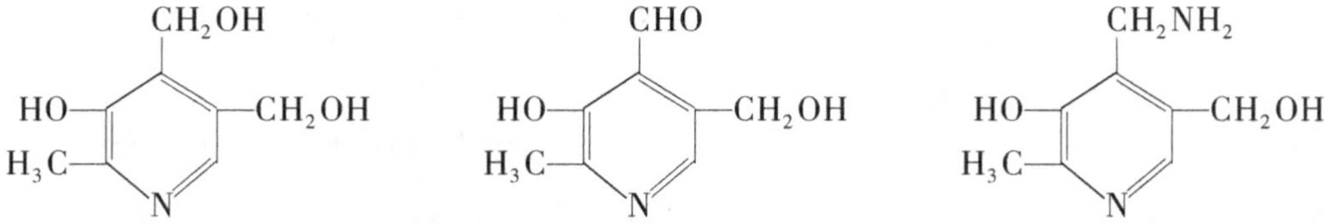

Fig. 6-8　Pyridoxine (right), pyridoxal (middle) and pyridoxamine (left)

In the body, vitamin B_6 functions as the part of enzyme system in the form of pyridoxal phosphate involved in transmination (a vital step in amino acid metabolism). Its deficiency is very rare and results in nervousness and insomnia (it occurs mainly in infants feed on pyridoxine-deficient baby food).

Vitamin B_6 is lost in sterilized milk due to its reaction with cysteine resulting in formation of biologically inactive substance. It is also sensitive to light especially in the presence of oxygen.

6.2.5   Folic acid

Folic acid is the name of group named to cover pteroylglutamic acid and its derivatives that have vitamin activity. It crystallizes from water as yellow orange needles. It is slightly soluble in cold water, soluble in hot water and insoluble in ether. This vitamin is found in liver, green vegetables, yeast and kidney. It is concerned with formation of nucleic acid and red blood cells. It is precursor or the coenzyme involved in the biological transfer of one-carbon units (formaldehyde, hydroxymethyl groups). Folic acid is lost in stored milk by oxidation, the extent and mechanism of its losses in processed foods are not clear.

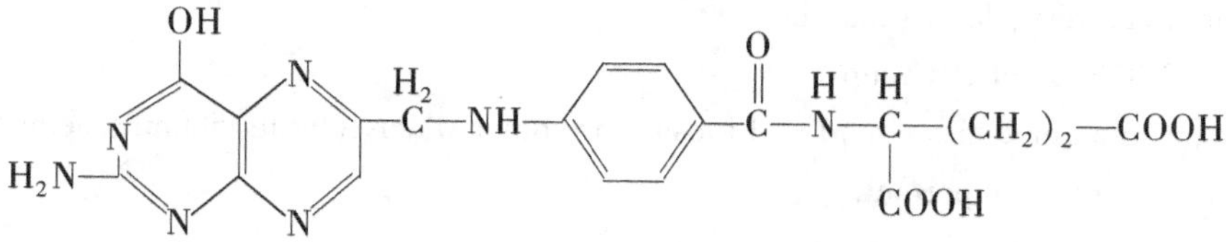

Fig. 6-9   Folic acid

6.2.6   Pantothenic acid

Pantothenic acid is yellow viscous oil, soluble in water. Calcium pantothenate (which is the usual commercial form) is the white crystalline salt, soluble in water. This vitamin is widely distributed in foods and found in all foods except sugar, fat and spirits. The richest sources are yeast and liver while kidney, heart, brain, egg yolk, groundnuts, wheat germ and mushroom are good sources.

This vitamin is essential constituent of coenzyme A, which is concerned with all metabolic processes involving removal of addition of acetyl group ($-COCH_3$). Pantothenic acid is more stable in the pH range from $4 \sim 7$ in thermally processed foods; losses in excess of 50% are not common.

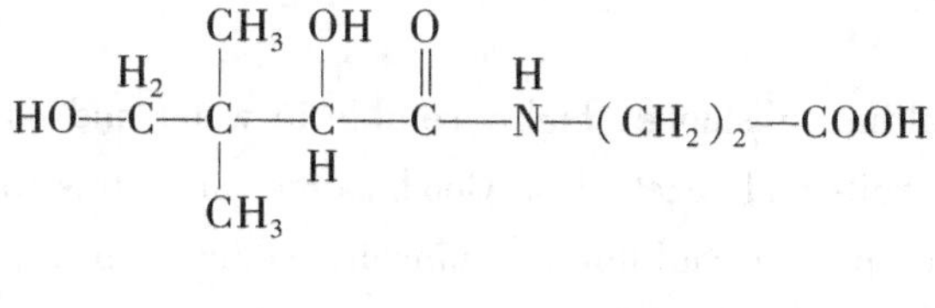

Fig. 6-10   Pantothenic acid

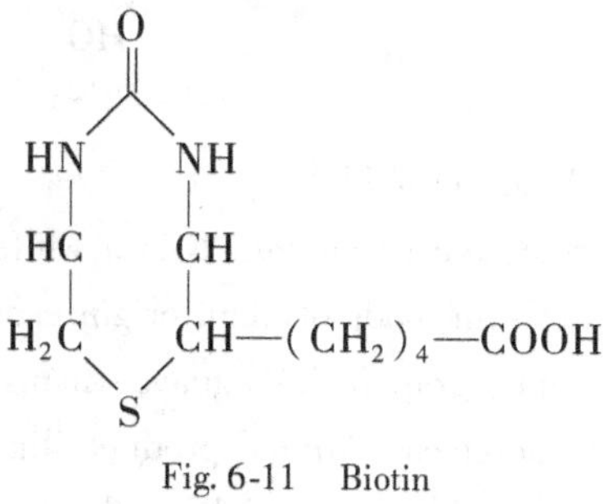

Fig. 6-11   Biotin

6.2.7   Biotin

Biotin or vitamin H is soluble in water and crystallizes in needles from water. It is found in wide variety of foods particularly in egg yolk, liver and yeast. It is also synthesized by the bacteria in intestinal tract hence it is not mandatory dietary requirement. Biotin participates as coenzyme in carboxylation and transcarboxcylation reactions.

It is able to combine with avidin (a protein in raw egg white), which makes this vitamin unavailable to the human body when raw eggs are eaten. Cooking of egg white prevents this reaction.

This vitamin is stable to heat and light and unstable in strong acidic and alkaline conditions. Optimum stability is observed in pH range from 5 ~ 8.

6.2.8 Cyanocobalamine

Cyanocobalamine or vitamin B_{12} is structurally the most complex of vitamins. It is red in color and water-soluble. It is found mainly in foods of animal origins and fermented vegetable products.

It is involved in some enzyme systems in body and necessary for growth and formation of red blood cells. Cyanocobalamine is quite stable in pH range from 4 ~ 6 and only small losses occur even after heat processing of foods. At higher pH or in the presence of reducing agents, such as ascorbic acid and sulphite, losses may be severe.

6.2.9 Other Vitamins of B Group

Choline, paraaminobenzoic acid and inositol are other water-soluble vitamins belonging to the B group. These are not so important.

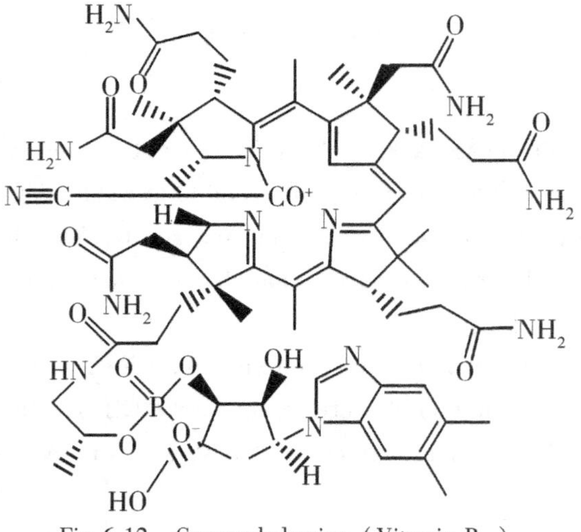

Fig. 6-12   Cyanocobalamine (Vitamin B_{12})

6.2.10 Ascorbic acid

Ascorbic acid or vitamin C is a white crystalline substance, highly soluble in water and found almost entirely in foods of plant origin especially fruits and vegetables. Good sources are citrus fruits (orange, lime, grapefruit), guava, mango, green pepper cauliflower, spinach, cabbage, peas, tomatoes and potatoes. Animal products like meat, milk, fish and eggs contain small quantities.

Ascorbic acid is essential for the formation and maintenance of tissues in the body especially connective tissues. It strengthens walls of blood vessels, dentine of the teeth and osteod tissue of the bone. It helps in absorption of iron in intestine, hailing of wounds, formation of bone and tooth.

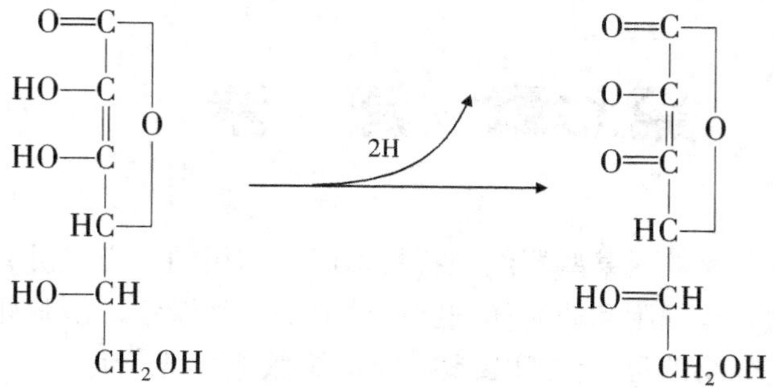

Fig. 6-13 Ascorbic acid (reduced form on left and oxidized form on right)

Ascorbic acid is the most sensitive of all vitamins in processing conditions due to its easy losses by oxidation. It is also lost by high temperature and light.

第七章　激　素

激素是指由活细胞所分泌的对某些靶细胞有特殊激动作用的一类微量有机物质。

动物激素是指由动物腺体细胞和非腺体细胞所分泌的一切激素。由腺体细胞分泌的称为腺体激素，由非腺体细胞分泌的称为组织激素。腺体激素中由无管腺（又称内分泌腺）分泌的激素称为内分泌激素。

植物激素又称为植物生长调节物质，是指一些对植物的生理过程起促进或抑制作用的一类微量活性物质。

激素的类别可概括如下：

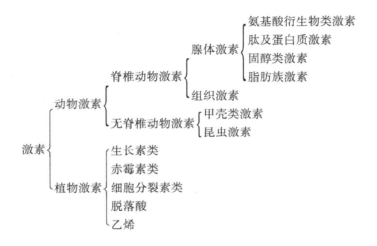

第一节　动物激素

五大内分泌腺　高等动物体内产生激素的内分泌腺很多，主要有甲状腺、肾上腺、胰腺、性腺和脑下垂体五大内分泌腺。

四类动物激素　高等动物体内腺体分泌的激素种类很多，胃肠道中也能分泌多种激素。这些激素按化学性质可分为氨基酸衍生物类激素、肽和蛋白质类激素、固醇类激素、脂肪族激素。

一、内分泌腺

人体内分泌系统是神经系统以外的另一重要调节系统，内分泌腺与有排泄管的外分泌腺不同，它是一种无排泄管的腺体，又称无管腺。腺细胞所分泌的激素直接进入血液或淋巴，借循环系统运送到全身，调节其功能活动。

内分泌腺依其存在形式，可分为内分泌器官和内分泌组织两类，如图7-1所示。

内分泌器官　内分泌器官独立存在，肉眼可见，如甲状腺、甲状旁腺、垂体、松果体、胸腺和肾上腺等。

内分泌组织　内分泌组织是分散存在于其他器官组织中的内分泌细胞群,如胰腺内的胰岛、睾丸内的间质细胞、卵巢内的卵泡细胞和黄体细胞等。

1. 甲状腺

甲状腺由左、右叶及连接两叶的甲状腺峡组成。两叶贴附在喉下部及气管上部的外侧面,甲状腺峡位于第 2 ～ 4 气管软骨环的前方。有时从甲状腺峡向上伸出一突起,称为锥状叶。甲状腺实质内有许多由细胞围成的盲囊,称为甲状腺滤泡。滤泡囊壁的上皮细胞可随功能状态而改变,活动增强时变为柱状细胞,活动减弱时为扁平细胞。滤泡囊内充满胶状物质,内含甲状腺球蛋白。滤泡周围有结缔组织,其中有血管、淋巴管和神经等。

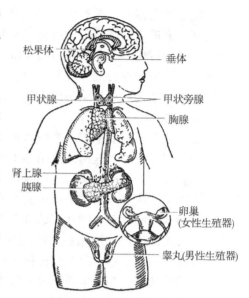

图 7-1　全身内分泌腺的分布

在甲状腺内,还有另一种细胞,称为滤泡旁细胞,又称 C 细胞。它们一部分附嵌于滤泡壁上,另一部分分散在滤泡周围结缔组织之中。甲状腺滤泡上皮细胞的分泌物以甲状腺球蛋白的形式储存于胶状体中。当机体需要时,甲状腺球蛋白被滤泡上皮吞噬,并因溶酶体的作用而分解出甲状腺素,释放入毛细血管中。

甲状腺素是一种含碘的物质,有促进机体的生长发育和新陈代谢的作用。滤泡旁细胞可分泌降钙素,有降低血浆钙含量的作用。

甲状腺两叶的后缘贴附有甲状旁腺,一般有上、下两对,每个如绿豆大,有时一个或几个埋于甲状腺组织之中。

成年人甲状旁腺内有两种细胞:主细胞和嗜酸性细胞。主细胞能分泌甲状旁腺素,可调节体内钙的代谢,维持血钙平衡,分泌不足时引起血钙下降,出现手足抽搐症。嗜酸性细胞的功能不明。

2. 垂体

垂体位于颅中窝内,呈卵圆形,似漏斗连于下丘脑,分前、后两叶,前叶与后叶的结构和功能完全不同。

前叶又称为腺垂体,占垂体的大部分,能分泌多种激素,可促进身体的生长和影响其他内分泌腺的活动等。后叶又称为神经垂体,无分泌作用。后叶内的激素(抗利尿素和催产素)实际上是由下丘脑分泌,经下丘脑垂体束运至后叶储存,然后由后叶释放入血液。

3. 松果体

松果体位于背侧丘脑的内上后方,在儿童 7 ～ 8 岁时,松果体发育至顶峰,以后逐渐萎缩退化,腺细胞减少,结缔组织增生。

一般认为松果体激素具有抑制性早熟的作用。在小儿时期,松果体如发生病变,可出现性早熟。

4. 胸腺

胸腺位于胸骨柄及肋软骨的后方,为大、小不等的左叶和右叶。胸腺在出生后两年内生长很快,以后随年龄继续增长,到青春期发育至顶峰。青春期以后逐渐退化和萎缩,被脂肪组织代替。

　　胸腺是淋巴器官，兼有内分泌功能，其主要功能是产生 T 淋巴细胞，来自骨髓的造血干细胞随血流进入胸腺后分化成淋巴细胞，淋巴细胞在网状上皮细胞分泌的胸腺素作用下，从无免疫能力转化为有免疫能力的 T 淋巴细胞。T 淋巴细胞再移至淋巴结、脾等周围淋巴器官，在那里增殖并参与细胞免疫功能。

　　胸腺在成年之后虽被脂肪组织代替，但网状上皮组织仍存在，还有分泌胸腺素的能力。

5. 肾上腺

　　肾上腺位于两肾的上方，左侧者近似半月形，右侧者呈三角形。每一肾上腺可分为外层的皮质和内部的髓质，这两部分结构不同，所分泌的激素也完全不同。

　　肾上腺皮质自外向内又可分球状带、束状带和网状带三层。球状带的细胞分泌盐皮质激素，如醛固酮，主要参与调节体内的水盐代谢；束状带的细胞分泌糖皮质激素，如氢化可的松，主要调节糖的代谢；网状带的细胞能分泌性激素，以雄性激素为主，作用较弱。肾上腺髓质由较大的多边形细胞组成，细胞互相连接成网状，其间有血窦。髓质细胞内有嗜铬颗粒，易被铬盐染成褐色，故此细胞称为嗜铬细胞。髓质内还有少数交感神经细胞，其神经末梢终止于髓质细胞。髓质细胞能分泌肾上腺素和去甲肾上腺素，它们的生理功能是使心跳加快加强，小动脉收缩，从而可使血压升高。

二、内分泌腺激素

1. 氨基酸衍生物类激素

　　这类激素是由氨基酸衍变而来的，有甲状腺分泌的甲状腺素、肾上腺髓质分泌的肾上腺素等。

　　（1）甲状腺素　　甲状腺素是由两个 3,5-二碘酪氨酸分子偶联而成的一种碘化的酪氨酸衍生物，是甲状腺分泌的主要激素。主要控制耗氧速率和总代谢速率。

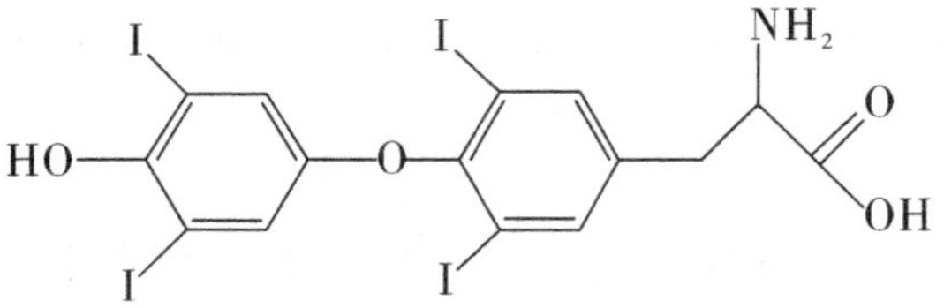

甲状腺素 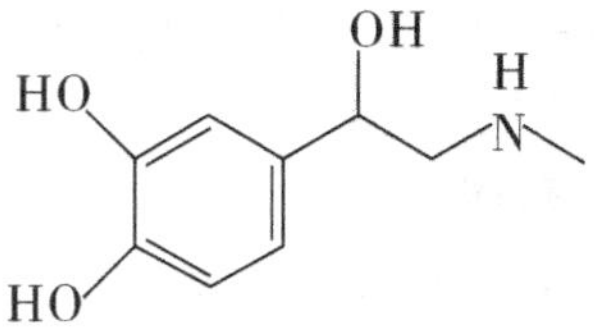　　　　　　　　　　　　　　　　　肾上腺素

　　（2）肾上腺素　　肾上腺素是由肾上腺髓质分泌的一种儿茶酚胺激素。在应激状态、内脏神经刺激和低血糖等情况下释放，进入血液循环，促进糖原分解并升高血糖，促进脂肪分解，引起心跳加快。

2. 肽和蛋白质激素

　　蛋白质或肽类激素包括由脑垂体、胰腺、甲状腺、甲状旁腺、胃粘膜、十二指肠粘膜及其他非腺体组织所分泌的多种激素，如生长素、胰岛素和胰高血糖素等。

　　（1）生长素　　生长素的主要作用是促进 RNA 的生物合成，从而促进蛋白质的生物合成，使器官得到生长和发育。

　　（2）胰岛素　　胰岛素是胰岛分泌的蛋白质类激素，由 A、B 链组成，共含 51 个氨基酸残基。生理作用主要为促进糖原的生物合成及葡萄糖的利用，以及促进蛋白质及脂质的合成代谢，其机制主要是促进有关酶的活力和生物合成。胰岛腺机能过高或过低都会严重影响糖代谢。

（3）胰岛血糖素　胰岛血糖素是胰岛 α-细胞所分泌的激素，是由 29 个氨基酸组成的直链多肽：NH₂-His-Ser-Gln-Gly-Thr-Phe-Thr-Ser-Asp-Tyr-Ser-Lys-Tyr-Leu-Asp-Ser-Arg-Arg-Ala-Gln-Asp-Phe-Val-Gln-Trp-Leu-Met-Asn-Thr-COOH。当血糖偏低时，即刺激胰高血糖素的分泌，胰高血糖素的生理功能主要是促肝糖原分解，增加血糖。其作用机制一般认为是胰高血糖素首先活化腺苷酸环化酶使 ATP 转化为 cAMP，后者再活化肝磷酸化酶促进肝糖原分解。

（4）催产素　即 N-苄氧羰基-S-苄基半胱氨酰酪氨酰异亮氨酰谷氨酰胺酰天冬酰胺酰（S-苄基）半胱氨酰脯氨酰亮氨酰甘氨酰胺，是大脑产生的一种垂体神经激素，男女都有。对女性而言，它能在分娩时引发子宫收缩，刺激乳汁分泌，并通过母婴之间的爱抚建立起母子联系。此外，它还能减少人体内肾上腺酮等压力激素的水平，以降低血压。临床上主要用于催生引产、产后止血和缩短第三产程。

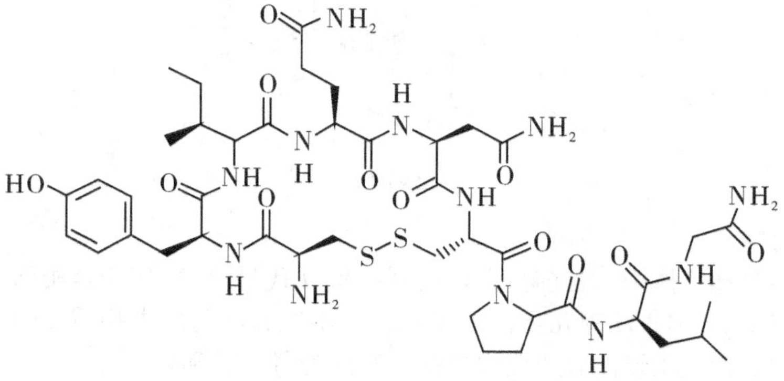

Gly—Leu—Pro—Cys—Asn—Gln—lle—Tyr—Cys

催产素

3. 固醇类激素

固醇类激素分肾上腺皮质激素和性激素两类。皮质激素的理化性质与胆固醇相似，主要生理功能是调节糖代谢和水盐代谢。

性激素有雄性激素和雌性激素两大类，都是固醇类化合物，性腺分泌性激素受制于脑垂体的促性腺激素。

（1）黄体酮　黄体酮是由卵巢黄体、胎盘和肾上腺分泌的一种类固醇类天然孕激素，在体内对雌激素激发过的子宫内膜有显著形态学影响，可促进排卵，为维持妊娠所必需。黄体酮临床用于先兆性流产、习惯性流产的防治，以及闭经或闭经原因的反应性诊断等。

在体内，黄体酮也是合成睾丸素及雌二醇的前体。

（2）睾丸素　17β-羟基雄甾-4-烯-3-酮丙酸酯。又称睾酮、睾丸酮或睾甾酮，是一种类固醇雄性激素，由男性的睾丸或女性的卵巢分泌，肾上腺亦分泌少量睾丸酮。成年男性分泌睾酮的量是成年女性分泌量的 20 倍。不论是男性或女性，它对健康都有着重要的影响，具有增强性欲、力量、免疫功能以及对抗骨质疏松症等功效。

（3）雌二醇　雌甾-1,3,5（10）-三烯-3,17β-二醇。是卵巢分泌的类固醇激素，也是主要的雌性激素，负责调节女性特征、附属性器官的成熟和月经-排卵周期，促进乳腺导管系统的产生。有顺式的 α，反式的 β 两种类型，α 型生理作用强。

己烯雌酚是人工合成的非甾体类雌激素物质，能产生与天然雌二醇相同的药理与治疗作

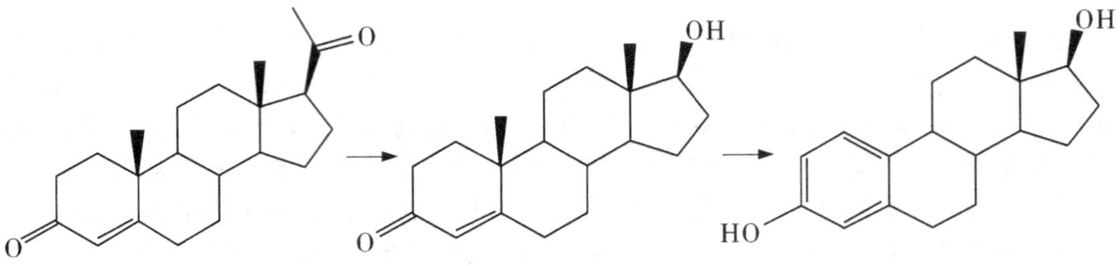

黄体酮   睾丸素   雌二醇

用。主要用于雌激素低下症及激素平衡失调引起的功能性出血、闭经及引产。

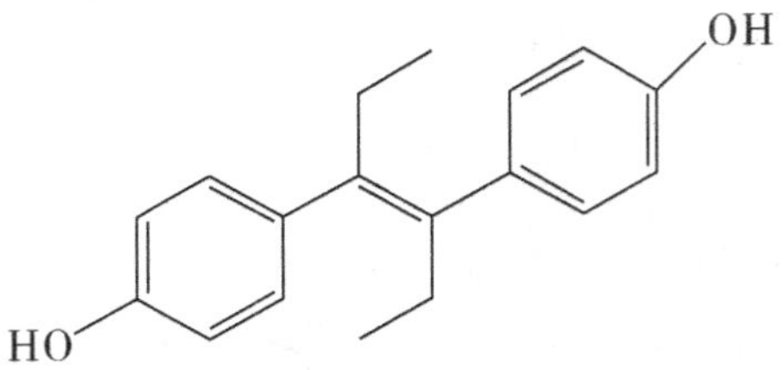

己烯雌酚

4. 脂肪族激素

在人体和高等动物体中，目前只发现前列腺素（代号 PG）属于这类激素。前列腺素有 A，B，C，D，E，F，G，H 等几类，是环 C_{20}-羟-不饱和脂肪酸类物质。哺乳动物的多种细胞都能合成前列腺素，精囊的合成能力更强，其次为肾、肺和胃肠道。

前列腺素具有多种生理功能和药理作用，不同结构的前列腺激素，其功能亦不相同。它们对肌肉、心血管、呼吸、生殖、消化、神经系统都有影响，亦可引起或治疗某些疾病。

前列腺素能调节某些激素的活性，使其不致偏高。例如，肾上腺素、胰高血糖素等能促进脂的水解作用，导致细胞 cAMP 水平升高，而 PGE_1 在 10^{-8} mol/L 浓度即能强烈地抑制脂肪的水解作用和抑制腺苷酸环化酶，阻止 cAMP 水平升高。再如，PGI_2 能起抗凝血作用，可控制肺动脉血压等。

前列腺素对人体也有很多不良作用，可引起炎症、红肿、发烧和使痛觉敏感，因其可增强和延长致痛物质如组胺、5-羟色胺等的致痛作用。

总而言之，前列腺素的作用极其复杂，其产生的不平衡是导致许多疾病的原因之一。但另一方面，前列腺素亦可能成为一类强大的医药武器。

高等动物体内激素的分泌受中枢神经控制，中枢神经通过调节下丘脑的分泌细胞，产生促进或抑制某种激素分泌的激素。有促进作用的称为释放激素（因子），有抑制作用的称为抑制激素（因子），这些激素都是肽类。通过这些由神经细胞分泌的神经激素，实现了神经系统对内分泌系统的调节控制，如图 7-2 所示。

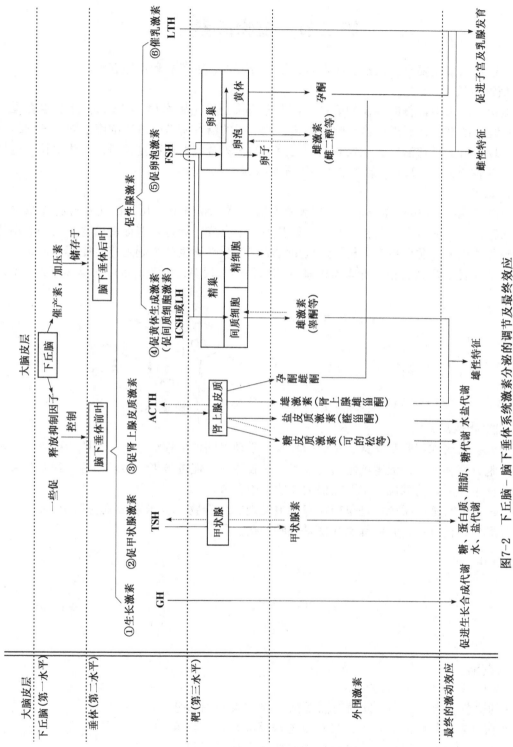

图7-2 下丘脑-脑下垂体系统激素分泌的调节及最终效应

（虚线箭头为负反馈作用，表示激素可反向地抑制下丘脑的促释放抑制因子的分泌）

第二节　植物激素

高等植物激素主要有生长素、赤霉素、细胞分裂素、脱落酸和乙烯五类。

1. 植物生长素

天然植物激素中最普遍存在的植物生长素为吲哚乙酸（简称 IA 或 IAA）。生长素存在于植物生长旺盛的部位，促进植物细胞的伸长，但不同的器官所需的最适浓度不同。扦插植物时用它处理后可提高存活率。在农业上广泛使用的多为合成的植物生长素，这些生长素包括萘乙酸（简称 NAA）、2,4-二氯苯氧乙酸（简称 2,4-D），等等。

2. 赤霉素

目前已发现有 40 多种赤霉素。在高等植物所有器官和组织中几乎都能发现有赤霉素活性物质的存在，但赤霉素主要在幼叶、幼果及根尖中合成。赤霉素能促进植物生长和形态建成，打破种子休眠，诱导果实生长，形成单性结实等。啤酒生产中制麦芽时使用赤霉素，可提高麦芽中 α-淀粉酶的含量。赤霉素的基本结构是赤霉素烷，生产上常用的是赤霉素 GA_3。

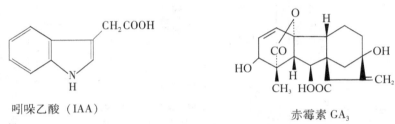

吲哚乙酸（IAA）　　　　　　　　赤霉素 GA_3

3. 细胞分裂素

细胞分裂素或称细胞激动素，是泛指具有与激动素同样生理活性的一类嘌呤衍生物。具有促进细胞分裂和分化，促进细胞横向增粗，打破休眠，促进坐果等生理活性。细胞分裂素存在于植物生长活跃的部位，主要在根尖和幼果中合成。

激动素（6-糠氨基嘌呤）是早期在酵母中发现的化合物。玉米素是从受精 15 天的玉米种子中分离到的化合物，它们都是 6-氨基嘌呤的衍生物。

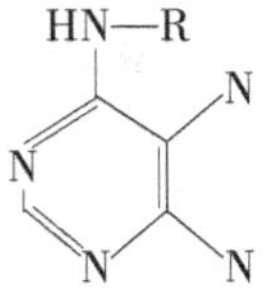

细胞分裂素 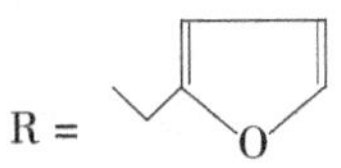　　　　　　激动素 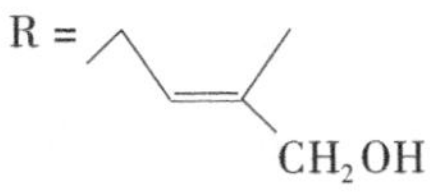　　　　　　玉米素

4. 脱落酸

脱落酸（简称 ABA）亦称离层酸。

年幼的绿色植物组织中，同时有脱落酸、赤霉素及细胞分裂素，而在衰老和休眠的器官中，只有脱落酸单独存在。脱落酸是植物生长抑制剂，可促使植物离层细胞成熟，从而引起器官脱落。它与赤霉素有拮抗作用。

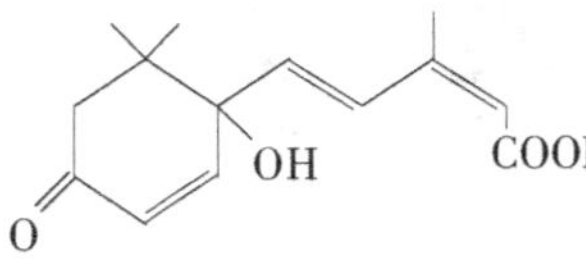

脱落酸

5. 乙烯

乙烯是高等植物体内正常代谢的产物。乙烯的生理作用是降低生长速度，促进果实成熟，促进细胞径向生长而抑制纵向生长，诱导种子萌发，促进器官脱落等。生产实践上利用2-氯乙基膦（商品名为乙烯利）作为乙烯发生剂进行水果的催熟。

生长素、赤霉素和细胞分裂素都有向基运输的特性。

各种植物激素间的相对比例对植物的生长发育具有重要影响。如生长素/细胞分裂素比值高时，有利于根的分化；比值低时有利于芽的形成；比值中等时，则产生愈伤组织。该现象广泛应用于植物细胞和组织培养中。

第三节　　激素的作用原理

激素的作用机理概括起来主要有四种。

1. cAMP 级联放大作用

这种方式反应快（几分钟），通过生成 cAMP 而立刻作用于机体组织。大部分含氮激素都以这种方式起作用，如肾上腺素及胰高血糖素。这类激素常引起多种生理效应。

各种含氮激素作为第一信使与受它作用的细胞（靶细胞）膜中的特异受体结合，随即触发已结合在特异受体上的 G 蛋白（一种结合鸟苷酸的蛋白，与激素的受体偶联）与 GTP 生成 G_s 蛋白-GTP。G_s 蛋白即激活性 G 蛋白，是一个界面蛋白，处于细胞膜内缘，它变动于 GDP（对环化酶无活性）与 GTP 形式（有活性）之间。无激素时，Gs 蛋白处于无活性的 GDP 形式。激素-受体复合物催化的 G_s 蛋白的活化是 cAMP 级联放大效应中的关键性步骤。G_s 蛋白激活 cAMP 环化酶催化 ATP 形成 cAMP。作为第二信使的 cAMP 经一系列相关反应——级联放大，即先激活细胞内的蛋白激酶，再进一步诱发各种功能单位产生相应的反应，cAMP 起着信息传递和放大的作用，cGMP 则有逆转 cAMP 的作用。激素的这种作用方式称为第二信使学说，示意图如图 7-3 所示。细胞内 cAMP 的浓度取决于腺苷酸环化酶和 cAMP 磷酸二酯酶的相对活力比。

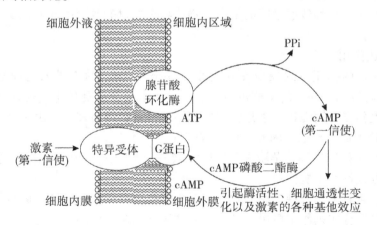

图 7-3　激素通过 cAMP 起作用示意图

cAMP 及 cGMP 分别具有放大及缩小激素作用的功能。

一些 G 蛋白参与的生理过程列于表 7-1。

表 7-1　G 蛋白参与的一些生理过程

刺　激　物	受　　体	G　蛋　白	效　应　子	生　理　效　应
肾上腺素	β-肾上腺素受体	G_s	腺苷酸环化酶	糖原降解
5-羟色胺	5-羟色胺受体	G_s	腺苷酸环化酶	行为敏感性及学习过程
光	视紫质	传导素	cAMP 磷酸二酯酶	视觉激动作用
lg E-抗原复合物	肥大细胞的 lgE 受体	G（未确定）	磷脂酶 C	分泌
f-蛋氨酸肽	化学趋向性受体	G（未确定）	磷脂酶 C	化学趋向性
乙酰胆碱	蕈毒碱受体	G_K	K^+ 通道	减慢起搏活动

2. 磷酸肌醇级联放大作用

激素通过结合到细胞表面的激素受体上，激活 G 蛋白，G 蛋白开启磷酸肌醇酶的催化活性，在磷酸肌醇酶的催化下先产生二酰基甘油和肌醇三磷酸。二酰基甘油进一步活化蛋白激酶 C，促使靶蛋白质中的苏氨酸残基与丝氨酸残基磷酸化，最终改变一系列酶的活性；肌醇三磷酸则打开 Ca^{2+} 通道，升高细胞质内 Ca^{2+} 浓度，改变钙调蛋白和其他的钙传感器的构象，使之变得更易于与其他靶蛋白质结合，改变靶蛋白质的构象，使靶蛋白质的生物活性发生变化，从而完成激素的磷酸肌醇级联放大，在多种细胞内产生广泛的生理效应。

3. 酶的激活作用

激素结合到酪氨酸激酶受体上激活催化活性，使受体本身的酪氨酸残基磷酸化。受体中酪氨酸的磷酸化又进一步促进酪氨酸激酶的活性。因此，很可能激素的多倍效应的调节是通过激素对所作用细胞靶蛋白质中的酪氨酸残基进行磷酸化作用而实现的。

胰岛素就是这样起作用的，表皮生长因子（即 EGF）也类似地起作用。现在还发现许多致癌基因也如此，几种致癌基因的蛋白产物或具有酪氨酸激酶活性或触发这个级联放大过程。

4. 基因表达作用

通过基因表达的作用方式反应慢（几小时甚至几天），激素进入靶细胞后作用于细胞核，其激素受体是结合 DNA 的某些蛋白质。一旦激素结合到受体上，受体就转变成一种转录的增强子，也称转录增强物，于是特定的基因就得到扩增地表达。由于这种作用是通过基因转录形成 mRNA 而实现的，因此作用过程较慢。

固醇类激素（如雌二醇、孕激素及皮质激素 ——糖皮质激素、醛甾酮等）及少数含氮激素即以这种方式作用于机体。

胰岛素可能兼有不止一种作用方式，它对膈肌作用极快，几分钟就可增加对葡萄糖的通透性，而对蛋白质合成则作用极慢，经过 24h 才表现出刺激作用。

第四节　细胞内信使

一、磷酸肌醇级联放大作用的细胞内信使 IP_3 和 DAG

动物机体受到刺激后，发生一系列生理生化反应。磷酸肌醇级联放大作用与腺苷酸环化酶级联放大作用一样，都可以将许多细胞外的信号转化为细胞内的信号，在许多种细胞内引起广泛的不同反应。

这个级联放大的细胞内信使是磷脂酰肌醇4,5-二磷酸（PIP_2）的两个酶解产物：肌醇1,4,5-三磷酸（IP_3）和二酰基甘油（DAG）。

1. G 蛋白的功能和 PIP_2、IP_3、DAG 的形成及转变

CDP-二酰基甘油与肌醇相互作用，形成磷脂酰肌醇（PI），并释放出 CMP。PI 是细胞膜的组成部分之一：

$$\text{CDP-二酰基甘油 + 肌醇} \longrightarrow \text{磷脂酰肌醇（PI）} + \text{CMP}$$

磷脂酰肌醇又进一步受两分子 ATP 的磷酸化，形成磷脂酰肌醇4,5-二磷酸。

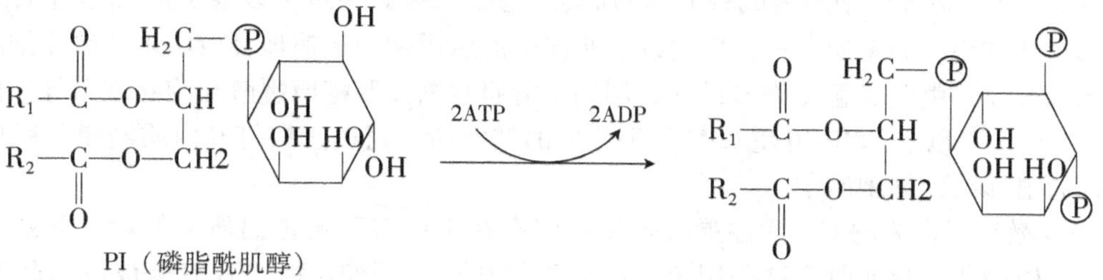

PI（磷脂酰肌醇）

R_1：常为花生四烯酸　R_2：常为硬脂酸

PIP_2（磷脂酰肌醇4,5-二磷酸）

激素如5-羟色胺，结合到细胞表面的受体上，引起结合在膜上的磷酸肌醇酶活化。此酶又称为磷脂酶 C 或磷酸肌醇磷酸二酯酶。它催化连接磷脂酰肌醇单位与酰基化甘油的磷酸二酯键水解，使 PIP_2 裂解成 IP_3 及 DAG。

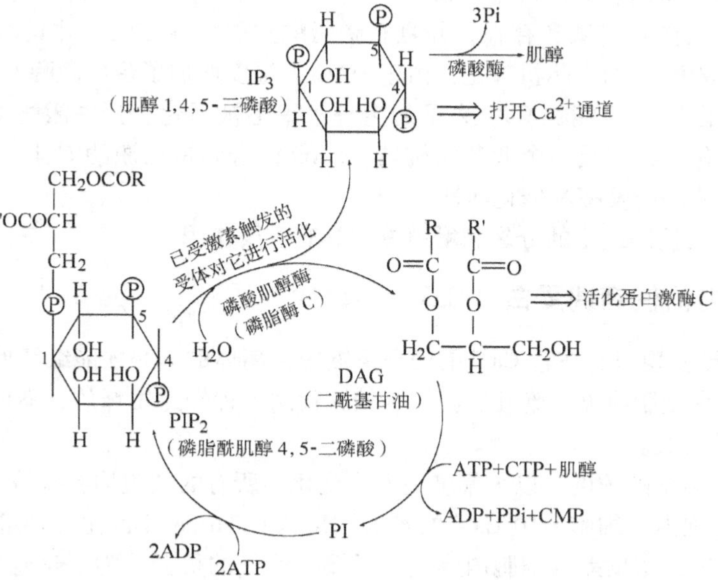

G 蛋白参与这个过程，在活化的受体与磷酸肌醇酶之间传递信息，开启酶的活性。

IP_3 和 DAG 是磷酸肌醇级联放大的两个细胞内信使。

IP_3 是一个短寿命的信使，只能维持几秒钟，它可以在三个磷酸酶的顺次作用下水解形成肌醇。

DAG 一方面可以被磷酸化，形成磷脂酸，此磷脂酸再与 CTP 反应，生成 CDP-二酰基甘油磷酸。另一方面，它可以被水解，生成甘油以及两个参与组成 DAG 的脂肪酸。通常，PIP_2 分子中占据在甘油部分的第 2 位上，是一个二十碳的不饱和脂肪酸——花生四烯酸，它是一系列前列腺激素的前体。因此，由磷酸肌醇的代谢途径产生出许多分子，这些分子具有信号作用。

$$\text{DAG} \xrightarrow[\text{(二酰基甘油)}]{\text{ATP ADP}} \text{磷脂酸} \xrightarrow{\text{CTP PPi}} \text{CDP-二酰基甘油磷酸} \xrightarrow{\text{肌醇 CMP}} \text{PI} \text{(磷脂酰基醇)}$$

2. IP_3 和 DAG 的作用

IP_3 使细胞内部膜结构上的 Ca^{2+} 释放到细胞质中，引起一系列效应。

将 IP_3 微注射加到细胞内或将 IP_3 加到其细胞膜已被处理过可以通透的细胞外面之后发现，Ca^{2+} 从细胞内储藏所——内质网以及肌肉中的肌质网中迅速地释放出来，致使细胞质中 Ca^{2+} 水平升高，由此又触发许多过程，例如平滑肌收缩以及糖原裂解和胞吐现象等。微摩尔（$\mu mol/L$）水平以上的 IP_3 可使 Ca^{2+} 从细胞内的储藏所，通过直接打开内质网膜和肌质网膜上的钙通道移出到细胞质中。

DAG 激活蛋白激酶 C，活性蛋白激酶 C 将存在于许多种靶蛋白质中的丝氨酸残基和苏氨酸残基磷酸化，从而改变这些靶蛋白质的生物活性。例如，糖原合成酶被蛋白激酶 C 磷酸化后，停止合成糖原。

在 IP_3 作用下，细胞质中 Ca^{2+} 水平升高，Ca^{2+} 水平的升高进一步促使糖原合成酶活性升高。然而，蛋白激酶 C 的作用却使 IP_3 诱导增高糖原磷酸化酶活性的过程适宜地终止。事实上，DAG 与 IP_3 的大部分效应是协同的。

蛋白激酶 C 只在 Ca^{2+} 离子存在，并且有磷脂酰丝氨酸存在时，才具有酶促活性。二酰基甘油激活蛋白激酶 C 的实际机理是：由于 DAG 大幅度增加了蛋白激酶 C 对于 Ca^{2+} 的亲和性，因此使得蛋白激酶 C 能在 Ca^{2+} 离子的生理水平上被活化。蛋白激酶 C 是一个 77kd 的酶，具有一个催化结构域及一个调节结构域。DAG 结合到蛋白激酶 C 上，逆转酶调节域造成的抑制作用，使酶能发挥其催化活性。

蛋白激酶 C 在控制细胞的分裂和增殖方面具有重要作用。

二、细胞内信使钙调蛋白（CaM）和 Ca^{2+}

100 年前就已发现只有在含 Ca^{2+} 的循环溶液中，离体的蛙心才能继续搏动，以后几十年内人们陆续地发现细胞收缩、胞吐、胞饮、糖原代谢、神经递质释放、染色体运动乃至细胞死亡等都与 Ca^{2+} 有关。

细胞内 Ca^{2+} 离子的浓度可以大幅度地发生变化，所有的细胞均有排挤 Ca^{2+} 的运输系统。在未被激动的细胞内，细胞质中 Ca^{2+} 的经典浓度为 $0.1\mu mol/L$，比外环境中的浓度低几个数量级，这种悬殊的浓度差为细胞内膜提供了接收信号的机会。为了达到传递信号的目的，可在瞬间打开细胞膜中的或细胞内膜中的钙离子通道，骤然地升高细胞质中的 Ca^{2+} 水平。

Ca^{2+} 还具有第二个特点，使它成为极其合适的细胞内信使：带负电荷的氧（来自于谷氨酸和天冬氨酸侧链）和不带电荷的氧（主链羰基上的）都能很好地与 Ca^{2+} 结合或络合。Ca^{2+} 具有可以与多个配体——6 至 8 个氧原子进行络合的能力，使 Ca^{2+} 能够和蛋白质分子不同片断发生交联，并使它能够诱导蛋白质发生巨大的构象改变。此外，Ca^{2+} 的结合具有高度的选择性。

钙调蛋白（CaM）是钙传感器家族——结合钙蛋白中一种约 17kd 的成员，它存在于几乎所有的真核细胞中，对于任何微量的钙都能敏感地捕获。牛脑 CaM 是一条由 148 个氨基酸残基组成的多肽链，分子内有四个可以结合钙离子的结构域。

CaM 是酸性蛋白质，等电点为 4.0，近 1/3 的氨基酸是酸性的谷氨酸和天冬氨酸；不含有易氧化的 Tyr、Cys，因此分子相当稳定，特别耐热，190℃下可以保留完全的活性；缺乏二硫键及羟脯氨酸，钙调蛋白的一级结构在进化上呈现很强的保守性，不同真核生物的 CaM 与脊椎动物的 CaM 相比，也只有 11 个氨基酸残基被取代，1 个缺失。

CaM 的二级结构是两个类似的球状叶片通过一段肽链的连接而组成整个分子，在每一个球叶中都含有两个 Ca^{2+} 结合位点，但只有一个球叶中的两个 Ca^{2+} 结合位点对 Ca^{2+} 具有很高的亲和性，而另一个球叶对 Ca^{2+} 亲和性较低。

钙调蛋白只有在结合 Ca^{2+}，形成 $Ca^{2+} \cdot CaM$ 复合物后，才有生物活性。$Ca^{2+} \cdot CaM$ 复合物可以两种方式调节代谢：① 直接与靶酶起作用；② 通过活化依赖于 $Ca^{2+} \cdot CaM$ 复合物的蛋白激酶而起作用。

已知至少有 15 种代谢上重要的酶受 CaM 调节，其中特别重要的是 CaM 对各种代谢调节剂，如激素（包括前列腺素）、神经递质、细胞内第二信使（cAMP，Ca^{2+}）等有直接或间接的调控作用。

以上几种代谢调节剂在空间、时间上有互补作用，如激素负责细胞间通讯，Ca^{2+}、cAMP 则为细胞内信使；从时间上来看，激素作用时间以分、小时，乃至天计算，而环式核苷酸则在秒、分的范围。Ca^{2+} 因无需重新合成，适于快速反应，反应时间在毫秒级。

鉴于 CaM 对这些代谢调节剂所起的修饰作用，亦可称 CaM 为细胞代谢调控的综合剂。特别是它作为细胞内 Ca^{2+} 的受体，既调节细胞内 Ca^{2+} 的浓度，又有媒介 Ca^{2+} 的功能，同时还调节第二信使 cAMP 的合成与分解。因此，在第二信使调节体系中，CaM 处于中心地位。

第八章　细胞生物化学

第一节　细胞的一般结构

细胞是生物的基本单位，细胞分为两大类，即原核细胞和真核细胞。前者结构简单，种类也少，细菌、蓝藻就是属于原核细胞；而后者结构复杂，所涉及的生物体种类繁多，从原生动物到人类，从低等植物到高等植物都由真核细胞构成。它们的主要差别见表8-1。

表 8-1　原核细胞与真核细胞的主要区别

特　性	原　核　细　胞	真　核　细　胞
细胞大小	较小（1 ～ 10μm）	较大（10 ～ 100μm）
染色体	一个细胞只有一条 DNA，与 RNA、蛋白质不联结在一起	一个细胞有几条染色体，DNA 与 RNA、蛋白质联结在一起
细胞核	无核膜和核仁	有核膜和核仁
细胞器	无	有线粒体、叶绿体、内质网、高尔基体等
内膜系统	简单	复杂
微梁系统	无	有微管和微丝
细胞分裂	二分体、出芽，无有丝分裂	具有丝分裂器，能进行有丝分裂
转录与转译	出现在同一时间与地点	出现在不同时间与地点（转录在核内、转译在细胞质内）

1. 原核细胞

原核细胞如图 8-1、图 8-2 所示，外部由质膜所包围，它的结构与化学组成和真核细胞相似。所有原核细胞的质膜之外，都有一层坚韧的细胞壁保护着，是由一种叫胞壁质的蛋白多糖所组成，这种物质在真核细胞壁中是不存在的。

除此之外，尚有少数原核细胞壁含有其他多糖和脂类，有的在壁外还分泌一层粘质物，如蓝藻外表的胶质层；有些原核细胞能运动，它依靠鞭毛运动，这些鞭毛的结构比真核细胞的简单；有些细菌在壁上还有丝状突起，叫伞毛，这些都是细胞表面的附属物。

细胞内部含有 DNA 的区域，没有被一层膜包围，称这个区域为拟核，其中只有一条 DNA。在细胞质中没有内质网、高尔基体、线粒体和质体等，但含有核糖核蛋白体、间体或称质膜体、粒状物和类囊体、蓝色体，细胞质中的内含物有气泡、多磷酸颗粒、糖原粒、脂肪滴、多面体、蛋白粒等。

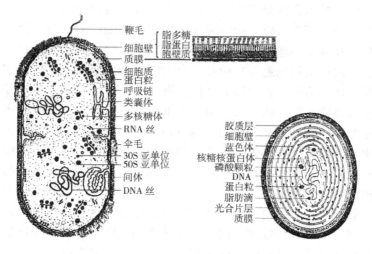

图 8-1 细菌细胞模式图　　　　　　图 8-2 蓝藻细胞模式图

2. 真核细胞

真核细胞的结构基本相似，但动物细胞与植物细胞稍有不同，它们的模式图见图 8-3、图 8-4。

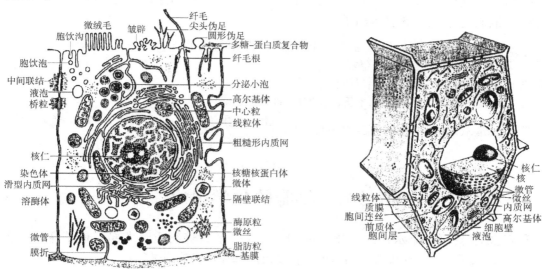

图 8-3 动物细胞模式图　　　　　　图 8-4 植物细胞模式图

动物细胞的表面也由质膜包着，它控制着细胞内外物质的运输，这层质膜与内部的膜系统相连。两个相邻细胞之间的质膜也有变形，有的叫联结，使两个相邻细胞紧密接合在一起便于通讯；有的叫桥粒，两个相邻细胞的质膜各自向内突出丝状物，使细胞"焊接"在一起。

在植物细胞外面有细胞壁，而细胞之间有一层胶状物把两个相邻细胞的壁粘合在一起，这叫中胶层或称胞间层。在两个相邻细胞之间的壁上，有原生质丝相连，叫胞间连丝，使细胞间互相连通。

在细胞内部分为两部分：细胞质和细胞核。核由核膜包着，与细胞质分隔，其中含有染色质和核仁。细胞质内有核糖核蛋白体，为细胞合成蛋白质的场所。内质网和高尔基体是细胞质中的膜系统，具有合成、包装和运输物质的功能。溶酶体中含有各种消化酶，能分解蛋白质、脂肪和糖类。微体为单层膜所包围，呈球状，有的含晶朊物质。液泡在动植物细胞内都具有，但在植物细胞特别明显，有大液泡和中央液泡，主要成分是水。在植物细胞里还含有圆球体，为单层膜包围的球体，形小，与合成脂肪有关。还有两个较大的细胞器，即线粒体和质体。线粒体在动、植物细胞中都有，能进行呼吸作用。质体为植物细胞所特有，其中叶绿体能进行光合作用，制造糖类。还有白色体和杂色体都由前质体分化出来。细胞质中还有丝状结构和管状结构，即微丝与微管，为一种类似细胞肌肉和骨架的结构，它们单独或与中心粒和基粒在一起，都与细胞运动有关。此外，细胞质中还有内含物，如油滴、糖原粒、淀粉粒等。

以上所述是细胞的一般结构，但不是所有细胞都含有这些结构。例如，哺乳动物的红细胞在生长后期就没有核和线粒体。同样，在同类细胞之间，含有细胞器的形状和数目也各不相同。即使是在同一个细胞的不同时期也不一样，经常变动。

细胞内含有的物质，大致可分为四类：①细胞质与细胞核所组成的生活物质的整体，叫做原生质；②由细胞质分化出来具有一定机能的细胞质衍生物，如纤毛、鞭毛等，它们的新陈代谢较弱，这种物质称为后成质；③由原生质高度特化代谢产生的物质称为异质，如角质、木栓质、木质、纤维素等；④细胞质中的内含物都是一些新陈代谢的产物，如淀粉粒、糖原粒、油滴、乳液等，统称为副质。

细胞 {
　原生质（为生活物质）{ 细胞质（包括膜、高尔基体、内质网、中心粒、线粒体、质体等）/ 细胞核（核质）
　后成质（为细胞质衍生物）：纤毛与鞭毛
　导质（为特化的原生质）：角质、木质、木栓质、纤维素等
　副质（为新陈代谢产物，存在于细胞质或液泡中）{ 储藏物质（淀粉、糖原、蛋白质结晶、脂肪球）/ 分泌物（油滴、浮液、矿物质结晶）
}

第二节　细胞的化学组成

活细胞的主要组成是水，占总鲜重的 $80\% \sim 90\%$。营养物质绝大部分是以溶解状态（溶于水）进入细胞，一切生命活动的重要化学反应都在水溶液中进行。

活细胞除去水分后的干物质约有 90% 为蛋白质、核酸、糖类和脂类，其余如无机物仅占很少一部分。四类大分子的基本元素为碳，也都含有氢和氧，有不少还含有氮。这四种元素占生物体组成元素含量的 90% 以上，见表 8-2。其他一些元素如钾、钠、镁、氯、磷、硫等，虽然含量很少，也是生命活动所必需的。在地球上的 100 多种元素，为生物体所需要的仅 22 种。

表 8-2 玉米与人体的无机物的组成 （单位:%）

元素	玉米	人	元素	玉米	人
O	44.43	14.62	S	0.17	0.78
C	43.57	55.99	Cl	0.14	0.47
H	6.24	7.46	Al	0.11	—
N	1.46	9.33	Fe	0.08	0.012
Si	1.17	0.005	Mn	0.04	—
K	0.92	1.09	Na	—	0.47
Ca	0.23	4.67	Zn	—	0.010
P	0.20	3.11	Rb	—	0.005
Mg	0.18	0.16			

引自 Hall,1974。

构成生物细胞的基本生物分子有 30 种，这 30 种基本生物分子包括 20 种氨基酸、5 种含氮碱（嘌呤及嘧啶）、1 种脂肪酸（棕榈酸）、2 种糖（葡萄糖及核糖）、1 种多元醇（甘油）及 1 种胺（胆碱）。一切生物都由这 30 种基本生物分子组成。

这 30 种基本生物分子进一步以共价键结合成生物大分子，氨基酸聚合成蛋白质；由含氮碱与核糖形成的核苷酸聚合成核酸；葡萄糖聚合成多糖；脂肪酸及甘油等聚合成脂类。四类大分子是构成细胞精细结构的基石，蛋白质是细胞的主要有机成分，它们能完成各种功能，既是重要的结构分子，又是特异的催化剂（酶），负责遗传信息的表达和细胞代谢的调节。核酸与储存和传递遗传信息有关，在它们的指引下，能合成各种蛋白质。核酸与蛋白质一起集合成信息分子，它们的一块块基石排列成特异的顺序，就可用来传递信息。多糖与脂类都不带信息，它们所含有的不过是一些重复的单位而已。多糖所担负的功能，既是结构成分，如细胞壁中的纤维素和果胶质，昆虫角质层的几丁质；又是主要的储藏物质，如淀粉和糖原等。它们同样也表现出一些生物的特异性，例如，在动物细胞表面的抗原、血型的特异性、病原体受体部位和细胞的粘附，都是糖类的功能。脂类的功能有点像多糖，多糖与脂类既是细胞膜的主要成分，也是细胞代谢能量的主要储存者。

第三节　细　胞　壁

细胞壁决定细胞的形状并增加其刚性。

1. 原核生物的细胞壁

原核生物的细胞壁组分比较复杂。革兰氏阳性和阴性细菌以及绿藻的外壳都是由胞壁质组成，胞壁质是由 N-乙酰氨基葡萄糖及 N-乙酰胞壁酸交替组成的多聚物，胞壁酸残基上可以连接多肽，称为肽聚糖（或粘肽）。彼此邻近的多糖链之间通过肽链部分相互连接形成三维结构。

所有革兰氏阳性细菌表面都含有磷壁质，它是由甘油或核糖醇以磷酸二酯键连接成的多聚体。在细胞膜与胞壁质之间的空隙通常是磷壁质，带有很强的负电荷。

在革兰氏阴性细菌中不存在磷壁质，但在肽聚糖与细胞膜之间夹有一层脂多糖。脂多糖的结构很复杂，含有各种杂糖，如细菌的脂多糖进入动物血液中，因其毒性很强，会引起发烧、休克性出血等，故脂多糖称为内毒素。

2. 植物细胞壁

在成熟的植物细胞中，细胞壁由三部分组成，即中胶层、初生壁及次生壁。中胶层主要由果胶多聚物组成，并且也可能木质化。初生壁由纤维素、半纤维素（木聚糖、甘露聚糖、半乳聚糖、葡萄糖等）、果胶以及木质素组成。次生壁是最后沉积的，大部分是纤维素及少量半纤维素和木质素。

在次生壁上存在着形状和排列不同的大量孔隙，称为纹孔。在相邻的细胞之间有称为胞间连丝的丝状结构，穿过纹孔及次生壁和中胶层，与相邻细胞连接起来。细胞的内质网就通过胞间连丝与相邻细胞连接，使代谢物及激素等可以从一个细胞流到另一个细胞中去。

3. 动物细胞的细胞外壳

动物细胞没有细胞壁，但有一个细胞外壳。在大多数细胞的质膜以外有一个由蛋白质、糖脂、糖蛋白、酶、激素受体部位及抗原等组成的多组分系统，赋予细胞表面以特殊的性质。因此，动物细胞的质膜外表并不是光滑的，而是在其表面上有一层"绒毛"。

第四节　生　物　膜

一、生物膜的组分与结构

生物膜是一种高度组织的分子装配，它构成细胞与其周围环境之间或真核细胞的胞核与内部区域（各种细胞器）之间的一种沟通障碍。

生物膜的组成因其来源而异，其干重的 40% 左右为脂类，60% 左右为蛋白质，这两种物质通过疏水交互作用等化学键以外的相互作用而结合成复合体。糖类一般占全部干重的 1%～10%，糖类以共价键或与脂类或与蛋白质相结合，而且含有糖类的分子大致上就被看作是脂类或蛋白质。除上述组分以外，膜还含有约为其全部干重 20% 的水分，水与膜结合紧密，是维持其结构所必需的。

1. 双层脂类

在含水环境中，膜脂（主要是磷脂和糖脂）的偶极性质决定了膜具有一种特异的分子排列，使细胞内的亲水性与疏水性部分分隔开。含有一个极性头部及两个非极性尾部组成的脂类具有形成双层脂膜的特性，如图 8-5 所示。在双层膜中，脂类的极性头部构成膜的外表面，暴露在含水的环境中，而非极性的尾部，由于疏水基团的引力，创造出一个内部的非极性环境，它对环境中的可溶于水的组分是不能透过的。由双层脂膜形成的连续层将细胞或细胞壁包围起来，形成各种生物膜，如质膜、核膜、液泡膜、内质网等。脂类的双层排列还有另外一个优点，就是它们可以形成区域化的结构，这些区域是自我封闭的，使疏水的内部既处于含水的环境中，而又不致形成孔隙。

生物膜中含有大量不饱和脂肪酸是一个重要的生物结构特性，饱和脂肪酸通常表现为直线构象的形式。而不饱和脂肪酸的烃链具有大约为 30° 的屈折，靠双键以顺式（cis）构型维持分子的形状。顺式构型中的两个或两个以上的双键可以形成多个屈折，从而明显地缩短了分子的长度，不饱和脂肪酸这种构象上的特性，赋予膜以流动的性质。在双层膜形成过程中，饱和脂肪酸由于其分子直线的构象并且长度较长、排列紧密，可以产生一种有序（序性高）的刚性结构。而不饱和脂肪酸由于其分子屈折多并且长度较短，产生一种无序（序性低）的柔性结构，这种结构称为流动双层膜。

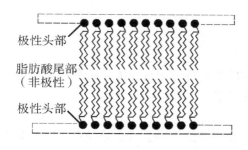

图 8-5　由磷脂形成的双层脂膜部分示意图

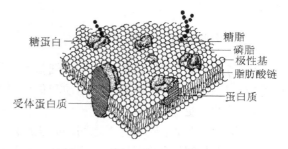

图 8-6　生物膜的流体镶嵌模型

2. 膜的蛋白质

在膜的组成中，蛋白质占 20% ~ 80%，膜蛋白通常可以分为外围蛋白和整体蛋白两类。外围蛋白附着在双层脂膜的表面上，而整体蛋白以非极性基团的作用加到膜脂之中。作为膜的组分，整体蛋白可以全部嵌入到膜的内部，或者局部插入膜内，一部分突出到双分子脂层之外，或者跨过整个双分子脂层（跨膜蛋白）。

有的膜蛋白质为糖蛋白，含有一个或多个糖残基，其糖残基部分总是位于膜的外表面，这些表面上的糖残基在细胞识别中起着重大的作用。

3. 膜的流体镶嵌模型

目前关于膜的动态结构的观点是 Singer 与 Nicholson 两人于 1972 年提出的，称为膜的流体镶嵌模型，如图 8-6 所示。在这个模型中，双分子脂层既是一个分子通透性障碍，又由于其流动性质（由不饱和脂肪酸所决定）作为蛋白质的溶剂。脂类-蛋白质的特异相互作用是膜蛋白进行生物功能所必需的，即脂类的功能不只作为溶剂而已，膜的蛋白组分以各种镶嵌形式融合在膜中，如球蛋白可看成是漂浮在脂类双分子层"海洋"中的"冰山"。这样侧向扩散，即蛋白分子沿着双分子层的平面可以移动。横向扩散，即蛋白分子从膜的一面移向膜的另一面，只能以极慢的速度进行。

膜内球蛋白的流动性则源于脂类双分子层的流动性，其中的碳氢键在生理温度下是高度可流动的。在低温下，水合的磷脂呈凝胶态，其中含有结晶状的碳氢链不是垂直于膜平面，而是以一定角度倾斜，倾斜的角度则视水合程度而定，这些脂链上的 C—C 单键，即 σ 键大部分是反式的平面构象，仅发生轻度扭曲振动。

当温度上升时，碳氢链的分子运动逐渐增加，直至达到特定的转变温度时，热的吸收突然增加，产生液晶状态，一定脂类的转变温度因碳氢链的长度和不饱和程度而异。膜的流动性是不均匀的，由于脂质组成的不同，膜蛋白-膜脂、膜蛋白-膜蛋白的相互作用以及环境因素（如温度、pH 值、金属离子等）的影响，在一定的温度下有的膜脂处于凝胶态，有的则呈流动的液晶态，整个膜可视为具有不同流动性的"微区"相间隔的动态结构，因而 Jain 与 White 提出了"板块镶嵌"模型，但这些模型还没有像"流体镶嵌"模型那样受到广泛的支持。根据目前关于生物膜的概念，可以对许多生物学问题作出较合理的解释。生长在低温中的细菌，其膜中所含不饱和脂肪酸的比例比生长在较高温度中的要大些，这便可防止生物膜在低温下变得刚性过大，不利于生存。高等生物中也存在类似情况，例如，驯鹿的腿部有一个温度梯度，接近躯体处体温最高，近蹄部温度最低，蹄部为了适应低温，接近蹄部的细胞膜其脂类富含不饱和脂肪酸。此外，近来的研究表明，抗寒的植物与不抗寒的植物在膜脂的成分上也表现出明显的差异，抗寒植物比不抗寒植物的膜脂中含有较多的不饱和脂肪酸。

二、生物膜的功能

生物膜是多功能的结构，是生活细胞不可缺少的多生物分子复合体，具有保护细胞、交换物质、传递信息、转换能量、运动和免疫等生理功能。

1. 保护功能

细胞质膜是细胞质与外界之间的有机屏障，它能保护细胞不受或少受外界环境因素改变的影响，保持细胞的原有形状和完整性，使细胞保持其特定环境以适应它的特定目的。有鞘神经的细胞膜还有绝缘作用，保证神经冲动沿着神经纤维传播。

2. 转运功能

活细胞要经常与外界交换物质以维持其正常生活，要经常从外界选择性地吸收所需要的养料，同时排出不需要的物质。在各种物质进出生物膜的过程中，生物膜起着控制作用。

生物膜转运物质有时是耗能反应，有时是不耗能反应。

（1）不耗能转运　这类转运只凭被转运物质自身的扩散作用而不需要从外部获得能量，又称被动转运。

简单扩散　这种扩散是某些离子或物质（在生物膜中主要是脂溶性物质）利用各自的动能由高浓度区经细胞膜扩散和渗透到低浓度区，所需条件只是膜两边的浓度差（浓度梯度），这种扩散作用在生物膜转运物质上是不重要的。

复杂扩散　这种扩散的基本原理与简单扩散相似，所不同者是需要蛋白质载体帮助进行扩散。

载体蛋白帮助被动转运扩散的作用有两种情况：一种是生物膜上有一定的内在蛋白能自身形成横贯细胞脂质双层的通道，让一定的离子通过，进入膜的另一边，这种蛋白质称离子载体。某些抗菌肽，如缬氨霉素就是钾离子的载体。离子载体如发生构象上的变化，它提供的离子通道即可增强或减弱，甚至完全封闭。另一种情况是生物膜上的特异载体蛋白在膜外表面上与被转运的代谢物结合，结合后的复合物经扩散、转动、摆动或其他运动向膜内转运。在膜的表面，由于载体构象的改变，被转运的物质从载体离解出来，留在膜的内侧，如革兰氏阴性细胞质膜外表面存在许多小分子蛋白质，可以帮助被转运物质如葡萄糖、半乳糖、阿拉伯糖、亮氨酸、苯丙氨酸、精氨酸、组氨酸、酪氨酸、磷酸盐和 Ca^{2+}、K^+、Na^+ 等离子的转移。

（2）耗能转运　生物膜转运作用有些是需要加入能量的，一般称为主动转运。它可以逆浓度梯度进行，转运所需的能量来源有的是 ATP 的高能磷酸键，有的是呼吸链的氧化还原作用，还有的是代谢物（底物）分子中的高能键。

3. 信息传递

生物膜的另一功能是传递细胞间的信息，高等动物神经冲动（信息）的传导和生物遗传信息（遗传性）的传递都需要通过生物膜才能完成。生物膜上有接受不同信息的专一性受体，这些受体能识别和接受各种特殊信息，并将不同信息分别传递给有关靶细胞，产生相应的效应以调节代谢、控制遗传和其他生理活动。例如，神经冲动的传导就是首先通过神经纤维细胞膜释放神经冲动信息——乙酰胆碱，然后再由接受神经信息的神经细胞突触膜上的乙酰胆碱受体与乙酰胆碱结合，再经由结合导致受体的变构和由受体变构引起的膜的离子通透性的改变等过程，终于引起膜电位的急剧变化，神经冲动才得以往下传导。由于神经冲动能向有关靶细胞传达，神经中枢才能通过激素和酶的作用调节代谢和其他生理机能。

4. 能量转换

生物体内的能量转换有多种形式，例如，食物储存的化学能可变为热能（食物氧化）或机械能（肌肉收缩），或转为高能键能（氧化磷酸化），光能转为化学能（如光合作用）以及化学能转为电能（神经传导）等都是较重要的能量转换作用。真核细胞的氧化磷酸化主要在线粒体膜上进行。原核细胞（如细菌等）的氧化磷酸化反应则主要在细胞质膜上进行。

5. 免疫功能

吞噬细胞和淋巴细胞都有免疫功能，它们能区别与自己不同的异种细菌等外来物质，并能将有害细胞或病毒吞噬消灭，或对外来物质（抗原）产生抗体免疫作用。吞噬细胞之所以能起吞噬作用，是因为它的细胞膜对外来物有很强的亲和力，能识别外来物并利用它自己细胞膜上的表面蛋白（动蛋白）的运动性将外来物吞噬。至于细胞的免疫性，则是由于细胞膜上有专一性抗原受体，当抗原受体被抗原激活，即引起细胞产生相应的抗体。

6. 运动功能

淋巴细胞的吞噬作用和某些细胞利用质膜内折将外物包围入细胞内的胞饮作用都是靠生物膜的运动来进行的；有许多原生动物和单细胞动物可用其细胞膜表面的纤毛或鞭毛有节奏地摆动而移动。

第五节　细胞液

细胞液从生物化学角度讲就是细胞质的可溶相经过超速离心（10^5 g，20min）后，除去了所有细胞器和各种颗粒的上清液部分。从细胞学上说，就是光学显微镜下的透明质，又称为细胞液，电子显微镜下的细胞质基质是细胞质连续相。

1. 细胞液的结构

细胞质有弹性和粘滞性，还有布朗运动和原生质川流运动，这种连续相的细胞质不是始终如一的，而是随着环境条件（如温度、日光、渗透压等）而改变的。可能是由蛋白质纤丝相互交织在一起所组成的触变凝胶。

2. 细胞液的化学组成

细胞液的化学组成依相对分子质量的大小大致可划为下列三类：

（1）小分子类　包括水、无机离子（K^+、Cl^+、Na^+、Mg^{2+}、Ca^{2+}）和溶解的气体，其中单价离子大部分游离在细胞液中，而双价阳离子则可能依附在核酸、核苷酸和酸性多糖上，有少数紧密结合在酶上。

（2）中分子类　包括各种代谢物如脂类、糖（葡萄糖、果糖、蔗糖）、氨基酸、核苷酸和核苷酸衍生物。

（3）大分子类　游离的大分子主要包括蛋白质、脂蛋白和 RNA，还有少许多糖。

3. 细胞液的功能

细胞液的功能主要是进行游离酶促反应和容纳、运输细胞生活物质。可归纳为：

（1）进行某些生化活动，如糖酵解、核酸、脂肪酸和氨基酸代谢的一定阶段，都是由细胞液中处于相对游离状态的酶来完成的；

（2）维持细胞器的实体完整性，提供所需要的离子环境；

（3）供给细胞器行使功能所必需的一切底物；

（4）在它们复杂的相互作用中所涉及的物质的运输。

细胞液中出现的三个主要的代谢途径是：①糖酵解途径；②磷酸戊糖途径；③脂肪酸合成途径。

第六节　细　胞　核

在原核细胞中虽然没有细胞核，但是在质膜内部可以观察到一个纤维状区域，它含有一个螺旋形的双链环状 DNA。

在真核细胞中，细胞核是一个双层膜包围的大而且浓的细胞器，在膜上有许多膜孔，使细胞核中生物合成的产物可以通过它运送到周围的细胞质里去。细胞核内部含有染色质，它是由 DNA 纤丝与紧密结合的组蛋白所构成，当细胞核分裂时，染色质缩聚成染色体。核质中还有各种酶，如 DNA 聚合酶、RNA 聚合酶，以进行 mRNA 及 tRNA 的合成。此外，已经在核质中检查出糖酵解、三羧酸循环及磷酸戊糖途径的酶类。在核膜内侧紧密结合着 1 ～ 3 个核仁，它们是 rRNA 生物合成的部位，这个亚细胞器是无膜的，含有 RNA 聚合酶、RNA 酶、NADP 焦磷酸酶及 ATP 酶等，核仁中无 DNA 聚合酶。核糖体 RNA 是在核仁中合成的，然后运到细胞质中装配成多核糖体。

第七节　细　胞　器

细胞是一个非常复杂的结构，在质膜内除去细胞核外是一团稠密的细胞质。细胞质具有高度的组织性，其中包含各种细胞器，如线粒体、叶绿体、内质网、高尔基体等。

一、内质网

在原核细胞中没有内质网，在所有真核细胞中都存在内质网，它是由网状的膜组成的沟和囊泡。内质网有两种，一种是表面粗糙的称为颗粒内质网，它的外面结合着许多核糖体，如图 8-7 所示；另一种是平滑的，不含有核糖体。在哺乳动物肝脏中，内质网上存在许多重要的酶类，包括合成固醇、甘油三酯及磷脂的酶类，通过甲基化、羟基化等化学修饰使药物解毒的酶，以及脂肪酸去饱和酶及脂链延长酶等。

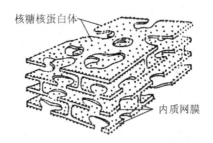

图 8-7　真核细胞内粗糙型
内质网的立体模型

二、核糖体

在原核细胞中核糖体成簇存在，直径 10 ～ 20nm，常在行使蛋白质合成模板作用的 mRNA 链上连接成多核糖体，核糖体是蛋白质合成的场所。在真核生物中，核糖体与内质网结合，形成表面粗糙的内质网，蛋白质合成即在内质网上进行。新形成的蛋白质分泌到囊泡系统中，然后转移到高尔基体，在那里形成溶酶体及其他微体。

三、线粒体

在所有真核细胞中存在长 $2 \sim 3\mu m$ 的棒状小颗粒，称为线粒体，如图 8-8 所示。在动物细胞中，线粒体是进行氧化磷酸化、三羧酸循环及脂肪氧化作用的唯一部位。线粒体是真核细胞中普遍存在而在原核细胞中完全不存在的细胞器。

虽然原核细胞没有线粒体，但它们的质膜是电子传递及氧化磷酸化的部位。

所有线粒体都由一个双层膜系统组成，外膜与内膜分隔开并包围着内膜，内膜向衬质内部折叠成嵴。呼吸链电子传递系统的所有酶类，即黄素蛋白，琥珀酸脱氢酶，细胞色素 b，c，c_1，a 及 a_3 都埋藏在内膜中。此外，内膜的内侧上有一些球体连接在柄上，并向衬质突出，这些球体即氧化磷酸化的偶联因子 F_1，直径 8.5nm，相对分子质量为 280000，具有 ATP 酶活性。F_1 分子由 5 个亚基组成，这些 ATP 酶参加到氧化磷酸化的最后步骤，催化下列反应：

$$ADP + Pi \Longrightarrow ATP + H_2O$$

线粒体的内膜通透性很小，而外膜对相对分子质量大到 10000 的大量化合物都是可以透过的。外膜的相对密度为 1.13，而内膜相对密度为 1.21，外膜上的磷脂比内膜约多 3 倍，其胆固醇比内膜约多 6 倍。磷脂酰肌醇只存在于外膜中，而双磷脂酰甘油则只存在于内膜。线粒体的总蛋白中有 4% 与外膜结合，21% 与内膜结合，67% 在衬质中，泛醌只存在于内膜中。

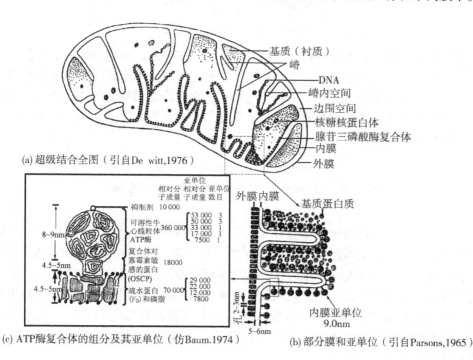

图 8-8　线粒体模式图

线粒体的衬质中除含有大量可溶性酶外，还含有线粒体 DNA，为环状双链分子，略小于细菌 DNA，形状与之非常相似。在细菌、线粒体及叶绿体中，DNA 不与组蛋白结合。每个线粒体有 $2 \sim 6$ 个 DNA 环，大约能编码相对分子质量为 17000 的 70 条多肽链。因 DNA 聚合酶存在于衬质中，可以认为线粒体 DNA 是在线粒体中独立地合成的，其复制也是半保留的。在线粒体衬质中能进行一定种类的蛋白质合成。

四、质体

植物区别于动物的一个最主要的特征，在于它们的细胞内出现质体。根据含有色素和功能的不同，质体有白色体、叶绿体和有色体三种基本类型。

白色体无色，它的前体为"原质体"，原质体常常在植物分生组织中出现，能进行多次分裂，成为白色体，或叶绿体，如图8-9所示。白色体因所在组织和功能的不同可分为造粉质体、造蛋白体和造油体。储藏组织的白色体内聚集了合成的淀粉，特称造粉质体。造蛋白质体中含有蛋白质，经常以结晶形式存在。造油体中含有精油和脂肪，在有些植物中，造油体来自叶绿体。在黑暗中生长的植物的质体，其中含有结晶状的原片层体，特称黄色体或白色质体，也是白色体的一种类型。

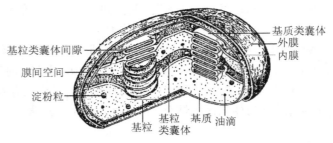

图8-9   叶绿体超显微结构图解

有色体中含有的色素为叶黄素、胡萝卜素和类胡萝卜素，呈现黄色或桔黄色，在高等植物的某些器官表现出来，如花瓣、果实和根。在有色体中由于所含的叶绿素退化和类囊体结构消失，它的光合作用能力已处于不活动的状态。它们能够积集淀粉和脂类。有色体和叶绿体的聚合体叫载色体，各种类型质体之间在发育上有密切联系，在不同时期和不同组织中，可按下列路线互相转化：

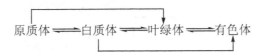

所有能进行光合作用的植物都含有由叶绿素组成的细胞器，称为叶绿体（图8-9）。

叶绿体外部有一个由双层膜构成的外被膜，内部是大量紧密堆砌的膜结构，称为片层，其中含有叶绿素。在有些叶绿体中，片层排列成紧密堆砌的圆盘状，称为基粒，基粒与基粒之间由间质片层连接起来，是光合放氧及光合磷酸化的部位。埋藏片层的基质称为衬质，它是固定CO_2的多种酶类、核糖体、合成核酸的酶类以及合成脂肪的酶类聚集的部位。衬质中含有大量双磷酸核酮糖羧化酶（RuBP羧化酶），占叶绿体蛋白质含量的50%。叶绿体含有环状的叶绿体DNA。

五、液泡系

1. 液泡的类型

液泡可分为下列几种类型。有些是动物、植物细胞所共有的，有的是植物的细胞所独有的，如图8-10所示。

（1）高尔基液泡   由高尔基体成熟面高尔基池（或潴泡）边缘形成的小泡，其中含有

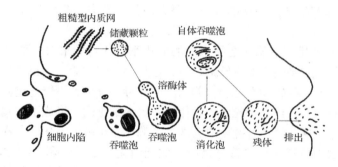

图 8-10　溶酶体的类型及功能图解说明

水解酶，如酸性磷酸酶等。

（2）溶酶体　由内质网形成，其中也含有水解酶。也可能由高尔基体形成。

（3）圆球体　为植物细胞所独有，相当于溶酶体，也是由内质网形成。

（4）微体　按其中所含有的酶来确定它们的性质，可能由内质网发生。

（5）消化泡　一种由溶酶体和吞噬小体或胞饮液泡融合后形成的小泡。

（6）自体吞噬泡或自噬小体　由一层膜将一小部分细胞质包围而成，其中被消化的物质系细胞质含有的各种组成，如线粒体、内质网的碎片。

（7）残体　由消化泡和自体吞噬泡所不能消化的物质逐渐积累转化而成。

（8）胞饮液泡　由质膜的内陷作用吞饮了一些溶液或营养液而成。

（9）吞噬泡或吞噬小体　由质膜的内陷作用吞噬了营养颗粒而成。

（10）糊粉粒或糊粉泡　在植物的种子中产生的一种特异的液泡，其中储有蛋白质（多数是酶），起源于内质网。

（11）中央液泡　出现于植物细胞的中央，由许多小泡在生长过程中增大和合并而成为巨大的中央液泡。为植物细胞所特有的结构，如成熟西瓜细胞的中央大液泡中储存有大量的糖分和水分，使西瓜甜而多汁。中央液泡亦起源于内质网，由内质网池膨胀而成。

（12）收缩泡　为原生动物所含有的液泡，也可能是由内质网池扩大而成，具伸缩性，收缩时可把废液或过量的水分排出体外。

2. 液泡的一般性质与结构

动、植物液泡都是由一层生物膜所组成，它们的形态与内质网膜相同。植物液泡膜具有特殊的通透性，一般高于质膜。

动物液泡是动物细胞内氧化还原的中心，是物质，尤其是蛋白质，如酶原粒、卵黄粒、顶体（穿孔器）等浓缩、凝结的场所。

液泡中所含的物质很多，植物细胞的液泡含有无机盐、有机酸、糖类、脂类、蛋白质、酶、树胶、粘液、鞣酸类、生物碱和花色素苷等。在动物分泌细胞中则含有以酶原形式制造和输出的大量糖原颗粒；在动、植物的溶酶体中则含有高浓度的各种酶，如蛋白酶、核酸酶、酯酶和核苷酶等。

3. 溶酶体

溶酶体存在于除红细胞以外的所有动物细胞中，也存在于植物细胞中。溶酶体为单层生物膜结构，其基质中含有 30 ～ 40 种水解酶，这些酶的特征是最适 pH 值为酸性，酸性磷酸酯酶是这个细胞器的标记酶。

溶酶体包含有降解生物大分子的酶，主要起消化、吞噬和自溶作用，有营养与防御的功能。

（1）正常的消化作用　溶酶体是细胞内的消化系统，它们来自内质网和高尔基体。高尔基体边缘脱离出来的高尔基液泡形成储藏颗粒，这是溶酶体的原形，也就是初级溶酶体。有些生物大分子溶液或其他一些较大颗粒的营养物质或病毒、细菌，不能透过质膜而是由胞饮作用或吞噬作用，把这些营养液或大颗粒经内吞作用吞饮入细胞内，形成了吞噬小体或食物泡。如果这些小体与溶酶体相遇，两者合并就成为次生溶酶体，也就是消化泡。在这种泡内，溶酶体中的酶就可把吞噬的物质消化，将营养物质扩散到消化膜之外，剩余的残渣留在其中成为残体，再经外排作用把残渣排出于细胞之外。很明显，溶酶体有营养与防御的功能。

（2）自体吞噬　当细胞内的一部分组成，如线粒体、小片段内质网、糖原颗粒和其他细胞质颗粒向内陷进了自身的溶酶体，就成为自体吞噬泡；随后，这些内含物也就被消化掉，从而实现细胞自体受伤或衰老细胞器和生命分子的清除。

（3）细胞自溶作用　溶酶体膜在细胞内真正破裂，触发细胞的凋亡，整个细胞被释放的酶所消化。

4. 圆球体

圆球体是跟脂肪小滴一样无后含物的颗粒，具有酶活性的细胞器。圆球体存在于大多数的植物细胞中，在相差显微镜下观察，颜色暗淡，而在暗视野下却为发亮的颗粒。

圆球体是储藏甘油三酯的细胞器，同时也具有溶酶体的性质。在含油组织的圆球体内含有水解酶与脂肪酶，在非含油组织的圆球体内含有酸性磷酸酯酶和其他一些水解酶。

5. 微体

微体是由一层生物膜所包围的圆球形颗粒，其中含有氧化酶，如尿酸氧化酶和过氧化氢酶等。微体普遍存在于动物体与植物体中，可分为过氧化物酶体和乙醛酸循环体两种主要类型。常见乙醛酸循环体与脂质体联结，而过氧化物酶体则紧靠叶绿体。

植物的叶片中存在有过氧化物体，是叶片进行光呼吸作用的场所。

在油料种子中，含有一种微体称为乙醛酸循环体，这种细胞器只在油料种子萌发的短时期中存在，而在缺少脂类的种子如豌豆种子中则不存在。这是一种高度特化的细胞器，能将脂肪酸转化成 C_4 酸，然后 C_4 酸进一步转化成蔗糖等。

六、高尔基体

在动物和植物细胞中都存在一种扁平的膜状囊泡或管状结构，并由许多小圆球包围，这种结构称为高尔基体或网体。高尔基体在蛋白质及多糖的分泌中起重要作用。内质网中合成的蛋白质都运送到高尔基体，然后再由高尔基体将合成的糖蛋白运送到细胞的各个部位。在植物中，高尔基体还参与细胞壁的形成，细胞壁多糖的合成是在内质网中开始的，但完成于高尔基体中，然后运送到细胞壁形成的部位。在这种细胞器中也观察到磷脂的生物合成。

七、微管与微丝

微管在动物及植物中普遍存在，但在原核生物中尚未发现。

微管由微管蛋白组成，微管蛋白的相对分子质量为120 000。它是由两个亚基组成的二聚体，每个亚基的相对分子质量约为55 000。微管蛋白可以聚合成微管，微管蛋白为酸性的球蛋白，其沉降系数为6S。

微管有两种：一种是稳定的微管，存在于纤毛和鞭毛中；另一种是流动的微管，存在于细胞质中。

微管有许多生物学功能，主要有：①作为细胞骨架，维持细胞的形状；②建筑细胞壁；③在有丝分裂时，控制染色体运动及细胞板的形成；④构成纤毛及鞭毛，成为细胞的运动器官。

微丝也是动物和植物细胞中普遍存在的一种细胞器。微丝是一种长而细的纤丝，由一种收缩蛋白——肌动蛋白组成。球状的 G-肌动蛋白的相对分子质量为 42 000，许多 G-肌动蛋白可以聚合成长的纤维状的 F-肌动蛋白。动物的横纹肌中的细丝即由 F-肌动蛋白组成，粗丝由肌球蛋白组成。由于这两种蛋白纤维的相对滑动，即产生肌肉的收缩运动。

微丝的功能主要有两种：①构成细胞骨架；②负担细胞内细胞质的运动，推进物质的运输。

生物的生长是由细胞的分生、分化以及细胞自身的扩大与定型来完成的。细胞核中核酸所负载的一部分遗传信息，转录成蛋白质的特异结构。这样合成的蛋白质和一些金属元素、色素、糖、类脂以至核酸等集结在一起分别形成多种多样的复杂蛋白质，并参与到各种细胞器的形成中。最初分生出来的细胞还缺乏发育完全的内质网、质体与其他细胞器，这些结构是在细胞成长与进一步分化中发展出来的。核酸与蛋白质合成中所需的物质与能量都是分别由细胞器供应的，细胞自身的扩大与定型主要靠原生质向外分泌构成胞壁的物质和向内把多种溶质分泌到液泡系中做到的；外围的胞壁规定了细胞的形态，生物膜系统则稳定了细胞的内环境。细胞的各部位既分工又协作，共同执行生理生化过程。

第九章　人体生物学

　　人体是一个完整而不可分割的有机整体，其结构和功能的基本单位是细胞。细胞之间存在一些不具细胞形态的物质，称为细胞间质。许多形态和功能相似的细胞与细胞间质共同构成组织而行使特定的生理功能。人体组织是构成人体各器官和系统的基础，分为上皮组织、结缔组织、肌组织和神经组织四种基本组织。由几种组织互相结合，成为具有一定形态和功能的结构，称为器官，如胃、肝、肺、肾等。在结构和功能上密切相关的一系列器官联合起来，共同执行某种生理活动而构成系统。人体可分为运动、消化、呼吸、泌尿、生殖、循环、内分泌、感觉和神经共九个系统。各系统在神经系统的支配和调节下，既分工又合作，实现各种复杂的生命活动，使人体成为一个完整而统一的有机体。

第一节　人体基本组织

　　人体基本组织有四种：上皮和皮肤组织、结缔组织、肌组织和神经组织。

一、上皮和皮肤组织

　　上皮和皮肤组织由密集排列的细胞组成，细胞间质少，呈膜状被覆在人体的表面或衬贴在体腔和管腔的内表面。基底面附着于基膜，并借此膜与深部结缔组织相连。上皮和皮肤内神经末梢丰富，感觉敏锐，并具有保护、分泌、吸收和排泄等功能，如图9-1所示。

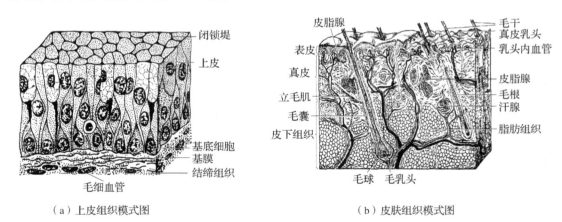

（a）上皮组织模式图　　　　　　　　　　　（b）皮肤组织模式图

图9-1　上皮和皮肤组织模式图

（一）上皮组织

上皮组织可分为被覆上皮和腺上皮两类。

1. 被覆上皮

按上皮细胞的形态和排列层，可分下列主要类型：

（1）单层扁平上皮　为一层扁平如鱼鳞状的细胞，核为扁圆形，细胞扁薄。衬贴在心脏和血管内面的单层扁平上皮称为内皮；衬贴在胸膜、腹膜和浆膜心包表面的单层扁平上皮称为间皮。这种上皮很薄，由于表面光滑，可减少摩擦。

（2）单层立方上皮　为一层短柱状的细胞，细胞近似方形，核为球形，分布于肾小管和甲状腺滤泡等处。

（3）单层柱状上皮　为一层高柱状细胞，细胞为长方形，核为椭圆形，分布于胃、肠和子宫等粘膜处。

（4）假复层纤毛柱状上皮　是由一层形状不同、高低不等的细胞组成，各种细胞基底部均排列在同一基膜上，但核的位置却高低不一。在切片中形似多层细胞，而实际上是一层细胞，这种上皮的游离面还有纤毛，故称假复层纤毛柱状上皮，此上皮多分布于呼吸道的粘膜。

（5）复层扁平（鳞状）上皮　由许多层细胞组成，表层细胞为扁平形，中层细胞为多边形，深层细胞为立方形或柱状。深层细胞不断分裂增生，产生的细胞逐渐向表面推移，以补充因衰老或损伤而脱落的表面细胞。复层扁平上皮分布于表皮、食管和阴道等处。皮肤表层细胞有角化现象。

2. 腺上皮

具有分泌功能的上皮称为腺上皮，以腺上皮作为主要结构的器官称为腺体，腺体根据有无排泄管可分为外分泌腺和内分泌腺两类。

（1）外分泌腺　由分泌部和导管组成，其分泌物经导管输送到体表或器官内腔，如汗腺、唾液腺等，如图9-2所示。

（2）内分泌腺　腺细胞排列成团块或泡状，无导管。腺细胞的分泌物直接渗入血液或淋巴，进而运到全身，以调节细胞和器官的功能活动，如甲状腺和肾上腺等。

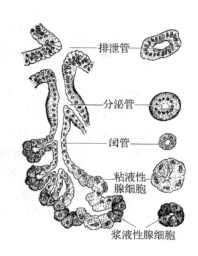

图 9-2　外分泌腺的一般结构

（二）皮肤组织

人体皮肤总面积为 $1.5 \sim 2.0 m^2$，具有保护、分泌、排泄、吸收和调节体温等功能，因其中分布着丰富的神经末梢，所以它还有感觉功能。

皮肤由表皮和真皮组成，皮肤的下方为皮下组织或称浅筋膜，由疏松结缔组织构成。

1. 表皮

表皮属于复层扁平上皮，从深向浅分为五层。

（1）基底层　又称生发层，为一层低柱状细胞，具有活跃的分裂增殖能力，能不断产生新的细胞向浅层推移，以补充表皮衰老脱落的上皮。

（2）棘细胞层　位于基底层上面，有 5 ～ 10 层细胞，该细胞已失去分裂能力，向角化阶段发展。

（3）颗粒层　由 2 ～ 3 层细胞组成，是由棘细胞层细胞转化形成的。

（4）透明层　由颗粒层转化而成，细胞界限及胞核已不清楚。

（5）角化层　是表皮的最外层，由已角化的细胞形成，厚度各处不同，其表层不断脱落。

2. 真皮

位于表皮下面，由致密结缔组织构成，又分为乳头层和网状层。

（1）乳头层　呈乳头状凸向表皮。

（2）网状层　比乳头层厚，内含有较大的血管、淋巴管和神经等。

3. 皮肤的附属器

皮肤的附属器包括毛发、皮脂腺和汗腺。

（1）毛发　可分为毛干和毛根两部分。毛干露出于皮肤以外，毛根埋于皮肤之内。毛根末端膨大，称为毛球，该处细胞分裂活跃，是毛发的生长点。毛球底部凹陷，有结缔组织突入，称为毛乳头，内含丰富的血管和神经。毛根外周有毛囊，其内层为上皮，外层为结缔组织，毛囊开口于皮肤表面。在真皮内有斜行的平滑肌束，称为立毛肌，它一端附于毛囊，另一端止于真皮浅部，收缩时使毛发竖立，皮肤呈鸡皮状。

（2）皮脂腺　多位于毛囊与立毛肌之间，开口于毛囊，所分泌皮脂经毛囊排出，滑润皮肤及毛发。

（3）汗腺　是弯曲的上皮管道，分为分泌部及排泄部。分泌部蜷曲成团，有分泌汗液的功能，位于真皮深部或皮下组织内。排泄部细长扭曲，开口于皮肤表面。

4. 皮肤的血管、淋巴管和神经

表皮无血管，真皮和皮下组织内血管丰富，可以储纳血液总量的1/5。真皮内还有淋巴管网。

皮肤内有极丰富的感觉神经末梢，在表皮细胞之间有游离神经末梢，感受痛觉刺激；在真皮的神经乳头内有触觉小体；在真皮深层和皮下组织内有环层小体，后两者感受触觉、压觉。此外，还有交感神经纤维分布于皮肤内的血管、汗腺和立毛肌，支配汗腺的分泌和平滑肌的活动。

二、结缔组织

结缔组织由细胞和大量细胞间质构成，其中细胞数量较少，种类多，散布于细胞间质中。人体的结缔组织包括疏松结缔组织、致密结缔组织、网状组织、脂肪组织、软骨组织、骨组织以及血液和淋巴等。现以疏松结缔组织和致密结缔组织为例加以说明。

1. 疏松结缔组织

疏松结缔组织由细胞纤维和基质组成，细胞分散，纤维排列疏松且不规则，像蜂窝状，故又称蜂窝组织，如图9-3所示。疏松结缔组织在人体内分布很广，充填在组织或器官之间，有营养、连接和保护作用。

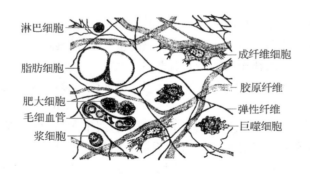

图9-3　疏松结缔组织铺片

2. 致密结缔组织

致密结缔组织细胞少，纤维多，排列致密，并按一定方式集结成束，如真皮、肌腱和韧带等。

三、肌组织

肌组织主要由肌细胞组成，肌细胞一般细长，呈纤维状，又称肌纤维。肌浆内含有线粒体和肌原纤维等，后者是肌纤维进行舒缩运动的主要物质基础。肌组织包括平滑肌、心肌和骨骼肌。

（一）平滑肌

平滑肌主要由平滑肌纤维组成，平滑肌纤维成梭形，中央有一椭圆形细胞核，肌膜薄而不明显，如图9-4所示。平滑肌受内脏神经支配，分布于消化管、呼吸道、泌尿生殖管道及血管等。

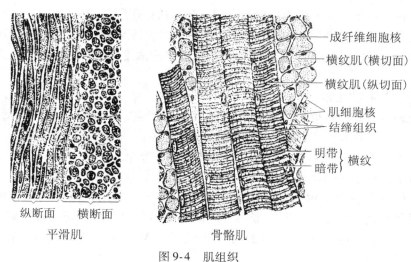

图9-4 肌组织

（二）心肌

心肌主要由心肌纤维组成，心肌纤维呈圆柱状，有分支并吻合成网，核位于肌纤维中央，心肌纤维有横纹。在两心肌纤维的连接端有一横线，称为闰盘。心肌受内脏神经支配。

（三）骨骼肌

1. 骨骼肌的组成

骨骼肌可分为长肌、短肌、阔肌和轮匝肌四种，主要由骨骼肌纤维构成，呈长圆柱形，是一种多核的细胞。核排列于肌纤维的周缘部，并有大量的肌原纤维充满细胞质内。每条肌原纤维都有明带和暗带相间排列，因此，使整条肌纤维呈现明暗相间的横纹，故又称横纹肌。骨骼肌的两端通常借肌腱或腱膜附着于两块或两块以上的骨面上，中间跨过一个或几个关节，当肌收缩时牵动骨产生运动。

骨骼肌受躯体神经支配，由于它能随人的意志而收缩，也称为随意肌。

骨骼肌的辅助装置主要有浅筋膜和深筋膜两种。浅筋膜由疏松结缔组织构成，位于皮下，又称皮下组织，内含丰富的脂肪、血管和神经。深筋膜又称固有筋膜，由致密结缔组织构成，包绕每块肌和肌群。

骨骼肌通常通过无弹性的腱紧贴在骨骼上，每一肌肉都包着一层结缔组织，结缔组织又转而叉开，把肌肉分成小束。肌肉由许多大体成纵向的肌肉纤维所组成，这些肌肉纤维占肌肉总量的75%～92%。每条肌肉纤维顺着肌肉的长度伸展得很长，有的甚至可以伸展到整个肌肉的长度。肌肉纤维的直径一般在10～100nm范围，每一根纤维都由肌纤膜包着。肌纤膜是三层的膜，厚度约为10nm。在特定部位的肌纤膜中的神经纤维末端称为"运动终板"。电刺激从"运动终板"经过横纹肌微管系统或T-系统传达到纤维内的收缩元素。T-系统由包在纤维上的肌纤膜的凹入所引起，T-系统的末端在靠近肌质网（SR）的两个末端液囊的细胞内相遇。SR是小管状细网，同其他细胞的内质网有些相似。

T-系统和SR系统有着双重的功能：① 将电刺激传送到纤维内部；② 控制肌浆液中Ca^{2+}的浓度，在肌肉收缩时释出Ca^{2+}，在肌肉松弛时吸收Ca^{2+}。SR膜中含有一种依赖ATP的Ca^{2+}泵，此泵能使静止于肌肉中的肌浆Ca^{2+}浓度维持在一定的浓度（$<10^{-7}$mol/L）。此浓度低于在粗肌球蛋白和细肌动蛋白丝之间活化横桥作用所需的浓度，受到刺激之后，一般电信号会沿着T-系统传送到SR的末端淋巴间隙，使它迅速地将Ca^{2+}释放到肌浆液中，于是Ca^{2+}上升到肌球蛋白和肌动蛋白之间促进交联所需的浓度（10^{-7}mol/L），使肌肉处于紧张状态。

2. 骨骼肌的收缩元素

肌肉收缩力由称为肌原纤维的圆柱形细胞器所产生，肌原纤维占肌肉量的80%以上。肌原纤维被肌浆、T-系统、肌浆内质网和线粒体所包围，骨骼肌的组织如图9-5所示。

肌原纤维的直径一般为1～2μm，一束普通的纤维至少含有1000个单位，浅色和深色的不同区带来自粗丝和细丝的排列。

肌肉的粗丝几乎全部由肌球蛋白所组成，如图9-6所示。粗丝还含有称作C-蛋白和M-蛋白的两种其他蛋白质。C-蛋白带以有规律的间隔环绕着肌球蛋白丝，而且似乎起着一种作用，把所有肌球蛋白分子一起结合到纤维束中。M-蛋白对肌球蛋白具有促使聚集的作用，位于A带的中央。

肌动蛋白占肌原纤维的20%～25%，它是细丝中的主要蛋白质。它的基本单位是一种相对分子质量小于50000称作G-肌动蛋白的球形蛋白。这种单体的基本单位在ATP和Mg^{2+}存在下有形成长的肌动蛋白丝（称为F-肌动蛋白）的倾向。肌原纤维中还有另外两种蛋白质，称为原肌球蛋白和肌钙蛋白，其质量分数各为8%～10%，这些蛋白质加上Ca^{2+}，被认为参与调节由肌球蛋白、肌动蛋白、ATP及Mg^{2+}完成的收缩过程。原肌球蛋白是一种棒状分子，大约40nm长、2nm宽，位于F-肌动蛋白的沟中。肌钙蛋白是一种球形蛋白，与原肌球蛋白结合在一起，位于沿细丝间隔38.5nm处。肌钙蛋白由三种多肽链组成：TN-I（相对分子质量23000），结合原肌球蛋白的亚单位；TN-T（相对分子质量37000），一种抑制肌动球蛋白ATP酶活性的亚单位和TN-C（相对分子质量18000），结合钙的亚单位。肌原纤维的成分如表9-1所示。

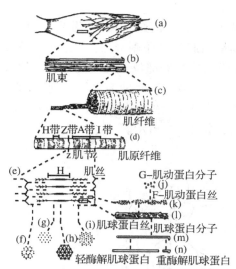

图 9-5 骨骼肌从粗结构到分子水平的组织图
（a）骨骼肌；（b）肌纤维之一束；（c）肌纤维；（d）肌原纤维；（e）肌节；（f～i）在肌节不同位置的横切面；（j）G–肌动蛋白分子；（k）F-肌动蛋白丝；（m）肌球蛋白分子，表示头部和尾部；（n）肌球蛋白分子的轻酶解肌球蛋白（LMM）和重酶解肌球蛋白（HMM）

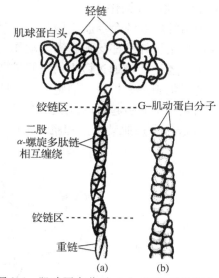

图 9-6 肌球蛋白分子（a）和 F-肌动蛋白分子（由二条 G-肌动蛋白分子组成的链构成）（b）的示意图

表 9-1 肌原纤维的成分

蛋白质	位置	占肌原纤维蛋白的近似值（%）	相对分子质量	多肽链数和链重
肌球蛋白	粗丝	55	460 000	2×190 000（重链） 1.2×21 000（A-1 轻链） 2×18 000（DTNB 轻链） 0.8×17 000（A-2 轻链）
C-蛋白质	粗丝（位于 9 个部位，与每半个 A 带大约相隔 43nm）	2	140 000	1×140 000
M-蛋白质	M-线		88 000	2×44 000
肌动蛋白	细丝	23	41 700	1×41 700
原肌球蛋白	细丝	6	70 000	2×35 000
肌钙蛋白	细丝（位于细丝间隔 38.5nm 处）	6	80 000	1×37 000（TN-T） 1×23 000（TN-I） 1×18 000（TN-C）
α-辅肌动蛋白	Z 盘*	1	180 000	2×90 000

＊其他蛋白质也可能存在于 M 线和 Z 盘中。

3. 骨骼肌的收缩作用

当中枢神经系统命令肌肉收缩时，动作电位就在肌神经接点开始，沿肌纤膜的纵向前进，并使整条长纤维都受到刺激。动作电位的到来引起乙酰胆碱释放到肌肉纤维的"运动终板"上，乙酰胆碱通过微小的空间扩散到肌纤膜的感受器部位，并改变细胞膜的渗透性，使 Na^+ 通过细胞迅速扩散。细胞膜的极性反转，去极化波向下通过 T-系统传到 SR 系统的末端淋巴间隙，从而引起 Ca^{2+} 的迅速释出，使肌浆内的 Ca^{2+} 浓度升高到 10^{-5} mol/L 左右，释放出来的 Ca^{2+} 促进肌动蛋白和肌球蛋白之间交联，如图9-7所示。

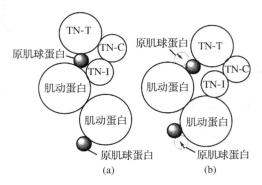

图 9-7　肌肉细丝的图解

（a）终端向上，处在静止状态时，TN-T 亚单位与原肌球蛋白结合，抑制亚单位 TN-T 同肌动蛋白相结合

（b）处在活动状态时，Ca^{2+} 浓度升高，TN-I 和肌动蛋白之间的连结变松，原肌球蛋白移到肌动蛋白细丝沟的较深处，留出肌球蛋白能够结合的位置

在 Ca^{2+} 浓度较低时，TN-I 牢固地结合在肌动蛋白上，原肌球蛋白处于阻断的位置，阻止肌球蛋白头连结到肌动蛋白上。从肌质网中释出的 Ca^{2+} 加强了 TN-C 与肌钙蛋白亚单位的连锁，并使 TN-I 与肌动蛋白之间的连锁减弱。于是，TN-I 可以离开肌动蛋白，原肌球蛋白可以自由移动到细丝沟的较深位置。这时肌动蛋白上肌球蛋白的结合部位就暴露出来，产生了"空位"和横桥。肌球蛋白有高度的 ATP 酶活性，作用时需有 Ca^{2+} 及 Mg^{2+} 存在。ATP 与 Ca^{2+} 结合时为活性态，与 Mg^{2+} 结合时为惰性态。肌质网"泵"出的 Ca^{2+} 与 $ATP-Mg^{2+}$ 复合物作用，生成 $ATP-Ca^{2+}$ 复合物，并刺激肌球蛋白 ATP 酶，于是释出能量而使肌动蛋白纤丝在肌球蛋白纤丝之间滑动，形成收缩态的肌动球蛋白。当收缩信号停止时，肌质网将 Ca^{2+} 从肌浆中泵送出去，使细胞内 Ca^{2+} 浓度回复到 10^{-7} mol/L。这时，肌钙蛋白改变其构象，原肌球蛋白转到阻断位置。横桥不再连到细丝上，同时 $ATP-Mg^{2+}$ 复合物重新形成，ATP 酶活性受到抑制，肌纤维中的肌动蛋白纤丝与肌球蛋白纤丝互相被动地滑过，成为分开而又重叠的松弛状态。神经系统发出另一次信号后，整个过程又会这样重复一次。在肌肉收缩的整个过程中，肌质网的作用好像是一个可逆的钙"泵"。

四、神经组织

神经组织由神经细胞和神经胶质细胞构成。

（一）神经细胞

神经细胞，亦称神经元，是具有长突起的细胞，由细胞体及其突起组成，如图9-8所示。神经元按突起的数量可分为假单极神经元、双极神经元和多极神经元；根据神经元的功能可分为感觉神经元、运动神经元和联合神经元。

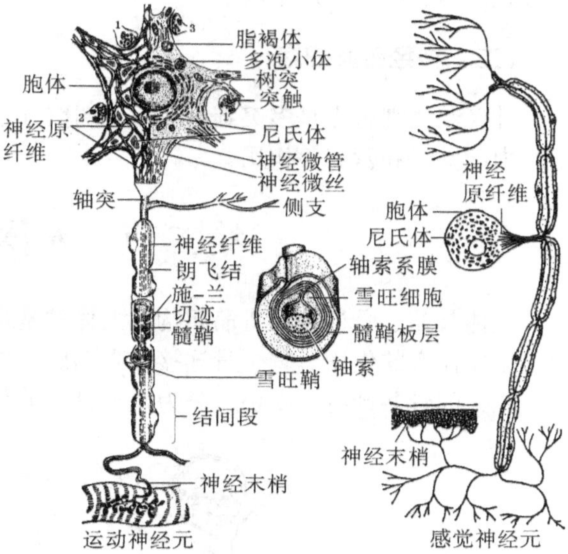

1. 神经细胞体

神经细胞体呈球形或星形，胞质内除含有一般细胞器外，还有尼氏体和神经原纤维。尼氏体是核外染色质，呈颗粒状或块状，与神经细胞合成蛋白质有密切关系。神经原纤维是细胞质的细丝状结构，与细胞体内化学递质的运输有关。

2. 神经突起

图9-8 神经元模式图

神经突起是由神经细胞体延伸的细长部分，可分为树突和轴突两种。

（1）神经树突 每个神经元可以有一个或多个树突，一般较短，分支多，呈树枝状，具有接受刺激并将神经冲动传向细胞体的功能。

（2）神经轴突 每个神经元只有一个轴突，一般较细长，分支少。其生理功能是把神经冲动传送到另一个神经元或肌肉，或腺体。

3. 神经突触

一个神经元与另一神经元之间的相互接触点，称为突触，是神经冲动定向传导的主要结构。

在光镜下观察，突触为轴突末端的杆状或纽扣状膨大，贴附于另一个神经元的树突或胞体表面。在电镜下，在轴突末端与树突或胞体的接触处，均有膜相隔。轴突末端的轴膜称为突触前膜，与其相对的树突或胞体的膜则称为突触后膜，两膜之间的间隙，称为突触间隙。在靠近突触前膜的胞质里含有较多的线粒体和大量的小泡，这些小泡内含有神经递质，如乙酰胆碱、去甲肾上腺素等。突触小泡释放的递质，是从突触前膜经突触间隙到突触后膜，引起突触后膜发生变化，产生神经冲动向下传导。

4. 神经纤维

神经纤维是由轴突及套在外面的神经膜组成，按髓鞘的有无可分为有髓神经纤维和无髓神经纤维。

5. 神经末梢

神经末梢是神经纤维的末端在各组织和器官内形成的特殊结构，可分为感觉神经末梢、运动神经末梢两种。

（1）感觉神经末梢 由感觉神经元周围突的末梢形成，分布在皮肤、内脏和肌肉等处，可感受冷热、疼痛、触压等刺激，并将刺激变为神经冲动传入中枢。

（2）运动神经末梢 由运动神经元轴突的末梢形成，按其分布的部位不同分为躯体运动神经末梢和内脏运动神经末梢。前者又称运动终板，神经冲动就在这里以类似于突触传递的方式激活肌纤维而产生收缩。

（二）神经胶质细胞

神经胶质细胞也是多突细胞，但无树突和轴突之分，也无传导神经冲动的功能，在神经组织内起支持和营养等作用。

第二节　人体骨骼生物学

人体骨骼、骨连接和骨骼肌构成人体的基本轮廓，具有产生运动、支持体重和保护人体内部重要器官的作用。骨、骨连接和骨骼肌三部分组成了人体的运动系统。

成人的骨共计有 206 块，分为躯干骨、上肢骨、下肢骨和颅骨四部分，如图 9-9 所示。

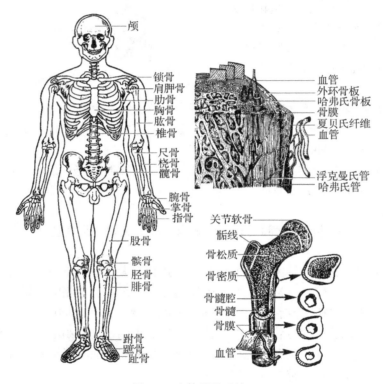

图 9-9　人体骨骼系统

1. 骨的形状

骨的形状可以分为长骨、短骨、扁骨和不规则骨。

（1）长骨　分布于四肢，有一体两端，体又称骨干，呈管状，内有骨髓腔，容纳骨髓；两端膨大，其上有关节面。

（2）短骨　为近似立方形骨块，分布于手（腕骨）和足（跗骨）等。

（3）扁骨　呈板状，主要构成颅腔、胸腔和盆腔的壁，对腔内器官起保护作用。

（4）不规则骨　骨形状不规则，如椎骨等。

（5）含气骨　骨内具有含气的空腔，如上颌骨、额骨等。

2. 骨的构造

每个骨块都由骨质、骨髓和骨膜以及关节软骨构成，并有神经和血管分布。

（1）骨质　分为骨密质和骨松质。骨密质在骨的表层，致密而坚硬；骨松质在骨的内部，呈蜂窝状。

（2）骨髓　填充于骨髓腔和骨松质网眼内。胎儿和幼儿的骨髓腔内都是红骨髓，有造血功能。儿童 6 岁以后随着年龄的增长，长骨骨髓腔内的红骨髓逐渐由脂肪组织所代替，称黄骨髓，失去造血能力。在长骨两端、短骨、扁骨和不规则骨的松质内仍为红骨髓，始终保持造血功能。

（3）骨膜　为紧贴在骨表面的一层致密的薄膜，内有丰富的血管、神经和成骨细胞，对骨有营养、保护和再生的作用。

（4）关节软骨　紧贴在骨的关节面上，多为透明软骨。

3. 骨的理化特性

成人骨由 1/3 的胶原蛋白等有机质和 2/3 的磷酸钙和碳酸钙等无机质构成。有机质使骨具有弹性，无机质使骨坚硬，所以骨既坚硬又有弹性。骨的理化性质随年龄不同而变化，儿童时期骨内有机质较多，故弹性较大，不易骨折而易变形；老年人由于骨内无机质较多，有机质减少，故脆性较大易发生骨折。

第三节　人体消化系统

人体消化系统由消化管道和消化腺体两大部分组成，如图 9-10 所示。

消化管道　由口腔至肛门，包括口腔、咽、食管、胃、小肠（又分为十二指肠、空肠及回肠）和大肠等部分，临床上通常把口腔到十二指肠的一段，称为上消化道；空肠到肛门的一段，称为下消化道。

消化腺体　是分泌消化液的腺体，包括大消化腺和小消化腺两种。大消化腺有大唾液腺、肝和胰；小消化腺则位于消化管壁内，如食管腺、胃腺和肠腺等。

人体在生命活动过程中，不仅要从外界摄取氧，还须不断地从外界摄取营养物质，供机体新陈代谢的需要。营养物质来源于食物，食物的主要成分，如蛋白质、脂肪和糖类都是较复杂的有机物，不能直接被吸收和利用，必须在消化道经过分解成为结构简单的小分子物质，

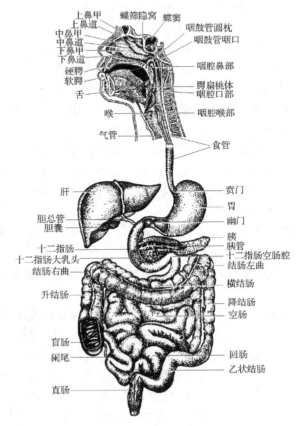

图 9-10　人体消化系统

才能透过消化道粘膜上皮细胞进入血液和淋巴，供组织利用。食物在消化道内的分解过程称为消化。营养物质透过消化道粘膜上皮细胞进入血液、淋巴或粘膜下组织间隙的过程称为吸收。吸收作用的实质是物质透过细胞膜的运动。

人体消化系统除具有消化吸收功能外，还具有内分泌和免疫功能。

食物的消化有两种方式，即机械性消化和化学性消化。前者是通过消化管肌肉的收缩运动将食物磨碎，使食物与消化液充分混合，并将食物不断向消化道下方推送，以及将食物残渣排出体外的过程；后者是由消化腺所分泌的消化酶分别对蛋白质、脂肪和糖类进行的化学分解，使之成为可被吸收的小分子物质的过程。在正常情况下，机械性消化和化学性消化是同时进行而又密切配合的。

一、口腔和咽

1. 口腔消化

口腔为消化管的起始部分，具有咀嚼食物、协助发音、感受味觉及初步消化等功能。口腔上腭扁桃体是淋巴组织，具有防御功能，如图9-11所示。

口腔中的舌是随意运动的器官，以骨骼肌为基础，表面覆以粘膜而构成。舌具有感受味觉、协助咀嚼、吞咽食物和辅助发音等功能。舌上面有一条"∧"形的界沟，将舌分成后1/3的舌根和前2/3的舌体，舌体的前端称为舌尖。舌下面正中有一粘膜皱襞，称为舌系带。在舌系带根部的两侧有一对小的隆起，称为舌下阜，阜顶上

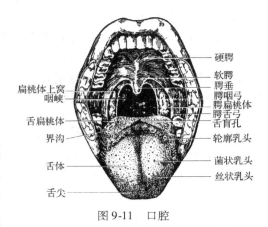

图9-11　口腔

有下颌下腺管和舌下腺管的共同开口。由舌下阜向后外侧延伸的粘膜隆起，称为舌下襞，此襞深面藏有舌下腺。舌上面的粘膜表面有许多小的突起，称为舌乳头，按其形态可分为丝状乳头、菌状乳头和轮廓乳头等。丝状乳头数量最多，呈白色丝绒状，具有一般感觉的功能。菌状乳头数量较少，为红色圆形的小突起，散在丝状乳突之间，内含味蕾。轮廓乳头最大，有7～11个，排列在界沟的前方，乳头中央隆起，周围有环状沟，沟壁内含有味蕾。味蕾是味觉感觉器。

在口腔周围有三对大唾液腺，即腮腺、下颌下腺和舌下腺，其分泌液有湿润口腔粘膜、调和食物及分解淀粉等作用。

消化过程由口腔开始，食物在口腔内经过咀嚼被磨碎，并与唾液混合形成食团，便于吞咽。

唾液是由腮腺、下颌下腺、舌下腺以及口腔粘膜的小唾液腺分泌的混合液。正常成人每日分泌唾液1～1.5L，唾液是近于中性（pH值6.6～7.1）的低渗液体。唾液中绝大部分为水分，其余为有机物和无机物。有机物主要为粘蛋白和唾液淀粉酶，其次为球蛋白、氨基酸、尿素、尿酸以及溶菌酶等。无机物主要有钠、钾、钙、氯、氨等。

唾液的主要作用是清洗口腔，滑润食物，便于吞咽、溶解食物，使食物作用于味蕾而引起味觉，唾液淀粉酶可使食物中的淀粉分解为麦芽糖，唾液中的溶菌酶有杀菌作用。

人在进食时，由于食物对口腔粘膜以及舌感受器的刺激而引起的唾液分泌，属非条件反

射性的唾液分泌。实际上，当食物尚未进入口腔时，看到食物的形状，嗅到食物气味，甚至谈论美味时，唾液就开始分泌，这是通过大脑皮质实现的条件反射性分泌。

唾液分泌的初级反射中枢在延髓，其高级中枢分布于下丘脑和大脑皮质等处。

支配唾液腺的传出神经以副交感神经为主，当其兴奋时可引起大量稀薄的唾液。副交感神经对唾液腺的作用是通过其末梢释放的乙酰胆碱实现的。因此，用对抗乙酰胆碱的药物（如阿托品）能抑制唾液分泌而造成口干；而应用拟副交感神经药物则引起大量唾液分泌。支配唾液腺的交感神经兴奋时只引起量少而粘稠的唾液分泌。

2. 咽

咽是消化管从口腔到食管的必经之路，也是呼吸道中联系鼻腔与喉腔的要道。因此，咽是消化和呼吸共用的器官。在咽侧壁上有咽鼓管咽口，空气可经此口进入中耳的鼓室，以维持鼓膜内、外压力的平衡。

二、胃消化

胃是消化管中最膨大的部分，食物由食管入胃，混以胃液，经初步消化后，再逐渐输送至十二指肠。

食管与胃相连处称为贲门，是胃的入口。胃与十二指肠相连处称为幽门，是胃的出口。幽门管左侧稍膨大处称幽门窦。

胃壁组织可分为粘膜、粘膜下层、肌织膜和外膜四层。新鲜的胃粘膜为淡红色，粘膜表面有许多小凹，称为胃小凹，它是胃腺的开口处。在胃幽门处，粘膜形成环形皱襞，称为幽门瓣。胃粘膜的上皮为单层柱状上皮，能分泌粘液，保护胃粘膜。上皮向下凹陷形成管状的胃腺，伸入由结缔组织构成的固有膜中。胃腺由主细胞（胃酶细胞）、壁细胞（盐酸细胞）和颈粘液细胞组成。主细胞分布于腺的体部和底部，分泌胃蛋白酶原。胃蛋白酶原在盐酸的作用下变为胃蛋白酶，消化蛋白质。壁细胞分布于腺的上段，分泌盐酸。颈粘液细胞分布于腺的颈部，分泌粘液。胃粘膜下层由疏松结缔组织构成，含有丰富的血管、淋巴管和神经。胃壁肌层很发达，在幽门处特别增厚，形成幽门括约肌。

胃的功能主要是储存食物和对食物进行初步消化。由口腔进入胃内的食团，经过胃的机械性和化学性消化形成食糜，借助于胃的运动被分批排至十二指肠。

营养物质不在口腔吸收，胃也不是主要的吸收部位。在胃中只有少量的水、无机盐、氨基酸和单糖等被吸收，但例外的是乙醇，很容易在胃中吸收。

（一）胃液分泌

1. 胃液的成分

胃液是由胃腺的多种细胞分泌的混合液。纯净的胃液是一种无色而呈酸性的液体，pH值为 $0.9 \sim 1.5$，成人每日分泌量为 $1.5 \sim 2.5L$。胃液含有盐酸、钠和钾的氯化物以及消化酶和粘蛋白等。

（1）盐酸　盐酸由壁细胞分泌，称为胃酸。胃液中的盐酸有两种形式：一种呈游离状态，称为游离酸；另一种与蛋白质结合，称为结合酸。二者合称为总酸。在纯胃液中，总酸的浓度为 $125 \sim 165mmol/L$，其中，游离酸为 $110 \sim 135mmol/L$。胃液的酸性反应主要取决于游离酸。

盐酸对人的消化功能是很重要的，可激活胃蛋白酶原，使之转变为胃蛋白酶，并为胃蛋白酶提供适宜的酸性环境；胃酸使食物中的蛋白质变性，易于消化，杀灭随食物进入胃内的细菌；盐酸进入小肠后，可促进胰液、肠液和胆汁的分泌，它所形成的酸性环境还有利于小肠对铁和钙的吸收。由于盐酸有多方面的作用，故盐酸分泌过少或缺乏时，往往引起消化不良。而盐酸分泌过多时，在一定情况下，对胃壁和十二指肠壁粘膜有损害作用，可导致消化性溃疡。

（2）胃蛋白酶　　胃蛋白酶是胃液中重要的消化酶，由胃底腺的主细胞分泌。初分泌的是无活性的胃蛋白酶原，在胃酸或已被激活的胃蛋白酶的作用下，水解释放一个小分子的多肽后转变为具有活性的胃蛋白酶。胃蛋白酶能使蛋白质水解为小肽及少量的多肽和氨基酸。胃蛋白酶只有在酸性较强的环境中才有作用，其最适 pH 值为 2。随着 pH 值的升高，胃蛋白酶的活性降低，pH 值至 6 以上时，即可发生不可逆的变性。

（3）粘液　　粘液是胃液中的主要成分之一，由胃粘膜表面的上皮细胞、胃腺的粘液细胞以及贲门腺与幽门腺所分泌。粘液中含有蛋白质、糖蛋白和粘多糖等大分子物质，其中糖蛋白是粘液的主要组成成分。

胃液中的粘液可分为不溶性与可溶性粘液两种。不溶性粘液由胃粘膜表面上皮细胞所分泌，呈胶冻状，覆盖于胃粘膜表面，厚度为 1 ～ 3mm，是保护胃粘膜的粘液屏障。可溶性粘液是由粘液细胞、贲门腺和幽门腺所分泌，是溶解于胃液中的碱性粘液，由可溶性粘蛋白组成，它具有调节胃液酸度、抑制胃蛋白酶活性的作用。

刺激迷走神经或注射乙酰胆碱主要引起可溶性粘液分泌。胃内的局部机械性刺激和化学性刺激，则主要引起不溶性粘液分泌。

胃除粘液屏障外，在粘液层与胃粘膜细胞之间还有一道生理屏障，称为胃粘膜屏障，主要由胃粘膜上皮细胞顶端的细胞膜和相邻细胞间的缝隙构成。胃粘膜屏障对脂溶性物质很易通过，而对离子化物质较难通过，能防止 H^+ 由胃腔侵入粘膜以及防止 Na^+ 从粘膜内向胃腔扩散。在正常情况下，由于胃粘膜屏障的存在，使粘膜内和胃腔间维持着很大的离子浓度梯度。有很多药物可以损害胃粘膜屏障，如高浓度盐酸（300mmol/L）、酒精、乙酸和阿司匹林等。当胃粘膜屏障破坏后，进入粘膜内的 H^+ 可破坏粘膜细胞，释放出组胺，引起盐酸分泌、血管扩张和毛细血管通透性增高，导致胃粘膜水肿、出血而诱发溃疡病。

（4）内因子　　内因子是壁细胞分泌的一种糖蛋白，它能与食物中的维生素 B_{12} 结合成一种复合物，以促进回肠上皮细胞对维生素 B_{12} 的吸收。若缺乏内因子，人就会因维生素 B_{12} 吸收障碍而产生巨幼红细胞性贫血。

2. 胃液分泌的调节

胃液分泌受迷走神经和体液因素的双重调节。人在空腹时，只分泌少量而呈中性或弱碱性反应的胃液，这种分泌称为基础胃液分泌。进食后，受迷走神经调控，经过 5 ～ 10min 的潜伏期后开始分泌酸性胃液。食物入胃后，经过 30 ～ 60min，受胃泌素等体液因素调控，可引起大量的酸性胃液分泌，并持续较长时间。食物的机械性刺激和化学性刺激作用于胃幽门粘膜，使粘膜内的 G 细胞释放胃泌素。胃泌素进入血液循环后，被运送至胃腺，引起胃液分泌。其特点是量多、酸度高，但胃蛋白酶含量少。另外，支配胃的迷走神经兴奋时，也可引起幽门粘膜内的 G 细胞释放胃泌素。

人的胃泌素是由 17 个氨基酸组成的多肽。目前，人工合成的一种五肽胃泌素也具有促进胃酸分泌的作用，临床上用作检查胃液分泌功能的刺激剂。

在消化期间，还有一些物质对胃液分泌有抑制作用，如盐酸、脂肪等。不论在幽门部

（pH值降至$1.2 \sim 1.5$）或在十二指肠（pH值在2.5左右），当盐酸达一定浓度时，即能抑制胃液分泌。脂肪进入十二指肠后，对胃液分泌和胃运动均有抑制作用。

3. 影响胃液分泌的药物

影响胃液分泌的药物有乙酰胆碱、毛果芸香碱、阿托品、胰岛素、胃泌素、肾上腺皮质类固醇、组胺等。其中乙酰胆碱、胃泌素和组胺除了作为药物用以检查胃的分泌功能外，它们还是胃酸分泌的内源性刺激物。

乙酰胆碱、毛果芸香碱属拟副交感神经药物，对胃酸、胃蛋白酶和粘液的分泌均有促进作用。在生理情况下，迷走神经末梢释放的乙酰胆碱可直接刺激壁细胞使其分泌盐酸，并可提高壁细胞对其他刺激的敏感性。阿托品作为胆碱受体阻断剂，则抑制胃液分泌。

组胺是一种很强的胃酸分泌刺激剂，胃粘膜和人体的许多组织中均含丰富的组胺。在正常情况下，胃粘膜恒定地释放少量的组胺，通过局部扩散，作用于壁细胞，引起盐酸分泌，同时提高壁细胞对胃泌素和乙酰胆碱的敏感性。组胺或五肽胃泌素引起盐酸分泌，是通过H^+受体而起作用，故可被H^+受体阻断剂甲氰咪胍所阻断。

促肾上腺皮质激素和肾上腺皮质类固醇可以增强胃对迷走神经和胃泌素的反应，从而促进胃酸分泌。另外，这类激素还可抑制胃粘液的分泌，因而某些溃疡病患者应该慎用。

许多中药如鸡内金、山楂和白豆蔻等可以促进胃液分泌；而甘草和乌贼骨等中药则能抑制胃液分泌，减低胃液的酸度，因而，临床上常与其他药物配伍用于治疗消化性溃疡。

（二）胃的运动

1. 胃的运动形式

胃的运动主要有两种形式，一种是全胃的紧张性收缩，另一种是蠕动。胃壁平滑肌经常保持在一种微弱的收缩状态，称为紧张性收缩。空胃时，胃的紧张性较高，容量小。进食时，由于食物刺激了咽和食管等处的感受器，通过反射使胃的紧张性降低，胃壁肌肉舒张，胃的容量增大，以容纳进入胃内的食物。进食时所引起的胃壁肌肉舒张又称为容受性舒张。饱食后，胃的紧张性收缩又逐渐增强，有助于胃液渗入食物以及促进食物进入十二指肠。

食物入胃后5min左右，即产生蠕动。蠕动一般从胃的中部开始，有节律地向幽门方向进行。其频率较为恒定，3次/min，大约1 min可抵达幽门。蠕动可使食物与胃液充分混合，形成食糜，以利于消化酶发挥作用，并可促使食糜通过幽门进入十二指肠。

2. 胃运动的调节

（1）神经调节　迷走神经兴奋时可使胃运动增强；交感神经兴奋则抑制胃的运动。食物对胃壁的刺激可通过壁内神经丛使胃运动增强。精神状态对胃运动也有明显的影响，如恐惧和忧郁，不仅抑制胃液分泌，也抑制胃运动。

（2）体液性调节　胃泌素能增强胃的运动，而促胰液素和抑胃肽则抑制胃的运动。

3. 胃的排空

食物由胃排入十二指肠的过程称为胃的排空。胃的排空与食物的性质、量以及胃运动情况有密切关系。一般来说，水约需10min就可以排空，糖类需要2h以上，蛋白质较慢，脂肪更慢。混合食物排空时间需$4 \sim 5h$。

胃的排空并不是连续进行的，而是间断地排出一部分，停顿一下，又排出一部分，以至完全排空。这种间断性排空是由于酸性食糜进入十二指肠后，酸和脂肪作用于十二指肠内的某些感受器，反射性地引起胃排空减慢，对胃运动产生抑制作用。此外，在食糜的刺激下，小肠粘膜释放的促胰液素和抑胃肽也可抑制胃运动，而延缓胃的排空。随着酸性食糜在十二指肠内被中和，这种抑制作用逐渐消失，胃的运动又开始增强，因而又推送一部分食糜进入十二指肠，如此反复，直至食糜完全排空为止。

三、小肠

（一）小肠结构

小肠全长为 5 ～ 7m，是消化食物、吸收营养最重要的部位，可分为十二指肠、空肠和回肠三部分。

（1）十二指肠　为小肠的起始段，约相当于十二个横指并列的距离，位于腹后壁第1 ～ 3 腰椎的高度，呈 "C" 字形包绕胰头，可分为上部、降部、水平部和升部。在降部肠腔的左后壁上有一纵行的粘膜皱襞，其下端为十二指肠大乳头，有胆总管和胰管的共同开口，胆汁和胰液由此流入十二指肠内。

（2）空肠和回肠　迂曲回旋，盘绕在腹腔中部和下部，其周围被结肠包围。空肠上端起于十二指肠升部，回肠下端借回盲口与大肠的盲肠连通。空肠与回肠之间无明显界限，空肠约占空、回肠的上 2/5，回肠约占空、回肠的下 3/5。

小肠壁组织可分为粘膜、粘膜下层、肌织膜和外膜四层，如图 9-12 所示。

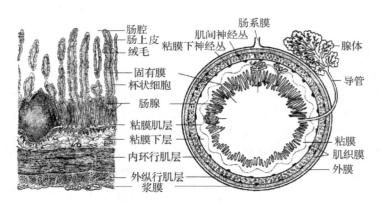

图 9-12　空肠切片图及消化管模式图（横切面）

小肠粘膜表面具有许多环状皱襞和绒毛，增加了小肠与食物的接触面积，有利于营养物质的吸收。绒毛是由上皮和固有膜向肠腔突出而成，肠上皮被覆在绒毛的表面，固有膜内的结缔组织为绒毛的轴心，内含一根贯穿绒毛全长的中央乳糜管（毛细淋巴管），其起端在绒毛顶端，呈盲管状，在乳糜管周围有毛细血管网。固有膜中还有散布的平滑肌纤维，与绒毛的长轴平行，由于它的收缩，使绒毛产生伸缩性运动，以利于营养物质的吸收及输送。经小肠上皮吸收的氨基酸和葡萄糖等进入毛细血管，吸收的脂肪微粒等则进入中央乳糜管。

小肠粘膜内分布有行使防御功能的淋巴滤泡。细菌侵入回肠淋巴滤泡群时则常导致伤寒，发生肠粘膜溃疡、坏死，有时可引起肠出血或肠穿孔。

（二）小肠内消化

小肠内消化是整个消化过程中最重要的阶段。在小肠内，食糜受到胰液、胆汁和小肠液的化学性消化以及小肠的机械性消化，绝大部分消化产物在小肠内被吸收。因此，食糜通过小肠后，消化过程基本完成，只剩下未消化的食物残渣由小肠进入大肠。

1. 胰液及其分泌

胰是人体第二大消化腺，由胰腺外分泌部和胰腺内分泌部混合而成。胰腺外分泌部分泌胰液，有很强的消化力，可分解蛋白、糖类和脂肪。胰腺内分泌部分泌胰岛素，可调节血糖代谢。胰管与胆总管合并后共同开口于十二指肠大乳头。

（1）胰液成分和作用　胰液为无色的碱性液体，其 pH 值为 7.3 ～ 8.4，每日分泌量 1 ～ 2L。胰液中含有分解蛋白质、淀粉和脂肪的消化酶，因而是最重要的一种消化液。胰液中的无机物有钠、钾、钙、氯以及碳酸氢根等，其中以碳酸氢盐最多。

碳酸氢盐　碳酸氢盐是由胰腺的小导管细胞分泌，它的作用是中和进入十二指肠的胃酸，保护肠粘膜免遭强酸的侵蚀，并为小肠内多种消化酶提供最适的 pH 值环境。

胰淀粉酶　胰淀粉酶无须激活即有活性，其最适 pH 值为 6.7 ～ 7.0。胰淀粉酶可使淀粉分解为麦芽糖。

胰蛋白酶和糜蛋白酶　胰腺分泌的蛋白酶是没有活性的胰蛋白酶原与糜蛋白酶原。当胰液进入十二指肠后，胰蛋白酶原被小肠液中的肠激酶激活为胰蛋白酶。已被激活的胰蛋白酶也能激活胰蛋白酶原与糜蛋白酶原。糜蛋白酶分解蛋白质为多肽和氨基酸，且有较强的凝乳作用。

胰腺的腺泡细胞还分泌一种胰蛋白酶抑制物，它分泌后被储存于腺泡细胞内酶原颗粒周围的胞浆中，能抑制胰蛋白酶原在胰腺内被激活，因而可以防止胰腺组织的自身消化。

胰脂肪酶　它可分解脂肪为甘油和脂肪酸。

（2）胰液分泌的调节　在非消化期，胰液的基础分泌很少。进食后，胰液开始分泌，其分泌受神经和体液的调节，而以体液性调节为主。

神经性调节　在生理情况下，食物的形状、气味以及食物对口腔粘膜和胃的刺激，均可通过非条件反射和条件反射的形式引起胰液分泌，反射的传出神经为迷走神经。

体液性调节　调节胰液分泌的体液因素有促胰液素和胆囊收缩素。促胰液素是在酸性食糜进入十二指肠后，刺激小肠粘膜的内分泌细胞分泌的一种肠道激素。它通过血液循环作用于胰腺小导管的上皮细胞，促进水和碳酸氢盐的大量分泌。胆囊收缩素是在蛋白质分解产物、盐酸和脂肪等物质的作用下，由小肠粘膜内分泌细胞分泌的另一种多肽激素，它能促进胰液中各种消化酶的分泌，但对水和碳酸氢盐的排出仅有较弱的作用。

胃泌素也能引起胰酶的分泌。

2. 胆汁的分泌和排出

（1）胆汁的成分和作用　胆汁由肝细胞分泌，是一种浓稠而有苦味的液体。肝胆汁呈弱碱性（pH 值约为 7.4），胆囊胆汁则因其中的碳酸氢钠被吸收而呈弱酸性（pH 值约为 6.8）。

胆汁的主要成分有胆盐、胆色素、脂肪酸、胆固醇与无机盐等，不含消化酶，其中与消化有关的成分为胆盐。胆盐对脂肪的消化和吸收有重要的作用，它可减低脂肪滴的表面张力，使脂肪乳化成为微滴，分散于水溶液中，以增加脂肪与脂肪酶的接触面积。另外，胆盐与脂肪酸结合而形成水溶性复合物，可促进脂肪和脂溶性维生素的吸收，因此，当胆道阻塞，胆汁排出困难时，可导致脂肪消化和吸收以及脂溶性维生素吸收的障碍。

（2）胆囊的功能　胆囊有储存和浓缩胆汁的作用。在非消化期，由肝细胞分泌的胆汁不断地流入并储存于胆囊内，胆汁在储存期间，其中的水分和无机盐可被胆囊吸收，使胆汁浓缩 4 ～ 10 倍。此外，胆囊还可调节胆道的压力，当十二指肠内胆道口括约肌收缩使胆汁不能流入肠腔时，胆囊便舒张以容纳胆汁，从而使胆道内的压力得到缓冲。

（3）胆汁分泌和排出的调节

① 神经性调节　进食动作、食物对胃和小肠粘膜的刺激，均可通过反射途径引起胆汁少量分泌、胆囊的轻度收缩。反射的传出神经是迷走神经。

② 体液性调节　对胆汁分泌和排出有调节作用的体液因素有胆囊收缩素、促胰液素、胃泌素和胆盐等。

胆囊收缩素通过血液循环作用于胆囊平滑肌，引起胆囊的强烈收缩和胆道口括约肌舒张，从而促进胆汁排出。促胰液素可促进胆汁的分泌。胆盐随胆汁排至小肠后，其绝大部分又被吸收进入血液循环，再运至肝脏，并具有促进胆汁分泌的作用，这一过程也称为胆盐的肠肝循环。

有许多中药对胆汁的分泌和排出有明显的作用，如由生大黄、金钱草、茵陈、郁金和枳壳组成的排石汤，能促进胆汁分泌和胆道口括约肌松弛，因此具有排出胆道内结石的作用。

（三）小肠液的分泌

1. 小肠液的成分和作用

小肠液是由小肠粘膜内的肠腺和十二指肠腺所分泌的液体，呈弱碱性，pH 值为 7.6 左右，成人每日分泌量为 1 ～ 3L。

小肠液中含肠激酶、淀粉酶、肽酶、脂肪酶以及分解二糖的麦芽糖酶、蔗糖酶和乳糖酶等。这些消化酶中，除肠激酶能激活胰蛋白酶原外，其他的酶均可使相应的食物进一步分解为最终可被吸收的产物。

2. 小肠液分泌的调节

小肠液的分泌主要受局部因素的调节，食糜对肠粘膜的机械性和化学性刺激，是通过肠壁内在神经丛而引起小肠液的分泌。

在胃肠激素中，胃泌素、胆囊收缩素和舒血管活性肠肽也有刺激小肠液分泌的作用。

3. 小肠运动及其调节

小肠运动有紧张性收缩、分节运动和蠕动，以后两种运动为主。

（1）分节运动　分节运动是一种以环行肌为主的节律性收缩和舒张运动，它发生于食糜所在的一段肠管上，在同一时间内，肠管发生很多收缩环，把肠管和其中的食糜分割为许多节段，随后，收缩的部位舒张，而舒张的部位收缩，使食糜段分了又合，合了又分。分节运动一方面使食糜与消化液充分混合，促进化学性消化；另一方面使食糜与肠粘膜充分接触，以利于营养物质的吸收。

（2）蠕动　蠕动是一种把食糜向大肠方向推进的运动。小肠蠕动速度较慢，每分钟行进的距离为 1 ～ 2cm，每个蠕动波把食糜推进一段距离后即行消失。蠕动的意义在于使经过分节运动的食糜向前推进，到达一个新肠段，再开始分节运动。

小肠还有一种进行速度很快（2 ～ 25cm/s）、传播距离较远的蠕动，称为蠕动冲。它可把食糜从小肠开始端一直推送至小肠末端，甚至大肠。蠕动冲可由吞咽以及食糜进入十二指肠而引起。

在十二指肠和回肠末端，还可出现一种运动方向与蠕动相反的运动，称为逆蠕动。它可使食糜在肠管内来回移动，有利于食糜的充分消化和吸收。

支配小肠的外来神经有交感神经和副交感神经。副交感神经兴奋使肠运动增强，而交感神经兴奋则抑制肠运动，但这种效应还受当时肠管功能状态的影响，如肠肌的紧张性增高时，无论副交感神经或交感神经的兴奋都使之抑制；相反，如肠肌的紧张性降低，两种神经的兴奋都能增强肠管的活动。切断外来神经，小肠蠕动仍能进行，表明肠壁内在神经丛对肠运动起一定的作用。当机械性或化学性刺激作用于肠壁的感受器时，通过局部反射引起肠平滑肌的收缩和舒张而产生蠕动。

在体液因素中，5-羟色胺、胃泌素和胆囊收缩素等都能促进小肠运动；促胰液素、胰高血糖素与肾上腺素则抑制小肠运动。

（四）小肠的吸收作用

水分、无机盐和各种营养物质的消化产物通过肠粘膜上皮细胞进入血液、淋巴或粘膜下组织间隙的过程，称为吸收。营养物质的吸收主要在小肠里进行，其途径有两条：一是通过微血管经肝门静脉系统入肝，再运向身体各部；二是通过乳糜管吸收，营养物质通过淋巴系统经过胸导管再进入血液。糖、蛋白质（以氨基酸的形式）、水、无机盐、水溶性维生素等有90%以上是通过微血管被吸收的，而脂肪及脂溶性物质则主要通过乳糜管被吸收（84%～93%）。

1. 吸收的部位

消化道的不同部位对物质的吸收能力差别很大。口腔和食道基本上无吸收功能，但有些药物，如硝酸甘油片含在舌下，可被口腔粘膜吸收。胃粘膜只能吸收酒精和少量水分。大肠主要吸收水分和盐类。

各部位吸收功能的差异，主要取决于各段消化壁的组织结构特征、食物被消化的程度以及停留时间的长短。

小肠是营养物质被吸收的主要部位。小肠粘膜有很多环形皱襞与大量的绒毛，绒毛上皮细胞顶端又伸出许多突起，形成微绒毛，使小肠粘膜的表面积较小肠腔面积约增加600倍，达200m^2以上，构成了巨大的吸收面积。在绒毛上皮细胞之间夹有杯状细胞，能分泌粘液，有润滑和保护粘膜的作用。

食物在小肠内已消化成为适宜于吸收的小分子物质，食糜在小肠内的停留时间最长（3～8h），有充分的时间进行吸收。

在小肠绒毛固有膜中，含有毛细血管网、毛细淋巴管网（乳糜管）、神经丛和平滑肌纤维等组织。平滑肌纤维的舒缩活动可使绒毛作伸缩运动和摆动。当绒毛缩短时，把毛细血管和毛细淋巴管内的物质挤入深层血管和淋巴管，当绒毛伸长时，毛细血管和毛细淋巴管内的压力降低，促进营养物质吸入。

2. 吸收的机制

关于营养物质吸收的机制，大致可分为被动转运和主动转运两种过程。被动转运过程，如渗透、扩散、滤过等，虽然在营养物质的吸收中起一定的作用，但吸收主要依靠肠粘膜上皮细胞的主动转运过程。细胞膜载体蛋白有高度的特异性，能逆电化学梯度，转运某些特定的物质，如葡萄糖、氨基酸等，主动转运要消耗能量。

3. 营养物质的吸收

各种物质在小肠内吸收的部位不完全相同。糖、脂肪和蛋白质的消化产物，大部分在十二指肠和空肠被吸收，到达回肠时，已基本上吸收完毕。回肠可主动吸收胆盐和维生素 B_{12}。在十二指肠和空肠上部，由于肠内容物的渗透性较高，水分和电解质由血液进入肠腔和由肠腔进入血液的量都很大，交流很快，结果在肠腔内的液体量减少不多。在回肠，离开肠腔的液体量比进入的多，因而肠内容物显著减少。

（1）糖的吸收　食物中的糖类被消化为单糖后，在小肠上部被吸收。各种单糖的吸收速度相差很大，葡萄糖和半乳糖的吸收最快，果糖次之，甘露糖最慢。由此可见，单糖的吸收不是简单的扩散，而是耗能的主动转运过程。肠粘膜上皮细胞的刷状缘有特异性的载体蛋白，能选择性地把各种单糖从刷状缘的肠腔面转运入上皮细胞内，再扩散入血液。

单糖的主动转运需要 Na^+ 的存在。推测 Na^+ 和葡萄糖为同一载体转运，载体与 Na^+ 和葡萄糖结合后，同时转运入上皮细胞内。在细胞内，葡萄糖扩散入血液，而 Na^+ 则由钠泵排出上皮细胞。可见，单糖转运所需的能量，实际上是由 Na^+ 转运系统提供的。某些药物，如哇巴因和毒毛旋花子苷可抑制钠泵的功能，根皮苷可竞争性与载体结合，均可抑制糖的主动转运。

单糖在小肠上部被吸收，被吸收后进入血液，经门静脉进入肝脏，在肝内储存或进入全身血液循环。

（2）蛋白质和氨基酸的吸收　正常情况下，氨基酸是蛋白质吸收的主要形式。氨基酸的吸收主要在小肠上段，其吸收速度很快。部分消化的和未被完全消化的蛋白质，可能有少量被吸收，但在正常机体，其量是微不足道的。氨基酸吸收后进入血液。

氨基酸的吸收亦借助于 Na^+ 转运系统提供能量。小肠内存在四种转运氨基酸的载体，各转运特定的氨基酸，即：① 中性氨基酸载体，对中性氨基酸如蛋氨酸和亮氨酸有高度亲和力，其转运速度最快；② 碱性氨基酸载体，转运赖氨酸和精氨酸等；③ 酸性氨基酸载体，转运天冬氨酸和谷氨酸；④ 亚氨基酸与甘氨酸载体，转运脯氨酸、羟脯氨酸和甘氨酸，但转运速度较慢。

（3）脂肪的吸收　脂肪的主要消化产物为甘油、脂肪酸和甘油一酯，此外，还有少量的甘油二酯。胆盐对脂肪的吸收有重要作用，它可与脂肪的水解产物形成水溶性复合物，并可进一步使之聚合为脂肪微粒。微粒的直径只有 $4 \sim 6nm$，其成分为胆盐、脂肪酸和甘油一酯等。甘油一酯和脂肪酸在十二指肠和空肠被吸收，胆盐由主动转运过程在回肠末端被吸收。

脂肪的各种水解产物进入肠上皮细胞后，又重新合成为中性脂肪，并在外面包了一层由卵磷脂和蛋白质形成的膜而成为乳糜微粒。

脂肪的消化产物可通过血液和淋巴两条途径进入体内。短、中链脂肪酸和甘油吸收后进入血液，长链脂肪酸和乳糜微粒则经淋巴途径间接进入血液循环。由于食物中的脂肪以含15 个以上碳原子的长链脂肪酸较多，所以，脂肪的吸收途径以淋巴为主。

（4）水的吸收　小肠对水的吸收主要依靠渗透的方式。在小肠内，由于各种物质被吸收，尤其是 Na^+ 的主动吸收在上皮细胞两侧造成的渗透压梯度，是促进水分吸收的极为重要的因素。因而，在小肠内，不仅无机盐和各种营养物质几乎完全被吸收，而且可吸收约95% 的水分。

（5）无机盐的吸收　盐类只有在溶解状态才能被吸收，各种盐在小肠的吸收速率不同，氯化钠吸收最快，乳酸盐次之，硫酸镁的吸收最慢。如果这些物质停留于肠腔内，即可阻止水的吸收。如果口服 15g 的硫酸镁，在肠腔内能保留 $300 \sim 400mL$ 的水分，这样，就可刺激肠蠕动而产生水泻。这就是泻盐的作用原理。

① 钠的吸收　钠的吸收是一种主动转运过程，可以逆电化学梯度进行。它的主动转运不仅可促进水的吸收，而且还与葡萄糖和氨基酸的吸收有密切的关系。因而，钠的主动转运在小肠营养物质的吸收中有着重要的意义。

② 铁的吸收　在正常人体内，铁的吸收很慢，但在需要时（如出血后）其吸收率显著增加，这表明铁的吸收有其特殊机理。在肠粘膜上皮细胞内储存有一种大相对分子质量的蛋白质与铁的复合物，称为铁蛋白。进入肠粘膜上皮细胞内的亚铁离子（Fe^{2+}），一方面在血液中与血清球蛋白相结合的正铁（Fe^{3+}）达成平衡；同时，也与铁蛋白的正铁达成平衡。当血流中的铁含量减少时，铁从铁蛋白的储存中释放出来，进入血液。因而，铁蛋白有储存铁的作用，同时通过反馈作用而有控制铁吸收的作用。

食物中的铁绝大部分是 Fe^{3+}，不易被吸收，需还原为 Fe^{2+} 后才能被吸收。维生素 C 能使 Fe^{3+} 还原为 Fe^{2+} 而促进其吸收，胃酸能增加铁盐的溶解性而促进铁的吸收。铁的吸收部位主要在小肠上段，特别是十二指肠吸收最快。

③ 钙的吸收　钙主要在酸度较大的小肠上段，特别是十二指肠被主动吸收。钙的吸收受许多因素的影响，如机体的需要量、年龄以及肠腔内的酸碱度等。钙的吸收尚需要有维生素 D_3。

（6）维生素的吸收　水溶性维生素主要以简单扩散的方式吸收。维生素 B_{12} 的吸收，需与胃粘膜分泌的内因子（一种糖蛋白）结合成复合物，在回肠被吸收。

脂溶性维生素如维生素 A、D、E、K，可溶于脂类，其吸收机理可能与脂肪相似。维生素 K、D 和胡萝卜素（维生素 A 的前身）的吸收需要胆盐的协助，说明这些维生素在吸收前必须先乳化。因此，在胆道阻塞时，脂溶性维生素的吸收必然会受到影响。

肠粘膜不仅吸收由口腔摄入的营养物质，而且还吸收分泌至消化道的消化液及其所含的无机盐和有机物质。每日由消化腺分泌的消化液有 6 ～ 7L。除极小部分被排出外，绝大部分均由肠粘膜上皮细胞重新吸收入血液，以维持内环境的相对稳定。

四、大肠

大肠分为盲肠、结肠和直肠三部分，其中结肠又分为升结肠、横结肠、降结肠和乙状结肠四部分。直肠的环行平滑肌层特别增厚而成肛门内括约肌，肛门内括约肌周围的环行骨骼肌则组成肛门外括约肌，可随意括约肛门。

大肠也有一定的吸收能力，但食糜经过小肠后绝大部分可吸收物质都已被吸收，剩下的都是不可吸收的废物。大肠的主要功能是吸收水分和无机盐以及暂时贮存消化后的残余物质并浓缩成为粪便。

1. 大肠的分泌与细菌活动

大肠粘膜分泌少量的碱性液体（pH 值为 8.3 ～ 8.4），其主要成分为粘液和碳酸氢盐，粘液可保护肠粘膜和滑润粪便，有利于粪便通过肠腔。

大肠内有大量来自口腔的细菌，大肠内的环境对细菌的繁殖极为适宜，在粪便中细菌的总量约占粪便固体成分的 20% ～ 30%。细菌体内有多种酶，对食物残渣有发酵和腐败作用，产生有机酸、CO_2、CH_4 及少量硫化氢、组织胺和吲哚等有臭味和毒性的物质，通过肝脏解毒，或通过大肠排出体外。大肠内的细菌还可以利用肠内一些简单物质合成 B 族维生素和维生素 K，由肠壁吸收后被机体利用。经细菌分解作用后的食物残渣及其分解产物、肠粘膜分泌物、肠上皮细胞以及大量的细菌，一起组成了粪便。肝脏排出的胆色素衍生物及食物成分决定了粪便的颜色。

2. 大肠运动

大肠也有分节运动和蠕动，但较小肠运动少而缓慢，因而有利于粪便在大肠内的储存。大肠还有一种进行很快、移行很远的蠕动，称集团运动，常发生于进食后，是由于食糜进入十二指肠所产生的十二指肠-结肠反射所引起。

五、肝

（一）肝的结构

人体肝脏呈楔形，重约1300g，分左、右两叶。肝的前缘锐利，胆囊底常在此处露出；肝下面中间部位为肝门，有门静脉、肝的动脉、肝左右管、淋巴管和神经等出入。肝脏血液供应丰富，为棕红色，质软而脆，受暴力打击易破裂出血。

在成人腹上部剑突下3～5cm范围内，可触及肝的前缘，在右肋弓下缘一般触及不到。因此，在成人肝上界位置正常的情况下，如在右肋弓下能触及时，则认为有肝肿大。小儿肝下缘位置较低，正常时可在右肋弓下触及。

肝小叶是肝的基本结构单位，其中央有一条沿长轴贯行的静脉，称为中央静脉。肝细胞以中央静脉为中心向四周呈放射状排列，形成肝细胞板。肝细胞板是由一层多边形的肝细胞组成，彼此吻合成网，网内空隙含有血液，称为肝血窦。肝血窦是扩大了的毛细血管。

肝门静脉是肝脏的功能血管，主要汇集来自消化管道的静脉，血液内含有丰富的营养物质，输入肝内供肝细胞加工和储存。门静脉入肝后经多次分支形成小叶间静脉。小叶间静脉又不断分支，将血液输入肝血窦。肝血窦的血液从肝小叶的周边向小叶中央流动，与肝细胞进行物质交换后，流入中央静脉。中央静脉再汇入小叶下静脉，小叶下静脉汇合成肝静脉注入下腔静脉。

肝动脉是肝的营养动脉，随门静脉入肝后，反复分支，形成小叶间动脉。小叶间动脉的血液一部分供应小叶间组织的营养，另一部分则与门静脉血液共同进入肝血窦，故肝血窦的血液是混合性的。

（二）肝脏生理

肝脏是体内一个重要的器官，它具有多方面的功能，如分泌、排泄、解毒以及各种营养物质的代谢等。另外，肝脏还参与激素、维生素和胆色素的代谢。所以，当肝脏有严重疾患，肝内物质代谢发生严重障碍时，可影响机体的多种生理功能。

1. 肝脏血液循环的特点

肝脏的功能与它的血液循环的特点有密切关系。肝脏的血液供应十分丰富，进入肝脏的血液有门静脉和肝动脉。每小时流经肝脏的血液总量约有100L，其中3/4来自门静脉，1/4来自肝动脉。门静脉是肝脏的功能血管，含有从消化道吸收的丰富的营养物质，进入肝脏后，在肝脏内加工、储存或转运；其中的细菌和药物等被清除或解毒。来自肝动脉的血液含有丰富的氧，是肝脏的营养血管。由于肝脏的血液循环有这些特点，为肝脏的旺盛的物质代谢过程提供了良好的条件。

2. 肝脏的神经支配

支配肝脏的神经有交感神经和副交感神经，它们沿血管进入肝脏，其神经末梢分布于血管壁，调节血管的舒缩。肝小叶内也有植物性神经末梢附于肝细胞上，说明肝细胞的活动也受神经的调节。肝脏也有感觉神经末梢，主要分布于肝被膜，主痛觉。

（三）肝脏的主要功能

肝具有吸收营养、合成多种蛋白质及储存糖原和维生素的作用。肝分泌大量的胆汁，可乳化脂肪，有利于脂肪的消化和吸收。肝血窦壁的星状细胞具有吞噬异物、细菌及衰老的红细胞等防御功能。肝有解毒作用，在胚胎时期还有造血功能。

肝细胞内含有丰富的细胞器，是肝细胞进行各种重要功能活动的基础，如粗面内质网是合成各种蛋白质的场所；滑面内质网是胆汁合成、生物转化与脂类和激素代谢的场所。

1. 分泌胆汁

肝脏分泌胆汁是与消化功能有关的。如果没有胆汁分泌，则食物中 40% 的脂肪将从粪便中丢失，而且显著影响脂溶性维生素的吸收。胆汁酸是胆汁中的重要成分，肝细胞每日生成胆汁酸量约 0.5g，以补充由粪便排出的损失。在肝细胞中，胆汁酸合成的量决定于在肠肝循环中返回肝脏的量，返回的量多，则合成量少；相反，返回的量少，合成的量则多。

2. 肝脏与物质代谢

肝脏在物质代谢中具有极为重要的作用。

（1）肝脏在糖代谢中的作用　血糖进入肝脏后，可以氧化供能，也可以合成肝糖原储存于肝内，还可以转化为脂肪或葡萄糖醛酸。肝脏在糖代谢中的作用虽是多方面的，但肝脏最重要的作用是维持血糖浓度的稳态，保证全身，特别是脑组织糖的供应。肝脏对血糖的调节主要依赖肝糖原的合成与分解，以及糖异生作用。

（2）肝脏在蛋白质代谢中的作用　进入肝脏的氨基酸，仅有小部分不经过任何化学反应进入体循环，而至各种组织；大部分氨基酸在肝脏内进行蛋白质合成、脱氨、转氨等作用。肝脏合成的蛋白质包括其本身的蛋白质和血浆蛋白质，如白蛋白、纤维蛋白原和凝血酶原等，所以说肝脏合成蛋白质的作用对维持机体蛋白质的代谢以及血液凝固都有重要作用。

肝脏还是体内合成尿素的唯一器官。在肝脏内，蛋白质或氨基酸分解以及肠道腐败作用所生成的氨，可转变为尿素由尿排出，以解除氨毒。

（3）肝脏在脂代谢中的作用　吸收入血液的一部分脂肪进入肝脏，转变为体脂而储存，脂肪动员时，储存的体脂被运送至肝脏而后分解。

在肝脏内，中性脂肪可水解为甘油和脂肪酸。甘油可通过糖代谢途径而被利用，脂肪酸可完全氧化为水和二氧化碳。肝脏还能合成磷脂和胆固醇。胆固醇是合成类固醇激素的中间物质，也可由胆汁排出。

3. 肝脏的解毒作用

肝脏是体内主要的解毒器官，对人体极为重要。无论是外来的或体内产生的毒物，都要经过肝脏处理，使毒物转变为无毒的或毒性较小的或溶解度大的物质，随胆汁或尿液排出体外。

肝脏的解毒方式主要有分泌作用、化学作用、蓄积作用和吞噬作用。

（1）分泌作用　如由肠道来的细菌和重金属（汞）等可随胆汁分泌而排出。

（2）化学作用　有氧化解毒、还原解毒、结合解毒以及脱氨等。如毒物与葡萄糖醛酸、硫酸根离子、氨基酸结合后转变为无毒的物质。氨基酸所脱的氨以及肠道腐败所产生的氨，通过合成尿素被排出体外。

（3）蓄积作用 如吗啡和土的宁可蓄积于肝脏中，然后少量释放，以减少中毒程度。

（4）吞噬作用 肝血窦的内皮层内有大量的巨噬细胞，能吞噬血液中的异物、染料及其他颗粒物质。门静脉血中的细菌约有 99% 在流经肝血窦时被吞噬。

4. 肝脏与激素代谢

激素在体内不断地被破坏而失去活性的过程，称为灭活。在人体内，激素的灭活主要在肝脏中进行，灭活后的产物大部分由尿排出。如类固醇激素在肝脏内可由还原作用而失去活性；性激素、醛固酮以及抗利尿激素等可由结合方式而被灭活。

因此，当肝脏有疾患时，常因肝脏对激素的灭活功能降低，使某些激素在体内堆积而引起某些生理功能的紊乱。如醛固酮和抗利尿激素灭活障碍时，可引起钠和水在体内潴留。

第四节 体液循环系统

人的体液循环系统分为心血管系统和淋巴系统两部分，如图 9-13 所示。

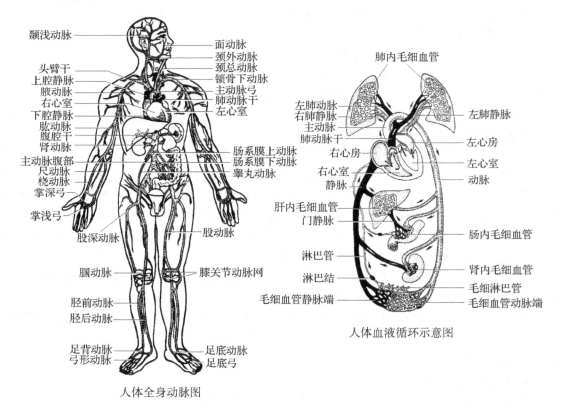

图 9-13 人体动脉与血液循环

心血管系统由心、动脉、静脉和毛细血管组成，其中有血液流动。心有节律地舒缩，是血液循环的动力，它将血液射入动脉，最后流经周身的毛细血管网，再经各级静脉流回心。淋巴系统由淋巴管道、淋巴器官和淋巴组织组成。在淋巴管道内含有流动的淋巴，最后由淋巴导管流入静脉中，因此淋巴系统是静脉管道的辅助结构，如图 9-14 所示。

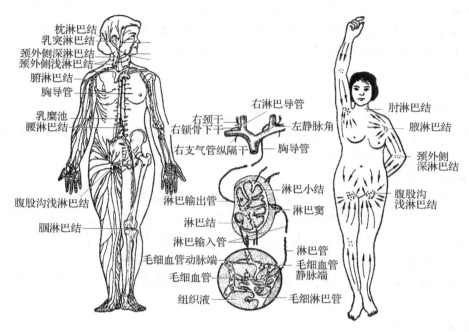

图9-14　全身浅、深淋巴管和淋巴结

　　循环系统的基本功能是将消化管吸收的营养物质和肺吸入的氧气输送到全身各器官、组织和细胞，供其生理活动需要，并将它们的代谢产物如二氧化碳和尿素等运送到肺、肾和皮肤等器官排出体外。另外，内分泌腺所分泌的激素也借循环系统输送到相应的器官以调节其生理功能。淋巴系统的淋巴器官和淋巴组织还有产生淋巴细胞、过滤淋巴和参与机体的免疫反应的功能。

一、心血管系统

（一）血管

　　血管分为动脉、静脉和毛细血管三类。

1. 动脉

　　根据动脉管径大小和管壁构造特点，可分为大动脉、中动脉和小动脉。如主动脉和肺动脉等属于大动脉；股动脉和肱动脉等属于中动脉；管径在1mm以下的动脉属于小动脉。

　　动脉壁由内、中、外三层弹性膜构成。内膜由内皮、内皮下层及内弹性膜所构成。中膜较厚，由环行平滑肌及少量弹性纤维等构成。外膜主要由结缔组织构成。由于中膜平滑肌的舒缩使动脉管腔扩大和缩小，从而调节分配到身体各部器官和组织的血流量。

2. 静脉

　　静脉也分大、中、小三级。因静脉承受压力较小，故与伴行动脉相比，静脉壁较薄，平滑肌和弹性纤维较少，管壁的弹性及收缩性较弱，管腔相对大而不规则，管壁内面有成对的静脉瓣，可防止血液逆流。静脉的主要功能是将全身各部的静脉血液导回心房。

3. 毛细血管

　　毛细血管是连通最小动脉与最小静脉之间的最细血管，平均管径7～9μm。毛细血管彼此互相连通成网，管壁很薄，主要由一层扁平内皮细胞及覆在其外面的一层基膜构成。毛细血管中血流速度缓慢，血液中含有营养物质和氧的一部分液体从毛细血管滤出入组织间隙，成为组织液，与组织细胞进行物质和气体交换。含有代谢产物和二氧化碳的组织液，主要由毛细血管回收流入静脉。

（二）血液循环

血液由心室射出，经动脉、毛细血管、静脉再回心，如此循环不止。根据其具体循环途径不同，可分为体循环和肺循环，两种循环同步进行，如图 9-13 所示。

1. 体循环（大循环）

由左心室射出的动脉血入主动脉，又经各级动脉分支最后送到身体各部的毛细血管。血液通过毛细血管壁与其周围的组织细胞进行物质和气体交换后，又经各级静脉最后经上、下腔静脉流回右心房。由肠系膜上静脉和脾静脉汇合而成的门静脉收集食管腹段、胃、小肠、大肠（到直肠上部）、胰、胆囊和脾等静脉血中所含的从消化管吸收来的营养物质。体循环的特点是路径长，流经范围广泛，以动脉血滋养全身各个器官，又将其代谢产物经静脉血运回心。

2. 肺循环（小循环）

由右心室射出的静脉血进入肺动脉，经肺动脉进入肺，再经肺动脉各级分支进入肺泡周围的毛细血管网。通过毛细血管壁和肺泡壁，血液与肺泡内的空气进行气体交换，排出二氧化碳，吸入氧气。以后血液经肺静脉出肺，进入左心房。肺循环的特点是路径短，只通过肺，使静脉血变成含氧丰富的动脉血。

（三）心脏

心脏是中空的肌性器官，为心血管系统的血泵，形似倒置的圆锥体，其大小与本人的拳头相仿。在正常生理状态下，它作节律性舒缩，维持血液循环的正常进行。

心脏有四个腔，分为左心房、右心房、左心室和右心室。左、右心房间有房间隔，左、右心室间有室间隔，因而两房间不通，两室间也互不相通。

1. 右心房

右心房向左前方突出的部分称为右心耳。右心房有三个入口：上部有上腔静脉口；后下部有下腔静脉口；在下腔静脉口的前内上方有冠状窦口。右心房有一个出口称为右房室口，通入右心室。在房间隔上有一个卵圆形的凹陷称为卵圆窝，它是胎儿时期卵圆孔后生闭合的遗迹。

2. 右心室

右心室有出、入两口。右心室的入口即右房室口。在右房室口的周缘附有三片呈三角形的尖瓣，称为三尖瓣。右室内有从室壁突入室腔的三个锥形肌隆起，称为乳头肌。肌的尖端有数条腱索，分别连到相邻的两个尖瓣上。心室收缩时，三尖瓣受血流冲压而关闭右房室口，可防止血液逆流入右心房。由于乳头肌的收缩和腱索的牵拉，瓣膜不至于翻入右心房。右心室的出口称为肺动脉口，于肺动脉口的周缘上附有三片呈半月形的肺动脉瓣。当心室收缩时，血流冲开肺动脉瓣，使血液射入肺动脉干中；而心室舒张时，则肺动脉瓣关闭，防止血液逆流入右心室。

3. 左心房

左心房向右前方突出的部分称为左心耳。左心房有四个入口，即左、右各两个肺静脉口。一个出口为左房室口，通向左心室。

4. 左心室

左心室有出入两口。入口即左房室口，口的周缘附有两片尖瓣称为二尖瓣。左心室壁上有两个乳头肌，它发出的腱索连到相邻的两个瓣膜上。左心室的出口为主动脉口，通向主动脉。在主动脉口的周缘附有三片呈半月形的瓣膜，称为主动脉瓣，可防止血液逆流。

心的传导系统位于心壁内，由特殊心肌纤维构成，其功能是产生兴奋和传导冲动，维持正常的心搏节律。

营养心的动脉有左、右冠状动脉，均发自主动脉升部的起始部。心壁各层静脉网汇合成心大静脉、心中静脉和心小静脉，均注入冠状窦。该窦位于冠状沟后部，经冠状窦口入右心房。

二、淋巴系统

淋巴系统由淋巴管道、淋巴器官（包括淋巴结、脾和扁桃体）和淋巴组织构成。淋巴管道内含有无色透明的液体，称为淋巴，如图9-14所示。

1. 淋巴结

淋巴结是圆形或卵圆形小体，一侧向内凹陷称为淋巴结门。有输出管自门穿出。另一侧凸隆有输入管进入。在淋巴管行程中需通过一系列的淋巴结，一个淋巴结的输出管即成为下一个淋巴结的输入管。

淋巴结常成群存在于较隐蔽的地方，接受某些器官或一定区域的淋巴管。人体主要淋巴结有头颈部淋巴结、上肢淋巴结和下肢淋巴结。淋巴结所收集的范围发生感染时，常引起该淋巴结的炎症反应而发生肿大。癌细胞也常沿淋巴管转移到所属局部淋巴结，使淋巴结产生癌变。

2. 淋巴管道

淋巴管道包括毛细淋巴管、淋巴管、淋巴干和淋巴导管。

（1）毛细淋巴管　是淋巴管道起始部分，管壁仅由单层内皮细胞构成，其通透性大于毛细血管。毛细淋巴管可以吸收部分组织液成为淋巴，在淋巴管道内向心流动，最后注入静脉。

（2）淋巴管　由毛细淋巴管逐渐汇合而成，其内面具有瓣膜。根据位置不同，可分为浅淋巴管和深淋巴管。浅淋巴管行于皮下，深淋巴管与深部血管伴行。由于淋巴回流速度较慢，故淋巴管及其瓣膜在数量上远远超过静脉，这有利于淋巴回流。

（3）淋巴干　全身各部分浅、深淋巴管经过一系列淋巴结之后，其最后一群淋巴结的输出管汇成较大的淋巴干。全身共有9条淋巴干，即左、右颈干，左、右锁骨下干，左、右支气管纵隔干，左、右腰干和1条肠干。

（4）淋巴导管　所有淋巴干最后汇成两条大的淋巴导管，即胸导管和右淋巴导管。

胸淋巴导管是全身最长的淋巴管，长30～40cm。其起始部为一梭形膨大，称为乳糜池。该池多位于第1腰椎体前面，由左、右腰干和一条肠干汇合而成。胸导管经主动脉裂孔入胸腔，初沿脊柱右前方上升，以后偏向左侧继续上行，出胸廓上口到颈根部注入左静脉角。在胸导管未注入静脉角前，还收纳左支气管纵隔干、左锁骨下干和左颈干。胸导管收集左半头颈部、左上肢、左半胸部、腹部、盆部和双下肢等处的淋巴。

右淋巴导管为一条短干，长约 1.5cm，由右颈干、右锁骨下干和右支气管纵隔干汇合而成，注入右静脉角。它收集右半头颈部、右上肢和右半胸部的淋巴。

3. 脾

脾位于腹腔左上部，与第 9～11 肋相对，其长轴与第 10 肋相一致。正常情况下，在左肋弓下触摸不到。脾中央处有脾门，是脾动脉、静脉、淋巴管和神经等出入之处。脾是人体内重要的淋巴器官，参与机体免疫反应，产生淋巴细胞，还有储血和滤血的功能。

第五节 神经系统

人体由许多不同的器官、系统组成，每个器官、系统各有其特定的功能，它们都在神经系统的统一调节和控制之下，互相制约、互相协调，维持机体内部的动态平衡，使机体成为一个完整的统一体，并使肌体适应外界环境而生存，因此，神经系统是人体内的主导系统。

人在漫长的进化过程中，大脑皮质发展到了非常复杂的高级程度，人脑便成为意识、思维和语言的物质基础。因此，人类超越了一般动物的范畴，不但能适应自然环境，而且能认识世界和主观能动地改造世界，这是人类神经系统的最主要特点。

一、神经系统分类

神经系统的区分依照位置和功能的不同，分为中枢神经系统和周围神经系统，如图9-15所示。

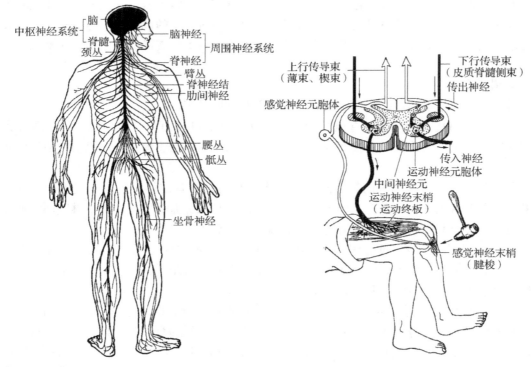

图 9-15   人体神经系统和反射弧

1. 中枢神经系统

中枢神经系统包括颅腔里的脑和椎管里的脊髓，两者在枕骨大孔处相连。中枢神经系统有控制和调节整个机体活动的作用。

2. 周围神经系统

周围神经系统包括与脑相连的脑神经和与脊髓相连的脊神经。它们由脑和脊髓对称地向周围分布到各组织器官，其作用是由周围向中枢或由中枢向周围传递神经冲动。

根据神经系统的分布对象不同，分为躯体神经系统和内脏神经系统，它们的中枢均位于脑和脊髓。两者都有传入（感觉）和传出（运动）纤维。

3. 躯体神经系统

躯体神经系统主要分布于皮肤和运动系统，支配皮肤的感觉以及运动系统的感觉和运动。

4. 内脏神经系统

内脏神经系统又称植物神经系统，分布于内脏、心血管和腺体中，支配它们的感觉和运动。

二、反射和反射弧

神经系统在调节机体的活动中，对内、外环境的刺激作用的反应称为反射。实现反射活动的形态学基础是反射弧，如图 9-15 所示。反射弧包括五个相连的部分，即感受器→感觉神经→反射中枢→运动神经→效应器。

在体检时叩击股四头肌腱引起伸小腿动作；吃了酸的食物，唾液便会大量分泌，都是反射。最简单的反射只通过感觉和运动两个神经元，如膝跳反射。反射弧中任何一个环节发生障碍，反射即减弱以至消失。

三、神经

1. 灰质和白质

在中枢神经内，神经元细胞体和树突集中的地方，颜色灰暗，称为灰质。神经元轴突聚集的地方，颜色苍白，称为白质。在大、小脑位于表层的灰质，分别称为大脑皮质和小脑皮质。

2. 神经核和神经节

在中枢神经内皮质以外的灰质块，内含功能相似的神经细胞体的集团，称为神经核。在周围神经中，神经细胞体的集团，称为神经节。

3. 纤维束和神经

在中枢神经白质内，功能相同的神经纤维集中在一起行走的神经束，称为纤维束或传导束。在周围神经中，神经纤维集成大、小不等的集束，再由不同数目的集束合成一条神经。

坐骨神经为全身最粗大的神经，从盆腔穿出至臀部，在大腿后群肌深面沿中线下行，通常至腘窝上方分为胫神经和腓总神经两个终支。

四、脑

脑位于颅腔内，可分为延髓、脑桥、中脑、小脑、间脑和大脑六部分，如图 9-16 所示。一般把延髓、脑桥和中脑合称为脑干。与脑相连的神经叫脑神经。

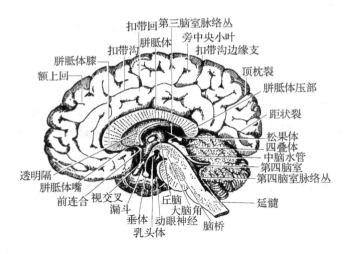

图 9-16　脑的正中矢状切面

（一）脑干

脑干位于颅后窝内，自下而上由延髓、脑桥和中脑组成，如图 9-17 所示。脑干下端在枕骨大孔处与脊髓相连，上端与间脑相接。脑干的背侧有小脑，两者间的空腔为第四脑室。

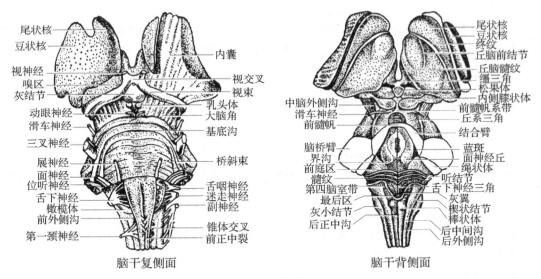

图 9-17　脑干

1. 脑干的外形

（1）延髓　延髓腹侧面中线两侧的纵形隆起，称为锥体，由皮质脊髓束形成。在延髓近下端处，皮质脊髓束大部分纤维左右交叉，称为锥体交叉。锥体的外侧有舌下神经根发出。在延髓侧面，自上而下有舌咽神经、迷走神经和副交感神经的根。

延髓上部的背面与脑桥背面共同形成菱形的窝，即第四脑室底。延髓下部中线两侧共有两对隆起，从内侧向外侧分别称为薄束结节和楔束结，其深面含有薄束核和楔束核。

（2）脑桥　脑桥腹侧膨隆宽阔，向两侧逐渐变窄与小脑相连。在脑桥外侧部有粗大的三叉神经根。脑桥与延髓腹侧交界处，从中线向外侧有展神经、面神经和前庭蜗（位听）神经的根。

（3）中脑　中脑腹侧面有一对纵行柱状隆起，称为大脑脚。两脚中间的窝内有一对动眼神经出脑。小脑的背侧面，有两对圆形隆起。上一对称上丘，是视觉的皮质下反射中枢；下一对称下丘，为听觉的皮质下反射中枢。在下丘的下方，有滑车神经出脑。

2. 脑干的内部结构

脑干与脊髓相似，亦由灰质和白质构成，但其结构较为复杂。

（1）灰质　灰质被白质分割成许多团块，总称为脑干神经核。脑干的神经核可归纳为两大类：一类是直接与脑神经相连的脑神经核；另一类是非脑神经核。

①脑神经核　按其功能性质可分为运动核、副交感核和感觉核三类。

脑神经运动核　中脑内有动眼神经核，脑桥内有三叉神经运动核和面神经核，延髓内有疑核和舌下神经核。

脑神经副交感神经核　在中脑内有动眼神经副核，延髓内有迷走神经核。

脑神经感觉核　在脑桥内有三叉神经脑桥核，延髓内有三叉神经脊束核。

②非脑神经核　在中脑内有红核和黑质，两者均为锥体外系的重要组成部分。延髓内有薄束核和楔束核，两者均为传导本体觉和精细触觉的中继核。

（2）白质　脑干白质内的上行纤维束多数为脊髓内相同纤维束的延续，下行纤维束主要是大脑至脊髓和小脑的传出纤维束。

（3）网状结构　脑干内部除上述各种神经核和纤维束外，在脑干中央区域，神经纤维纵横交错，其间散布有大小不等的神经细胞，这个区域称为网状结构。网状结构在脊髓上部开始出现，在脑干逐渐扩大，一直延伸到背侧丘脑。网状结构具有广泛的联系和重要的功能。

（二）小脑

小脑位于颅后窝内，在大脑半球枕叶下方，延髓和脑桥的背侧。小脑两侧较为膨大，称为小脑半球，中间缩窄如蜷曲的蚯蚓，故名小脑蚓。小脑表层为灰质，内部为白质。白质内的最大神经核为齿状核。

小脑是重要的运动调节中枢，它可维持身体平衡，保持和调节肌张力，协调躯体的随意运动。

（三）间脑

间脑位于中脑的前下方，大部分被大脑半球所掩盖。间脑外侧壁与大脑半球相连，间脑中间有一矢状位腔隙，称为第三脑室。间脑主要分为背侧丘脑、后丘脑和下丘脑三部，每部均由许多核团组成。

1. 背侧丘脑

背侧丘脑又称丘脑，是间脑最大的卵圆形灰质核团。其外侧面与内囊相接，内侧面成为第三脑室的外侧壁，前下方邻接下丘脑，两者间以下丘脑沟为界。背侧丘脑是皮质下高级感觉中枢，来自全身的浅、深感觉都是先到背侧丘脑中继之后，才投射到大脑皮质。

2. 后丘脑

后丘脑在背侧丘脑后端的外下方，有两个小隆起，分别称为内侧膝状体和外侧膝状体。

内侧膝状体是听觉的皮质下反射中枢；外侧膝状体是视觉的皮质下反射中枢。

3. 下丘脑

下丘脑位于下丘脑沟的前下方，包括第三脑室侧壁和下壁内的一些核团。下丘脑底面从前向后有视交叉、漏斗、垂体等。

下丘脑是重要的皮质下内脏神经中枢，它在大脑皮质的影响下对内脏活动起重要的调节作用。

（四）大脑

1. 大脑半球

大脑包括左右大脑半球。两半球之间为大脑纵裂，裂底有连接两半球的横行纤维，称为胼胝体。

大脑半球上布满深浅不同的大脑沟，沟与沟之间的隆起，称为大脑回。每个半球依中央沟、外侧沟和顶枕沟为界分成额叶、顶叶、枕叶和颞叶四个叶。在额叶后部有与中央沟平行的中央前沟，两沟之间的脑回，称为中央前回，是控制对侧半身随意运动的最高中枢，称为运动中枢。

在顶叶的前部有与中央沟平行的中央后沟，两沟之间的脑回，称为中央后回，接受来自对侧半身的深、浅感觉冲动，称为感觉中枢。

在颞叶的上面外侧沟内，有两条短而横行的脑回，称为颞横回，接受来自两耳的听觉冲动，称为听觉中枢。

在枕叶的内侧面距状沟上、下缘的皮质，称为视觉中枢。

大脑半球也是由灰质和白质构成的。灰质主要在脑的表层，称为大脑皮质。白质在深层，称为大脑髓质，由大量的神经纤维组成。白质内还含有左、右对称的基底核。

2. 大脑内囊

大脑内囊位于背侧丘脑、尾状核和豆状核之间，是由上、下行纤维密集而成的白质区。由于内囊的纤维密集，较小范围的病变即可同时损伤几种传导束，产生严重的症状。如内囊血管出血，可引起对侧偏身运动障碍和偏身感觉障碍，如果累及视辐射，则可产生两眼对侧视野同侧偏盲，临床上称为"三偏症状"。

3. 边缘系统

边缘系统是由边缘叶发展而来的。边缘叶包括扣带回、海马旁回、海马旁回钩等部分，因共位于大脑和间脑的边缘，故称边缘叶。边缘叶与其他大脑皮质和皮质下中枢，如岛叶、颞极、下丘脑、丘脑前核以及中脑被盖等，在结构与功能上相互间都有密切的联系，从而构成一个统一的功能系统，称为边缘系统。

边缘系统的功能十分复杂，大致可归纳为个体保存（寻食和防御等）和种族保存（生殖行为）、调节内脏活动和情绪活动、参与脑的记忆活动等三个方面。

五、脑神经

人脑神经有嗅神经、视神经、动眼神经、滑车神经、三叉神经、展神经、面神经、前庭蜗神经、舌咽神经、迷走神经、副神经、舌下神经共 12 对，如表 9-2 和图 9-18 所示，主要分布于头颈部，其中迷走神经还分布到胸腔和腹腔的脏器。

表 9-2　12 对脑神经简表

名称	起、止核	生理功能	主要分布范围	损伤症状
嗅神经	嗅球	内脏感觉	鼻腔嗅粘膜	嗅觉障碍
视神经	外侧膝状体	躯体感觉	视网膜	视觉障碍
动眼神经	动眼神经核	躯体运动	上、下、内直肌、下斜肌和提上睑肌	上睑下垂、外斜视
	动眼神经副核	内脏运动（副交感）	瞳孔括约肌和睫状肌	对光及调节反射消失
滑车神经	滑车神经核	躯体运动	上斜肌	眼不能向外下斜视
三叉神经	三叉神经运动核	躯体运动	咀嚼肌	咀嚼肌瘫痪
	三叉神经{脑桥核 脊束核	躯体感觉	头面部皮肤、口腔、鼻腔粘膜、牙及牙龈（一般感觉）	感觉障碍
展神经	展神经核	躯体运动	外直肌	眼内斜视
面神经	面神经核	躯体运动	面部表情肌	额纹消失、眼睑不能闭合、口角歪斜、鼻唇沟变浅
	上泌涎核	内脏运动（副交感）	泪腺、下颌下腺及舌下腺等	分泌障碍
	孤束核	内脏感觉	舌前 2/3/（味觉）	味觉障碍
前庭蜗神经	蜗神经核	躯体感觉	内耳螺旋器	听力障碍
	前庭神经核		内耳前庭器	平衡失调
舌咽神经	疑核	躯体运动	咽肌	咽反射消失、吞咽困难等
	下泌涎核	内脏运动	腮腺	分泌障碍
	孤束核	内脏感觉	舌后 1/3（味觉）、颈动脉窦和颈动脉小球	味觉消失
迷走神经	迷走神经背核	内脏运动	胸、腹腔内脏平滑肌和腺	心动过速
	疑核	躯体运动	咽、喉肌	发音困难、声音嘶哑、吞咽障碍
	孤束核	内脏感觉	咽喉粘膜、胸腹腔脏器	感觉障碍
	三叉神经脊束核	躯体感觉	耳郭及外耳道皮肤	感觉障碍
副神经	副神经核	躯体运动	胸锁乳突肌、斜方肌	肌瘫痪
舌下神经	舌下神经核	躯体运动	舌内、外肌	舌肌瘫痪，伸舌尖偏向患偏

　　三叉神经为混合性神经，含有躯体感觉神经纤维和躯体运动神经纤维。有眼神经、上颌神经和下颌神经三条分支。

　　舌咽神经主要含有内脏感觉神经纤维，它分布于咽和舌后 1/3 的粘膜等处。另外，还有分布于颈动脉窦和颈动脉小球的神经，称为窦神经，传导血压和血中二氧化碳的变化所引起的刺激，以反射性方式调节血压和呼吸功能。

　　迷走神经是脑神经中行程最长、分布范围最广的神经。主要含有内脏运动（副交感）、

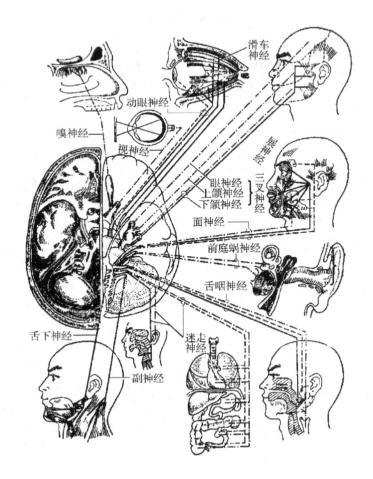

图 9-18　人脑神经系统

内脏感觉和躯体运动等神经纤维成分。副交感神经纤维是迷走神经中的主要成分，它起自延髓的迷走神经背核，管理咽、喉腺体的分泌以及胸、腹腔器官的运动和腺体的分泌。内脏感觉神经纤维分布至咽、喉及胸、腹腔器官，管理内脏感觉。躯体运动神经纤维起自延髓的疑核，支配咽肌、喉肌的运动。迷走神经在颈、胸和腹部发出许多分支，支配各部的器官。迷走神经对消化管的支配（副交感和内脏感觉）远至结肠左曲。迷走神经副交感纤维可使支气管收缩、心跳减慢、胃肠道蠕动加快和腺体分泌增多等。

第六节　血液生物学

　　血液充盈于由心血管组成的闭锁的管腔系统中，借助于心脏的收缩而不停地循环。血液由血浆与血细胞构成，且不断更新。人体血液的总量占体重的 6% ~ 8%，相当于每公斤体重 60 ~ 80mL，其中血细胞占 40% ~ 50%。存活于内环境中的组织细胞，均依赖于血液的支持，血液遍布于全身。无论是全血量的减少（如失血）或血细胞生成障碍以及器官血流量减少等，均会不同程度地影响机体的功能甚至危及生命。血液系统的异常主要包括血容量的增多或减少、血细胞生成不足（如贫血）以及血液凝固性的异常等。

构成机体的液体成分称为体液，占体重的 $60\% \sim 70\%$，其中细胞内液占 $40\% \sim 45\%$，细胞外液占 $20\% \sim 25\%$。外液由组织间液与血浆构成，前者占体重的 $15\% \sim 20\%$，血浆仅占体重的 5%。细胞与外界沟通，依靠血浆与组织间液之间的物质交换。

一、血液的生理功能

1. 维持内环境稳态

人体内环境的稳态，主要依赖于呼吸系统、血液循环系统、消化系统以及排泄系统的协同完成，而这些系统又受控于神经和内分泌系统。循环系统的功能主要是保持血液在血管内不断流动以保证内环境成分的更新；消化系统借助于循环系统向体内提供所必需的营养物质，如葡萄糖、氨基酸、脂肪以及其他体内所必需的成分如电解质等；细胞代谢所产生的非挥发性代谢产物则主要依靠肾脏排泄到体外；代谢所需要的 O_2 必须依靠呼吸系统摄取，代谢所产生的 CO_2 则必须依靠呼吸系统排出。

2. 运输功能

血液在心血管系统中循环不息，凡进入血液的物质，皆能借助血液的流动向全身各处运送，如将营养物质运送到全身各部，将代谢产物运送到排泄器官，激素进入血液后运送到效应器官等。

3. 防御功能

血液依靠白细胞的吞噬作用以及淋巴细胞的免疫功能处理侵入体内的异物与病原体而起防御作用。

4. 防止出血

血液中血小板及凝血系统在机体损伤、血管破裂而出血时，迅速止血而保护机体。

二、血浆

血浆是淡黄色半透明的液体，其中，$90\% \sim 91\%$ 为水分；其余为固体成分，血浆蛋白占 $6.5\% \sim 8.0\%$，电解质以及其他低分子成分约占 2%。血浆为弱碱性，pH 值为 $7.35 \sim 7.45$，平均 pH 值约为 7.4，相对密度 $1.025 \sim 1.029$。

1. 血浆蛋白

在每百毫升血浆中，含有蛋白质 $6.5 \sim 8g$，是由相对分子质量与构型不同的数种蛋白质组成。采用电泳分离法可将血浆蛋白按相对分子质量的大小分为白蛋白与球蛋白两大类。球蛋白进一步区分为 α_1，α_2，β 与 γ 四种。白蛋白相对分子质量最小而含量最多，占血浆蛋白总量的 69%；其余为球蛋白，其中 α_1 约占 5%，α_2 约占 8%，β 约占 12%，γ 约占 16%。白蛋白（A）与球蛋白（G）含量的比值约为 $1:1.5$。

血浆白蛋白的相对分子质量约为 69 000，由于其分子小、数量多，不仅在产生胶体渗透压方面具有重要作用，而且由于其总面积大，又可以吸附分子物质，如脂肪酸、胆色素、胆酸盐以及进入体内的异物如青霉素、磺胺、汞等，故具有作为载体而转运某些物质的作用。一个白蛋白分子能结合 $20 \sim 25$ 个胆色素分子。

血浆球蛋白是由相对分子质量 90 000 $\sim$ 1 300 000 的数种蛋白质组成。α-球蛋白又分为 α_1 与 α_2 两种，前者主要与糖结合而成糖蛋白；后者为结合蛋白，与含碘酪氨酸结合形成甲状腺球蛋白，与维生素 B_{12}、胆色素以及某些激素，如可的松结合而形成各种结合球蛋白。β-球蛋白主要与脂质，如甘油三酯、胆固醇以及磷脂等结合形成脂蛋白，血液中脂质的

75%是与β-球蛋白结合的，脂蛋白中含有77%的脂质。在临床上，常用检查血浆中脂蛋白含量诊断高血脂症。凡能妨碍脂蛋白的形成或促进脂蛋白中脂质水解作用的药物都能降低血脂。中药何首乌、决明子以及泽泻等都是已知降血脂的中药。γ-球蛋白主要参与机体的防御功能，如抗体的形成。血浆白蛋白与球蛋白的含量常因机体的状态不同而发生改变，如肝病时白蛋白减少，炎症病变时则球蛋白增加，A/Q比值也因此而减小甚至小于1。

2. 血浆电解质

血浆含水量约93%，其他为蛋白质及电解质，如 Na^+、K^+、Ca^{2+}、Mg^{2+} 以及 HCO_3^-、Cl^-、HPO_4^{2-}、SO_4^{2-} 等，此外尚含有尿素、尿酸、肌苷以及葡萄糖、氨基酸、脂肪酸等小分子有机物。人体各种电解质在血浆、组织间液与细胞内液中的含量见表9-3。

血浆电解质的主要生理作用是维持细胞容积及功能、保持体液的渗透压以及酸碱度恒定。血浆与组织间液均属细胞外液，其成分十分相近；细胞内液由于其中含有不透过膜的、带有负电荷的分子，故其离子成分明显不同于外液。

表9-3　人体各部分体液中电解质含量

电解质种类		血浆（mmol/L）	组织间液水（mmol/L）	细胞内液水（mmol/L）
正离子	Na^+	142.0	147.0	10
	K^+	5.0	4.0	140
	Ca^{2+}	2.5	1.25	2.5
	Mg^{2+}	1.5	1.0	13.5
负离子	HCO_3^-	27.0	30.0	10
	Cl^-	103.0	114.30	25
	HPO_4^{2-}	1.0	1.0	40
	SO_4^{2-}	0.5	0.5	10
	有机酸	5.0	5.5	—
	蛋白质	15.0	1.0	47

3. 血浆渗透压

血浆中有的蛋白质产生胶体渗透压，血浆电解质产生晶体渗透压。

渗透压是水分跨膜移动的动力，通常用 mmHg* 表示。溶液渗透压的大小与溶液中溶质的粒子（分子或离子）数的多少成正比。凡与血浆渗透压相等的溶液，均称为等渗溶液，如0.85% NaCl 与5%的葡萄糖溶液为等渗溶液。正常血浆渗透压约为5 983mmHg，相当于7.8个大气压。

在血浆中虽然蛋白质含量远大于电解质，但由于其相对分子质量相当大，故胶性渗透压

---

 * 1mmHg≈133. Pa

甚小，一般不超过29mmHg，其余均属晶体渗透压。在体液中虽然胶性渗透压非常小，但由于细胞膜对电解质具有通透性，体液各部晶体渗透压几乎相等，而蛋白质在各部体液中分布量有较大差异，故胶体渗透压在水分的分布和跨膜移动中起着十分重要的作用。例如，在微循环中，组织间液向血管内的回流，主要就是依靠血管膜两侧的胶体渗透压差。

如果静脉注射低分子右旋糖苷、山梨醇、甘露醇等，由于其不易透过血管膜而提高了血浆渗透压，故可以吸收水分而产生扩充血容量和消除细胞水肿（脱水）的作用。又如，静脉注射大量葡萄糖溶液，由于暂时提高血浆晶体渗透压，也可以产生脱水作用；另一方面，由于葡萄糖在血液中含量过高并超出肾脏重吸收的界限而经肾排出，此时可因升高肾小管和集合管的溶质浓度而妨碍水分再吸收，产生利尿的效果。

4. 血浆酸碱度与缓冲系统

细胞在代谢过程中，不断产生酸性代谢产物，例如 CO_2 与 H_2O 结合而产生碳酸，即

$$CO_2 + H_2O \Longleftrightarrow H_2CO_3 \Longleftrightarrow HCO_3^- + H^+$$

含硫化合物氧化后可产生硫酸，核酸代谢可产生磷酸；糖代谢产生乳酸、丙酮酸，脂肪代谢产生乙酰乙酸、β-羟丁酸等酸性物质。另一方面，当大量摄食植物性食品如蔬菜，由于其中含有大量的有机酸盐，如柠檬酸钾（钠），这些盐类中的有机酸可经代谢而产生 CO_2 和 H_2O 排出体外；但其中的钾或钠，则与血浆中的碳酸氢根（HCO_3^-）相结合形成碱性的碳酸盐。从总体来看，机体在代谢中碱的生成量小于酸的生成量，如果血浆 pH 值小于 7. 35 则为酸中毒，如果 pH 值小于6.9 则将引起严重后果。

在正常情况下，虽然体内不断地生成酸性代谢产物，但血浆的酸碱度却并不因此而发生明显改变，其原因在于血浆中存在着由缓冲对组成的缓冲系统，主要为碳酸缓冲对和磷酸缓冲对。前者由碳酸氢钠（$NaHCO_3$）与碳酸（H_2CO_3）组成，$NaHCO_3/H_2CO_3$ 的比值为 20；后者由磷酸氢二钠（Na_2HPO_4）与磷酸二氢钠（NaH_2PO_4）组成。此外，还有蛋白质钠盐/蛋白质、氧合血红蛋白钾盐/氧合血红蛋白等。缓冲对中的 $NaHCO_3$ 与 NaH_2PO_4 的主要作用是缓冲体内产生的 H^+，故也称之为碱贮，临床上治疗酸中毒时，多用 $NaHCO_3$。

三、血细胞

血细胞是血液的主要成分，由红细胞、白细胞和血小板组成，如图9-19 所示。其中红细胞量最多，占血液总容量的 40% ～ 50%。在胚胎初期，主要由肝、脾造血，后期则逐渐移到骨髓造血，出生后则以骨髓为主，到成年造血功能仅存在于扁骨的红骨髓中，故后者也称造血骨髓。

血细胞来源　由多功能造血干细胞分化为生成各种血细胞的定向干细胞，各种定向干细胞再分别形成不同的血细胞。

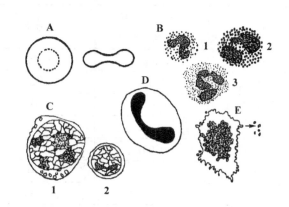

图 9-19　血细胞的形态

A. 红细胞；B. 粒细胞：1—嗜碱性粒细胞，
2—嗜酸性粒细胞，3—中性粒细胞；C. 淋巴细胞：
1—大淋巴细胞，2—小淋巴细胞；D. 单核-巨噬细胞；
E. 巨核细胞与血小板

（一）红细胞

1. 数量与形态

在每立方毫米容积的血液中，正常含有红细胞的数量，男性约为 500 万，女性约为 420 万，婴幼儿约为 600 万。红细胞呈双面凹陷的圆盘形，与同体积球形相比，其表面积较大，利于红细胞携带 O_2。红细胞的直径约为 $7.5\mu m$，周边厚度约为 $2.0\mu m$，中心厚度约为 $1.0\mu m$。

2. 红细胞功能

红细胞的主要功能是运输 O_2，是由红细胞中含有的血红蛋白完成的。血红蛋白是红细胞的主要成分，由 4 个含铁的血红素与 1 个球蛋白分子构成。在每百毫升血液中，正常男性血红蛋白的含量约为 13.6g，女性为 11.3g，婴幼儿可高达 20g，主要是由于其红细胞数量多的缘故。血红蛋白与 O_2 有较强的亲和力，故其主要功能是携带 O_2。每克血红蛋白在正常情况下，可携带 1.36mL 的 O_2，每百毫升血液可携带大约 19mL 的 O_2。另外，血红蛋白也具有携带 CO_2 的能力，可组成血液的缓冲对。

3. 红细胞的渗透脆性与溶血

红细胞内液的渗透压与血浆相等，其渗透压相当于 0.9% 的 NaCl 溶液。红细胞只有在等渗溶液中才能维持其正常形态，如将红细胞置于 0.6%～0.8% NaCl 溶液中，由于水分子进入红细胞而使其体积膨大；继续减低 NaCl 浓度到 0.42%～0.46%，则由于过度膨大而有一部分红细胞膜破裂，血红蛋白逸出，此现象称为溶血。当 NaCl 浓度降低到 0.34%～0.32% 时，几乎全部红细胞均破裂，即发生完全溶血。红细胞对低渗盐溶液的抵抗能力，称为脆性，抵抗能力越小，表示脆性越大，衰老的红细胞脆性大，即易于被破坏。因此，凡用于静脉滴注的液体，都必须是与血液等渗的，凡与血浆渗透压相等的溶液，又称为生理盐溶液，如生理盐水、任氏液等，常用的生理盐溶液如表9-4所示。

表9-4　血浆与生理盐溶液成分对照表

成分	任（Ringer）氏液（用于蛙心灌流）	蛙血浆	乐（Loke）氏液（用于哺乳动物心脏）	哺乳动物血浆
NaCl（g）	0.65	0.55	0.9	0.7
KCl（g）	0.014	0.023	0.042	0.038
$CaCl_2$（g）	0.012	0.025	0.024	0.028
$NaHCO_3$（g）	0.02	0.1	0.02	0.23
NaH_2PO_4（g）	0.001	0.02	—	0.036
葡萄糖（g）		0.04	0.1～0.25	0.07
水	到 100mL	（100mL）	到 100mL	（100mL）

引自 Lippold, OCJ&Wintion, FR, 1979。

造成溶血的因素很多，由于低渗溶液而引起的溶血称为渗透压性溶血；由于某些化学因素如皂甙类破坏红细胞膜而造成的溶血则称为化学性溶血；此外，由于细菌的外毒素、输血不合而产生的抗原、抗体反应等均能造成溶血。

4. 红细胞的生成

（1）红细胞生成过程　生成红细胞的干细胞为原血细胞，首先分化为原红细胞，再经多次有丝分裂而形成网织红细胞，这一过程约需 3 天左右。网织红细胞约需 2 天则发育为成熟的正常红细胞。一个原红细胞经过四次有丝分裂形成 16 个成熟红细胞。红细胞平均寿命为 100 ～ 120 天，每日约有 1% 的红细胞在体内由肝、脾、骨髓中的巨噬细胞所破坏。破坏后血红蛋白中的铁，一部分可以储存于体内，一部分被再次利用合成血红蛋白。

（2）血红蛋白生成的原料　生成血红蛋白的重要原料是铁卟啉，主要来源于食物。每人每日从食物中摄入的铁为 12 ～ 15mg，属外源性铁，多为三价铁（Fe^{3+}）；另一来源是红细胞在体内被破坏后所释放的铁，属内源性铁。

外源性铁于胃内在 HCl 作用下还原成 Fe^{2+}，然后在胃与十二指肠粘膜内与脱铁蛋白结合形成铁蛋白后进入血液。在血液中，由血浆蛋白作为载体运送到造血器官，首先被有核红细胞膜吸附，然后进入胞内并于线粒体内形成含铁的血红素。铁的排出量较少，每日 0.5 ～ 1.0mg，主要经过胆汁、消化道上皮、肾脏以及汗腺排出，多余的铁主要以含铁血黄素的形式储存于体内。

缺铁是引起贫血的重要原因之一，多见于铁摄取量不足，如婴幼儿在生长发育中因偏食而引起的贫血；在成年人多见于铁的吸收不良，如萎缩性胃炎时，由于胃液中 HCl 含量少，铁的吸收发生障碍；此外，慢性出血也是贫血的常见原因之一。

生成血红蛋白的另一种原料是蛋白质，主要来自食物中的氨基酸，在红细胞内合成球蛋白后与含铁血红素结合而生成血红蛋白。

由于造血原料不足而引起的贫血，红细胞体积小，血红蛋白含量低，故称为小细胞低血红蛋白性贫血，是较多见的一种贫血。动物肌肉及血液中的卟啉铁和细胞色素络合态铁是最有效的食物铁源。

（3）影响红细胞生成的因素　影响红细胞生成的主要因素有维生素 B_{12}、叶酸以及内因子（一种载体糖蛋白）等。如果缺乏这些物质，将使红细胞核的发育停滞，有核红细胞不能正常发育为成熟的红细胞，因此造成巨大的幼型红细胞出现于血液中，故称为巨幼红细胞性贫血。

维生素 B_{12} 是一种含有稀有元素钴的化合物，也称为氰钴胺。人体所需要的维生素 B_{12} 必须来自食物并在空肠内与内因子结合后才能吸收入血，然后参与红细胞的生成或储存于肝脏。虽然人体大肠内的微生物菌群可以合成维生素 B_{12}，但不能被吸收。人体每日所需要的维生素 B_{12} 的量为 2 ～ 5μg，妊娠时需要量较大。维生素 B_{12} 在正常人体内储存量较大，为 2000 ～ 10000μg，故一般不会缺乏维生素 B_{12}。

膳食中的维生素 B_{12} 不能被直接吸收，需要胃底部粘膜分泌的一种糖蛋白作为载体与之形成复合物后才能通过消化道粘膜吸收入血液，此载体称为内因子。内因子仅载运维生素 B_{12} 到肠粘膜上皮细胞内，并不进入血液，维生素 B_{12} 扩散入血后与血液中的钴胺转运蛋白结合运送到骨髓参与造血过程。

叶酸广泛含于动植物组织内，特别是绿色的蔬菜内，但不耐热，易因长时间的煮沸而被破坏。正常成人每日需要量为 50 ～ 100g，妊娠妇女与发育中的儿童每日需要量多于成人 3 ～ 6 倍。叶酸主要在十二指肠与空肠内吸收，进入体内后参与造血或储存于肝脏，少量经肾脏或胆汁排出。

维生素 B_{12} 与叶酸在体内的作用，主要是参与细胞核内的脱氧核糖核酸 DNA 的生成。

DNA 缺乏则产生核分裂与核成熟的障碍，红细胞是核分裂增殖最快的细胞，影响最显著，维生素 B_{12} 与叶酸缺乏是造成巨幼红细胞性贫血的主要原因。

（4）促红细胞生成素　人体在缺氧条件下长时期劳动或进入空气稀薄的高原区时，可出现红细胞生成速度加快的现象。某些疾病，如贫血、肺心病、失血等都可能因缺 O_2 而促进红细胞生成。当缺 O_2 时，在肾脏中可产生一种称为肾性红细胞生成因子的酶，然后作用于可能是在肝脏内形成的促红细胞生成素原，使其活化为促红细胞生成素。

促红细胞生成素一方面促使红细胞的生成量增加，改善缺 O_2 状态；另一方面，当促红细胞生成素的量达一定水平后，又以负反馈的形式抑制促红细胞生成素的继续生成，从而保持着红细胞生成量与缺 O_2 的程度相适应的平衡状态。至于促红细胞生成素确切的产生部位及其作用的机制，尚未完全清楚。

（二）白细胞

血液中的白细胞由粒细胞、淋巴细胞和单核巨噬细胞组成。粒细胞又分为中性粒细胞、嗜酸粒细胞与嗜碱粒细胞三种。正常情况下，1 立方毫升血液中含有 4 000 ～ 10 000 个白细胞，其中以中性粒细胞最多，占 50% ～ 70%；其次是淋巴细胞，占 20% ～ 40%；单核巨噬细胞占 2% ～ 8%；嗜酸粒细胞为 0 ～ 7%；嗜碱粒细胞为 0 ～ 1%。白细胞总数与各类细胞的百分比在临床上称为白总分。

1. 粒细胞

粒细胞胞浆内含有可着色的颗粒，依对染料性质的选择而区分为中性、嗜酸、嗜碱粒细胞三类，其中以中性粒细胞的数量最多。粒细胞是无色的，直径为 10 ～ 17 μm，核呈杆状或分叶状，如图 9-19 所示。粒细胞的生存时间非常短，最多不超过两天，故粒细胞处于不断更新之中。所有粒细胞均具有趋化性、渗出性及吞噬功能，其中尤以中性粒细胞与单核巨噬细胞最为明显。

（1）化学趋向性　某些化学物质，如炎症病变区的组织分解产物、细菌毒素或病毒等，均能引起粒细胞向这些部位集中，这一现象称为化学趋向性。

（2）渗出性　所有粒细胞均能借助于其变形运动，也称为阿米巴运动，渗出微血管到组织间液内以实现其吞噬异物的功能。

（3）吞噬功能　特别是中性粒细胞，其吞噬功能最强。吞噬的机制是依靠入胞过程，当异物或细菌接触粒细胞时，首先被细胞膜吸附，然后粒细胞体伸出伪足将其包绕并吞入胞内，在细胞浆中形成含有异物的小泡。小泡与溶酶体融合后，借助于溶酶体中的多种水解酶将异物分解、消化。

中性粒细胞的主要功能是吞噬侵入体内的病原微生物、异物以及坏死的组织、衰老的红细胞等，具有防御与清除异物的作用。嗜酸性粒细胞的吞噬功能较弱，常在患过敏性疾病或寄生虫病，如血吸虫病、钩虫病、蛔虫病等时增多。嗜碱性粒细胞的功能目前尚不十分清楚，已知这类细胞内含有肝素与组胺，可能与抗凝血功能以及变态反应性疾病时的组胺的释放有关。另外，嗜碱粒细胞内还含有一种激肽类物质如缓激肽，可使微血管的通透性增大、细支气管平滑肌收缩，可能是引起过敏性支气管哮喘的原因之一。

2. 淋巴细胞与单核巨噬细胞

（1）淋巴细胞　淋巴细胞的数量仅次于中性粒细胞，分为大淋巴细胞与小淋巴细胞两种，如图 9-19 所示。淋巴细胞由骨髓内生成后进入血液，其中一部分经过胸腺形成 T 淋巴细胞，另一部分在未知的处理区形成 B 细胞，分别参与细胞免疫与体液免疫过程。

（2）单核巨噬细胞　是血液中另一种具有吞噬功能的血细胞，体积较大，直径为 12 ～ 20μm，由骨髓生成，在尚未完全成熟时就已进入血液，其吞噬功能显著强于粒细胞。其主要功能是吞噬侵入体内的异物与病原体，如毒素、细菌、真菌以及疟原虫等。单核巨噬细胞也具有渗出性，一旦渗出到周围组织中，便在那里生长，无论是胞体大小、溶酶体、线粒体的数量均有所增加。在组织内进一步生长成熟的单核巨噬细胞也称为组织巨噬细胞。此外，单核巨噬细胞还具有向淋巴细胞传递免疫信息以及破坏衰老红细胞、血小板等生理功能。

（三）血小板

1. 血小板的生成

骨髓巨核细胞的胞浆不断凸出、脱落而成形态不甚规整的血小板。

血小板呈扁平状，直径 1 ～ 4μm，厚 0.5 ～ 0.75μm。在每立方毫升血液中正常含量为 10 万 ～ 30 万个，平均15.6 万个，低于 5 万个则易产生出血性疾患，如轻微外伤产生出血不止或出现皮下出血而发生出血性斑痕，称为血小板减少性紫癜。

血小板的寿命为 7 ～ 14 天，平均为 9.6 天。75% 的血小板是在肝、脾以及骨髓中被巨噬细胞所破坏，其余部分是在血液循环系统中被破坏并参与凝血过程。

2. 血小板的功能

（1）血小板与凝血　血小板内含有多种与血液凝固有关的物质，已发现至少有 7 种以上的物质具有促进血液凝固的作用，其中最重要的一种是血小板因子 3（PF_3）。它是一种含有磷脂的脂蛋白，能使凝血酶原激活的速度加速两万倍以上，是十分有效的促进血液凝固的因子。

（2）血小板与止血　组织损伤而发生出血，但经过一定时间，出血可自然停止，称为止血。采用刺破组织测定出血时间，正常人为 1 ～ 3min，称此时间为出血时。出血时长可能是机体的止血功能不全，特别多见于血小板减少。

止血是一个复杂的过程，通常将止血区分为原发性止血与继发性止血两个过程。前者主要是血小板的止血作用，后者是由血液凝固过程完成的。

原发性止血是指当血管损伤后，血小板在损伤处粘着、聚集并释放某些活性物质，如血小板因子，参与局部的血液凝固而形成止血栓；另一方面释放 5-羟色胺使局部血管收缩以加速止血过程等。中草药仙鹤草、牛西西、参三七、云南白药等都是有效的止血药。

四、血液凝固

血液流出体外后经过一定时间便失去流动性而形成胶冻状凝块，称为血液凝固。动脉粥样硬化损伤血管壁后，可造成血液在血管内局部发生血液凝固而形成血栓。如果血栓阻塞脑动脉则发生脑血管栓塞症，阻塞冠状动脉则发生心肌梗塞。

1. 血液凝固的基本过程

在一系列血液凝固因子的参与下生成凝血酶原激活物，使正常血液中无活性的凝血酶原转化为凝血酶，这是血液发生凝固的关键性步骤。血浆中的纤维蛋白原是血液凝固的基本物质，一旦纤维蛋白原在凝血酶的作用下转化为有形的纤维蛋白后，则使血浆呈胶冻状并失去流动性而发生血液凝固。凝固后的血液，由于纤维蛋白网络血细胞而形成凝血块，并借助于血小板收缩蛋白的作用而产生血块回缩并析出上清液，称为血清。血清是血液凝固后失去纤维蛋白的血浆，其中含有参与血液凝固的活性酶。

2. 纤维蛋白溶解

在血浆中含有纤溶酶原，激活后能水解纤维蛋白丝及血液中的其他蛋白质，如纤维蛋白原、凝血酶原等，特别是能使在循环血流中由纤维蛋白原随时转化生成的纤维蛋白即时得到清除。因此，纤溶酶不仅能溶解凝血块，而且还能降低血液的凝固性。

在人体中，凝血块一旦形成，便有大量的纤溶酶原与其他蛋白质在其周围集聚。能使纤溶酶原激活的因素主要有凝血酶、来自损伤组织的溶酶体酶以及来自血管内膜的一些物质等。如果血液溢出到组织中并发生凝固之后，在 1～2 日内，这些因素可以激活足够的纤溶酶并溶解凝块，如果血液凝固发生在血管内，同样也能溶解。一般在小血管内要比大血管更易于溶解。

在尿中发现一种被称为尿激酶的激活因子，它对溶解发生在肾脏管道中的血栓具有重要意义，常用于治疗血栓。某些细菌也会产生一些激活酶，例如，链球菌释放的一种物质称为链球菌激酶或链激酶，它直接作用于血浆中纤溶酶原使其转化为纤溶酶。在这种情况下所发生的纤溶酶，不仅能解体凝固的淋巴与组织；甚而冲开局部屏障而使炎症扩散，如皮下蜂窝组织炎。

（1）肝素　肝素是目前最理想的血管内抗凝剂，是从动物的多种组织，主要是肝脏中精制提纯的制品，只需要很小剂量，如每公斤体重 0.5～1.0mg，就能使凝血时间延长到 30min 以上，延长血液凝固时间具有防止血栓形成的作用。肝素在体内的作用时间是 4～6h，最后被血液中的一种肝素酶所破坏。作为治疗而应用过大剂量肝素时，病人可能发生危险性的出血，此时可用精蛋白作为对抗肝素的药物以恢复正常的凝血机制。精蛋白的作用是与肝素结合而使其失活，这是因为它带正电荷而肝素带负电荷的缘故。

肝素无论在体内或体外均具有抗凝作用，它广泛存在于体内多种组织之中，如肝脏、肺、心脏、肌肉甚至嗜碱粒细胞中。

（2）抗凝血酶Ⅲ　血浆中含有一种类似白蛋白的蛋白质，称为抗凝血酶Ⅲ，能使凝血酶失活。肝素与抗凝血酶Ⅲ约占血浆中抗凝物质的 75%。

（3）抗凝血酶Ⅰ　纤维蛋白原能以吸附的形式结合大量的凝血酶以利于凝血，同时也能与其他具有抑制血液凝固作用的物质相结合而妨碍与凝血酶结合。这种与其他具有抑制血液凝固作用的物质相结合的纤维蛋白原统称为抗凝血酶Ⅰ。

（4）体外抗凝剂　柠檬酸钠能沉淀 Ca^{2+} 而妨碍血液的凝固，是临床上很常用的一种体外抗凝剂。

五、血型

如果不适宜地将两种血液混合在一起，则发生红细胞互相集聚，然后产生溶血。红细胞凝集可造成微循环阻塞，溶血则常常损害肾脏功能甚至造成过敏性反应。这种情况如果是发生于不恰当的输血则称为输血反应。

红细胞的凝集是一种抗原抗体反应。在红细胞的表面含有多种具有特异性的寡糖氨基酸复合体，起抗原的作用，称为凝集原；与此抗原特异性结合的抗体是溶存于血浆中的一种 γ 球蛋白，称为凝集素。在抗原抗体反应中，具有两个结合点的抗体分子，在两个红细胞之间形成一个桥，每一个红细胞与一个抗体结合点相结合，以致造成红细胞的凝集。在正常情况下，血液中必须只含有不与本身红细胞反应的凝集素，否则将发生自身凝集。

1. 表面抗原与血型

在红细胞表面的抗原种类有数十种，如与特异的抗体相遇均会发生抗原-抗体反应。在输血时最为多见的产生输血反应的抗原主要是 AB 抗原，据红细胞表面所具有的抗原特点可以将血液划分为不同类型。

在不同个体的红细胞表面存在有两种不同的抗原，即抗原 A 与抗原 B，在一个红细胞上可以仅有其中任何一种或同时具有两种或两种皆无。血型便是根据其所具有的抗原种类来区分与命名的，仅有 A 抗原者为 A 型；仅有 B 抗原者为 B 型；两者均有者为 AB 型；两种均无者为 O 型。

与此相似，在血浆中还存在与红细胞表面各种抗原特异结合的抗体。在正常情况下，同一个体能发生特异结合的抗原抗体不能同时存在。在 A 型血浆中仅有与 B 抗原特殊结合的抗体，称为抗 B；在 B 型血浆中有抗 A，在 AB 型血浆中无抗体，在 O 型血浆中抗 A、抗 B 均有。

在人类的红细胞表面还存在与恒河猴（*Rhesus macacus*）红细胞的抗原相同的另一种抗原，称为 Rh 抗原。含有此种抗原的血型称为 Rh 阳性；不含此种抗原的血型称为 Rh 阴性。在我国大多数民族中，Rh 阳性血型者占 99% 左右，阴性者仅约占 1%；但在某些少数民族中，阴性者则较多，如苗族为 12.3%，布依族为 8.7%，塔塔尔族为 15.8%。Rh 阴性血型的特点是在血浆中没有与其特异结合的天然抗体，只有在 Rh 阴性血型者接受 Rh 阳性输血后，以被动免疫的形式产生抗 Rh 的抗体；当再次输入 Rh 阳性血液时，则发生输血反应。

2. 血型与输血

在输血时必须严格遵循输血的基本原则，以避免输血反应。首先要考虑到的是供血者红细胞不被受血者血浆中的凝集素所凝集，即无抗供血者红细胞的抗体。只有同型血相输才能满足这一条件。其次是考虑将无抗原 A、B 的 O 型血输给 A、B 与 AB 型，虽然受血者的血浆不能凝集供血者的血细胞，但 O 型血具有抗 A、抗 B 两种抗体，就必须还要考虑到凝集受血者血球的可能性，因此这种输血不宜量多。AB 型血因为没有抗 A、抗 B，不凝集任何其他血型供血者的红细胞，故可接受任何 A、B、O 系统血型的供血。除同型外，量不宜过多。

第七节　血液循环系统

血液循环系统由心脏和血管组成。心脏是推动血液循环的动力器官；血管是血液流动的管道，具有运输血液、分配血液和物质交换的功能。人体血液循环可分为体循环与肺循环，两者相互串联，实现完整的循环功能。此外，淋巴系统是循环系统的一个支流，组织液首先汇集于淋巴管内，然后通过淋巴循环，最终回流入循环血液之中。

构成机体的每个细胞，必须不断地从机体周围环境中摄取氧气和营养物质，并向外界排出代谢产物，以维持新陈代谢的正常进行。血液在循环过程中，从消化道获得营养物质、水和无机盐；从肺部吸收氧并排出二氧化碳。与此同时，血液也将组织细胞代谢所产生的废物及多余的水分运到肾脏等排泄器官排出体外，以维持细胞物质供应和内环境化学组成与理化特性的相对稳定，并实现机体功能的体液性调节以及血液的防御功能。

在血液循环系统自身调节和神经体液因素的调节下，当机体某一部分活动加强而代谢率增高时，其血流量便增多。与此同时，活动水平较低的部分血流量将减少，从而使机体各部的血流量能够与其代谢水平相适应，使机体能够完整而协调地进行生命活动。

一、心脏的泵血功能

1. 心脏射血作用

心脏对血液的循环起着泵的作用。心室肌的节律性舒缩是血液循环的动力，心瓣膜规律性地启闭，能控制血流方向。心室舒张时，血液由心房流入心室；心室收缩时，血液由心室射入动脉。心脏的射血作用使血液始终朝单一方向流动。

心肌细胞具有能够在没有外来刺激的条件下自动产生节律性兴奋作用的特性，称为自动节律性，简称自律性。在人体迷走神经的抑制作用下，心脏窦房结的自律性一般为70次/min。心脏每次兴奋和收缩都是受自律性最高的窦房结所控制，窦房结是正常心脏的起搏点。窦房结属心脏传导系统，由特殊心肌纤维构成，位于心脏上腔静脉根部与右心耳之间的心外膜深面。

2. 心率

心脏的舒缩活动称为心搏或心跳，正常成人安静状态下的心搏次数或心率为60～100次/min。新生儿可达130次/min，以后逐渐减慢，至青春期接近成人；成年女性的心率较男性快，经常进行体力或体育锻炼者心率较慢。心率低于40次/min或高于150次/min时，心输出量均会减少。健康成人在静息状态下，心率75次/min时，每次射血量60～70mL，心输出量则为4.5～6.0L/min，剧烈运动时，心率可增至180～200次/min，心输出量高达30L/min。最大输出量与静息输出量的差值，即代表心力储备。健康成年人心力储备约为25L/min。经常进行体力劳动，坚持体育锻炼，可以提高心力储备。

3. 心音

心脏瓣膜关闭和血液撞击心室壁引起振动产生心音。由心室肌收缩刚刚开始房室瓣便立即关闭而产生的心音称为第一心音，其音调较低，持续时间较长，是心室收缩期开始的标志。由主动脉瓣和肺动脉瓣关闭振动引起的心音称第二心音，其音调较高，持续时间较短，是心舒期开始的标志。听取心音对诊断心脏功能，特别是心脏瓣膜功能具有重要的临床意义。在病理情况下，由于瓣膜狭窄或闭锁不全而导致血流不畅或倒流时，听诊会出现杂音。

4. 心电图

在每个心动周期中，由窦房结产生的兴奋，依次传向心房和心室。在兴奋产生和传播的同时，伴随着一系列的电位变化。这种电位变化乃是心脏各部分心肌细胞电位变化的综合表现，可以直接由心脏探测出来，也可以由身体表面测量出来。将测量电极置于体表一定部位，借助于容积导体所记录出来的电位变化曲线称为心电图。在临床医学中，心电图是一种检查心脏兴奋的产生、传播与恢复过程是否正常的重要方法。

二、血管的功能

血管是运送血液、分配血量及物质交换的循环管道，可分为动脉、毛细血管和静脉，它们在循环系统中起着不同的作用。

（一）血压和血流量

1. 血流阻力与流量

人体内器官的血流量与该器官动、静脉压差成正比，与血管半径的四次方成反比。血管半径的变化是决定器官血流量的主要因素，血管半径减少50%，则血流阻力将增大16倍；小动脉及微动脉管壁平滑肌纤维丰富，在神经体液调节下，管径经常随机体情况而改变，从而改变血流阻力而影响循环功能。

血流在主动脉中的阻力小，速度最快，在毛细血管中流速最慢，在心动周期中，心缩期流速较心舒期快。

血流阻力与血液的粘滞性成正比。在体内，血液粘滞性主要与红细胞的数目有关，血中红细胞含量高，则粘滞性高；反之，则粘滞性低。

2. 血压

血压是血管内血液作用于血管壁的侧压力。

正常机体循环血量稍大于心血管系统的自然容积，从而使血管内形成一定的充盈压，是形成血压的前提条件。

心脏射血是形成血压的另一重要条件。心室肌收缩所产生的能量，一部分表现为动能，用于推动血液进入动脉并流向外周；另一部分则表现为势能，通过血液作用于大动脉管壁，在体循环充盈压的基础上形成血压。心室舒张使心房及静脉侧的压力降低，形成了大动脉与大静脉之间的较大的压力差。后者促使血液由动脉流向静脉和心房。在血液流动的过程中势能不断转化为动能用于克服阻力，使血压逐渐降低。人体体循环各段血管的平均血压大致如下：主动脉前端100mmHg，小动脉起始部85mmHg，毛细血管动脉端30mmHg，小静脉前端10mmHg，心房压则接近于零。

（1）动脉血压　通常所谓血压即指血液对主动脉管壁的侧压力。在一个心动周期中，动脉血压随着心室的舒缩而发生规律性的波动。心室收缩时动脉压升高，约在心室收缩中期达到最高值，此值即为收缩压。心室舒张时动脉压降低，于心舒末期即下次心室收缩前降至最低值，此值即为舒张压。收缩压与舒张压之差称为脉搏压，简称脉压。

大动脉弹性回位具有缓冲血压的作用，使收缩压不致过高，维持舒张压于一定水平，并推动血液在舒张期继续流向外周。在大动脉中血压的降落较小，所以在上臂肱动脉所测得的数值，基本可以代表主动脉压。我国正常成年人在安静状态下的肱动脉收缩压为90～140mmHg，舒张压为60～90mmHg，脉压为30～40mmHg。如成人安静状态下的舒张压低于60mmHg，或收缩压低于90mmHg，则认为低于正常水平。动脉血压过低时，血流量不能满足器官代谢的需要。如收缩压高于140mmHg，或舒张压持续超过90mmHg，即认为是高于正常水平。血压过高时，心肌收缩的后负荷增大，心脏工作的负担加重，久之将导致心室肥厚、扩大，甚至心肌功能减退而发生心力衰竭。

在安静状态下动脉血压较为稳定，但不同个体存在一定的差异，并随年龄、性别和生理情况而不同。一般而言，肥胖者动脉血压稍高，男性略高于女性。随着年龄的增长，动脉血压逐渐增高，且收缩压的升高较舒张压更为显著。女性在更年期后收缩压有较明显的升高，进食、吸烟或饮酒以及兴奋、恐惧、忧虑等都会使血压有所升高。在病理情况下，大动脉管壁弹性、循环血量和心脏射血功能是影响动脉血压的主要因素。临床常见的原发性高血压病，是因小动脉痉挛或硬化使口径减小而引起，故主要表现为舒张压的升高。很多降压药便是通过解除小动脉痉挛，减小外周阻力而起降压作用的。循环血量减少使循环系统充盈不足，回心血量不足，心输出量减少，从而血压下降。当失血量超过全血量的30%时，血压将明显下降，必须进行输血或补液，以补充循环血量，方可维持血压于一定程度。老年人大动脉弹性纤维减少而胶原纤维增生，导致大动脉弹性降低，缓冲血压的作用减弱，故脉压增大。

（2）静脉血压与血流   静脉为血液回流入心的通道，容纳循环血量的 60% ～ 70%，管壁较薄易扩张，还具有一定的收缩能力，故起着血液储存库的作用。静脉管壁的舒缩及血流的快慢，能有效地调节回心血量和心输出量。

通常将各器官静脉的血压称为外周静脉压，而将胸腔内大静脉压或右心房压称为中心静脉压。在体循环，血液经毛细血管汇集于小静脉时，血压降至 15 ～ 20mmHg。至下腔静脉为 3 ～ 4mmHg，至右心房压力降至最低，接近于零。中心静脉压的高低直接影响静脉回流，从而影响心输出量。中心静脉压过低，则心室充盈不足，心输出量减少。中心静脉压过高也对静脉回流不利，正常人中心静脉压的变动范围为 4 ～ 12cmH$_2$O[*]，中心静脉压的高低取决于心射血能力和回心血量。心射血能力降低，使血液淤滞于心房和静脉内，导致中心静脉压过高。循环血量不足或静脉回流障碍时，出现中心静脉压过低。输液、输血过多超过心脏负荷能力时，中心静脉压升高。由于中心静脉压的测定可以反映回心血量和心脏功能的状况，故临床常用以作为控制输液速度和补液量的指标。一般在中心静脉压超过 16cm H$_2$O 时，输液即要慎重或停止输液。

（二）微循环

微循环是指微动脉与微静脉之间的血液循环，以实现血液与组织液之间的物质交换，如图 9-20 所示。

1. 微循环的组成

不同器官组织的微循环结构不尽相同。典型的微循环是由微动脉、后微动脉、毛细血管前括约肌、真毛细血管、通血毛细血管、动静脉吻合支及微静脉 7 个部分所组成。在微循环部位，血液可以通过微动脉-通血毛细血管-微静脉、微动脉-真毛细血管网-微静脉、微动脉-微静脉三条途径从微动脉流向微静脉。

（1）直捷通路   血液从微动脉经后微动脉、通血毛细血管而进入微静脉的通路称为直捷通路。通血毛细血管是后微动脉的直接延伸，其管壁平滑肌逐渐稀少终至消失而成为毛细血管。其管径较粗且时时处于开放状态，血流速度较快，物质交换功能极其有限，主要功能是使一部分血液能较快地通过微循环经静脉而回心。在骨骼肌微循环中，此类通路较多。

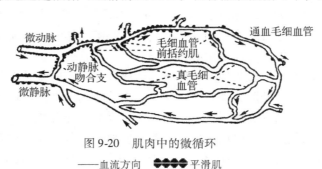

图 9-20   肌肉中的微循环

——血流方向   ●●●●平滑肌

（2）迂回通路   血液从微动脉经后微动脉、毛细血管前括约肌、真毛细血管网到微静脉的通路，称为迂回通路。真毛细血管为数很多，迂回曲折，互相联通，称为真毛细血管

* 1mmH$_2$O≈9.8Pa

网。真毛细血管管壁薄，血流缓慢，是血液与组织液进行物质交换的主要部位，故此通路又称为营养通路。

真毛细血管是交替开放的，其开放与闭锁取决于毛细血管前括约肌的收缩与舒张，后者受局部代谢产物所控制。当真毛细血管关闭一段时间后，局部组织的代谢产物积聚增多，使该部位的毛细血管前括约肌舒张，引起真毛细血管的开放。真毛细血管开放之后，血流畅通，积聚的代谢产物被血流所清除。接着毛细血管前括约肌又收缩，真毛细血管又关闭，如此周而复始。一般情况下，每分钟轮换 5 ～ 10 次。在安静情况下，平均仅有 20% 的真毛细血管处于开放状态。在组织活动增强、代谢水平提高时，局部代谢产物增多，开放的真毛细血管相应增多，从而使局部血量显著增加，以适应当时组织代谢的需要。

（3）动静脉短路　　动静脉吻合支是直接联通微动脉与微静脉的短路血管，故又称动-静脉短路。在人的手掌、足底、耳廓等处的皮肤中，此类通路较多。吻合支血管壁有平滑肌，一般情况下，它们呈收缩状态而使吻合支关闭。环境温度升高时，吻合支开放，使皮肤血流量增多，升高皮肤温度，有利于热量的散发，故此通路在体温调节中具有一定的作用。由于吻合支管壁较厚，而且血流迅速，故无物质交换的作用。不仅如此，吻合支的开放还将相对地减少真毛细血管的血流量，从而减少组织细胞对血氧的摄取量。因此，在某些病理情况下，如感染性或中毒性休克时，由于动-静脉吻合支大量开放，将导致组织的缺氧状态加重。

2. 血液和组织间物质的交换

充盈于细胞间隙的液体称为组织液。组织液是细胞的内环境，也是细胞与血液之间进行物质交换的媒介。组织液与血液之间的物质交换是通过毛细血管壁进行的，毛细血管壁由单层内皮细胞及一层基膜所构成。毛细血管壁薄，通透性高，数量多（人体有 300 亿根以上），总表面积很大，血流速度缓慢，有利于物质交换的进行。

（三）组织液

存在于组织细胞间隙中的液体称为组织液。绝大部分组织液呈胶冻状态，不致因重力作用而流向身体的低垂部分，但也有极少部分呈液态，可以自由流动。

1. 组织液的生成

组织液是血浆经毛细血管壁的滤过而形成的。人体血浆胶体渗透压约为 25mmHg，毛细血管动脉端血压平均约为 30mmHg，静脉端血压约为 12mmHg，组织液胶体渗透压约为 15mmHg。故毛细血管动脉端的有效滤过压为 10mmHg，在毛细血管动脉端，液体滤出而生成组织液。

毛细血管静脉端的有效滤过压为 − 8mmHg，组织液被重吸收回血液。在正常情况下，组织液的生成与回流呈动态平衡，因此血液量和组织液量相对稳定。组织液回流入血液的途径有二，约 90% 于静脉端被重吸收入血液，其余 10% 进入毛细淋巴管形成淋巴，再经淋巴管最终归入大静脉。如果某种原因使组织液生成增多或回流受阻，将导致组织间隙中过多液体的滞留，形成组织水肿。

2. 影响组织液生成的因素

毛细血管血压、血浆胶体渗透压、毛细血管通透性及淋巴回流是影响组织液生成的主要因素。

微动脉扩张降低毛细血管前阻力，使毛细血管血压升高，结果组织液生成增多。运动时的肌肉或发生炎症的部位，都可出现这种情况。当右心衰竭静脉回流受阻时，由于毛细血管后阻力的上升也可使毛细血管血压升高，结果导致组织液的生成增加与回流减少，甚至出现组织水肿。

在病理情况下，例如患肾病时，因大量蛋白质随尿排出，血浆胶体渗透压降低，致使有效滤过压增大，结果使组织液生成增多而回流减少，出现组织水肿。

由于一部分组织液经淋巴管回流入血液，因此如果淋巴回流受阻，受阻部位远端的组织就会出现水肿。

（四）淋巴的生成与回流

1. 淋巴的生成

进入淋巴管的组织液即为淋巴或称淋巴液，因此淋巴的成分与组织液非常相近。

毛细淋巴管的首端为盲端，毛细淋巴管的管壁由单层内皮细胞所构成，管壁外无基膜，故通透性特别高。管壁内皮细胞互相覆盖如屋瓦状，形成向管腔内开放的单向活瓣。组织液连同悬浮于其中的微粒，包括红细胞、细菌等可通过这种单向活瓣进入毛细淋巴管，而不能倒流。每天淋巴的生成量为 2 ~ 4L。

组织液和毛细淋巴管之间的压力差是促使组织液进入淋巴管的动力，因此，凡能增加组织液生成的因素都能增加淋巴的生成量。这些因素包括毛细血管压的升高、血浆胶体渗透压的降低、组织液蛋白质浓度的升高以及毛细血管通透性的增高等。

2. 淋巴的回流

全身淋巴汇集于较大的淋巴管，最后由右淋巴导管（约占总回流量的 1/6）和胸导管（约占 5/6）入静脉。促进淋巴回流的主要因素为淋巴生成量的增加和骨骼肌的运动。

淋巴回流的重要意义主要在于：回收组织液中的蛋白质（每天机体从淋巴系统回收的蛋白质为血浆蛋白总量的 1/4 ~ 1/2），运输脂肪及其他营养物质；调节血浆和组织液之间的液体平衡以及清除组织中的细菌及其他异物，从而起到防御作用。

三、心血管活动的调节

循环系统是完整机体的一部分，当机体活动发生改变时，通过神经和体液两种调节机制，心血管活动将发生相应的变化，从而使机体各部分的血流量能够适应当时活动的需要。

神经和体液对心脏的调节作用在于改变心收缩力和心率，以调节心输出量。血管则是改变阻力血管的口径以调节外周阻力，以及改变容量血管的口径以调节回心血量。通过这三方面的调节作用，不仅能维持动脉血压的相对稳定，而且还可对各器官的血流量进行调整，以适应其代谢需要，使活动增强的组织血流量增多，其他则相对减少。

第八节　呼吸循环系统

体内物质经过生物氧化，为机体活动提供能量和维持体温。人类的正常体温必须维持在 35 ~ 41℃这一狭窄的范围之内，因为只有内环境温度维持于稳态，细胞才能保持正常的结构和功能。人体酶促生化反应的适宜温度范围为 30 ~ 40℃，而以 37℃左右反应最佳。在一般情况下，体温低于 34℃时，可致意识丧失，低至 25℃时，可因心跳停止或心肌纤颤而死亡。体温高于 42℃，多数细胞实质受损，高于 45℃即可致命。

在安静状态下，成人每分钟耗 O_2 约 250mL，如果机体不从外界持续地摄入 O_2，正常代

谢只能维持 $4 \sim 6min$。伴随生物氧化，体内每分钟产生 CO_2 约 200mL，须及时排出体外，潴留体内将引起危害。因此，及时地从外界摄取 O_2，同时把 CO_2 排出体外，是人体最基本的生理功能之一。这种机体与环境间的气体交换过程，称为呼吸。

人体呼吸过程由外呼吸、内呼吸及气体运输三个环节组成，如图 9-21 所示。

外呼吸包括肺通气（即气体在肺与外环境间的流通）和肺换气（指肺泡与毛细血管血液之间的气体交换），是呼吸系统的主要功能。

内呼吸为组织细胞与毛细血管血液之间的气体交换，也称组织换气。

呼吸的气体在肺与组织间的运输，由血液和循环系统来完成。O_2 在细胞内为物质代谢所利用而产生 CO_2、水并释放能量的过程，则称为细胞呼吸，或称生物氧化。

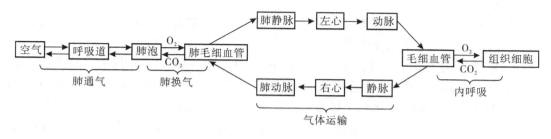

图 9-21　呼吸过程

一、呼吸气体的运输

1. 运输的形式和运输量

呼吸气体在血液中以物理性溶解和化学性结合两种形式来运输。O_2，CO_2 溶解于血中的量很少，动脉血含 O_2 总量中，溶解的 O_2 量仅占 1.5%；静脉血含 CO_2 总量中，溶解的 CO_2 约占 6%。安静情况下，每 100mL 动脉血一次循环只能输送给组织 4.57mL 的 O_2，其中以结合形式输送的 O_2 占 96%（4.4mL）。每 100mL 混合静脉血一次循环只能输送给肺 CO_2 3.66mL，其中以结合形式输送的 CO_2 占 90%（3.3mL）左右。表 9-5 列出了在肺泡、组织和血液中，呼吸气体分压正常时，动、静脉血液中呼吸气体的含量。

表 9-5　安静时健康人血中气体体积分数　　　　　（单位:%）

气体	血中存在形式	动脉血	混合静脉血	动、静脉血中含量差值
O_2	化学结合	19.5	15.1	4.4
	物理溶解	0.29	0.12	0.17
CO_2	化学结合	46.4	49.7	3.3
	物理溶解	2.62	2.98	0.36

必须强调，尽管血中溶解形式的气体量甚少，但从气体运输全过程来看，这种形式却是必不可少的。因为呼吸气体必须首先溶解于体液，产生足够的张力，才能进行化学结合。溶解在体液中的气体在呼吸的化学调节中起着至关重要的作用。

2. 氧的运输与释放

（1）氧与血红蛋白的结合 每分子血红蛋白（Hb）有 4 个 Fe^{2+} 原子，每个 Fe^{2+} 能以其配位键与 1 分子 O_2 可逆地疏松结合。结合后铁原子价态不改变，因此并非氧化而是氧合。氧合速度极快，仅需时 $0.01s$。如 Fe^{2+} 氧化为 Fe^{3+}，Hb 即丧失与 O_2 结合形成 HbO_2 能力，称为高铁血红蛋白。亚硝酸盐等中毒时，可形成高铁血红蛋白，以致组织缺 O_2。CO 与 Hb 的结合力较 O_2 强 210 倍，并且结合后不易解离。煤气中含 CO 量甚多，煤气中毒使血液运输 O_2 功能障碍，严重时可以致命。

每百毫升血液中 Hb 能够结合 O_2 的最大量称为血氧容量；Hb 实际结合的 O_2 量称为血结合氧量；结合氧量占氧容量的百分比称为血氧饱和度；至于血中结合氧量与溶解氧量之和则称为血氧含量。

（2）血氧解离特性 氧解离曲线近似 S 形，在空气稀薄的高原或人体深层组织中，氧分压虽然较低，但结合 O_2 量仍可接近正常水平。

当内环境 H^+ 浓度、CO_2 或温度上升时，Hb 与 O_2 的亲和力减小，促进氧的释放，使人体对环境理化因素改变具有生理适应性。在肺中，血液释出 CO_2 后，p_{co_2} 下降，pH 值升高，致 Hb 与 O_2 的亲和力增加，因而动脉血可结合较多的 O_2。在组织中则相反，尤其是当功能活动增加，代谢旺盛时，组织的温度、H^+ 浓度和 p_{co_2} 均升高时，HbO_2 即可向组织提供更多的 O_2。例如，安静时肌肉可从每 $100mL$ 动脉血中获得 O_2 约 $5mL$，运动加强时，肌肉即可从等量动脉血中获得 $17mL$ 的 O_2。

红细胞中所含的较高浓度的 2,3-二磷酸甘油酸（2,3-DPG）是在红细胞内无氧糖酵解过程中形成的，与脱氧 Hb 结合后，可改变 Hb 分子构型，降低 Hb 对 O_2 的亲和力，因而高浓度 2,3-DPG 可促进血氧释放。长时间运动或慢性缺 O_2 时，红细胞内 2,3-DPG 增多。甲状腺素、生长素、糖皮质激素、睾丸酮以及儿茶酚胺等也可使红细胞内 2,3-DPG 增多，这对改善组织供 O_2 有一定意义。

3. 血液 CO_2 的运输

血液以两种化学结合形式运输 CO_2，一种形式是 CO_2 与血液的盐基（Na^+、K^+）结合形成碳酸氢盐；另一种形式是与血液的蛋白质结合形成氨基甲酸化合物。前者约占静脉血液 CO_2 含量的 88%，后者约占 6%，其余为溶解性 CO_2。

（1）碳酸氢盐 组织代谢产生的 CO_2，进入血液后先水化为 H_2CO_3，继而分解产生 H^+ 与 HCO_3^-，即

$$CO_2 + H_2O \xrightleftharpoons{\text{碳酸酐酶}} H_2CO_3 \rightleftharpoons HCO_3^- + H^+$$

因为血浆中无酶催化，故 H_2CO_3 的形成很慢，红细胞中有碳酸酐酶，可使反应速度增加 13 000 倍或更快，因此，这一反应主要在红细胞内进行。

在组织中，CO_2 依靠其压力（p_{CO_2}）梯度进入血液。CO_2 在红细胞内通过上述反应，产生 HCO_3^- 和 H^+；HbO_2 脱 O_2 后分子构型改变，可结合较多的 H^+；HCO_3^- 则依浓度梯度扩散入血浆，与血浆的盐基，主要是 Na^+，形成碳酸氢钠；此时红细胞由于失去 HCO_3^-，致使正离子多于负离子，由于红细胞内的正离子不易透过细胞膜，于是血浆中的 Cl^- 乃转入红细胞，使红细胞内外离子分布达到新的平衡；同时，少量水进入红细胞，保持渗透平衡，如图 9-22 所示。

在红细胞碳酸酐酶催化作用下，CO_2 溶解，终致血浆内 HCO_3^- 大量增加。CO_2 进入体

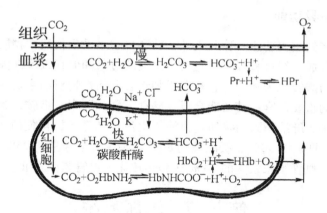

图 9-22　CO_2 自组织入血液后的变迁和运输形式
Pr—蛋白质；HHb—脱氧血红蛋白

循环所形成的 HCO_3^-，70% 以上是由血浆运输的。

在肺中，血液失去 CO_2 而获得 O_2，上述红细胞内的反应过程即向相反方向进行。这时，HCO_3^- 自血浆进入红细胞，形成 H_2CO_3，在碳酸酐酶催化下，迅速释出 CO_2，扩散入血浆，然后再扩散入肺泡气；Cl^- 自红细胞转入血浆；少量水也转入血浆。

在 CO_2 运输中，Cl^- 进入细胞以维持电荷平衡的现象称为氯转移。它在反应过程中，促进 HCO_3^- 及时转移至血浆，从而显著地增加血液运输 CO_2 的能力。

（2）氨基甲酸血红蛋白　进入血液的 CO_2 在红细胞内可与 Hb 分子中球蛋白的四个末端 α-氨基结合形成氨基甲酸血红蛋白。虽然 CO_2 也可与血浆内另一些蛋白质进行类似的结合，但由于这类血浆蛋白质含量远较 Hb 为少，因此这部分结合量很小。

$$蛋白质—NH_2 + CO_2 \rightleftharpoons 蛋白质—NHCOO^- + H^+$$

CO_2 与 Hb 的结合是可逆的疏松结合，速度快，不需酶催化。由于脱氧 Hb 与 CO_2 结合形成氨基甲酸血红蛋白的能力比 HbO_2 约强 3 倍，故这一反应易于在静脉血中进行。

（3）血液 CO_2 的解离　当血液 CO_2 含量处于正常生理范围 30～50mmHg 时，血中 CO_2 含量与 p_{CO_2} 成正比。在组织中，HbO_2 脱 O_2 后其分子构型改变，结合 H^+ 的能力增加，促使红细胞内的 H_2CO_3 解离反应与氨基甲酸血红蛋白生成反应的进行，使静脉血能够结合更多的 CO_2。当血液流经肺时，一方面因 p_{CO_2} 低下，另一方面 Hb 氧合后与 CO_2 和 H^+ 的结合能力减弱，有利于血中 CO_2 释放，故静脉血变为动脉血时可释出约 50% 的 CO_2。

二、呼吸运动的调节

呼吸能及时地为组织提供 O_2，排除多余的 CO_2，即使机体代谢水平在一定范围内波动时，仍能维持内环境中 p_{O_2}、p_{CO_2} 的相对稳定，从而保证代谢能够正常进行。

人体安静时，每分钟通气量为 6L；激烈活动时，机体耗 O_2 增加 20 倍，每分钟通气量达 75～100L。机体通过调节呼吸肌活动，改变呼吸的深度和频率，使呼吸能适应机体生命活动的需要。

三、肺的非呼吸功能

通气和换气是肺的主要功能，除此之外，肺还参与多种生物活性物质的代谢，与体内多种生物活性物质的合成、释放和降解、免疫、血液的过滤和储存以及体液的转运等有关。

肺可将游离脂肪酸转化为磷脂，它是合成肺泡表面活性物质的主要原料。肺是合成、释放和降解前列腺素的重要器官；肺还能合成、储存、释放肝素、组胺、激肽释放酶；肺含有较丰富的凝血致活酶、纤溶酶致活物质。血液一次流经肺循环，可使所含前列腺素 E、F 的 90%，5-羟色胺（5-HT）的 90%，缓激肽的 80%，去甲肾上腺素的 25% ～ 50% 被清除；部分乙酰胆碱被灭活；血管紧张素 I 的 70% ～ 80% 转化为血管紧张素 II。

第九节　泌尿系统

人体在新陈代谢过程中产生某些不为机体所利用或有害的代谢终产物（如尿素、尿酸、肌酐、胆色素、氨等含氮物质、硫酸盐、无机酸盐等）、多余的水、多种无机离子和进入机体内的异物（如药物等），先汇集于血液，然后以不同形式排出体外。以尿的形式由肾排出，这是最重要的排泄途径，故肾是最重要的排泄器官。除肾外，尚有皮肤的汗腺、消化管和呼吸器官排出。人体通过上述四种排泄途径方能维持机体内环境的相对恒定。肾的泌尿功能对维持内环境的恒定，保证机体生命活动的正常进行具有极为重要的意义。如果肾功能发生障碍，代谢终产物蓄积于体内，水平衡和酸碱平衡发生紊乱，各种离子浓度和渗透压变得异常，内环境的稳定就将遭到严重破坏，从而导致各组织细胞内生命活动不能正常进行，最终将危及生命。

一、肾的构造

肾的主要功能是以泌尿形式排除对机体无用或多余的代谢终产物，保留有用的物质，以达到机体内环境的体液容量、渗透压、电解质和酸碱度的相对稳定。

（一）肾的位置和结构

肾位于腹后壁脊柱两侧，成年人约相当于第 11 胸椎到第 3 腰椎的高度，左、右各一，右肾较左肾稍低。肾的外形如蚕豆，长约 11.5cm，一侧平均重量为 120 ～ 150g。肾内侧缘中部凹陷，深入肾内形成一个空腔，称为肾窦。肾窦的开口称为肾门，是肾血管、输尿管、淋巴管及神经等进出肾的部位。肾的表面光滑，有结缔组织膜，称为纤维膜。

肾可分为表层的皮质和深部的髓质。肾皮质于肾的浅部，包围在髓质的周围，厚约 0.5cm，主要由肾小体与肾小管构成，因富有血管，故呈红褐色。肾髓质位于皮质的深部，约占肾实质的 2/3，血管较少，呈淡红色。髓质由 15 ～ 20 个肾锥体组成，皮质伸入各锥体之间的部分称为肾柱。肾锥体呈圆锥形，结构致密而有光泽，可看到许多颜色较深的放射状条纹，它主要由直的肾小管构成。肾锥体的基部较宽大，接皮质，尖端为钝圆形呈乳头状，称为肾乳头，每个肾平均有 7 ～ 12 个肾乳头。在肾乳头上有许多（10 ～ 30 个）肉眼不易看到的乳头孔。肾乳头被漏斗状的膜性短管包绕，此短管称为肾小盏。每个肾有 7 ～ 8 个肾小盏，每 2 ～ 3 个肾小盏再合并成一个肾大盏。2 ～ 3 个肾大盏再集合成扁漏斗状的肾盂。肾盂在肾门内逐渐变窄，续接输尿管，如图9-23 所示。

（二）肾单位和集合管

肾主要由许多肾单位（nephron）、集合管和少量的结缔组织组成。每个肾约有 100 万以上的肾单位，肾单位是肾脏的结构与功能的基本单位。每个肾单位由肾小体（renal corpuscle）和与之相连的肾小管（renal tubule）组成，见图 9-23。集合管不包括在肾单位内，但在功能上与肾小管密切联系。肾单位各分段名称表示如图 9-24 所示。

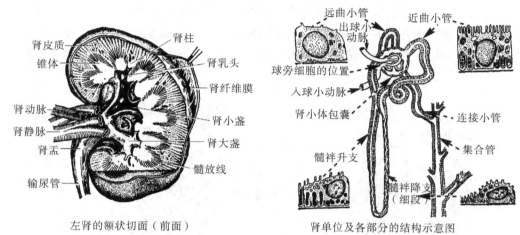

左肾的额状切面（前面）　　　　　　肾单位及各部分的结构示意图

图 9-23　肾和肾单位

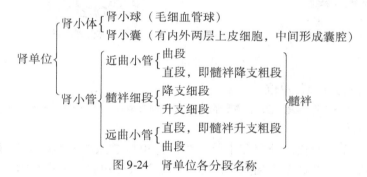

图 9-24　肾单位各分段名称

1. 肾小体

肾小体分布在皮质和肾柱中，其核心是一个毛细血管球，称为肾小球（renal glomerulus），球外为肾小囊（renal capsule）。肾小体断面为圆形，平均直径为 200μm。肾动脉在肾内反复分支，最后形成入球小动脉。入球小动脉进入肾小体先分成 4～8 支，每支又继续分成袢状的毛细血管小叶。毛细血管间又互相吻合，最后各小叶的毛细血管汇合成出球小动脉离开肾小体，如图 9-25 所示。肾小囊是上皮性管道，肾小管盲端膨大并凹陷形成双层囊，外层称壁层，内层称脏层，两层间的腔隙为肾小囊腔。壁层由单层扁平上皮细胞组成，与近曲小管相接。肾小囊脏层包在血管球毛细血管外面。

2. 肾小管

肾小管长 30～50mm，其管壁由单层上皮细胞构成，外面有一层很薄的基膜。根据肾小管各段结构的特征可分为近曲小管、髓袢细段及远曲小管三部分。

（1）近曲小管　分为曲部与直部两段。曲部与肾小囊外层相连，盘曲在肾小体周围，约占肾单位总长度的一半，是肾小管最长最粗的一段，管壁由单层立方上皮细胞构成。

（2）髓袢细段　为一"U"字形小管，由三段构成，即近曲小管直部、髓袢及远曲小管直部，管壁由扁平上皮细胞构成，管壁最薄。

（3）远曲小管　也分直部与曲部两段。曲部盘绕在肾小球附近，与近曲小管相邻。远曲小管比近曲小管管腔粗，管道较短。管壁细胞为立方形。远曲小管曲部与集合管相连。

3. 集合管

集合管（collecting tubule）可分弓状集合小管、直集合小管和乳头管。集合小管与远曲小管连接形成一个弓状集合小管，然后转入髓放线，汇合成直集合小管，再继续下行移行成为较大的乳头管。集合管的管径较粗，上皮细胞呈立方形，细胞界线清楚，腔面有微绒毛。乳头管细胞为单层柱状上皮，尿液最后由此汇入肾盏。集合管也有重吸收和分泌功能，并有浓缩尿液的功能。

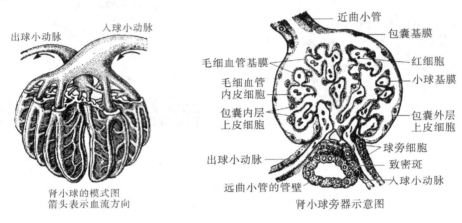

图 9-25　肾小球和肾小球旁器

4. 皮质肾单位与髓旁肾单位

在肾皮质不同部位的肾单位，因髓袢的长短和血管分布有一定差异，因而可再分成皮质肾单位和髓旁肾单位。

皮质肾单位分布在肾皮质外层和中层，约占肾单位总数的90%。皮质肾单位的髓袢很短，只到髓质外层，有的甚至不到髓质，髓袢的薄壁段很短。出球小动脉离开肾小体后第二次分成毛细血管，几乎全部分布在皮质部分的肾小管周围。

髓旁肾单位分布在靠近髓质的皮质内层，其髓袢很长，深入到内髓质层，有的甚至到达乳头部。肾小球体积较大，入球小动脉和出球小动脉的口径无明显差异。出球小动脉离开肾小体后，分成两种小血管：一种形成毛细血管网，分布于邻近的近曲小管和远曲小管周围；另一种分成许多细长的"U"形直小血管，与髓袢伴行。

（三）肾小球旁器

在肾小球附近有三种特殊的细胞群，即球旁细胞、致密斑和球外膜细胞，总称为肾小球旁器。

（1）球旁细胞　在入球小动脉接近肾小球的一小段上，血管壁的一些平滑肌细胞变态成上皮样细胞，称球旁细胞（近球细胞）。其细胞质丰富、核较大，呈圆球形或卵圆形，粗面内质网及核蛋白体较多，细胞质内有分泌颗粒，颗粒中含有未活化的肾素。

（2）致密斑　靠近肾小球和球旁细胞一侧的小管壁上皮细胞变窄变高，细胞排列紧密，形成一个椭圆形盘状的聚集区，称致密斑，能感受小管液中 Na^+ 浓度的变化。

（3）球外细膜细胞　是指位于入球小动脉、出球小动脉和致密斑之间的三角地带内的一群细胞。球外细膜细胞的功能尚不清楚，可能在一定条件下转变为球旁细胞。

二、尿的生成过程

尿的生成过程是肾小球的滤过作用，肾小管与集合管的重吸收作用及其分泌与排泄作用等三个相连续的过程。

（一）尿的成分及理化特性

1. 尿的化学成分

正常成年人每昼夜排出的尿量为 1000 ～ 2000mL，平均 1500mL。尿量的多少取决于每天摄入的水量和由其他途径（如出汗等）排出的水量。摄水量多时，尿量增加；大量出汗，尿量则减少。

尿中 95% ～ 97% 是水，3% ～ 3.5% 是溶质。溶质中以电解质和非蛋白含氮化合物为主，电解质中以 Cl^-、Na^+、K^+ 三种离子较多，硫酸盐、磷酸盐次之；非蛋白含氮化合物中以尿素为最多，而肌酐、尿酸、氨等则较少。

2. 尿的理化特性

正常人尿初排出时呈淡黄色，这主要来自尿胆素和尿色素。当尿量减少浓缩时，尿色变深。尿的相对密度介于 1.015 ～ 1.025 之间。相对密度的高低与尿量及其成分有关。若摄水量多，尿量增加，则相对密度降低；反之，若饮水少，尿量减少，则相对密度增加。

尿的酸碱度随食物的性质而不同，pH 值的变动范围在 5.0 ～ 7.0 之间。吃混合食物时，多呈酸性反应，因蛋白质分解后产生的酸根（硫酸根和磷酸根）较多。长期素食的人，因果蔬类食物中的苹果酸、柠檬酸等化合物可在体内氧化而转变为碳酸氢盐排出，故尿的酸性降低，甚至呈碱性反应。

（二）肾小球的滤过作用

肾小球毛细血管网内血浆成分向肾小囊腔滤过，是尿生成过程的第一步。

1. 滤液的形成

肾小球通过滤过作用产生肾小囊内的滤液，其化学组成和浓度，除蛋白质外，葡萄糖、尿素、尿酸、肌酐、氯化物等成分基本上与血浆组成相同，如表9-6所示。

肾小球的滤过作用主要取决于两方面的因素，即滤过膜的通透性和有效滤过压。

2. 滤过膜的通透性

肾小球的滤过膜包括毛细血管内皮细胞层、基膜层和肾小囊脏层上皮细胞层三层结构。毛细血管内皮细胞层具有 50 ～ 100nm 大小不等的微细小孔径。基膜层较厚，血浆中水分和部分溶质可以透过，而血细胞和大分子的蛋白质不能滤过。脏层上皮细胞层细胞形态特殊，有许多足状突起，称为足细胞（podoytes）。每个足细胞伸出许多大突起，每个大突起又伸出许多小突起，小突起的终末即为足，固着在基膜上。各小突起之间有细小的裂孔，孔上有薄膜。有些分子较小的物质能透出基膜，却被阻于足细胞之间的裂孔膜。裂孔膜不仅是滤过膜的最后一道屏障，而且是通透性最小的部位。

表 9-6 正常成人血浆、原尿与终尿各种物质含量的比较

物 质（mg）	血浆（100mL）	原 尿（100mL）	终 尿（100mL）	终尿与血浆浓度比率
水	90～93	95～97	95～97	1.05
蛋白质	7～9	（微量）	（微量）	—
葡萄糖	100	100	（极微量）	—
尿素	30	30	2.000	67.0
肌酐	1	1	150	150.0
尿酸	2	2	50	25.0
钠	320	320	350	1.1
钾	20	20	150	7.5
钙	10	10	15	1.5
镁	2	2	10	5.0
氯	370	370	600	1.6
硫酸根	3	3	180	60.0
磷酸根	3	3	120	40.0

葡萄糖等小分子物质可以自由通过正常肾脏的滤过膜，血浆球蛋白（相对分子质量 9 万～30 万）等生物大分子物质则不能通过；相对分子质量（约 6.9 万）较小的血浆白蛋白可以少量滤过。因此，一般以相对分子质量 7 万的物质作为能否通过滤过膜的界限。相对分子质量 7 万以下的物质，相对分子质量越小，越容易通过滤过膜。

人的肾单位总数约 200 万以上，故滤过的总面积是很大的，估计在 $1.5m^2$ 以上。

3. 肾小管和集合管的重吸收

从肾小球毛细血管滤过到肾小囊中的滤液（原尿）量是很大的，正常成年男性两肾的肾小球滤过率大约是 125mL/min（女性约少 10%），即大约每天有 180L 滤液流经肾小管和集合管时，又被肾小管和集合管重吸收送回血液，排出的终尿量一般每天仅 1～2L，为滤液量的 1% 左右。

滤液中的生物小分子物质，如葡萄糖，能全部被肾小管重吸收；水和电解质等能大部分被重吸收；代谢终产物，如尿素、肌酐等，仅小部分被重吸收或完全不被重吸收。

正常成年人每昼夜由肾小球滤过的 Na^+ 可达 540g 以上，绝大部分被肾小管和集合管重吸收送回血液，由终尿排出的 Na^+ 仅 3～5g。近球小管重吸收 Na^+ 量最大，约吸收滤过量的 65%，远曲小管约吸收 10%，其余的 Na^+ 分别在髓袢细段、粗段和集合管内被重吸收。这对机体维持细胞外液中 Na^+ 浓度、渗透压和酸碱度的相对稳定具有很重要的意义。

滤液中 Cl^- 的 99% 以上也被重吸收回血。约有 90% 的 K^+ 是在近曲小管被重吸收，小部分在髓袢升支、远曲小管和集合管被重吸收。

正常人滤液中的葡萄糖浓度与血浆中的浓度相同，但尿中不含葡萄糖，这些葡萄糖全部在近曲小管被重吸收。肾小管对葡萄糖的重吸收能力有一定限度，当血糖浓度高于 160～180mg/mL 时，肾小管便不能将葡萄糖全部重吸收回血液，导致糖尿出现。这个浓度称为葡萄糖的"肾阈"。

肾小管各段和集合管对水的重吸收都是被动重吸收——渗透。近曲小管重吸收的水量最大，占滤液总水量的 70%，集合管重吸收水量约为滤液总水量的 19%。水的重吸收率的多

少不仅决定着尿量的多少，而且决定着尿的渗透浓度。如机体缺水时，尿的渗透压将比血浆的高，称为高渗尿，表示尿被浓缩；饮水过量时，水的重吸收率减少，尿的渗透压低于血浆，称为低渗尿。

4. 肾小管和集合管的分泌与排泄

尿中有一部分物质并非从肾小球毛细血管中滤出，而是由肾小管和集合管上皮细胞分泌或排泄到管腔中。肾小管上皮细胞通过新陈代谢将所产生的 H^+、NH_3 等物质排放到小管液中的过程称分泌。排泄是指肾小管上皮细胞消耗能量将血液中的某些药物及部分肌酐等主动转运到小管液中的过程。

（1）H^+ 的分泌与 $H^+ - Na^+$ 交换　肾小管和集合管上皮细胞内有碳酸酐酶，能催化 CO_2 和 H_2O 结合生成 H_2CO_3，而 H_2CO_3 可快速解离生成 H^+ 和 HCO_3^-。上皮细胞管腔膜将 H^+ 主动转运分泌到肾小管液中产生电位梯度，使肾小管液中的 $NaHCO_3$ 解离而成的 Na^+ 被动扩散进入细胞，实现 $H^+ - Na^+$ 交换。Na^+ 进入细胞后，由细胞管周膜上的离子泵主动转运进入细胞间液。细胞内产生的 HCO_3^- 也顺着电化学梯度扩散到组织间液，然后回血。肾小管细胞每分泌一个 H^+ 就可吸收一个 Na^+ 和一个 HCO_3^- 回血，这对维持体内酸碱平衡有重要意义。

（2）NH_3 分泌与铵盐的排出　肾小管和集合管的上皮细胞在代谢过程中能不断生成 NH_3，其中大部分来自谷氨酰胺，小部分来自其他氨基酸，NH_3 可向肾小管液内扩散。在体内代谢产生大量酸性物质时，肾小管细胞分泌 NH_3 和 H^+ 的活动均加强。NH_3 和 H^+ 进入肾小管液后，可结合成 NH_4^+，NH_4^+ 可与肾小管液内许多强酸盐（如 $NaCl$）解离的负离子（Cl^-）结合生成酸性的铵盐 NH_4Cl 等，随尿排出。

三、排尿及其调节

肾生成尿是连续不断的，尿经输尿管进入膀胱暂时储存。输尿管壁由平滑肌组成，从肾盂向下可作蠕动运动。蠕动波每分钟产生 1～5 次，每秒约前进 3cm。随着蠕动波的推进，可将尿液送入膀胱。因此，尿自输尿管流入膀胱是间歇性的。

成年人膀胱可储尿 350～500mL。当膀胱内储尿量达到 400mL 左右时，即引起"尿意"，而导致排尿活动。幼儿排尿的抑制作用较弱，因为幼儿的大脑功能发育尚未完善，对下位初级中枢的意志能力较弱，故幼儿排尿次数多或有遗尿现象。随着幼儿的成长，大脑功能逐渐发育完善，对排尿的控制作用也将逐渐完善。老年人常由于皮质功能衰退而出现随意控制排尿能力减弱，常发生尿频或尿失禁等现象。

第十章　糖类代谢

绿色植物和某些微生物通过光合作用将 CO_2 及水合成糖类，人类及其他生物则利用糖类作为重要的碳源和能源，以供给机体生命活动的需要。糖代谢是指糖类在生物体内的合成和分解过程。

第一节　糖类的膳食利用

糖类为人类提供了主要的膳食热量，此外，它们还提供了期望的质构、好的口感和众人喜爱的甜味。食物中的糖类可分为营养性糖类（淀粉等）和非营养性糖类（纤维素等）。

人体仅能吸收单糖，不能吸收二糖以上的低聚糖和多糖。单糖能从肠腔快速转移到血液中，二糖等低聚糖和多糖则不能被小肠吸收进入血液，这些糖类必须水解成单糖才能被吸收。在生物界存在的大量多糖及低聚糖中，人类仅能消化淀粉、糖原、一些低聚糖和某些葡萄糖。

淀粉与糖原在口腔中受唾液 α-淀粉酶的作用开始水解。当淀粉食品进入胃时，仍有少量酶继续作用，同时，由于胃液 pH 值为 $0.8 \sim 1.0$，也会产生轻度的水解作用。当食品进入十二指肠，在胰 α-淀粉酶与胰 β-淀粉酶的共同作用下，才有显著的水解作用，β-淀粉酶作用于淀粉以及由 α-淀粉酶水解产生的碎片，从非还原端将麦芽糖单位水解下来。麦芽糖被麦芽糖酶水解成葡萄糖，此酶是由刷状缘细胞释放出进入小肠肠腔的。D-葡萄糖能有效地从肠腔的刷状缘细胞输送到门静脉的血液中，最大输送速度可达 9.979kg/天，是正常需要量的 13 倍。D-半乳糖也能被有效地输送，其他单糖通过加速扩散而输送的速度较缓慢。戊糖的吸收慢于己糖。

蔗糖进入小肠后，在刷状缘细胞中被转化酶水解，D-葡萄糖吸收迅速，但游离的 D-果糖则吸收较慢，一些 D-果糖在小肠内转化成 D-葡萄糖。D-果糖必须通过门静脉血液进入肝脏后，才有 85% 转化成 D-葡萄糖或直接进行代谢。如果蔗糖从静脉注射进入血液，则由肾脏定量排出，这是因为心血管系统没有转化酶。

小肠的乳糖酶将乳糖水解成 D-葡萄糖和 D-半乳糖，这两种糖均被有效地送到门静脉的血液中去。在黑人和一些亚洲血统的儿童及成人中，乳糖酶的合成是不足的，而它的合成在童年过后又随年龄的增加而减少。乳糖酶合成的不足使乳糖在小肠中未能被完全水解吸收而进入大肠，在大肠中受到大肠微生物群落的作用转化成醋酸、乳酸以及其他能结合水的产物。当这些酸的量足够多时，就有通便的作用，甚至引起腹泻。代谢产生的气体则引起腹胀。当进食二糖、三糖与四糖（例如存在于菜豆和某些大豆组分中的四糖水苏糖）时会产生此种腹胀效应，因水苏糖、棉籽糖是肠内细菌的良好碳源，在其作用下会产生大量气体（甲烷、CO_2、H_2 等）。

除淀粉与糖原外，其他多糖不能被胃肠道酶水解，它们进入大肠时基本没有变化，只是被胃酸轻微水解。通常情况下，摄入的多糖如纤维素、半纤维素和植物细胞壁的果胶等虽不能被胃肠道酶水解，但对人体是有益的。这些多糖成分促进肠壁的蠕动，具有通便作用。非营养性糖类物质可有效提高肠的运动速度，使不能吸收的分解产物、代谢毒物和大量微生物能较快地排出体外，否则代谢垃圾的积累可引起炎症或病变。此外，这些非营养性多糖类能擦落肠道表层衰老、中毒的细胞和组织，促进胃肠道机能，提高免疫力，增强对矿物质等人体营养的吸收作用；还可吸附食物及肠道组织中的胆固醇，使之随粪便排出体外，起到间接降低血中胆固醇含量，阻止动脉粥样硬化等保健作用。

膳食中这类不可消化的多糖被称为"膳食纤维"。如果过量地食用果胶和其他植物胶，会引起腹泻。这是因为它们吸收了大量的水，产生一种粘性溶液或凝胶。有些多糖受到小肠微生物群落的作用后，降解成小分子碎片。但是一般来说，这些多糖在胃肠道中不能进行代谢，通过小肠进入大肠，在大肠中形成了大便的主要部分（纤维）。

在正常情况下，糖类能促进脂肪的利用，从而减少脂肪积累，避免肥胖症。膳食糖类能有效加强蛋白质的合成作用，使组织中蛋白质能够即时得到补充。过分限制膳食中的糖类，对脂肪及蛋白质的代谢都会不利。因为过分限制糖类，则脂肪动用过多，其代谢产物乙酰 CoA 会超过机体的代谢能力，而由乙酰 CoA 转化生成乙酰乙酸、β-羟丁酸和丙酮酸，这些物质积累在机体中，引起"酮症"，主要症状为疲乏、恶心、呕吐等，严重者可致昏迷。

第二节　糖类的合成与降解

一、光合作用

绿色植物或光合细菌利用光能将二氧化碳转化成有机物的过程叫做光合作用，通常用下式表示植物体内光合作用的总过程：

$$6CO_2 + 6H_2O \xrightarrow[\text{叶绿素}]{\text{光}} C_6H_{12}O_6 + 6O_2$$

光合作用是自然界中将光能转变为化学能的主要途径，由光反应和暗反应共同组成。凡在光下才能进行的一系列光物理和光化学反应称为光反应；另一些反应的进行不需要光，主要是一些酶促反应，这种反应称为暗反应。光反应需要光合色素作媒介，将光能转化为化学能，主要包括光合磷酸化反应和水的光氧化反应。暗反应则主要是二氧化碳的固定和还原反应。

二、蔗糖的生物合成与降解

（一）蔗糖的生物合成

蔗糖的合成有以下几条途径。

1. 蔗糖磷酸化酶途径

这是微生物中蔗糖合成的途径。当有无机磷酸存在时，蔗糖磷酸化酶可以将蔗糖分解为葡萄糖-1-磷酸和果糖，这是一种可逆反应，其反应过程如下：

$$\text{葡萄糖-1-磷酸 + 果糖} \xrightleftharpoons{\text{蔗糖磷酸化酶}} \text{蔗糖 + Pi}$$

2. 蔗糖合成酶途径

蔗糖合成酶又名 UDP-D-葡萄糖:D-果糖 α-葡萄糖基转移酶，它能利用尿苷二磷酸葡萄糖（UDPG）作为葡萄糖的供体，与果糖合成蔗糖。反应如下：

$$UDPG + 果糖 \xrightarrow{\text{蔗糖合成酶}} UDP + 蔗糖$$

这种酶对 UDPG 并不是专一性的，也可利用其他的核苷二磷酸葡萄糖如 ADPG，TDPG，CDPG 和 GDPG 作为葡萄糖的供体。

3. 蔗糖磷酸合成酶途径

反应步骤如下：

$$UDPG + 果糖 \text{-}6\text{-} 磷酸 \xrightarrow{\text{蔗糖磷酸合成酶}} UDP + 蔗糖磷酸$$

$$蔗糖磷酸 \xrightarrow{\text{蔗糖磷酸酯酶}} 蔗糖 + H_3PO_4$$

（二）蔗糖的水解

蔗糖的水解主要通过转化酶的作用，转化酶又称蔗糖酶，所有的转化酶都是 β-果糖苷酶。

$$蔗糖 + H_2O \xrightarrow{\text{转化酶}} 葡萄糖 + 果糖$$

以上反应是不可逆的，转化酶将蔗糖水解成葡萄糖和果糖，同时释放大量的热能。

三、淀粉、糖原的生物合成与降解

（一）淀粉的生物合成

1. 直链淀粉的生物合成

（1）淀粉磷酸化酶　淀粉磷酸化酶广泛存在于生物界，它催化以下生化反应：

$$葡萄糖\text{-}1\text{-}磷酸 + 引子 \xrightarrow{\text{淀粉磷酸化酶}} 淀粉 + H_3PO_4$$

"引子"主要是 α-葡萄糖-1,4 键的化合物。"引子"的功能是作 α-葡萄糖的受体，转移来的葡萄糖分子结合在"引子"的 ^4C 非还原性末端的羟基上。

（2）D 酶　D 酶是一种糖苷转移酶，作用于 α-葡萄糖-1,4 键上，它能将一个麦芽多糖的残余键段转移到葡萄糖、麦芽糖或其他 α-1,4 键的多糖上，起着加成作用，故又称加成酶。如图 10-1 所示。

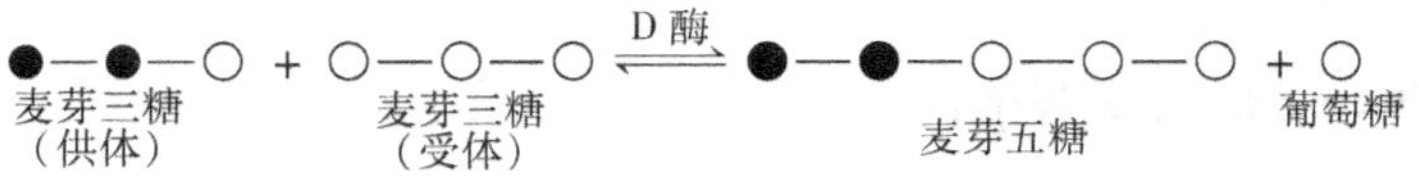

图 10-1　D 酶的作用示意图

—：α-1,4 键　●：转移的葡萄糖单位

在淀粉的生物合成过程中，"引子"的产生与 D 酶的作用有密切的关系。

（3）淀粉合成酶　现在普遍认为，生物体内淀粉的合成是由淀粉合成酶催化的，淀粉合成的第一步是由葡萄糖-1-磷酸先合成尿苷二磷酸葡萄糖（UDPG），催化此反应的酶称为 UDPG 焦磷酸化酶。

$$葡萄糖\text{-}1\text{-}磷酸 + UTP \rightleftharpoons UDPG + 焦磷酸$$

淀粉合成的第二步是由淀粉合成酶催化的，它是一种葡萄糖转移酶，催化 UDPG 中的葡萄糖转移到 α-1,4 键连接的葡聚糖（即"引子"）上，使链加长一个葡萄糖单位：

$$\text{UDPG} + （葡萄糖）_n \xrightarrow{\text{演粉合成酶}} \text{UDP} + （葡萄糖）_{n+1}$$

这个反应重复下去，便可使淀粉链不断延长。在植物和微生物中，ADPG 比 UDPG 更为有效，用 ADPG 合成淀粉的反应要比 UDPG 快 10 倍。反应如下：

$$\text{ATP} + \alpha\text{-D-葡聚糖-1-磷酸} \Longleftrightarrow \text{ADPG} + \text{PPi}$$

$$\text{ADPG} + （葡萄糖）_n \longrightarrow \text{ADP} + （葡萄糖）_{n+1}$$

淀粉合成酶常与细胞中的淀粉颗粒连接在一起，淀粉合成酶不能形成淀粉分支点处的 α-1,6 键。

2. 支链淀粉的生物合成

淀粉合成酶只能合成 α-1,4 连结的直链淀粉，支链淀粉除了 α-1,4 键外，尚有分支点处的 α-1,6 键，这种 α-1,6 连结是在另一种称为 Q 酶（一种分支酶）的作用下形成的。Q 酶能够从直链淀粉的非还原端处切断一个 6 或 7 糖残基的寡聚糖碎片，然后催化转移到同一直链淀粉链或另一直链淀粉链的一个葡萄糖残基的 6-羟基处，这样就形成了一个 α-1,6 键，即形成一个分支。在淀粉合成酶和 Q 酶的共同作用下便合成了支链淀粉。

（二）糖原的合成

糖原是由许多葡萄糖分子缩合而成的多糖，相对分子质量在 100 万～1000 万之间，是动物细胞储存糖的形式。

糖原合成时，葡萄糖先磷酸化生成 G-6-P，这一步受葡萄糖激酶的催化，由 ATP 提供磷酸和能量；G-6-P 进一步转化成 G-1-P；在 UTP 存在下，G-1-P 经 UDPG 焦磷酸化酶催化，生成 UDPG；继而它以糖原为"引子"，由 UDPG 糖原转葡萄糖基酶、分支酶催化，最终生成糖原。

（三）淀粉和糖原的降解

在生物体内水解酶类的作用下，淀粉和糖原降解成糊精、麦芽糖、异麦芽糖和葡萄糖，其中的麦芽糖和异麦芽糖又可被麦芽糖酶和异麦芽糖酶降解生成葡萄糖，葡萄糖进入细胞后被磷酸化并经糖酵解作用降解。淀粉和糖原的另一个降解过程为磷酸解过程。

1. 水解过程

催化淀粉水解的酶称为淀粉酶，它又可分为内淀粉酶和外淀粉酶两种。

（1）α-淀粉酶 又称 α-1,4-葡聚糖水解酶，是一种内淀粉酶，能以一种无规则的方式水解直链淀粉内部的键，生成葡萄糖及麦芽糖的混合物。如果底物是支链淀粉，则水解产物中含有支链和非支链寡聚糖混合物，其中存在 α-1,6 键。

（2）β-淀粉酶 又称 α-1,4-葡聚糖基-麦芽糖基水解酶，为一种外淀粉酶。它作用于多糖的非还原性端而生成 β-麦芽糖（水解过程中发生了构型转变），所以当 β-淀粉酶作用于直链淀粉时，能生成定量的麦芽糖。当底物为分支的支链淀粉或糖原时，则生成的产物为麦芽糖和多分支的 β-糊精，因为此酶仅能作用于 α-1,4 键而不能作用于 α-1,6 键。淀粉酶在动物、植物及微生物中均存在，在动物中主要在消化液（唾液及胰液）中存在。图 10-2 为 α-淀粉酶及 β-淀粉酶水解支链淀粉的示意图。

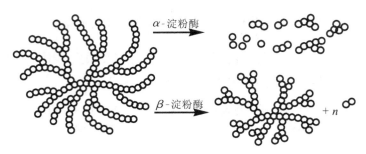

图 10-2　α-淀粉酶和 β-淀粉酶对支链淀粉的分解作用

α-淀粉酶仅在发芽的种子中存在，如大麦发芽后，α-淀粉酶及 β-淀粉酶均有存在。在 pH 值 3.3 时，α-淀粉酶就被破坏，但它能耐高温，温度高达 70℃（约 15min）仍稳定。而 β-淀粉酶主要在休眠的种子中存在，在高温 70℃容易破坏，但对酸比较稳定，在 pH 值 3.3 时仍不被破坏，所以利用高温或调节 pH 值的方法可将这两种淀粉酶分开。酶名称中的 α 与 β，并非指其作用于 α 或 β-糖苷键，而只是标明水解最终产物。

（3）极限糊精　由于 α 及 β-淀粉酶只能水解淀粉的 α-1,4 键，所以它们只能使支链淀粉水解 45% ~ 55%。剩下的分支成为淀粉酶不能作用的糊精，称为极限糊精。

（4）R 酶　又称为脱支酶，只能分解支链淀粉外围的分支，不能分解支链淀粉内部的分支。

被 α 及 β-淀粉酶作用后，剩下的极限糊精中的 α-1,6 键可被 R 酶水解。当 β-淀粉酶与脱支酶共同作用时可将支链淀粉完全降解生成麦芽糖及葡萄糖。由以上 3 种酶配合作用生成的麦芽糖可以被麦芽糖酶分解为葡萄糖。

（5）葡萄糖淀粉酶　水解淀粉时在非还原尾端进行，水解 α-1,4 糖苷键，分离出来的葡萄糖构型发生转变，最后产物全部为 β-葡萄糖，没有其他糖，故称为葡萄糖淀粉酶，也属于外切酶。葡萄糖淀粉酶专一性差，除能水解 α-1,4 葡萄糖苷键以外，还能水解 α-1,6 和 α-1,3 葡萄糖苷键，因此，葡萄糖淀粉酶水解淀粉能全部生成葡萄糖。

2. 磷酸解过程

（1）α-1,4 键的降解　磷酸化酶能催化淀粉或糖原磷酸解生成葡萄糖-1-磷酸。磷酸化酶有两种类型：磷酸化酶 a 和 b。这两种类型的酶可以相互转化，其中 a 型是活化酶。磷酸化酶 a 及 b 的相互转化在调节组织的糖降解作用中起着重要的作用。

在淀粉磷酸解中形成的葡萄糖-1-磷酸可被磷酸葡萄糖变位酶转化为葡萄糖-6-磷酸（G-6-P），此酶的激活剂是 Mg^{2+} 或 Mn^{2+}。生成的葡萄糖-6-磷酸可直接进入糖酵解途径，也可在葡萄糖-6-磷酸酯酶的催化下水解生成游离的葡萄糖。

（2）α-1,6 支链的降解　α-淀粉酶、β-淀粉酶和淀粉磷酸化酶只能使淀粉或糖原的 α-1,4 键分解，它们不能作用于 α-1,6 支链。例如，磷酸化酶分解糖原时，当其达到分支外有四个末端残基处即行停止，由图 10-3 中可以看到一个分支上的 5 个 α-1,4 糖苷键和另一分支上的 3 个 α-1,4 糖苷键可被磷酸化酶分解至末端残基 a 和 d 处即停止，这时需要一个新的酶参加，即转移酶，它可以动摇一个分支上的 3 个糖苷残基，使 c 和 z 之间的 α-1,4 糖苷键断裂，而在 c 与 d 之间形成一个新的糖苷键。这一转移使残基 z 曝露在另一个降解酶即 α-1,6 糖苷酶作用下，它能水解残基 z 和 h 间的 α-1,6 糖苷键。因此转移酶和 α-1,6 糖苷酶一起，可将一个分支结构的糖原转化成为线形的直链结构，后者又可被磷酸化酶分解。z 的水解导致 a 到 l 的全部残基都能被磷酸化酶作用。值得注意的是，目前仍未能将转移酶和 α-1,6 糖苷酶分开，有人认为它们本身就是一个酶，也有人认为它们是两个紧密连接的酶。

由此可见，淀粉或糖原的降解是由一些不同的酶互相配合进行反应，最后才生成葡萄糖。

四、纤维素等的生物合成与降解

纤维素是植物细胞壁中主要的结构多糖，它是由葡萄糖残基以 β-1,4 键连结组成的不分支的葡聚糖。和蔗糖、淀粉一样，其糖苷的供体也是糖核苷酸。在一些植物中，它可以从 GDPG（鸟苷二磷酸葡萄糖）合成，而在另一

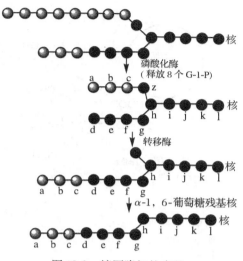

图 10-3　糖原降解的步骤

一些植物中，则利用 NDPG 来合成（N 代表其他碱基），由纤维素合成酶催化：

$$\text{NDPG} \quad + \quad (\text{葡萄糖})_n \longrightarrow \quad \text{NDP} \quad + \quad (\text{葡萄糖})_{n+1}$$

核苷二磷酸葡萄糖　　原来的纤维素链　　　核苷二磷酸　　加长了的纤维素链

糖核苷酸的核苷单位加到原来的纤维素链的一端，使它加长了一个单位。

纤维素是一种结构多糖而不起营养作用，因为哺乳动物不含纤维素酶，所以不能消化食物中的纤维素，但是一些反刍动物在其消化系统中，有能产生纤维素酶的细菌，因而能消化纤维素。

植物细胞壁中还有半纤维素、果胶和糖蛋白，对这些物质的生物合成了解很少。在有些植物中，则事先在细胞膜内的囊泡中，由高尔基体合成细胞壁的短小片段，然后此片段从细胞中挤出，并与膜外的胞壁结构结合。

第三节　糖类的中间代谢

一、糖酵解和发酵

糖酵解也称为 EmbDen-Meyerhof-Path 途径，是将葡萄糖转变成酮酸并同时生成 ATP 的一系列反应，是一切有机体中都存在的葡萄糖降解途径。糖酵解是自然界从有机化合物获得化学能最原始的方法。在需氧生物中，糖酵解是三羧酸循环及电子传递链的序曲，后者可以从葡萄糖中获得大部分的能量。在有氧条件下，丙酮酸进入线粒体，在该处丙酮酸被彻底氧化成 CO_2 和 H_2O。如果氧气不足，如在强烈收缩的肌肉中，则丙酮酸被转变成乳酸。在有些微生物中，如酵母，丙酮酸转变成乙醇。由葡萄糖形成乙醇及乳酸的这一过程称为发酵。

糖原酵解和淀粉发酵的化学过程如图 10-4 所示。

淀粉在肠道经消化，分解为葡萄糖后进入机体内，但细胞一般不能储存葡萄糖。糖的快速有效的储存形式，特别是在肝和骨骼肌中是糖原。当肌体需要动用糖原供能时，在有磷酸供给的情况下，经磷酸化酶作用，形成葡萄糖-1-磷酸（G-1-P），继而形成葡萄糖-6-磷酸（G-6-P）。进入机体内的葡萄糖唯一的命运是经磷酸化作用形成 G-6-P。所有细胞都能进行葡

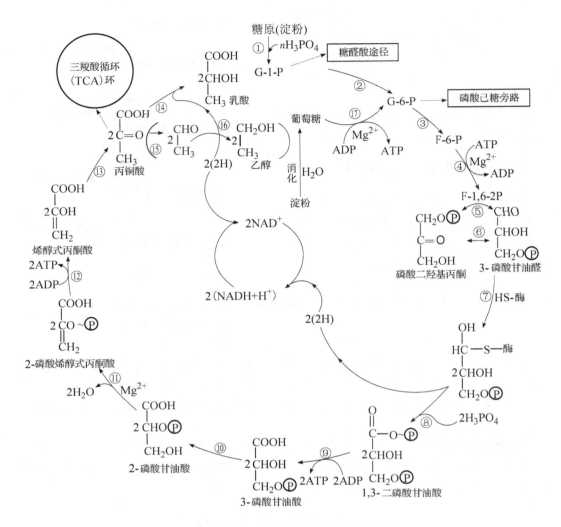

图 10-4 糖原酵解、淀粉发酵的化学过程

G—葡萄糖；F—果糖；P—PO₃H₂

① 磷酸化酶；② 葡萄糖磷酸变位酶；③ 葡萄糖磷酸同分异构酶；④ 果糖磷酸激酶；⑤ 醛缩酶；
⑥ 丙糖磷酸同分异构酶；⑦ 磷酸甘油醛脱氢酶（HS-酶）结合；⑧ 磷酸甘油醛脱氢酶（HS-酶）复原；
⑨ 磷酸甘油酸激酶；⑩ 磷酸甘油酸变位酶；⑪烯醇化酶；⑫ 丙酮酸激酶；⑬非酶反应；⑭ 乳酸脱氢酶；
⑮ 丙酮酸脱羧酶；⑯ 乙醇脱氢酶；⑰ 己糖激酶、肝内葡萄糖激酶

萄糖代谢，这是一个耗能反应，它是酵解过程的第一个限制速率的步骤。

G-6-P 再由磷酸葡萄糖同分异构酶催化，快速形成果糖-6-磷酸（F-6-P）。反应可逆，平衡时，醛糖与酮糖的比值为 $7:3$。在有 ATP 和 Mg^{2+} 存在下，F-6-P 为果糖磷酸激酶催化形成果糖-1,6-二磷酸（F-1,6-2P）。它是酵解过程的第二个限速步骤。

在醛缩酶催化下，F-1,6-2P 的 ^3C 和 ^4C 之间断裂，产生磷酸二羟丙酮与磷酸甘油醛，仅后者能继续进入酵解过程，二者能互相转化。磷酸甘油醛在有 NAD^+ 和 H_3PO_4 存在下，被磷酸甘油醛脱氢酶所催化，形成 1,3-二磷酸甘油酸。磷酸甘油醛脱氢酶对酵解抑制剂碘乙酸特别敏感。

1,3-二磷酸甘油酸在有 ADP 和 Mg^{2+} 存在下，经磷酸甘油酸激酶催化，将前述反应中所

形成的高能磷酸转移给 ADP，从而形成 3-磷酸甘油酸。当—CHO 被氧化成—COOH 时，释放的能量以 1 分子 ATP 的化学键能保存起来。

3-磷酸甘油酸经磷酸甘油酸变位酶催化转变为 2-磷酸甘油酸，再经催化脱水，形成磷酸烯醇式丙酮酸。在有 ADP、Mg^{2+} 和高浓度 K^+ 存在下，经丙酮酸激酶催化，磷酸烯醇式丙酮酸上的高能磷酸键转移到 ADP 上而形成 ATP 和烯醇式丙酮酸，这是酵解过程的第三个限速步骤。

烯醇式丙酮酸经分子内重排形成丙酮酸，这是非酶促反应。

糖酵解进行到丙酮酸这一步，代谢途径就开始分叉。丙酮酸的去路有三条：

（1）在肌肉中，在有 $NADH + H^+$ 存在下，丙酮酸在乳酸脱氢酶催化下，形成乳酸。剧烈运动后肌肉酸胀就是乳酸积累过多引起的。

（2）丙酮酸在酵母菌或其他生物中，经丙酮酸脱羧酶催化，脱羧形成乙醛，继而经乙醇脱氢酶催化，由 3-磷酸甘油醛脱下的 H 还原形成乙醇。

（3）在有氧条件下，丙酮酸经脱羧形成乙酰辅酶 A，在线粒体中经三羧酸循环（TCAC）氧化成 CO_2 和 H_2O，这是糖类彻底氧化的主要途径。

二、三羧酸循环

在有氧条件下，酵解产物丙酮酸被氧化，分解成 CO_2 和 H_2O，并以 ATP 的形式储存大量能量，这种代谢系统叫三羧酸循环（简称 TCA 循环）和氧化磷酸化系统，如图 10-5 所示。三羧酸循环又称为 Krebs cycle 或柠檬酸循环，主要在线粒体中进行。三羧酸循环中脱下的氢，经线粒体内膜嵴上的电子传递系统，即呼吸链，最后传递给氧生成水，并放出能量。

三羧酸循环的全过程可概括如下：

（1）丙酮酸氧化脱羧形成乙酰辅酶 A　三羧酸循环的第一个反应是丙酮酸的氧化脱羧反应，即将丙酮酸转变为乙酰辅酶 A 的复杂反应。该步反应是在细胞质中进行的，它是连接酵解和三羧酸循环的中心环节。丙酮酸氧化脱羧反应是由酮酸脱氢酶复合体催化的，这个氧化脱羧作用需要 3 种不同的酶和 6 种辅助因素，其辅助因素有 CoA-SH、FAD、NAD^+、硫辛酸、焦磷酸硫胺素（TPP^+）和 Mg^{2+}，如图 10-6 所示。催化脱羧基作用的第一个酶是丙酮酸脱氢酶（E_1），该酶表现活性时必须有 TPP^+、Mg^{2+} 和硫辛酸存在；催化第二步和第三步反应的酶依次是硫辛酸转乙酰基酶（E_2）和二氢硫辛酸脱氢酶（E_3）。

在糖代谢中，从丙酮酸氧化脱羧生成乙酰 CoA 是一关键性的、不可逆转的步骤。丙酮酸氧化脱羧生成乙酰 CoA 的作用受到下列因素的调节控制：

① 产物抑制　丙酮酸氧化作用的产物乙酰 CoA 和 NADH 有抑制丙酮酸氧化脱羧的作用。具体说来，前者抑制二氢硫辛酸转乙酰基酶（E_2），后者抑制二氢硫辛酸脱氢酶（E_3）。这些抑制作用为 CoA 和 NAD^+ 所逆转。

② 核苷酸的反馈调节　丙酮酸氧化脱羧作用是由能量负荷控制的，特别是丙酮酸脱氢酶（E_1）为 GTP 所控制，为 AMP 所活化。

③共价修饰调节　当丙酮酸脱氢酶分子上特定的丝氨酸基为 ATP 所磷酸化时，丙酮酸氧化脱羧作用即停止，直到磷酸化基团被特异的磷酸酶移去时为止。这种反应为丙酮酸和 ADP 所抑制。

（2）在柠檬酸合成酶催化下，将乙酰 CoA 乙酰基上的甲基与草酰乙酸连接，形成柠檬酸。

（3）柠檬酸在顺乌头酸酶催化下转变为顺乌头酸，继而又转变为异柠檬酸。

（4）异柠檬酸在 NAD^+ 或 $NADP^+$ 存在下，经异柠檬酸脱氢酶催化、脱氢，形成草酰琥

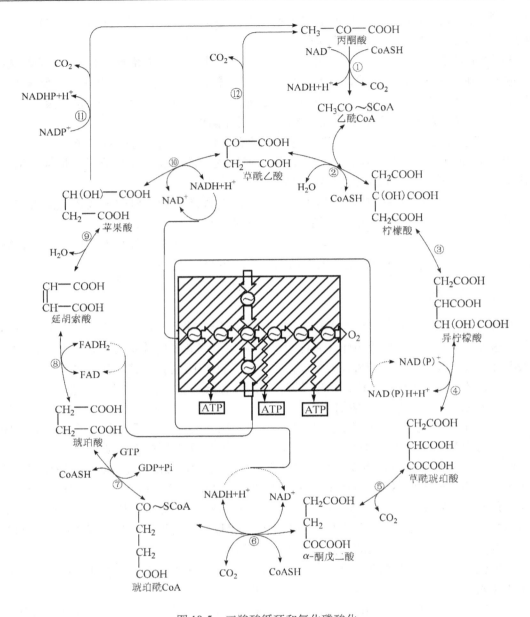

图 10-5　三羧酸循环和氧化磷酸化

① 丙酮酸脱氢酶复合体；② 柠檬酸合成酶；③ 顺乌头酸酶；④⑤ 异柠檬酸脱氢酶；⑥ α-酮戊二酸脱氢酶复合体；
⑦ 琥珀酰 CoA 合成酶；⑧ 琥珀酸脱氢酶；⑨ 延胡索酸酶；⑩ L-苹果酸脱氢酶；⑪ 苹果酸酶；⑫ 丙酮酸羧化酶

珀酸。

（5）草酰琥珀酸不脱去羧基，在异柠檬酸脱氢酶（需 Mg^{2+}）催化下，形成 α-酮戊二酸。

（6）α-酮戊二酸在有 TPP^+、硫辛酸、HSCoA、FAD 和 NAD^+ 存在下，经 α-酮戊二酸脱氢酶催化脱羧基，形成琥珀酰辅酶 A。

（7）琥珀酰辅酶 A 在有 GDP + Pi 和 Mg^{2+} 存在下，经琥珀酰辅酶 A 合成酶催化，脱去辅酶 A，生成琥珀酸和鸟嘌呤核苷三磷酸（GTP）。然后，GTP 再将高能键转给腺嘌呤核苷二磷酸（ADP）生成 ATP。

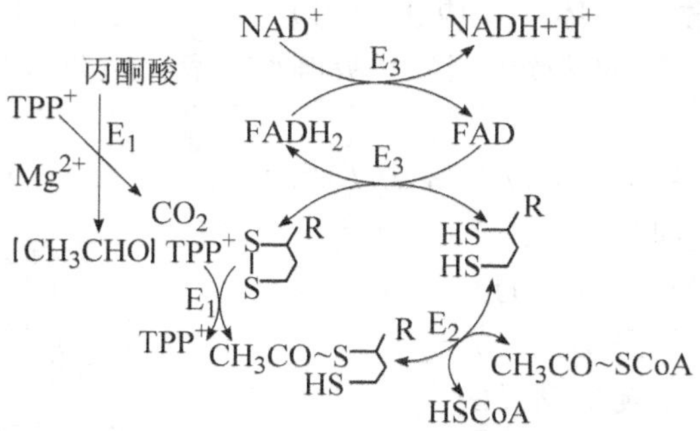

图 10-6　丙酮酸的氧化脱羧基作用

E_1—丙酮酸脱氢酶；E_2—硫辛酸转乙酰基酶；E_3—二氢硫辛酸脱氢酶

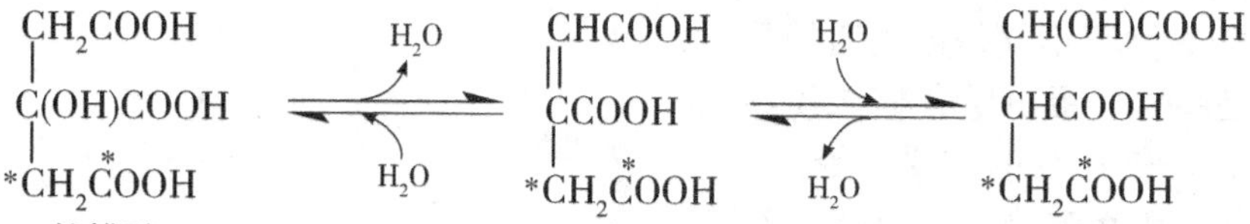

柠檬酸　　顺乌头酸　　异柠檬酸

$$DTP + ADP \rightleftharpoons GDP + ATP$$

（8）琥珀酸在有 FAD 存在下，经琥珀酸脱氢酶催化形成延胡索酸。丙二酸是一种特异的琥珀酸氧化的竞争性抑制剂。

（9）延胡索酸在延胡索酸酶催化下形成苹果酸。

（10）苹果酸在有 NAD^+ 存在下，经 *L*-苹果酸脱氢酶催化、脱氢，再生成草酰乙酸。

（11）苹果酸经以 $NADP^+$ 为辅酶的苹果酸酶催化，也能生成丙酮酸。

（12）草酰乙酸在有 ADP、无机磷酸和 Mg^{2+} 存在下，经丙酮酸羧化酶催化，脱羧基生成丙酮酸。由于在某些组织中，草酰乙酸的含量很低，进行上述可逆反应是不可能的。代替它的是：草酰乙酸在有 GTP 存在下，经磷酸烯醇式丙酮酸羧基激酶催化，脱羧基生成磷酸烯醇式丙酮酸。其反应如下：

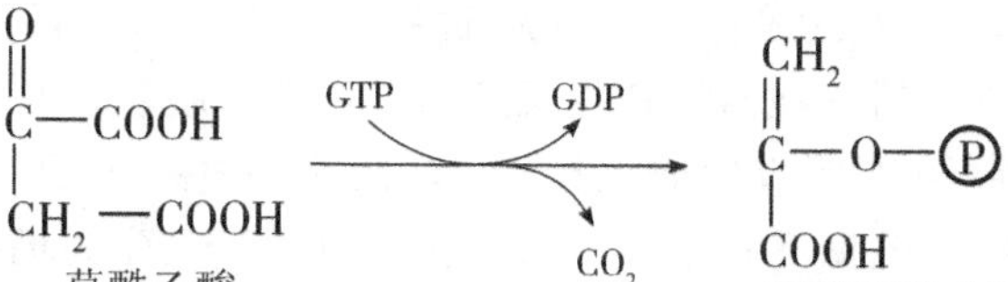

草酰乙酸　　磷酸烯醇式丙酮酸

由于该酶对 CO_2 亲和力很低，CO_2 易被移去，这就保证了该酶仅催化磷酸烯醇式丙酮酸的生成反应。磷酸烯醇式丙酮酸在有 ADP、Mg^{2+} 和高浓度 K^+ 存在下，经丙酮酸激酶催化，形成烯醇式丙酮酸，继而经分子内重排而形成丙酮酸。

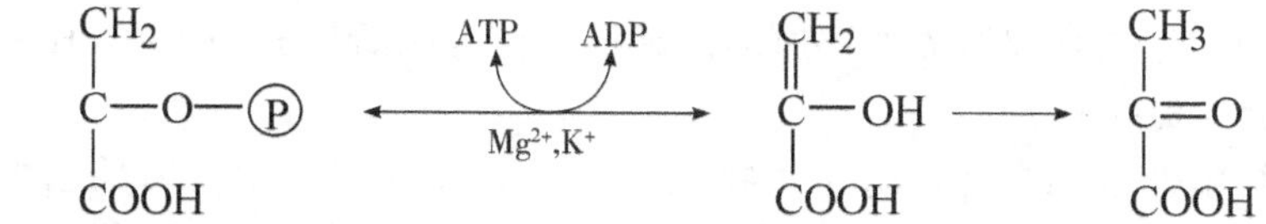

磷酸烯醇式丙酮酸　　烯醇式丙酮酸　　丙酮酸

由图 10-5 可见，三羧酸循环（反应①~⑩）经四次脱氢，这些脱氢酶分别以 NAD^+、$NADP^+$ 或 FAD 为氢受体，它们接受的氢经呼吸链最终氧化生成水和 ATP。两个系统互相配合完成生物氧化作用。

三羧酸循环反应速率的调节部位如图 10-7 所示。

三羧酸循环的重要生理意义是：

（1）提供远比糖酵解所能提供的大得多的能量，供生命活动的需要。

在有氧情况下，每分子葡萄糖经酵解过程变成 2 分子丙酮酸，共生成 6 或 8 分子 ATP。2 分子丙酮酸经三羧循环和氧化磷酸化过程共产生 30 分子 ATP。

（2）三羧酸循环不仅是糖代谢的重要途径，也是脂质、蛋白质和核酸代谢最终氧化成 CO_2 和 H_2O 的重要途径。

例如，蛋白质水解物中丙氨酸、谷氨酸、天冬氨酸经脱氨基后分别生成丙酮酸、α-酮戊二酸和草酰乙酸进入三羧酸循环。脂肪可水解成脂肪酸和甘油，前者经 β-氧化作用生成乙酰 CoA 进入三羧酸循环，后者经一定转化后进入糖

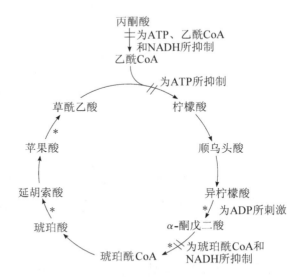

图 10-7　丙酮酸氧化脱羧作用和三羧酸循环的速率调节控制
＊需电子受体（NAD^+ 或 FAD）反应

酵解，继而进入三羧酸循环。因此，三羧酸循环是各类有机物末端氧化的共同途径，也是各类有机物相互转变的枢纽。通过三羧酸循环，糖类、脂类和蛋白质等代谢彼此联系在一起。

三、磷酸己糖旁路

磷酸己糖旁路也是一条需氧的代谢途径，在肝脏、骨髓、脂肪组织、泌乳期的乳腺、肾上腺皮质、性腺及红细胞等组织中，这一代谢途径进行得比较旺盛。

磷酸己糖旁路发生于细胞内、线粒体外细胞质的可溶性部分，即胞液中，其基本过程是：葡萄糖被磷酸化为 G-6-P 后，在 G-6-P 脱氢酶的催化下，脱氢、与水化合生成 6-磷酸葡萄糖酸，后者再经脱氢、脱羧等反应生成核糖-5-P。在这些过程中脱下的氢均以 $NADP^+$ 为受氢体，生成 $NADPH + H^+$。核糖-5-P 再经一系列化学过程，又变为糖酵解的中间产物，如甘油醛-3-P、F-6-P 等，这样又与糖酵解相衔接而进一步进行代谢（参见图 10-8）。

磷酸己糖旁路主要的生理意义是：

（1）提供核酸生物合成所需的原料核糖。在这一代谢过程中所生成的核糖-5-P 是合成核糖的必要原料，体内核糖的分解代谢也要通过这一代谢途径，所以这一途径将戊糖代谢与己糖代谢相联系。

（2）提供细胞生物合成所需的还原力。磷酸己糖旁路所生成的 $NADPH + H^+$，提供各种生物合成代谢所需要的氢。

（3）使活细胞处于还原态，防止生物膜氧化。如在红细胞中，磷酸己糖旁路所生成的 $NADPH + H^+$ 可以使红细胞中的谷胱甘肽保持还原状态，这对稳定细胞膜及使血红蛋白处于还原状态是必要的。

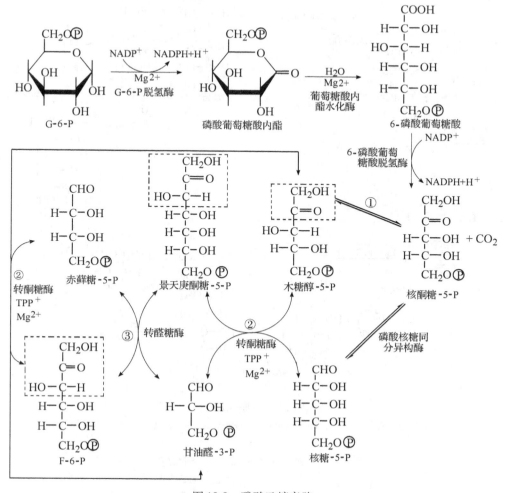

图 10-8　磷酸己糖旁路
① 核酮糖-5-P 差向酶；② 转酮糖酶；③ 转醛糖酶

四、糖醛酸途径

糖醛酸途径由 G-6-P 或 G-1-P 开始，经 UDP-葡萄糖醛酸脱掉 UDP 形成葡萄糖醛酸，此后，逐步代谢形成 *L*-木酮糖，再经木糖醇形成 *D*-木酮糖，通过磷酸己糖旁路也形成核糖，或导入三羧酸循环，进行进一步代谢，如图 10-9 所示。

糖醛酸途径产生的葡萄糖醛酸是重要的粘多糖，是硫酸软骨素、透明质酸和肝素的构成成分，也是肝脏进行解毒的重要物质。进入肝脏的某些毒物和药物与葡萄糖醛酸结合随尿排出，从而起到解毒的重要作用。被结合的化合物通常有—OH、—COOH、—NH$_2$ 或—SH。机体内经氧化、还原等反应形成上述基团的化合物，亦可与葡萄糖醛酸结合。

五、乙醛酸循环

在植物和微生物中还可通过所谓"乙醛酸循环"使乙酰 CoA 转变成琥珀酸。乙醛酸循环可以说是三羧酸循环的辅佐途径，其过程如图 10-10 所示。

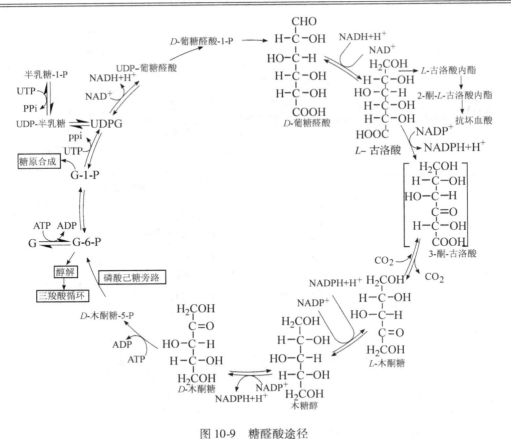

图 10-9　糖醛酸途径

G—葡萄糖；P—磷酸；PPi—焦磷酸；UTP—尿苷三磷酸；UDP—尿苷二磷酸

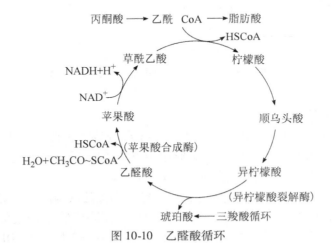

图 10-10　乙醛酸循环

异柠檬酸经异柠檬酸裂解酶催化产生琥珀酸和乙醛酸的反应如下：

乙醛酸经苹果酸合成酶催化与乙酰 CoA 缩合产生 L-苹果酸的反应如下：

$$CH_3—CO \sim SCoA + OHC—COOH + H_2O \longrightarrow HOOC—CH_2—CHOH—COOH + CoA—SH$$

　　　　乙酰 CoA　　　　　　乙醛酸　　　　　　　　　　　　　　　　L-苹果酸

乙醛酸还可促进脂肪酸的代谢，微生物利用二碳化合物（如乙酸等）作能源也靠乙醛酸循环。乙醛酸循环的异柠檬酸裂解酶和苹果酸合成酶是三羧酸循环所没有的。

六、糖异生作用

糖异生作用是指从非糖物质生成葡萄糖或糖原。糖异生作用由肾上腺皮质激素促进，在肝脏中进行。蛋白质水解产物氨基酸脱氨基形成酮酸后，其中大部分经由三羧酸循环被完全氧化成 CO_2 和 H_2O。切除胰脏的动物处于饥饿状态下，尿中出现糖，该糖是由蛋白质转化而来的。脱了氨基的碳链多数经由丙酮酸，部分经由 α-酮戊二酸或草酰乙酸参加代谢，沿三羧酸循环、糖酵解逆向合成葡萄糖并生成肝糖原。

生糖氨基酸有甘氨酸、丙氨酸、丝氨酸、天冬氨酸、谷氨酸、脯氨酸、半胱氨酸、精氨酸、组氨酸和赖氨酸。而亮氨酸、异亮氨酸、酪氨酸和苯丙氨酸经由活性乙酸（乙酰 CoA）形成乙酰乙酸，进而形成丙酮酸和 β-羟丁酸，总称为酮体，这并非糖酵解的逆过程。这些氨基酸向着脂肪酸合成方向进行，这些氨基酸被称为生酮氨基酸。

总之，蛋白质可以合成糖。从营养学观点来看，仅吃蛋白质食物会生成有毒的氨，这将增加肝脏的解毒负担，甚至由于血氨水平过高，引起肝昏迷。

脂肪酸中丙酸有可能转化为糖；再者，脂类水解产物甘油经 α-磷酸甘油脱氢而形成磷酸丙糖，沿着糖合成途径合成其他糖；此外，三羧酸循环的成员和乳酸等也都能经由肝糖异生作用转化为葡萄糖和糖原，而在肌肉中仅能转化成肌糖原。总结糖的异生作用如图 10-11 所示。

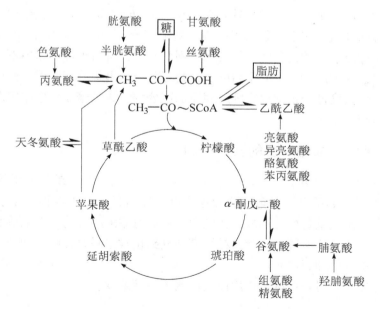

图 10-11　糖异生作用

第四节　糖代谢的调节

血糖的浓度总是处于血糖来源与去路两个过程的动态平衡之中，如图10-12所示。尽管血糖浓度总是随着机体活动和环境的变化而迅速变化，但由于某些理化因素、神经和体液的控制作用，血糖的收、支仍相对平衡，其水平恒定地处于一定的数量范围，如正常人的血糖水平总是处于 80～120mg/100mL 范围之内。

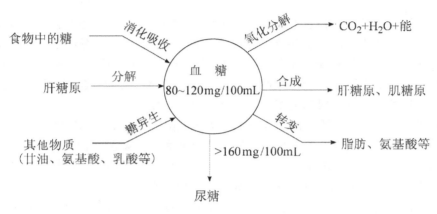

图 10-12　血糖的来源和去路

一、调节血糖水平的细胞化学机制

动物体具有许多调节血糖的细胞机制，能在一定范围内调节血糖水平的恒定。若血糖浓度超过正常值，则葡萄糖加速合成糖原，储于肝脏与肌肉中。若上述合成速度太慢，不足以制止血糖浓度的升高，则其浓度常可升高至 160～180mg/100mL。血糖浓度 160～180mg/100mL 是肾的排糖阈值，在正常状态下，当血糖浓度低于 160～180mg/100mL 时，肾小管能重新吸收肾小球滤液中的葡萄糖，使其回收到血液中，所以正常人尿中不含葡萄糖或仅含极微量的糖。若血糖浓度高于肾的排糖阈值，则葡萄糖溢出肾外，所以高血糖患者的尿中出现葡萄糖。若血糖浓度低于正常值，则肝糖原加速分解，或经糖原异生作用形成葡萄糖，进入血液以补充血糖之不足。

二、神经系统对血糖浓度的直接控制

血糖浓度低于 70～80mg/100mL，或由于激动而过度兴奋，或刺激延脑第四脑室均能引起延脑"糖中枢"的反射性兴奋。这种兴奋沿神经途径，由中枢神经系统传至肝脏。由此，一部分糖原分解成葡萄糖，释放到血液中，从而血糖浓度升高。以电流刺激通往肝脏的交感神经，亦能产生同样的效果。当血糖浓度恢复到正常水平时，则由神经系统发出的冲动减弱，于是糖原的分解即行停止。

神经系统也可通过对一些激素作用而间接调节血糖浓度。

三、激素对血糖浓度调节的间接控制

糖原的合成与分解是调节血糖浓度的主要机制，如图10-13所示，它受到下列激素的控制。

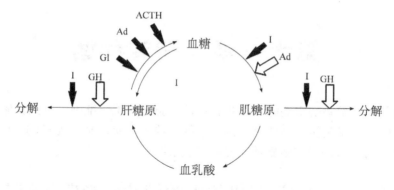

图 10-13　　激素对糖代谢的调节

➡促进；⇨抑制；Ⅰ—胰岛素；ACTH—促肾上腺皮质激素；Ad—肾上腺素；Gl—高血糖素；GH—生长激素

胰脏胰岛 β 细胞分泌的胰岛素可降低血糖；反之，切除动物胰脏或胰岛，胰岛素分泌机能发生障碍，胰岛素供应不足，则抑制血糖氧化和糖原合成，从而发生高血糖。

肾上腺髓质分泌的肾上腺素，其生理功能恰好与胰岛素相反，它促进肝糖原分解成葡萄糖，从而提高血糖浓度。脑下垂体前叶分泌的生长激素有抗胰岛素及抑制糖原分解和葡萄糖进入细胞及其氧化的作用，从而使血糖浓度增高，肌糖原增加。

脑下垂体前叶分泌的促肾上腺皮质激素促进肾上腺皮质激素的分泌，它阻碍肌糖原的氧化，促进肝糖原合成及血糖增高。其主要原因是糖原异生作用加强及胰岛素作用减弱。此外，葡萄糖氧化作用也受到抑制。

胰脏胰岛 α 细胞分泌的胰高血糖素能激活肝脏的磷酸化酶，使肝糖原分解加强，也能促进肝氨基酸转变为糖，从而提高血糖水平。

此外，甲状腺分泌的甲状腺素既能促进糖的氧化分解，又能促进肝糖原的分解和糖原异生作用，并能促进小肠对葡萄糖吸收，总的趋势是使血糖浓度升高。肾上腺皮质分泌的糖皮质激素（如氢化考的松等）主要能促进氨基酸转变为糖并抑制组织中糖的氧化，因而使血糖浓度升高。

综上所述，使血糖浓度降低的激素只有胰岛素，而其他激素都能使血糖浓度升高。在正常情况下，通过神经系统的调节，这两类不同作用的激素相互对抗、相互制约，使血糖的来源和去路维持动态平衡，血糖浓度因而得以维持在一定水平上。

第十一章　脂类代谢

脂肪是高等动、植物的重要能源，脂肪在动物脂肪组织、细胞中可大量储存。植物的种子和果实中常储有大量脂肪。脂肪对正常膳食的人约提供所需全部能量的 40%。对于饥饿、冬眠动物以及候鸟迁移，脂肪则更是主要的能量来源。

第一节　脂类在机体内的消化、吸收和储存

脂类在动物体内的消化和吸收主要在小肠内进行。

油脂进入小肠后即和胆盐混合，胆盐能使油脂乳化成微滴，还可以使脂肪酶的活力增强。胰液中含有消化油脂的脂肪酶，在脂肪酶的作用下，油脂被水解为甘油和脂肪酸。小肠既能吸收完全被水解的油脂，也可吸收部分水解或未经水解的油脂微滴。吸收后，主要经淋巴系统进入血液循环，小分子脂肪酸因水溶性较高，可经门静脉进入肝脏。

磷酸甘油酯在小肠内被磷酸甘油酯酶和磷酸酶水解为甘油、脂肪酸、磷酸和胆碱或乙醇胺等，然后再被吸收；未水解或部分水解的磷酸甘油酯也可被吸收。磷酸甘油酯的主要吸收途径也是由门静脉进入肝脏或由淋巴进入血液循环。

胆固醇及胆固醇酯必须在胆汁的协助下才能被吸收。在肠粘膜细胞中，它们与脂蛋白结合在一起，这与吸收有关。

未被吸收的脂类进入大肠后，被细菌分解成甘油、脂肪酸、磷酸和各种氨基醇而被吸收。胆固醇经大肠细菌作用还原成粪固醇随粪便排出体外。

由淋巴系统进入血液循环中的脂肪或甘油与脂肪酸在肝内合成的脂肪是与脂蛋白结合在一起运送的。脂肪在脂肪组织中，经 β-脂蛋白酶水解成游离的脂肪酸和甘油，然后再合成脂肪而储存起来。

第二节　脂类的生物合成

一、甘油的生物合成

在生物体内，甘油来自糖酵解的中间产物磷酸二羟丙酮，后者在细胞质的 3-磷酸甘油脱氢酶催化下还原为 3-磷酸甘油：

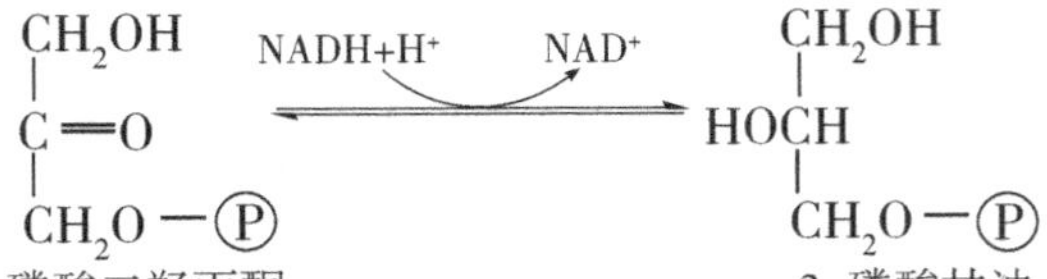

$$
\begin{array}{ccc}
\text{CH}_2\text{OH} & & \text{CH}_2\text{OH} \\
| & \text{NADH+H}^+ \quad \text{NAD}^+ & | \\
\text{C}=\text{O} & \rightleftharpoons & \text{HOCH} \\
| & & | \\
\text{CH}_2\text{O}-\textcircled{P} & & \text{CH}_2\text{O}-\textcircled{P} \\
\text{磷酸二羟丙酮} & & \text{3-磷酸甘油}
\end{array}
$$

之后，磷酸甘油和脂肪酰 CoA 化合而生成三酰甘油。

当用酵母进行酒精发酵时，如果加入亚硫酸氢盐，则由发酵生成的乙醛与亚硫酸氢盐形

成加合物，这妨碍乙醛被还原为酒精，结果在细胞内积累 NADH，NADH 便将磷酸二羟丙酮还原为磷酸甘油，磷酸甘油在磷酸酶作用下脱去磷酸而生成甘油，其反应程式如下：

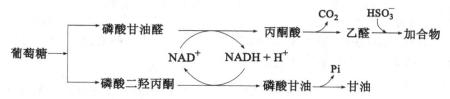

这个反应很重要，在工业上便利用这个反应生产甘油。

二、脂肪酸的生物合成

（一）饱和脂肪酸的从头合成

脂肪酸的合成过程是比较复杂的，有两个系统参加。

1. 乙酰 CoA 羧化酶

乙酰 CoA 羧化酶是含生物素的酶，大肠杆菌的乙酰 CoA 羧化酶含有三种成分：生物素羧化酶、生物素羧基载体蛋白（BCCP）、转羧基酶，它们共同作用催化下列反应：

$$ATP + HCO_3^- + BCCP \xrightarrow[\text{生物素羧化酶}]{Mg^{2+}} BCCP\text{-}CO_2^- + ADP + Pi$$

$$BCCP\text{-}CO_2^- + 乙酰\ CoA \xrightarrow{\text{转羧基酶}} BCCP + 丙二酸单酰\ CoA$$

上述反应中的乙酰 CoA 是由糖酵解的产物丙酮酸生成的，丙酮酸在细胞质中形成后，扩散进入线粒体内衬质中。在线粒体内，丙酮酸被氧化脱羧生成乙酰 CoA，乙酰 CoA 可与草酰乙酸结合成柠檬酸，柠檬酸可以透过线粒体膜进入细胞质，然后在柠檬酸裂解酶催化下再生成乙酰 CoA，这个反应要求 ATP 参与：

$$柠檬酸 + ATP + CoA \xrightarrow{\text{柠檬酸裂解酶}} 乙酰\ CoA + 草酰乙酸 + ADP + Pi$$

抗生物素蛋白对乙酰 CoA 羧化酶有抑制作用，此酶亦可被棕榈酸抑制，从而对脂肪酸的合成起反馈调节作用。

2. 脂肪酸合成酶系统

脂肪酸合成酶系统是一个多酶复合物，包括下列多种酶：乙酰转酰酶、丙二酸单酰转酰酶、缩合酶（β-酮脂酰 ACP 合成酶）、β-酮脂酰 ACP 还原酶、β-羟脂酰 ACP 脱水酶、烯脂酰 ACP 还原酶；此外，在复合物中还含有酰基载体蛋白（ACP）。ACP 是一种对热稳定的蛋白质，在其丝氨酸残基上结合一个 4′-磷酸泛酰巯基乙胺。ACP 的—SH 与酰基结合，其作用和 CoA 相似。

由脂肪酸合成酶催化下列反应步骤：

（1）乙酰 CoA 与 ACP 作用，生成乙酰 ACP：

$$\underset{\text{乙酰 CoA}}{CH_3—CO \sim S—CoA} + ACPSH \xrightarrow{\text{乙酰转酰酶}} \underset{\text{乙酰 ACP}}{CH_3—CO \sim S—ACP} + CoA—SH$$

乙酰基随即转移至 β-酮脂酰 ACP 合成酶分子的半胱氨酸残基上：

$$CH_3—CO \sim S—ACP + 酶 \longrightarrow CH_3—CO \sim S—酶 + ACP—SH$$

（2）丙二酸单酰 CoA 与 ACP 作用，生成丙二酸单酰 ACP：

$$HOOC—CH_2—CO \sim S—CoA + ACP—SH \xrightarrow[\text{酰转酰酶}]{\text{丙二酸单}} CoA—SH + HOOC—CH_2—CO \sim S–ACP$$

丙二酸单酰 CoA　　　　　　　　　　　　　　　　　　　　　丙二酸单酰 ACP

（3）乙酰～ S-酶与丙二酸单酰 ACP 起缩合反应，生成乙酰乙酰 ACP，同时放出 CO_2。此反应由 β-酮脂酰 ACP 合成酶（缩合酶）催化：

$$\begin{array}{c} CH_3—CO \sim S—酶 \\ + \\ HOOC—CH_2—CO \sim S—ACP \end{array} \xrightarrow{\text{缩合酶}} CH_3—CO—CH_2—CO \sim S—ACP + 酶—SH + CO_2$$

乙酰乙酰 ACP

（4）乙酰乙酰 ACP 被 NADPH 还原：

$$CH_3—CO—CH_2—CO \sim S—ACP \xrightarrow[\text{β-酮脂酰ACP还原酶}]{NADPH + H^+ \quad NADP^+} CH_3—CHOH—CH_2—CO \sim S—ACP$$

（5）β-羟乙酰 ACP 发生脱水反应，生成相应的 α，β 不饱和脂酰～ S—ACP（巴豆酰-ACP）：

$$CH_3—CHOH—CH_2—CO \sim S—ACP \xrightarrow[\text{ACP 脱水酶}]{\text{β-羟脂酰-}} CH_3—CH=CH—CO \sim S—ACP + H_2O$$

巴豆酰 ACP

（6）巴豆酰 ACP 再由 NADPH 还原为丁酰 ACP：

$$CH_3—CH=CH—CO \sim S—ACP \xrightarrow[NADPH + H^+ \quad NADP^+]{\text{烯脂酰ACP还原酶}} CH_3—CH_2—CH_2—CO \sim S—ACP$$

丁酰 ACP

这样，由乙酰 CoA 起，经缩合、还原、脱水、再还原几个反应步骤，便生成含 4 个碳原子的丁酰基。总反应为：

$$2 乙酰 CoA + ATP + ACP + 2NADPH + 2H^+ \longrightarrow 丁酰 ACP + 2CoA + ADP + Pi +$$
$$2NADP^+ + H_2O$$

脂肪酸合成需要的 NADPH 有 60% 是由磷酸戊糖循环提供的，其余部分可由糖酵解生成的 NADH 经下列反应转变而来：

$$NADH + H^+ + 草酰乙酸 \xrightarrow{\text{苹果酸脱氢酶}} 苹果酸 + NAD^+$$

$$苹果酸 + NADP^+ \xrightarrow{\text{苹果酸酶}} 丙酮酸 + CO_2 + NADPH + H^+$$

上述反应系列使碳链延长 2 个碳原子。如果以丁酰 ACP 代替乙酰 ACP 作为起始反应物，重复上述反应系列，又可以使碳链延长 2 个碳原子而生成己酰 ACP。如此重复下去，反应每循环一次，碳链便延长 2 个原子，直至生成含 16 个碳的棕榈酸为止。

（二）脂肪酸链的延长

在生物细胞内还含有碳链长度在 C_{16} 以上的脂肪酸，如硬脂酸（18：0）、花生酸（20：0）等。这些脂肪酸是在延长系统催化下，以棕榈酸为基础，进一步延长碳链形成的。不同生物的延长系统（Ⅱ型，Ⅲ型）在细胞内的分布及反应物均不同，如表 11-1 所示。

表 11-1　不同生物的脂肪酸延长系统

生物	在细胞内的部位	反　　应　　物
动物	线粒体内外膜	棕榈酰 CoA、乙酰 CoA、NADPH
	内质网	棕榈酰 CoA、丙二酸单酰 CoA、NADPH
植物	细胞质	棕榈酰 ACP、丙二酸单酰 ACP、NADPH

Ⅰ型即从头合成系统，形成棕榈酸（C_{16}）。Ⅱ型合成系统形成硬脂酸（C_{18}）。Ⅱ型系统对低浓度的亚砷酸盐十分敏感，Ⅰ型系统则不敏感。此外，Ⅰ型系统用 NADPH 和 NADH 为还原剂，而Ⅱ型系统只用 NADPH。Ⅲ型系统形成 C_{20} 以上的脂肪酸。延长反应如图 11-1 所示。

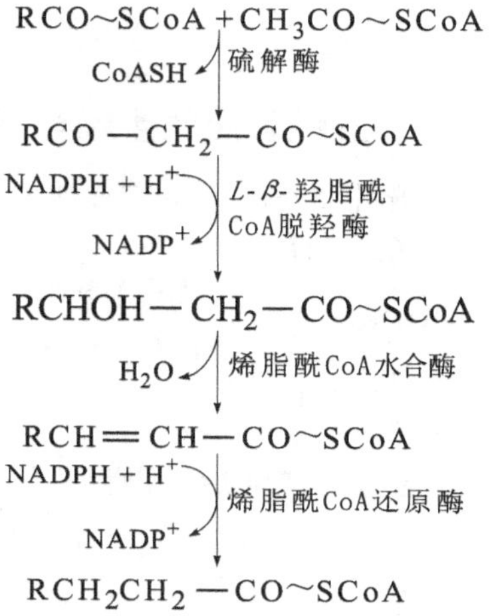

（三）不饱和脂肪酸的合成

在生物细胞内含有多种不饱和脂肪酸，如油酸、亚油酸、亚麻酸等，不饱和脂肪酸的生物合成途径有二。

1. 氧化脱氢途径

在所有真核生物中，不饱和脂肪酸的合成是通过氧化脱氢途径进行的，催化这个反应的酶叫脱饱和酶，它在氧和 NAD(P)H 参与下，将长链饱和脂肪酸转化为相应的顺式不饱和脂肪酸，如由硬脂酰 CoA 转变为油酰 CoA：

$$RCO\sim SCoA + CH_3CO\sim SCoA$$
$$\downarrow CoASH \quad 硫解酶$$
$$RCO-CH_2-CO\sim SCoA$$
$$NADPH+H^+ \downarrow L\text{-}\beta\text{-}羟脂酰 \; CoA脱羟酶$$
$$NADP^+$$
$$RCHOH-CH_2-CO\sim SCoA$$
$$H_2O \downarrow 烯脂酰 CoA水合酶$$
$$RCH=CH-CO\sim SCoA$$
$$NADPH+H^+ \downarrow 烯脂酰 CoA还原酶$$
$$NADP^+$$
$$RCH_2CH_2-CO\sim SCoA$$

图 11-1　脂肪酸链的延长

$$CH_3(CH_2)_7CH_2CH_2(CH_2)_7CO\sim S-CoA \xrightarrow[\substack{NAD(P)H+H^+ \quad NAD(P)^+}]{\substack{1/2O_2 \quad H_2O}} CH_3(CH_2)_7CH=CH(CH_2)_7CO\sim S-CoA$$

动物的脱饱和酶与内质网结合，植物的脱饱和酶是在细胞溶质中。动物用硬脂酰-CoA 为底物，植物则用硬脂酰-ACP 为底物。大多数脱饱和酶均被氰化物所抑制。

脱饱和反应是一个复杂的过程，除要求 NAD(P)H 为电子供体外，在动物细胞内还要求细胞色素 b_5 还原酶（一种黄素蛋白）和细胞色素 b_5 作为电子传递体，在植物细胞内则用黄素蛋白和铁氧还蛋白代替上述两种传递体，其电子传递过程如下：

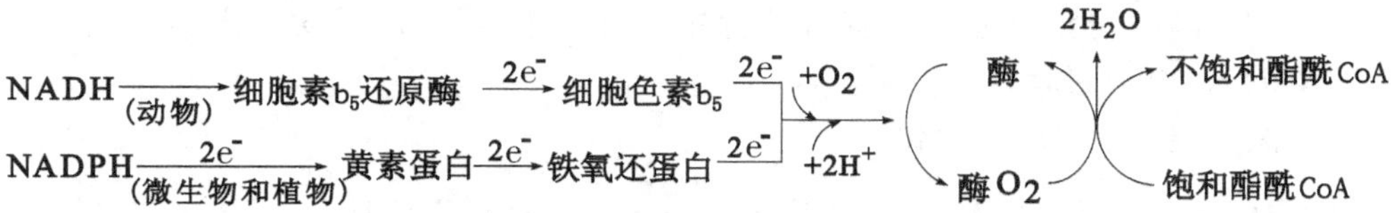

整个过程传递 4 个电子，其中 2 个电子来自底物饱和脂肪酸，另 2 个电子来自 NAD(P)H。

由单烯脂肪酸进一步脱饱和可生成二烯及三烯脂肪酸。单烯脂肪酸的脱饱和是以单烯脂酰 CoA 形式进行的，例如，由油酰 CoA 可生成亚油酰 CoA（十八碳二烯-9, 12-酸），由亚油酰 CoA 又可生成亚麻酰 CoA（十八碳三烯-9, 12, 15-酸）。

2. 厌氧途径

许多微生物在厌氧条件下通过厌氧途径生成含一个双键的不饱和脂肪酸。先由脂肪酸合

成酶形成含 C_{10} 的 β-羟癸酰 ACP，然后在不同的脱水酶作用下，发生不同的脱水反应：在 $^{\alpha}C$，$^{\beta}C$ 之间脱水生成饱和脂肪酸；在 $^{\beta}C$，$^{\gamma}C$ 之间脱水生成顺式 3,4-癸烯酰 ACP，以后碳链继续延长，生成不同长度的单酰酸。

$$CH_3(CH_2)_5-\overset{\gamma}{C}H_2-CH-\overset{\alpha}{C}H_2-COOH$$
$$\underset{OH}{|}$$

$\beta,\gamma\text{-脱水} \longrightarrow CH_3(CH_2)_5\overset{\gamma}{C}H=\overset{\beta}{C}H\overset{\alpha}{C}H_2COOH$
（用于合成不饱和脂肪酸）

$\alpha,\beta\text{-脱水} \longrightarrow CH_3(CH_2)_6\overset{\beta}{C}H=\overset{\alpha}{C}HCOOH$
（用于合成饱和脂肪酸）

三、三酰甘油的生物合成

三酰甘油是由 3-磷酸甘油和脂肪酰 CoA 缩合形成的，合成过程如下：

$$\begin{matrix}CH_2OH \\ HOCH \\ CH_2O\text{Ⓟ} \\ \text{3-磷酸甘油}\end{matrix} + \begin{matrix}R_1CO\sim S-CoA \\ R_2CO\sim S-CoA\end{matrix} \xrightarrow{\text{磷酸甘油转酰酶}} \begin{matrix}CH_2O-C-R_1 \\ R_2-C-OCH \quad O \\ CH_2O\text{Ⓟ} \\ \text{磷脂酸}\end{matrix} + 2\ CoA-SH$$

磷脂酸在脱去磷酸后，再和一分子脂酰 CoA 反应生成三脂酰甘油：

$$\begin{matrix}H_2C-O-C-R_1 \\ R_2C-O-CH \\ H_2C-O-\text{Ⓟ} \\ \text{磷脂酸}\end{matrix} \xrightarrow[H_2O \quad Pi]{\text{磷酸酶}} \begin{matrix}H_2C-O-C-R_1 \\ R_2C-O-CH \\ H_2C-OH \\ \text{二脂酰甘油}\end{matrix} \xrightarrow[R_3CO\sim SCoA \quad CoASH]{\text{二脂酰甘油转酰酶}} \begin{matrix}H_2C-O-C-R_1 \\ R_2C-O-CH \\ H_2C-O-C-R_3 \\ \text{三脂酰甘油}\end{matrix}$$

上式表明，参加三脂酰甘油合成的是脂酰 CoA，而脂肪酸合成系统及脱饱和酶生成的却是脂酰 ACP。由脂酰 ACP 转变为脂酰 CoA 是由脂酰 ACP 硫脂酶和脂酰硫激酶共同催化下完成的：

$$\text{脂酰}\sim S-ACP + H_2O \xrightarrow{\text{脂酰 ACP 硫脂酶}} \text{脂肪酸} + ACP-SH$$

$$\text{脂肪酸} + ATP + CoA \xrightarrow{\text{脂酰硫激酶}} \text{脂酰}\sim CoA + AMP + PPi$$

四、磷脂的生物合成

在生物细胞内的磷脂有多种，其合成途径也不一样，在此不逐一详述，仅以卵磷脂（磷脂酰胆碱）的合成过程为例说明。

胆碱在激酶催化下发生磷酸化：

$$\underset{\text{胆碱}}{HOCH_2-CH_2-N^+(CH_3)_3} + ATP \xrightarrow{\text{胆碱激酶}} \underset{\text{磷酸胆碱}}{\text{Ⓟ}-OCH_2CH_2N^+(CH_3)_3} + ADP$$

磷酸胆碱与 CTP 反应，生成胞苷二磷酸胆碱（CDP-胆碱）：

$$CTP + \text{磷酸胆碱} \xrightarrow{\text{磷酸胆碱胞苷转移酶}} CDP\text{-胆碱} + PPi$$

最后是 CDP-胆碱与二脂酰甘油化合：

$$CDP\text{-胆碱} + 1,2\text{-二脂酰甘油} \longrightarrow \text{磷脂酰胆碱} + CMP$$

磷脂酰胆碱还有别的合成途径，在此从略。

五、胆固醇的生物合成

胆固醇生物合成主要是在肝中进行的，其他器官如心、脾、肾、血管、皮肤和肾上腺等亦能合成少量胆固醇，它从乙酰 CoA 缩合开始。胆固醇合成酶体系存在于内质网和胞液部分，并且需要胞液中的辅助因素如 NADPH、ATP 等参加。

细胞内胆固醇的合成过程可概括为三大步骤：

1. 二羟甲基戊酸（MVA）的生成

一条途径是由乙酰 CoA 经乙酰乙酰 CoA、β-羟-β-甲基戊二酰 CoA（HMG-CoA）缩合成 β, δ-二羟-β-甲基戊酸（MVA）；另一途径是亮氨酸经 β-羟异戊酸 CoA、HMG-CoA，生成 β, δ-二羟-β-甲基戊酸，如图 11-2 所示。

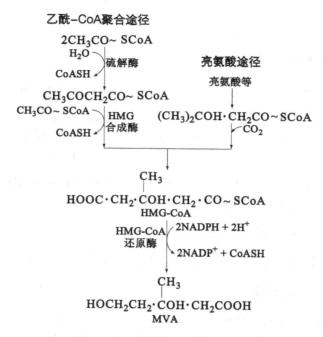

图 11-2　二羟甲基戊酸（MVA）的生物合成

2. 鲨烯的合成

MVA 经磷酸化反应，成为活泼的异戊烯醇焦磷酸酯（IPP），可进一步互相缩合，延长碳链，合成胆固醇、胆酸、固醇类激素、维生素 D、维生素 E、维生素 K、类胡萝卜素等。

6 个分子 IPP 缩合延长成为 30 个碳原子组成的鲨烯。

3. 胆固醇的形成

固醇载体蛋白将在胞液中形成的鲨烯转运至内质网的微粒体中，在其中环化成羊毛脂固醇，再转变成胆固醇，而后通过血液送入其他组织。

第三节　脂类的降解

一、脂肪的水解

脂肪在脂肪酶、二脂酰甘油脂肪酶、一脂酰甘油脂肪酶的作用下逐步水解成甘油和脂肪酸：

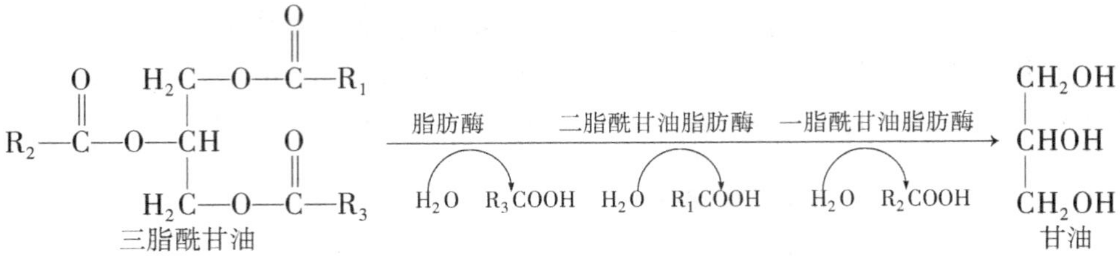

$$
\text{三脂酰甘油} \xrightarrow[\;H_2O\;\;R_3COOH\;]{\text{脂肪酶}} \xrightarrow[\;H_2O\;\;R_1COOH\;]{\text{二脂酰甘油脂肪酶}} \xrightarrow[\;H_2O\;\;R_2COOH\;]{\text{一脂酰甘油脂肪酶}} \text{甘油}
$$

甘油可进一步转化为磷酸丙糖：

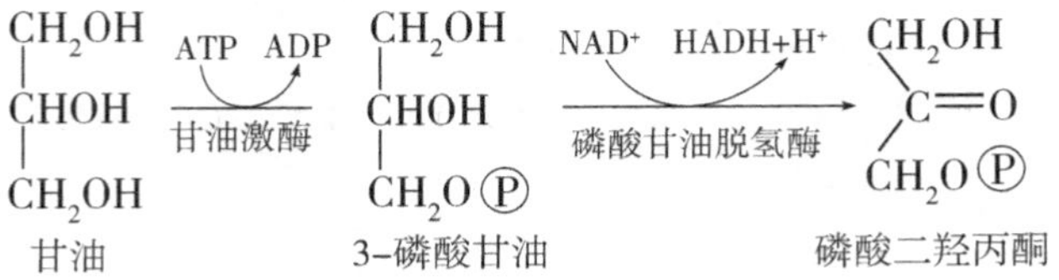

$$
\underset{\text{甘油}}{\overset{CH_2OH}{\underset{CH_2OH}{CHOH}}} \xrightarrow[\text{甘油激酶}]{ATP\quad ADP} \underset{\text{3-磷酸甘油}}{\overset{CH_2OH}{\underset{CH_2O\,\text{P}}{CHOH}}} \xrightarrow[\text{磷酸甘油脱氢酶}]{NAD^+\quad HADH+H^+} \underset{\text{磷酸二羟丙酮}}{\overset{CH_2OH}{\underset{CH_2O\,\text{P}}{C=O}}}
$$

然后通过糖酵解转变为丙酮酸，进入三羧酸循环，彻底氧化分解为 CO_2 和 H_2O。磷酸丙糖也可以逆酵解反应而转变为葡萄糖-1-磷酸，以后合成淀粉或糖原。

二、脂肪酸的氧化分解

脂肪酸的氧化分解有几种不同的方式，其中最主要的是 β-氧化作用。

（一）脂肪酸的 β-氧化作用

这种氧化是在脂肪酸的$^\beta$C 位发生的。在氧化开始之前，脂肪酸需先行活化，活化过程是在脂肪酸硫激酶催化下与 ATP 及 CoA 作用变为脂酰 CoA（亦称活性脂肪酸），并放出 AMP 和焦磷酸；脂酰 CoA 再经一系列脱氢、水化、再脱氢和硫解加 CoA 基而产生乙酰 CoA 及比原脂肪酸少两个碳原子的脂酰 CoA，如图 11-3 所示；生成的脂酰 CoA 又可以重复上述反应，每循环一次，去掉一个二碳单位，直至将整个脂肪酸分解完毕为止，其产物是乙酰 CoA。这些乙酰 CoA 在正常生理情况下，一部分用来合成新的脂肪酸，大部分是进入三羧酸循环完全氧化，在动物体中如生理反常（如胰岛素分泌不足），则乙酰 CoA 可变为酮体。

脂肪酸的 β-氧化是在线粒体中进行的，主要在肝细胞线粒体中进行。长链脂肪酸不能透过线粒体内膜，细胞质内的脂肪酸先与一种脂肪酸载体（肉碱）结合才能透过线粒体内膜，进入线粒体进行氧化。其作用机制是通过肉碱软脂酰基转移酶催化使肉碱变成脂酰肉碱。

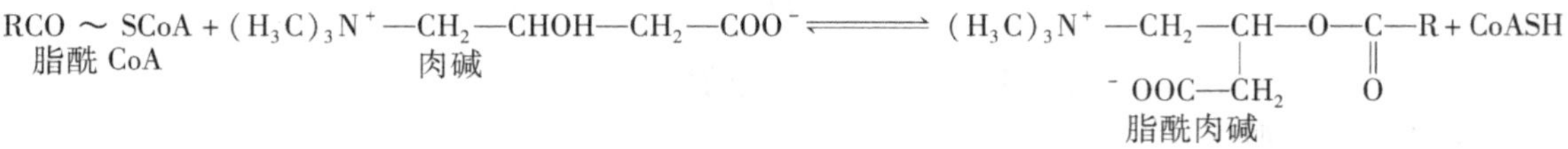

$$
\underset{\text{脂酰 CoA}}{RCO\sim SCoA} + \underset{\text{肉碱}}{(H_3C)_3N^+-CH_2-CHOH-CH_2-COO^-} \rightleftharpoons \underset{\text{脂酰肉碱}}{(H_3C)_3N^+-CH_2-\underset{{}^-OOC-CH_2}{CH}-O-\overset{O}{\overset{\|}{C}}-R} + CoASH
$$

脂肪酸活化（反应①）的酶在动物组织中主要为硫激酶，在微生物中大部分是转硫酶。

反应⑤酮硫解酶（β-Keto thiolase）又称乙酰 CoA 脂酰基转移酶，已知有三种，各适合于

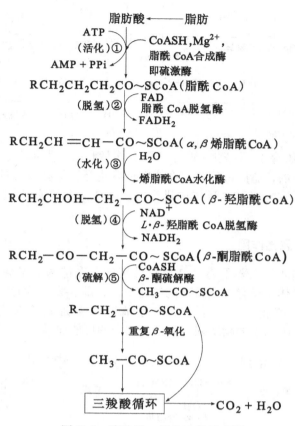

图 11-3　脂肪酸 β-氧化途径示意图

不同长度的碳链。

天然不饱和脂肪酸的氧化途径同饱和脂肪酸的氧化途径基本相同。差异在于含一个双键的不饱和脂肪酸还需要一个顺-反-烯脂酰 CoA 异构酶将不饱和脂肪酸分解产物中的顺式结构中间产物变为反式结构。

R $\overset{\Delta^3}{\diagdown}$ CO ～ SCoA $\xrightarrow{\text{异构酶}}$ R $\diagdown$ CO ～ SCoA $\xrightarrow[\text{H}_2\text{O}]{\text{烯脂酰 CoA 水化酶}}$ R $\overset{\text{OH}}{\diagup}$ CO ～ SCoA

Δ^3-顺-烯脂酰 CoA　　　　　Δ^2-反-烯脂酰 CoA　　　　　β-羟脂酰 CoA

含一个以上双键的脂肪酸除需要顺-反异构酶外，还需要 β-羟脂肪酰 CoA 立体异构酶将中间产物中的 D-β-羟脂酰 CoA 转变成 L-β-羟脂酰 CoA，才可按照 β-氧化途径进行氧化。

在许多植物、海洋生物及微生物体内还有奇数碳脂肪酸。它们经反复 β-氧化作用后剩下丙酰 CoA，经转化成为琥珀酰-CoA：

$$CH_3CH_2CO\sim SCoA \xrightarrow[\text{丙酰 CoA 羧化酶}]{\overset{CO_2+ATP\quad ADP+Pi}{}} HOOC\overset{CH_3}{-}CH-CO\sim SCoA \xrightarrow[\text{差向酶，变位酶}]{B_{12}\text{辅酶}} \overset{CH_2CO\sim SCoA}{CH_2COOH}$$

丙酰 CoA　　　　　　　　　　　　　D-甲基丙二酸单酰单酰 CoA　　　　　　琥珀酰 CoA

或经 β-羟丙酸支路形成乙酰 CoA 进入三羧酸循环。

在动物体内，脂肪酸的 β-氧化产物乙酰 CoA、$FADH_2$ 和 NADH 进入三羧酸循环，最后氧化为 CO_2 和 H_2O，并释放出能量。如果被氧化的是棕榈酸，则生成 8 个乙酸 CoA，7 个 $FADH_2$

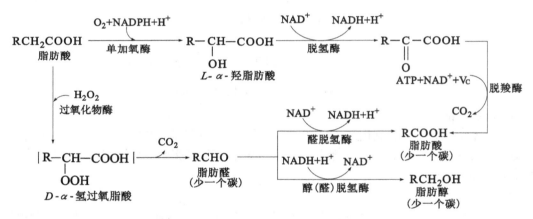

和 7 个 NADH。经 TCAC 氧化可净获 130 个 ATP，能量利用率为 48%。

在植物的一些组织内，脂肪酸氧化也在线粒体内进行，但在发芽的油料种子（如蓖麻）内，脂肪酸的 β-氧化是在乙醛酸循环体内进行的。生成的乙酰 CoA 进入乙醛酸循环，以后转变为糖类。

（二）脂肪酸的 α-氧化作用

在动物组织内，脂肪酸主要是通过 β-氧化分解的。在植物的发芽种子和叶子内及动物肝、脑和神经细胞的微体中还存在一特殊的氧化途径，即 α-氧化途径。

α-氧化作用只以游离脂肪酸为底物，分子氧间接参加这个氧化作用，氧化产物是 D-α-羟脂肪酸或少一个碳原子的脂肪酸。α-氧化作用的可能途径为：

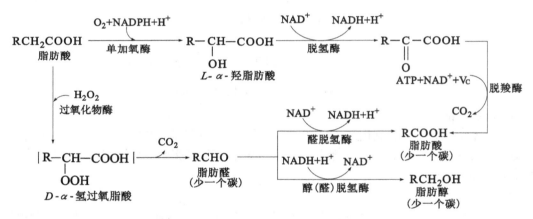

α-氧化对降解支链脂肪酸，奇数或过长链脂肪酸有重要作用。哺乳动物组织将绿色蔬菜的叶绿醇氧化为植烷酸后，即通过 α-氧化系统将植烷酸氧化为降植烷酸和 CO_2。

（三）脂肪酸的 ω-氧化作用

动物肝细胞微粒体能将 C_6，C_8，C_{10}，C_{12} 脂肪酸的烷基端碳（ω-碳原子）氧化成羟基，再进一步氧化而成为羧基，生成 α，ω-二羧酸；以后可以在两端通过 β-氧化而分解。有些土壤的好气性细菌也能对烃类或脂肪酸进行 ω-氧化分解，生成水溶性产物，故可以利用来大量清除海水表面的浮油。

ω-氧化过程如图 11-4 所示。在动物细胞内的 ω-羟化酶利用细胞色素 P_{450}，细菌则用血红素氧还蛋白将脂肪酸的 ω-碳原子氧化生成 RCH_2OH，然后由醇脱氢酶进一步氧化为醛（RCHO），再由醛脱氢酶氧化为羧酸（RCOOH）。

三、磷脂的降解

磷脂能被不同的磷脂酶分解。例如，作用于卵磷脂的酶有 4 种，这 4 种酶分别命名为磷

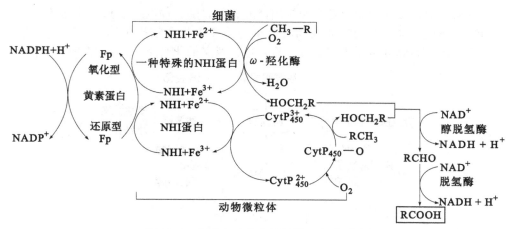

图 11-4　细菌和动物中的链烷 ω-氧化过程
NHI—非正铁血红素铁蛋白

脂酶 A_1、磷脂酶 A_2、磷脂酶 C、磷脂酶 D，各作用于磷脂分子的不同位置：

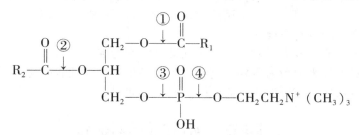

　　磷脂酶 A_1 存在于动物细胞中，作用于位置①，生成 2-脂酰基甘油磷酸胆碱和 1 分子脂肪酸。

　　磷脂酶 A_2 存在于蛇毒、蜂毒中，也常以酶原形式存在于动物胰脏中，作用于②位，生成 1-脂酰基甘油磷酸胆碱和 1 分子脂肪酸。

　　磷脂酶 C 存在于动物脑、蛇毒和细菌中，从蜡状芽孢杆菌中提取的酶为一含锌蛋白，作用于③位，生成二脂酰基甘油和磷酸胆碱。

　　磷脂酶 D 存在于高等植物中，亦可作用于其他磷脂酰酯，要求有 Ca^{2+} 存在，作用于④位，生成磷脂酸和胆碱。磷脂酶 D 亦能催化转磷脂酰基的反应，将卵磷脂分子上的磷脂酰基转移至别的含羟基化合物（如甘油、乙醇胺、丝氨酸）上：

$$磷脂酰胆碱 + ROH \rightleftharpoons 磷脂酰 - OR + 胆碱$$

　　这一反应在植物细胞膜的磷脂合成和转换中起重要作用。

　　此外，还有溶血磷脂酶，过去称为磷脂酶 B，它催化磷脂酶 A_2 的水解产物 1-脂酰基甘油磷酸胆碱在①位发生水解：

$$1-脂酰基甘油磷酸胆碱 + H_2O \longrightarrow 甘油磷酰胆碱 + 脂肪酸$$

此酶存在于动物、植物组织及霉菌中。

四、胆固醇的降解和转变

　　人体每日合成胆固醇量为 1～1.5g，其中约 0.3g 转变为胆酸和脱氧胆酸。胆汁中的胆酸盐经胆管入十二指肠，起消化作用。胆酸的大部分为小肠吸收，通过门静脉入肝。肠道内胆固醇经细菌作用，转变为固醇随粪便排出体外，每日随粪便约排泄 0.4g 胆固醇。

胆固醇的环核结构不在动物体内彻底分解为最简单化合物排出体外，但其支链可被氧化。更重要的是胆固醇可转变成许多具有重要生理意义的化合物，如图 11-5 所示。

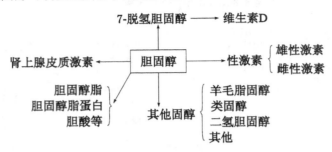

图 11-5　胆固醇的转变

在血浆脂蛋白分子内的游离胆固醇，可以通过肝脏合成的卵磷脂-胆固醇酰基转移酶的作用，接受磷脂酰胆碱分子上的脂肪酸，形成胆固醇酯。

活体内的胆固醇主要形成胆酸，其中，20% 左右为牛磺胆酸，其余为甘氨胆酸。胆酸在辅酶 A、ATP 和 Mg^{2+} 存在下，合成胆酸酰 CoA，再与甘氨酸或牛磺氨酸结合。它对油脂消化和脂溶性维生素的吸收有重要作用。

从胆固醇还可形成固醇类激素，少量胆固醇可演变为维生素 D。

胆固醇代谢对人类来说极为重要，它可变为许多重要的生理活性物质；某些疾病，如心血管硬化及胆结石疾病，亦可能由于胆固醇代谢失常而引起。

第四节　脂代谢的调节

机体可以通过神经及体液系统来调节脂类代谢，改变合成和分解代谢的强度，以适应机体活动的需要。对脂类代谢影响较大的激素有胰岛素、肾上腺素、生长激素、高血糖素、促肾上腺皮质激素（ACTH）、甲状腺素、甲状腺刺激激素（TSH）、前列腺素等。

上述各种激素的作用如图 11-6 所示。

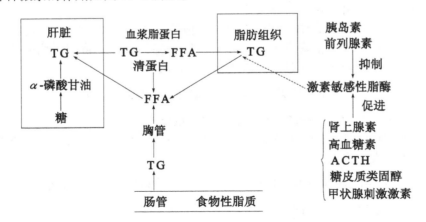

图 11-6　各种激素对三脂酰甘油代谢的作用
TG—三脂酰甘油；FFA—游离脂肪酸

　　在这些激素中，肾上腺素、生长激素、高血糖素、促肾上腺皮质激素（ACTP）、甲状腺素、甲状腺刺激激素（TSH）等能促进脂肪动员和脂解作用，而胰岛素、前列腺素则相反。

　　机体也可以通过变构酶系统来调节脂类代谢，如从肠管吸收（外源性）进入肝脏的胆固醇量多，则肝脏内合成胆固醇的量就少。其作用机制是：外源性胆固醇以脂蛋白的形式作用于 HMG-还原酶的别构部位，从而使 β-羟基-β-甲基戊二酸（HMG）不能还原成 β,δ-二羟-β-甲基戊酸（MVA）而转向酮体生成。

　　胆汁酸的生成量对胆固醇合成也有影响。

第十二章　蛋白质代谢

第一节　氨基酸的生物合成

氨基酸是生物体合成蛋白质的原料，也是高等动物中许多重要生物分子，如激素、嘌呤、嘧啶、卟啉和某些维生素等的前体。不同机体利用氮源合成氨基酸的能力大不相同，脊椎动物不能合成全部氨基酸；高等动物能利用铵离子作为合成氨基酸的氮源，但不能利用亚硝酸、硝酸和大气氮；高等植物能合成全部氨基酸，而且能利用氨、亚硝酸作为氮源；微生物合成氨基酸的能力差异很大，如溶血链球菌可合成 17 种氨基酸，而大肠杆菌能由氨合成全部氨基酸，许多细菌和真菌还能利用硝酸和亚硝酸，固氮菌能利用大气氮源合成氨及氨基酸。

生物体合成氨基酸的主要途径有还原性氨基化作用、转氨作用及氨基酸间的相互转化作用等。

一、还原性氨基化作用

在多数机体中，NH_3 的同化作用主要是经谷氨酸和谷氨酰胺合成途径完成的。

谷氨酸合成的主要途径是由 *L*-谷氨酸脱氢酶催化的 α-酮戊二酸氨基化途径，该酶在动物体内需要 NADH 或 NADPH 作为辅酶，在植物体内只能利用 NADPH 为辅酶，催化的反应如下：

$$NH_3 + \alpha\text{-酮戊二酸} + NAD(P)H + H^+ \Longleftrightarrow L\text{-谷氨酸} + NAD(P)^+ + H_2O$$

谷氨酸脱氢酶存在于线粒体中，是一种调节酶。随着 NAD^+ 浓度的改变，ADP 可起激活和抑制两种作用，而 GTP 是强抑制剂。

由脱氢酶催化的谷氨酸合成途径在自然界并不普遍，只有少数生物当环境中的 NH_4^+ 浓度很高时，才以此途径形成谷氨酸。由谷氨酸合成酶催化的谷氨酸合成反应才是最普遍和最主要的 NH_3 同化途径。谷氨酰胺合成酶和谷氨酸合成酶联合作用，将游离氨转变为谷氨酸的 α-氨基。反应如下：

$$\text{谷氨酸} + ATP + NH_3 \xrightarrow{\text{谷氨酰胺合成酶}} \text{谷氨酰胺} + ADP + Pi$$

$$\text{谷氨酰胺} + \alpha\text{-酮戊二酸} + NAD(P)H + H^+ \xrightarrow{\text{谷氨酸合成酶}} 2\text{ 谷氨酸} + NAD(P)^+$$

在微生物中，还有一条由天冬氨酸合成酶催化的 NH_3 同化途径：

$$\text{天冬氨酸} + ATP + NH_3 \xrightarrow[Mg^{2+}]{\text{天冬氨酸合成酶}} \text{天冬酰胺} + AMP + PPi$$

由于自由能变化大，该反应比谷氨酰胺的合成反应在菌体内更易于进行。

二、氨基转移作用

氨基转移作用是由一种氨基酸把它分子上的氨基转移至其他 α-酮酸上，以形成另一种氨基酸。这个反应的通式是：

$$R_1\!-\!CH\!-\!COOH + R_2\!-\!C\!-\!COOH \underset{}{\overset{转氨酶}{\rightleftharpoons}} R_1\!-\!C\!-\!COOH + R_2\!-\!CH\!-\!COOH$$

$$\underset{NH_2}{|} \qquad \underset{O}{\|} \qquad\qquad\qquad \underset{O}{\|} \qquad\qquad \underset{NH_2}{|}$$

这个反应是在转氨酶的催化作用下进行的，转氨酶以磷酸吡哆醛为辅酶。有许多种氨基酸均可作为氨基的供体，其中最主要的是谷氨酸和天冬氨酸，苏氨酸和赖氨酸不参加转氨作用。

在细胞内，转氨酶分布在细胞质、线粒体、叶绿体中。人体的转氨作用主要在肝脏中进行，心肌中的转氨作用也很强，转氨酶的活力可作为检查肝功能的指标。

三、氨基酸的相互转化作用

在有些情况下，氨基酸间也可以相互转化，如苏氨酸或丝氨酸可生成甘氨酸，色氨酸或胱氨酸可生成丙氨酸，谷氨酸可生成脯氨酸，苯丙氨酸可生成酪氨酸，蛋氨酸可生成半胱氨酸。

必需氨基酸 人体及动物生长发育所必需而在机体中又不能合成，必须从食物中摄取的氨基酸称必需氨基酸。动物不能合成的氨基酸有赖氨酸、色氨酸、组氨酸、苯丙氨酸、亮氨酸、异亮氨酸、苏氨酸、蛋氨酸、缬氨酸和精氨酸（人体能合成部分组氨酸和精氨酸）。

第二节 蛋白质的生物合成

在生物体内，蛋白质是在不断变换更新的。生物细胞中的 DNA 是遗传信息的携带者，以 DNA 为模板，转录为 mRNA；mRNA 又作为蛋白质合成的模板，由 mRNA 经翻译而合成相应的蛋白质。所谓翻译，是指 mRNA 中由 4 种不同碱基"字母"构成的"语言"（由 mRNA 的碱基顺序组成的密码）被"解读"而成为以 20 种不同氨基酸构成的蛋白质。蛋白质合成是一个十分复杂的过程，其中包括有上百种大分子的共同协作，才能完成由简单的 L-氨基酸合成为构造复杂的蛋白质分子的过程。蛋白质的合成过程也就是将一种氨基酸的氨基连接于另一种氨基酸（或多肽链）的羧基端以形成肽链的过程。

一、蛋白质合成体系的组成

为了便于阐述，先扼要介绍蛋白质合成体系的一些重要组分的性质与作用原理。

1. mRNA

蛋白质合成体系中一个重要的组分是信使 RNA（mRNA），它携带着 DNA 的遗传信息。在原核细胞内，mRNA 极不稳定，它的半衰期只有几秒至 2min。但在真核细胞内则比较稳定，在哺乳动物内的 mRNA 半衰期可达几小时至 24h。由于细菌对不断变化的环境具有较高的适应性，它们能在很短的时间内转录出新的 mRNA，合成新的酶，以适应变化着的环境。

在真核细胞内，先在核质内，在 DNA 指导的 RNA 聚合酶的催化下合成 mRNA 的前体，即核不均一 RNA（hnRNA）；以后，hnRNA 在细胞核的核酸酶作用下降解成 mRNA，然后转移至细胞质。

在 mRNA 链中含有 4 种不同的碱基，其链上的相邻 3 个碱基作为一组，称为密码子或三联体密码，起着编码一种氨基酸的作用。在由 4 种不同碱基组成的总共 $4^3 = 64$ 个碱基三联体密码子中，有 61 个是作为氨基酸的密码子。其余的三个密码子是作为终止密码子。这些遗传密码如表 12-1 所示。

表 12-1　遗 传 密 码*

第一位 （5′端）	第　二　位				第三位 （3′端）
	U	C	A	G	
U	苯丙氨酸（Phe）	丝氨酸（Ser）	酪氨酸（Tyr）	半胱氨酸（Cys）	U
	苯丙氨酸（Phe）	丝氨酸（Ser）	酪氨酸（Tyr）	半胱氨酸（Cys）	C
	亮氨酸　（Leu）	丝氨酸（Ser）	终止密码子	终止密码子	A
	亮氨酸　（Leu）	丝氨酸（Ser）	终止密码子	色氨酸（Trp）	G
C	亮氨酸（Leu）	脯氨酸（Pro）	组氨酸（His）	精氨酸（Arg）	U
	亮氨酸（Leu）	脯氨酸（Pro）	组氨酸（His）	精氨酸（Arg）	C
	亮氨酸（Leu）	脯氨酸（Pro）	谷氨酰胺（Gln）	精氨酸（Arg）	A
	亮氨酸（Leu）	脯氨酸（Pro）	谷氨酰胺（Gln）	精氨酸（Arg）	G
A	异亮氨酸（Ile）	苏氨酸（Thr）	天冬酰胺（Asn）	丝氨酸（Ser）	U
	异亮氨酸（Ile）	苏氨酸（Thr）	天冬酰胺（Asn）	丝氨酸（Ser）	C
	异亮氨酸（Ile）	苏氨酸（Thr）	赖氨酸（Lys）	精氨酸（Arg）	A
	甲硫氨酸**（Met）	苏氨酸（Thr）	赖氨酸（Lys）	精氨酸（Arg）	G
G	缬氨酸（Val）	丙氨酸（Ala）	天冬氨酸（Asp）	甘氨酸（Gly）	U
	缬氨酸（Val）	丙氨酸（Ala）	天冬氨酸（Asp）	甘氨酸（Gly）	C
	缬氨酸（Val）	丙氨酸（Ala）	谷氨酸（Glu）	甘氨酸（Gly）	A
	缬氨酸（Val）	丙氨酸（Ala）	谷氨酸（Glu）	甘氨酸（Gly）	G

*　密码子的阅读方向为 5′→3′，如 UUA = $_pU_pU_pA_{OH}$ = 亮氨酸；　**　AUG 也作为起始密码子。

表 12-1 所列出的遗传密码有以下特点：

（1）密码的近于完全通用性　各种高等和低等生物（包括病毒、细菌及真核生物等）均通用同一套密码，目前仅发现线粒体及原生动物纤毛虫 DNA 的编码情形有别。例如，人线粒体中 UGA 编码色氨酸而不是终止密码；AUA 编码甲硫氨酸而不是异亮氨酸；AGA 和 AGG 是终止密码，而不是精氨酸，其余密码则相同。因此，遗传密码并非绝对通用，而是近于完全通用的。

（2）密码有简并性　由于密码子有 61 个，而氨基酸只有 20 种，所以有"简并密码"。就是说，1 个氨基酸有多个密码子，可以减少有害的突变。密码的简并性多只涉及第三位碱基。

（3）密码连续无间隔性　各个密码子互相连接，一个接着一个而不互相重叠，各密码子之间也没有间隔，即没有中断。因此，在相同的碱基顺序上，从不同的碱基开始，可以解读出不同的密码。

（4）密码的特殊功能性　密码子 UAG，UAA，UGA 不编码任何氨基酸，而是多肽合成终止密码。密码子 AUG 既是甲硫氨酸的密码子，又是多肽合成起始密码子。

2. tRNA

在蛋白质合成中，tRNA 起着运输氨基酸的作用，称为转运 RNA，即将氨基酸按 mRNA 链上的密码所决定的氨基酸顺序转移入蛋白质合成的场所——核糖体。每一种氨基酸都有其特定的 tRNA，在细菌细胞内约有 60 种不同的 tRNA，而在真核细胞内则多达 100～120 种。这样，每一种氨基酸便可以有一个或数个特定的 tRNA。tRNA 链上的反密码子按碱基配对原则识别 mRNA 链上的密码子，这样便可以保证不同的氨基酸按照 mRNA 密码子所决定的次序进入多肽链中。tRNA 还起着使正在合成的肽链与核糖体联结的作用。

3. rRNA 及核糖体

核糖体是合成蛋白质的场所，含有核糖体 RNA（简称 rRNA），它由大小两个亚基组成。这里的亚基和我们以前所说的酶的亚基的概念是不同的：酶的亚基通常由一条多肽链组成，但核糖体的亚基则除含 RNA 外，还含有二三十个或更多的蛋白质。核糖体蛋白质中有许多是碱性很强的蛋白质。

核糖体中含 3 种 rRNA，在大亚基中的为 23S（或 28S）和 5S rRNA，在小亚基中为 16S（或 18S）rRNA。此外，在动物和植物核糖体还发现有 5.8S rRNA，链长 130 ～ 160 个核苷酸。核糖体中的 rRNA 有很多双螺旋区，16S rRNA 在识别 mRNA 上的多肽合成起始位点中起重要作用。

核糖体的大小亚基具有不同的特性和功能。大肠杆菌的核糖体小亚基不需要大亚基存在也可与 mRNA 结合，结合的部位可在 mRNA 链的各部分而无专一性，因此在合成过程中可以沿 mRNA 链移动。核糖体的大亚基在无小亚基存在时则不与 mRNA 结合，但能与 tRNA 特异性结合。核糖体的活性中心含有两个相邻的部位：A 位（氨酰基部位）为氨酰-tRNA 进入的部位；P 位（肽基部位）为与正在延长的多肽基-tRNA 结合的部位。这两个部位有一部分在小亚基内，一部分在大亚基内；tRNA 的携带氨基酸部分与大亚基相结合，其反密码子区段则与小亚基结合，并与 mRNA 接触。催化形成肽键的肽基转移酶分布在小亚基中，可能在 P 位附近。在大亚基中还具有一个水解 GTP 的部位，核糖体上还有与起始因子、延伸因子、释放因子及与各种酶相结合的位点。

4. 辅助因子

在蛋白质合成体系中，除了上述蛋白质因子外，蛋白质的生物合成还需要 ATP，GTP，Mg^{2+} 等参与。

二、蛋白质的合成过程

蛋白质的合成过程可以分为以下四个步骤：①氨基酸的活化；②肽链合成的起始；③肽链延长；④终止。

1. 氨基酸的活化

一个氨基酸的氨基与另一个氨基酸的羧基之间不能直接形成肽链，氨基酸必须先行活化，即将氨基酸的羧基以酯键连接于 tRNA 的 3′端羟基上，形成氨酰-tRNA，这一反应在可溶性细胞质内进行。

催化氨基酸活化的酶称为氨酰-tRNA 合成酶，亦称氨基酸活化酶。在它的催化作用下，先将氨基酸和 ATP 与酶三者结合，生成氨酰-AMP-酶复合物，这个反应要求有 Mg^{2+} 存在：

$$ATP + 氨基酸 + 酶 \xrightarrow{\quad Mg^{2+} \quad} 氨酰\text{-}AMP\text{-}酶复合物 + PPi$$

然后，氨酰基便从这个中间复合物转移到 tRNA 上：

$$氨酰\text{-}AMP\text{-}酶复合物 + tRNA \rightleftharpoons 氨酰\text{-}tRNA + AMP + 酶$$

上面两个反应均由氨酰-tRNA 合成酶催化，这个合成酶具有高度特异性，它们既能识别特异的氨基酸，又能识别携带该氨基酸的特异 tRNA，所以每一种氨基酸至少有一个氨酰-tRNA 合成酶。这些酶分子的大小、亚基多少、氨基酸成分均不相同。

2. 肽链合成的起始

蛋白质合成的起始是相当复杂的，首先必须辨认出 mRNA 上的起始点，mRNA 链上的起始密码子是 AUG，这个密码子同时也是多肽链内部的甲硫氨酸的密码子。在原核细胞内，在蛋白质合成时，多肽链的起始氨基酸均是甲酰甲硫氨酸，但在真核细胞内，起始氨基酸则是甲硫氨酸。

$$CH_3—S—CH_2—CH_2—CH—COOH$$
$$\underset{NH_2}{|}$$
N-甲硫氨酸（Met）

$$CH_3—S—CH_2—CH_2—CH—COOH$$
$$\underset{HN—CHO}{|}$$
N-甲酰甲硫氨酸（fMet）

由起始氨酰-tRNAf、mRNA、核糖体及起始因子等经多个步骤组装成一个"起始复合物"，然后即可进行蛋白质的合成。"起始复合物"的形成还需 ATP 和 Mg^{2+} 的参与。

3. 肽链延长

一旦 fMet-tRNAf（N-甲酰甲硫氨酰-tRNA，为原核细胞的起始氨酰-tRNA）进入核糖体的 P 位，肽链便开始延长，新的携带着特异氨基酸的 tRNA 便按照 mRNA 上密码子所决定的顺序"对号入座"，顺次进入，形成多肽链。与此同时，核糖体也不断沿 mRNA 的 5′端向 3′端移动，每移动一个密码子距离，便形成一个新的肽键，使多肽链延长一个氨基酸单位。肽链移位作用需要新生肽上一段称为终止转移肽或膜固定肽的多肽系列参入。

4. 肽链合成终止

当核糖体移动至终止密码子 UAA，UGA 时，肽链延长便终止。这是因为在细胞内没有可以和这些终止密码子配对的 tRNA，这些终止密码子是由一些称为终止因子或释放因子识别的。在细菌内已知道有 3 种终止因子，分别用 RF-1，RF-2，RF-3 表示；在真核细胞内的终止因子称为 RF，这些终止因子均是蛋白质。RF-1 的作用是识别密码子 UAA，UAG，RF-2 帮助识别 UAA，UGA，而 RF-3 不识别任何终止密码子，但能协助肽链释放。

肽链合成的终止包括下列步骤：

（1）终止因子进入 A 位，识别终止密码子。

（2）终止因子使肽基转移酶的催化作用转变为水解作用，使肽链从 tRNA 上分离出来，生成一条多肽链，即新合成的蛋白质分子。

以后，tRNA 离开核糖体，核糖体的两个亚基分离开，分离开的小亚基（30S）与起始因子 IF3 结合，这可以防止它和大亚基（50S）重新组合，同时也准备开始下一个合成过程。

综上所述，在蛋白质合成过程中，每形成一个肽键要消耗 3 个 ATP，其中，1 个用于氨基酸的活化；在肽链延长时，每形成一个肽键要分解 2 个 GTP；此外，在合成起始时，还要消耗 1 个 GTP。所以，蛋白质合成消耗能量是很大的。

5. 多核糖体

在一条 mRNA 链上，可以有多个核糖体同时进行翻译。当在 mRNA 5′端的核糖体向前移动使肽链延长时，暴露出的起始密码子又可以和另一核糖体结合，开始另一条多肽链的合成。这样，在一条 mRNA 上便可以与多个核糖体结合，构成多核糖体（polysome）。在多核糖体上，每一个核糖体均附着一条正在延长的多肽链；越靠近 mRNA 的 3′端，核糖体上的多肽链越长，这可以提高 mRNA 的翻译效率。

三、蛋白质合成后的定向输送与修饰

1. 信号肽及其识别体

在新生肽的 N 端（有时位于肽链中部，如卵清蛋白）常有一小段与蛋白质定向输送有关并在输送途中被切除的肽段，称为信号肽。其长度为 13 ～ 26 个氨基酸残基，氨基端至少含有一个带正电荷的氨基酸，在中部有一段为 10 ～ 15 个高度疏水性的氨基酸残基所组成的非极性区；在 C 端有一个可被信号肽酶识别的位点。

识别信号肽的是一种核蛋白质体，称为信号识别体（signal recognition particle，SRP）。它由 1 分子 7SL RNA（长 300 个核苷酸）和 6 个不同的多肽分子组成，7SL RNA 上有两段称为 Alu 序列的核苷酸序列。SRP 有两个功能域（domain），一个识别信号肽，一个干扰进入的氨酰-tRNA 和肽酰移位酶的反应，以终止多肽链的延伸作用。新生肽链上的信号肽段一经合成，则与 SRP 结合并形成 SRP-核糖体复合体，肽链的延伸作用暂时终止，或延伸速度减低，此复合体移动到内质网上并与那里的 SRP 受体停泊蛋白结合后，蛋白质合成的延伸作用又重新开始。然后，带有新生肽链的核糖体被送入多肽移位装置，同时，SRP 又被释放到胞浆中，新生肽继续延长。

在蛋白质合成过程中，一部分核糖体以游离状态停留在胞浆中，它们只合成线粒体及叶绿体的膜蛋白；另一部分核糖体受新生肽上信号肽控制而进入内质网，使表面平滑的内质网变成有局部凸起的粗糙内质网。与内质网相结合的核糖体合成三类主要的蛋白质：溶酶体蛋白、胞外蛋白和膜蛋白。

新生肽在信号肽的导引下定向送往细胞的各个部分，以行使各自的生物功能。在这种定向输送过程中，信号肽被信号肽酶水解。

2. 蛋白质合成后的修饰

多肽经移位后，在内质网的小腔中被修饰。这些修饰作用包括 N 端信号肽的切除，二硫键的形成，使线形多肽呈现一定空间结构及糖基化作用等。然后，高尔基体对糖蛋白上的寡聚糖链作进一步的修饰与调整，并将各种多肽进行分类，送往溶酶体、分泌粒和质膜等部位。蛋白质本身的空间结构决定蛋白质的运送目的地。

第三节　蛋白质的生物降解

一、蛋白酶类

生物体内的蛋白质经常处于合成和分解的动态变化中。分解蛋白质的酶有多种，其专一性不明显，一般可分为肽酶和蛋白酶两类。肽酶作用于肽链的羧基末端（羧肽酶）或氨基末端（氨肽酶），每次分解出一个氨基酸或二肽；蛋白酶则作用于肽链的内部，生成长度较短的含氨基酸分子数较少的多肽链。在生物体内，蛋白质在蛋白酶作用下分解为许多小的片段，暴露出许多末端，然后在肽酶作用下进一步分解为氨基酸。

1. 肽酶

肽酶又称肽链端解酶，它们只作用于多肽链的末端，将氨基酸一个一个地或两个两个地从多肽链上分解出来。肽酶可分为六类，如表 12-2 所示。

表 12-2　肽酶的种类

编　号	名　　称	作用特征	反　应
3.4.11	α-氨酰肽水解酶类	作用于多肽链的氨基端（N 末端），生成氨基酸	氨酰肽 + H_2O→氨基酸 + 肽
3.4.13	二肽水解酶类	水解二肽	二肽 + H_2O→2 氨基酸
3.4.14	二肽基肽水解酶类	作用于多肽链的氨基端，生成二肽	二肽基多肽 + H_2O→二肽 + 多肽

续表

编　号	名　　称	作用特征	反　应
3.4.15	肽基二肽水解酶类	作用于多肽链的羧基端（C 末端），生成二肽	多肽基二肽 + H_2O→多肽 + 二肽
3.4.16	丝氨酸羧肽酶类	作用于多肽链的羧基端，生成氨基酸，在催化部位含有对有机氟、有机磷敏感的丝氨酸残基	肽基-L-氨基酸 + H_2O→肽 + L-氨基酸
3.4.17	金属羧肽酶类	作用于多肽链的羧基端，生成氨基酸，其活性要求二价阳离子存在	肽基-L-氨基酸 + H_2O→肽 + L-氨基酸

2. 蛋白酶

蛋白酶又称肽链内切酶，作用于肽链内部，按其催化机理可分为四类，如表 12-3 所示。

表 12-3　蛋白酶的种类

编　号	名　　称	作　用　特　征	例　子
3.4.21	丝氨酸蛋白酶类	在活性中心含丝氨酸	胰凝乳蛋白酶、胰蛋白酶、凝血酶
3.4.22	硫醇蛋白酶类	在活性中心含半胱氨酸	木瓜蛋白酶、无花果蛋白酶、菠萝蛋白酶
3.4.23	羧基（酸性）蛋白酶类	最适 pH 值在 5 以下	胃蛋白酶、凝乳酶
3.4.24	金属蛋白酶类	含有催化活性所必需的金属	枯草杆菌中性蛋白酶、动物胶原酶

在表 12-3 列出的蛋白酶中，有几种是某些植物含有的特殊蛋白酶。例如，木瓜果实及叶片乳汁中含有木瓜蛋白酶，它的相对分子质量是 23 000，由 212 个氨基酸组成。木瓜蛋白酶的活性要求有一个游离的 SH 基，故能还原二硫化合物的还原剂如 HCN、H_2S、半胱氨酸及还原型谷胱甘肽等均可使之活化，而能氧化 SH 基的氧化剂则使之钝化。重金属离子能与—SH 结合，故有抑制作用。木瓜蛋白酶在医药上用以治疗消化不良，在工业上用于啤酒的澄清。在木瓜乳汁中还含有木瓜凝乳蛋白酶，其性质与木瓜蛋白酶相似。

在菠萝叶和果实中含有菠萝蛋白酶，和木瓜蛋白酶一样，菠萝蛋白酶也可以被半胱氨酸、HCN、H_2S 所活化而被 H_2O_2、$KMnO_4$、铁氰化物所抑制，对重金属离子如 Ag^+、Hg^{2+} 亦有抑制作用。菠萝蛋白酶制剂亦用于啤酒的澄清，在制作面包时加入菠萝蛋白酶可改善面筋的弹性而增加面包的体积。

在无花果的乳汁中含有无花果蛋白酶，其性质和木瓜蛋白酶相似，可被半胱氨酸、HCN 等活化而被 I_2、H_2O_2 所抑制。

二、蛋白质的消化吸收

1. 消化

蛋白质的消化开始于胃，胃中主要的蛋白质水解酶是胃蛋白酶（相对分子质量 33 000），是由胃粘膜的主细胞以胃蛋白酶原（相对分子质量 40 000）的形式分泌的。胃蛋白酶原由胃蛋白酶自身激活转变为活性胃蛋白酶。它的激活是在酸性 pH 值条件下，从其多肽链 N 末端以 6 个肽段形式水解下 42 个氨基酸残基。胃蛋白酶作用的特异性是比较广的，但是优先作用于含芳香族氨基、蛋氨酸和亮氨酸残基组成的肽键，水解后的产物除少数氨基酸外主要是肽类。

由胰脏分泌的胰液含有糜蛋白酶原、胰蛋白酶原、羧肽酶原 A 和 B 以及弹性蛋白酶原等。糜蛋白酶原（相对分子质量 24 000）借助于游离胰蛋白酶和糜蛋白酶的作用，将其酶原中含有的 4 个二硫键水解断开 2 个，并脱去分子中的两个二肽转变为糜蛋白酶。糜蛋白酶水解由芳香氨基酸羧基组成的肽键。胰蛋白酶原（相对分子质量为 24 000）由肠激酶从其 N 末端水解下一个六肽转变为胰蛋白酶。胰蛋白酶水解由精氨酸和赖氨酸羧基组成的肽键。弹性蛋白酶原在胰蛋白酶的作用下转变为弹性蛋白酶，主要水解肽链的氨基末端为中性氨基酸的肽键。羧肽酶 A（相对分子质量 34 000）含有 Zn^{2+} 离子，能水解几乎所有羧基末端的肽键；而羧肽酶 B 能水解由精氨酸或赖氨酸构成的 C 末端残基。因此胰蛋白酶作用后形成的肽，可被羧肽酶 B 进一步水解，而糜蛋白酶和弹性蛋白酶水解剩余的肽可被羧肽酶 A 进一步分解。

蛋白质经胃中的胃蛋白酶作用后，又经胰脏的蛋白水解酶继续作用，变为短肽和游离氨基酸，剩下的短肽继续被小肠粘膜分泌的寡肽酶水解。能从肽链的氨基末端或羧基末端逐步水解肽键的寡肽酶，分别称为氨肽酶或羧肽酶。经过两种酶作用后剩下的二肽在肠粘膜细胞中的二肽酶作用下，最终形成游离的氨基酸。一些消化道蛋白酶的作用特征列于表 12-4。

表 12-4 消化道蛋白酶作用的专一性

	酶	对 R 基团的要求	脯氨酸的影响
内肽酶	胃蛋白酶	芳香族氨基酸及其他疏水氨基酸（NH_2 端及 COOH 端）	肽键提供 $-\overset{H}{N}-$ 的氨基酸为脯氨酸时，不水解
	胰凝乳蛋白酶	芳香族氨基酸及其他疏水氨基酸（COOH 端）	肽键提供 $-\overset{O}{\overset{\|}{C}}-$ 的氨基酸为脯氨酸时，水解受阻
	弹性蛋白酶	丙氨酸、甘氨酸、丝氨酸等短脂肪链的氨基酸（COOH 端）	
	胰蛋白酶	赖氨酸、精氨酸等碱性氨基酸（COOH 端）	肽键提供 $-\overset{O}{\overset{\|}{C}}-$ 的氨基酸为脯氨酸时，水解受阻
外肽酶	羧肽酶 A	芳香族氨基酸	
	羧肽酶 B	碱性氨基酸	
	氨肽酶	作用于氨基末端肽键	
二肽酶		要求相邻两个氨基酸上的 α-氨基和 α-羧基同时存在	

内源蛋白质作为能源也必须先降解为氨基酸。机体内组织蛋白质的分解由细胞内溶酶体中的各种组织蛋白酶起催化作用。

2. 吸收

消化道内的物质透过粘膜进入血液或淋巴的过程称为吸收。食物蛋白质消化后形成的游离氨基酸和小肽通过肠粘膜的刷状缘细胞吸收后，其小肽多在肠细胞中被水解，氨基酸则通过门静脉输送到肝脏。肝脏是氨基酸进行各种代谢变化的重要器官。

三、食品蛋白质的营养价值

食品蛋白质的营养价值是指摄取的蛋白质维持人体氮素代谢平衡，满足氨基酸需求以及保证良好的生长和生活的能力。

（一）影响蛋白质营养价值的因素

1. 蛋白质的含量

为维持人体氮素代谢的平衡，主食中的蛋白质含量不能低于 3%，否则，即使摄入超过人体需要的热量，也不能满足人体对蛋白质的需求。但如长期摄入大量的蛋白质，也会损害健康。

2. 蛋白质的质量

蛋白质营养价值的优劣取决于含有氨基酸的种类和数量。成年人不能合成的 8 种必需氨基酸必须由膳食提供。对于婴儿，还需要从饮食中得到组氨酸，如表 12-5 所示。缺乏一种或几种氨基酸的膳食不能维持人体正常的生长并可能造成病态甚至脑损伤。对照人体的需求，那些最缺乏的必需氨基酸称为"限制性"氨基酸。

表 12-5　人对必需氨基酸的需求和理想蛋白质的氨基酸模式

氨基酸	婴儿（0～6 月）		儿童（10～12 岁）		成人		FAO/WHO 模式谱
	日需求量（mg/kg 体重）	理想模式（mg/g 蛋白质）	日需求量（mg/kg 体重）	理想模式（mg/g 蛋白质）	日需求量（mg/kg 体重）	理想模式（mg/g 蛋白质）	（mg/g 蛋白质）
组氨酸	28	14	0	0	0	0	
异亮氨酸	70	35	30	37	10	18	40
亮氨酸	161	80	45	56	14	25	70
赖氨酸	103	52	60	75	12	22	55
蛋氨酸 +（半胱氨酸）[①]	58	29	27	34	13	24	35
苯丙氨酸 +（酪氨酸）[②]	125	63	27	34	14	25	60
苏氨酸	87	44	35	44	7	13	40
色氨酸	17	8.5	4	4.6	3.5	6.5	10
缬氨酸	93	47	33	41	10	18	50
总的必需氨基酸	742	372.5	261	325.6	83.5	151.5	360
总的蛋白质需求（鸡蛋或乳蛋白质）	2000		800		560（男）520（女）[③]		

①半胱氨酸能满足总的含硫氨基酸需要的 1/3；②酪氨酸能满足总的芳香族氨基酸需要的 1/3；③怀孕妇女每天需要额外补充 1～10g 蛋白质，哺乳妇女每天分泌约 850mL 乳汁，这些乳汁含有约 10g 蛋白质，因此每天需要额外补充 17g 蛋白质（鸡蛋蛋白质或等量的其他蛋白质）。本表数据引自 WHO Techn. Rep. Ser., No. 522（1973）。

3. 氨基酸的有效性

由于蛋白质的消化和氨基酸吸收的不完全性，降低了膳食蛋白质中氨基酸的有效性。动物蛋白的消化吸收率可达 90%，而植物蛋白的消化吸收率一般为 60%～70%。影响膳食蛋白质中氨基酸的有效性的因素有：

（1）蛋白质构象　蛋白酶较难作用于不溶性的纤维状蛋白，因而其有效性低于可溶性球蛋白。

（2）结合蛋白质含量　结合蛋白的消化吸收率低于简单蛋白。

（3）蛋白酶抑制剂　膳食中存在蛋白酶抑制剂时，降低了蛋白质的消化吸收率。

（4）蛋白颗粒大小与表面积　体积大、表面积小的蛋白质消化吸收率低。

（5）加工条件　在高温、碱性或存在还原糖类的条件下加工，常降低膳食蛋白的有效性。

（6）人体生理差别　膳食蛋白的消化吸收率与人体生理状况关系密切。

（二）蛋白质营养价值的测定

评价蛋白质的营养质量的方法与指标很多，比较广泛使用的有下列几种：

1. 蛋白质效率比值

蛋白质效率比值（PER）即实验动物体重增重与摄食的蛋白质重量之比，通常用小动物（鼠）为实验对象，标准膳食中含蛋白质 10.0%。

$$PER = \frac{体重增重}{蛋白质摄入量}$$

PER 是测定食用蛋白营养质量最常用的指标，常规的测定方法如下：

刚断乳的大白鼠（20～23 日龄）6～10 头为一组，（通常用雄性，必要时雌雄各半），分别单饲于有栅底的笼中，饲以含待测蛋白质 10.0% + 无蛋白饲料 90.0%，每周称重一次，经 3～5 周（通常是 5 周）后，计算每克蛋白质对实验动物体重增值之比。

2. 生理价值

蛋白质的生理价值（BV）即被生物体利用保留的氮（N）量与吸收的氮（N）量之比，以百分率表示：

$$BV(\%) = \frac{被利用的 N}{被吸收的 N} \times 100\%$$

$$= \frac{食物 N - (粪 N - 代谢 N) - (尿 N - 内生 N)}{食物 N - (粪 N - 代谢 N)} \times 100\%$$

粪便中有一部分氮是由消化液及消化道粘膜脱屑而来的，称为代谢氮，在计算时应从粪便中扣除。内生氮是指试验对象在无氮膳食条件下，由尿中排出的自体内原有蛋白质的氮。代谢氮及内生氮都可由饲以无氮食物的对照组动物的粪、尿中测得。

3. 蛋白质净效系数

生理价值中没有包括在消化过程中未被吸收而丢失的这部分氮，包括这一部分氮在内的蛋白质营养质量指标叫蛋白质净效系数（NPU）。

$$NPU(\%) = \frac{食物 N - (粪 N - 代谢 N) - (尿 N - 内生 N)}{食物 N} \times 100\%$$

无论 PER 还是 BV，其数值与蛋白质的可消化率有关，而可消化率除了蛋白质分子结构本身的原因外，与加工状况（生、熟、碎度等）有很大关系。

4. 氨基酸分数

蛋白质的质量也可根据其氨基酸组成的化学分析结果进行计算来评价，称为氨基酸分数（AAS），其方法是将待测蛋白质与标准蛋白质中的各个必需氨基酸的含量进行比较。

$$AAS = \frac{1g \text{ 待测蛋白质中某种必需氨基酸的毫克数}}{1g \text{ 标准蛋白质中某种必需氨基酸的毫克数}} \times 100\%$$

鸡蛋、人乳、牛乳的蛋白质都是推荐的标准参考蛋白质，如表 12-6 所示。

表 12-6　一些参考蛋白中的必需氨基酸含量　　　　　　（单位：mg/g）

标准蛋白质	组氨酸	异亮氨酸	亮氨酸	赖氨酸	蛋氨酸 + 半胱氨酸	苯丙氨酸 + 酪氨酸	苏氨酸	色氨酸	缬氨酸
鸡蛋	22	54	86	70	57	93	47	17	66
人乳	25	46	93	66	42	72	43	17	55
牛乳	27	47	95	78	33	102	44	14	64

引自 WHO Techn. Rep. Ser., No. 522 （1973）。

第四节　氨基酸的分解

一、氨基酸的脱氨基作用

氨基酸失去氨基的作用称为脱氨基作用，是机体氨基酸分解代谢的第一个步骤。脱氨基作用有氧化脱氨基和非氧化脱氨基作用两类。氧化脱氨基作用普遍存在于动植物中，动物的脱氨基作用主要在肝脏中进行；非氧化脱氨基作用存在于微生物中，但并不普遍。

（一）氧化脱氨基作用

1. 氧化脱氨基过程

一般过程可用下列反应表示：

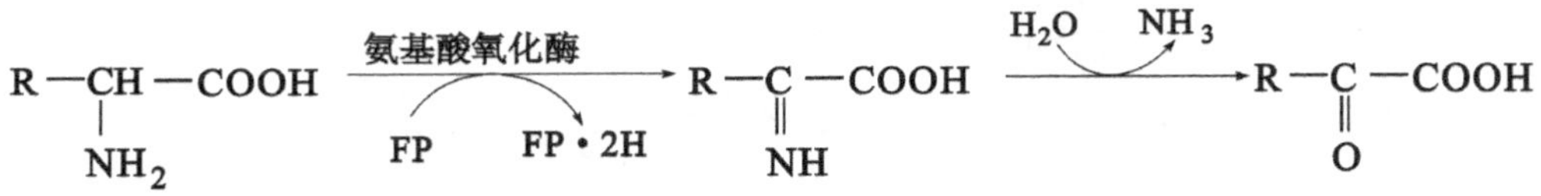

催化第一步反应的酶称为氨基酸氧化酶，是一种黄素蛋白（FP）。黄素蛋白接受由氨基酸脱出的氢，转变为还原型黄素蛋白（FP·2H），又将氢原子直接与氧结合生成过氧化氢。

$$FP \cdot 2H + O_2 \longrightarrow FP + H_2O_2$$
还原型氨基酸氧化酶　　　　氧化型氨基酸氧化酶

过氧化氢在有过氧化氢酶存在时，分解为水和氧；在无过氧化氢酶存在时能将酮酸氧化为比该酮酸少一个碳原子的脂肪酸。

$$R\text{—}CO\text{—}COOH + H_2O_2 \longrightarrow R\text{—}COOH + CO_2 + H_2O$$

氨基酸的脱氢作用如果是由不需氧脱氢酶完成时，脱出的氢不直接以分子氧为受氢体，而以辅酶为受氢体，必须有细胞色素体系参加作用才能与活性氧结合生成水，并产生 ATP。

2. 氧化脱氨酶类

（1）L-氨基酸氧化酶　L-氨基酸氧化酶有两种类型，一类以黄素腺嘌呤二核苷酸（FAD）为辅基；另一类以黄素单核苷酸（FMN）为辅基。人和动物体中的 L-氨基酸氧化酶属于后一类。L-氨基酸氧化酶能使十几种氨基酸起脱氨基作用，但对甘氨酸、β-羟氨酸

（如 L-丝氨酸、L-苏氨酸）、二羧基氨基酸（L-谷氨酸、L-天冬氨酸）和二氨基一羧酸（赖氨酸、精氨酸、鸟氨酸）无催化作用。从粗糙链孢霉中得到的 L-氨基酸氧化酶能使赖氨酸和鸟氨酸脱氨；从变形杆菌中得到的 L-氨基酸氧化酶能使精氨酸脱氨，因此可以认为，不被一般氨基酸氧化酶作用的氨基酸，都是由特殊的、专一性强的氨基酸氧化酶分别催化进行脱氨基作用的。

因 L-氨基酸氧化酶在机体中分布广，活性弱，所以一般认为它们在代谢中对脱氨基作用并不重要。氧化脱氨作用可以不靠 L-氨基酸氧化酶催化作用，而由脱氢酶和转氨酶来实现。脱氢和转氨作用很可能是细胞内氨基酸分解代谢的第一个步骤。

（2）D-氨基酸氧化酶　D-氨基酸氧化酶是以 FAD 为辅基的黄素蛋白酶，能以不同速度使 D-氨基酸脱氨，对 D-丙氨酸和 D-蛋氨酸的作用最快。D-氨基酸氧化酶在脊椎动物只存在于肝、肾中，以肾中的活力最强，有些霉菌和细菌也含有此酶。它所催化的脱氨过程与一般以 FAD 为辅酶的 L-氨基酸氧化酶的催化作用相同。

（3）氧化专一氨基酸的酶　专一的氨基酸氧化酶是专一性能强的只催化一种氨基酸氧化的酶。已发现有甘氨酸氧化酶、D-天冬氨酸氧化酶及 L-谷氨酸脱氢酶等，前两种氨基酸氧化酶的辅酶都是 FAD；L-谷氨酸脱氢酶是不需氧脱氢酶，以 NAD^+ 或 $NADP^+$ 作为辅酶。

利用微生物细胞内的谷氨酸脱氢酶将 α-酮戊二酸转变为谷氨酸即是工业上生产味精（谷氨酸钠盐）的方法。

（二）氨基酸的非氧化脱氨基作用

非氧化脱氨基作用大多在微生物中进行。

1. 还原脱氨基作用

在严格无氧条件下，某些含有氢化酶的微生物，能用还原脱氨基方式使氨基酸脱去氨基，反应式如下所示：

$$2H + R—CH(NH_2)—COOH \xrightarrow{\text{氢化酶}} R—CH_2—COOH + NH_3$$

（脂肪酸）

2. 水解脱氨基作用

氨基酸在水解酶的作用下，产生羟酸和氨：

$$H_2O + R—CH(NH_2)—COOH \xrightarrow{\text{水解酶}} R—CHOH—COOH + NH_3$$

（羟酸）

3. 脱水脱氨基作用

L-丝氨酸和 L-苏氨酸的脱氨基可利用脱水方式完成，催化该反应的酶以磷酸吡哆醛为辅酶。

$$HOCH_2—CH(NH_2)—COOH \xrightarrow[H_2O]{L\text{-丝氨酸脱水酶}} CH_2{=}C(NH_2)—COOH \xrightarrow{\text{分子重排}}$$

丝氨酸　　　　　　　　　　　　　　　α-氨基丙烯酸

$$CH_3—C(NH){=}—COOH \xrightarrow[H_2O\ \ NH_3]{\text{自发水解}} CH_3—CO—COOH$$

亚氨基丙酸　　　　　　　　　　　丙酮酸

4. 脱硫氢基脱氨基作用

L-半胱氨酸的脱氨作用是由脱硫氢基酶作用催化的。

$$HS—CH_2—CH—COOH \xrightarrow[\text{H}_2\text{S}]{\text{脱硫氢基酶}} CH_2{=}C—COOH \xrightarrow{\text{分子重排}}$$

（下：NH₂，*L*-半胱氨酸；NH₂，α-氨基丙烯酸）

$$CH_3—C—COOH \xrightarrow[\text{H}_2\text{O} \quad \text{NH}_3]{\text{自发水解}} CH_3—CO—COOH$$

（下：NH，亚氨基丙酸；丙酮酸）

5. 氧化-还原脱氨基作用

两个氨基酸可以互相发生氧化-还原反应，分别形成有机酸、酮酸和氨。

$$R—CH—COOH + R'—CH—COOH \xrightarrow{\text{酶}} R—CO—COOH + R'—CH_2—COOH + 2NH_3$$

（下：NH₂　　　NH₂　　　　　酮酸　　　　　　有机酸）

在以上的反应中，一个氨基酸是氢的供体，另一个氨基酸是氢的受体。

（三）氨基酸的脱酰胺基作用

谷氨酰胺和天冬酰胺可在谷氨酰胺酶和天冬酰胺酶的作用下分别发生脱酰胺基作用而形成相应的氨基酸。

$$O{=}C—(CH_2)_2—CH—COOH \xrightarrow[\text{H}_2\text{O} \quad \text{NH}_3]{\text{谷氨酰胺酶}} HOOC—(CH_2)_2—CH—COOH$$

（下：NH₂　　　NH₂，谷氨酰胺；NH₂，谷氨酸）

$$O{=}C—CH_2—CH—COOH \xrightarrow[\text{H}_2\text{O} \quad \text{NH}_3]{\text{天冬酰胺酶}} HOOC—CH_2—CH—COOH$$

（下：NH₂　　　NH₂，天冬酰胺；NH₂，天冬氨酸）

谷氨酰胺酶和天冬酰胺酶广泛存在于微生物和动植物组织中，有相当高的专一性。

二、氨基酸的转氨基作用

1. 一般反应

转氨基作用是氨基酸脱去氨基的一种重要方式，是 α-氨基酸的氨基通过酶促反应，转移到 α-酮酸的酮基位置上，生成与原来的 α-酮酸相应的 α-氨基酸，原来的 α-氨基酸转变成相应的 α-酮酸。例如，*L*-谷氨酸的氨基转移给丙酮酸，使丙酮酸变为丙氨酸，原来的 *L*-谷氨酸变成 α-酮戊二酸。

（下：谷氨酸　　　丙酮酸　　　　丙氨酸　　　　α-酮戊二酸）

同样，天冬氨酸的氨基也可以转移给 α-酮戊二酸，使后者变为谷氨酸，而天冬氨酸则变为草酰乙酸。

天冬氨酸 + α-酮戊二酸 $\xrightarrow{\text{转氨酶}}$ 谷氨酸 + 草酰乙酸

天冬氨酸　　　　　α-酮戊二酸　　　　　　　　　谷氨酸　　　　　　草酰乙酸

2. 转氨酶

催化转氨基反应的酶称为转氨酶。其种类很多，在动物、植物组织及微生物中分布很广，在动物的心、脑、肾、睾丸、肝中含量很高。大多数转氨酶需要 α-酮戊二酸作为氨基的受体，对与之相偶联的底物 α-酮戊二酸或谷氨酸是专一的，而对另外一个底物则无严格的专一性。虽然某种酶对某种氨基酸有较大的活力，但对其他氨基酸也有一定作用。转氨酶的名称就是根据其催化活力最大的氨基酸命名的。例如，在动物组织中占优势的转氨酶是天冬氨酸氨基移换酶（aspartate aminotransferase），俗称天冬氨酸转氨酶。天冬氨酸转氨酶除催化天冬氨酸作为氨基的供体外，还可以催化其他氨基酸作为氨基供体，使草酰乙酸变为天冬氨酸。除天冬氨酸转氨酶外，动物组织中还含有其他需要 α-酮戊二酸作为氨基受体的转氨酶。例如，丙氨酸转氨酶、亮氨酸转氨酶、酪氨酸转氨酶等，它们催化的相应反应如下：

$$L\text{-丙氨酸} + \alpha\text{-酮戊二酸} \xrightleftharpoons{\text{丙氨酸转氨酶}} \text{丙酮酸} + L\text{-谷氨酸}$$

$$L\text{-亮氨酸} + \alpha\text{-酮戊二酸} \xrightleftharpoons{\text{亮氨酸转氨酶}} \alpha\text{-酮异己酸} + L\text{-谷氨酸}$$

$$L\text{-酪氨酸} + \alpha\text{-酮戊二酸} \xrightleftharpoons{\text{酪氨酸转氨酶}} \text{对-羟基苯丙酮酸} + L\text{-谷氨酸}$$

动物和高等植物的转氨酶一般都只催化 L-氨基酸和 α-酮酸的转氨作用。而某些细菌，如枯草杆菌的转氨酶能催化 D 和 L 两种氨基酸的转氨基作用。

转氨酶催化的反应都是可逆的，它们的平衡常数为 1.0 左右，这表明催化的反应可向左、右两个方向进行。

在真核细胞的线粒体和胞液中都可进行转氨作用。哺乳动物氨基酸氨基的转氨作用是在胞液中进行的，起催化作用的酶是胞液中的天冬氨酸转氨酶，该酶催化作用的产物是谷氨酸。谷氨酸通过膜的特殊传递系统进入线粒体基质中，在线粒体基质中，谷氨酸或直接脱氨基，或变为 α-氨基的供体，借助线粒体天冬氨酸转氨酶的作用将氨基转移给草酰乙酸而形成天冬氨酸。天冬氨酸是形成尿素时氨基的直接供体，又是形成腺苷酸琥珀酸的重要物质（参看联合脱氨基作用）。

所有的转氨酶都以磷酸吡哆醛为辅基，且有共同的催化机理。

三、联合脱氨基作用

氨基酸的转氨作用虽然在生物体内普遍存在，但是单靠转氨作用并不能最终脱掉氨基，单靠氧化脱氨作用也不能满足机体脱氨基的需要，因为只有 L-谷氨酸脱氢酶活力最高，其余的 L-氨基酸氧化酶活力都低。机体借助联合脱氨基作用即可迅速使各种不同的氨基转移到 α-酮戊二酸的分子上，生成相应的 α-酮酸和谷氨酸，然后谷氨酸在 L-谷氨酸脱氢酶的作用下，脱去氨基又生成 α-酮戊二酸，如图 12-1 所示。

图 12-1　联合脱氨基作用示意图

　　嘌呤核苷酸循环为联合脱氨基的另一种形式，如图 12-2 所示，其主要过程如下：首先是次黄嘌呤核苷酸（IMP）与天冬氨酸作用形成中间产物腺苷酸琥珀酸，后者在裂合酶的作用下分裂成腺嘌呤核苷酸和延胡索酸，腺嘌呤核苷酸（AMP）水解后即产生游离氨和次黄嘌呤核苷酸。

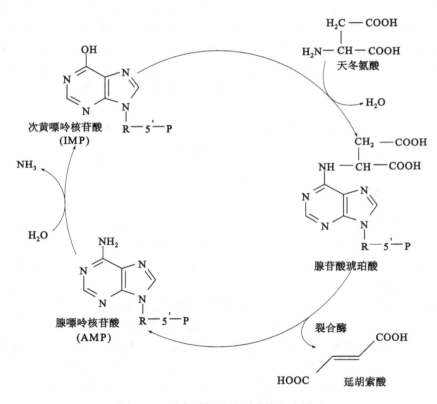

图 12-2　联合脱氨基的嘌呤核苷酸循环

　　天冬氨酸可来源于谷氨酸:草酰乙酸转氨酶，简称谷草转氨酶，催化草酰乙酸与谷氨酸的转氨反应。

　　骨骼肌、心肌、肝脏中氨基酸的脱氨基作用主要是由嘌呤核苷酸循环来实现的，脑组织中 50% 的氨是经嘌呤核苷酸循环产生的。以谷氨酸脱氢酶为中心的联合脱氨基作用虽然在机体内广泛存在，但不是所有组织细胞的主要脱氨方式。

四、氨基酸的脱羧基作用

氨基酸可脱羧形成一级胺类，此反应可表示如下：

$$R{-}\underset{\underset{NH_2}{|}}{CH}{-}COOH \xrightarrow{\text{脱羧酶（含磷酸吡哆醛）}} R{-}CH_2NH_2 \text{（一级胺）} + CO_2$$

催化氨基酸脱羧的酶称为氨基酸脱羧酶，专一性很高，一般是一种氨基酸脱羧酶只对一种 L-型氨基酸起作用。在氨基酸脱羧酶中，除组氨酸脱羧酶不需要辅酶外，其余各种脱羧酶都以磷酸吡哆醛为辅酶。

氨基酸脱羧后生成的胺类，有许多具有药物作用，如组胺又称组织胺，可以降低血压，又是胃液分泌的刺激剂，酪胺可升高血压等。绝大多数胺类对动物有毒，但体内有胺氧化酶，能将胺氧化为醛和氨。醛可进一步氧化成脂肪酸，氨可合成尿素等，也可形成新的氨基酸。

五、氨基酸碳骨架的氧化途径

脊椎动物体内的 20 种氨基酸由 20 种不同的多酶系统进行氧化分解，可以把氨基酸碳骨架的去路分成两大类型，一类是形成乙酰辅酶 A 或经丙酮酸形成乙酰辅酶 A，还有一类是形成三羧酸循环内的中间产物。总之，氨基酸的碳骨架都可进入三羧酸循环而氧化分解，如图 12-3 所示，但并不是所有的氨基酸的碳原子都进入三羧酸循环，有些氨基酸经脱羧基作用形成胺类而失去进入三羧酸循环的门路。

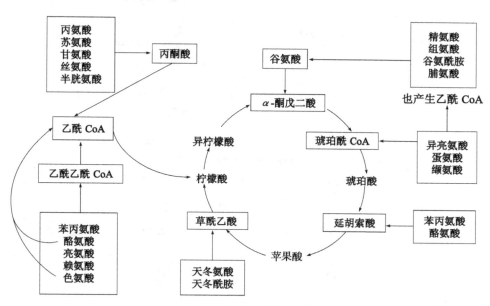

图 12-3　氨基酸碳骨架进入三羧酸循环的途径

脊椎动物氨基酸的分解代谢主要是在肝脏中进行，在肾脏中也比较活跃，肌肉中氨基酸的分解是很少的。在氨基酸分解代谢过程中有许多中间产物具有其他生物功能，特别是用作组成细胞其他成分的前体。

六、含氮排泄物的形成

高等动植物都有保留并再利用体内氨的能力，催化重新利用氨的酶是谷氨酸脱氢酶，该酶催化的主要方向即是将氨与 α-酮戊二酸合成谷氨酸：

$$\alpha\text{-酮戊二酸} + NH_3 + NADH(NADPH) + H^+ \Longleftrightarrow 谷氨酸 + NAD^+(NADP^+) + H_2O$$

但这种反应不能将体内产生的氨都重新利用，总有一部分氨不能被利用而以尿素或尿酸的形式排出体外。多数陆生的脊椎动物分解出的氨基氮以尿素的形式排出体外，因此这类动物又称为排尿素动物。大多数水生动物，如硬骨鱼类，其氨基氮以氨的形式排出体外，因此这类动物又称为排氨动物。氨对于生物体是一种有毒物质，鱼类可将氨迅速地排到周围环境中；陆生动物则是将氨转变为无毒的尿素；鸟类和陆生的爬行类因其体内的水分是有限的，它们的排氨方式是形成固体尿酸的悬浮液排出体外，因此，鸟类和爬行类又称为排尿酸的动物；两栖类处于排氨和排尿素动物的中间位置，例如，蝌蚪是排氨动物，变态时，肝脏产生必要的酶，在成蛙后即排泄尿素。

1. 尿素的形成——尿素循环

尿素在肝脏中通过尿素循环又称鸟氨酸循环途径产生，如图 12-4 所示。由两分子二氧化碳通过鸟氨酸循环途径形成 1 分子尿素，该反应需 3 分子 ATP。尿素是无毒中性化合物，可通过血液经肾脏随尿排出体外，其中氨甲酰磷酸和瓜氨酸是在线粒体中合成的，尿素循环的其他步骤都是在胞液中进行的。

图 12-4　尿素循环（表明在线粒体中所进行的步骤）

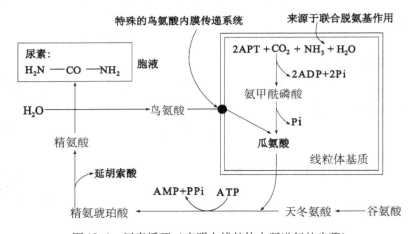

2. 氨的排泄

在排氨动物中，机体内氨基酸代谢最终形成的氨是以谷氨酰胺的酰胺基形式转运的，大多数脊椎动物在肾小管中形成尿素所需游离氨即来源于谷氨酰胺。在排氨动物中由谷氨酰胺形成游离氨，该反应是一个由谷氨酰胺酶催化的水解反应：

$$谷氨酰胺 + H_2O \xrightarrow{\text{谷氨酰胺酶}} 谷氨酸 + NH_3$$

如此形成的氨直接进入尿素循环中。

3. 尿素的形成

排尿酸动物（陆生爬行类和鸟类）以尿酸作为 α-氨基酸氨基排泄的主要途径是复杂的，因为嘌呤环必须由许多较小的前体合成（参见第十三章核酸代谢）。

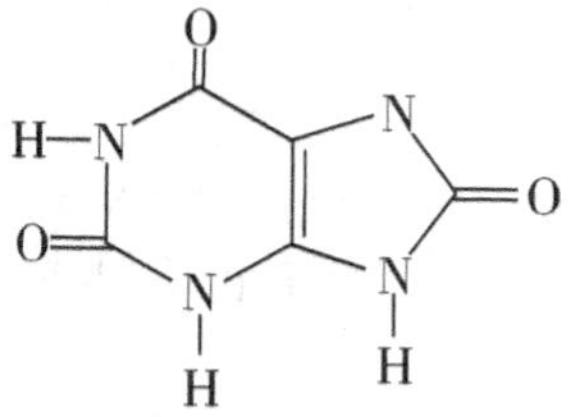

尿酸(酮式)四个氮都来自氨基酸的 α-氨基 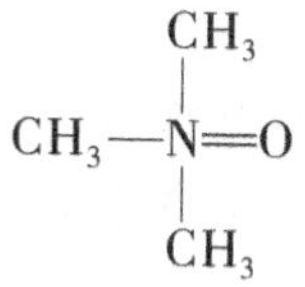　　　　　　　**氧化三甲胺**

尿素、氨和尿酸并不是氨基氮排泄的仅有形式，蜘蛛以鸟嘌呤作为氨基氮的形式排泄，许多鱼类以氧化三甲胺作为排氮形式，高等植物起转移和储存氨基作用的是谷氨酰胺和天冬酰胺。

第五节　蛋白质代谢的调节

蛋白质的代谢过程受遗传、神经、酶、激素及其他许多因素（如底物和产物浓度等等）的控制。

一、遗传的控制

蛋白质的生物合成受 DNA 的控制，mRNA 也为合成蛋白质（包括酶）的关键物质。Monod 与 Jacob 根据细菌研究结果提出了 DNA 控制 mRNA 的生物合成，进而控制蛋白质生物合成的操纵子学说。这个学说认为 DNA 上有结构基因、操纵基因、启动（或激动）因子和调节基因，如图 12-5 所示。这些基因在染色体上顺次连接成一个连锁群，含有结构基因群和操纵基因的一段 DNA 在遗传学上称为操纵子。调节基因通过所产生的抑制物对操纵基因进行控制，操纵子上的每个结构基因都可合成 mRNA，而 mRNA 又控制多肽链的氨基酸顺序。当操纵基因开放时，即能合成 mRNA，关闭时便不能合成 mRNA。

操纵基因的开放与关闭是根据调节基因所产生的抑制物的状态来决定的。当特殊代谢产物（称效应子或诱导物）与抑制物相结合时，抑制物就不能同操纵基因结合，操纵基因就能工作，此时操纵基因开放；当抑制物处于活化状态与操纵基因结合时，操纵基因不能对结构基因进行控制，此时操纵基因关闭。

人体和动物先天性代谢反常，如白化病、黑酸尿症等都是由于遗传上的缺陷不能合成有关的酶所致。此外，某些生物不能合成某种氨基酸或维生素也是由于受到遗传的限制。

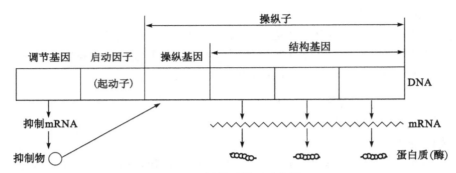

图 12-5　操纵子模型示意图

二、酶的控制

酶是一切代谢反应的关键物质，酶的抑制、激活、诱导变构、特异性以及影响酶的生物合成及酶活力的因素等都可影响代谢。只有在酶作用正常进行的条件下，代谢作用才能正常进行。

三、激素的调节

生长素、性激素、胰岛素都有促进蛋白质合成的作用，而肾上腺皮质激素则有促进蛋白质分解的作用。

第十三章　核酸代谢

核酸存在于每一个活细胞中，是遗传信息的携带者和传递者。核酸由核苷酸所组成，核苷酸由嘌呤、嘧啶及核糖（或脱氧核糖）组成。

第一节　核酸的合成代谢

一、核苷酸的生物合成

生物体可以利用天冬氨酸、甘氨酸、谷氨酰胺、CO_2、甲酰 FH_4、核糖-5-磷酸等化合物合成嘌呤核苷酸。在生物体中，首先合成的嘌呤核苷酸为次黄嘌呤核苷酸（IMP，也叫肌苷酸），再由次黄嘌呤核苷酸转变为其他嘌呤核苷酸。

1. 嘌呤核苷酸的生物合成

嘌呤 9 个原子的来源如图 13-1 所示，整个合成过程如图 13-2 所示。总反应为：

$2NH_3 + 2$ 甲酸 $+ CO_2 +$ 甘氨酸 $+$ 天冬氨酸 $+$ 核糖-5-磷酸$\longrightarrow$IMP $+$ 延胡索酸 $+ 9H_2O$

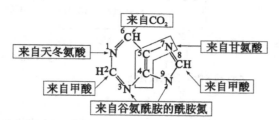

图 13-1　嘌呤分子中各原子的来源

嘌呤核苷酸的生物合成过程是在多种酶的催化下进行的。在癌细胞内，核酸的合成比正常细胞进行得强烈，如果能抑制核苷酸的合成，即可抑制癌细胞的生长。

由 IMP 可进一步转变为腺苷酸（AMP）和鸟苷酸（GMP）。

次黄嘌呤核苷酸
(IMP)

天冬氨酸　延胡索酸

Mg^{2+}

GTP　GDP+Pi

5'-腺嘌呤核苷酸
(AMP)

$NAD^+ + H_2O$

$NADH + H^+$

黄嘌呤核苷酸
(XMP)

Gln ATP　Glu AMP,PPi

Mg^{2+}

鸟嘌呤核苷酸
(GMP)

图 13-2　次黄嘌呤核苷酸的合成途径

2. 嘧啶核苷酸的生物合成

嘧啶环的各个原子是从 CO_2、NH_3、天冬氨酸来的：

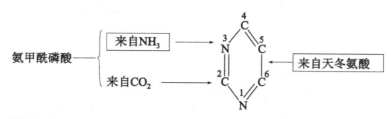

嘧啶核苷酸的合成途径见图 13-3。在生物体内，首先合成尿嘧啶核苷酸（UMP），然后转变为胞嘧啶核苷酸（TMP）。

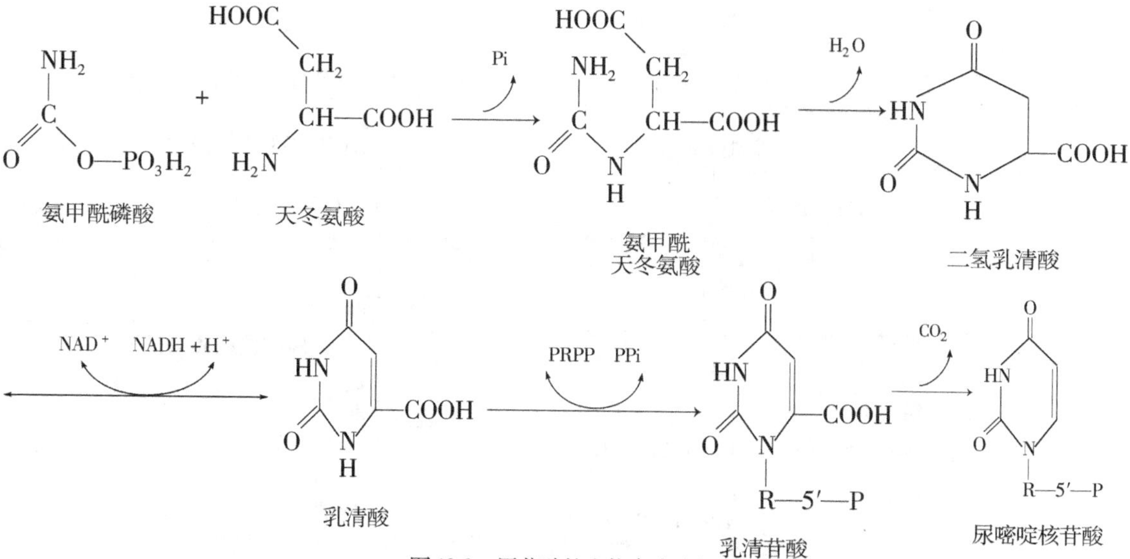

图 13-3　尿苷酸的生物合成途径

3. 脱氧核糖核苷酸的合成

脱氧核糖核苷酸是由相应的核糖核苷酸还原生成的，被还原的底物是核糖核苷二磷酸，即 ADP，GDP，CDP，UDP，还原剂是一种小分子蛋白硫氧还蛋白。乳杆菌和裸藻内的还原系统用核苷三磷酸作为被还原底物，需要钴酰胺辅酶（维生素 B_{12}）、二氢硫辛酸作为还原剂。

在 DNA 分子中还有一种脱氧核苷酸，即胸腺嘧啶脱氧核苷酸（dTMP），它是由尿嘧啶脱氧核苷酸（dUMP）经甲基化生成的。dUDP 先经水解生成 dUMP：

$$dUDP + H_2O \longrightarrow dUMP + Pi$$

由胞嘧啶脱氧核苷酸（dCMP）脱氨也可生成 dUMP：

$$dCMP + H_2O \longrightarrow dUMP + NH_3$$

然后，dUMP 在胸腺核苷酸合成酶催化下，以 $N^{5,10}$-亚甲基四氢叶酸为一碳供体，生成 dTMP：

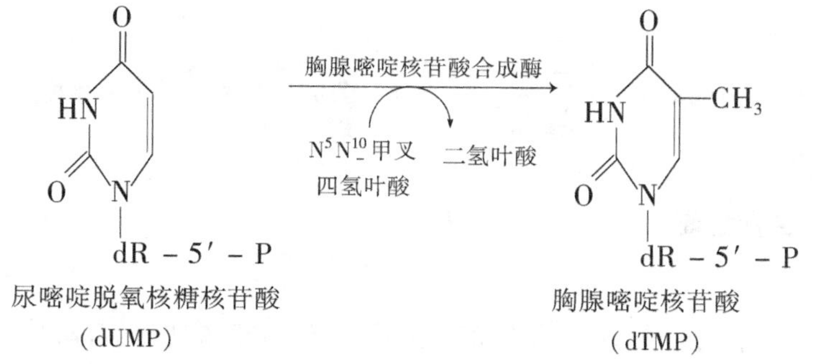

尿嘧啶脱氧核糖核苷酸
（dUMP）

胸腺嘧啶核苷酸
（dTMP）

各种核苷酸合成的相互关系如图 13-4 所示。

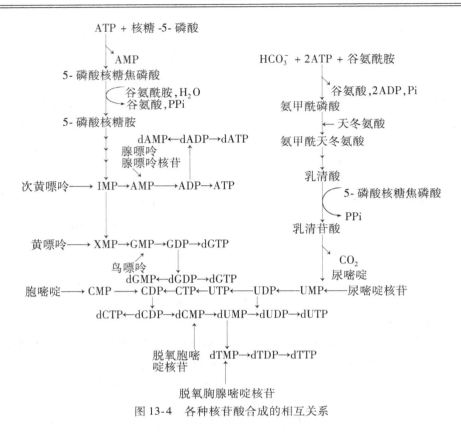

图 13-4　各种核苷酸合成的相互关系

二、核酸的生物合成

蛋白质的合成是以 RNA 为模板的，而 RNA 分子中的碱基排列顺序又是由 DNA 决定的。这个由 DNA 决定 RNA 分子的碱基顺序，又由 RNA 决定蛋白质分子氨基酸顺序的理论，称为"中心法则"。劳氏肉瘤病毒的 RNA 可以在寄主细胞内作为模板转录成 DNA，也即所谓逆向转录，是对 Crick 在 1958 年最初提出的"中心法则"的补充，因而遗传信息的流向可概括为：

（一）DNA 的生物合成

1. DNA 复制

DNA 为双股螺旋结构，在 DNA 复制时，亲代 DNA 的双螺旋先行解旋，然后以每条链为模板，按照碱基配对原则，在这两条链上各形成一条互补链。这样，从亲代 DNA 的一个双股螺旋便形成两个双股螺旋链。在每一个新形成的双螺旋结构中，一条链是从亲代 DNA 来的，另一条是新形成的，DNA 的这种复制方式称为半保留复制。也就是说，亲代 DNA 双股链有一半（一条）保留在子代 DNA 的双股链中。在细胞分裂时，DNA 以半保留方式进行复制，从而能够保证亲代细胞的遗传信息准确无误地传给子代细胞，使新形成的细胞中的

DNA 和亲代细胞的 DNA 完全相同，从而保证了生物在遗传上的相对稳定性。

在 DNA 复制时，从复制起点开始，可以朝 DNA 链的一个或两个方向进行复制，而以双向复制较为常见。在起点处，双股螺旋解开，形成一个"眼"状结构。在"眼"的两端，双股 DNA 链呈 Y 状，称为复制叉，两条 DNA 链的复制均是朝 $5' \rightarrow 3'$ 方向进行的。由于两条 DNA 链是反向平行的，因而复制大部分都是半不连续的，其中 $5' \rightarrow 3'$ 方向的一条链为领头链，其复制是相对连续的；另一条 $3' \rightarrow 5'$ 方向的反向平行链称随后链，其复制是不连续的分段复制。随后链上由不连续的、分段复制而成的短片段叫做冈崎片段。在 DNA 合成酶系的作用下，将各段 DNA 链连接，最后便形成一条 DNA 长链。

2. DNA 的逆向转录

催化以 RNA 为模板合成 DNA 的酶叫逆转录酶。逆转录酶也和 DNA 聚合酶一样，沿 $5' \rightarrow 3'$ 方向合成 DNA，并要求短链 RNA 作为引物。当某些病毒侵染寄主细胞后，便以病毒的 RNA 为模板，在逆转录酶催化下，合成一条与 RNA 互补的 DNA 链，这条 DNA 链与病毒的 RNA 链组成 RNA-DNA 杂交分子，以后，再以 RNA-DNA 杂交分子的 DNA 为模板，在寄主细胞的 DNA 聚合酶作用下，合成一条 DNA 互补链，这样便形成了新的双链 DNA 分子。这个过程可用下式表示：

$$\text{单链病毒 RNA} \xrightarrow{\text{逆转录酶}} \underset{\text{杂交分子}}{\text{RNA-DNA}} \xrightarrow{\text{DNA 聚合酶}} \underset{\text{（前病毒）}}{\text{双链 DNA}}$$

（二）RNA 的生物合成

1. 转录

转录是在 DNA 指导的 RNA 聚合酶催化下进行的，以 DNA 的一条链为模板，按照碱基配对原则，合成一条与 DNA 链的一定区段互补的 RNA 链。转录通常只在 DNA 的任一条链上进行，所以又称为不对称转录。进行转录的 DNA 链称为有意义链，另一条链称为反意义链。在转录过程中，除在 RNA 中以尿嘧啶代替 DNA 中的胸腺嘧啶而与腺嘌呤配对，即 A = U 代替 A = T 外，其余互补碱基不变。转录用 ATP，GTP，CTP，UTP 四种三磷酸核糖核苷作为反应物，生成核糖核酸（RNA）。

在真核细胞中，转录是在细胞核内进行的。在细胞核中，合成 rRNA 的酶和基因存在于核仁内，而合成 mRNA 和 tRNA 的酶则位于核质中。此外，在线粒体和叶绿体内也可进行转录。在原核细胞内，RNA 聚合酶则存在于细胞质中。

2. RNA 的复制

在有些生物中，核糖核酸还可以是遗传信息的基本携带者，并能通过复制而合成出与其自身相同的分子。例如，某些 RNA 病毒，当它侵入寄主细胞后即可借助于复制酶（RNA 指导的 RNA 聚合酶）而进行病毒 RNA 的复制。这种酶以病毒 RNA 作模板，在有 4 种核苷三磷酸和 mg^{2+} 存在时合成出与模板性质相同的 RNA。这种病毒的全部遗传信息储存在 RNA 之中。

第二节　核酸的分解代谢

一、核酸的分解

在生物体内，核酸可被不同酶类所分解。在高等动物的胰脏中形成核酸酶，分泌至胰液中，在肠腔内将核酸分解。分解核酸的酶有多种，按其作用位置可分为核酸外切酶（EC3. 1. 11-6）和核酸内切酶（EC3. 1. 21-31）两个亚类。

1. 核酸外切酶

核酸外切酶作用于核酸链的末端，逐个水解下核苷酸。有些核酸外切酶只作用于 DNA，称为脱氧核糖核酸外切酶；另一些则只作用于 RNA，称为核糖核酸外切酶；还有些核酸外切酶可以同时作用于 DNA 和 RNA。有些核酸外切酶从核酸链的 3′端开始，生成 5′-核苷酸（如蛇毒核酸外切酶）；另一些则从 5′端开始而生成 3′-核苷酸（如脾核酸外切酶）；还有一些核酸外切酶可从 5′端或 3′端开始而生成 5′-核苷酸。

2. 核酸内切酶

核酸内切酶催化水解多核苷酸链内部的磷酸二酯键。有的核酸内切酶只作用于 DNA，有的只作用于 RNA，有的可同时作用于 DNA 和 RNA。有的核酸内切酶是对某些碱基顺序专一的，如限制性内切酶就是如此。有的则对碱基专一，如牛胰的核酸酶水解嘧啶核苷酸二酯键，生成嘧啶核苷-3′-磷酸或末端为嘧啶核苷-3′-磷酸的寡核苷酸。

二、核苷酸的降解代谢

1. 核苷酸的降解

在生物体内，核苷酸在核苷酸酶催化下可发生水解，生成核苷和磷酸；在核苷磷酸化酶作用下再被磷酸水解为碱基（嘌呤或嘧啶）和戊糖-1-磷酸。核苷也可在核苷酶作用下水解为碱基和戊糖：

$$
\begin{array}{c}
核苷酸 \\
+ H_2O \mid 核苷酸酶 \\
戊糖+碱基 \xleftarrow[+ H_2O]{核苷酶} 核苷+Pi \xrightarrow{核苷磷酸化酶} 碱基+戊糖-1-磷酸
\end{array}
$$

2. 嘌呤的降解

在生物体内，嘌呤可进一步分解。首先，嘌呤在脱氨酶作用下脱去氨基，腺嘌呤脱氨后生成次黄嘌呤，鸟嘌呤脱氨后生成次黄嘌呤，如图 13-5 所示的反应 a, c；然后，在黄嘌呤氧化酶作用下，将次黄嘌呤氧化为黄嘌呤，并进一步氧化为尿酸，如图 13-5 所示的反应 b, d。黄嘌呤氧化酶是一种黄素蛋白，含 FAD、铁和钼。尿酸在尿酸氧化酶（一种含铜酶）作用下分解为尿囊素和 CO_2，如图 13-5 所示的反应 e。尿囊素在尿囊素酶作用下分解为尿囊酸，如图 13-5 所示的反应 f。尿囊酸再进一步在尿囊酸酶作用下水解为尿素和乙醛酸，如图 13-5 所示的反应 g。

不同生物分解嘌呤碱的最终产物不同。人类和灵长类动物缺乏分解尿酸的能力，所以嘌呤代谢一般止于尿酸。灵长类以外的其他哺乳动物可生成尿囊素，大多数鱼类则生成尿素，一些海洋无脊椎动物可生成氨。植物的嘌呤代谢与动物相似。

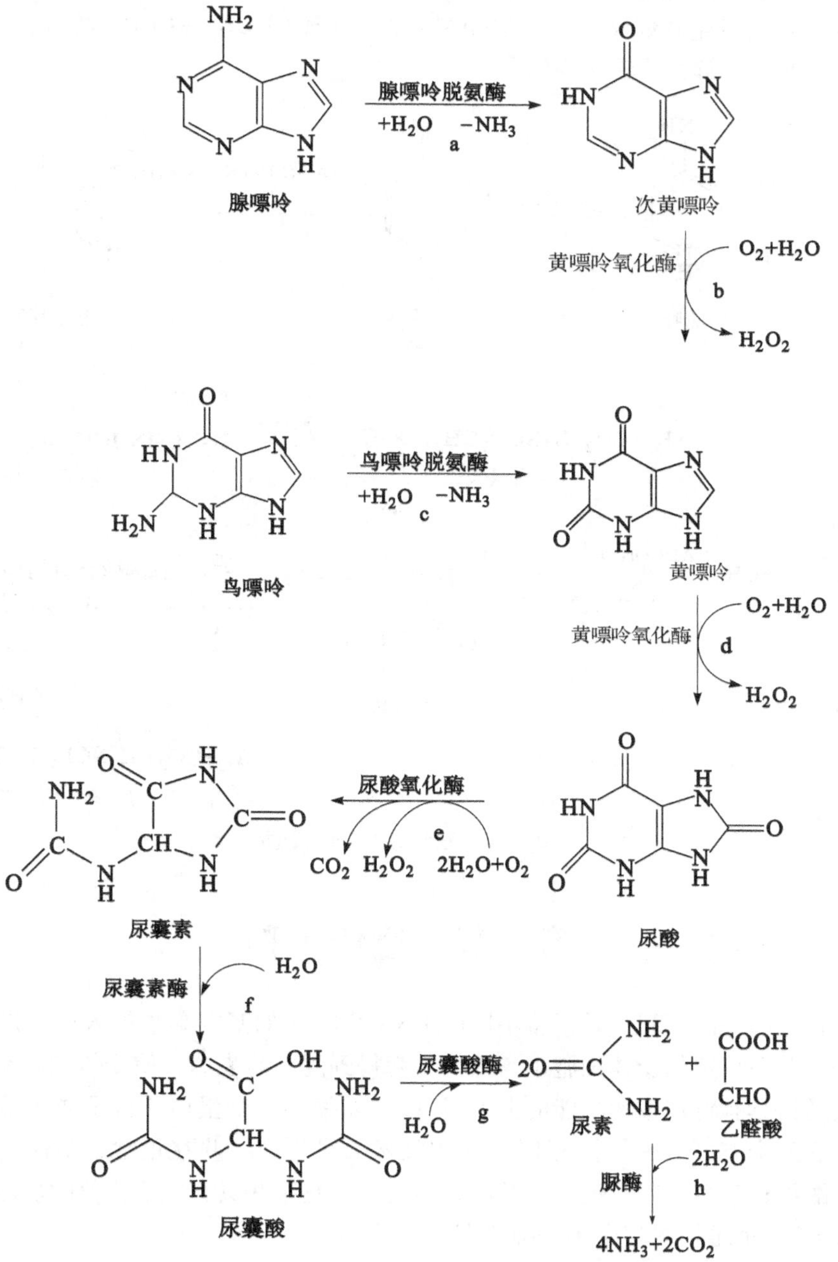

图 13-5　嘌呤碱的分解代谢

3. 嘧啶的降解

嘧啶的降解也从脱氨开始，胞嘧啶脱氨后生成尿嘧啶，如图 13-6 的反应 a。尿嘧啶或胸腺嘧啶被还原为二氢尿嘧啶或二氢胸腺嘧啶，如图 13-6 的反应 b，b′。二氢尿嘧啶经水解使环开裂，生成 β-脲基丙酸，如图 13-6 的反应 c，后者再水解生成 NH_3，CO_2 和 β-丙氨酸，如图 13-6 的反应 d；二氢胸腺嘧啶亦发生类似水解反应，先生成 β-脲基异丁酸，如图 13-6 的反应 c′，后生成 NH_3，CO_2 和 β-氨基异丁酸，如图 13-6 的反应 d′。胞嘧啶不能以游离状态直接分解，而是由胞嘧啶核苷开始发生脱氨分解。由尿嘧啶分解生成 β-丙氨酸可用于辅酶 A 的合成，也可发生转氨反应，生成甲酰乙酸（$CHO \cdot CH_2 \cdot COOH$），以后转化为乙酸并通过三羧酸循环分解，或转化为脂肪酸。

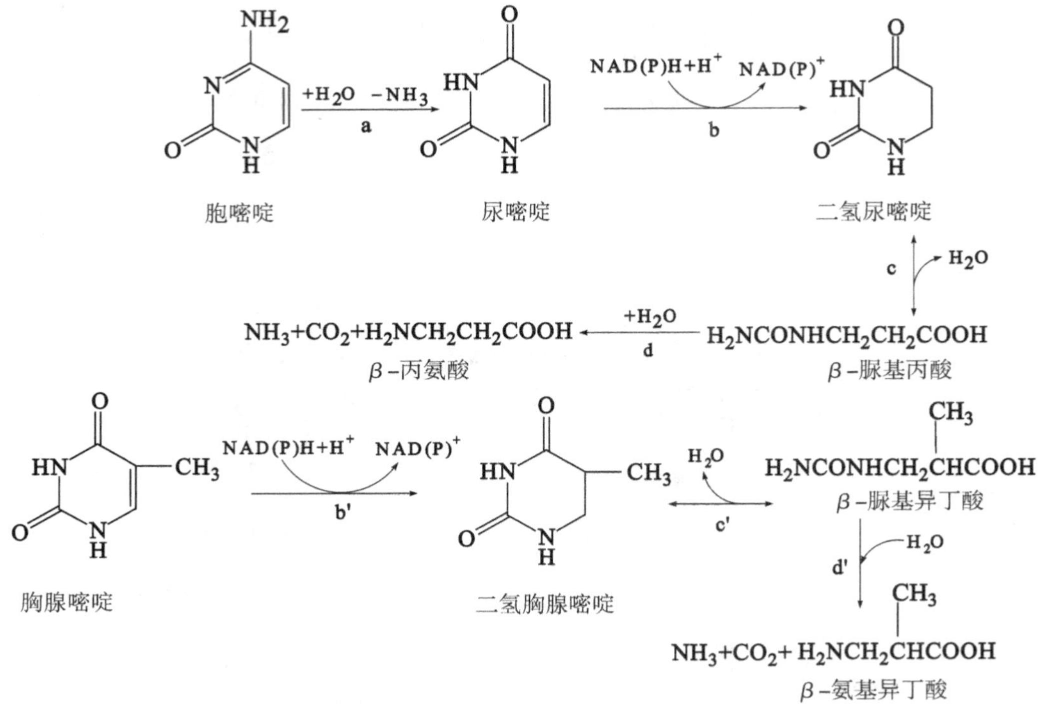

图 13-6　嘧啶碱的分解代谢

第三节　遗传工程

　　遗传工程也叫基因工程，是指将不同的 DNA 片段（如基因等）按人们的设计方案定向地连接起来，并在特定的受体细胞中与载体一起得到复制与表达，使受体细胞获得新的遗传特性。基因是指具有特定生物功能的 DNA 片段，如编码一个蛋白质分子或多肽。基因工程的用途主要有三个方面：一是利用 DNA 重组技术大量生产一些在正常细胞代谢中产量很低的物质，如酶类；二是定向改造生物基因组结构，使它某些具有经济价值的功能得以显著提高；三是将 DNA 重组技术应用于基础研究。

一、DNA 的限制酶图谱

1. 限制性内切酶

　　限制性内切酶主要在细菌中产生。限制酶具有极高的专一性，识别双链 DNA 上特定的位点，将两条链都切断，形成粘性末端或平末端。其生物功能在于降解外界侵入的 DNA，但不降解自身细胞中的 DNA，因为在自身 DNA 的酶切位点上经甲基化修饰而受到保护。

　　限制酶的特定酶切位点的长度在 4 ～ 8 个碱基对范围内，通常具回文结构。限制酶较为稳定，作用时需 Mg^{2+} 及一定的盐浓度。常用限制酶约有 100 多种，已有商品出售，表 13-1

列出了一些限制酶的切割位点。

表 13-1　限制性内切酶识别的位置

酶	来　源	识　别　位　点
EcoRI	*E. coli*　R	—N—C—T—T—A—A—G—N—5′ 5′—N—G—A—A—T—T—C—N—
EcoRⅡ	*E. coli*　R	—N—G—G—A—C—C—N—5′ 5′—N—C—C—T—G—G—N—
HindⅡ	*Hemophilus influenzce* D	—C—A—R—Y—T—G—5′ 5′—G—T—Y—R—A—C
HindⅢ	*Hemophilus influenzce* D	—T—T—C—G—A—A—5′ 5′—A—A—G—C—T—T—
HpaI	*Hemophilus parainfluenzae*	—N—C—A—A—T—T—G—N—5′ 5′—N—G—T—T—A—A—C—N—
HpaⅡ	*Hemophilus parainfluenzae*	N—G—G—C—C—N—5′ 5′—N—C—C—G—G—N
HaeⅢ	*Hemophilus aegypticus*	—N—C—C—G—G—N—5′ 5′—N—G—G—C—C—N—

注：DNA序列中，R代表嘌呤核苷酸，Y代表嘧啶核苷酸。

2. DNA 的限制酶图谱

将用分子克隆法从单一克隆中扩增而制备的纯化 DNA 用不同的限制酶切割，进行凝胶电泳分析。对环形 DNA，则找出一个对该 DNA 只有一个切位点的酶，以此点作为参考点，根据测量凝胶电泳图上各酶切片段的长度，就可以决定各切点的位置。将各限制酶的切点位置标在 DNA 分子图的相应位置上，即制成 DNA 的限制酶图谱，以便进行基因定位与摄取。

二、基因载体

将外源 DNA 片段带入受体细胞并在其中一起进行复制与表达的运载工具称为载体。细菌和酵母的质粒、噬菌体（如 λ 噬菌体，M₁₃）和病毒为常见的载体。

1. 质粒

质粒是一种在细菌染色体以外的遗传单元，一般由环形双链 DNA 构成，其大小从 1 ～ 200kb 不等，可分为两类。能独立进行复制而不受寄主细胞染色体复制全过程控制的质粒，称为松弛型控制质粒，此类质粒常用作载体。质粒的复制受细菌染色体复制的严格控制，只有染色体本身复制时才能进行复制的质粒称为严紧型控制质粒，因其拷贝数低而不宜用作载体。

2. 噬菌体

λ 噬菌体是大肠杆菌中的一种双链 DNA 噬菌体，在其整个基因组中，有很大一部分 DNA 序列对噬菌体的感染性并不是必需的，因此可用外源 DNA 取代。此时，λ 噬菌体携带外源 DNA 一起增殖。

另两个很有用的载体是噬菌体 M_{13} 和装配型质粒。

三、DNA 重组技术

DNA 重组技术包括三个步骤：第一步是把所需要的 DNA 片断（基因）和基因载体取出，使之进行基因的体外重组；第二步是通过转化或感染将重组 DNA 引入受体细胞；第三步是筛选出含重组体的活细胞，使目的基因成为细胞遗传物质的一部分，并使之有效地表达和稳定地遗传。

第十四章 生 物 氧 化

糖、脂、蛋白质等有机物质在活细胞内氧化分解，产生 CO_2、H_2O 并放出供给生物一切活动所需要的能，这种作用称为生物氧化。生物氧化实际上是需氧细胞呼吸作用中的一系列氧化还原作用。生物氧化在活细胞内进行，而且必须在有酶参加和适宜的温度、pH 值等条件下进行，放出的能量主要以 ATP 及磷酸肌酸形式储存起来，供需要时使用。

第一节 高能磷酸化合物

磷酸化合物在生物机体的换能过程中起着重要作用。在机体内有许多磷酸化合物，其磷酸键中储有大量的能量，这种能量称为磷酸键能。

在生物化学中，所谓"高能键"指的是随着水解反应或基团转移反应可放出大量自由能的键，常用"～"符号表示；而在物理化学中，高能键指的是当该键断裂时，需要大量的能量。二者的含义有着根本的区别。

一、高能磷酸化合物的类型

在生物体内具有高能键的化合物是很多的，根据键的特性可以分为几种类型。

1. 磷氧键型（—O ～ P）

属于这种键型的化合物很多，又可分成几类：

（1）酰基磷酸化合物

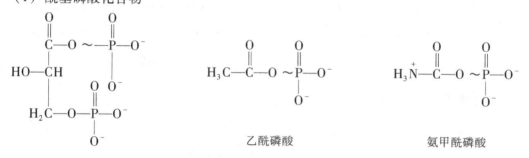

3-磷酸甘油酸磷酸　　　　乙酰磷酸　　　　氨甲酰磷酸

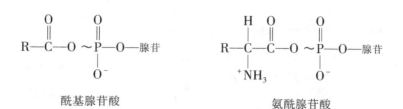

酰基腺苷酸　　　　氨酰腺苷酸

（2）焦磷酸化合物

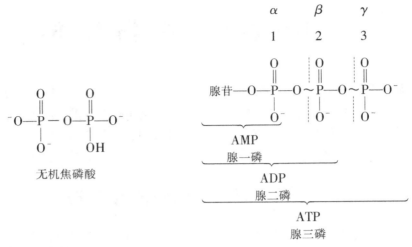

无机焦磷酸

AMP
腺一磷

ADP
腺二磷

ATP
腺三磷

（3）烯醇式磷酸化合物

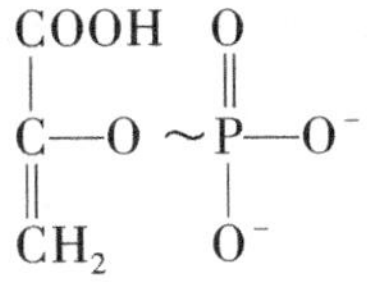

磷酸烯醇式丙酮酸

2. 氮磷键型

胍基磷酸化合物属于此类。

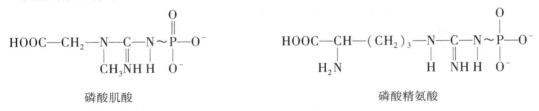

磷酸肌酸　　　　　　　　　　　　　　　　磷酸精氨酸

3. 硫酯键型

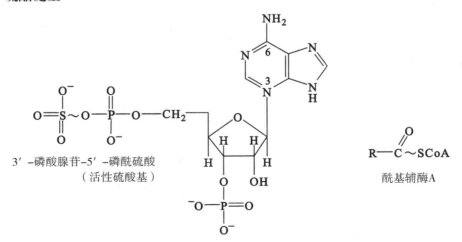

3′-磷酸腺苷-5′-磷酰硫酸
（活性硫酸基）　　　　　　　　　　　　　酰基辅酶A

4. 甲硫键型

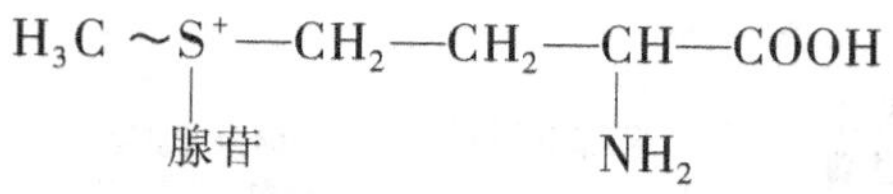

$$H_3C \sim S^+ - CH_2 - CH_2 - CH - COOH$$

腺苷 NH_2

S-腺苷蛋氨酸
（活性蛋氨酸）

以上高能化合物中含有磷酸基团的占绝大多数，但并不是所有含有磷酸基团的化合物都属于高能磷酸键，如葡萄糖-6-磷酸、甘油磷脂等化合物中的磷脂键就属于低能磷酸键。

二、ATP 的特殊作用

在不同的磷酸化合物之间，ΔG 的大小并没有明显的高能和低能的界限。有一些磷酸化合物释放的 ΔG 值高于 ATP 释放的自由能，有一些磷酸化合物释放的 ΔG 值低于 ATP 释放的自由能，ATP 在表 14-1 中处于中间位置。

表 14-1 中，在 ATP 以上的任何一种磷酸化合物都倾向于将它的磷酸基团转移给在它以下的磷酸受体分子。例如，ADP 能接受在 ATP 上的磷酸基团。同样，ATP 倾向于将其磷酸基团转移给在它以下的受体，例如 D-葡萄糖。

表 14-1 某些磷酸化合物水解的标准自由能变化

化 合 物	ΔG(kJ/mol)	磷酸基团转移势能 ΔG(kJ/mol)
磷酸烯醇式丙酮酸	-61.9	61.9
3-磷酸甘油酸磷酸	-49.3	49.3
磷酸肌酸	-43.1	43.1
乙酰磷酸	-42.3	42.3
磷酸精氨酸	-32.2	32.2
ATP（→ADP+Pi）	-30.5	30.5
葡萄糖-1-磷酸	-20.9	20.9
果糖-6-磷酸	-15.9	15.9
葡萄糖-6-磷酸	-13.8	13.8
甘油-1-磷酸	-9.2	9.2

ATP 在磷酸化合物中所处的位置具有重要的意义，它在细胞的酶促磷酸基团转移中是一个"共同中间体"。ATP 可以接受表中在它以上的化合物的磷酸基团，所形成的 ATP 又可将磷酸基团转移给其他的受体，形成在 ATP 以下的磷酸化合物。

表中所用的磷酸基团转移势能表示提供磷酸基团能力的大小，一般用无方向的正值表示。

细胞内的 ATP-ADP 磷酸转移系统的中间作用还可以用图 14-1 表示。

ATP 的结构中除酸酐键本身的特点外，还有三个重要因素影响其自由能的释放。其一是它的三个磷酸基团在 pH 值 7.0 时带有在空间上相距很近而互相排斥的四个负电荷促使其水解放能；其二是 ATP 水解所形成的产物 ADP^{3-} 和 HPO_4^{2-} 都是共振杂化物，其中某些电子所处的位置正是具有能量最小的构象形式；其三是在标准状况下，ATP^{4-} 及水解产物 ADP^{3-} 和 HPO_4^{2-} 的

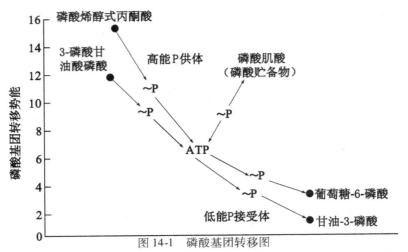

图 14-1　磷酸基团转移图

（磷酸基团由高能磷酸供体通过 ATP-ADP 系统转至低能磷酸受体，转移的方向是由高能化合物到低能化合物，磷酸基团转移势能的测定条件为标准状态下，反应物和产物浓度皆为 1mol/L）

浓度均为 1mol/L，而在 pH 值 7.0 时的 H^+ 浓度只有 10^{-7} mol/L。低浓度的 H^+ 推动 ATP^{4-} 向分解方向进行。上述因素的综合作用使 ATP 水解时能释放较高的自由能。

三、磷酸肌酸和磷酸精氨酸的储能作用

ATP 虽然在提供能量方面起重要作用，但它并不是化学能量的储存库，严格地说，它只是一个能量的携带者或传递者。细胞内 ATP 的含量在任何情况下都只能在比较短暂的时间内供给细胞需要，起储存能量作用的物质称为"磷酸原"，在脊椎动物是磷酸肌酸。当 ATP 浓度高时，肌酸即通过酶的作用直接接受 ATP 的高能磷酸基团形成磷酸肌酸；当 ATP 浓度低时，磷酸肌酸又将高能磷酸基团转移给 ADP。磷酸肌酸只通过这唯一的途径转移其磷酸基团，因此，它是 ATP 高能磷酸基团的储存库。磷酸肌酸系统对于骨骼肌有特殊的意义，它可以在几分钟内保证肌肉收缩所需的化学能。在平滑肌、神经细胞内都有磷酸肌酸存在，但在肝脏、肾及其他组织的含量却极少。在细菌中缺乏磷酸肌酸，无脊椎动物则以磷酸精氨酸作为磷酸原。磷酸原使细胞中的 ATP 含量维持在相对恒定的水平，即保证了 ATP 系统的动态平衡。

第二节　呼　吸　链

一、呼吸链的概念

呼吸链是指还原型载体，如 NADH 和 $FADH_2$ 的氧化过程，同时将释放的能量偶联形成 ATP。NADH，$FADH_2$ 以及其他的还原型载体上的氢原子本身以质子的形式和周围环境中的物质混杂在一起，只是电子发生转移，因此，由这些载体组成的传递链称为电子传递链或称呼吸链。

二、呼吸链电子传递的顺序

呼吸链传递电子的顺序可用图 14-2 及图 14-3 表示。图 14-2 中列举的各种有机物，如

α-酮戊二酸、丙酮酸、苹果酸、异柠檬酸、谷氨酸、3-羟酰 CoA、脂酰 CoA、磷酸甘油、琥珀酸等都是糖、脂肪、蛋白质的中间代谢产物。

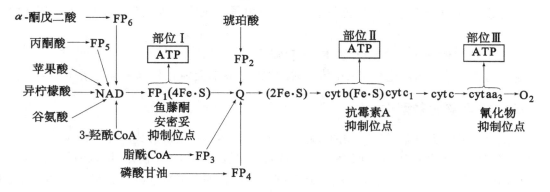

图 14-2　哺乳动物的呼吸链

图中表明各种代谢产物如 α-酮戊二酸、丙酮酸、苹果酸、异柠檬酸、谷氨酸、3-羟酰 CoA、脂酰 CoA、磷酸甘油等进入氧化呼吸链的焦点（NAD^+ 及辅酶Q）、电子传递的抑制位，以及 ATP 产生的可能部位

FP_1 代表 NADH 脱氢酶，$FP_2 \sim FP_6$ 代表不同的黄素蛋白，Fe·S 表示铁硫中心（至少有 5 种），Q 代表辅酶 Q，cyt 代表细胞色素，其中 cyt aa_3 部位还含有两个铜离子 Cu^{2+}，即〔$aa_3 Cu^{2+} Cu^{2+}$〕，cytb 为 b562 和 b566

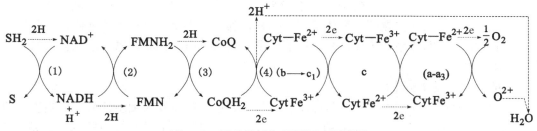

图 14-3　呼吸链氧化-还原反应示意图

图 14-2 及图 14-3 表明，许多代谢中间物上的两个氢原子经以 NAD^+ 为辅酶的脱氢酶作用，使 NAD^+ 还原成为 $NADH + H^+$。再经过 NADH 脱氢酶（以 FMN 为辅酶）、辅酶 Q、铁硫蛋白、细胞色素 b、细胞色素 c_1、细胞色素 a、细胞色素 a_3 到分子氧，这是一条电子传递途径。另外，一些代谢中间物的氢原子不是由以 NAD^+ 为辅酶的脱氢酶脱氢，而是由以 FAD 为辅酶的脱氢酶脱氢。例如，琥珀酸脱氢酶和脂酰 CoA 脱氢酶，脱下的电子通过辅酶 Q 进入呼吸链，这又是一条电子传递途径。NAD^+ 和辅酶 Q 在呼吸链中的作用是接受由脱氢酶脱下的电子。

三、电子传递抑制剂

能够切断呼吸链中某一部位电子流的物质称为电子传递抑制剂。利用某种特异的抑制剂切断某部位的电子流，再测定电子传递中各组分的氧化还原状态，是研究电子传递顺序的一种重要方法。经典的抑制剂有以下几种：

1. 鱼藤酮、安密妥以及杀粉蝶菌素

它们的作用是阻断电子由 NADH 向辅酶 Q 的传递。鱼藤酮是一种极毒的植物生物碱，常用作重要的杀虫剂；安密妥用作麻醉药就是根据这个原理；杀粉蝶菌素的结构类似辅酶

Q，因此可和辅酶 Q 相竞争。这些化合物对 NADH 脱氢酶有抑制作用。

2. 抗霉素 A

抗霉素 A 是链霉菌分离出的抗菌素，有抑制电子从细胞色素 b 到细胞色素 c_1 传递的作用。

3. 氰化物、硫化物、叠氮化物和一氧化碳等

它们有阻断电子由细胞色素 aa_3 传至氧的作用，这就是氰化物等中毒的原理。

四、呼吸链的多型性

以上介绍的呼吸链是哺乳动物的呼吸链，也是典型的呼吸链形式。在生物体内的呼吸链还有很多变化，有的是中间传递体的成员不同；有的缺少辅酶 Q 而用其他物质代替，如在有些细菌中，用维生素 K 代替辅酶 Q；还有些生物体，如大多数细菌，没有完整的细胞色素系统。尽管有很多差异，但呼吸链传递电子的顺序基本是一致的。

在不同生物种类之间呼吸链存在中间传递成员的不同，在同一生物体，同一细胞内，还存在末端氧化酶体系的多样性。末端氧化酶处于氢的氧化过程的末端，其作用是将来自大气的分子态氧活化成为氢的最终受体而生成水（植物和有些微生物还可以利用 NO_3^-，SO_4^{2-} 等氧化物为受氢体）。

在呼吸链中，末端氧化酶一侧的呼吸传递体的特征是它们只传递氢原子中的电子，H^+ 则游离于介质中，经过一系列电子传递体与末端氧化酶，它们构成了末端氧化酶体系。

在生物界中，已知末端氧化酶体系有好几种，其中最主要的是细胞色素体系。此外，还普遍存在有酚氧化酶体系、抗坏血酸氧化酶体系、黄素蛋白氧化酶体系、过氧化物酶体系与过氧化氢酶体系等。

1. 细胞色素氧化酶体系

细胞色素是以铁卟啉为辅基的蛋白质，因为有颜色，所以称为细胞色素。细胞色素的种类很多，已发现的有存在于线粒体中的 aa_3，b，c，c_1 和存在于微粒体中的 b_5，P-450 等多种，活性中心是卟啉环中的铁离子（Fe^{2+}/Fe^{3+}），功能是传递电子。

细胞色素 a 和 a_3 迄今还不能分开，故合称为 aa_3。在各种细胞色素中，只有细胞色素 aa_3 能直接以分子氧为受电子体，故又称为电子色素氧化酶，含有两个必需的铜离子。

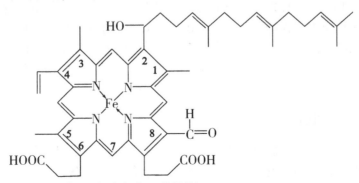

血红素A（细胞色素aa₃的辅基）

2. 酚氧化酶体系

酚氧化酶是一种含 Cu 的氧化酶，在呼吸过程中的作用如下：

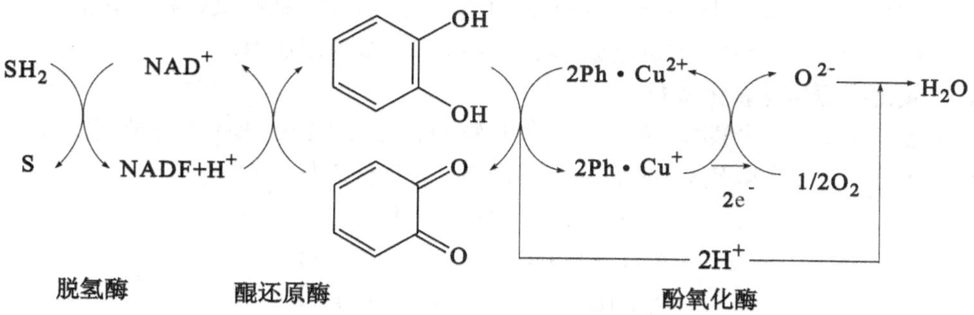

式中，SH_2 为还原态底物，S 为脱氢底物，Ph 为酚氧化活性功能域。

在损伤植物组织的细胞中，作为呼吸传递体酚-醌氧化还原系统的平衡被破坏，醌大量聚积，从而造成褐变。

酚氧化酶的活力很容易用测压法测定，提取也很容易，马铃薯中含量特别丰富。

3. 抗坏血酸氧化酶体系

抗坏血酸氧化酶也是含 Cu 氧化酶。在这一末端氧化酶体系参与的呼吸链中还需要谷胱甘肽（GSH）在 NADP 和抗坏血酸之间作递氢体。

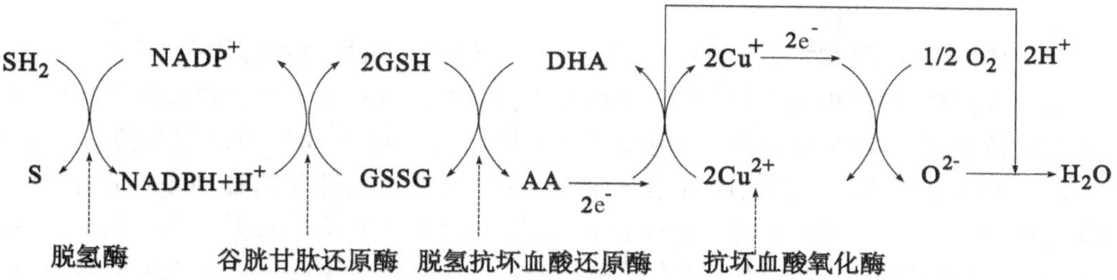

式中，GSH 为还原型谷胱甘肽，GSSG 为氧化型谷胱甘肽，DHA 为脱氢抗坏血酸，AA 为抗坏血酸。

抗坏血酸氧化酶广泛（但不是普遍）存在于高等植物中，十字花科植物及葫芦科植物是最丰富的来源。此酶在酸性条件下相当稳定，萌芽豌豆子叶中由抗坏血酸氧化酶体系消耗的氧占呼吸氧量的 20% ~ 25%，动物细胞中也含有此酶。

4. 黄素蛋白氧化酶

一切以 FMN 或 FAD 为辅基的酶或传递体都可称为黄素酶。酶蛋白结构不同，功用各异，有的属于脱氢酶类；有的属于氧化酶类（即所谓需氧脱氢酶），称为黄素蛋白氧化酶，它的作用是不经过细胞色素或其他传递体而将氢直接交给分子氧，生成过氧化氢。作用模式如下：

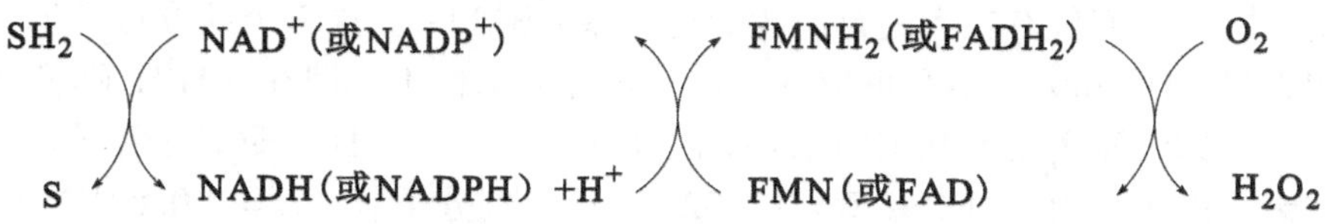

动物、植物组织细胞中都含有黄素蛋白氧化酶类，如氨基酸氧化酶、羟乙酸氧化酶等。

在呼吸链的末端氧化酶或加氧酶的反应中，每分子氧需要接受 4 个电子才能完全还原生成氧离子并进一步生成水。但如接受的电子不足，就会形成超氧化基团（O^{2-}）或过氧化基团（O^-），O^- 在接受 $2H^+$ 后即形成 H_2O_2，而超氧化基团 O^{2-} 在超氧化物歧化酶（SOD）的催化下与 H^+ 作用，一个 O^{2-} 被氧化成 O_2，另一个 O^{2-} 被还原成 H_2O_2。

5. 过氧化物酶与过氧化氢酶

过氧化物酶及过氧化氢酶总称为氢过氧化物酶，也是含铁卟啉衍生物辅基的酶。这两种酶在生物组织中起着消除 H_2O_2 的"解毒"作用，反应模式如下：

$$2H_2O_2 \longrightarrow 2H_2O + O_2 \tag{1}$$

或

$$\left. \begin{array}{l} AH_2 + H_2O_2 \longrightarrow 2H_2O + A \\ R + H_2O_2 \longrightarrow RO + H_2O \end{array} \right\} \tag{2}$$

过氧化氢酶催化反应（1），效率极高，在 $0\,℃$ 下的周转率为 $2.64 \times 10^6/min$，因此体内不会发生 H_2O_2 的蓄积中毒。

过氧化物酶是生物组织中广泛存在的一种酶，在辣根中含量很高，是制备此酶的原料。过氧化物酶是高度耐热性的酶，甚至在 $100\,℃$ 经短时间加热后还能保持其活性，因此在水果、蔬菜加工中常以过氧化物酶活性的有无作为热烫适度与否的指标。

第三节 氧化磷酸化作用

在有机体中，含碳底物降解的主要目的是供给机体生长发育所需要的能量。厌氧生物中，糖降解成酒精或乳酸，糖分子中的一些可供利用的能量转变成高能磷酸化合物而储存起来，供有机体利用。当丙酮酸经过三羧酸循环而氧化成 CO_2 和 H_2O 时，葡萄糖分子中 90% 有用的能量都被释放出来。但在此过程中仅有一个高能化合物即琥珀酰 CoA，是由循环中的底物反应而合成的，在琥珀酰 CoA 合成酶催化下，利用此硫酯化合物将 GDP 转化为 GTP。

生物体中高能磷酸化合物的生成有两种类型，在第一种类型中，底物先生成磷酸化或硫酯化的衍生物，然后用以生成 ATP。例如，糖酵解反应中生成的 1,3-二磷酸甘油酸和磷酸烯醇式丙酮酸以及三羧酸循环中琥珀酰 CoA 合成酶催化的反应。这些磷酸化过程称底物水平的磷酸化作用。第二种类型为呼吸链偶联的磷酸化作用，也称为氧化磷酸化作用。线粒体内膜是磷酸化作用酶的分布场所，催化的氧化磷酸化作用与三羧酸循环中间物的氧化作用偶联。在理想条件下，每消耗 1 原子氧可生成 3 个分子的 ATP。其磷氧比（P∶O）为 3.0。磷氧比是用来表示在氧化作用中磷酸酯化的磷原子数和消耗氧原子的比例。

一、磷酸化的部位

自由能变化的计算公式为

$$\Delta G = -nF\Delta E$$

呼吸链中在三个部位有较大的自由能变化，参见图 14-2。这三个部位每一步释放的自由能，都足以保证 ADP 和无机磷酸形成 ATP，分别称为部位 I，即在 NADH 和辅酶 Q 之间的部位；部位 II，即细胞色素 b 和细胞色素 c 之间的部位；部位 III，即细胞色素 a 和氧之间的部位。这样就把电子对由 NADH（$E = -0.32V$）传递到分子氧（$E = +0.82V$）所释放的相当大量的自由能或者说由每个氧原子还原所产生的自由能分成几步，一步步地将能量释放出来（即能量降）。

二、解偶联作用

在完整线粒体内，电子传递与磷酸化之间紧密偶联，但这两个过程可被解偶联剂，如2,4-二硝基酚（DNP）解偶联。这时虽然能进行电子传递，但不能发生 ADP 的磷酸化作用。当它们解偶联时，电子的传递迅速进行，所以 ADP 的磷酸化作用对电子传递起限速作用。这时葡萄糖产生的能量完全以热能的形式浪费掉，不能回收储存在 ATP 中。2,4-二硝基酚是一种有效的磷酸化解偶联剂，但它对糖酵解的底物水平磷酸化没有作用。另外还有一些解偶联剂，如水杨酰替苯胺、短杆菌肽、缬氨霉素等。芸香霉素和寡霉素则同时对电子传递和氧化磷酸化都有抑制作用。

氧化磷酸化的解偶联效应也被生物所利用，例如在冬眠动物和适应寒冷的哺乳动物中，它是一种能够产生热以维持体温的方法。

三、氧化磷酸化作用的机理

在电子传递中释放的能量与 ADP 磷酸化将能量储存生成 ATP 之间的分子机理目前仍不清楚，得到较多支持的是 1961 年 Mitchell 提出了化学渗透学说。三羧酸循环在内膜内侧的衬质中进行，在其中形成的 NADH 能把电子交给分布在膜上的呼吸链。由于线粒体内膜两侧是不对称的，电子载体在内膜上呈不对称分布。在电子传递过程中，电子三次从膜的一侧移至另一侧，参见图 14-3，同时使两个质子（$2H^+$）从线粒体内部转移到外部（内膜外面）。这样，每传递一对电子就转移出 6 个 H^+（质子），结果造成一个质子梯度，即膜外的质子浓度高，膜内的质子浓度低；膜外的电位高而膜内电位低。这种梯度就是质子返回膜内的一种动力。由质子梯度和电位梯度生成的能量促进 ATP 的形成，即当两个质子穿过膜上的 F_1-F_0 复合体（即 ATP 酶，参见图 8-8）再回到内膜内部时，由 ADP 和无机磷酸就形成一个 ATP 分子。

第十五章　物质代谢的相互关系和调节控制

糖、脂类、蛋白质、核酸等的新陈代谢是一个完整统一的过程，各个反应过程相互作用、相互制约。然而，错综复杂的代谢过程又是相互协调的，表现出生物机体对其代谢过程具有调节控制的能力。

第一节　物质代谢的相互关系

在生物机体内，各类物质代谢相互影响、相互转化，生物体内的糖、脂类、蛋白质和核酸四类主要有机物质相互转变的关系总结如图 15-1 所示。三羧酸循环不仅是各类物质共同的代谢途径，而且也是它们之间相互联系的渠道。而丙酮酸、酰基辅酶 A、α-酮戊二酸和草酰乙酸等代谢物则是各类物质相互转化的重要中间产物。

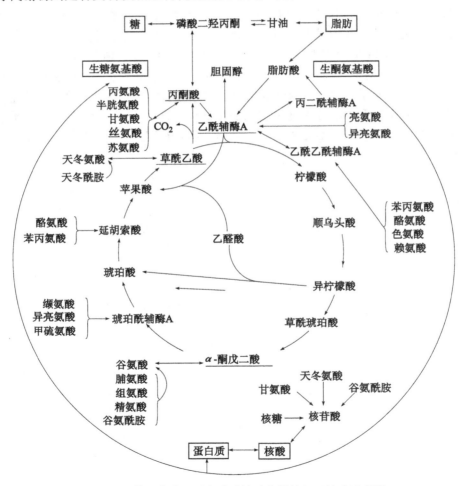

图 15-1　糖、脂肪、蛋白质及核酸代谢的相互关系示意图

第二节　物质代谢的调节和控制

生物体内的代谢调节在三种不同水平上进行，即神经调节、激素调节、细胞内调节。

代谢调节主要是通过控制酶的作用而实现的，这种"酶水平"的调节机制，是基本的调节方式。激素和神经的调节，仍然是通过"酶水平"的调节而发挥其作用。所有这些调节机制都受到生物遗传因素的控制。

生物体内的代谢是和机体周围环境分不开的，生物具有适应环境的能力，当外界条件改变时，生物机体能调整和改变体内的代谢过程，建立新的代谢平衡，以适应变化了的环境，因而能生存和发展。

一、细胞内调节

1. 细胞膜结构和酶的空间分布对代谢的调节

各种酶促反应是在复杂的膜结构中进行的，各类酶在细胞中有各自的空间分布，即酶的分布具有区域性。因此，酶催化的中间代谢反应不仅得以进行，各不互扰，而且能互相协调和制约。

原核细胞无细胞器，其细胞膜上连接有各种代谢所需的酶，如参加呼吸链、氧化磷酸化、脂肪酸生物合成的各种酶类，都存在于原核细胞的质膜上。

细胞核是生物的遗传信息储存场所和信息转录场所，在核质中合成 mRNA 和 tRNA，在核仁中合成 rRNA 和制造核糖体，这些 RNA 分子都是通过核膜上的核孔进入细胞质中。

内质网膜有的具有颗粒，这些颗粒为核糖体，在此进行 mRNA 的翻译。颗粒型内质网膜是酶、抗体、激素等蛋白质合成的重要场所。有的内质网膜不具颗粒，称光滑型内质网膜，与糖类和脂肪等的合成关系密切。

溶酶体的膜结构中含有水解酶类。

线粒体具有极为复杂的膜结构，有外膜和内膜之分。在线粒体中进行三羧酸循环、电子传递、氧化磷酸化以及脂肪酸的 β-氧化，进行这些代谢过程的酶体系都有一定的空间分布。

细胞质是糖酵解和脂肪酸合成的场所，糖酵解的酶类附着在质膜内壁的细胞质中；脂肪酸生物合成的酶类和酰基载体蛋白等，在细胞质中占有一定的位置。

现将糖、脂类、蛋白质及核酸代谢的相互关系和动物细胞膜结构的联系示意于图 15-2，图中用双箭头表示膜内侧与外侧间的物质交换。细胞膜的选择透过性对底物、酶的辅助因子及对细胞的代谢调节等有着重要作用。

2. 酶的生物合成与降解对代谢的调节

直接参加代谢调节的关键性酶类统称调节酶。机体必须保持调节酶的一定含量，防止过剩和不足，才能维持代谢机能的正常运行。

通过改变酶分子合成或降解的速度可调节细胞内酶的浓度，从而影响代谢的速度。

（1）酶蛋白合成的诱导与阻遏　酶作用的底物或产物，以及激素或药物都可影响酶的合成。能加强酶合成的作用称为诱导作用，反之则称为阻遏作用。

底物、激素以及外源的某些药物常对酶的合成有诱导作用，而酶催化作用的产物则往往对酶的合成有阻遏作用。如成人和成年哺乳动物的胃液中无凝乳酶，而婴儿和幼哺乳类动物的胃液则含大量的凝乳酶，这是因为后者以奶为唯一食物，需要凝乳酶先将奶蛋白凝结成絮状，以利于肠道消化；成人和成年动物的主食不是奶，不需要凝乳酶，故不合成这种酶。为

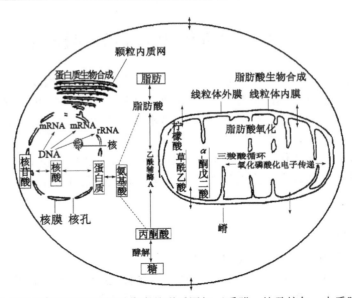

图 15-2　动植物细胞膜结构和物质代谢的联系图解（质膜、核及核仁、内质膜、线粒体）

了适应环境的需要，动物机体的酶合成即会起增强或减弱，甚至停止的协调性反应。

（2）酶分子降解速度的调节　改变酶分子降解速度，也能调节细胞内酶的浓度，从而调节酶促反应的速度，只是这类调节在细胞中的重要性不如诱导和阻遏。

3. 酶活性对代谢的调节

酶活性的调节是以酶分子的结构为基础的，因为酶活性的强弱与其分子结构密切相关。一切导致酶分子结构改变的因素都可影响酶的活性，有的改变使酶活性增高，有的使酶活性降低。机体控制酶活力的方式有多种形式。

（1）抑制作用　机体控制酶活力的抑制作用有简单抑制与反馈抑制两类。

①简单抑制　这种抑制是指一种代谢产物在细胞内有较多累积时，由于物质作用定律，可抑制其本身的形成。这种抑制作用仅仅是物理化学作用，而未牵涉到酶本身结构的变化。

②反馈抑制　这是指酶促反应终产物对酶活力的抑制，细胞利用反馈作用抑制酶活力的情况较为普遍。这种抑制在多酶系反应中产生，一系列酶促反应的终产物对第一个酶起抑制作用，它既可控制终产物的形成速度，又可避免一系列不需要的中间产物在机体中堆积。

（2）活化作用　机体为了使代谢正常进行，常用增进酶活力的方式进行代谢调节。例如，对无活性的酶原可用专一性的蛋白水解酶将掩蔽酶活性的部分切去；对无活性的酶，可用激酶使之激活；对被抑制物抑制的酶，则用活化剂或抗抑制剂解除其抑制。

（3）变构作用　某些物质如代谢产物，能与酶分子上的非催化部位（调节位）作用，使酶蛋白分子发生构象改变，从而改变酶活性（激活或抑制），这类调节称为变构调节或别位调节。能接受这种变构作用的酶称为变构酶或别位酶。能使酶起变构作用的物质称为变构剂，有的起激活作用，有的起抑制作用。变构调节普遍存在于生物界中，代谢途径中的不可逆反应都是潜在的调节位，且第一个不可逆反应往往是重要的调节位。催化这种关键性调节位的酶，其活性都是受变构调节的，如糖酵解途径中的果糖磷酸激酶，脂肪酸合成途径中的乙酰-CoA 羧化酶等都是变构酶。

（4）共价修饰　在调节酶分子上以共价键连上或脱下某种特殊化学基团所引起的酶分子活性改变称为共价修饰。最常见的是磷酸化或脱磷酸化与腺苷酸化或脱腺苷酸化以及甲基化等共价修饰类型。例如，糖原磷酸化酶的活性可因磷酸化而增高，糖原合成酶的活性则因磷酸化而降低；谷氨酰胺合成酶的活性可因腺苷酸化，即连上一个 AMP 而下降；甲基化亦可使某些酶的活性改变。酶的化学共价修饰是由专一性酶催化的，许多调节酶活性都受共价修饰的调节。

4. 相反单向反应对代谢的调节

在代谢过程中有些可逆反应的正反两向是由两种不同的酶催化的。催化向合成方向进行的是一种酶，催化向分解方向进行的则是另一种酶。如在 ATP 存在时，果糖-6-磷酸激酶催化果糖-6-磷酸磷酸化形成果糖-1,6-二磷酸（反应 a），而果糖-1,6-二磷酸酯酶则催化果糖-1,6-二磷酸水解形成果糖-6-磷酸（反应 b）：

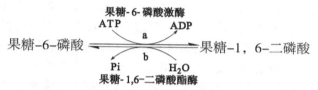

ATP 对反应 a 起促进作用，对反应 b（逆反应）则起抑制作用。细胞利用这种反应的特性即可调节其代谢物的合成与分解速度。

二、激素的调节

激素调节代谢反应的作用是通过对酶活性的控制和对酶及其他生化物质合成的诱导作用来完成的。要达到这两个目的，机体需要保持一定的激素水平。激素属于刺激性因素，机体内各种激素含量的不平衡会使代谢发生紊乱。

1. 激素的生物合成对代谢的调节

激素的产生是受多级控制的，腺体激素的合成和分泌受脑垂体激素的控制，垂体激素的分泌受下丘脑神经激素的控制，丘脑还要受大脑皮质协调中枢的控制。当血液中某种激素含量偏高时，有关激素由于反馈抑制效应即对脑垂体激素和下丘脑释放激素的分泌起抑制作用，减低其合成速度。相反，在浓度偏低时，即起促进作用，加速其合成。通过有关控制机构的相互制约，即可使机体的激素浓度水平正常而维持代谢正常运转。

2. 激素对酶活性的影响

细胞膜上有各种激素受体，激素同膜上专一性受体结合所成的络合物能活化膜上的腺苷酸环化酶。活化后的腺苷酸环化酶能使 ATP 环化形成 cAMP。cAMP 能将激素从神经、底物等得到的各种刺激信息传到酶反应中去，故称 cAMP 为第二信使。胰高血糖素、肾上腺素、甲状旁腺激素、促黄体生成激素、促甲状腺素、加压素等都是以 cAMP 为信使对靶细胞发生作用的（参见第七章第三节）。

激素通过 cAMP 对细胞的多种代谢途径进行调节，糖原的分解、合成、脂质的分解、酶的产生等都受 cAMP 的影响。cAMP 影响代谢的作用机制是它能使参加有关代谢反应的蛋白激酶（例如糖原合成酶激酶、磷酸化酶激酶等）活化。蛋白激酶是由无活性的催化亚单位和调节亚单位所组成的复合物，这种复合物在无 cAMP 存在时无活性，当有 cAMP 存在时，这种复合物即离解成两个亚单位。cAMP 与调节亚单位结合而将催化亚单位释出，被释放出来的催化亚单位即具有催化活性。cAMP 的作用是解除调节亚单位对催化亚单位的抑制。

细胞膜上还存在鸟苷酸环化酶。活化后的鸟苷酸环化酶能使 GTP 环化形成 cGMP，cGMP 亦有第二信使作用，只是 cGMP 与 cAMP 在作用上是互为拮抗的。

3. 激素对酶合成的诱导作用

有些激素对酶的合成有诱导作用，如生长激素能诱导与蛋白质合成有关的酶的合成，甲状腺素能诱导呼吸作用的酶类合成，胰岛素诱导糖代谢中某些酶的合成，性激素类诱导脂代谢酶类的合成等。这些激素与细胞内的受体蛋白结合后即转移到细胞核内，影响 DNA，促进 mRNA 的合成，从而促进酶的合成。

三、神经的调节

正常机体的代谢反应是协调而有规律地进行的，激素与酶直接或间接参与代谢反应，而整个机体内的代谢反应是由中枢神经系统所控制的。中枢神经系统对代谢作用的控制与调节有时是直接的，有时又是间接的。直接的控制是大脑接受某种刺激后直接对有关组织、细胞或器官发出信息，使它们兴奋或抑制以调节其代谢。凡由条件反射所影响的代谢反应都受大脑直接控制。大脑对代谢的间接控制则为大脑接受刺激后通过丘脑的神经激素传到垂体激素，垂体激素再传达到各种腺体激素，腺体激素再传到各自有关的靶细胞对代谢起控制和调节作用。大脑对酶的影响是通过激素来执行的。胰岛素和肾上腺素对糖代谢的调节、类固醇激素对多种代谢反应（水、盐、糖、脂、蛋白质代谢）的调节都是中枢神经系统对代谢反应的间接控制。酶和激素功能的正常是取得正常代谢的关键，而中枢神经系统功能的正常是保持正常代谢关键的关键。

四、环境条件对代谢过程的影响

物质代谢既互相联系又互相制约，生物机体代谢过程的强度与方向和外界条件有密切关系。人和其他恒温动物处于低于体温条件下时会加强代谢强度，以产生热能维持体温。而变温动物和植物、微生物的代谢强度则随环境温度的高低而升降，如把新鲜的水果、蔬菜、蛋等在低温与少氧的大气环境中保存，可以显著降低代谢强度，从而减少物质的代谢性损耗，延迟衰败。在低温下，微生物的代谢受到阻抑，因而可延长食品等的保存期。

控制环境条件还可改变生物机体的代谢方向。如酵母菌在有氧条件下，糖的降解途径主要是经糖酵解-三羧酸循环途径，氧化成 CO_2 和 H_2O；但当处于无氧条件时，它就转而以发酵方式进行糖的降解，产生乙醇和 CO_2。在 pH 值为 4 时，酵母菌进行正常发酵，产物主要是乙醇，只有少量甘油；但当 pH 值升至 7.0 时，甘油的生成会增加 2～3 倍，这是由于 pH 值的改变影响了酶体系的活力，从而改变了代谢方向。

第十六章　新鲜食物组织的生物化学

第一节　新鲜食用植物组织的生物化学

新鲜的水果、蔬菜等食物在生物学上虽然已经离开母体，但仍然具有活跃的生物化学活性，只是这种生物活性的方向、途径、强度与整体生物有所不同。本节将讨论已经采收的新鲜水果、蔬菜的生物化学。

一、新鲜食用植物组织的类别及特点

根据含水量的高低，可将天然植物类食品分为两大类：一类是含水量低的种子类食品，如稻、麦、大豆、玉米、花生等。这类天然植物食品含水量一般为 12% ～ 15%，因而代谢活动强度很低，耐贮性很强，组织结构和主要营养成分在采收后及贮藏过程中变化很小。另一类是含水量较高的水果、蔬菜类食品。这类天然植物食品的主要特点是多汁，水分含量一般为 70% ～ 90%，因而代谢活跃，在采收后及贮藏过程中，组织结构和营养成分变化较大。

采收后的新鲜植物类食品，由于切断了养料供应来源，组织细胞只能利用内部储存的营养来进行生命活动，虽然存在同化合成作用，但主要表现为异化分解作用。

二、采收后水果、蔬菜组织呼吸的生物化学

（一）呼吸途径

在未发育成熟的植物组织中，几乎整个呼吸作用都通过酵解-三羧酸循环这一代谢主流途径进行；在组织器官发育成熟以后，整个呼吸作用中有相当大的部分为磷酸己糖旁路所代替，其强度一般不超过 25%，但有时也可达 50%，如在辣椒中为 28% ～ 36%，在番茄中为 16%。

水果、蔬菜采收后，在其深层组织中还会进行一定程度的无氧呼吸。

除了呼吸途径的变化外，最常见的还有末端氧化酶体系的变化。水果、蔬菜等植物组织在采收前，占主导地位的是细胞色素氧化酶体系；采收后，细胞色素氧化酶体系的活性下降，而其他末端氧化酶如多酚氧化酶体系、黄素氧化酶体系等的活性增强。

（二）呼吸强度

水果、蔬菜采收后，呼吸强度总的趋势是逐渐下降的，但一些蔬菜，特别是叶菜类，在采收时由于机械损伤导致的愈伤呼吸会使总的呼吸强度在一段时间内出现增强现象，而后才开始下降。

不同种类的植物，其呼吸强度不同，同一植物不同器官的呼吸强度也不同。呼吸强度与组织器官的构造特征关系极为密切。

叶片组织在结构上具有很发达的细胞间隙，气孔极多，表面积巨大，与外部空气交换性

好。叶片内部组织间隙中的气体组织，其组成近似于大气，所以叶片细胞的呼吸强度大，营养损失快，在普通条件下保存期短。

肉质的植物组织，由于不易透过气体，其呼吸强度远比叶片组织低，组织间隙气体组成中的 CO_2 浓度比大气中的浓度高，而 O_2 浓度则低。组织间隙中的 CO_2 是呼吸作用产生的，由于气体交换不畅而滞留在组织中，致使从表层到肉质的植物组织中心的 CO_2 含量逐渐增高而 O_2 则逐渐减少。例如，在苹果表层组织中，CO_2 为 10.1%，O_2 为 11.9%，而到了果心附近，CO_2 达 27.4%，而 O_2 仅为 1.4%。

（三）呼吸的影响因素

1. 温度的影响

（1）温度对呼吸强度的影响　水果、蔬菜组织呼吸作用的温度系数 Q_{10}（温差为 $10℃$ 时的呼吸强度比）在 2～4 之间，具体依种类、品种、生理时期、环境温度不同而异。一般来说，水果、蔬菜在 $10℃$ 时的呼吸强度与产生的热量为 $0℃$ 时的 3 倍。

组织呼吸旺盛的蔬菜，在室温下放置 24h 可损失其所含糖分的 1/3～1/2。一般情况下，降温冷藏可以降低呼吸强度，减少水果蔬菜的贮藏损失，但呼吸强度并非都是随温度降低而降低，如马铃薯的最低呼吸率在 3～5℃ 之间而不是在 $0℃$。各种水果、蔬菜保持正常生理状态的最低适宜温度依种类、品种及采收时的生理状态不同而异。因为不同植物的代谢体系是在不同温度条件下建立的，所以对温度降低的反应自然也不同。对于水果、蔬菜，最能发挥其固有的耐藏性温度，是能适应采收前植物组织中正常的新陈代谢的温度。这个温度能够保证植物组织不致遭受冷害或冻害，不致发生生理失调现象。例如，香蕉不能贮存在低于 $11℃$ 的温度下，否则就会发黑腐烂；柠檬以在 3～5℃ 为宜；苹果、梨、葡萄等只要细胞不结冰，则仍能维持正常的生理活动。

（2）冰点低温对呼吸的影响　当环境温度降到水果、蔬菜组织的冰点以下时，细胞就会结冰，冰晶的形成损伤了原生质体，使生物膜的正常区域化作用遭到破坏，酶和底物游离出来，促进了分解作用，因此反而有刺激呼吸作用的效果。一般水果、蔬菜可在 $0℃$ 附近的温度下贮藏。水果、蔬菜一旦受冻，细胞原生质遭到损伤，正常呼吸系统的功能便不能维持，使一些中间产物积累造成异味。氧化产物，特别是醌类的累积使冻害组织产生黑褐色，但某些种类的果实，如柿子和一些品种的梨、苹果和海棠等，经受冰冻后在缓慢解冻的条件下仍可恢复。

（3）变温对呼吸强度的影响　除了温度的高低以外，温度的波动也影响呼吸强度。在平均温度相同的情况下，变温的平均呼吸强度显著高于恒温的呼吸强度。植物对温度波动的敏感性依植物组织种类、生理状态等的不同而异。和恒温处理比较，在变温条件下，胡萝卜的糖分呼吸损耗增加 43%，甜菜增加 15%。

（4）温度对呼吸途径的影响　温度对各种呼吸途径的强度具有重要影响。在水果、蔬菜最适的生长温度下，呼吸途径主要是酵解-三羧酸循环途径，末端氧化酶主要是细胞色素氧化酶。随着温度的降低，磷酸戊糖旁路强度增加，黄素末端氧化酶等活性增强。各种呼吸途径相对强度的变化，使植物组织对不同呼吸底物的利用程度不同，即温度影响呼吸底物的利用程度。柑橘类水果在 $3℃$ 下经 5 个月的贮藏，含酸量降低 2/3，而在 $6℃$ 下仅降低 1/2；在甜菜中也发现类似情况。这说明低温下，植物组织对呼吸底物有机酸的利用强度相对增强，三羧酸循环只是部分运转。

2. 湿度的影响

采收后的水果、蔬菜和采收前一样，仍在不断地进行水分蒸发，但采收前果实蒸发的水分可以通过根部吸收水分而得到补偿，采后果实却再得不到补充而很容易造成失水过多而萎蔫，致使正常的呼吸作用受到破坏，促进酶的活动趋向于水解作用，从而加速了细胞内可塑性物质的水解过程，酶的游离和可利用的呼吸底物增多，使细胞的呼吸作用增强。少量失水即可使呼吸底物的消耗成倍增加，如糖用甜菜叶片的相对呼吸强度 $y(\%)$ 与叶片的相对含水量 $x(\%)$ 成反比，且在一定范围内存在极其显著的直线回归关系：

$$y = 496.540\ 7 - 4.054\ 3x \qquad \gamma_{xy} = -0.961\ 4$$

水果、蔬菜的水分蒸发是以蒸汽（水汽）的状态移动的。影响蒸发的内在因素是水果、蔬菜的种类、比表面积、形态结构和化学成分等，其外界条件是贮藏环境中空气流动的快慢、温度和相对湿度。植物组织内部的空气相对湿度最少是 99%，果实内部和周围环境空气中的水气压力差和温差愈大，失水愈快。绝大多数水果、蔬菜在入贮初期，由于植物组织温度高于冷藏环境，在其降温期间，水分的损失最严重。所以，生产上常采用预冷、急速降温或速冻的方法来尽量缩短降温持续时间，以减少入贮时的水分损失。

为了防止水果、蔬菜组织水分蒸发，提高环境中的相对湿度可有效降低果实水分蒸发，避免由于萎蔫产生的各种不良生理效应。通常情况下，相对湿度以保持在 80% ～ 90% 之间为宜。湿度过大以至饱和时，水蒸气及呼吸产生的水分会凝结在水果、蔬菜的表面，形成"发汗"现象，为微生物的滋生提供了条件，易引起腐烂。只有在配合使用有效的防腐剂的条件下，方宜采用 95% ～ 97% 甚至更高的相对湿度。但是，也不是所有的水果、蔬菜都适宜于高湿度贮藏，如柑桔类水果在高湿条件下，会产生"浮皮"、"枯水"等生理病害，即果皮吸水，果肉内的水分和其他成分向果皮运转，结果外表虽较饱满，但果肉干缩，风味淡薄。

3. 大气组成的影响

改变环境大气的组成可以有效地控制植物组织的呼吸强度。由于呼吸作用而导致糖类消耗的平均速度，在正常空气中比含 10% 氧、其余为氮的空气中快 1.2 ～ 1.4 倍；在没有 CO_2 环境中比有 10% CO_2 的空气中快 1.35 ～ 1.55 倍。空气中含氧过多会刺激呼吸作用，降低大气中的含氧量可降低呼吸强度，提高 CO_2 含量可强化减氧对降低呼吸强度的作用。减氧与增 CO_2 对植物组织呼吸的抑制效应是可叠加的。根据这一原理制定的以控制大气中氧和 CO_2 浓度为基础的贮藏方法称为气调贮藏法或调变大气贮藏法。

降低氧含量可减少用于合成代谢的 ATP 供给量而导致呼吸强度降低，增加 CO_2 则可以抑制某些氨基酸的形成，这些氨基酸为某些酶的合成所需要，CO_2 还可以延缓某些酶抑制剂的分解。气调的原理是使植物组织为进行正常生命活动所必需的合成代谢降低到最低限度，分解代谢（呼吸作用）维持在供给正常生命活动所需能量的最小强度。由于低氧浓度抑制了植物组织的呼吸作用，从而具有下列生理效应：

（1）降低呼吸基质的氧化速度；

（2）叶绿素的降解被抑制；

（3）降低维生素 C 的损失；

（4）改变了不饱和脂肪酸的比例；

（5）延缓了不溶性果胶化合物的减少速度；

（6）减少乙烯的产生。

细胞内高浓度的 CO_2 一般会导致下列生理变化：

（1）降低合成反应（如蛋白质、色素的合成）；

（2）抑制某些酶的活动（如琥珀酸脱氢酶、细胞色素氧化酶）；

（3）减少挥发性物质的产生；

（4）干扰有机酸的代谢，特别是导致琥珀酸积累；

（5）减少果胶物质的分解；

（6）改变各种糖的比例。

每一种水果、蔬菜都有其适宜的气体成分，氧浓度过低，如低于2%（体积分数，下同）时，则植物组织进行无氧呼吸而产生异味。 CO_2 浓度过高，如高于15%时，也会产生异味，并引起一些生理病害。异味的产生主要是由于乙醇和乙醛等物质的积累，所以，水果、蔬菜都有其特有的气体成分"临界量"。如低于临界需氧量，组织就会因缺氧呼吸而受到损害。

水果、蔬菜的气体成分"临界量"并非是固定不变的，它依其他气体成分含量、温度等的不同而异。对抑制呼吸作用来说，适宜的温度、 CO_2 和 O_2 浓度互相配合的作用显著高于某个因子的单独作用。对大多数水果、蔬菜而言，最适宜的贮藏条件是：温度 $0 \sim 4.4℃$ ， O_2 浓度为3% ， CO_2 浓度为0%～5% 。这三个贮藏条件是互相关联的。一个条件不适宜，可以增加植物组织对其他因素的敏感性。一个因素受到限制，就会得不到另一个适宜的因素应有的效应。

除 CO_2 ， O_2 外，在封存食物的空气中掺入CO、环氧乙烷等气体，在室温下，亦能时间长短不等地保持食物的新鲜状态。

4. 机械损伤及微生物感染的影响

植物组织受到机械损伤（压、碰、刺伤）和虫咬，以及受微生物感染后都可刺激呼吸强度提高，即使一些看起来并不明显的损伤都会引起呼吸强度增强现象。

5. 植物组织的生理状态与呼吸强度的关系

水果、蔬菜的呼吸强度不仅依种类而异，而且因生理状态而不同。幼嫩的正在旺盛生长的组织和器官的呼吸能力强，趋向成熟的水果、蔬菜的呼吸强度则逐渐降低。

三、成熟与衰老及其生物化学变化

（一）成熟与衰老

从植物本身来看，成熟是指繁殖器官离开母体后，可以单独维持很久的寿命。对水果而言，色、香、味等方面完全表现出该果品固有的特性，称为生理成熟。从园艺学观点，成熟是指达到用途标准的成熟度。由于食用的组织、器官不同，鲜食或加工等目的不同，成熟的标准差异很大。例如，香蕉、青梅一般是生理成熟的八成采收。蔬菜以可食部分最佳为度，叶菜类是营养生长最佳期，而豆芽是生长的初期。这种成熟称为园艺成熟。生理成熟与园艺成熟在多数情况下是一致的，但是由于商品的目的不同，有时差别甚大。

1. 成熟

成熟一般是指果实生长的最后阶段，即达到充分长成的时候。在这一时期，果实中各种物质发生了极明显的变化，例如含糖量增加，含酸量降低，淀粉（苹果、梨、香蕉等）、果胶物质变化引起果肉变软，单宁物质变化导致涩味减退，芳香物质和果皮、果肉中的色素生成，叶绿素分解，抗坏血酸增加，类胡萝卜素增加或减少等。果实体积长到一定的大小、形状，果皮出现光泽或带果霜、果蜡。上述果实生长到一定阶段而表现出来的形态和生理生化的特点，是果实开始成熟的表现，说明进入成熟的阶段，所以成熟是指果实达到可以采摘的程度，但不是食用品质最好的时候。

2. 完熟

这是成熟以后的阶段，指果实达到完全表现出本品种典型性状，而且是食用品质最好的阶段。所以，成熟与完熟虽然概念上很难决然分开，但两者在果实成熟的程度上有实质性区别。完熟是成熟的终了时期，这时的果实风味、质地和芳香气味已经达到宜于食用的程度。

3. 衰老

衰老是指生物个体发育的最后阶段，开始发生一系列不可逆的变化，最终导致细胞崩溃及整个器官死亡的过程。果实的成熟是不可逆的过程。某些果实呼吸跃变的出现代表衰老的开始。

（二）　成熟与衰老的生物化学变化

水果、蔬菜进入成熟时既有生物合成的变化，也有生物降解的变化，但进入衰老后就更多地处于降解状态。

1. 糖类

水果、蔬菜中存在的糖类通常是低分子糖类的混合物，其中有单糖、双糖和短链的低聚糖。许多未成熟的水果、蔬菜，如苹果、番茄中含有一定量的淀粉。有些种类开始时淀粉含量较高，成熟后淀粉含量降低，还有一些则在成熟过程中淀粉含量不断提高，如香蕉中淀粉含量在成熟时上升到 20%。

糖类变化的速度和程度取决于贮存的条件、温度、时间以及细胞的生理状态。在成熟过程中，淀粉酶类、磷酸酶类和转化酶的活性都上升。

有许多食品，特别是豌豆、玉米以及块茎植物（甘薯、马铃薯、胡萝卜）在收获的前后都是淀粉的合成（不是降解）占支配地位，只要把豌豆在未成熟时采收并迅速冷却就能得到含糖量高的优质豌豆。随着成熟过程的发展，豌豆中糖浓度降低，淀粉含量升高。在高于环境温度时，淀粉的合成占支配地位，因此，豌豆等采收后立即迅速冷却是得到优质产品的关键。

在一些多汁的水果、蔬菜，如柑桔、西瓜、番茄中，淀粉是一种短暂的贮存糖类，能为幼果的生长与呼吸提供能源。当成熟时，淀粉已全部代谢而消失，糖类主要是葡萄糖，其次是果糖、蔗糖和山梨糖醇，有时含有肌醇。

成熟后的水果、蔬菜中，其糖类组成相对含量差别很大，具体依种类、品种、生理状态、贮藏条件等不同而异。

2. 有机酸

水果、蔬菜中的有机酸主要有五种：① 脂肪族一元羧酸；② 脂肪族一元羧酸附有醇、酮或醛基；③ 脂肪族二羧酸或三羧酸；④ 从糖转化来的酸；⑤碳环一元羧酸。

各种不同类型的果实、蔬菜在不同发育时期内，它们所含有的有机酸的浓度是不同的。已进入成熟期的葡萄和苹果含有它们生命中最高量的游离酸（即可滴定酸），成熟后就又趋下降。香蕉和梨则与此相反，它们含有的酸于发育中逐渐下降，到达成熟期时，恰好达到生命中的最低值。这里所指的是总可滴定酸，而每种水果或蔬菜其不同种类酸的含量，则不完全是上述趋势。

一般情况下，有机酸是水果、蔬菜成熟过程中的重要呼吸底物，主要经三羧酸循环进行氧化，有机酸还可形成醋酸盐参与苯酚、类脂类和挥发性芳香物质的合成。

糖酸比是衡量水果风味的一个重要指标。在许多多汁果实成熟期间，随着温度的降低，贮存的淀粉转变为糖，而有机酸则优先作为呼吸底物被消耗掉，因而糖分与有机酸的比例上升，风味增浓，口味变佳。与单纯的纯甜味水果、蔬菜相比，略有酸味的更受人欢迎。

3. 色素物质

随着水果、蔬菜的成熟，最明显的特征是叶绿体解体，叶绿素降解消失，类胡萝卜素和花青素显现而呈红色或橙色等。例如，橙由于叶绿素的破坏和类胡萝卜素的显露而现橙色，苹果由于形成花青素而呈红色，番茄则由于番茄红素的形成而呈红色。

果实的色素是受基因控制的，所以果皮颜色是受制于特定环境条件下的基因表现，如15.6～21.1℃是番茄红素合成的最适宜温度，29.4℃或以上就会抑制番茄红素的合成，但这对红瓤西瓜却没有影响，对葡萄柚甚至促进合成。

4. 鞣质

幼嫩果实常因含有鞣质而具有强烈的涩味，在成熟过程中涩味逐渐消失，其原因可能有三：

（1）鞣质与呼吸中间产物乙醛生成不溶性缩合产物；

（2）鞣质单体在成熟过程中聚合为不溶性大分子；

（3）鞣质氧化。

5. 挥发性物质

水果、蔬菜的芳香是极其复杂的化学变化的结果，其机理多数不十分清楚。芳香物质是一些醛、酮、醇、有机酸、酯类物质及某些萜烯类化合物，其形成过程常与大量氧的吸收有关，可以认为是成熟过程中呼吸作用的产物。

虽然成熟度是影响挥发物质生成的主要生理因素，但香气成分也强烈受制于成熟期的环境条件，特别是环境温度及昼夜温差对挥发性物质的含量及组成具有重要影响。

成熟果实发酵时，有醇类和脂类物质生成，但是产生香气的生物化学步骤尚不清楚。支链醇可能从缬氨酸和亮氨酸等氨基酸还原性脱氨作用产生。醛类和酮类是从醇类氧化衍生并进一步氧化而形成酸类。萜烯类化合物的合成可能与类脂质或酚的代谢是平行的或竞争的关系。

6. 脂类

水果成熟时常有蜡质的被覆。蜡质可以粗分为油、蜡、三萜系化合物、乌索酸和角质。

在成熟过程中，蜡的发生量也达到高峰。在苹果皮的表面上，类脂类形成微球状体，但在稍下的表皮层则为不连接的片状，这就是为什么苹果皮不可润湿却可透气的原因。采收后，这些蜡在相当程度上还在合成中，包括含不饱和链的化合物。

在成熟中的芒果，全脂类及脂肪酸都有较明显的提高，其中，主要的脂肪酸有棕榈酸、硬脂酸、油酸、亚麻酸和亚油酸，不饱和脂肪酸的增加量比饱和脂肪酸为多。

香蕉果实中含有的醋酸、丙酸、异丁酸和异戊酸等挥发性脂肪酸以游离态或结合态存在于果肉中，游离态的异丁酸、丁酸、异戊酸增长很快，并且它们的增长期正与果实风味的发展期相吻合。

7. 果胶物质

多汁果实的果肉在成熟过程中变软是由于果胶酶活力增大而将果肉组织细胞间的不溶性果胶物质分解，果肉细胞失去相互间的联系所致。

苹果中的果胶物质在成熟期及衰老期基本上没有变化。

8. 维生素 C

果实通常在成熟期间大量积累维生素 C。它是己糖的氧化衍生物，它的形成也与成熟过程中的呼吸作用有关，但在衰老的水果、蔬菜中，其含量又显著减少。

9. 氨基酸与蛋白质

水果、蔬菜在成熟过程中，氨基酸与蛋白质代谢总的趋势是降解占优势，但在前期，伴随蛋白质的降解，还会合成一些与成熟过程密切相关的酶类。

在一些水果中，氨基酸的相对含量发生一定程度的变化，如在柑桔类水果中所发现的 9 种氨基酸，以天冬酰胺、谷酰胺和脯氨酸含量最高，其脯氨酸含量在成熟时增加幅度极大。

（三）水果、蔬菜成熟过程中的呼吸作用特征

1. 呼吸跃变现象

果实的呼吸趋势是指果实在不同的生长发育阶段呼吸强度起伏的模式。一般是果实幼小时呼吸强度高，随着果实成熟的过程而下降。有趣的是，当果实进入完熟期，有一类果实呼吸强度骤然提高，随着果实衰老而逐渐下降，这种现象称为呼吸跃变现象，如图 16-1 所示。这类果实称高峰型果实，如苹果、香蕉、桃、梨、柿、李、番茄、西瓜、芒果、杏、无花果、木瓜、中国醋栗等。另一类果实进入完熟期呼吸强度不提高，一直保持在稳定的低水平，这类果实称非高峰型果实，如柑桔类、蔬菜类、樱桃、葡萄、菠萝、荔枝、黄瓜等。绿叶蔬菜也没有明显的呼吸跃变现象。

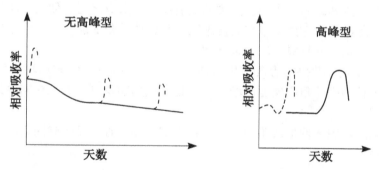

图 16-1　高峰型果实和无高峰型果实及对乙烯的反应
——空气；……空气加乙烯

高峰型果实和无高峰型果实在对乙烯的反应上存在明显区别。乙烯对无高峰型果实只引起一瞬间的呼吸增强反应，并且这种反应可以出现多次，不管在未熟期、成熟期或衰老期都可以出现如图 16-1 中虚线所示的高峰；而高峰型果实只能在未出现高峰之前施用乙烯（不管体积分数是 10^{-7} 或 10^{-3}）才出现高峰和促进成熟，如果在出现高峰之后施用乙烯，就没有增强呼吸和促进成熟的作用。果实的高峰期与非高峰期的根本生理区别在于后熟过程中是否产生内源乙烯。

2. 呼吸方向的变化

果实在成熟过程中，呼吸方向发生明显的变化，由有氧呼吸转向无氧呼吸，因此在果肉中积累乙醇等 C_2 化合物。

四、成熟与衰老过程中的形态变化

1. 细胞器

在果实成熟和衰老过程中，首先是叶绿体开始崩溃；核糖体群体在前期变化不大，在成熟后期减少；内质网、细胞核和高尔基体在成熟的后期，可以看到产生很多较大的液泡，最后囊泡化而消失；线粒体变化不大，有时变小或减少，有时嵴膨胀，它比其他细胞器更能抗崩溃，能保留到衰老晚期；液泡膜在细胞器解体前消失；核膜和质膜最后退化，质膜崩溃时细胞即宣告死亡。

2. 细胞壁

不同发育期的细胞壁结构是不同的。在成熟过程中，细胞壁中的微纤维结构有所松弛，其后，随之而来的主要是成分性质上的变化。

3. 角质层与蜡

在发育过程中，果实的表皮细胞上不断地有角质和蜡的累积，当果实增长时，单位面积的蜡量保持恒定。

除蜡的成分变化外，也有它相对结构的变化。

（1）蜡质成分变化　在果实的发育期，硬蜡的增长速度远快于油分，但在冷库贮藏期内，油分增加而硬蜡不变。在呼吸高峰期，油与硬蜡的比值最大，胞壁在贮藏后期表现的特征是蜡的降解，尤其是油分的减少。

（2）蜡质超微结构变化　发育未完全的柑桔类果实，其果皮只有一层连续的软蜡薄膜，很少有表面结构。成熟之后，当更多更硬的上表皮蜡层形成之后，便出现明显的结构。蜡膜最后的裂缝和掀起，表示它失去了与表皮细胞壁复合体扩张的能力。当苹果接近成熟时，它的表面变得越来越粘，并且蜡板软化，互相融合。

（3）角质层变化　苹果的表皮在生长期中，角质层膜里的角质和乌索酸的含量有所增加。在活跃的生长期中，角质层逐渐增厚，并且在成熟期及以后的贮藏期中继续增厚。

4. 胞间空隙

细胞沿着胞间层脱离便形成胞间空隙，在果实里存在着明显的胞间空隙体系，果实的多孔性因成熟而降低。

五、水果、蔬菜的成熟机理

关于水果、蔬菜成熟机理较流行的是"植物激素调节学说"。果实的整个发育过程都受激素调节，在发育的前期，生长素（IAA）、赤霉素（GA）、细胞分裂素（CK）等起主导作用，从而促进果实的生长；在发育的后期，乙烯和脱落酸（ABA）起主导作用，从而促进果实的成熟。对果实呼吸跃变最重要的是乙烯。

乙烯在正常状态下是气体，植物器官、组织、细胞都有合成乙烯的能力。乙烯在活细胞内唯一的生物合成前体是蛋氨酸，其生物合成过程如图 16-2 所示。蛋氨酸腺苷酸化形成 S-腺苷蛋氨酸（SAM）后，在吡哆醛磷酸化酶催化下合成 1-氨基环丙烷-1-羧酸（ACC），该步反应可被吡哆醛磷酸化酶抑制剂氨基羟乙基乙烯基甘氨酸（AVG）和氨基氧乙酸（AOA）

所抑制（前者效率高，后者效率较低）。ACC 可能主要是在细胞质中合成，然后进入液泡，并在乙烯合成酶（EFE）催化下转化为乙烯。EFE 可能是与膜结合在一起的，因为影响膜功能的试剂、金属离子都影响乙烯的合成。

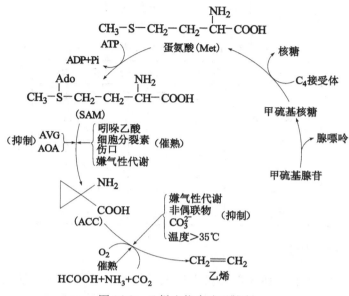

图 16-2　乙烯生物合成及控制

乙烯对水果的催熟机理是由于它能引起和促进 RNA 的合成，即在蛋白质合成系统的转录阶段起调节作用，因而导致特定蛋白质的产生。乙烯还能提高线粒体膜的通透性，低浓度 $(0.1 \sim 1.0) \times 10^{-6}$ 的乙烯即可启动高峰型果实的呼吸跃变，同时引起一系列呼吸代谢的变化。首先是氧化磷酸化的加强，获得较多数量的 ATP 作为促进成熟代谢的能源；增加可溶性氨基酸的含量，提高 RNA 酶的活性，促进 RNA 的合成，从而也促进了蛋白质和一系列与成熟有关酶类的合成，其中水解酶类最为显著，如淀粉酶、转化酶、聚半乳糖醛酸酶、维生素酶、脂肪酶等。乙烯能显著增加苯丙氨酸解氨酶（PAL）、过氧化物酶、多酚氧化酶、绿原酸酶的活性，上述生理生化过程的改变又促进了内源乙烯的产生，从而又增加呼吸作用的跃变，最后果实进入成熟与衰老期。

不同成熟果实对乙烯的敏感性的差异主要取决于促进和抑制果实成熟激素之间的平衡。

非高峰型果实中不存在乙烯激发成熟现象，并且即使是高峰型果实，在某种情况下，乙烯也并不激发成熟。这说明果实中有抵抗成熟的抑制因素存在，并且这种抑制因素当果实仍在树上时为最活跃，采收后慢慢消失。

生长素、赤霉素和细胞分裂素与乙烯和脱落酸是对抗的，CO_2 对乙烯的催化作用具有竞争性抑制作用。

第二节　新鲜动物组织的生物化学

肉是指动物死亡后经过一定的生化变化后适合作食品的鲜肉。虽然现有的哺乳动物约有 3000 种，但是只有几十种经过驯化的动物和水生生物构成人类食用的肌肉组织。"肌肉"实际上是指动物性运动组织；"肉"是指宰后组织，还包括某些脂肪和骨骼，可分为来自牛、羊和猪的"红"肉和主要来自家禽的"白"肉；海产则是所有水生生物，包括蛤、牡蛎、虾等的鲜肉。

肉是优质蛋白质和 B 族维生素的极好来源。肉的成分主要在脂类含量上有差别，其他营养成分相差不大，瘦肉中蛋白质约占 20%，灰分约为 1%，见表 16-1，肉类的蛋白质在营养上优于植物蛋白质。

表 16-1　瘦肉组织的成分　　　　　　　　（%）

品　　　种	水	蛋　白　质	脂　　类	灰　　分
牛　肉	70～73	20～22	4～8	1
猪　肉	68～70	19～20	9～11	1.4
鸡　肉	73.7	20～23	4～7	1
羊　肉	73	20	5～6	1.6
鲑　鱼	64	20～22	13～15	1.3
鳕　鱼	81.2	17.6	0.3	1.2

一、活体肌肉的代谢

为了迅速运转收缩器官，肌肉需要付出很大的能量，这些用于收缩的能量是由 ATP 的水解提供的。引起 ATP 水解的化学反应发生在肌球蛋白分子的头部，肌球蛋白的 ATP 酶在 Mg^{2+} 和 Ca^{2+} 存在下能催化水解过程。

哺乳动物的肌肉在活动时每分钟每克肌肉需要水解大约 1 mmol 的 ATP，但实际存在量大约只有 $5\mu mol/g$，此量只够 0.3s 的活动。进行正常生命活动的肌肉在一次收缩作用的前后，ATP 含量实际上并不降低，ADP 的含量也不升高。ATP 的主要来源是由肌酸激酶催化的 Lohmann 反应：

$$ADP + 肌酸磷酸（CP）\xrightarrow{肌酸激酶} ATP + 肌酸（C）$$

CP 的含量约为 $20\mu mol/g$，此量足够供短期活动时需要，并在有氧呼吸代谢过程中获得再生。

在体内，肌肉中的糖原通过呼吸作用被氧化成二氧化碳和水，同时偶联合成 ATP，这是体内 ATP 的主要来源。在工作负荷不高时，脂质代谢也是可利用能量的一个重要来源。静止的肌肉主要利用脂肪酸和乙酸乙酯作为呼吸底物，在此条件下，血液中的葡萄糖消耗得很少。但在运动量很大时，葡萄糖成为主要的呼吸底物。

1. 有氧代谢

对 ATP 的合成最有效以及在红色肌肉和做功不是最大的肌肉中所发生的代谢是有氧的糖酵解作用，其通过三羧酸循环和呼吸电子传送系统提供主要能量，而糖、蛋白质和脂质等营养成分则被降解为 H_2O 和 CO_2。由糖原产生的一个葡萄糖分子被降解为 H_2O 和 CO_2 时，有 36～37 个 ADP 分子转化为 36～37 个 ATP 分子。

2. 无氧代谢

当肌肉处于高度紧张状态时，即处于剧烈运动，或异常的温度、湿度和大气压，或处于很低的氧分压、电休克或受伤时，线粒体的正常功能不能维持而使无氧代谢成为主要方式。

在糖酵解的产物丙酮酸还原为乳酸的代谢过程中，糖酵解产生的 NADH 重新被氧化，所以无氧代谢时产生的 ATP 比在有氧呼吸时产生的 ATP 少得多，每分子葡萄糖只产生 2 个或 3 个 ATP。在无氧收缩时（特别是在白色骨骼肌中）产生的乳酸导致活体肌肉细胞中 pH 值暂时降低，乳酸从肌肉中迅速扩散开，进入血液，随血液带入肝脏，在肝脏中通过葡萄糖异生作用转化回到糖原。运动后消耗的额外氧（氧债）用于将部分乳酸氧化为 CO_2 和 H_2O。

二、屠宰后肌肉的代谢

1. 宰后肌肉的物理与生物化学变化过程

动物在屠宰死亡后，肌肉组织在一定时间内仍具有相当水平的代谢能力，但生活时的正常生化平衡已被打破，发生许多死亡后特有的生化过程，在物理特征方面出现所谓死亡后尸僵的现象。死亡动物组织中的生化活动一直延续到组织中的酶因自溶作用而完全失活为止。动物死亡的生物化学与物理变化过程可以划分为三个阶段：

（1）尸僵前期　在这个阶段中，肌肉组织柔软、松弛，生物化学特征是 ATP 及磷酸肌酸含量下降，无氧的酵解作用活跃。

（2）尸僵期　尸体僵硬。哺乳动物死亡后，僵化开始于死亡后 8 ～ 12h，经 15 ～ 20h 后终止；鱼类死后僵化开始于死后 1 ～ 7h，持续时间 5 ～ 20h 不等。在此时期中的生物化学特征是磷酸肌酸消失，ATP 含量下降，肌肉中的肌动蛋白及肌球蛋白逐渐结合，形成没有延伸性的肌动球蛋白，结果形成僵硬强直的状态，即尸僵。

（3）尸僵后期　尸僵缓解。生物化学特征主要是由于组织蛋白酶的释出并活化，使肌肉蛋白质发生部分水解，水溶性肽及氨基酸等非蛋白氮增加，肉的食用质量随着尸僵缓解达到最佳适口度。

动物在死亡后发生的主要生化变化概括如图 16-3 所示。

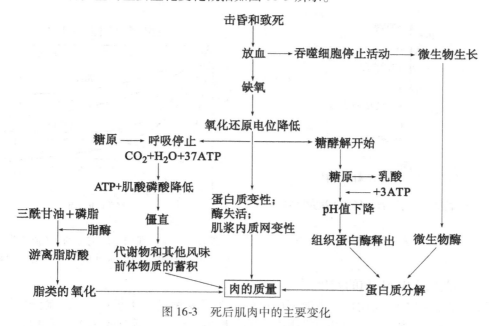

图 16-3　死后肌肉中的主要变化

2. 宰后肌肉呼吸途径的变化

在正常生活的动物体内，虽然并存着有氧和无氧呼吸多种方式，但主要的呼吸过程是有氧呼吸。动物宰杀后，血液循环停止因而供氧停止，组织呼吸转变为无氧的酵解途径，最终产物为乳酸。

死亡动物组织中糖原降解有两条途径：

（1）水解途径

$$糖原 \longrightarrow 糊精 \longrightarrow 麦芽糖 \longrightarrow 葡萄糖 \longrightarrow 葡萄糖-6-磷酸 \longrightarrow 乳酸$$

在鱼类肌肉中，糖原降解主要是水解途径。

（2）磷酸解途径

$$糖原 \longrightarrow 葡萄糖-1-磷酸 \longrightarrow 葡萄糖-6-磷酸 \longrightarrow 乳酸$$

在哺乳动物肌肉中，磷酸解为糖原降解的主要途径。

无氧呼吸产物乳酸在肌肉中的积累导致肌肉 pH 值下降，使糖的酵解活动逐渐减弱，最后停止。

3. 宰后肌肉组织中 ATP 含量的变化及其重要性

宰后肌肉中由于糖原不能再继续被氧化为 CO_2 和 H_2O，因而阻断了肌肉中 ATP 的主要来源。在刚屠宰的动物肌肉中，肌酸激酶与 ATP 酶的偶联作用可使一部分 ATP 得以再生，如图 16-4 所示。

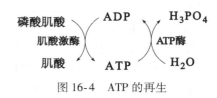

图 16-4　ATP 的再生

一旦磷酸肌酸消耗完毕，ATP 就会在 ATP 酶作用下不断分解而减少。ATP 的降解途径如图 16-5 所示。肌苷酸是构成动物肉香及鲜味的重要成分，而肌苷则是无味的。

动物死亡后，中枢神经冲动完全消失，肌肉立即出现松弛状态，所以肌肉柔软并具弹性，但随着 ATP 浓度的逐渐下降，又产生尸僵现象。

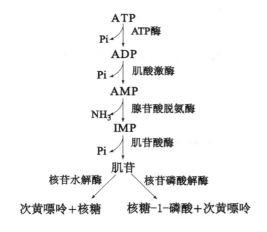

图 16-5　ATP 降解途径

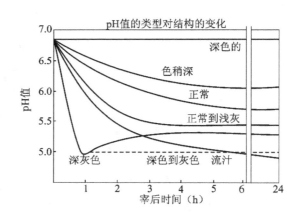

图 16-6　宰后肌肉不同类型的 pH 值变化

（引自 Briskey, BJ, Adv. Food Rev., 1969, 13: 98）

4. 宰后肌肉组织 pH 值的变化

宰后肌肉组织的呼吸途径，由有氧呼吸转变为无氧酵解，组织中乳酸逐渐积累，组织 pH 值下降。温血动物宰杀后 24h 内肌肉组织的 pH 值由正常生活时的 7.2 ～ 7.4 降至 5.3 ～ 5.5，但一般也很少低于 5.3。鱼类死后，肌肉组织的 pH 值大都比温血动物高，在完全尸僵时甚至可达 6.2 ～ 6.6。根据尸僵时肌肉 pH 值的不同，常将尸僵分为酸性尸僵、碱性尸僵和中性尸僵三种类型。在任一温度下发生的僵硬的类型完全取决于最初的磷酸肌酸、ATP 和糖原的含量，特别是受屠宰前动物体内糖原贮量的影响。如宰前的动物曾强烈挣扎或运动，则体内糖原含量减少，宰后 pH 值也因之较高，在牲畜中可达 6.0～6.6，在鱼类甚至可达 7.0，出现碱性尸僵。

动物放血后 pH 值下降的速度和程度的可变性是很大的。pH 值下降速度和最终 pH 值对肉的质量具有十分重要的影响。pH 值下降太快，则产生失色、质软、流汁（PSE）现象。宰后肌肉 pH 值变化可分为六种不同类型，如图 16-6 所示。

（1）宰后 1h 左右 pH 值降低零点几个单位，最终 pH 值为 6.5～6.8（深色的肌肉）。

（2）宰后 pH 值逐渐缓慢下降，最终 pH 值为 5.7～6.0（色稍深的肌肉）。

（3）宰后 8h 从 pH7.0 左右逐渐降低到 pH5.6～5.7。宰后 24h 降低到最终 pH 值为 5.3～5.7（正常肌肉）。

（4）宰后 3h，pH 值比较快地降低到约 5.5，最终 pH 值为 5.3～5.6（轻度 PSE）。

（5）宰后 1h，pH 值即迅速降到 5.4～5.6，最终 pH 值为 5.3～5.6（高度 PSE）。

（6）pH 值逐渐地降低到 5.0 附近（流汁严重，稍带灰色）。

可见，宰后动物肌肉保持较低的 pH 值有利于保持肌肉色泽和抑制腐败细菌的生长。

5. 宰后肌肉组织中蛋白质的变化

蛋白质对于温度和 pH 值都很敏感，由于宰后动物肌肉组织中的酵解作用，在一短时间内，肌肉组织温度升高（牛胴中的温度可由生活时的 37.6℃ 上升到 39.4℃），pH 值降低，肌肉蛋白质很容易因此而变性。这对肉糜制品如午餐肉等的品质将带来不良的影响。因此，在大型屠宰场中要将肉胴在清洗干净后立即放在冷却室中冷却。

（1）肌肉蛋白质变性 肌动蛋白及肌球蛋白是动物肌肉中主要的两种蛋白质，在尸僵前期两者是分离的，随着 ATP 浓度的降低，肌动蛋白及肌球蛋白逐渐结合成没有弹性的肌动球蛋白，这是尸僵发生的一个重要标志，在这时煮食，肉的口感特别粗糙。

肌肉纤维里还有一种液态基质，称为肌浆，肌浆中的蛋白质最不稳定，在屠后就很容易变性，牢牢贴在肌原纤维上，因而肌肉上呈现一种浅淡的色泽。

（2）肌肉蛋白质持水力的变化 肌肉蛋白质在尸僵前具有高度的持水力，随着尸僵的发生，在组织 pH 值降到最低点（pH 值 5.3～5.5）时，持水力也降到最低点；尸僵以后，肌肉的持水力又有所回升，其原因是在尸僵缓解过程中，肌肉蛋白质的自溶和 pH 值的回升以及肌肉中的钠、钾、钙、镁等阳离子的移动等造成蛋白质分子电荷增加，从而有助于水合离子的形成。

（3）尸僵的缓解与肌肉蛋白质的自溶 尸僵缓解的机制尚无最后的定论。尸僵缓解后，肉的持水力及 pH 值较尸僵期有所回升。此时，触感柔软，煮食风味好，嫩度提高。

肌肉中的组织蛋白酶类的活性在不同动物之间差异很大，如鱼肉中组织蛋白酶的活性比哺乳动物的肌肉高 10 倍左右，因而鱼类容易发生自溶腐败，特别是当鱼内脏中天然的蛋白质水解消化酶类进入肌肉中时，极易出现"破肚子"的现象。

肌内残留血液中的多晶型核白细胞含有多种水解酶类，对肌肉蛋白质的水解具有重要作用，所以放血不良的肌肉的嫩化程度要高于放血完全的肌肉。牛、兔和狗的红色肌肉的蛋白水解活性高于禽类的白色肌肉。已经证实，即使是很有效的放血，也只能大约放掉总血量的 50%。

一般认为，肌浆蛋白质是天然的蛋白水解酶类的主要底物，在用蛋白酶组分处理过的肌肉中可以看到肌肉纤维的伸长率低，还可看到肌动球蛋白、肌动蛋白、肌钙蛋白和原肌球蛋白的降解。

大多数组织蛋白酶的最适 pH 值为 5.5，在 37℃下作用。但已证实，即使在 -18℃下，宰后禽类肌肉中蛋白质的分解作用也可持续达 90 天之久。

组织蛋白酶的分解作用产生的游离氨基酸是形成肉香、肉味的物质基础之一。

一般情况下，宰后肌肉中蛋白质的水解是有限的。

第十七章　糖类的食品性质与功能

糖类与食品的加工和贮藏关系十分密切，如还原糖能使食品变褐；食品能保持有粘弹性是由于含有淀粉与果胶等；食品中所具有的甜味，大部分也是由于糖类所引起的。

第一节　单糖与低聚糖的食品性质与功能

一、物理性质与功能

1. 亲水性

单糖和低聚糖类强的亲水性是其基本和最有用的物理性质之一。糖类的羟基通过氢键与水分子相互作用，导致糖类及其许多聚合物的溶剂化和（或）增溶作用。

（1）结构与吸湿性　糖类的结构对水的结合速度与结合数量具有重要影响，见表17-1。

表17-1　糖在潮湿空气中吸收的水分（20℃）　　　　　　　　（单位:%）

糖	相对湿度与时间		
	60%（1h）	60%（9天）	100%（25天）
D-葡萄糖	0.07	0.07	14.5
D-果糖	0.28	0.63	73.4
蔗糖	0.04	0.04	18.4
麦芽糖，无水	0.08	7.0	18.4
麦芽糖，水化物	5.05	5.0	—
乳糖，无水	0.54	1.2	1.4
乳糖，水化	5.05	5.1	—

D-果糖的吸湿性比 D-葡萄糖强得多，尽管两者具有相同数量的游离羟基。在相对湿度为100%时，蔗糖和麦芽糖结合相同数量的水，但是异构乳糖的吸湿性则小得多。蔗糖和麦芽糖的水化物在饱和温度条件下形成稳定的结晶结构，不易再从周围环境中吸附水分。事实上，结晶完好的糖不易潮解，因为糖的大多数氢键部位已经参与形成糖-糖-氢键。吸湿性大小比较如下:

果糖 > 高转化糖 > 低转化和中度转化的淀粉糖 > 无水葡萄糖 > 蔗糖 > 葡萄糖 > 乳糖

（2）纯度与吸湿性　不纯的糖或糖浆比纯糖的吸湿性强，并且吸湿的速度也快，甚至当杂质是糖的端基异构体时，这个性质也是明显的。当存在少量的低聚糖时，例如在商品玉米糖浆中存在麦芽低聚糖时，这个性质就更加明显。杂质的作用是干扰定向的分子间力，主要是糖分子间形成的氢键，于是，糖的羟基能更有效地同周围的水形成氢键。

结合水的能力和控制食品水分活度是糖类最重要的性质之一。结合水的能力常被称为湿润性。限制水进入食品或者将水控制在食品中，这要取决于特定的产品。例如，在糖果糕点的生产上，硬糖果要求吸湿性低，以避免吸收水分而溶化，所以采用低转化或中转化的淀粉糖浆作为生产原料。糕饼表层的糖霜在包装后不应当变成结块，需要采用吸水能力有限的糖，例如乳糖或麦芽糖。在其他情况下，控制水分活度，特别是避免水分损失是极其重要的。糖果与焙烤食品就需要加入吸湿性较强的糖，例如玉米糖浆、高果糖玉米糖浆或转化糖。

2. 持味护色性

在许多食品中，特别是通过喷雾干燥、冷冻干燥除去了水分的食品种类，糖类对于保持颜色和挥发性风味组分是很重要的。这时，糖-水相互作用移向糖-风味物相互作用：

$$糖-水 + 风味物 \rightleftharpoons 糖-风味物 + 水$$

挥发性物质包括大量的羰基（醛和酮）和羧酸衍生物（主要是酯），通过二糖比通过单糖更能有效地保留在食物中。二糖与较大的低聚糖也是风味物的有效结合剂。环糊精（Schardinger 糊精）由于能形成包合物结构，所以能非常有效地捕集风味物与其他的小分子，如图 17-1 所示。

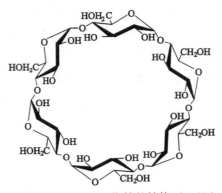

图 17-1　环六糊精的结构（α-CD）

环状糊精的结构为环状，由 D-葡萄糖以 α-1,4 苷键连结，聚合度为 6,7 或 8 个葡萄糖，分别称为 α，β，γ-环糊精。环内侧在性质上相对地比外侧憎水，当溶液中同时有亲水性物质和憎水性物质存在时，憎水性物质能被环内侧的憎水基吸附，因而环糊精能对油脂起乳化作用；对挥发性的芳香物质有留香作用；对易氧化和易光解物质有保护作用；对食品的色、香、味也具有保护作用。

较大的糖类分子也是风味物的有效固定剂，如广泛使用的阿拉伯胶。阿拉伯胶能在风味物粒子周围形成一层厚膜，阻止其吸潮、因蒸发而造成的损失以及化学氧化。阿拉伯胶和明胶混合物被用于微胶囊包封技术中，在柠檬、酸柠檬、桔子和可口可乐的乳状液中，阿拉伯胶则作为风味乳化剂使用。

3. 甜味

甜味是糖的重要性质，甜味高低，称为甜度。表 17-2 列出了一些糖和糖醇的相对甜度（以蔗糖甜度为100）。优质糖应具备甜味纯正，反应快，很快达到最高甜度，甜度高低适当，甜味消失迅速等特征。糖类的甜味依其结构、构型和物理形态而变。

糖醇已被作为甜味剂使用。有些糖醇在甜味、减少热量和（或）无热量方面优于其母体糖。

表 17-2 糖及糖醇的相对甜度 （单位：%）

糖	溶液相对甜度	结晶相对甜度	糖 醇	溶液相对甜味
β-D-果糖	100～175	180	木糖醇	90
蔗糖	100	100	山梨醇	63
α-D-葡萄糖	40～79	74	半乳糖醇	58
β-D-葡萄糖	—	82	甘露糖醇	68
α-D-半乳糖	27	32	乳糖醇	35
β-D-半乳糖	—	21		
α-D-甘露糖	59	32		
β-D-甘露糖	苦味	苦味		
α-D-乳糖	16～38	16		
β-D-乳糖	48	32		
β-D-麦芽糖	46～52	—		
棉籽糖	23	1		
淀粉糖	—	10		

4. 褐变风味

糖的非酶褐变反应除了产生颜色很深的类黑精色素外，还形成各种挥发性的风味物。这些挥发性物质常决定着热加工食品的不同风味。

对风味起作用的褐变产物本身就可能具有特殊的风味和（或）能力增加其他的风味，焦糖化产物麦芽酚和乙基麦芽酚就是这种双功能的例子。这类化合物具有强烈的焦糖气味，同时也是甜味增强剂。麦芽酚将蔗糖甜味可检测的临界浓度值降低到正常值的一半，此外，麦芽酚能影响质构和产生一种较为"温和"的感觉。而异麦芽酚作为甜味强化剂时，所产生的效果相当于麦芽酚的 6 倍。糖的热分解产物并不限于吡喃与呋喃，还包括呋喃酮、内酯、羰基、酸与酮，这些化合物的风味与气味的加和使一些食品具有特殊的香味。

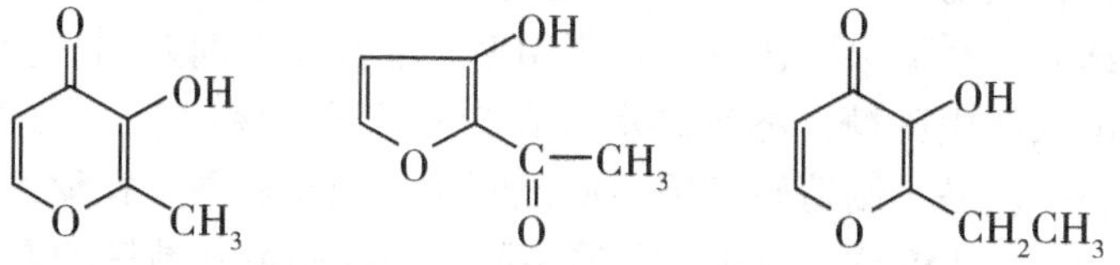

麦芽酚　　　　异麦芽酚　　　　乙基麦芽酚

当褐变涉及糖-胺反应时，也能产生挥发性的风味物质，这些产物主要是吡啶、吡嗪、咪唑和吡咯。

5. 溶解度

各种糖都能溶于水中，但溶解度不同。果糖的溶解度最高，其次是蔗糖、葡萄糖、乳糖等。各种糖的溶解度，随温度升高而增大，如表 17-3 所示。

表 17-3　**糖的溶解度**（在每 100g 水中）

糖	20℃		30℃		40℃		50℃	
	质量分数（%）	溶解度（g）	质量分数（%）	溶解度（g）	质量分数（%）	溶解度（g）	质量分数（%）	溶解度（g）
果　糖	78.94	374.78	81.54	441.70	84.34	538.63	86.63	665.58
蔗　糖	66.60	199.4	68.18	214.3	70.01	233.4	72.04	257.6
葡萄糖	46.71	87.67	54.64	120.46	61.89	162.38	70.91	243.76

葡萄糖的溶解度较低，在室温下质量分数约为 50%，浓度过高时，会有结晶析出。质量分数为 50% 的葡萄糖溶液，其渗透压还不足以抑制微生物生长，贮藏性差。工业上贮存葡萄糖溶液一般是在较高的温度贮存较高浓度的溶液。如在 55℃ 时质量分数为 70% 的葡萄糖不会结晶析出，贮存性较好。在淀粉糖浆中为了防止葡萄糖结晶析出，一般控制葡萄糖含量在 42%（以干物计）以下。

α-葡萄糖在水中的溶解速度比蔗糖慢很多，但不同葡萄糖异构体之间也存在差别。设蔗糖的溶解速度为 1.0，无水 β-葡萄糖、无水 α-葡萄糖和含水 α-葡萄糖的溶解速度分别为 1.40，0.55 和 0.35。用喷雾干燥法制造的全糖为 α 和 β 两种葡萄糖异构体，溶解速度与蔗糖相似。

果汁和蜜饯类食品利用糖作为保存剂，需要糖具有高溶解度，因为只有糖质量分数在 70% 以上才能抑制酵母、霉菌生长。在 20℃，蔗糖最高质量分数只有 66%，不能达到这种要求。淀粉糖浆最高质量分数约 80%，具有较好的食品保存性能，也可与蔗糖混合使用。在 20℃，葡萄糖最高质量分数约 50%，这种浓度保存性能差。果葡糖浆的浓度因其果糖含量不同而异，果糖含量为 42.60% 和 90% 时其质量分数分别为 71.77% 和 80%，这是因为葡萄糖的溶解度低，而果糖的溶解度高的关系。因此，果葡糖浆中果糖含量高，其保存性能比较好。

6. 结晶性

蔗糖易结晶，晶体很大，如在一定真空度下结晶，可获单晶糖。葡萄糖也易结晶，但晶体细小。果糖和转化糖较难以结晶。淀粉糖浆是葡萄糖、低聚糖和糊精的混合物，不能结晶，并能防止蔗糖结晶。在糖果制造时，要应用糖结晶性质上的差别，例如，生产硬糖果不能单独用蔗糖。若单独使用蔗糖，熬煮到水分在 3% 以下经冷却后，蔗糖就会结晶、碎裂，不能得到坚韧、透明的产品。制造硬糖果的传统方法是加有机酸，在熬糖过程中使一部分蔗糖水解成转化糖（10% ～ 15%），以防止蔗糖结晶。现在制造硬糖果的方法是添加适量淀粉糖浆（葡萄糖值 42），工艺简单，效果较好，用量一般为 30% ～ 40%。淀粉糖浆不含果糖，吸潮性较转化糖低，糖果保存性较好。淀粉糖浆含有糊精，能增加糖果的韧性、强度和粘性，使糖果不易碎裂。此外，淀粉糖浆的甜度较低，起冲淡蔗糖甜度的作用，使产品甜味温和，更加可口。但淀粉糖浆的用量不能过多，如果产品中糊精含量过多，则韧性过强，影响糖果的脆性。在 -23℃ 低温情况下，蔗糖能结晶成含水晶体 $C_{12}H_{22}O_{11} \cdot 25H_2O$ 和 $C_{12}H_{22}O_{11} \cdot 35H_2O$，这种含水晶体聚合成球形，故在冷冻食品生产中，为避免生成含水蔗糖晶体，可用淀粉糖浆代替一部分蔗糖。

7. 渗透压

在相同浓度下，溶液的相对分子质量愈小，分子数目愈多，渗透压力愈大。渗透压愈高的糖对食品保存效果愈好。35%～45% 葡萄糖溶液对败坏食品的链球菌具有较强的抑制作用，抑制效果相当于 50%～60% 的蔗糖溶液。

糖液的渗透压对于抑制不同微生物的生长是有差别的。50% 蔗糖溶液能抑制一般酵母的生长，但抑制细菌和霉菌的生长，则分别需要 65% 和 80% 的蔗糖溶液。有些酵母菌和霉菌能耐高浓度糖液，例如，蜂蜜变质就是由于耐高渗透压酵母作用的结果。果葡糖浆的糖分组成为葡萄糖和果糖，渗透压较高，不易因染菌而败坏。

8. 粘度

葡萄糖和果糖的粘度较蔗糖低，淀粉糖浆的粘度较高。淀粉糖浆的粘度随转化程度增高而降低。用酸法和酸酶法生产的淀粉糖浆，因为糖分组成有差别，所以粘度也不同。

葡萄糖的粘度随着温度升高而增大，而蔗糖的粘度则随温度升高而减小。

在食品生产中，可通过调节糖的粘度来提高食品的稠度和可口性，如在水果罐头、果汁饮料和食用糖浆中应用淀粉糖浆可增加粘稠感；在雪糕之类冷饮食品中使用淀粉糖浆，特别是低转化糖浆，能提高粘稠性，且更为可口。

9. 冰点降低

糖溶液冰点降低的程度取决于它的浓度和糖的相对分子质量大小，溶液浓度高，相对分子质量小，则冰点降低得多。葡萄糖冰点降低的程度高于蔗糖；淀粉糖浆冰点降低的程度因转化程度而不同，转化程度增高，冰点降低得多。因为淀粉糖浆是多种糖的混合物，平均相对分子质量随转化程度增高而降低。葡萄糖值 36、42 和 62 糖浆的平均相对分子质量分别为 543，430 和 296。

生产雪糕类冰冻食品，混合使用淀粉糖浆和蔗糖，冰点较单用蔗糖小。应用低转化度淀粉糖浆的效果更好，冰点降低小不但能够节约电能，还有促进冰晶颗粒细腻、粘稠度高、甜味温和等效果，使雪糕更为可口。

10. 抗氧化性

糖溶液具有抗氧化性，有利于保持水果的风味、颜色及维生素 C，不致因氧化反应而发生变化，这是因为氧气在糖溶液中的溶解量较水溶液中低很多的缘故。如在 20℃，60% 蔗糖溶液中溶解氧的量仅为水溶液中的 1/6 左右。葡萄糖、果糖和淀粉糖浆都具有相似的抗氧化性。应用这些糖溶液（因糖浓度、pH 值和其他条件不同）可使维生素 C 的氧化反应降低 10%～90%。

11. 代谢性质

胰岛素控制血液葡萄糖浓度，但对糖代谢无制约作用。能量与葡萄糖相同的糖有果糖、山梨醇和木糖醇，因而可应用于糖尿病人的食品中。口腔细菌能作用于蔗糖，因此易发龋齿，而果糖和木糖醇则不能被口腔细菌所利用。

12. 发酵性

酵母能发酵葡萄糖、果糖、麦芽糖和蔗糖，但不能发酵较大分子的低聚糖、糊精。葡麦糖浆的发酵糖含量随转化程度的升高而升高，生产面包类发酵食品以使用高转化糖浆为宜。

二、化学性质与功能

1. 水解反应

食品糖类的水解受许多因素的影响，包括 pH 值、温度、端基异构体的构型和糖环的大小。糖类的水解对食品加工或保藏具有重要影响。

糖苷键在酸性介质中比在碱性介质中易于裂解，在碱性介质中糖类是相当稳定的。由于对酸的敏感性，随着温度的增加，糖苷在酸性食品中的水解速度显著增加。

受空间位阻效应等因素的影响，端基异构体对水解反应的速度也有重要影响，β-D-糖苷水解略慢于 α-D-端基异构体。

在食品加工过程中，必须考虑蔗糖对水解反应的不稳定性。在加热时，例如焦糖化或生产糖果时，少量的食品酸或高温都能引起蔗糖的水解，生成 D-葡萄糖和果糖。这些还原糖经脱水反应最终产生期望的或不期望的特殊气味与颜色，当蛋白质存在时，由于 Maillard 反应而部分地失去其营养价值。

2. 互变异构反应

单糖，特别是还原糖，一般是以环式结构存在。少量存在的开链形式是进行某些反应所必需的结构，如环大小的转变、变旋作用和烯醇化作用等，糖均以开链形式参入。酸或碱是提高变旋速度的有效催化剂，但酸或碱的量如果超过了使还原糖变旋所需要的量，那么就会产生互变异构反应。

由于果糖的甜度超过葡萄糖 1 倍，故可利用异构化反应，以碱性物质处理葡萄糖溶液或淀粉糖浆，使一部分葡萄糖转变成果糖，以提高其甜度，这种糖液称为果葡糖浆。但是用稀碱进行异构化，转化率较低，只有 21%～27%，糖分损失 10%～15%，同时还生成有色的副产物，影响颜色和风味，精制也较困难，所以工业上未采用。异构酶能催化葡萄糖发生异构化反应而转变成果糖，无碱性催化的缺点，是工业生产果葡糖浆的方法。

3. 脱水与热降解

糖的脱水与热降解是食品加工中的重要反应，可由酸或碱催化。在这类反应中，有许多属于 β 消去类型，戊糖产生 2-糠醛作为脱水反应的主要产物，己糖产生 5-羟甲基-2-糠醛（HMF）和其他产物，如 2-羟基乙酰呋喃和异麦芽酚。这些初级脱水产物的碳链断裂又产生其他的化学物质，如乙酰丙酸、甲酸、丙酮醇、3-羟基-2-丁酮、乳酸、丙酮酸和乙酸，某些产物具有极强的气味。高温可加速这些反应，如在热加工的水果汁中产生 2-呋喃甲醛和 HMF。

在加热时糖产生了两类反应，在一类反应中，C—C 键没有断裂，如熔化、醛糖-酮糖异构化以及分子间与分子内脱水时，产生端基异构化：α 或 β-D-葡萄糖在熔化状态产生一种平衡。在另一类反应中，C—C 键发生断裂。对于较复杂的糖类，会产生葡萄糖基转移作用。即 (1→4)-α-D-连接糖基的数量随热裂时间而减少，(1→6)-α-或-β-D-甚至 (1→2)-β-D-连接方式伴随着产生。

在加工一些食品时，特别是在干热 D-葡萄糖或含有 D-葡萄糖的聚合物时，有相当数量的脱水糖生成，一些常见的产物如图17-2所示。

 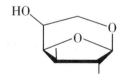 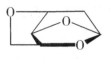

1,6-脱水-β-吡喃葡萄糖　　1,6-脱水-β-呋喃葡萄糖　　左旋葡萄糖烯酮　　1,4,3,6-二吡喃葡萄糖

图 17-2　D-葡萄糖或含有 D-葡萄糖的聚合物的热解产物

在 C—C 链断裂的热反应中产生的初级产物有挥发性酸、醛、酮、二酮、呋喃、醇、

CO 以及 CO$_2$ 等。

4. 焦糖化反应

直接加热糖类，特别是糖和糖浆，会产生一组称为"焦糖化"的复杂反应。少量的酸和某些盐可以加速此反应。温和的热解可引起端基异构体的转变及环大小的改变。如果有糖苷键存在，还会引起糖苷键的断裂，并形成新的糖苷键。然而，大多数的热解引起脱水，生成内酐环，如左旋葡聚糖，或者把双键引入糖环，后者产生不饱和环中间物，如呋喃。共轭双键吸收光，并产生颜色。在不饱和环体系中，常发生缩合，使环体系聚合化，产生良好的颜色和风味。催化剂加速反应，使反应产物具有特定类型的焦糖色、溶解性和酸性。

通常用蔗糖制造焦糖色素与风味物。将蔗糖溶液和酸或酸性铵盐一起加热以产生各种不同的产品用于食品、糖果和饮料。商业上生产三种类型的焦糖色素，生产量最大的是耐酸焦糖色素，由 NH$_4$·HSO$_3$ 催化产生，用于可乐类饮料。另一种是啤酒用焦糖色素，它的生产方法是加热含铵离子的蔗糖溶液。第三种是焙烤食品用焦糖色素，是直接热解蔗糖而产生的焦糖色素。

焦糖色素含有不同酸性的羟基、羰基、羧基、烯醇基和酚羟基。随着温度与 pH 值的增加，反应速度加快，pH 值为 8.0 时的反应速度是 pH 值为 5.9 时的 10 倍。在没有缓冲盐存在的情况下，生成了大量的腐殖质。腐殖质具有高的相对分子质量（平均分子式为 C$_{125}$H$_{155}$O$_{80}$），并略带苦味。在形成焦糖化风味过程中必须避免产生腐殖质。

2-氢-4-羟基-5-甲基呋喃-3-酮

某些热解反应产生了不饱和环体系，具有独特的味道与香味，如麦芽酚和异麦芽酚等使面包具有焙烤风味。2-氢-4-羟基-5-甲基呋喃-3-酮具有肉烤焦时产生的风味，用来增强各种调味品和甜味剂的效力。

5. 复合反应

受酸和热的作用，一个单糖分子的半缩醛羟基与另一个单糖分子的羟基缩合，失水生成双糖。若复合反应程度高，还能生成三糖和其他低聚糖，这种反应称为糖的复合反应。D-葡萄糖和 D-甘露糖主要是通过 1,6 键复合成双糖，L-阿拉伯糖则主要是通过 1,3 键复合。由 L-阿拉伯糖只得 β-二糖，由其他糖经过复合反应一般都有 α 和 β 二糖的生成。如 D-葡萄糖通过复合反应主要生成异麦芽糖（α-1,6 键）和龙胆二糖（β-1,6 键）。复合反应是很复杂的，除主要生成 α 和 β-1,6 键二糖以外，还有微量的其他二糖生成。水解反应是可逆的，而糖的复合反应则是不可逆的。

糖的浓度对复合反应进行的程度影响很大，糖的浓度越高，复合反应进行的程度越大。复合反应时有水分放出，如：

$$2C_6H_{12}O_6 \rightleftharpoons C_{12}H_{22}O_{11} + H_2O$$

所以复合反应达到平衡状态后，溶液中的水分较开始时高，浓度下降。复合程度越高，浓度差别越大。如在 14℃、pH 值为 1.5，葡萄糖质量分数为 90% 时，复合反应达到平衡后，葡萄糖的遗留量只有 28.1%，而有 71.9% 转变成复合糖。

不同种类的酸对糖复合反应的催化能力也是不相同的，对葡萄糖而言，盐酸催化作用最强，其次为硫酸、草酸等。

工业上用酸法水解淀粉生产葡萄糖。由于发生复合反应，约有 5% 的异麦芽糖和龙胆二糖生成，这些复合糖的生成不仅影响葡萄糖的产率，还会影响葡萄糖的结晶和风味。

6. 糖精酸的生成

碱的浓度增高，加热或作用时间加长，糖便发生分子内氧化与重排作用生成羧酸，此羧酸的总组成与原来糖的组成没有差异，此酸称为糖精酸类化合物。糖精酸有多种异构体，因碱浓度不同，产生不同的糖精酸。

糖精酸　　　　D-葡萄糖　　　　异糖精酸　　　　间糖精酸

三、取代蔗糖

1. 卤代蔗糖

卤代蔗糖衍生物是一类以蔗糖为原料经卤族元素取代而成的新型甜味剂，其优异的特点是高甜度、低热值、无毒、抗龋。其甜度视取代基种类和取代位置与取代限度而异，可为蔗糖的几倍、几十倍、几百倍乃至几千倍，如表 17-4 所示。

表 17-4　不同取代元素、取代位置的卤代蔗糖衍生物的相对甜度

序号	R_1	R_2	R_3	R_4	R_5	R_6	相对甜度	序号	R_1	R_2	R_3	R_4	R_5	R_6	相对甜度
蔗糖	OH	H	OH	OH	OH	OH	1	14		F		Cl	Cl	Cl	200
1	Cl						苦味	15		Cl		Cl	Cl		200
2	Cl			Cl			不甜	16		Br		Cl		Cl	375
3			Cl				5	17		Cl		Cl			500
4				Cl			20	18		Cl		Cl			600
5						Cl	20	19		Br		Br		Br	800
6				Cl			30	20		Cl		Br		Br	800
7				Cl		Cl	75	21		Cl		Cl		Cl	2000
8				Br		Br	80	22		Cl		Cl	Cl	Cl	2200
9	Cl			Cl		Cl	100	23		Cl		Cl	Br	Cl	3000
10	Cl		Cl	Cl		Cl	100	24		Cl		Cl	I	Cl	3500
11				Cl	Cl	Cl	100	25		Br		Br	Br	Br	7000
12		Cl		Cl		Cl	160	26		Br		Br	Br	Br	7500
13	Cl	Cl		Cl		Cl	200								

蔗糖分子内的羟基均可发生取代反应，反应活性随位置而异，其相对活性顺序为：

$$^{6'}C > {}^6C > {}^4C > {}^{1'}C > {}^2C > {}^3C,\ {}^{3'}C,\ {}^{4'}C$$

但反应时还受空间排列、反应性质和反应条件的制约。要合成某一特定卤代蔗糖衍生物，可采用先将蔗糖分子中需要卤代的羟基保护起来（如与三苯基氯甲烷反应，利用其良好的空间位阻效应进行保护），再对不需卤代的羟基乙酰化，然后脱去保护基进行卤代，最后脱去乙酰基等方法进行定位、定量卤代而制备特定卤代蔗糖。

2. 蔗糖酯

以 Na-K 齐为催化剂，在有皂存在时，蔗糖和脂肪酸酯反应可合成蔗糖多脂肪酸酯（SPE）。SPE 是低熔点的蜡状物或油状物，不易被动物或人体代谢吸收，可代替天然油脂用于烹调或在食品工业用作低热量油脂。SPE 对人体无副作用，可作为高胆固醇血脂症以及由之引起的动脉粥样硬

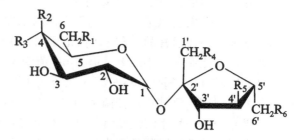

取代蔗糖（R为取代基）

化等心血管病的治疗用药，从而减少患者对食物中胆固醇的摄入，降低血胆固醇浓度。特别值得重视的是，SPE 只降低对人体有害的低密度脂蛋白（LDL）的胆固醇而不降低对人体有益的高密度脂蛋白（HDL）的胆固醇。取代度 $n = 1 \sim 3$ 的蔗糖酯可被胰脂酶水解；$n = 4$，5时可被特定情况下的胰脂酶水解；而 $n = 6 \sim 8$ 时则不被水解。所以，如取代度小于 4 时，即失去 SPE 的疗效和保健功能。蔗糖单酯和双酯是一种高效、安全的乳化剂，可作抗氧剂以防止食品的酸败，延长保存期，提高食品香味，改进食品的多种性能。

四、保健低聚糖类

在食品基料工业中，低聚糖类是指 2 ~ 10 个单糖以糖苷键连接的结合物，11 个以上的为大糖类，100 ~ 2000 个的则为多糖类。

（一）低聚糖的保健作用

人体肠道菌群对人的健康具有重大影响。当人体处于健康状态时，有益菌群占优势，其中双歧杆菌为优势菌种之一。随着年龄的增大，人体肠道内的双歧杆菌逐渐减少甚至消失。已发现多种双歧杆菌增殖的促进物质几乎都为低聚糖，称为双歧因子。不被人体胃肠水解酶类水解的低聚糖类可顺利到达大肠而成为人体肠道有益菌群的碳源，其保健作用主要是促进肠道有益菌群生长、增强免疫力和通便。

肠道有益菌群的作用：

（1）产生有机酸使肠道 pH 值下降，抑制病原菌的感染。

（2）维持肠道正常细菌群平衡，尤其是老年人和婴儿；抑制腐败细菌的生长，使肠内腐败物质减少。

（3）产生 B 族维生素，合成某些氨基酸，提高人体对钙离子的吸收。

（4）促进肠道蠕动，防止便秘。

（5）促进蛋白质的吸收。

（6）提高人体免疫力，预防抗生素类对人体的各种不良副作用。

（7）分解致癌物。

（二）常见的低聚糖

1. 蔗果寡糖（低聚果糖）

蔗果寡糖是在蔗糖分子上以 $\beta(1 \rightarrow 2)$ 糖苷键结合 1 ~ 3 个果糖的寡糖，属于果糖与葡萄糖构成的直链低聚杂糖，自然界中存在于牛蒡、洋葱、香蕉、蜂蜜、芦笋中。

蔗果寡糖的甜度为 60，且甜味特性良好，易溶于水，极易吸湿，其冻干产品接触到外部空气，很快就会失去稳定状态。蔗果寡糖的粘性、保湿性、吸湿性及在中性条件下的热稳定性都接近蔗糖，在通常的食品 pH 值范围（4.0 ～ 7.0）内，蔗果寡糖的稳定性较强，在冷冻状态下通常能保存一年以上，但在 pH 值为 3 ～ 4 的酸性条件下加热易发生分解。

蔗果寡糖具有良好的生理功效，能量值很低，在肠内不被消化吸收，不会导致肥胖，不被肠内有害菌利用，仅被双歧杆菌利用，能抑制肠道内沙门氏菌等腐败菌的生长，改善肠道环境。蔗果寡糖是一种水溶性膳食纤维，有助降低血清胆固醇和甘油三酯含量，摄入后不会引起血糖水平的波动，因此可作为高血压、糖尿病和肥胖症患者的甜味剂。蔗果寡糖不能被突变链球菌作为发酵底物生成不溶性葡聚糖，不提供口腔微生物沉积、产酸和腐蚀的场所（牙垢），代谢生成的乳酸量为蔗糖的 50% 以下，因此它是一种低腐蚀性、可防龋齿的功能性甜味剂。在化妆品中添加蔗果寡糖，对皮肤表面有害菌的生长有一定的抑制作用，因此它对皮肤保健也有作用。

蔗果寡糖的工业制法是利用微生物发酵生产的 β-果糖基转移酶或 β-呋喃果糖苷酶作用于 55% ～ 60% 的蔗糖，进行分子间转移反应进行生产；或利用内切菊粉酶催化水解菊粉进行生产，所得产品中蔗果寡糖的含量为 55% ～ 60%。

2. 大豆低聚糖

大豆低聚糖是从大豆籽粒中提取的可溶性寡糖的总称，主要成分为水苏糖、棉籽糖、蔗糖等。其甜度为 70，而热值仅为蔗糖的 1/2，是一种低能量甜味剂，可用作糖尿病人的甜味剂。含量相同的情况下，大豆低聚糖浆的粘度低于高麦芽糖浆，而高于蔗糖与高果糖浆。它的酸、热稳定性较好，在肠内不被消化吸收，可被肠道有益菌群利用。

大豆低聚糖广泛分布于植物中，尤以豆科植物为最多，其工业制法是以制造大豆蛋白时生成的副产品——大豆乳清为原料，经分离精制而成。此外，还可采取从羽扇豆提取液中分离、从豆腐黄浆水中分离，以及酶法改性的方法获得大豆低聚糖。

3. 水苏糖

水苏糖是蔗糖的葡萄糖基一侧以 1，6-糖苷键结合 2 个半乳糖而形成的非还原性糖。它广泛分布于豆科植物中，在大豆中含量为 4%。水苏糖甜度为 22，口感清爽，溶于水，不溶于乙醚、乙醇等有机溶剂。水苏糖具有良好的热稳定性，但在酸条件下热稳定性有所下降，因此，水苏糖可用于需热压处理的食品；当用于酸性饮料时，只要 pH 值不太低，在 100℃ 的杀菌条件下稳定。它在酸性环境中的储藏稳定性和温度有关，温度低于 20℃ 时相当稳定。水苏糖的保湿性和吸湿性均小于蔗糖但高于高果糖浆，渗透压接近于蔗糖。

水苏糖不能被人体消化吸收，但能被肠道双歧杆菌专一性利用，它对双歧杆菌的增殖效果优于低聚异麦芽糖和低聚果糖。水苏糖的适宜用量为 0.5 ～ 3g，过量会胀气，增加排气乃至轻泻。与许多低聚糖类似，水苏糖能促进肠内短链脂肪酸的增加，降低肠内 pH 值，润肠通便。

水苏糖的生产方法有天然提取法和酶法两种，酶法尚处于实验阶段。天然提取法以水苏属的宝塔菜（又名甘罗）、中药地黄或大豆种子为原料，经提取、精制而得。

4. 棉籽糖

棉籽糖又称蜜三糖，是除蔗糖外在植物中存在最广泛的低聚糖，并且是大豆低聚糖的主要组成成分。棉籽糖是 α-D-吡喃半乳糖（1→6）-α-D-吡喃葡萄糖-(1→2)-β-D-呋喃果糖，甜度为蔗糖的 20% ～ 40%。纯净的棉籽糖易溶于水，微溶于乙醇等极性溶剂，不溶于石油醚等非极性溶剂。属于非还原性糖，发生美拉德反应的程度较低，在酸性条件下的热稳定性较好。它没有吸湿性，是忌湿性口香糖、小甜饼干、糖果等产品的理想配料，且易与其他粉末配料混合物制成粉末状、颗粒状、片状及胶囊状功能性食品。在高湿情况下，它具有易溶的特点，与蔗糖一起共用时能抑制蔗糖可能出现的结晶析出现象，是各种中西式糕点及巧克力的良好甜味剂。

棉籽糖是双歧杆菌的增殖因子，可用于双歧杆菌和乳酸菌等活菌的保存。

目前，棉籽糖的生产主要有两种方法，一是从甜菜糖蜜中提取，另一种是从脱毒棉籽中提取。

5. 乳果糖

乳果糖又称异构乳糖、乳酮糖，是由半乳糖与果糖组成的，其甜度为 60，甜味纯正，带有清凉醇和的感觉；酸性条件下热稳定性好；在肠内不被消化吸收，摄取后不会引起血糖水平的波动，因此适合糖尿病人食用；口腔微生物不能代谢乳果糖，因此不会导致龋齿的出现；成人有效摄取量为每日 15g，可使双歧杆菌增殖 10 倍，但同时也可被部分大肠杆菌利用。

在加热或贮藏的乳制品中有微量存在，其工业制法是用碱作用于乳糖使其异构化。

6. 半乳糖基转移寡糖

半乳糖基转移寡糖又称低聚半乳糖，是由 β-半乳糖苷酶作用于乳糖制造的，其主要成分是在乳糖分子的半乳糖基上以 $\beta(1\rightarrow4)$ 键、$\beta(1\rightarrow6)$ 键结合 $1\sim4$ 个半乳糖分子的寡糖类混合物，其中以 $\beta(1\rightarrow4)$ 键占多数，属于葡萄糖和半乳糖组成的杂低聚糖。低聚半乳糖是一种天然存在的低聚糖，在动物的乳汁中有微量存在，母乳中含量较多，甜度为 $20\sim40$，在肠内不被消化吸收，可促进双歧杆菌生长而抑制肠内腐败菌生长。酸性条件下该糖有较好的热稳定性。

7. 环状低聚糖

环状低聚糖是由葡萄糖通过 $\alpha(1\rightarrow4)$ 键连接而成的环糊精，分别由 6，7，8 个糖单位组成，称为 α、β、γ-环糊精。

环糊精结构具有高度对称性，分子中糖苷氧原子是共平面的。环糊精分子呈环形，中间具有空穴的圆柱结构。由于中间具有疏水的空穴，因此可以包合脂溶性物质，如风味物、香精油、胆固醇等，可以作为微胶囊化的壁材。

8. 低聚异麦芽糖

低聚异麦芽糖又称分支低聚糖，是指葡萄糖之间至少有一个 $\alpha(1\rightarrow6)$ 糖苷键结合而成的、单糖数 $2\sim5$ 不等的一类低聚糖。

低聚麦芽糖的甜度为 $45\sim50$，粘度较低，具有良好的保湿性能。低聚异麦芽糖的耐热、耐酸性能较好。在较高温度、pH 值为 3 的酸性溶液中加热一段时间，分子仅出现很轻微的分解，因此可以在食品中广泛应用。与其他淀粉糖一样，低聚异麦芽糖具有降低冰点的性能，所以应用于冷冻食品、冰淇淋中，可缩短成形时间，降低能耗，改善品质。低聚异麦芽糖分子结构中的分支糖是通过转移反应接上去的，属于低发酵性糖，即该产品被酵母菌和乳酸菌利用程度较低。因此将其添加于一些发酵产品中，加工后仍可较完整地在食品中保存下来。

工业化生产低聚异麦芽糖是以淀粉制得的高浓度的葡萄糖浆为底物，通过 α-葡萄糖苷酶催化 α-葡萄糖基转移酶反应进行制备而得。黑曲霉和米曲霉等菌株均可产生 α-葡萄糖苷酶，由其催化产生低聚异麦芽糖的转化率超过60%。

9. 菊粉及其降解物

菊粉是由果糖经 $\beta(1\rightarrow2)$ 键连接而成的线性直链多糖，末端常带有葡萄糖。标准菊粉聚合度为 $2\sim60$，平均聚合度为 $10\sim12$，长链菊粉的平均聚合度为25，可以有效用作脂肪替代品。其中，聚合度 $2\sim9$ 时称为低聚果糖。商品菊粉为白色无定形粉末，吸湿性很强，无味。标准菊粉常含有少量单糖和双糖而略带甜味，约为蔗糖甜度的10%，而长链菊粉没有甜味。

菊粉微溶于冷水，易溶于热水，溶解度随温度的升高而增加。一般而言，pH值大于4时，它不水解，而pH值小于4时以及处于适当温度下，即被缓慢水解为果糖和葡萄糖，因此，不适用于高酸度软饮料中。但是，在凝胶状态下或者含量超过70%，由于缺乏自由水，即使在酸性或高温的条件下也十分稳定。菊粉溶液的粘度随着其浓度的增加而逐渐增大。菊粉凝胶具有良好的流变学特性，由于屈服应力低，其凝胶还具有剪切稀释和触变特性。另外，菊粉凝胶还能和明胶、海藻酸盐、卡拉胶、树胶和麦芽环糊精等结合使用，具有协同增效作用。菊粉是一种重要的水溶性膳食纤维，也是一种脂肪替代品，同时还是一种有效的双歧杆菌增殖因子。

菊粉经过酸法水解或酶法水解可以生成含75%以上 D-果糖的果糖浆或低聚果糖浆，也可直接发酵生产酒精、葡萄糖酸、山梨糖醇等。用酸水解菊粉生成果糖的同时，易产生大量副产物。而采用微生物菊粉酶水解菊粉效果很好，这已经成为目前开发果糖产品的一种新途径。

10. 偶合糖

偶合糖即葡萄糖基蔗糖，全称 α-麦芽糖基-β-D-呋喃果糖或4-α-D-吡喃葡萄糖基-蔗糖，天然存在于蜂蜜和人参中，口感接近于蔗糖，甜味纯正，而甜度只有蔗糖的一半。偶合糖是一种抗龋齿甜味料，在口腔内会抑制突变链球菌分泌葡萄糖基转移酶，从而防止不溶性葡聚糖基龋齿斑的形成。偶合糖能被肠道粘膜内的双糖水解酶所水解。

目前偶合糖主要通过酶法生产，用环糊精葡萄糖基转移酶或 α-淀粉酶作用于含淀粉（或淀粉部分水解液）和蔗糖的水溶液制备偶合糖；或用果聚糖蔗糖酶作用于含蔗糖（或棉籽糖）和麦芽糖的水溶液进行制备。此外，也可用 α-葡萄糖苷酶作用于含低聚麦芽糖（麦芽糖、麦芽三糖和麦芽四糖）和蔗糖的溶液进行生产。

11. 低聚木糖

低聚木糖是由 $2\sim7$ 个木糖以糖苷键连接而成的低聚糖，以二糖和三糖为主。自然界存在许多富含木聚糖的植物，如玉米芯、甘蔗和棉籽等。木聚糖经酶水解或酸水解、热水解后可以得到低聚木糖。低聚木糖中，木二糖的甜度为40，甜味纯正，类似蔗糖。低聚木糖浆的粘度很低，且随温度升高而迅速下降。

与其他低聚糖相比，低聚木糖的突出特点是稳定性好。低聚木糖在较宽的pH值范围（$2.5\sim8.0$，尤其在酸性范围，在低pH值的胃液）和较高温度（高至100℃）能保持稳定，在消化系统中不被消化酶水解，对胃肠道有益菌群有促进作用。另外，低聚木糖无龋齿性并具有抗龋齿性，适合作为儿童食品的甜味添加剂。

工业化生产低聚木糖一般以木质纤维素类物质（LCMs）为原料，如富含木聚糖的玉米芯、甘蔗渣、棉籽壳、燕麦、桦木等。

12.　低聚壳聚糖

甲壳素又名几丁质、甲壳质或壳多糖，是许多低等动物特别是节肢动物如虾、蟹、昆虫等外壳的重要成分，也存在于低等植物如菌藻类和真菌的细胞壁中。

低聚壳聚糖是一种白色或灰白色、略有珍珠光泽、半透明状固体，无毒无味，可生物降解。低聚壳聚糖分子中大量的强极性基团—NH_2和—OH，其水溶性随着相对分子质量下降而显著上升，同时具有良好的吸湿保湿功能。

低聚壳聚糖具有良好的生理活性，能提高巨噬功能，具有促进脾抗体生成、抑制肿瘤生长的活性，能诱发植物中几丁质酶的活性，从而启动对真菌病原体的防御机制。壳聚糖具有明显的抗菌抑菌作用，壳聚糖的降解产物低聚壳聚糖也有抗菌抑菌能力，但抗菌活性与聚合度或相对分子质量有关，有研究发现聚合度小于7时抗菌活性下降。

目前，利用酶法水解壳聚糖生产低聚壳聚糖的酶分为两类：一类是采用专一性酶水解甲壳素或壳聚糖，专一性酶包括壳聚糖酶、甲壳素酶和溶菌酶。另一类是采用非专一性酶水解，现已发现有30多种非专一性酶可以降解壳聚糖。

13.　低聚龙胆糖

天然低聚龙胆糖是由葡萄糖以 $\beta(1\rightarrow6)$ 糖苷键连接而成的低聚糖，主要有龙胆二糖、龙胆三糖、龙胆四糖等。存在于龙胆属植物的茎、根组织，另外，蜂蜜和海藻多糖中也含有低聚龙胆糖结构。

低聚龙胆糖具有传统玉米糖浆所没有的、能提神的独特苦味，特别适用于咖啡和巧克力制品，这种苦味可能由葡萄糖基之间羟基的立体化学引起。龙胆二糖、龙胆三糖、龙胆四糖的保湿性、吸湿性都比蔗糖和麦芽糖浆高，有利于食品中水分的保持，可用于防止淀粉食品的老化。低聚龙胆糖不易被人体消化酶所消化，因此可用作低能量甜味剂，同时它还具有一定的抗龋齿性。人摄入低聚龙胆糖后，可促进肠道内双歧杆菌和乳酸杆菌的增殖。

工业化生产低聚龙胆糖主要通过酶法，利用酶缩合反应的特异性，以高浓度的葡萄糖为原料，先通过 β-葡萄糖苷酶的转糖苷作用及缩合作用，合成低聚龙胆糖混合物，再经过分离精制便可制得不同规格的低聚龙胆糖制品。

14.　异麦芽酮糖

异麦芽酮糖天然存在于蜂蜜和甘蔗汁中，由葡萄糖与果糖以 $\alpha(1\rightarrow6)$ 糖苷键结合而成，是一种结晶状的还原性二糖。甜味特性和外观都和蔗糖很相似，无任何异味，甜度是蔗糖的42%，而且不随温度变化。室温下，其溶解度只有蔗糖的一半，随着温度的升高，溶解度会急剧增加，80℃时可达蔗糖的85%。与颗粒状蔗糖和乳糖不同，异麦芽酮糖没有吸湿性，即使添加1.5%～15%的柠檬酸，其吸湿性也不会增强。对于含有机酸或维生素C的食品来说，用异麦芽酮糖作甜味剂比用蔗糖更为稳定。它的抗酸水解能力很强，水解速度较蔗糖慢，吸收速度也比蔗糖慢得多，因此可用作糖尿病患者的甜味剂。此外，异麦芽酮糖的致龋性很低。

目前工业化生产异麦芽酮糖，主要是利用 α-葡萄糖基转移酶将蔗糖中的 $\alpha(1\rightarrow2)$ 键转化为 $\alpha(1\rightarrow6)$ 键。在蔗糖和异麦芽酮糖之间存在着一个转化平衡，这个平衡有利于蔗糖转化成异麦芽酮糖。这种生产方法成本较高，且转化率、产量都有限。用转基因植物生产异麦芽酮糖的方法是将 *Erwinia rhapontic* 中的蔗糖异构酶基因（*pal* I）在植物中表达，植物中的大量蔗糖就可转化为异麦芽酮糖。

15．低聚异麦芽酮糖

低聚异麦芽酮糖也称低聚帕拉金糖，它是异麦芽酮糖的果糖基部分由 2, 1 位连接而成，单糖数平均为 6 ～ 8 个。低聚异麦芽酮糖的甜感与砂糖相似，高浓度时略有涩感，耐热，基本不能被唾液、胃液和小肠所分解而直接到达大肠，能调节肠道菌群，使双歧杆菌明显增加。

低聚异麦芽酮糖的生产制备是在高纯度的结晶异麦芽酮糖中加 0.04% 的无水柠檬酸溶液进行溶解，溶液水分含量 1%，在 135℃ 下缩聚即得到低聚异麦芽酮糖。

16．低聚纤维糖

低聚纤维糖是由 2 ～ 10 个葡萄糖以 $\beta(1\rightarrow 4)$ 键结合而成的低聚糖混合物。低聚纤维糖属于难消化、低甜度的低聚糖，具有低聚糖共有的各种功能特性，尤其是促进各种双歧杆菌（短双歧杆菌、两双歧杆菌、青春双歧杆菌）繁殖的能力很强。

低聚纤维糖的生产方法为：将纤维素（纸浆）用酸处理使之膨润柔软后，用 Cellvivriogilvas 细菌所产生的特殊纤维素酶（能产生较多的纤维二糖）进行酶解，经超滤膜除去葡萄糖，经活性炭除去非纤维素杂质，然后浓缩、干燥而成。

17．低聚甘露糖

低聚甘露糖是一类由 2 ～ 10 个甘露糖以糖苷键聚合而成的直链或支链低聚糖，易溶于冷水，水溶液呈中性，无色透明，对热、酸非常稳定。除了具有功能性低聚糖的一些功效外，它还具有吸附病原体的作用，对沙门菌和梭状芽孢杆菌有吸附作用并可以和胃肠道内粘膜上皮细胞表面的细胞凝聚素（PHA）特异性结合，使竞争性抑制细菌在肠壁上附着增殖。低聚甘露糖与细菌结合后，减缓抗原的吸收，刺激机体的免疫系统，从而提高动物体的免疫能力。

18．塔格糖

塔格糖是半乳糖的酮糖形式，是果糖的对映异构体，甜味特性与蔗糖相似。它是一种天然存在的单糖，在许多食品、某些植物及药物中都含有。塔格糖在酸性条件下的稳定性很好，不被机体消化吸收。甜味特性与蔗糖相似，无任何不良异味或后味，甜度为 92，是一种很好的低能量食品甜味剂和填充剂。同时，它还具有多种生理功效，包括抑制高血糖、改善肠道菌群、不致龋齿、抑制齿蚀斑等。2001 年，美国 FDA 批准塔格糖为 GRAS。

塔格糖的生产一般以半乳糖为原料，通过化学方法或酶法进行异构化反应而成，其中，半乳糖原料可由乳糖水解得到。

琼脂低聚糖、低聚氨基葡萄糖、旋复花素部分水解物、果聚糖部分水解物、甘露聚糖部分水解物等对肠道有益菌群均有一定的促进作用。

第二节　多糖的食品性质与功能

一、多糖的结构与功能

在食品中存在着大量的多糖，但只有淀粉和糖原易为人体消化，大部分膳食多糖，如蔬菜、水果等食物的细胞壁组分——纤维素和半纤维素等是不溶于水和难以消化的。这些多糖相对惰性的结构决定了食品的物理紧密度、脆性和良好的口感。膳食纤维促进肠的蠕动而有益于人体健康。食品中其余的多糖是水溶性或水分散性的，起着多种多样的作用，如提供硬度、脆性、紧密度、稠性、粘度、粘附力、凝胶形成能力和口感。多糖使食品形成一定的结构和各种形状，如脆的、软的、吸水膨胀的、形成凝胶的或者是完全可溶的。

自然界存在的多糖是由戊糖或己糖、醛糖或酮糖，以及一些单糖衍生物，如糖醛酸、氨基糖等，以1,4及1,6键连结成的高聚物。在链中的每个糖基单位具有一些可以形成氢键的部位，糖基中的每个羟基氢或羟基氧都可结合水分子，从而使每个链单位均可完全溶剂化。这一特性对整个多糖分子的水溶性具有重要作用。如果多糖分子是完全均匀的直链分子，并且这些长链是完全展开的，则多糖分子所在大部分链段相互紧密地结合在一起，这时糖基的水化度降到最低。如在纤维素的结构中，一个分子的一个较长链段可与另一个分子的相似链段结合而形成纤维素分子平行排列的结晶区。纤维素分子之间主要通过氢键相结合，因此，这些部位不能再参与水-纤维素氢键的形成，于是这些结晶区域不溶于水，并且非常稳定，所以多糖是不溶于水的。

然而，在结晶排列中只涉及每个纤维素分子的某些部分，纤维素分子的其他部分与别的纤维素分子缠绕在一起，使链间不能很好地结合或者不存在结合，在这些区域没有结晶排列，能强烈地与水形成氢键，所以在无结构的无定形区域是高度水化的。

一般规律是，当均匀的多糖线性分子进入中性 pH 值溶液时，某些链段以结晶形式与同类的相邻分子相互作用，水从这些结晶结合区中排出。如果室温不足以将结合的链段拉开，则能形成稳定的结晶结合区。当链的热运动引起相邻糖基单位以拉链形式结合在一起时，结合区则可以继续延长。如果较多的分子加入结合区，就会形成颗粒，当颗粒达到一定的大小时，由于重力的作用而产生沉淀。由庞大的分子结晶所引发的不溶解效应在淀粉中称为老化。伴随老化而出现的排斥水的过程称为脱水收缩。

在某些情况下，结晶结合区并没有按上述方式长大，仅保留两个分子的链段。此时，在其他链段很可能形成另外一个结晶区，包括原有两个分子中的一个和一个新分子。每个多糖分子一般参与两个或两个以上的结晶区，这些分子缔合成三维网状结构，而溶剂水分子分散在整个结构中，从而使溶液转变成一种独特的结构——凝胶。

凝胶的强度完全取决于把整个结构连在一起的结晶结合区的强度。如果结合区的长度是短的，且链不是牢固地结合在一起，则在物理压力下或者由于温度略为提高而伴随聚合分子链运动的增加将导致分子相互分离，这种凝胶是弱的和热不稳定的。如果分子链的长片段存在于结合区，链段结晶结合区的相互作用力就强到足以承受所施加的压力或者热处理，这种凝胶是硬的和热稳定的。因此，通过适当地控制结合区就能产生许多具有不同硬度和稳定性的凝胶。

支链分子或杂多糖不能很好地相互配合，不能形成具有足够大小和强度的结合区。这些分子只能简单地形成粘而稳定的溶液。含有带电基团的分子，如含有羧基的多糖，其负电荷引起相互接近的链段之间的静电斥力而阻止了结合区的形成，因此，也只会简单地形成粘而稳定的溶液。

所有可溶性的多糖均属大分子，因而产生粘性的溶液。粘度取决于分子大小、形状和电荷。如果分子带有羧基等负电基团，则基团电离产生的电荷效应在很宽的 pH 值范围（除很低的 pH 值外）内都是很大的。对于含有羧基的多糖，在 pH 值为 2.8 时电荷效应达到最小，此时羧基的离子化受到抑制，聚合物的性质像一个中性分子。

电解质的存在对粘度也有影响，因为电解质影响大分子的构象、结合区的大小以及反离子的性质。反离子的作用类似于聚合物流动的阻止剂。

当一个带电的聚合物分子在流动时接近或超过另一个类似分子时，由于静电斥力，它必须改变流动路线才能绕过或超过另一分子，于是流动阻力增加。如果带电的多糖分子是分支的，会倾向于完全膨胀；如果是线性的，则倾向于完全伸展。因而多糖分子在溶液中占有最大的空间，造成对流动的最大阻力。

由于空间效应，所有的线性分子不管是否带电，都与相对分子质量相同，但具有高度分支或灌木形的分子相比，在旋转时需要更多的空间，因此，线性多糖溶液比支链多糖溶液粘性大。

任何使溶解的直链分子更为伸展的因素都能引起粘度的增加。相反，任何使线性分子紧密堆积或卷曲的因素都能降低溶液的粘度。在食品中，非凝胶的形成组分能通过对多糖的影响而影响粘度。如单糖、低聚糖等能有效地与多糖竞争水分子而导致多糖分子卷曲，形成较多的多糖-多糖氢键以代替水-多糖氢键，这就导致凝胶的形成或凝胶的加固。盐以同样的方式竞争水，但是它们也能以多糖的反离子参与作用，降低排斥效应，产生分子卷曲，去溶剂化，甚至可使多糖分子沉淀。

另外，通过交联也能产生多糖凝胶，这类凝胶不会有通常的结合区。这种方法包括不同类型多糖的协同作用，使粘度增加，最终形成凝胶，如角豆胶与角叉胶之间形成的凝胶。用双官能的桥联试剂如双官能酸或环氧化物连接多糖分子是重要的化学交联法，这种交联通常是由磷酰氯、马来酸酐或琥珀酸酐产生的，也可采用3-氯-1,2-环氧丙烷在两个多糖间形成醚键。

二、淀粉

（一）淀粉的特性

淀粉是大多数植物的重要贮藏物，在种子、茎、根中含量丰富。在所有的多糖中，淀粉是唯一的以分离的小颗粒形式存在于生物细胞中的多糖类。淀粉颗粒是在植物细胞中合成的，其形状取决于植物的生物合成体系和组织环境。如处在中心粉质胚乳中的淀粉粒是圆形的，处在外层富含蛋白质的角状胚乳中时是多角形的。所以，淀粉颗粒的大小与形状依植物的品种而不同。在显微镜下观察，可根据其形状来识别不同来源的淀粉。

所有的淀粉颗粒显示出一个裂口，称为淀粉的脐点。它是成核中心，淀粉颗粒围绕着脐点生长。大多数淀粉颗粒在中心脐点的周围显示多少有点独特的层状结构，是淀粉的生长环，称为轮纹。在偏振光显微镜下观察，淀粉颗粒呈现黑色的十字，将颗粒分成四个白色的区域，称为偏光十字。不同品种来源的淀粉，其偏光十字的位置、形状和明显程度都有差别。用偏振光显微镜观察淀粉颗粒有双折射现象，表明淀粉有晶体结构。一般淀粉颗粒的晶体结构约占60%，其余部分为无定形结构。

直链淀粉分子倾向于形成螺旋结构，并将其他分子，如脂肪酸或适当大小的烃类卷入其中，这些不按化学计量生成的复合物称为包合物。由于分子内形成氢键，直链淀粉在溶液中以双螺旋的形式存在，甚至在淀粉颗粒中也可能以这种状态存在。

淀粉分子的螺旋形结构对有机化合物的吸附作用，随直链淀粉和支链淀粉分子形状的不同而有差异，易与含极性基团的有机化合物通过氢键缔合，失去水溶性而结晶析出。应用这一特性，在粮食淀粉溶液中，加入足够量的丙醇、丁醇、戊醇或己醇，可使直链淀粉充分吸附而结晶析出，这样就可将直链淀粉和支链淀粉分离开来。

纯支链淀粉易分散于冷水中，而直链淀粉则相反。天然淀粉粒完全不溶于水。在 60 ～ 80℃的热水中，天然淀粉发生溶胀，直链淀粉分子从淀粉粒向水中扩散，形成胶体溶液，而支链淀粉则仍保留在淀粉粒中。这是由于天然淀粉中的支链淀粉构成连续有序的立体网络，直链淀粉分子分散于其中，形成固-固溶液，此时的直链淀粉分子处于无序的亚稳态。在热水中，直链淀粉的螺旋线形分子伸展成直线形，从网络中逸出，分散于水中。但当所形成的胶体溶液冷却后，直链淀粉即沉淀析出，并且不能再分散于热水中。如果溶胀后淀粉粒在热水中再加热，并加以搅拌，于是支链淀粉便分散成稳定的粘稠胶体溶液，冷却后也无变化。纯直链淀粉与支链淀粉在水中分散性能的不同，也可以从分子结构及其性质的关系来解释。从结构上说，直链淀粉分子间在氢键作用下形成束状结构，不利于与水分子形成氢键；而支链淀粉由于高度的分支性，相对来说结构比较开放，有利于与水分子形成氢键，因而有助于支链淀粉分散在水中。

淀粉水溶液呈右旋光性，$[\alpha]_D^{20°} = (+)201.5° \sim 205°$，平均相对密度为 1.5 ～ 1.6。

（二）淀粉的糊化和老化

1. 淀粉的糊化

生淀粉分子排列得很紧密，形成束状的胶束，彼此之间的间隙很小，即使水分子也难以渗透进去。具有胶束结构的生淀粉称为 β-淀粉。β-淀粉在水中经加热后，一部分胶束被溶解而形成空隙，于是水分子浸入内部，与一部分淀粉分子进行结合，胶束逐渐被溶解，空隙逐渐扩大，淀粉粒因吸水而使体积膨胀数十倍，生淀粉的胶束即行消失，此现象称为膨润现象。

继续加热胶束则全部崩溃，淀粉分子形成单分子，并为水所包围，而成为溶液状态。由于淀粉分子是链状或分枝状，彼此牵扯，结果形成具有粘性的糊状溶液。这种现象称为糊化，处于这种状态的淀粉称为 α-淀粉。

糊化作用可分为三个阶段：①可逆吸水阶段，水分进入淀粉粒的非晶质部分，体积略有膨胀，此时冷却干燥，可以复原，双折射现象不变；②不可逆吸水阶段，随温度升高，水分进入淀粉微晶间隙，不可逆大量吸水，结晶"溶解"；③淀粉粒解体阶段，淀粉分子全部进入溶液。

各种淀粉的糊化温度不相同，即使用同一种淀粉在较低的温度下糊化，因为颗粒大小不一，所以糊化温度也不一致。通常用糊化开始的温度和糊化完成的温度表示淀粉糊化温度，表 17-5 列出了几种淀粉的糊化温度。

表 17-5　几种淀粉的糊化温度

淀　粉	开始糊化温度（℃）	完全糊化温度（℃）	淀　粉	开始糊化温度（℃）	完全糊化温度（℃）
粳　米	59	61	玉　米	64	72
糯　米	58	63	荞　麦	69	71
大　麦	58	63	马铃薯	59	67
小　麦	65	68	甘　薯	70	76

淀粉糊化、淀粉溶液粘度以及淀粉凝胶的性质不仅取决于温度，还取决于共存的其他组分的种类和数量。在许多情况下，淀粉和糖、蛋白质、脂肪、食品酸以及水等物质共存。

高浓度的糖能降低淀粉糊化的速度、粘度的峰值和凝胶的强度，二糖在升高糊化温度和降低粘度峰值等方面比单糖更有效。糖通过增塑作用和干扰结合区的形成而降低凝胶强度。

脂类，如三酰基甘油（脂肪与油）以及脂类衍生物，如一酰基甘油和二酰基甘油乳化剂，也影响淀粉的糊化。能与直链淀粉形成复合物的脂肪推迟了颗粒的膨胀。在糊化淀粉体系中加入脂肪，如果不存在乳化剂，则对粘度值无影响，但降低了达到最大粘度的温度。例如，在玉米淀粉-水悬浮液糊化过程中，在92℃达到最大粘度。

加入具有16～18碳原子脂肪酸组分的一酰基甘油使糊化温度提高，达到最大粘度的温度也增加，而凝胶形成的温度与凝胶的强度则降低。一酰基甘油的脂肪酸或脂肪酸组分能与螺旋形直链淀粉形成包合物，也可与支链淀粉较长的外围链形成包合物，因淀粉螺旋内部的疏水性高于外部，脂-淀粉复合物的形成干扰结合区的形成，能有效地阻止水分子进入淀粉颗粒。

由于淀粉具有中性特征，低浓度的盐对糊化或凝胶的形成影响很小。含有一些磷酸盐基团的马铃薯支链淀粉和人工离子化淀粉则受盐浓度的影响。对于一些盐敏感性淀粉，依条件的不同，盐可增加或降低其膨胀度。

酸普遍存在于许多淀粉增稠的食品中。大多数食品的pH值范围在4～7，这样的酸浓度对淀粉膨胀或糊化影响很小。在pH值为10.0时，淀粉膨胀的速度显著增加。在低pH值时，淀粉糊的粘度峰值显著降低，并且在烧煮时粘度快速下降。在低pH值时，淀粉发生水解，产生了糊精。在淀粉增稠的酸性食品中，为避免酸度下降，一般使用交联淀粉。

在许多食品中，淀粉和蛋白质间的相互作用对食品的质构产生重要影响。淀粉和蛋白质在混合时形成了面筋，在有水存在的情况下加热，淀粉糊化而蛋白质变性，使焙烤食品具有一定的结构。

2. 淀粉的老化

经过糊化后的α-淀粉在室温或低于室温下放置一段时间后，会变得不透明甚至凝结而沉淀，这种现象称为老化。这是由于糊化后的淀粉分子在低温下又自动排列成序，相邻分子间的氢键又逐步恢复形成致密、高度晶化的淀粉分子微束的缘故。

老化过程可看做是糊化的逆过程，但是老化不能使淀粉彻底复原到生淀粉（β-淀粉）的结构状态，它比生淀粉的晶化程度低。不同来源的淀粉，老化难易程度并不相同。这是由于淀粉的老化与所含直链淀粉及支链淀粉的比例有关，一般是直链淀粉较支链淀粉易于老化。直链淀粉愈多，老化愈快。支链淀粉几乎不发生老化，其原因是它的结构呈三维网状空间分布，妨碍微晶束氢键的形成。

老化后的淀粉与水失去亲和力，并且难以被淀粉酶水解，因而也不易被人体消化吸收。淀粉老化作用的控制在食品工业中有重要意义。

淀粉含水量为30%～60%时较易老化，含水量小于10%或在大量水中则不易老化。老化作用的最适宜温度为2～4℃，大于60℃或小于-20℃都不发生老化。在偏酸（pH值4以下）或偏碱的条件下也不易老化。

为防止老化，可将糊化后的α-淀粉，在80℃以下的高温迅速除去水分（水分含量最好达10%以下）或冷至0℃以下迅速脱水，这样淀粉分子已不可能移动和相互靠近，成为固定的α-淀粉。α-淀粉加水后，因无胶束结构，水易于浸入而将淀粉分子包蔽，不需加热，亦易糊化。这就是制备方便食品的原理，如方便米饭、方便面条、饼干、膨化食品等。

（三）淀粉的水解反应

1. 水解产品

淀粉与水一起加热很容易发生水解反应，当与无机酸共热时，可彻底水解为 D-葡萄糖。根据淀粉水解的程度不同，工业上利用淀粉水解生产下列几种产品：

（1）糊精 在淀粉水解过程中产生的多苷链断片，统称为糊精。糊精具有旋光性、粘性、还原性，能溶于水，不溶于酒精。工业上制造糊精是将含水量 10% ～ 20% 的淀粉加热至 200 ～ 250℃，淀粉即裂解成较小的断片。糊精化程度低的淀粉，仍能与碘形成蓝色复合物，但较普通淀粉易溶于水，一般称为可溶性淀粉。普通淀粉在稀酸（7%）中于常温下浸泡 5 ～ 7 天，即得化学实验室常用的可溶性淀粉指示剂。各种糊精的特性列于表 17-6。

表 17-6　各种糊精的特性

糊精名称	与碘反应	$[\alpha]_D^{20°}$	沉淀所需乙醇体积分数
淀粉糊精	蓝	+ 190° ～ 195°	≥40%
显色糊精	褐色	+ 194° ～ 196°	≥65%
消色糊精	无色	+ 192°	>70%
麦芽糊精	无色	+ 181° ～ 182°	>70%

（2）淀粉糖浆 淀粉糖浆是淀粉不完全水解的产物，为无色、透明、粘稠的液体；贮存性好，无结晶析出，糖分组成为葡萄糖、低聚糖、糊精等。各种糖分组成的比例因水解的程度和生产工艺不同而不同。淀粉水解可以得到多种淀粉糖浆，它们具有不同的物理化学性质和不同的用途。淀粉糖浆可分为高、中、低转化糖浆三大类。工业上用葡萄糖值（称为 DE 值）表示淀粉水解的程度。工业上生产最多的是中等转化糖浆，其 DE 值为 38 ～ 42。

（3）麦芽糖浆 麦芽糖浆也称为饴糖，其主要糖分是麦芽糖，呈浅黄色，甜味温和，且具有特有的风味。工业上利用麦芽糖酶（β-淀粉酶）水解淀粉来制得。

利用麦芽糖具有与水或极性化合物形成络合物的性质，将其添加于食品中，可增强食品的保水及保香性能。麦芽糖也常用作酶的填充剂，以提高酶的稳定性。麦芽糖浆中含有大量的糊精，具有良好的抗结晶性，用于果酱、果冻等的制造时可防止蔗糖的结晶析出，从而延长商品的保存期。

高麦芽糖浆经脱色、离子交换精制，外观澄净如水。用高麦芽糖浆代替淀粉糖浆制造硬糖，不仅制品口感柔和，甜度适中，而且具有良好的透明度及较好的抗砂抗烊性，可延长保存期。高麦芽糖浆因含较少的蛋白质、氨基酸等可与糖类发生美拉德反应的物质，其热稳定性好，常用于制造糖果及果冻、糕点、饮料等产品。

（4）葡萄糖 葡萄糖是淀粉水解的最终产物，经过结晶分离后，即得到结晶葡萄糖。结晶葡萄糖有含水 α-葡萄糖、无水 α-葡萄糖和无水 β-葡萄糖三种。前一种产量最大，生产也较普遍。

采用酶法水解淀粉，其糖化液含葡萄糖达 95% ～ 97%（以干物质计），其余为少量的低聚糖。由于它们纯度高，甜味正，可省去结晶工序，能直接喷雾成颗粒产品，故称为全糖。也可将水解产物凝固，然后切削成粉末，这种产品称为粉末葡萄糖。

2. 水解方法

工业上水解淀粉有酸水解法、酶水解法和酸-酶水解法三种方法。

（1）酸水解法　以无机酸为催化剂使淀粉发生水解反应，转变成葡萄糖的方法称酸水解法。这个工序在工业上称为"糖化"。一般是用盐酸（约 0.12%）处理淀粉（30% ~ 40% 的淀粉糊），并将此混合物在 140 ~ 160℃下加热 15 ~ 20min 或达到所需要的 DE 值时为止，当水解结束时，停止加热，并用苏打粉末（Na_2CO_3）将此混合物中和至 pH 值 4 ~ 5.5，经离心、过滤和浓缩后获得纯的酸转化淀粉糖浆。

淀粉在酸和热的作用下，水解生成葡萄糖，同时，在一定条件下，有一部分葡萄糖发生复合反应和分解反应。复合反应和分解反应不利于葡萄糖生产，增加了糖化液精制的困难，所以在工业生产上应尽可能降低这两种反应。

不同来源的淀粉对酸水解的难易有差别。马铃薯淀粉较玉米、麦子、高粱等谷类淀粉易水解，大米淀粉则较难水解。

无定形结构淀粉较晶体结构淀粉易水解。淀粉粒中的支链淀粉较直链淀粉易水解。α-1,4 苷键水解速度较 α-1,6 苷键快。

水解反应还与温度、浓度和催化剂有关，催化效能较高的为盐酸和硫酸。

（2）酶水解法　酶水解在工业上称为酶糖化。酶糖化经过糊化、液化和糖化等三道工序。淀粉颗粒的晶体结构抗酶作用力强，因此，淀粉酶不能直接作用于淀粉，需事先加热淀粉乳，使其糊化，破坏其晶体结构。糊化后的淀粉在液化酶（α-淀粉酶）的作用下水解成糊精和低聚糖，使粘度降低，流动性增大，为糖化创造条件，加快糖化速度。

能作用于淀粉水解的酶总称为淀粉酶。淀粉水解应用的淀粉酶主要为 α-淀粉酶、β-淀粉酶和葡萄糖淀粉酶，后者又称为糖化酶。

（3）酸-酶水解法　这是酸法水解与酶法水解相结合的一种淀粉水解法。先用酸法水解淀粉至一定的水解度，随后再用酶处理。在实际应用时，则取决于所需要的最终产物的性质。在生产 62DE 玉米糖浆时，先用酸将淀粉转化至 45 ~ 50DE，中和并澄清后将酶加入，通常采用 α-淀粉酶。淀粉水解到约 62DE 时，用加热的方法使酶失活。

（四）改性淀粉

为了适应各种使用的需要，需将天然淀粉经化学处理或酶处理，使淀粉原有的物理性质发生一定的变化，如水溶性、粘度、色泽、味道、流动性等。这种经过处理的淀粉总称为改性淀粉。改性淀粉的种类很多，有可溶性淀粉、漂白淀粉、交联淀粉、氧化淀粉、酯化淀粉、醚化淀粉、磷酸淀粉、接枝淀粉等。

1. 可溶性淀粉

可溶性淀粉是经过轻度酸或碱处理的淀粉，其淀粉溶液热时有良好的流动性，冷凝时能形成坚柔的凝胶。α 化淀粉则是由物理处理方法生成的可溶性淀粉。

生产可溶性淀粉的一般方法是在 25 ~ 55℃的温度下，用盐酸或硫酸作用于 40% 玉米淀粉浆，处理的时间可由粘度降低来决定，为 6 ~ 24h。用纯碱或者稀 NaOH 中和水解混合物，再经过滤和干燥得到改性淀粉。

可溶性淀粉用于制造胶姆糖和糖果。

2. 酯化淀粉

淀粉的糖基单体含有三个游离羟基，能与酸或酸酐形成酯，其取代度能从 0 变化到最大值 3，常见有淀粉醋酸酯、硝酸淀粉、磷酸淀粉和黄原酸酯等。

工业上用醋酸酐或乙酰氯在碱性条件下作用淀粉乳而制备淀粉醋酸酯，基本上不发生降解作用。低取代度的淀粉醋酸酯（取代度＜0.2，乙酰基5％）糊的凝沉性弱，稳定性高，用醋酸酐和吡啶在100℃进行酯化而获得。三醋酸酯含乙酰基44.8％，能溶于醋酸、氯仿和其他氯烷烃溶剂中，其氯仿溶液常用于测定粘度、渗透压力、旋光度等。

利用 CS_2 作用于淀粉得黄原酸酯，用于除去工业废水中的铜、铬、锌和其他多种重金属离子，效果很好。为使产品不溶于水，使用高程度交联淀粉为制备原料。

硝酸淀粉为工业上应用很早的淀粉酯衍生物，用于炸药生产。用 N_2O_5 在含有 NaF 的氯仿液中氧化淀粉能得到完全取代的硝酸淀粉，可用于测定相对分子质量。

磷酸为三价酸，与淀粉作用生成的酯衍生物有磷酸淀粉一酯、二酯和三酯。用正磷酸钠和三多磷酸钠（$Na_5P_3O_{10}$）进行酯化，得磷酸淀粉一酯。磷酸淀粉一酯糊具有较高的粘度、透明度、胶粘性。用具有多官能基的磷化物，如三氯氧磷（$POCl_3$）进行酯化时可得一酯和交联的二酯、三酯混合物产品。二酯和三酯称为磷酸多酯，属于交联淀粉。因为淀粉分子的不同部分被羟酯键交联起来，淀粉颗粒的膨胀受到抑制，糊化困难，粘度和稳定性均增高。

酯化度低的磷酸淀粉可改善某些食品的抗冻结-解冻性能，降低冻结-解冻过程中水分的离析。

3. 醚化淀粉

淀粉糖基单体上的游离羟基可被醚化而得醚化淀粉。甲基醚化法为研究淀粉结构的常用方法。用二甲基硫酸和 NaOH 或 AgI 和 Ag_2O 制备醚，游离羟基被甲氧基取代，水解后根据所得甲基糖的结构确定淀粉分子中葡萄糖单位间联结的糖苷键。工业生产一般用此法，特别是制备低取代度的甲基醚。制备高取代度的甲基醚则需要重复甲基化操作多次。

低取代度甲基淀粉醚具有较低的糊化温度、较高的水溶解度和较低的凝沉性。取代度1.0的甲基淀粉能溶于冷水，但不溶于沸水和氯仿。随着取代度的再提高，水溶解度降低，氯仿溶解度增高。

颗粒状或糊化淀粉在碱性条件下易与环氧乙烷或环氧丙烷反应生成部分取代的羟乙基或羟丙基醚衍生物。低取代度的羟乙基淀粉具有较低的糊化温度，受热膨胀较快，糊的透明度和胶粘性较高，凝沉性较弱，干燥后形成透明、柔软的薄膜。

醚键对于酸、碱、温度和氧化剂的作用都稳定。

4. 氧化淀粉

工业上应用 NaClO 处理淀粉，通过氧化反应改变淀粉的糊性质。这种氧化淀粉的糊粘度较低，但稳定性高，较透明，颜色较白，生成薄膜的性质好。由于直链淀粉被氧化后，成为扭曲状，因而不易引起老化。氧化淀粉在食品加工中可形成稳定溶液，适用于作分散剂或乳化剂，应用于制造软糖、淀粉果子冻、胶母糖、软果糕等。

高碘酸或其钠盐能氧化相邻的羟基成醛基，在研究糖类的结构中有用。

5. 交联淀粉

用具有多元官能团的试剂，如甲醛、环氧氯丙烷、三氯氧磷、三偏磷酸盐等作用于淀粉颗粒能将不同的淀粉分子经"交联"键结合，产生的淀粉称为交联淀粉。

交联淀粉具有良好的机械性能，并且耐热、耐酸、耐碱。随交联程度增高，性质有所变化，甚至高温受热也不糊化。在食品工业中，交联淀粉可用作增稠剂和赋形剂。如在罐头食品中作为增稠剂、稳定剂，可适应高温快速杀菌；在色拉油中作为增稠剂，具有抗酸稳定性，且在均质过程产生的高剪切力下仍能保持所需粘度；用于冷冻食品具有抗冷冻性；用于糕点可增加体积，口感酥脆，具有柔软性和耐贮藏性。

6. 接枝淀粉

淀粉能与丙烯酸、丙烯氰、丙烯酰胺、甲基丙烯酸甲酯、丁二烯、苯乙烯和其他人工合成高分子的单体起接枝反应生成共聚物。淀粉分子链上连接有合成高分子的枝链，所得共聚物具有这两类高分子（天然和人工合成）的性质，随接枝百分率、接枝频率和平均相对分子质量的不同而不同。接枝百分率为接枝高分子占共聚物的质量分数。接枝频率为接枝链之间平均葡萄糖单位数目，由接枝百分率和共聚物平均相对分子质量计算而得。

淀粉链上连接合成高分子（$CH_2 = CHX$）枝链的结构不同，其性质亦有所不同，若 X 为 —CO_2H，—$CONH_2$，—$CO(CH_2)_n$—N^+R_3Cl，所得共聚物溶于水，能用作增稠剂、吸收剂、上浆料、胶粘剂和絮凝剂等。若 X 为—CN，—CO_2 和苯基等，所得共聚物不溶于水，能用于树脂和塑料。

（五）淀粉的制备

制造淀粉因原料不同，其制法亦各异，在工业上多以谷类及薯类为原料。下面以马铃薯为例，略述其概要。

将原料洗净后，进行磨碎使细胞破裂，并在振动筛上冲洗，与皮屑纤维等分离。然后加适量亚硫酸盐，以防止变褐。在沉淀槽内进行沉淀，使可溶性的不纯物分离，必要时再洗净精制，于 30 ～ 40℃干燥即得马铃薯淀粉。

小麦淀粉的制造是将面粉捏和成面团后，加水揉洗，因面筋粘结而与淀粉分离。

（六）淀粉在食品中的应用

淀粉在糖果制造中用作填充剂，可作为制造淀粉软糖的原料，也是淀粉糖浆的主要原料。豆类淀粉和粘高粱粉则利用其胶体的凝胶特性来制造高粱饴等软性糖果，具有很好的柔糯性。软糖成形时，为了防粘、便于操作，可使用少量淀粉以代替滑石粉。

淀粉在冷饮食品中作为雪糕和棒冰的增稠稳定剂。

淀粉在某些罐头食品生产中可作增稠剂，如制造午餐肉罐头和碎牛、羊肉罐头时，使用淀粉可增加制品的粘结性和持水性。

在制造饼干时，由于淀粉有稀释面筋浓度和调节面筋膨润度的作用，可使面团具有适合于工艺操作的物理性质，所以在使用面筋含量太高的面粉生产饼干时，可以添加适量的淀粉来解决饼干收缩变形问题。

三、果胶物质

果胶是不同程度酯化和被钠、钾、铵离子中和的 α-半乳糖醛酸以 1,4-苷键形成的聚合物。

（一）果胶物质的特性

果胶物质在酸性或碱性条件下，能发生水解，可使酯水解和苷键裂解；在高温强酸条件下，糖醛酸残基发生脱羧作用。

果胶溶液是高粘度溶液，粘度与链长成正比。果胶在一定条件下，具有胶凝能力。

（二）果胶物质凝胶的形成

1. 果胶物质凝胶形成的条件与机理

当果胶水溶液含糖量为 60% ～ 65%，pH 值为 2.0 ～ 3.5，果胶含量为 0.3% ～ 0.7%（依果胶性能而异）时，在室温，甚至接近沸腾的温度下，果胶溶胶也能形成凝胶。

在凝胶过程中，溶液中水的含量对凝胶影响很大，过量的水阻碍果胶形成凝胶。在果胶溶液中添加糖类，其目的在于脱水，促使果胶粒周围的水化层发生变化，使原来胶粒表面吸附水减少，胶粒与胶粒易于结合成为链状胶束。高度失水能加快胶束的凝聚，并相互交织，无定向地组成一种连接松弛的三维网络结构，在网络交界处形成无数空隙，由于氢键和分子间引力的作用，紧紧吸附着糖-水分子。果胶的胶束失水后结晶而沉淀，形成一种具有一定强度和结构类似海绵的凝胶体。在果胶-糖溶液分散体系内添加一定数量的酸（酸产生的氢离子能中和果胶所带的负电荷），能加速果胶胶束结晶、沉淀和凝聚，有利于形成凝胶。

2. 影响凝胶强度的因素

（1）果胶相对分子质量与凝胶强度的关系　果胶凝胶的强度与果胶相对分子质量成正比，如表 17-7 所示。因为在果胶溶液转变为凝胶时是每 6 ～ 8 个半乳糖醛酸单位形成一个结晶中心，所以随着相对分子质量的增大，在标准条件下形成的凝胶强度自然也随之增大。

表 17-7　果胶相对分子质量与凝胶强度的关系

相对分子质量（ $\times 10^4$ ）	凝胶强度（ g/cm^2 ）	相对分子质量（ $\times 10^4$ ）	凝胶强度（ g/cm^2 ）
18	220 ～ 300	9	100 ～ 130
14	180 ～ 220	5	20 ～ 50
11.5	130 ～ 180	3	不成凝胶

果胶相对分子质量受果胶的来源及加工条件的影响。

（2）酯化程度与凝胶强度的关系　果胶凝胶的强度随着酯化程度增大而增高，因为凝胶网络结构形成时的结晶中心位于酯基团之间，同时，果胶的酯化程度也直接影响胶凝速度，果胶的胶凝速度随酯化度减小而减慢。

完全甲酯化的聚半乳糖醛酸的甲氧基含量是 16.32%（理论计算值），但由于羧基有可能与其他基团（如其他糖类的羟基）结合，实际上能得到的甲氧基含量最高值为 12% ～ 14%。实践中以甲氧基在聚半乳糖醛酸甲酯中的理论计算量 16.32% 为 100% 酯化度。

一般规定甲氧基含量大于 7% 者为高甲氧基果胶，小于或等于 7% 者为低甲氧基果胶。依甲酯化程度不等，可将果胶分为下列四类：

①全甲酯化聚半乳糖醛酸　100% 甲酯化时，只要有脱水剂（如糖）存在即可形成凝胶。

②速凝果胶　甲酯化程度在 70%（相当于甲氧基含量 11.4%）以上时，加糖、加酸（pH 值 3.0 ～ 3.4）后可在较高温度下形成凝胶（稍凉即凝）。这类果胶的相对分子质量大小对凝胶性质的影响更为突出，对于所谓"蜜饯型"果酱食品，可防止果块在酱体中浮起或沉淀。

③慢凝果胶　甲酯化程度在 50% ～ 70% 之间（相当于甲氧基含量 8.2% ～ 11.4%）时，加糖、加酸（pH 值 2.8 ～ 3.2）后，在较低的温度下凝聚（凝聚较慢），所需酸量也因果胶分子中游离羧基增多而增大。慢凝果胶用于柔软果冻、果酱、点心等生产中，在汁液类食品

中可用作增稠剂、乳化剂。

④低甲氧基果胶 甲酯化程度不到 50%（相当于甲氧基含量≤7%）时，即使加糖、加酸的比例恰当也难形成凝胶，但其羧基与多价阳离子（常用 Ca^{2+}，Al^{3+}）作用可生成凝胶，多价离子能加强果胶分子的交联作用。这类果胶的胶凝能力受酯化度的影响大于相对分子质量的影响。低甲氧基果胶在疗效食品制造中有其特殊用途。

（3）pH 值的影响 一定 pH 值有助于果胶－糖凝胶体的形成，不同类型果胶形成凝胶有不同的 pH 值范围。不适当的 pH 值不但无助于凝胶的形成，反而会导致果胶水解和糖分解，尤其是高甲氧基果胶，如 pH 值小，温度高，在果胶的分子苷键处会发生水解断裂，将直接影响凝胶强度。当果胶处于高 pH 值（碱性）的条件下，即使在室温下，果胶分子中酯键部分也会发生水解，使凝胶的强度降低。

（4）温度的影响 当脱水剂（糖）的含量和 pH 值适当时，在 0 ～ 50℃范围内，温度对果胶凝胶影响不大。但温度过高或加热时间过长，果胶将发生降解，蔗糖也发生转化，从而影响果胶凝胶的强度。

（三）果胶的制备

目前各国生产果胶的原料以柑桔果皮和苹果皮或苹果汁为主。制备时，先加水使糖类、色素、苦味物质等溶解除去，然后再加一定量水进行加热除去分解酶，调节 pH 值至 2.0 ～ 2.5，在 80 ～ 100℃范围内加热 30 ～ 60min，水溶液用氨水调整 pH 值至 3.5，然后过滤，滤液在减压下进行浓缩加入酒精，果胶即沉淀析出，再经过滤、干燥即得果胶。

果胶可作为果冻等食品的原料，同时亦可作为果酱、巧克力、糖果的稳定剂，也用于防止糕点的老化。

四、纤维素

纤维素作为细胞壁的主要结构成分存在于所有的植物中，通常和各种半纤维素及木质素结合在一起，结合的类型与结合的程度在很大程度上影响着植物性食品的特有质构。

（一）纤维素的结构和性质

纤维素是一种均匀葡聚糖，由（1→4)-β-D-吡喃葡萄糖基单位的直链分子所组成，基本上是线性分子。这一分子结构特征使纤维素分子之间易于从侧面强烈地结合，形成平行排列的纤维素分子束，每束约有 60 多个纤维素分子。

虽然氢键的键能较一般的化学键的键能小得多，但由于纤维素微晶之间氢键很多，所以微晶束相当牢固，因此，纤维素的化学性质比较稳定。植物细胞壁的纤维素在一般食品加工条件下不被破坏，但在高温、高压的稀硫酸溶液中，纤维素可被水解成 β-葡萄糖。

真菌、细菌、软体动物含有纤维素分解酶，可将其分解成低聚糖和葡萄糖。哺乳动物无此酶，仅由消化道内细菌的作用来分解消化，利用率低。食草动物对纤维素的利用率约为25%，食肉动物约为 5%，人类则在 5% 以下。纤维素对人体的营养价值虽不大，但具有重要的保健作用。

（二）改性纤维素

天然纤维素经过适当处理，改变其原有性质以适应特殊需要，称为改性纤维素。改性纤维素用于制备纤维素食物胶。

1. 羧甲基纤维素

纤维素与氢氧化钠-氯乙酸作用，生成含有羧基的纤维素醚，称为羧甲基纤维素（CMC）。

羧甲基纤维素为白色粉状物，无味、无臭、无害，是具有良好持水性和粘稠性的亲水胶体，在食品工业中可用作增稠剂，能经受短时间高温而不变质。

取代度（DS）为 0.7～1.0 的 CMC 主要用于增加食品的粘度。CMC 溶于水后形成一种非牛顿流体，其粘度随温度升高而降低，溶液在 pH 值为 5～10 范围内稳定，在 pH 值 7～9 时具有最高的稳定性。CMC 与单价阳离子形成可溶性盐；当有二价阳离子存在的情况下，溶解度降低，形成不透明的分散体系；三价阳离子能产生凝胶作用或沉淀。

CMC 有助于增溶一般的食品蛋白质，如明胶、酪蛋白和豆蛋白质，通过形成 CMC-蛋白质复合物而增溶。从粘度的增加可观察到这一效应。

CMC 良好的持水力广泛用于冰淇淋和其他冷冻甜食中，以阻止冰晶的生长。CMC 对蛋糕和其他焙烤食品的体积和货架寿命也具有良好的作用，能阻止糖果、糖衣和糖浆中糖结晶的生长。它能帮助稳定生菜调料乳状液，在低热量的碳酸饮料中，CMC 有助于保持 CO_2。在疗效食品中，CMC 提供了体积保证、良好的质地和口感。

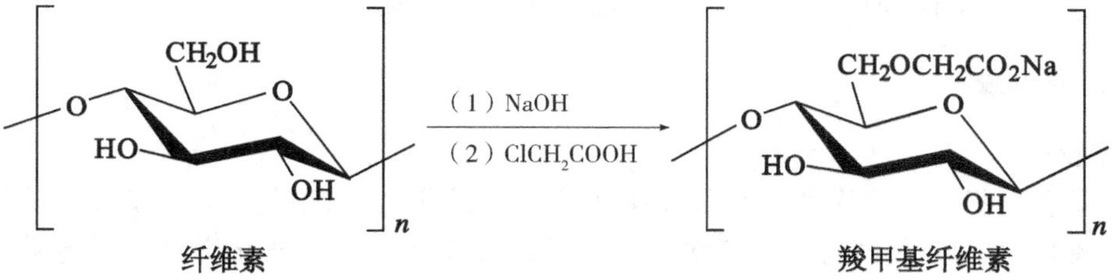

纤维素 →（1）NaOH（2）$ClCH_2COOH$→ 羧甲基纤维素

2. 甲基纤维素

采用与制备 CMC 类似的方法可以制备甲基纤维素，此时纤维素和氢氧化钠同甲基氯反应。当 DS 为 1.64～1.92 时，产物在水中具有最高的溶解度，而粘度主要取决于分子的链长。

甲基纤维素不同于其他胶，它显示热凝胶性质，当溶液被加热时形成凝胶，冷却时转变成正常的溶液。当甲基纤维素的水溶液加热时，起初粘度下降，然后粘度很快上升并形成凝胶。这个现象是由于加热破坏了个别分子外面的水化层而造成聚合物间疏水键增加的缘故。电解质和非电解质均可降低水分活动，从而可降低形成凝胶的温度。

在焙烤食品中，甲基纤维素增加了吸水力和持水力；在油炸食品中，可降低食品的吸油力；在一些疗效食品中，甲基纤维素的作用类似脱水收缩抑制剂与填充剂；在无面筋的产品中，它提供了质构；当用于冷冻食品，特别是调味汁、肉、水果和蔬菜时，它能抑制脱水收缩。甲基纤维素还可用于各种食品的可食糖衣中。

3. 微晶纤维素

纤维素同时含有无定形区和结晶区，无定形区较易受到溶剂和化学试剂的作用。用稀酸处理纤维素，无定形区被酸水解，留下微小的、耐酸的结晶区，干燥后可得到极细的纤维素粉末，称为微晶纤维素，在疗效食品中作为无热量填充剂。

五、半纤维素

半纤维素是伴随着纤维素一起存在于植物细胞壁中粗纤维的总称，不溶于水，溶于稀碱液。实际中把能用 17.5% 氢氧化钠提取液提取的多糖统称为半纤维素。

半纤维素能提高面粉结合水的能力，从而在焙烤食品中起重要作用。半纤维素还有助于蛋白质与面团的混合，增加面包体积，延缓面包的老化。

半纤维素是膳食纤维的一个重要组分，对肠蠕动、粪便量和粪便通过时间产生有益的作用和生理效应。膳食纤维包括半纤维素，可以减轻心血管疾病、结肠紊乱，特别是结肠癌的危险。膳食纤维在促使胆汁酸的消除和降低血液中的胆固醇等方面具有一定的作用。食用高纤维膳食的糖尿病人可以减少对胰岛素的需求量。但多糖胶和纤维会在小肠内减少某些维生素和必需微量元素的吸收。

六、食品胶

食品胶一般定义为任何水溶性的多糖（淀粉和果胶除外），是从陆生或海生植物，或从微生物中提取出来的，其分散体系具有粘度和形成凝胶的能力。常见的植物胶有罗望子胶、刺槐豆胶、瓜尔豆胶、阿拉伯胶和黄芪胶；海藻胶有琼胶、角叉胶和藻酸盐；微生物胶有葡聚糖、黄原胶和 Gellan 胶。这些多糖胶广泛用于食品的增稠。

（一）海藻胶

1. 琼胶

琼胶又名琼脂，俗称洋菜，是红藻类细胞的粘质成分。琼胶是糖琼胶和胶琼胶的混合物。糖琼胶是由 D-半乳糖与 3,6-脱水 L-半乳糖以 β-1,3-苷键相连的苷链；胶琼胶则是糖琼胶的硫酸酯，并有葡萄糖醛酸残基存在。

琼胶不溶于冷水，能吸收相当自身质量 20 倍的水而涨大，能溶于热水形成溶胶，含 1%～2% 的琼胶溶胶冷却后，即凝固而成凝胶。胶凝化温度为 35～40℃，凝胶的熔点为 35～100℃，不与淀粉酶、唾液、胰液及菌类等起作用，可用作微生物的固体培养基。在食品工业上作为稳定剂及胶凝剂，用于冷饮食品能改善冷饮食品组织状态，并能提高凝结能力、粘稠度和膨胀率，还可防止水形成粗糙的结晶，使产品组织细滑。在果汁饮料中，琼胶常用作浊度稳定剂。在糖果工业中，琼胶主要用于制造琼胶软糖。在果酱加工中，用琼胶作增稠剂以增高成品的粘度。某些肉类罐头的汤汁中，添加琼胶可以增加汤汁的粘度。在焙烤食品和糖衣中可控制水分活度，推迟陈化。琼胶还常与黄芪胶、刺槐豆胶和明胶等一起使用。

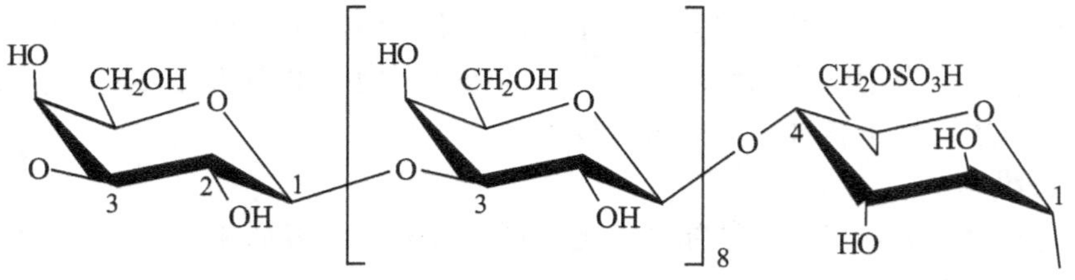

琼胶

2. 角叉胶

角叉胶是从角叉菜中提取的。角叉胶是一种复杂的混合物，它至少包括五种不同的高聚物，分别用 κ，λ，μ，ι 和 ν 来表示，其中 κ 和 λ-角叉胶在食品中最重要。

κ-角叉胶的重复单位　　　　　　　　λ-角叉胶的重复单位

R=-H, -SO₃⁻

角叉胶的性质取决于所结合的阳离子。当结合的阳离子是钾时，可形成坚硬的凝胶；当结合的阳离子是钠时，则溶于冷水而不形成凝胶。角叉胶与许多其他食品胶具有协同作用，如能增加刺槐豆胶的粘度、凝胶强度和凝胶弹性，并随浓度而异。

角叉胶被用于以水和以乳为主要成分的食品体系，以稳定悬浮液。商品角叉胶大致含有 60% 的 κ-角叉胶（能形成凝胶）和 40% 的 λ-角叉胶（不能形成凝胶）。在 pH 值超过 7 时，胶液是稳定的，在 pH 值 5～7 时略微降解，在 pH 值低于 5 时快速降解。κ-角叉胶的钾盐是最好的凝胶形成剂，但是形成的凝胶是脆性的，而且易于脱水收缩。角叉胶阴离子与蛋白质形成蛋白质－角叉胶复合物，这种复合物以稳定的胶体分散体系存在，所以在蛋白质食品中，角叉胶起着乳状液稳定剂的作用。在冷冻甜食中，它是冰结晶的抑制剂。在焙烤食品中作为面团性质改良剂，对增加面包的体积具有一定的作用。在蛋糕中，它能改善外观和面包心的质构。在油炸产品中，可减少脂肪的吸收。

3. 藻酸盐

藻酸盐是从褐藻类中提取出来的，主要来源是海带（褐藻）。藻酸盐含有 D-吡喃甘露糖醛酸单位（M）和 L-吡喃古洛糖醛酸单位（G），M/G 比随不同的来源而变，并影响藻酸盐的溶液性质。藻酸盐分子是由聚-M 与聚-G 单位交替连接形成的共聚物。

碱金属、氨以及低相对分子质量胺的藻酸盐易溶于热水或冷水，但是二价或三价阳离子的盐是不溶的。藻酸盐溶液是粘性的，它的性质取决于 M/G 比、相对分子质量以及溶液中存在的电解质。藻酸盐溶液的粘度随温度上升而降低，在 pH 值 4～10 范围内，pH 值改变仅稍有影响；当存在少量钙离子或其他二价或三价金属离子时，在室温下可形成凝胶；当无金属离子时，则需在 pH 值 3 或更低时方能形成凝胶。凝胶强度随藻酸盐的浓度和聚合度而增加。

藻酸盐对冰淇淋的稠度、质构和阻止大的冰晶形成起着一定的作用。在焙烤食品方面，可用于蛋糕的糖衣、夹心等。在啤酒中可起稳定泡沫的作用。

（二）植物胶

1. 阿拉伯胶

阿拉伯胶是从阿拉伯树皮切口流出的油珠状胶体中提取的一种复杂的杂葡聚糖，其分子以短而硬的螺旋形式存在，其长度取决于分子所带的电荷。

阿拉伯胶易溶于水而产生低粘度的溶液，其溶解度可达到 50%，此时形成了高固体含量的凝胶，它类似于由淀粉形成的凝胶；当溶液的质量分数低于 40% 时，它呈现牛顿流变性质；当溶液质量分数超过 40% 时，此分散体系是假塑性的。

由于阿拉伯胶带有离子电荷，因此，其溶液的粘度随 pH 值的改变而改变。在 pH 值为 6～8 时，粘度最大。加入电解质会引起粘度下降，此效应与电解质的阳离子价数和浓度成比例。阿拉伯胶与一些食品胶如明胶和藻酸钠是不相容的，但与大多数其他的胶是相容的。

阿拉伯胶能推迟或阻止糖果中糖的结晶，稳定乳状液，对粘度有一定影响。在糕点制作中，可防止糖衣吸附过量的水分。在冷冻的乳制品如冰淇淋和加糖清凉果汁饮料中，有助于形成或保留小的结晶。在饮料中，阿拉伯胶的作用好像是乳状液和泡沫稳定剂。在粉状或固体饮料混合物中，阿拉伯胶是一种有用的风味固定剂，其作用是保留挥发性的风味成分。

2. 角豆胶（刺槐豆胶）

角豆胶是从角豆（刺槐）种子中获得的，由 D-吡喃甘露糖基主链和 D-吡喃半乳糖基侧链所构成，这两种组分的比为 4:1。但半乳糖基单位并不是均匀分布的，分子中含有不存在半乳糖基的伸展甘露聚糖长链。这就产生了独特的协同性质，当它与角叉胶在一起时，这一性质尤为显著，此时两种胶交联而形成凝胶。

角豆胶可用于冷冻甜食中。在软干酪制造过程中，可加速凝乳的形成，并减少固形物的损失。在复合肉制品如香肠中，角豆胶的作用如同一种粘结剂。

角豆胶主产于中东及地中海区域，我国亦种植有角豆（刺槐）树。

3. 黄芪胶

黄芪胶是一种植物渗出液，它可从几个豆科黄芪属品种中获得。黄芪胶具有复杂的结构，当水解时产生 D-半乳糖醛酸、L-半乳糖、D-木糖和 L-阿拉伯糖。当与水混合时，占黄芪胶质量 60%～70% 的可溶性黄芪糖（相对分子质量 80 万）溶解出来，不溶性部分即高聚物黄芪胶糖，其相对分子质量约为 84 万，黄芪胶的水分散体系质量分数低至 0.5% 时还具有高的粘度。由于黄芪胶对热和酸是稳定的，因此，可用于调味料和调味汁中。还可用于冷冻甜食和水果馅饼馅中，使增稠的馅饼馅具有透明度与亮度。

在食品中应用的植物胶还有瓜尔豆胶、罗望子胶等。

（三）微生物胶

1. 黄原胶

黄原胶是由一些黄杆菌种，如甘蓝黑腐病黄杆菌产生的胞外多糖。黄原胶由纤维素主链和低聚糖基侧链构成，易溶于热水或冷水，在低浓度时产生高粘性的溶液，具有假塑性，并且有显著的剪切变稀性质。这种特性在食品工艺上很有价值。在 60～70℃ 附近，温度对黄原胶的粘度影响很小。在 pH 值 4～10 范围内，酸度对粘度影响很小。黄原胶与大多数食品盐和酸相容，与瓜尔豆胶混用能增加粘度，与角豆胶混用能产生热可逆性凝胶。

黄原胶用于饮料可改进口感和增加风味，稳定果汁的混浊度。由于其热稳定性，在各种罐头中可作为悬浮剂和稳定剂。在冷冻的淀粉增稠食品中，加入黄原胶能显著改善冷冻-解冻的稳定性和减少脱水收缩。由于黄原胶的稳定性，也可用于含有高浓度盐和（或）酸的调味品中。

2. 葡聚糖

可产生葡聚糖的微生物主要为明串珠菌属的肠膜菌以及葡聚糖乳杆菌。葡聚糖完全是由 α-D-吡喃葡萄糖单位组成，有 1→6，1→3，1→4 糖苷键型。葡聚糖可分为水溶性和水不溶性两类。在糖果中，葡聚糖能提高持水力、粘度以及抑制糖的结晶；在一些胶糖中，起胶凝剂的作用；在糖衣中和冰淇淋中，具有结晶抑制剂的作用。

3. Gellan 胶

Gellan 胶为亲水性胶体，是 *Psaudomonas eldoea* 菌在糖代谢中由简单成分合成的胞外多糖，由 1,3-*β-D*-葡萄糖、1,4-*β-D*-葡萄糖醛酸、1,4-*β-D*-葡萄糖和 1,4-*α-L*-鼠李糖组成的循环单元构成。胶液具有低的粘度，热可逆，对热稳定，具持香能力，在 pH 值 3.5 ～ 8.0 范围内稳定，凝胶形成能力强，极易与食品成分混合。

一些多糖胶的性质归结如表 17-8 所示。

表 17-8　一些多糖胶的主要性质

名 称	主要的单糖组分	来 源	主 要 性 质
阿拉伯胶	*D*-半乳糖，*D*-葡萄糖醛酸	阿拉伯树	高水溶性
刺槐豆胶	*D*-甘露糖，*D*-半乳糖	*Ceralonia siliqua*	与角叉胶有协同作用，低浓度的溶液具有高的粘度
瓜尔豆胶	*D*-甘露糖，*D*-半乳糖	*Cyamopsis tetragonolobus*	
黄芪胶	*D*-半乳糖醛酸，*D*-半乳糖，*D*-木糖 *L*-岩藻糖，*L*-阿拉伯糖	豆科黄芪属	在宽广的 pH 值范围内稳定
琼脂胶	*D*-半乳糖 3,6-脱水-*L*-半乳糖	红海藻	形成极强的凝胶
角叉胶	硫酸化 *D*-半乳糖 硫酸化 3,6-脱水-*D*-半乳糖	角叉菜	通过化学作用与 K⁺ 形成凝胶
藻酸盐	*D*-甘露糖醛酸，*L*-古洛糖醛酸	褐海藻（互藻）	通过化学作用与 Ca²⁺ 形成凝胶
黄原胶	*D*-葡萄糖，*D*-甘露糖，*D*-葡萄糖醛酸	甘蓝黑腐病黄杆菌	分散体系具有高的假塑性
葡聚糖	*D*-葡萄糖，*D*-甘露糖，*D*-葡萄糖醛酸	明串珠菌属的肠膜菌	糖果和冷冻甜食中的结晶抑制剂
Gellan 胶	*D*-葡萄糖，*D*-葡萄糖醛酸，*L*-鼠李糖	*Pselldomonas eldodea*	增稠、稳定、胶凝，极易与食品组分混合

七、功能性多糖

（一）膳食纤维

1. 定义

膳食纤维指食物中不被消化吸收的多糖类和木质素。在有些情况下，植物中那些不被消化吸收的、含量较少的成分，如糖蛋白、角质、蜡和多酚酯等，也包括在膳食纤维范围内。

虽然膳食纤维在人体口腔、胃和小肠内不被消化吸收，但人体大肠内的某些微生物仍会降解它们。从这个意义上说，膳食纤维的净能量不等于零。

2. 化学组成

膳食纤维的化学组成包括三大部分：纤维素；基料糖类（果胶类物质、半纤维素和糖蛋白等）；填充类化合物（木质素）。其中前两项构成细胞壁的初级成分，后一种为细胞壁的次级成分，通常是死组织，没有生理活性。

3. 物化特性

膳食纤维含有很多亲水基团，因而具有较高的持水力，且其持水力变化范围为自身质量的 1.5 ～ 25 倍。此特性可以增加人体粪便的体积及排便速度，减轻直肠内压力，同时也减轻了泌尿系统的压力，从而缓解了诸如膀胱炎、膀胱结石和肾结石等泌尿系统疾病的症状，并能和毒素一起迅速排出体外。

膳食纤维中包含一些羧基和羟基类侧链基团，呈现弱酸性阳离子交换树脂的性质，对阳离子有结合和交换能力。它不是单纯结合而减少机体对离子的吸收，而是改变离子的瞬间浓度值、渗透压以及氧化还原电位，并创造一个更缓冲的环境以利于消化吸收。

膳食纤维表面带有很多活性基团，可以螯合吸附胆固醇和胆汁酸之类有机分子及肠道内的有毒物质，从而抑制了人体对它们的吸收。这是膳食纤维能够影响体内胆固醇物质代谢的重要原因。同时，膳食纤维还能吸附肠道内的有毒物质，并促进它们排出体外。

膳食纤维具有类似填充剂的容积作用，易使人产生饱腹感，对预防肥胖症大有益处。

膳食纤维可改变肠道系统中的微生物群系组成。它在肠道内积聚多时会诱导出大量好气菌群来代替原来存在的厌气菌群，这些好气菌较厌气菌来说很少产生致癌物，即使有少量毒物产生，也能快速随膳食纤维排出体外，这是膳食纤维能预防结肠癌的重要原因之一。

4. 主要品种

国内外已研究开发的膳食纤维共 6 大类 30 多种，其中有实际生产应用的不超过 10 种，即谷物纤维（小麦、燕麦、大麦、黑麦、玉米和米糠纤维）；豆类种子与种皮纤维（豌豆、大豆和蚕豆纤维、瓜儿豆胶等）；水果、蔬菜纤维（桔子、胡萝卜、葡萄和杏仁纤维）；微生物纤维等。

目前，膳食纤维的应用主要是添加到面包、饼干、糕点、小食和糖果中，添加量为 3% ～ 30%，通常为 10%。

（二）魔芋葡甘露聚糖

魔芋葡甘露聚糖是由 D-甘露糖与 D-葡萄糖通过 $\beta(1 \rightarrow 4)$ 糖苷键连接而成的多糖。其中 D-甘露糖与 D-葡萄糖的比为 1∶1.6，在主链的 D-甘露糖的 3 位上存在由 $\beta(1 \rightarrow 3)$ 糖苷键连接的支链。它是一种具有多功能的食品添加剂。

魔芋葡甘露聚糖经碱处理脱乙酰后具有强的弹性、热不可逆凝胶的特性，应用于魔芋糕、魔芋豆腐、粉丝以及仿生食品等的生产；利用魔芋葡甘露聚糖与黄原胶形成热可逆凝胶的特性，可制造果冻、布丁果酱以及糖果等；还可将它用于乳制品和肉制品中，起到增稠与持水的作用。

（三）真菌多糖

真菌多糖存在于大型食用或药用真菌中，具有提高人体免疫能力、抗衰老、抗溃疡、促进蛋白质与核酸的合成、抵抗放射性的破坏并增加白细胞含量、降血糖、抗血脂血栓、保肝等作用。常见的有以下几种：

（1）香菇多糖　其主链是由 $\beta(1 \rightarrow 3)$ 糖苷键连接的葡聚糖，侧链是（1→3）或（1→6）的低葡聚糖。

（2）银耳多糖　属酸性杂多糖，其主链是由 $\alpha(1 \rightarrow 3)$ 糖苷键连接的甘露聚糖，支链由葡萄糖醛酸和木糖组成。

（3）冬虫夏草多糖　是一种高度分支的半乳糖甘露聚糖。

（4）灵芝多糖　是一种由岩藻糖、木糖和甘露糖组成的水溶性多糖。

目前，真菌多糖主要应用于制造功能性饮料，或作为功能性成分掺入奶粉中。

第十八章　油脂加工化学

根据来源，食用油脂可分为植物脂、陆生动物脂、乳脂和海生动物油。植物脂的熔点范围窄；陆生动物脂熔点高；乳脂含有相当数量的 $C_4 \sim C_{12}$ 短链酸以及少量支链奇数酸；海生动物油含有大量长链多不饱和脂肪酸和丰富的维生素 A 与 D，因其高度不饱和性而易氧化酸败。

脂肪的营养功能主要是供给能量和作为脂溶性维生素的载体，但脂肪摄入过多能抑制胃液的分泌和胃的蠕动，引起食欲不振和胃部不适。肠内脂肪过多会刺激肠壁，妨碍吸收功能而引起腹泻。分散良好的脂肪则容易为肠壁吸收。制备高能量食品时，需考虑脂肪在食品中的存在形式。

第一节　食用油脂的生产与加工

一、油脂的提取

一般油脂的加工方法有压榨法、熬炼法、浸出法及机械分离法四种。

1. 压榨法

压榨法通常用于植物油的榨取，或作为熬炼法的辅助法。压榨有冷榨和热榨两种，热榨系将油料作物种子炒焙后再榨取。炒焙不仅可以破坏种子组织中的酶，而且油脂与组织易分离，故产量较高，产品中的残渣较少，容易保存。如果压榨后，再经过滤或离心分离，质量就更好。热榨油脂因为植物种子经过炒焙，所以气味较香，但颜色较深。冷榨法则植物种子不加炒焙，所以香味较差，但色泽好。

2. 熬炼法

熬炼法通常用于动物油脂加工。动物组织经高温熬制后，组织中的脂肪酶和氧化酶全部被破坏。经过熬炼后的油脂即使有少量的残渣存在，油脂也不会酸败。熬炼的温度不宜过高，时间不宜过长，否则会使部分脂肪分解，油脂中游离脂肪酸量增高。且温度过高容易使动物组织焦化，影响产品的感观性状。采用真空熬炼法可以节省能源。

3. 浸出法（萃取法）

利用轻汽油、己烷等有机溶剂提取组织中油脂，然后再将溶剂蒸馏除出，可得到较纯的油脂。浸出法多用于植物油的提取，油脂中组织残渣很少，质量纯净。此法的优点是提取率高，油脂不分解变性，游离脂肪酸的含量亦不会增高。压榨法所得油饼中残油量在 5% 以上，而用溶剂萃取法，残油量仅为 0.5% ~ 1.5%。尤其对含油量低的原料，此法更为有利。浸出法的缺点是食油中溶剂不易完全除净，设备费用高，须防火防爆。

4. 机械分离法（离心法）

机械分离法是利用离心机将油脂分离开来，主要用于从液态原料中提取油脂，如从奶中分离奶油。另外，在用蒸汽湿化并加热磨碎原料后，先以机械分离提纯一部分油脂，然后再进行压榨。若压榨制得的产品中残渣杂质过多，也可在所得产品中加热水使油脂浮起，然后再以机械法分离上层油脂。为了减少油脂产品的残渣含量，可采用机械分离法。

花生、大豆等油料种子磨浆后离心，可以得到高品质的油脂和未变性的优良植物蛋白。

二、油脂的精制

油脂食用方法主要有加热食用及生食两种。前者要求加热时不发生泡沫，无烟或无刺激性臭味，粘度及色泽亦不致变坏。后者供直接食用，如用于调味，应具有一定风味，冬季不致因冷而混浊或凝固。粗油中常含有纤维质、蛋白质、磷脂、游离脂肪酸及其他有色或有臭味的杂质，不能直接食用，必须加以精制。精制的目的就是除去油脂中的杂质，而最小程度地伤害中性油和生育酚，并使油的损失（炼耗）降至最低。一般油脂精制的方法如下：

1. 除杂

通常用静置法、过滤法、离心分离法等机械处理方法，除去悬浮于油中的杂质。

2. 碱炼

碱炼的主要目的是用碱（通常为氢氧化钠）将油脂中的游离脂肪酸（EFA）含量降至最低限度，如用氢氧化钠可将 EFA 含量降至 $0.01\% \sim 0.03\%$，而用碳酸钠则很难将 EFA 含量降至 0.10% 以下。另外，碱炼也可使磷脂和有色物质显著减少。加碱量的计算公式为

$$w_{NaOH} = w_{EFA} \times 0.142$$

式中，0.142 为氢氧化钠与油酸的摩尔比。

一般情况下，油脂可先采用蒸馏法使 EFA 含量降至 $0.2\% \sim 0.5\%$，再用通常的碱炼就可以较好地除去 EFA，降低炼耗。当油脂中 EFA 含量高，磷脂含量较少时，则可采用真空法蒸馏出 EFA。

3. 脱胶

作为食用油脂，如磷脂含量较高，加热时易起泡沫，冒烟多，有臭味，同时温度较高时磷脂氧化而使油脂呈焦褐色，影响煎炸食品的风味。磷脂及部分蛋白质在无水状态下可溶于油，但与水形成水合物时，则不溶于油。

脱胶的目的是除去磷脂，通常是在毛油中加入 $2\% \sim 3\%$ 的热水或通入水蒸气，在 $50℃$ 搅拌后通过沉降或离心分离水化的磷脂。

水化脱胶，主要是脱 α-磷脂。β-磷脂通常进行酸炼脱胶，即

$$\beta\text{-磷脂} \xrightarrow{\text{酸}} \alpha\text{-磷脂} \longrightarrow \text{水化去磷脂}$$

4. 脱蜡

脱蜡的目的是除去油脂中的蜡。方法是将经过脱胶的植物油脂冷却至 $10 \sim 20℃$，放慢冷却速度，并在略低于蜡的结晶温度下维持 $10 \sim 20h$，然后过滤或离心分离蜡质。

5. 脱酸

毛油中游离脂肪酸多在 0.5% 以上，尤其米糠油中游离脂肪酸的含量较高，可达 10%。一般多采用加碱中和的方法分离除去，生成的脂肪酸钠盐还可将胶质、色素等一起吸附而除去。

6. 脱色

油脂中含有类胡萝卜素及叶绿素等色素，通常呈黄赤色。在用碱脱酸时，虽可吸附除去一部分色素，但用作食品，仍须再进一步脱色。

脱色即除去油脂中的有色物质，方法很多。一般是将油加热到 $85℃$ 左右，并用吸附剂

进行吸附。常用的吸附剂有酸性白土、活性白土和活性炭等。一般多采用酸性白土，使用量为油脂的 $0.5\% \sim 2\%$；若油脂着色较深或着色难以脱去时，使用量可增至 $3\% \sim 4\%$。但白土能吸附等量的油脂，故用量过多时，油脂的损耗也会随之增加。另外，在脱色时，磷脂等物质也可被吸附。

7. 脱臭

各种植物油大都有特殊的气味，它们主要来自油脂的氧化产物，因此，需要进行脱臭以除去这些使油脂产生不良风味的痕量成分。脱臭是在减压（$266.64 \sim 2\,666.44\,Pa$）下，将油加热至 $220 \sim 250℃$，通入水蒸气进行蒸馏，即可将气味物质除去。

三、油脂的改性

1. 氢化

油脂中不饱和脂肪酸在催化剂（Pt，Ni，Cu）的作用下，能在不饱和键上进行加氢，使碳原子达到饱和或比较饱和，从而把在室温下呈液态的植物油变成固态的脂，这个过程称为油脂的氢化。经过氢化的油脂叫做氢化油或硬化油。

采用不同的氢化条件，可得到部分氢化或完全氢化的油脂。前者可用镍粉作催化剂，压力为 $151.98 \sim 253.31\,kPa$，温度为 $125 \sim 190℃$，产品为乳化型，主要应用于食品工业，如制造人造奶油、起酥油等。后者常用骨架镍作催化剂，在 $810.60\,kPa$、$250℃$下氢化，产品为硬化型，主要适用于肥皂工业。

油脂氢化有重要的工业意义，如含有不愉快气味的鱼油经过氢化后，可使其臭味消失，颜色变浅，稳定性增加，从而提高油品质量。猪油氢化后也可以改变其稠度和稳定性。

油脂氢化时，同时发生构型改变和双键移位，结果产生与天然脂肪性质不同的脂肪酸。选择适当条件，可以使这些副产物降到最低程度。由于氢化，油脂中的类胡萝卜素也会遭到破坏，故作为食用油脂，其营养价值会有所下降。

2. 分提

油脂是多种三脂酰甘油的混合物，不同分子间具有不同的脂肪酸组分和分布方式，因而具有不同的熔点。

油脂的分提又叫分级，是利用油脂中不同甘油三酯在熔点、溶解度以及结晶体的硬度、粒度等方面的不同，进行甘油三酯混合物的分离与提纯的加工过程。

油脂分提的目的，一是利用固体脂肪，如提供生产起酥油、人造奶油、代可可脂用的固态脂肪；二是提高液态油的低温储存性能，如利用饱和程度低的油脂在低温下分级结晶以生产色拉油。

常用的分提方法有冬化法、溶剂分级法，另外还有表面活性剂法、液液萃取法等。

冬化法又叫"干法"分提，即将油脂冷却、冷冻，使固体脂在低温下结晶，从液体中析出，经过滤，分出液、固两种油脂制品。其主要目的是除去油脂中的固体脂，获得在较低温度下仍能保持清澈透明的油，以加工成色拉油、蛋黄酱用油等。分提得到的固体脂可加工成起酥油、人造奶油等。冬化法由于温度低，油的粘度较大，所以使结晶过程和过滤分离速度缓慢，加工周期长，固体脂中含液体脂量大，效率低。

溶剂分级法是在油脂中加入合适的溶剂，并将其冷却结晶出固体脂的分离方法。加入溶剂的油脂冷却后粘度小，结晶速度快，易过滤，晶体中夹带的液态油脂较少，分提效率高。

3. 交酯

交酯是指一种酯与另一种酯在催化剂参与下（常用苛性碱），加热到一定温度，即可进行酰基的互换，使脂肪酸重新排列在甘油三酯中。交酯分为定向交酯（有控交酯）和随机交酯。

$$S_3+O_3 \xrightleftharpoons[\text{定向交酯}]{\text{随机交酯}}[\text{Na,K 或 NaOCH}_3] S_3 + O_3 + SOS + OSO + S_2O + O_2S$$

$$60\% \quad 40\% \qquad\qquad 21.6\% \quad 6.4\% \quad 14.4\% \quad 9.6\% \quad 28.8\% \quad 19.2\%$$

式中，S 为硬脂酸根；O 为油酸根；S_3 为三硬脂酰甘油；O_3 为三油脂酰甘油；其余 4 种代表不同的 S 和 O 组合的混合甘油酯。

以 K、Na 和其甲醇盐为催化剂，当脂肪保持在熔点以下的温度时，反应偏向定向酯交换，导致三饱和甘油酯选择性结晶沉淀。如果脂肪保持在熔点以上的温度，则酯交换反应朝随机交酯方向进行，产生脂酸随机分布的混合酯。

交酯反应在油脂工业上具有重要意义，是仿制天然油种和制备油脂新品种的重要手段。如菜油与橄榄油的脂酸组成十分相似，将精炼菜油加入 7%～10% 棉籽油经随机交酯后，再加入 0.1% 叶绿素，就可得到橄榄油的仿制品；用 75% 豆油和 25% 完全氢化棉籽油用甲醇钠为催化剂，随机交酯后可得具有良好风味和稳定性的人造奶油。

第二节　食用油脂在加工和贮存过程中的变化

一、油脂的水解

在适当条件下，油脂可被水解，生成游离脂肪酸、一脂肪酸甘油酯和二脂肪酸甘油酯等。水解反应为可逆反应，一般情况下，多数油脂只部分地水解，但通入热水蒸气，则可完全水解。

含有油脂的罐头食品在加热杀菌时，油脂亦部分地水解，水解程度随着温度增高而增大，温度保持一定时，水解程度随杀菌时间的延长而增大。油炸食品时，油脂温度可达到 176℃ 以上，同时被油炸的食品湿度都较大，如土豆含水量约 80%，当油炸时，油脂即被水解，一旦游离脂肪酸含量超过 0.5% 时，水解速度加快。油脂水解速度往往与游离脂肪酸的含量成正比，如果游离脂肪酸含量过高，油脂的发烟点则降低，很容易引起冒烟现象，从而影响油炸食品的风味。

二、油脂的酸败

油脂或油脂含量较多的食品，在贮藏期间，因空气中的氧气、日光、微生物、酶、水等作用，稳定性较差的油脂分子逐渐发生氧化及水解反应，产生低分子的油脂降解产物从而产生不愉快的气味，味变苦涩，甚至具有毒性。这种现象即为油脂的酸败，俗称油脂哈败。

油脂酸败对食品质量影响很大，不仅风味变坏，而且油脂的营养价值也降低。除了组成脂肪酸被破坏外，与油脂共存的脂溶性维生素和必需脂肪酸也被破坏。长期食用酸败的油脂对人体健康有害，轻者会引起呕吐、腹泻，重者能引起肝脏肿大，还容易造成核黄素（维生素 B_2）缺乏症，从而引起各种炎症。食用氧化酸败的油脂还会使人体呼吸系统的某些酶（如细胞色素氧化酶、琥珀酸脱氢酶等）受到破坏，因此，防止食品在加工、贮藏中油脂的酸败是十分重要的。根据引起油脂酸败的原因和机制，油脂酸败可分为下列三种类型。

（一）水解型酸败

含低级脂肪酸较多的油脂，其残渣中存在有酯酶或污染微生物所产生的酯酶，在酶的作用下，油脂水解生成游离的低级脂肪酸（含 C_{10} 以下）、甘油、单酰或二酰甘油。其中的短链脂肪酸（如丁酸、己酸、辛酸等）具有特殊的汗臭味和苦涩味，从而使油脂产生酸败味，此现象称为油脂水解型酸败。而油脂水解生成的游离高级脂肪酸，则不会产生不愉快的气味。

水解型酸败主要发生在乳脂、人造奶油、椰子油、棕榈油、起酥油等不饱和程度较小、含有较高比例的短链脂肪酸甘油酯的油品中，以及米糠油等含有脂肪酶较多的油品中。

酶促脂水解在大多数食品中是要防止的反应，但在干酪制造中却特意加入脂肪酶。因为短链脂肪酸是干酪风味物的重要组成部分，在制造酸奶与面包时，要进行有控制的、有选择的脂解。

（二）酮型酸败（β 型氧化酸败）

油脂水解产生的游离饱和脂肪酸，在一系列酶的催化下氧化生成有怪味的酮酸和甲基酮，称为酮型酸败。由于氧化作用引起的降解，多发生在饱和脂肪酸的 α 及 β 碳位之间的键上，因而称为 β -氧化作用。

一般含水和含蛋白质较多的含油食品或油脂易受微生物污染，引起水解型酸败和 β 型酸败。防止上述两种酸败的办法是在油脂加工时，提高油脂纯度，降低杂质和水分含量，包装容器必须干燥清洁，避免受污染，并在温度较低的条件下贮存。

（三）氧化型酸败（油脂自动氧化）

油脂中不饱和脂肪暴露在空气中，容易发生自动氧化，分解生成低级脂肪酸、醛和酮，产生恶劣的臭味和口味变苦的现象，称为油脂的氧化型酸败。油脂的自动氧化是油脂及含有油脂的食品变质的主要现象。这类酸败主要发生在不饱和脂肪酸含量较高的油脂如大豆油、玉米油、橄榄油、棉籽油等油脂中。

将油脂薄层放置在空气中，测其质量变化，可得如图 18-1 所示的曲线。

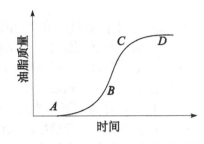

图 18-1　油脂放置在空气中时质量增加

从曲线可看出，油脂质量随时间延续而增大，这是由于油脂吸收氧引起的。其重要变化可分三个阶段：第一阶段（AB）质量增加很小，此阶段吸收氧很少，称为诱导阶段；一旦氧化开始，即大量吸收氧，油脂质量显著增加（BC 阶段），此阶段是质量急剧增加期；随后（CD 阶段）吸氧又趋向缓慢以至停止，这是质量变化缓慢时期。油脂这种氧化反应，是在光或金属等催化下开始的，具有连续性的特点，称为自动氧化。

1. 氧化型酸败的反应机理

油脂自动氧化遵循游离基反应的机理，包括下列三个步骤。

（1）引发期　油脂在光量子、热或金属催化剂等活化下，在脂肪酸双键相邻的亚甲基碳原子上 σ 键发生均裂，生成活性氢原子和游离基（R˙）：

$$CH_3(CH_2)_4CH=CH-CH_2-CH=CH(CH_2)_7COOH \xrightarrow{h\nu} CH_3(CH_2)_4CH=CH-{}^{\bullet}CH-CH=CH(CH_2)_7COOH+H^{\bullet}$$

生成的游离基可相互结合成稳定的分子（如 H_2，RH，RR 等）而消失。

（2）增殖期　游离基形成后可与空气中的 O_2 反应生成过氧化物游离基，然后此过氧化物游离基又和一分子脂肪（RH）反应，生成氢过氧化物 ROOH 和游离基 $R^{\bullet}$，通过游离基 $R^{\bullet}$ 的链式反应又再传递下去，此时没有活化剂的引发，游离基也能继续产生。随着反应的进行，更多的脂肪分子转变成 ROOH。

$$R^{\bullet}+H^{\bullet}+2O_2 \longrightarrow ROO^{\bullet}+HOO^{\bullet}$$

$$ROO^{\bullet}+HOO^{\bullet}+2RH \longrightarrow 2ROOH+R^{\bullet}+H^{\bullet}$$

$$3ROOH \longrightarrow ROO^{\bullet}+RO^{\bullet}+R^{\bullet}+HOO^{\bullet}+{}^{\bullet}OH+H^{\bullet}$$

（3）终止期　各种不同的游离基相互撞击而结合，也可与游离基失活剂（AH_2）相结合，形成一些稳定的化合物。此阶段的脂肪吸氧量趋于稳定。

$$ROO^{\bullet}+RO^{\bullet}+R^{\bullet}+{}^{\bullet}OH+2H^{\bullet}+2AH_2 \longrightarrow 2ROH+RH+2H_2O+2A$$

ROOH 是油脂氧化的第一个极不稳定的中间产物，本身并无异味。当体系中心化合物的浓度增至一定程度时即发生分解，生成一些短链醛、酮或与脂肪分子作用而被还原成醇。这些分解产物导致油脂酸败味的形成和种种副反应的发生。

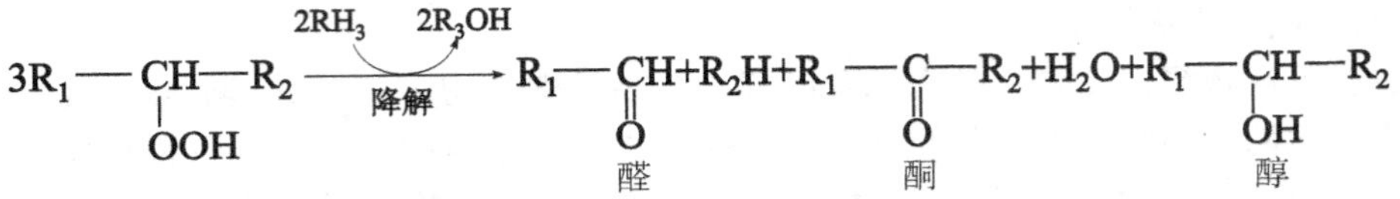

脂肪自动氧化作用的结果之一是形成粘稠、胶状甚至固态的聚合物：

2．影响油脂自动氧化速度的因素

（1）油脂的脂肪酸组成　脂酰基上双键的数量、位置与几何形状都会影响油脂自动氧化的速度。花生四烯酸、亚麻酸、亚油酸与油酸氧化的相对速度约为 40:20:10:1。顺式酸比反式酸易于氧化，共轭双键比非共轭双键的活性强。饱和脂肪酸的酸败极慢，氧化速率仅为油酸的 10%。在高温下则能发生显著的氧化作用。

游离脂肪酸比酯态脂肪酸的氧化速度略快，游离脂肪酸含量高时会促使炼油设备或容器中具有催化作用的微量金属进入油脂中，因而加快油脂氧化的速度。

（2）温度　油脂自动氧化速度随温度增高而加快，高温既促进游离基的产生，也促进氢过氧化物分解与聚合。用起酥油作实验表明，当温度在 21～63℃ 时，每增高 16℃，氧化率增加 2 倍，温度升高与油脂过氧化值的增加是一致的。

温度不仅影响自动氧化速度，而且也影响反应的机理。在常温下，氧化大多发生在与双键相邻的亚甲基上，生成氢过氧化物。但当温度超过 50℃ 时，氧化发生在不饱和脂肪酸的双键上，生成的氧化初级物是为数不多的环状过氧化物：

（3）光和射线　光对油品质量的影响仅次于氧气。从紫外线到红外线之间所有的光辐射不仅能够促进氢过氧化物分解，而且还可把未氧化的脂肪酸引发为游离基，光线的波长越短，对油脂的促氧化能力越强，因此，油脂和含油脂的食品宜用有色或遮光容器包装。

高能射线（β、γ射线）辐射食品能显著提高脂肪氧化酸败的敏感性。经辐射保鲜处理的含油脂食品，在照射期间酸败虽然没有增加，但在以后的贮存期间酸败却日趋严重，由此证明高能射线的效应主要是提高了游离基生成的速度。

（4）氧与表面积　油脂自动氧化的速度随大气中氧分压的增加而增大，氧分压达到一定值后，自动氧化速度便保持不变。图18-2为亚麻酸乙酯的氧化速度与氧分压的关系。

含油脂食品的比表面与氧化速度之间的关系比氧分压更重要。比表面很大的食品，如脱水食品，氧化速度很快，并且几乎与氧分压无关。为了防止含油脂食品氧化变质，最常用的方法是排除氧气，采用真空或充氮包装及使用透气性低的包装材料，但此法对于分散性很大的汤粉等含油脂食品效果有限。

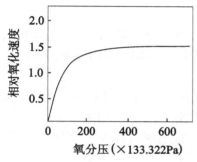

图18-2　氧分压对亚麻酸乙酯氧化速度的影响　　　图18-3　水分活度与脂肪氧化速度的关系

（5）水分　水分活度对脂肪氧化作用的影响很复杂，水分活度特高或特低时，酸败发展都很快，如图18-3所示。水分活度控制在$0.3 \sim 0.4$之间，食品中油脂氧化酸败变化最小。此时水分呈单分子层吸附，可与金属催化剂作用，降低其催化能力，阻止氧向脂相输送，还可通过氢键稳定过氧化物。A_w小于0.1的干燥食品中，O_2进入油脂的阻力小，氧化速度非常快。当A_w大于0.55时，水的存在提高了催化剂的流动性而使油质食品的氧化速度增大。

在冷冻条件下，水以冰晶形式析出，使脂质失去水膜的保护，因而冷冻含脂食品仍然会发生酸败。

冷冻的鱼、肉等含油脂食品，由于冷冻，水分以冰晶形式析出，使脂质失去水膜的保护，故油脂仍然会发生酸败。

（6）催化剂　重金属离子是油脂氧化酸败的重要催化剂，能缩短诱导期，提高氢过氧化物的分解速度。二价或多价的过渡金属离子的作用最大，其含量在10^{-6}级甚至更低就具有催化作用。食品中的重金属来源于加工或贮藏过程中所用的金属设备，其中有相当一部分来源于食品中天然存在的成分，如血红素等含金属的卟啉物质。

金属离子对油脂氧化反应的催化作用强弱排序是：

铅 > 铜 > 锡 > 锌 > 铁 > 铝 > 不锈钢 > 银

金属离子的作用有：

① 加速过氧化物的分解

$$ROOH + M^{n+} \longrightarrow RO^{\cdot} + OH^{-} + M^{(n+1)+}$$

$$ROOH + M^{(n+1)+} \longrightarrow ROO^{\cdot} + H^{+} + M^{n+}$$

② 直接作用于未氧化物质，引发链式反应

$$RH + M^{(n+1)+} \longrightarrow R^{\bullet}H^+ + M^{n+}$$

③ 促进游离基与单重态氧生成

$$2O_2 + 2M^{n+} + H^+ \longrightarrow HOO^{\bullet} + {}^1O_2 + M^{(n+1)+}$$

（7）抗氧化剂　在一些植物油中存在酚类衍生物，如米糠油、大豆油、麦胚油、棉籽油中含有维生素 E，能有效防止和延缓油脂的自动氧化作用，这类物质称为抗氧化剂。

在某些食品中，脂肪也会受脂肪氧化酶类的作用而发生氧化。

3. 脂类氧化的测定方法

脂类氧化是一个极其复杂的过程，涉及无数的反应。没有一个简单的试验能同时测定所有的氧化产物，适用于氧化过程的各个阶段，以及应用于各种脂肪、各种食品或各种加工条件。只有将各种试验结合起来，才能得到比较可靠的结果。下面列举一些常用的试验评价方法。

（1）过氧化值（POV）　即每千克脂肪中含有氧的摩尔量。其测定方法为碘量法：

$$ROOH + 2CH_3COOH（冰）+ 2KI \longrightarrow ROH + 2CH_3COOK + H_2O + I_2$$

$$I_2 + 2Na_2S_2O_3 \longrightarrow 2NaI + Na_2S_4O_6$$

过氧化值适用于测定在氧化初始阶段形成的过氧化物。该法对温度极为敏感，其测定结果随试验步骤不同而异。在油脂氧化过程中，POV 值达到一峰值后下降。

（2）羰基值　中和 1g 油脂试样与盐酸羟胺反应生成肟时所释放出的 HCl 所消耗 KOH 的量（毫克）。

$$R_1 - \underset{\underset{O}{\|}}{C} - R_2 + H_3^+NOHCl^- \longrightarrow \begin{matrix} R_1 \\ \diagdown \\ C = N - OH \\ \diagup \\ R_2 \end{matrix} + HCl + H_2O$$

所测定的羰基来自油脂氧化产物醛和酮，但极大部分羰基化合物具有高的相对分子质量，对风味无直接影响，且不稳定物质如氢过氧化物在测定过程中会分解产生羰基化合物，因而可干扰定量结果。

（3）碘值　脂肪中不饱和键吸附碘的百分数，常用 100 克脂肪或脂肪酸吸收碘的量（克）表示。可用碘值的下降来监测自动氧化过程中二烯酸的减少。椰子油的碘值为 7.5 ~ 10.5，花生油 84 ~ 100，鲸油 110 ~ 135。

（4）硫代巴比妥酸（TBA）试验　油脂氧化产物烷醛、烯醛与 TBA 结合形成一种黄色素（λ_{max} 为 450nm），其中二烯醛产生一种红色素（λ_{max} 为 530nm）。一些不存在于氧化体系中的化合物如糖等能与 TBA 作用产生特征红色而干扰 TBA 试验，必须校准。TBA 试验可应用于比较单一物质的样品在不同氧化阶段的氧化程度。

（5）色谱法　液相色谱、气相色谱、排斥色谱等各种色谱技术可用于测定油脂或含油食品的氧化。

（6）感官评定　感官试验是最终评定食品中所产生的氧化风味的有效方法。任何一种化学、物理方法的价值很大程度上取决于它与感官评定相符合的程度。

三、油脂在高温下的化学变化

高温下，油脂产生热分解和氧化反应，形成的产物十分复杂。它赋予食品某些特有的风味，同时也产生一些对人体有害的成分。油脂经过长时间加热，表观粘度增高，碘值下降，酸价增高，折光率改变，表面张力减小，颜色变暗，油形成泡沫的倾向增加，还会产生一些刺激性气味，同时营养价值下降。

（一）油脂的聚合

油脂加热后（温度高于300℃时），粘度增大，逐渐由稠变冻以至凝固，同时油脂起泡性也增加。这种现象是由于油脂加热聚合所引起的。油脂聚合分为热聚合和热氧化聚合两种。

1. 热聚合

油脂在真空、二氧化碳或氮气的无氧条件下，加热至200～300℃的高温时，由多烯化合物加成反应生成环状化合物：

$$\begin{array}{c} HC-R_1 \\ \| \\ CH \\ \| \\ CH \\ \| \\ HC-R_2 \end{array} + \begin{array}{c} HC-R_3 \\ \| \\ HC-R_4 \end{array} \longrightarrow R_1 \underset{R_3}{\overset{}{\bigcirc}} R_2,R_4$$

聚合作用可以发生在同一甘油酯的脂肪酸残基之间，也可发生在不同分子甘油酯之间。其反应主要受温度控制，产物包括二聚物、多聚物和环化物。一条途径是发生在共轭双键与非共轭双键之间的狄尔斯－阿德尔反应，聚合物呈六碳环结合。不饱和甘油酯易发生这种途径的热聚合。另一条途径是高温下先水解产生二酰甘油和单酰甘油，然后再缩水合成相对分子质量较大的醚形化合物。

2. 热氧化聚合

油脂在空气中加热至200～230℃时即能引起热氧化聚合。油炸食品所用的油逐渐变稠，即属于此类聚合反应。油的热氧化聚合过程，随油的种类而不同，干性油如桐油、亚麻油等最易聚合，半干性油如大豆油、芝麻油等次之，不干性油如橄榄油、花生油等则不易聚合。随聚合的进行，由稠变冻以至凝固，同时碘值下降，折射率增加。

在油炸温度下（200℃左右），油脂中可分离出具有如下结构的甘油二聚物的有毒成分，这种物质在体内被吸收后，与酶结合，使酶失去活性，引起生理异常反应。

$$\begin{array}{l} CH_2OCOR_1 \\ | \\ CHOCOR_2 \\ | \\ CH_2OCO-(CH_2)_6-CH-CH=CH-\overset{O}{\overset{\|}{C}}-\overset{X}{\underset{|}{CH}}-\overset{X}{\underset{|}{CH}}-(CH_2)_4-CH_3 \\ | \\ CH_2OCO-(CH_2)_6-CH-CH=CH-\overset{O}{\overset{\|}{C}}-\overset{X}{\underset{|}{CH}}-\overset{X}{\underset{|}{CH}}-(CH_2)_4-CH_3 \\ | \\ CHOCOR_5 \\ | \\ CH_2OCOR_6 \end{array}$$

（X 为 OH 或环氧化合物）

油脂热氧化聚合的程度与温度、氧的接触有关。金属尤其是铁、铜都可促使油脂的热氧化聚合，即使 10^{-6} 级的含量也能促使油脂氧化聚合加快。

（二）油脂的缩合

在高温下，油脂还能发生部分水解，然后再缩合成相对分子质量较大的醚型化合物。

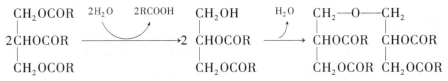

（三）油脂的分解

油脂在高温下，除聚合、缩合外，还生成各种分解产物如酮、醛、酸等。金属离子（如 Fe^{2+}）的存在可催化热解反应。发生热解的油脂，不仅味感变劣，而且丧失营养价值，甚至还有毒性，所以油脂加热温度以不超过 150℃ 为宜。

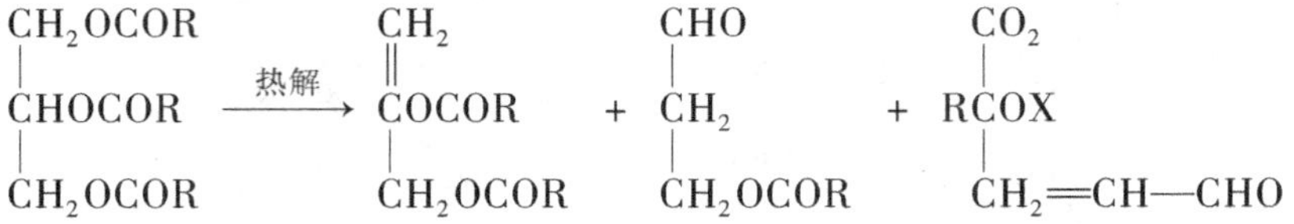

$$\begin{array}{c}
CH_2OCOR \\
| \\
CHOCOR \\
| \\
CH_2OCOR
\end{array}
\xrightarrow{\text{热解}}
\begin{array}{c}
CH_2 \\
\| \\
COCOR \\
| \\
CH_2OCOR
\end{array}
+
\begin{array}{c}
CHO \\
| \\
CH_2 \\
| \\
CH_2OCOR
\end{array}
+
\begin{array}{c}
CO_2 \\
RCOX \\
CH_2{=}CH{-}CHO
\end{array}$$

（R 为脂肪酸烃链残基，X 为 H，OH，R 及 RCOO 等基团）

第三节　常见食用油脂

我国主要食用植物油，其种类有菜子油、大豆油、花生油、棉籽油、茶油、芝麻油和米糠油，也有葵花子油、红花子油和橄榄油。食用的动物油主要为猪油。

食品用油主要有油炸油、速食油、黄油和起酥油等。

1. 油炸油

油炸油用于油炸和煎炸食品，其必须具备的性质有：

（1）抗氧化稳定性高。对煎炸油抗氧化稳定性大小的要求，取决于油脂的更换速度、炸制条件和最后产品的货架期。如家用轻度煎炸油的热稳定性值（AOM 值）要求在 20h 以上；高更换速度、短货架期的深炸小吃食品的煎炸油的 AOM 值要求在 50h 以上；长货架期的深炸食品的煎炸油的 AOM 值要求在 200h 以上。

（2）烟点高。烟点太低会导致油炸操作无法进行。

（3）具有良好的风味。

我国油炸油卫生标准为：（理化指标）羰基值 $\leqslant$50meq/kg，酸价 $\leqslant$5mgKOH/g；感官指标为：具有使用油炸油正常的色泽、气味和滋味，无异味和杂质。我国多用植物油与猪油，国外多用轻度氢化的植物油。

2. 速食油

速食油是指植物毛油经过脱胶、脱酸、脱色、脱臭，必要时再经过脱蜡、冬化工序精制而成的耐寒性好的高级食用油，也称生食（菜）油、凉拌油、冷餐油和色拉油。速食油具备的性质有：

（1）色淡透明无气味；

（2）酸价低，要求在 0.3 以下；

（3）稳定性好，储藏过程中不易变质，不会产生酸败气味；

（4）烟点高；

（5）熔点低，一般要求 3 ～ 5℃不析出固体脂。

色拉油和高级烹饪油的最主要区别是耐寒性。在低温下，色拉油仍能保持清亮透明，而高级烹饪油就可能出现混浊。此外，色拉油的色泽更淡，酸价更低，烟点更高一些。

速食油常选用精炼脱臭的豆油、葵花子油、玉米胚芽油等。为防止低温时析出晶体，可加入卵磷脂等。速食油是用于凉拌、制调和油、人造奶油、蛋黄酱、色拉调味汁和家庭手工调制色拉的上乘油脂，此外它也可以油炸即食食品。

3. 起酥油

起酥油包括的范围很广，通常是指精炼的动植物油脂、氢化油或它们的混合物，急冷捏合（或不经急冷捏合）加工出来的固态或流动态的油脂产品。固态起酥油要求在室温下呈固态而不流动，有相当大的可塑性，在 10 ～ 16℃不太硬，在 32.5 ～ 38℃不太软，可任意形成各种形状而不变形坍塌，用于面包、糕点及烹调。流态起酥油在 18 ～ 32.5℃有流动性，32.5℃以上呈液体，适用于烘焙食品。对起酥油的一个重要要求是其塑性稳定，晶体细小。晶体粒子之间有微量液体油是形成油脂塑性的主要原因。

起酥油可用不同程度氢化的植物油混合制备，也可用动物油脂与氢化植物油混合制备。通常用氢化油为基料，配合一定数量的硬脂（碘值 5 ～ 10，用量小于 15%），有些再加入一定数量的液体油组成原料油脂，制取不同要求的起酥油。如面包用起酥油的原料油脂配方为：氢化大豆油（熔点 34℃）40%，棕榈油 30%，猪油 10%，大豆色拉油 20%。起酥油的添加剂有乳化剂、抗氧化剂、消泡剂、氮气等，有时还要加入着色剂和香料。起酥油的生产工艺依其性状不同而有差异，如塑性起酥油的生产工艺为：

原料调制配合 ——→ 速冷捏合 ——→ 包装 ——→ 熟化 ——→ 成品

4. 黄油

黄油也称奶油，是含少量发酵乳的纯牛乳脂肪，用于涂面包，制造饼干、糕点、糖果。

人造奶（黄）油又称麦吉林，熔点 30 ～ 33℃，是在食用油脂中添加水等乳化后经速冷捏合（或不经速冷捏合）加工出具有可塑性或流动状的食用油脂制品，其中油脂含量一般为 80% 以上。人造奶油是与黄油极相似的脂类食品，比黄油便宜且不易腐败，但人造奶油的脂不是取自牛奶脂肪，或至多仅有一小部分。人造奶油常见的多为油包水（W/O）乳化型，糕点加工的为水包油（O/W）乳化型。

人造奶油的物理性质常以各种温度下的固体脂肪数（SFI）表示。固体脂肪数决定了高速制模和封装能力、冷冻温度下的可涂布性（延展性）、进食后的溶解性能和口感，以及生产加工各种食品时操作的难易。常用氢化植物油生产人造奶油，其加工工艺包括原料、辅料的调和、乳化、急冷、捏合、包装和熟成 5 个阶段。

5. 可可脂代用品

可可脂是一种具有良好物理性质的贵重油脂，是生产巧克力的天然原料，但价格贵、性质易变化。随着科技水平的提高，一些可可脂代用品已得到广泛的认可。可可脂代用品通常称为"硬白脱"，在室温下的固体脂肪含量与天然可可脂十分相似，完全可以用来替代或扩大传统巧克力制品中的可可脂成分，应用于糖果、饼干、食品涂层料、巧克力制品等。按照原料油脂的来源及其性质可分为三类：类可可脂（CBE）、月桂酸类代可可脂（CBS）、非月桂酸类代可可脂（CBR）。

可可脂代用品具备天然可可脂的以下特性：

（1）速溶性 在常温下硬脆，接近体温时，迅速熔化。

（2）收缩性 凝固时能充分收缩，顺利脱模。

（3）相容性 与可可脂混合熔化，不会降低熔点。

（4）可塑性 既能使巧克力具有硬度，又能使巧克力容易切开。

（5）稳定性 风味好而稳定，AOM 值至少在 200h 以上（即具有氧化稳定性）。在 10 ～ 25℃ 下，结晶至少稳定 1 年（即具有结晶稳定性）。

（6）对乳脂的影响 与可可脂相同。

（7）耐热性 缺乏耐热性是天然可可脂的弱点，CBR 则具有耐热性。

6. 调和油

调和油是用两种或两种以上的食用油脂，根据某种需要，以适当比例配成的一类食用油产品。根据人们的习惯和市场需要，可以生产出多种调和油。

（1）风味调和油 如可以把菜籽油、米糠油和棉籽油等经全精炼，然后与香味浓郁的花生油或芝麻油按一定比例调和，以"轻味花生油"或"轻味芝麻油"供应市场。

（2）营养调和油 利用玉米胚油、葵花籽油、红花子油、米糠油和大豆油配制富含亚油酸和维生素 E，而且比例合理的营养保健油，供高血压、高血脂、冠心病以及必需脂肪酸缺乏症患者食用。营养调和油的配比原则要求其脂肪酸成分基本均衡，其中饱和脂肪酸：单不饱和脂肪酸：多不饱和脂肪酸的摩尔比为 1：2.18：1.18。

（3）煎炸调和油 用氢化油和经全精练的棉籽油、菜籽油、猪油或其他油脂调配成脂肪酸组成平衡、起酥性能好和烟点高的煎炸用油脂。

第十九章　蛋白质的加工化学

第一节　蛋白质的功能性质

蛋白质的食品功能性质是指在食品加工、贮藏和销售过程中蛋白质对人们所期望的食品特征作出贡献的那些物理化学性质。

（1）水化性质　取决于蛋白质与水的相互作用，包括水的吸收与保留、湿润性、膨胀性、粘着性、分散性、溶解度和粘度等。

（2）表面性质　包括蛋白质的表面张力、乳化性、发泡性、成膜性、气味吸收持留性等。

（3）结构性质　即蛋白质相互作用所表现的有关特性，如弹性、沉淀作用、凝胶作用及形成其他结构（如蛋白质面团和纤维）等。

（4）感观性质　颜色、气味、口味、适口性、咀嚼度、爽滑度、混浊度等。

上述几类性质不是完全独立的，而是相互间存在一定的内在联系。

1. 水化性质

蛋白质的水化是通过蛋白质的肽键和氨基酸侧链与水分子间的相互作用而实现的，如图 19-1 所示。

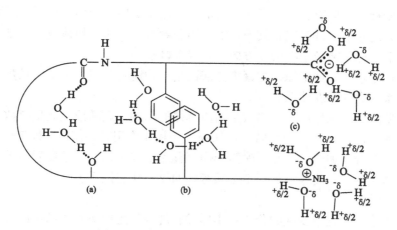

图 19-1　水同蛋白质相互作用的示意图
（a）氢键；（b）疏水相互作用；（c）离子相互作用

蛋白质浓度、pH 值、温度、离子强度和共存的其他组分以及水化时间等是影响蛋白质水化性质的主要因素。

蛋白质总吸水量随蛋白质浓度的增加而增加。

pH 值的改变会影响蛋白质分子的离子化作用和带电性，从而改变蛋白质分子间的吸引力和排斥力以及蛋白质分子同水结合的能力。在等电点下蛋白质间的相互作用最强，缔合和收缩后的蛋白质呈现最低的水化性和膨胀性。

随着温度的升高，氢键减少，蛋白质的结合水也随之下降。当加热时，蛋白质产生变性和聚集作用，后者会降低蛋白质的表面积和结合水的极性氨基酸的有效性。结构紧密的蛋白质在加热时因解离和伸展导致内部肽键和极性侧链的外露，从而改进了蛋白质的水化能力。

离子种类和浓度对蛋白质的吸水、膨胀和溶解度具有显著的影响。在低盐浓度，蛋白质水化增加；在高盐浓度，水盐相互作用大于水和蛋白质间的作用，蛋白质脱水发生"盐析"。

大多数食品是水化的固态体系，因此，蛋白质的水化特性对食品的质构起着重要的作用。

2. 粘度

一种流体的粘度反映了它对流动的阻力。可用粘度系数 μ 表示，μ 的定义是剪切力 τ 与剪切速度 $\dot{\gamma}$ （或流动速度）之比：

$$\mu = \tau / \dot{\gamma}$$

牛顿流体具有不变的粘度系数，它不依赖于剪切力或剪切速度。包括蛋白质在内的大多数亲水大分子的溶液、分散体系（糊状物或悬浮液）、乳状液、浆或凝胶不具有牛顿流体的性质，它们的粘度系数随流动速度的增加而降低，这种性质称为假塑或剪切变稀，可表示为

$$\tau = m \, \dot{\gamma}^{\,n}$$

式中，m 为稠度系数；n 为流动指数。

影响蛋白质流体粘度性质的主要单因子是分散的分子或粒子的表观直径。这个直径取决于蛋白质分子的相对分子质量、体积、结构、对称性、电荷以及变形的难易程度等内在特性和蛋白质与溶剂间的相互作用。

造成剪切变稀的原因有：①分子在流动的方向逐步定向，因而摩擦阻力下降；②蛋白质水化球在流动方向变形；③氢键和其他弱键的断裂导致蛋白质聚集体或网络结构的解体。在上述各种情况下，分子或粒子在流动方向的直径都减小。

当剪切处理停止时，如果原来的聚集体或网络结构能再形成，则粘度系数的下降是可逆的。这样的体系称之为触变体系。

由于蛋白质间的相互作用，大多数蛋白质流体的粘度系数随浓度而呈指数增加。体系表现为可塑粘弹性，仅当超过"屈服值"以切断一些相互作用时，流体才能流动。

在泵输送、混合、加热、冷却和喷雾干燥等食品加工过程中，蛋白质体系的粘度和稠度涉及质量和热的转移，是流体食品加工必须考虑的重要功能性质。

3. 凝胶作用

蛋白质的凝胶作用是指变性的分子聚集形成有规则的蛋白质网络结构的过程，不同于缔合、聚合（集）、沉淀、絮凝和凝结等使蛋白质溶液分散性下降的有关现象。蛋白质的缔合反应一般涉及亚基或分子水平上的变化；聚合（集）反应一般形成大的复合物；沉淀包括导致完全或部分地丧失溶解性质的所有聚集反应；絮凝是指不存在蛋白质变性作用的随机聚集反应，这种现象往往是由于多肽链之间的静电排斥作用受到抑制而产生的；由于蛋白质变性而引起的随机聚集反应和由于蛋白质间的相互作用超过蛋白质与溶剂间的相互作用而引起的聚集反应称为凝结。

蛋白质网络的形成是蛋白质-蛋白质和蛋白质-溶剂相互作用之间以及相邻多肽链吸引力和排斥力之间动态平衡的结果。疏水交互作用、静电相互作用和氢键、二硫键是形成网络的

主要作用力。高温条件有助于疏水交互作用，低温有利于氢键形成。加热处理能暴露内部的SH 基和促进二硫键的形成或交换。高含量的 SH 基和 S—S 基强化了分子间的网状结构，倾向于形成热不可逆凝胶。高含量的疏水基团倾向于形成坚固的网络结构。Ca^{2+} 桥和其他二价离子的桥接能提高许多凝胶的硬度和稳定性。产生凝胶作用的 pH 值范围一般随蛋白质浓度的增加而增大，因与蛋白质浓度呈正比的疏水键和二硫键能补偿在远离蛋白质等电点 pH 值下由于高的净电荷而产生的静电排斥力。蛋白质的凝胶作用用于形成固态粘弹性凝胶，改进吸水、增稠、粒子结合（粘着）和乳化或泡沫稳定效应。

4. 乳化性质

许多食品是乳状液（乳、奶油、冰淇淋、加工干酪和蛋黄酱等），蛋白质组分在稳定这些胶体体系中起着重要作用。蛋白质吸附在分散的油滴和连续的水相之间的界面上，并影响着分散体系的物理和流变性质（稠度、粘度和弹性、硬度）。氨基酸侧链的离子化可提供稳定乳状液的静电斥力。

蛋白质的乳化能力与溶解度成正比，但一旦乳状液形成，则不溶解的蛋白质粒子也具有稳定乳状液的作用。

pH 值以各种不同的方式影响蛋白质的乳化性质。一些蛋白质（明胶和蛋清蛋白）在等电点时具有最佳的乳化性质，而其他蛋白质（如大豆蛋白、花生蛋白、酪蛋白、乳清蛋白和肌纤维蛋白）在远离 pI 的 pH 值时表现出较好的乳化性质。

加热处理常可降低吸附在界面上的蛋白质膜的粘度和硬度，因而降低了乳状液的稳定性。加入小分子的表面活性剂，由于降低了蛋白质膜的硬度，削弱了使蛋白质保留在界面上的作用力，使蛋白质的乳化性能下降。

总之，可溶性蛋白质能够扩散并吸附在油/水界面是决定蛋白质乳化性质最重要的特性。

测定蛋白质乳化性质的方法，常见的有乳化能力和乳状液稳定性试验。

乳化能力（EC）是指每克蛋白质在相转变前所能乳化的油体积（mL）。EC 值随蛋白质浓度增加而降低。其方法是在不断搅拌蛋白质的水（或盐）溶液或分散体系的同时恒速连续加入油或熔化的脂肪，从粘度的突然下降、颜色的变化（特别是存在油溶性染料时）或电阻的增加测定相转变。

乳状液稳定性（ES）的计算公式为：

$$ES = 乳状液的最终体积 \times 100 \div 乳状液的最初体积$$

乳状液的最终体积是在低速离心或放置几小时后测定的。

5. 起泡性质

食品泡沫通常是气泡分散在含有可溶性表面活性剂的连续液体或半固体相中的分散体系。形成泡沫的薄液层连续相将气泡分开，气-液界面能达到 $1m^2/mL$。形成这个界面时需要机械能量。为保持界面而不使气泡聚集，通常需要加入表面活性剂以降低界面能并在截留的气泡之间形成一个弹性的保护壁垒。一些蛋白质能通过吸附在气-液界面形成一个保护膜。泡沫形成需要可溶性蛋白质扩散到空气-水界面，并很快地展开、浓缩和散布，以降低表面张力。缺乏二级和三级结构的松散蛋白分子（如 β-酪蛋白等）具有良好的起泡性质。为了稳定泡沫，必须在每一个气泡周围形成厚的、粘着的、弹性的、连续的和空气不能渗透的蛋白质膜。部分地抗表面展开的高相对分子质量球蛋白能产生具有良好表面流变性质的厚吸附膜，从而具有良好的泡沫稳定性（如 κ-酪蛋白）。低界面张力、高粘度的主体液相和牢固而有弹性的吸附蛋白质膜是决定泡沫稳定性的三个重要特性。

　　蛋白质的高溶解度是具有良好起泡能力和稳定性的先决条件。不溶解的蛋白质粒子（如肌纤维蛋白、胶束和处在 pI 时的蛋白质）则能提高表面粘度而在稳定泡沫中起着有益的作用。在等电点时，分子间的静电相吸增加了吸附在空气-水界面上蛋白质膜的厚度和硬度，形成的泡沫虽较少但稳定性高（如球蛋白、面筋蛋白、乳清蛋白）。但对于某些蛋白质，在极端 pH 值时因其粘度提高而使泡沫的稳定性增高。鸡蛋蛋清在它们的天然 pH 值（8～9）和接近 pI（4～5）时都具有最佳的泡沫性质。

　　盐能影响蛋白质的溶解度、粘度、展开和聚集性，因而能改变起泡性质。Ca^{2+} 能在蛋白质的羧基间形成桥接而改进泡沫稳定性。

　　糖类能提高整体相粘度而抑制了泡沫的膨胀，但可改进泡沫的稳定性，故加工过程中常在后阶段加入糖。

　　为形成足够的泡沫，搅拌时间和强度必须保证使蛋白质充分地展开和吸附，但过分激烈的搅拌会导致起泡性和稳定性下降。

　　重力、压力差和蒸发引起薄层液体的排水（泄漏），气体在水相的溶解性使气体从小泡向大泡扩散，以及将气泡分开的液体薄层破裂是造成泡沫不稳定的三个主要原因。

　　鼓泡、打擦或振荡是食品加工中常用的三种起泡方法。

6. 风味结合性质

　　风味物与蛋白质的结合可分为三类：①通过范德华力相互作用的物理吸附；②通过共价键或静电引力的化学吸附；③通过氢键和疏水键相互作用的结合。

　　在一些情况中，挥发物通过共价键和蛋白质相结合，此过程通常是不可逆的，如醛或酮同氨基的结合和胺同羰基的结合。对于高相对分子质量的挥发物更可能产生不可逆的固定化。

　　风味物质的结合促进了肽链的伸展，使更多的疏水性氨基酸残基暴露而能提供更多的有效结合部位。因此，非极性挥发物穿透并同蛋白质的疏水性核心相互作用，使蛋白质趋于不稳定并改变蛋白质的溶解度。

　　任何能改变蛋白质构象的因素都能影响挥发物的结合。水能促进极性挥发物的结合，而蛋白质的降解则导致风味物的释放，如蛋白质的部分水解常可用于大豆蛋白的脱腥。受热变性时，挥发物的结合量增加；冷冻干燥脱水可释出结合的风味物；脂类的存在可有效改善各种羰基风味物的结合与保留特性。

7. 组织化

　　在一定条件下，可溶性植物蛋白质或乳蛋白质能够形成具有咀嚼性和良好持水特征的膜状或纤维状产品，这些产品在随后的水化和加热处理中仍能保持所形成的组织化特性。

　　（1）热凝结和膜形成　　浓缩的大豆蛋白溶液能在平坦的金属表面或布上产生薄而水化的蛋白质膜，如中国传统豆制品"百叶"。由于水的表面蒸发和蛋白质的热凝结，在 95℃ 下保持几小时的豆奶表面可形成薄的蛋白质-脂膜，移去后，新的膜又重复产生。采用此法可生产腐竹（皮）。

　　（2）纤维形成　　将植物蛋白和乳蛋白浓溶液喷丝、缔合、成形、调味后，可制成各种风味的人造肉。其工艺过程为：将 10%～40% 的蛋白质溶液调节 pH 值至 10 以上，静电斥力促使蛋白质的亚基完全解离并充分伸展形成粘稠液，经脱气、澄清（防止喷丝中产生纤维断裂）后，在压力下通过一块含有 1000 目/cm^2 以上小孔（φ50～150μm）的模板，使展开的蛋白质分子沿着小孔中的流动方向定向。喷丝过程产生的细丝进入酸性 NaCl 溶液中，由于等电点 pH 值和盐析效应致使蛋白质凝结。蛋白质分子彼此通过氢键、离子键和二硫键强烈地作用形成水化的蛋白质纤维，经部分脱水后加入粘合剂（如明胶、鸡蛋白、谷蛋白或凝胶多糖）、调味剂等食品添加剂及脂类，凝结、调味后的蛋白质细丝经切割、整形和压缩等处理可产生类似火腿、家禽肉或鱼肌肉的人造肉制品。

（3）**热塑挤压** 热塑挤压是目前所采用的使植物蛋白组织化的主要技术。它能产生干燥的纤维状或多孔的颗粒或厚块（不是纤维），它们在复水时具有可咀嚼的结构。其特点是可使用价格较低的浓缩蛋白溶液或粉末（含蛋白 45% ~ 70%）。其工艺是：借一只旋转的螺旋推进机的作用将水化的蛋白质 - 多糖通过一个圆筒，同时使物料经受 10 ~ 20MPa 高压、高剪切力和高温。在 20 ~ 150s 期间内，混合料的温度升高到 150 ~ 200℃，转变成粘稠状态，然后快速地挤压使其通过一个模板进入正常的大气压环境。在物料内部水分快速蒸发的同时形成了膨胀的蒸汽泡。冷却后，蛋白质 - 多糖基体具有高度膨胀和干燥的结构。

8. 面团形成

存在于小麦谷粒胚乳中的面筋蛋白质有一个特殊性质，即当它们在室温下与水一起混合和揉搓时具有形成一种非常粘稠的糊状物或"面团"的能力。这是面粉转变成面团和通过发酵及焙烤进一步转变成面包的基础。面筋蛋白质富含谷氨酰胺（>33%）和羟基氨基酸，倾向于形成氢键，使面筋蛋白具有吸水性及粘着性。面筋蛋白中存在许多非极性氨基酸，产生的疏水交互作用使蛋白聚集并能与脂肪或糖脂有效结合。面筋蛋白还具有形成众多二硫交联键的能力，使面筋蛋白易于在面团中产生坚韧的互相连接的网络结构。

当水化的面粉被混合揉搓时，面筋蛋白质定向排列和部分展开，这样就促进了疏水相互作用和二硫键的形成。当面筋蛋白颗粒转变成薄膜时，建立了具有粘弹性的三维蛋白网络，能截留淀粉颗粒和其他面粉组分。

谷蛋白决定着面团的弹性、粘合性和混合容限，醇溶谷蛋白促进面团的流动性、伸展性和膨胀性。两类蛋白质的适当平衡决定了发酵期间所产生 CO_2 的截留特性。

第二节 食品中的蛋白质

一、肉类蛋白质

肉类中的蛋白质可以分为肌浆蛋白质、肌原纤维蛋白质和基质蛋白质三部分。

肌浆蛋白质主要有肌溶蛋白和肌球蛋白两大类，占肌肉蛋白质总量的 20% ~ 30%。肌溶蛋白溶于水，在 55 ~ 65℃变性凝固；肌球蛋白溶于盐溶液，在 50℃时变性凝固。此外，肌浆蛋白质中还包括有少量使肌肉呈现红色的肌红蛋白。

肌原纤维蛋白质包括有肌球蛋白（即肌凝蛋白）、肌动蛋白（即肌纤蛋白）、肌动球蛋白（即肌纤凝蛋白）和肌原球蛋白等。这些蛋白质占肌肉蛋白质总量的 51% ~ 53%。由于这些蛋白质的存在，使肌肉保持有一定结构，亦称为肌肉的结构蛋白质。其中，肌球蛋白溶于盐溶液，在有盐存在时，其变性开始温度是 30℃。在肌原纤维蛋白质中，肌球蛋白占 55%，是肉中含量最多的一种蛋白质。在屠宰以后经成熟过程，肌球蛋白质与肌动蛋白结合成肌动球蛋白。肌动球蛋白溶于盐溶液中，其变性凝固的温度范围是 45 ~ 50℃。由于肌原纤维蛋白质溶于一定浓度的盐溶液，所以也称盐溶性肌肉蛋白质。

基质蛋白质主要有胶原蛋白和弹性蛋白，都属于硬蛋白类，不溶于水和盐溶液。胶原蛋白在有水存在下，加热可膨润，温度在 80℃ 以上，能分解为明胶。弹性蛋白加热至 30℃ 才会水解。

二、胶原和明胶

胶原是皮、骨和结缔组织中的主要蛋白质。它的氨基酸组成有下列特征：脯氨酸、羟脯氨酸和甘氨酸含量较高，蛋氨酸含量较少，而且不含胱氨酸或色氨酸。胶原分子由三股螺旋组成，外形呈棒状。许多胶原分子横向结合成胶原纤维而存在于结缔组织中。胶原纤维具有高度的结晶性，加热到一定温度会发生突然收缩，例如，牛肌肉中的胶原纤维在 65℃ 即发生这一变化。胶原纤维中结晶区域的"熔化"可能是产生这个变化的原因。

明胶是胶原分子热分解的产物，工业上是把胶原含量高的组织如皮、骨置于加碱或加酸的热水中长时间提取而制得。胶原的相对分子质量为 3×10^5，而明胶的相对分子质量正好为其 1/3，即 1×10^5。明胶溶于热水中，冷却时凝固成富有弹性的凝胶。明胶的凝胶具有热可逆性，加热时熔化，冷却时凝固，这个特性在食品工业特别是糖果制造业中有着广泛的应用。

在 35 ～ 40℃ 和较高温度下保存的明胶，都易失去溶解性，其原因可能是由于明胶分子的聚合引起的，其中包括交联和氢键的作用。在水溶液中，明胶缓慢地水解成相对分子质量较小的片断，粘度下降，失去胶凝能力。明胶对酶的作用敏感，几乎所有的蛋白酶都能作用于明胶。

三、乳蛋白质

乳蛋白质的成分随品种而变化，下面以牛乳为例讨论其中的蛋白质的成分及其性质。

所有的乳皆由三个不同的相组成：连续的水溶液（乳清）、分散的脂肪球和由酪蛋白构成的微细固体粒子（胶粒）。蛋白质同时存在于上述三相中。

1. 酪蛋白

酪蛋白是乳蛋白质中最主要的一类蛋白质，占乳蛋白的 80% ～ 82%。它含有胱氨酸和蛋氨酸，但不含半胱氨酸。在酪蛋白中还含有磷酸，以一磷酸酯键与苏氨酸及丝氨酸的羟基相结合，属于磷蛋白质。

酪蛋白由 α_{s1}，β，κ 及 γ-酪蛋白四种主要组分组成。α_{s1} 和 β-酪蛋白酸钙构成酪蛋白胶粒的中心，外面覆盖着一层由 κ-酪蛋白构成的保护胶体。没有 κ-酪蛋白时，其他酪蛋白和钙离子的复合物便将沉淀。

酪蛋白胶粒在牛乳中比较稳定，但经冻结或加热等处理，也会发生凝胶现象。加热到130℃ 保持数分钟，酪蛋白变性而凝固沉淀，此时凝固物中亦含有热变性的乳清蛋白。添加酸或凝乳酶，酪蛋白胶粒的稳定性被破坏而凝固。乳制品的干酪就是利用凝乳酶对酪蛋白凝固作用而制成的。

2. 乳清蛋白

牛乳中酪蛋白沉淀下来以后，保留在上面的清液即为乳清，存在乳清中的蛋白质称为乳清蛋白。乳清蛋白中有许多组分，其中最主要的是 β-乳球蛋白和 α-乳清蛋白。

（1）β-乳球蛋白　β-乳球蛋白约占乳清蛋白质的 50%，仅存在 pH 值 3.5 以下和 pH 值7.5 以上的乳清中。在 pH 值 3.5 ～ 7.5 之间则以二聚体形式存在。β-乳球蛋白是一种简单的蛋白质，含有游离的 SH 基，牛奶加热产生气味可能与它有关。加热、增加钙离子浓度或

pH 值超过 8.6 等都能使它变性。

（2）α-乳清蛋白　α-乳清蛋白在乳清蛋白中占 25%，比较稳定。分子中含有四个二硫键，但不含游离 SH 基。

乳清中还有血清蛋白、免疫球蛋白和酶等其他蛋白质。

3. 脂肪球膜蛋白质

在乳脂肪球周围的薄膜中吸附着少量的蛋白质（每 100g 脂肪吸附蛋白质不到 1g），这层膜控制着牛乳中脂肪 – 水分散体系的稳定性。脂肪球膜蛋白质是磷脂蛋白质，并含有少量糖类化合物。

四、种子蛋白质

谷类、豆类尤其是油料种子中皆含有丰富的蛋白质。

1. 谷物蛋白质

谷物中的蛋白质含量一般在 10% 左右（小麦和大麦约含 13%，大米和玉米约含 9%）。下面重点讨论小麦面粉的蛋白质。

根据溶解度，可将面粉蛋白质分为四类：构成面筋的醇溶谷蛋白和谷蛋白、水溶性的清蛋白和球蛋白。

面粉蛋白质的主要部分是面筋，约占总氮量的 80%。它由小麦醇溶谷蛋白和小麦谷蛋白构成，前者能溶于 60% ～ 70% 的乙醇中，后者能溶于稀酸和稀碱中。醇溶谷蛋白和谷蛋白的相对分子质量差别很大，醇溶谷蛋白的相对分子质量在 2×10^4 ～ 5×10^4 范围内，而谷蛋白的相对分子质量则在 5×10^4 ～ 1×10^6 之间。两者都含二硫键，但醇溶谷蛋白中的二硫键主要是分子内二硫键，而谷蛋白中则是分子内二硫键和分子间二硫键并存。二硫键的存在是面团具有一定弹性和机械强度的主要原因。用水洗面团制得的粗面筋中含有脂质。面筋是由扁平的蛋白质"片状体"构成的薄片结构，而脂蛋白层插入其中。当薄片结构变形时，脂质则能起滑润剂的作用。

清蛋白在面粉蛋白质中占 6% ～ 12%。它含有多种组分，这些组分在分子大小和氨基酸组成方面颇为相似，其色氨酸含量高于其他面粉蛋白质。清蛋白主要影响面粉的焙烤质量。

球蛋白在面粉蛋白质中占 5% ～ 12%，其特点是色氨酸含量低而精氨酸含量高，可溶于稀盐溶液。球蛋白亦含多种组分。

为增强面粉之粘弹性，除采用含面筋较多的面粉外，在磨制成面粉后，必须放置适当时间，使之氧化成熟，故加用氧化剂漂白，兼有改良粉质的作用。

面粉中含湿面筋量达 35% 以上的，称为高筋粉，适于制作面包、油条等；含量为 25% ～35% 的为中筋粉，适用于制作面条、小型面包等；含量在 25% 以下的为低筋粉，适用于制作饼干、糕点等。

2. 油料种子蛋白质

大豆、花生、棉籽、向日葵、油菜及其他油料作物的种子中除了油脂以外还含有丰富的蛋白质，因此，提取油脂后的饼粕或粉粕是重要的蛋白质资源。

油料种子蛋白质中主要成分是球蛋白类，大豆粉粕中含有 44% ～ 50% 的蛋白质，是目前最重要的植物蛋白质来源。用乙醇水溶液提取大豆粉粕中的糖分和小分子的肽，残余物中蛋白质含量以干物质计可达 70% 以上，称为"大豆蛋白质浓缩物"。如果要得到纯度更高的蛋白质，可先用稀碱提取，然后在 pH 值 4 ～ 4.5 下沉淀，这样可得到很纯的大豆蛋白质。

花生仁中蛋白质占26%~29%，油占35.8%~54.2%。花生蛋白中，水溶性的清蛋白约有10%，余下的90%为阴离子球蛋白，由花生球蛋白和伴球蛋白两个主要成分组成，二者之比为（2~4）：1。花生蛋白中蛋氨酸、赖氨酸和苏氨酸含量偏低，还含有胰蛋白酶抑制剂、甲状腺肿素、血球凝集素等抗营养的有害因子，热处理可使这些因子失活。另外，花生易感染黄曲霉而含有致癌的黄曲霉毒素，故在加工过程中用氨处理或加入过氧化苯甲酰、H_2O_2等氧化剂以破坏黄曲霉毒素。在采用水溶后机械分离法提取优质花生油的同时，可制备优质的天然花生蛋白。

棉籽是另一种重要的植物蛋白资源。利用棉籽蛋白的重要工艺问题是要除去棉籽中有毒的棉酚和类棉酚色素等毒物成分。脱毒方法有加$FeSO_4$、$NaOH$等化学添加剂法、高水分蒸炒法、微生物降解法和有机溶剂（如乙醇、丙酮）萃取法等。

五、单细胞蛋白

来源于微生物的蛋白质称为单细胞蛋白（SCP），在酵母菌中可达40%~60%，霉菌中为20%~40%，细菌中甚至可高达80%之多。微生物转化能力强，繁殖生长快，几乎可利用任何原料，是重要的蛋白资源。单细胞蛋白的特点是核蛋白含量很高（可高达50%），由于人体缺乏尿酸氧化酶，核酸的代谢产物尿酸在人体内不能进一步降解，加之尿酸在水中的溶解度很低，它仅能部分地被排出体外，尿酸在体内积累会引起关节炎病以及肾和膀胱结石，因而单细胞蛋白目前主要作饲料用。

第三节　蛋白质的分离制备及改性

一、蛋白质的分离制备

为了保持天然蛋白的固有性质和功能性质，防止蛋白质的变性，分离制备蛋白质一般均采用较温和的方法。

1. 原料预处理

针对不同的原料及分离提纯要求，对原料进行预处理，包括除杂、破碎、提油、去毒等，使原料适合于所选定分离提纯方法的要求。

2. 用适当的溶剂提取

根据原料中蛋白质的溶解特性，选择适当的溶剂、pH值、离子强度、作用温度、作用时间，尽量将原料中蛋白质溶解到溶剂中。实质上这一步是溶解过程，要尽量采用温和的条件，防止蛋白质变性，失去所要求的功能性质。一般用水提取清蛋白，稀盐溶液（0.1mol/L NaCl）提取球蛋白。球蛋白和其他不溶于水的蛋白质也可用稀碱液提取，但碱液常易使蛋白质变性。如果试样中蛋白质已经变性，可利用蛋白酶部分水解蛋白质，增加溶解度后再提取。

3. 分离提纯

将溶剂抽提出的蛋白质溶液和渣分离，可采用常规过滤法或离心过滤法得到蛋白质溶液。根据所得到蛋白质溶液的特性及对分离提纯蛋白质的要求，可采用真空浓缩后直接喷雾干燥；也可采用调pH值到该蛋白质的等电点沉淀或盐析沉淀，然后透析除盐；也可直接采用超滤、反渗透、离子交换、电渗析等分离技术来分离提纯。

超滤时不加热，在不发生相变的条件下进行大分子质量组分的浓缩、分离，不破坏蛋白质的生理活性。超滤的另外一个特点是适于从分子质量分布广泛的复杂混合物中分离出小分子质量组分，如乳蛋白混合物的分离。对于蛋白质这种热敏性大分子，在室温下通过超滤进行分离、浓缩，将最大限度地减少热处理产生的不利于其重组加工的功能性质（包括溶解度、起泡能力、胶凝性、乳化能力、持油和持水特性等）的副反应。

反渗透可在低温下进行，利于保持食品功能性组分的生物活性。

离子交换已成功用于许多蛋白质的分离纯化过程。蛋白质是两性大分子，依赖环境 pH 值可分别采用阴、阳离子交换剂进行分离。洗脱方式有两种，即改变 pH 值和提高离子强度。

电渗析技术主要用于脱盐。

纳米过滤有时称为"超渗"，它允许诸如 NaCl、KCl 之类的小分子和水一起从料液中分离出来，故兼有浓缩和脱盐的效果。纳米过滤操作压力较反渗透低，只有 $(15 \sim 35) \times 10^5 Pa$。操作温度通常为 $10 \sim 25℃$，流量 $15 \sim 40L / (m^2 \cdot h)$。在食品工业中可采用纳米过滤代替反渗透处理甜乳清或酸乳清。例如，农家干酪乳清酸度很高，不仅腐蚀设备，而且还不能添加到大多数食品中，经纳米过滤处理后，不但脱出了盐和酸，同时乳清液也浓缩了 4 倍。

4. 干燥、包装

干燥方法可采用喷雾干燥、直接热风干燥、沸腾干燥等方法，再根据所得到蛋白质的特性和用途要求进行包装。

二、蛋白质的改性

蛋白质改性修饰技术就是利用物理因素（如热、高频电场、微波、超声波、强烈震荡等）或化学因素（化学试剂）或生物因素（酶、微生物等）使蛋白质分子中氨基酸残基侧链基团和多肽链发生某种变化，引起蛋白质大分子空间结构和理化性质发生改变，在不影响其营养价值的基础上改善其加工功能特性。目前，用于改性修饰蛋白质的技术有三方面：物理改性，化学改性和生物改性。

1. 蛋白质的物理改性

蛋白质的物理改性是指利用热、电、机械能、声能等物理作用形式，如蒸煮、挤压、搅打、纺丝均属物理改性方法，它具有费用低、无毒无副作用、作用时间短、对产品营养性能影响较小等优点。例如，利用高频电场对大豆蛋白质分子进行处理，大豆蛋白质分子正负电荷在高速交变的电场作用下，产生往复极化，蛋白质分子受到强烈的拉伸、撞击、摩擦、挤压等作用并产生极化效应，使大豆蛋白质分子空间结构改变，产生分子改性现象。利用高温均质对大豆浓缩蛋白进行改性处理，可使其溶解度、乳化性和起泡性提高，溶解度由 16% 增至 70%，乳化性由 2% 增至 91%。高温浓缩使蛋白分子热变性并形成聚集体，高速均质产生的剪切及搅拌作用，流体中任何一个很小的部分都相对于另一部分作高速运动，—SH 和—S—S—基团之间无法正确取向并形成二硫键，可防止聚集体的进一步聚合。

2. 蛋白质的化学改性

动物蛋白营养价值高，但资源有限。植物蛋白资源广泛，生产成本低，且具有保健作用，然而其功能性质较动物蛋白差，常需要对其功能性质进行改进，才能适合食品加工。

蛋白质化学改性（修饰）主要是通过蛋白质电荷特性的改变而实现其功能特性的改善。主要方法有部分降解、磷酸化、磺酸化、羧甲基化、酰基化和脱酰胺基等。

（1）部分水解　　可采用酸、碱或蛋白酶处理蛋白质，使之部分降解，以增加溶解性，从而提高持水性、乳化性和起泡性等。

（2）脱酰胺基　　植物蛋白均含有大量的酰胺基团，部分水解脱除后，可显著改善其功能性质。酸碱处理均可脱去酰胺基团，但也会引起蛋白质的降解。

（3）磷酸化　　蛋白质分子中的 —OH、—NH$_2$、—COOH 等基团可与 POCl$_3$ 反应，经水解后可将磷酸基团引入肽链，从而增加蛋白质的水化能力，改善乳化性和发泡性。POCl$_3$ 也可作为交联剂，使不同肽链或同一肽链的不同区段间产生交联，并同时改变蛋白质的电荷特性，改善蛋白质的凝胶特性，增加粘弹性等。

$$
\begin{array}{l}
2\mathrm{Pro\!-\!NH_2} \\
\mathrm{Pro\!-\!OH} \quad +3\mathrm{POCl_3} \xrightarrow{\ H_2O\ } \\
\mathrm{Pro\!-\!COOH}
\end{array}
\quad
\mathrm{Pro\!-\!NH\!-\!\overset{\overset{\displaystyle O}{\|}}{\underset{\underset{\displaystyle O^-}{}}{P}}\!-\!\overset{\overset{\displaystyle H}{|}}{N}\!-\!Pro}
\;+\;
\begin{array}{l}
\mathrm{Pro\!-\!OPO_3^{2-}} \\
\mathrm{Pro\!-\!CO\!-\!OPO_3^{2-}} \\
9\mathrm{HCl}
\end{array}
$$

（Pro 代表蛋白质或肽）

蛋白质磷酸化后使蛋白质分子的负电荷增加，可用于核蛋白的脱核酸。也可利用磷酸化时的共价交联作用将限制性氨基酸共价交联到蛋白质分子上，从而提高蛋白质的营养价值。

（4）磺酸化　　在适当条件下，将蛋白质分子中的 —SH、—S—S—氧化成磺酸基，可提高蛋白质的溶解性、抗凝集性，增加粘稠性、乳化性和保脂性。

（5）羧甲基化　　蛋白质分子中的 —OH 基团可与 HCOCl 反应而被羧甲基化，从而提高水溶性和抗菌性。

（6）酰基化　　蛋白质分子中的 —OH、—NH$_2$ 基团可与琥珀酸酐或乙酸酐作用而被酰基化修饰，可改善蛋白质的溶解性、发泡性、吸水性、热稳定性，并可提高粘度。利用还原糖与蛋白质的氨基发生美拉德反应，可提高蛋白质的溶解度、粘度和抗蛋白酶水解性能。如天然 β-乳球蛋白经糖酰化后可提高溶解度。

（7）硫醇化　　由于二硫键和半胱氨酸的 —SH 作用，小麦面筋蛋白和动物肌肉蛋白都具有良好的韧弹性和组织感。如在大豆蛋白结构中引入一些 —SH，—S—S—就可提高韧弹性、粘弹性和组织感。经酶催化后，可将 N-乙酰基高半胱氨酸硫羟内酯（N-AHTL）和 S-乙酰巯基琥珀酐（S-AMSA）分子中的巯基引入到大豆蛋白的氨基上。大豆蛋白经硫醇化作用引入硫醇基后，使得大豆蛋白的韧性、粘弹性、凝胶性、组织感有明显提高，具有类似面筋蛋白的效果。

3. 蛋白质的酶法改性

酶解是一种不降低蛋白质营养价值，又能改善食品蛋白质功能特性的简便方法。工业中常用的蛋白酶有胃蛋白酶、胰蛋白酶、木瓜蛋白酶和微生物蛋白酶等。

4. 蛋白质的化学‑酶改性

化学改性和酶改性联合使用，对蛋白功能改善更有效。例如，用菠萝蛋白酶部分水解已琥珀酰化的鱼肌原纤维蛋白能增加分散性，降低粘度，在搅打时有更大的泡沫膨胀性，但乳化活性和凝胶作用有所降低。

第四节　食品加工对蛋白质的影响

1. 热处理

在食品加工中，以热处理对蛋白质的影响较大，影响的程度取决于加热时间、温度、湿度以及有无还原性物质等因素。热处理涉及的化学反应有变性、分解、氨基酸氧化、氨基酸键之间的交换及新键的形成等。

从有利方面看，绝大多数蛋白质加热后营养价值得到提高。适宜的加热条件使蛋白质发生变性，球状肽链受热造成次级键断裂，折叠的肽链松散，易被消化酶水解，从而提高消化率。加热可破坏植物蛋白质胰蛋白酶和其他抗营养的抑制素。但过度加热又导致氨基酸的氧化、键交换，形成新酰胺键等，从而难以被消化酶水解，造成消化迟滞，食品的风味也随之降低。

蛋白质氨基酸中以胱氨酸对热最敏感，在没有糖类化合物存在的条件下，蛋白质在 115℃ 加热 27h，将有 50% ～ 60% 的胱氨酸被破坏，并产生硫化氢。胱氨酸加热时破坏反应为：

$$\begin{array}{l} S-CH_2CH(NH_2)COOH \\ | \\ S-CH_2CH(NH_2)COOH \end{array} +2H_2O \xrightarrow{\Delta} 2H_2S + \begin{array}{l} HOCH_2CH(NH_2)COOH \\ \\ OHC \cdot CH(NH_2)COOH \end{array}$$

在强烈加热过程中，赖氨酸的 ε-NH_2 容易与天门冬氨酸或谷氨酸之间发生反应，形成交联肽键，这些反应既可以在同一肽链中发生，也可以在邻近的肽链中发生。赖氨酸的 ε-NH_2 和谷氨酰胺或天门冬酰胺反应也形成新的肽键，此反应可用下式（Pro 代表蛋白质或肽）表示：

$$Pro-CO-NH_2 + Pro-NH_2 \xrightarrow{\Delta} Pro-\underset{\underset{O}{\|}}{C}-NH-Pro + NH_3$$

　　　　酰胺基　　　　　　ε-氨基

交联肽键

粮谷在加工中，经膨化或烘烤能使蛋白质中的赖氨酸因形成新的肽键而受到损失或者变得难以消化，从而影响蛋白质的营养价值。赖氨酸、精氨酸、色氨酸、苏氨酸和组氨酸等在热处理中很容易与还原糖（如葡萄糖、果糖、乳糖）形成羰氨反应，使产品带有金黄色以至棕褐色。如小麦面粉中虽然清蛋白仅占 6% ～ 12%，但由于清蛋白中色氨酸含量较高，它对面粉焙烤呈色起较大的作用。

由此可见，食品加工中选择适宜的热处理条件，对保持蛋白质营养价值有重要意义。

2. 碱处理

对食品进行碱处理，尤其是与热处理同时进行时，对蛋白质的营养价值影响很大。

蛋白质经过碱处理后，能发生很多变化，生成各种新的氨基酸。能引起变化的氨基酸有丝氨酸、赖氨酸、胱氨酸和精氨酸等。如大豆蛋白在 pH 值 12.2、40℃ 条件下加热 4h 后，胱氨酸、赖氨酸逐渐减少，并有赖氨基丙氨酸的生成。首先胱氨酸转变成脱氢丙氨酸、硫化氢和硫：

$$\begin{array}{l} S-CH_2CH(NH_2)COOH \\ | \\ S-CH_2CH(NH_2)COOH \end{array} \xrightarrow{OH^-} 2CH_2=\underset{\underset{NH_2}{|}}{C}-COOH + H_2S + S$$

脱氢丙氨酸非常活泼，容易与赖氨酸的 $\varepsilon\text{-}NH_2$ 结合生成赖氨基丙氨酸：

$$HOOC—CH—(CH_2)_4—NH—CH_2—CH—COOH$$
$$\quad\quad\quad | \quad\quad\quad\quad\quad\quad\quad\quad\quad\quad | $$
$$\quad\quad NH_2 \quad\quad\quad\quad\quad\quad\quad\quad\quad NH_2$$

脱氢丙氨酸还可与精氨酸、组氨酸、苏氨酸、丝氨酸、酪氨酸和色氨酸残基之间通过缩合反应形成天然蛋白质中不存在的衍生物，使肽链间产生共价交联，从而使营养价值降低。

碱处理可使精氨酸、胱氨酸、色氨酸、丝氨酸和赖氨酸等发生构型变化，由天然的 L 型转变为 D 型，降低了营养价值。

3. 冷冻加工

采用冷冻和冰冻进行食品贮存，能抑制微生物的繁殖、酶活性及化学变化，从而延缓或防止蛋白质的腐败。

冰冻肉类时，肉组织会受到一定程度的破坏。解冻时间过长，会引起相当量的蛋白质降解，而且水－蛋白质结合状态被破坏，代之以蛋白质－蛋白质之间的相互作用，形成不可逆的蛋白质变性。这些变化导致蛋白质持水力丧失。例如，冰冻鱼类时，由于肌球蛋白质不稳定，容易变性，使肌肉硬化，肌肉的持水力降低，因此，解冻以后鱼体变得既干且韧，鱼肉的风味变坏。

关于冷冻使蛋白质变性的原因，主要是由于蛋白质质点分散密度的变化而引起的。由于温度下降，水结晶逐渐形成，同时一部分结合水发生冻结，使蛋白质分子中的水化膜减弱甚至消失，蛋白质侧链暴露出来，同时加上在冻结中形成的水结晶的挤压，使蛋白质质点互相靠近而结合，致使蛋白质质点凝集沉淀。这种作用主要与冻结速度有关，冻结速度越快，水结晶越小，挤压作用也越小，变性程度就越小。根据这个原理，食品工业都采用快速冷冻法，以避免蛋白质变性，保持食品原有的风味。

4. 脱水与干燥

食品经过脱水干燥后，便于贮存与运输。但干燥时，如温度过高，时间过长，蛋白质结构受到破坏，则引起蛋白质的变性，因而食品的复水性降低，硬度增加，风味变劣。目前最好的干燥方法是冷冻真空干燥，使蛋白质的外层水化膜和蛋白质颗粒间的自由水在低温下结成冰，然后在高真空下升华除去水分而达到干燥保存的目的。使用真空干燥法，不仅蛋白质变性极少，还能保持食品原来的色、香、味。

5. 辐射

辐射技术是一种利用放射线对食品进行杀菌、抑制酶的活性、减少营养损失的加工保藏方法。辐射处理后，蛋白质有轻度的辐射分解。肉类食品在射线作用下最易发生脱氨、脱羧、硫基氧化、交联、降解等作用，使食品风味有所降低。

蛋白质受辐射破坏的程度依据蛋白质本身的性质及辐射状况而异，能与水发生自由基反应的物质存在越多，蛋白质受损就越少。胱氨酸是最易被破坏的，其次是酪氨酸和组氨酸。例如，以 500kGy 的剂量处理牛肉，约 50% 的胱氨酸和 10% 的酪氨酸被破坏。一般来说，辐射对氨基酸和蛋白质的营养价值无多大影响（营养价值约降低 9%），与一般加热消毒差不多。但往往使得颜色、香味及组织发生变化。

第二十章 矿物质及其营养功能

第一节 矿物质营养元素的分类及其存在形式

一、矿物质营养元素的分类

构成生物体的元素已知有 50 多种，除去 C、H、O、N 四种构成水分和有机物质的元素以外，其他元素统称为矿物质成分。标准人体的化学组成如表 20-1 所示。其他元素还有锗、钨、硒、溴、汞、硅、氟等也被发现在各种生物体中。在人和动物体内，矿物质总量不超过体重的 4%～5%，但却是人和动物体不可缺少的成分。

表 20-1 标准人体的化学组成

元素	人体内含量		元素	人体内含量	
	质量分数（%）	质量（g）		质量分数（%）	质量（g）
氧	65.0	45500	砷	$<1.4 \times 10^{-4}$	<0.1
碳	18.0	12600	锑	$<1.3 \times 10^{-4}$	<0.09
氢	10.0	7000	镧	$<7 \times 10^{-5}$	<0.05
氮	3.0	2100	铌	$<7 \times 10^{-5}$	<0.05
钙	1.5	1050	钛	$<2.1 \times 10^{-5}$	<0.015
磷	1.0	700	镍	$<1.4 \times 10^{-5}$	<0.01
硫	2.5×10^{-1}	175	硼	$<1.4 \times 10^{-5}$	<0.01
钾	2×10^{-1}	140	铬	$<8.6 \times 10^{-6}$	<0.006
钠	1.5×10^{-1}	105	钌	$<8.6 \times 10^{-6}$	<0.006
氯	1.5×10^{-1}	105	铊	$<8.6 \times 10^{-6}$	<0.006
镁	5×10^{-2}	35	锆	$<8.6 \times 10^{-6}$	<0.006
铁	5.7×10^{-3}	4	钼	$<7.0 \times 10^{-6}$	<0.005
锌	3.3×10^{-3}	2.3	钴	$<4.3 \times 10^{-6}$	<0.003
铷	1.7×10^{-3}	1.2	铍	$<3 \times 10^{-6}$	<0.002
锶	2×10^{-4}	0.14	金	$<1.4 \times 10^{-6}$	<0.001
铜	1.4×10^{-4}	0.1	银	$<1.4 \times 10^{-6}$	<0.001
铝	1.4×10^{-4}	0.1	锂	$<1.3 \times 10^{-6}$	$<9 \times 10^{-4}$
铅	1.1×10^{-4}	0.08	铋	$<4.3 \times 10^{-7}$	$<3 \times 10^{-4}$
锡	4.3×10^{-5}	0.03	钒	$<1.4 \times 10^{-7}$	$<10^{-4}$
碘	4.3×10^{-5}	0.03	铀	3×10^{-8}	2×10^{-5}
镉	4.3×10^{-5}	0.03	铯	$<1.4 \times 10^{-8}$	$<10^{-5}$
锰	3×10^{-5}	0.02	镓	$<3 \times 10^{-8}$	$<2 \times 10^{-6}$
钡	2.3×10^{-5}	0.016	镭	1.4×10^{-13}	10^{-10}

注：①转引自铃本庄亮：保健の科学，1971，（3）：155；

②人体内含量以体重 70kg 计。

从食物与营养的角度，一般把矿物质元素分为必需元素、非必需元素和有毒元素三类。

必需元素是指这种元素在一切机体的所有健康组织中都存在，并且含量比较恒定，缺乏时会发生组织和生理的异常，在补给这种元素后可以恢复正常，或可防止这些异常发生。但这种区分是有条件的，所有的必需元素在摄取过量后都会有毒。

在生物体内已经发现的几十种微量元素中，含量在 0.01% 以上者称为大量元素或常量元素，低于此限者称为微量元素或痕量元素。这些微量元素中有些可能的确是必需的（在一定范围内），有些则可能是通过食物和呼吸偶然进入体内的，目前已知有 14 种是人和动物的营养所必需，即 Fe，Zn，Cu，I，Mn，Mo，Co，Se，Cr，Ni，Se，Si，F，V。

二、矿物质元素的存在形式

矿物质元素除了少量参与有机物的组成（如 S，P）外，大多数以无机盐形式存在，尤其是以一价元素都成为可溶性盐，大部分可解离成离子的形式。而多价元素则以离子、不溶性盐和胶体溶液形成动态平衡的形式存在。

金属离子多以螯合物形式存在于食品中。螯合物形成的特点是：配位体至少提供两个配位原子与中心金属离子形成配位键。配位体与中心金属离子多形成环状结构。在螯合物中常见的配位原子是 O，S，N，P 等原子。影响螯合物稳定的因素很多，如配位原子的碱性大小、金属离子电负性以及 pH 值等。一般来说，配位原子的碱性愈大，形成的螯合物愈稳定，螯合物的稳定性随着 pH 值减小而降低。在金属离子中，尤其是过渡金属容易形成螯合物。在食品中常见的环状螯合物有下列几种结构：

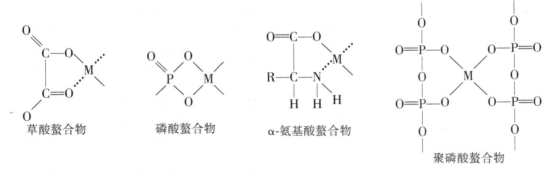

草酸螯合物　　　　磷酸螯合物　　　　α-氨基酸螯合物　　　　聚磷酸螯合物

其中六元环螯合物的例子除 ATP，ADP 等聚磷酸化合物外，还有叶绿素、血红素、维生素 B_{12} 和钙酪蛋白等。

三、食品中的矿物质

1. 乳品中的矿物质

乳品中矿物质含量受来源、饲料等因素的影响。在牛乳中，以 K，Ca，Cl，P，Na 和 Mg 等元素含量较高。乳中钾的含量比钠高 3 倍，均以可溶状态存在。钙、镁则与酪蛋白、磷酸和柠檬酸结合，一部分呈胶体状态，一部分呈溶解状态。乳品在加工过程中，如热处理和蒸发都能改变盐的平衡而影响蛋白质的稳定性。当乳加热后，钙和磷从可溶态改变为胶体态；当 pH 值降低至 5.2 时，乳中所有的钙和磷又以胶体状态变为可溶态。

2. 肉类中的矿物质

肉类中矿物质的含量一般为 0.8% ～ 1.2%。肉中常量元素以钠、钾和磷的含量较高，微量元素中铁的含量较多，因此，肉类是饮食中磷和铁的重要来源。

肉类中的矿物质一部分以无机盐呈可溶性状态存在，另一部分则与蛋白质结合而呈不溶性状态存在。在肉类组织中，离子平衡对肉类的持水性起重要作用。

3. 植物产品中的矿物质

植物中矿物元素除极少部分以无机盐形式存在外，大部分都与植物中的有机化合物相结合而存在，或者本身就是有机物的化学组成。如粮食中含量较高的矿物元素磷，是磷酸糖类、磷脂、核蛋白、辅酶、核苷酸以及植酸盐等化合物中的一部分。

植酸盐是谷类、豆类中磷存在的主要形式，如小麦麸皮及胚中的植酸磷，分别占其总磷量的85.96%和47.98%；在大豆中有70%～80%的磷以植酸形式存在。

植酸盐是肌醇磷酸酯的钾钙镁复盐。植酸是肌醇和磷酸所组成的酯类，亦称肌醇酯。

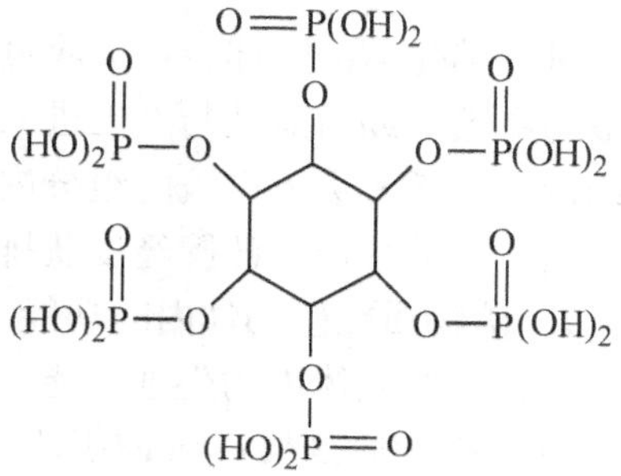

植酸盐中的磷不易被动物充分利用，人体内植酸盐中的磷有60%被排出体外。植酸盐在植酸酶作用下水解成磷酸和肌醇，在小麦、稻谷及其他谷类的糠麸中均含有丰富的植酸酶，许多微生物也含有较高活性的植酸酶。

矿物质在粮粒中的分布是不均匀的。在壳、皮、糊粉层以及胚部含量较多，而胚乳中含量较少。因此在粮食加工制品中，精度越高，其灰分含量越少，颜色越白（如面粉）。果蔬中含有多种矿物质，以硫酸盐、磷酸盐、碳酸盐或与有机物结合的盐类存在。

植酸

第二节　人体对矿物质的吸收与代谢

1. 人体对矿物质营养的吸收与平衡

人体营养所需的矿物质成分，一部分来自作为食物的动、植物组织，一部分来自食盐和饮水。

无机盐类与水分一起在肠内被吸收。胃肠道对无机盐的吸收多在小肠内进行，但不同元素的吸收部位有所不同，一般需在胃内酸性条件下与食糜中的配体形成复合物后才易吸收。金属元素铁、锌、铜等主要经十二指肠和空肠吸收，但十二指肠对锌的吸收能力更强，锰的吸收部位主要是十二指肠，摄入消化道的钴主要在空肠吸收。三价铬最易被吸收的部位是空肠，其次是回肠和十二指肠。非金属元素碘在整个胃肠道均可被吸收，但在胃和小肠吸收迅速，空腹时1～2h可完全吸收，在胃肠道有内容物时3h也可完全吸收。进入消化道的氟主要经胃和小肠吸收。可溶性硒和食物中的硒大部分在十二指肠被迅速吸收，小部分由小肠吸收。肠对盐的吸收没有限制，因为盐的吸收而产生的体内渗透压和离子成分的变化是通过加速排尿（经肾排盐）和大量饮水来消除的。

非金属元素氟、硒、碘等由于机体不存在吸收调节机制，摄入量增加，吸收量也相应增加，其吸收率可达70%～90%。水溶性的氟几乎可全部吸收，食物中的氟约80%被吸收，碘几乎可以被完全吸收，粪便中排出的碘很少。元素硅虽然经饮食摄入较多（约300mg/d），但其吸收率仅1%。金属元素的吸收率也有较大差别，正常人经口摄入的铜，吸收率可达

32%，钼在胃肠道的吸收率约为50%，水溶性钒离子的吸收率为10%，锰在胃肠道的吸收速度慢、吸收率低，一般不超过进入胃肠道内锰的3%～4%，但患缺铁性贫血的病人对锰的吸收率可达70%。无机铬的吸收率较低，为0.4%～3%。$CrCl_3$在人体内的吸收率为0.5%～0.69%，而天然的有机铬配合物较易吸收，吸收率为10%～15%。葡萄糖耐量因子形式的铬，其吸收率为无机铬的100倍。人对食物中钴的吸收率可达63%以上，其转运过程与铁在十二指肠的转运相似。一般来说，动物性食品的血红蛋白、肌红蛋白经胃酸和蛋白酶消化后而游离出的血红素铁，能直接被肠粘膜细胞摄取，在细胞内经血红素氧化酶分解成原卟啉和铁而被吸收。食物中最易吸收的铁化合物——血红素铁在小肠内的吸收率高达37%，而非血红素铁如来自铁盐、铁蛋白、含铁血黄素及植物性食品中的高铁化合物等的吸收率仅为5%左右。

进入消化道的液体，在吸收过程中很快变成与血清等渗的液体。水分和盐分由肠液进入血液与淋巴，或由血液与淋巴进入肠液。与水一起经肠吸收后的盐类，一部分储存于器官、组织内，一部分进入血液的组分内，剩余的盐类则以不同方式排出体外，一部分通过尿及粪便排出，一部分通过汗腺经皮肤排出。

2. 矿物质在生物体内的功能

矿物质在人体内的生理功能，可归纳为如下六个方面：

（1）矿物质是构成机体组织的重要材料 钙、磷、镁是骨骼和牙齿中最重要的成分，硫、磷是构成某些蛋白质的材料，磷又是核酸中重要的组成元素之一。细胞中普遍含有钾，而体液中普遍含有钠。

（2）酸性、碱性的无机离子适当配合，加上碳酸盐和蛋白质的缓冲作用，维持人体的酸碱平衡 人体内pH值的恒定由两类缓冲体系共同维持，即有机缓冲体系（蛋白质、氨基酸等两性物质）和无机缓冲体系（碳酸盐缓冲体系、磷酸盐缓冲体系）。

（3）各种无机离子，特别是保持一定比例的K^+，Na^+，Ca^{2+}，Mg^{2+}是维持神经、肌肉兴奋性和细胞膜通透性的必要条件。

（4）无机盐与蛋白质协同维持组织、细胞的渗透压 体液渗透压的恒定主要以NaCl及少量其他无机盐来维持。细胞能维持紧张状态，物质出入细胞，都与细胞内外液体的渗透压有关。人体血液与组织液中渗透压的恒定主要由肾脏来调节，肾脏通过把过剩的无机盐或水分排出体外来恒定渗透压。此外，体液中的蛋白质也参与渗透压的维持。

（5）维持原生质的生命状态 作为生命基础的原生质蛋白的分散度、水合作用和溶解性等性质，都与组织细胞中电解质的盐类浓度、种类、比例等有关，维持原生质的生命状态必须有某些无机离子存在。

（6）参与体内的生物化学反应 参与反应的形式有两种，即直接参与（如体内的磷酸化作用）和间接参与（如作为酶的激活剂、抑制剂，酶的重要组成成分，辅酶等）。如过氧化氢酶中含有铁；酚氧化酶中含有铜；唾液淀粉酶的活化需要氯；脱羧酶需要锰等。

3. 成酸食物与成碱食物

成酸食物和成碱食物与食物的酸碱性有本质的不同，食物的酸碱性是以食物本身的pH值大小来衡量的，成酸食物或成碱食物的酸度或碱度不是用pH值来表示，而是以每100g食物灼烧后所得到的灰分被中和所需0.1mol/L氢氧化钠或0.1mol/L的盐酸的量（毫升）来表示的。食物进入消化系统，无论原来为酸性、中性还是碱性，均不断进行氧化分解，放出热量，供给身体所需的能量。糖类、脂肪及有机酸等分解为CO_2和H_2O，蛋白质中的氮生成尿素，均排出体外，剩余的 Na^+，K^+，Mg^{2+} 等阳离子多的，在体内呈碱性；而 PO_4^{3-}，Cl^- 及 SO_4^{2-} 等阴离子多的，则在体内呈酸性。因此，正确划分食物酸碱的方法是：凡含有金属元素钾、钠、钙、镁较多的食物，在体内氧化成带阳离子的碱性氧化物，所以在生理上叫"成碱食物"。大多数水果、蔬菜、大豆等属于成碱食物。水果中含有各种有机酸，在味觉上呈酸性，但进入体内后彻底氧化成 CO_2 和 H_2O 排出体外，余下碱性氧化物要酸性物质去中和，所以水果在体外是酸性，在体内则是碱性。相反，凡含有非金属元素磷、硫、氯较多的食物，它们在体内氧化后生成带阴离子的酸根如 PO_4^{3-}，Cl^-，SO_4^{2-} 等，需要碱性物质去中和，所以在生理上叫"成酸食物"，如肉、鱼、禽、蛋以及粮谷类。也有些食物不影响体内的酸碱性，例如纯净的糖和脂肪，有些虽含有碱性钙，但也基本上含有等量的酸性磷，进入体内酸碱也是平衡的。经测定表明，成碱食物碱度大小依次为：海带 > 黄豆 > 甘薯 > 土豆 > 萝卜 > 柑桔 > 番茄 > 苹果；成酸食物酸度大小依次为：鸡 > 猪肉 > 牛肉 > 鱼肉 > 蛋 > 糙米 > 大麦 > 蚕豆 > 面粉。

健康人血浆保持在 pH 值 7.35 ~ 7.45 之间。保持人体 pH 值恒定极为重要，低于 7.35 或高于 7.45 时就会发生中毒，前者叫酸中毒，后者叫碱中毒，酸中毒会危及生命。人体有多种办法使体内多余的酸碱中和，除了血液中的无机和有机缓冲系统参与恒定 pH 值外，肾脏的作用特别大。食物代谢产生的酸性物质在肾脏中与氨结合成铵盐被排出体外；代谢产生的碱性物质与 CO_2 结合成各种碳酸盐从尿中排出。如果饮食中各种食品搭配不当，容易引起人体生理上酸碱平衡失调。因为人们的主食都属于酸性食品，所以易导致血液偏酸性。这样不仅会增加钙、镁等碱性元素的消耗，引起人体出现缺钙症，而且使血液的色泽加深，粘度增大，严重时会引起各种酸中毒。所以在饮食中必须注意酸性食品和碱性食品的适当搭配，尤其应控制酸性食品的比例。这样就能保持生理上的酸碱平衡，防止酸中毒。同时也有利于食品中各种营养成分的充分利用，以提高食品营养价值的功效。

第三节 食物中矿物质成分的生物有效性

考察一种食物的营养价值时，不仅要考虑其中营养素的含量，而且要考虑这些成分被生物体利用的实际可能性，即生物有效性的问题。在研究食品的营养以及食品制造中矿物质强化工艺时，对生物有效性的考虑是特别重要的。

一、影响生物有效性的因素

1. 食物的可消化性

一种食物只有被人体消化后，营养物质才能被吸收利用。相反，如果食物不易消化，即使营养成分丰富也得不到吸收利用。因此，一般来说，食物营养的生物有效性与食物的可消化性成正比关系。例如动物肝脏、肉类中的矿物质成分生物有效性高，人类可充分吸收利用；而麸皮、米糠中虽含有丰富的铁、锌等必需营养素，但这些物质可消化性很差，因而不能利用，生物有效性很低。即动物性食物中矿物质的生物有效性优于植物性食物。

2. 胃肠道酸碱度

在胃液的酸性环境下，矿物质从食物成分中解离出来，呈离子状态，如铁、铜、锰、铬等均可形成可溶性氯化物而有利于其吸收。胃液中的胃酸含量对非血红素铁的溶解是很重要的，溶解状态的铁大多在 5min 内即被吸收。当胃液 pH 值 >2.5 时，铁的溶解度明显降低，三价铁的吸收更易受胃内 pH 值的影响。胃酸缺乏的病人服用盐酸产生药剂后，可明显改善二价铁的吸收，而三价铁的吸收改善更显著。胃中的酸性环境可影响食物中铜的释放，并为胃蛋白酶消化提供条件，使铜从天然有机络合物中释放出来。一旦胃内容物排空进入十二指肠，肠腔内 pH 值上升便影响铜的吸收程度。在小肠内的碱性环境下，矿物质易形成不溶性复合物而不易被吸收，但若矿物质在胃内与配体（如氨基酸等）形成复合物后进入小肠，其吸收率则不受肠道碱性环境的影响。同时，胆汁中的胆汁酸也可与金属元素铁结合成可溶性复合物而促进铁的吸收。

3. 人体内环境稳态调节

人体在神经、内分泌系统的协同作用下，具有调节体内环境使之不受外界环境变化的影响而保持相对稳定的能力，称为机体内环境稳态调节。机体内环境稳态调节的一个典型实例是铁的吸收。体内铁的代谢非常旺盛，因为体内红细胞的寿命为 120 天，即每天约有 1/120 的红细胞需要更新，衰老红细胞释放的血红素铁约 90% 又可被重新利用，供给新生红细胞合成血红蛋白。这部分铁有数十毫克，而机体每天从胃肠道吸收补充到血液中的铁仅 1mg 即能满足生理需要。两者相比，相差数十倍。胃肠道中进入肠粘膜细胞的铁是否能被及时释放到血液中，则取决于机体对铁的需要程度。

4. 矿物质的物理化学形态

矿物质的化学形态对矿物质的生物有效性影响相当大，甚至有的矿物质只有在某一化学形态才具有营养功能，例如，钴只有以氰基钴胺（维生素 B_{12}）供应才有营养功能；又如铁，血色素铁的生物有效性比非血色素铁高。许多矿物质成分在不同的食物中，由于化学形态的差别，生物有效性相差很大。矿物质的物理形态对其生物有效性也有相当大的影响，在消化道中，矿物质必须是溶解状态才能被吸收，颗粒的大小会影响可消化性和溶解性，因而影响生物有效性。若用难溶物质来补充营养，应特别注意颗粒大小。

5. 矿物质与其他营养素的相互作用

矿物质与其他营养素的相互作用对生物有效性的影响应视不同情况而定，有的提高生物有效性，有的则降低生物有效性，相互影响极为复杂。饮食中一种矿物质过量就会干扰对另一种必需矿物质的吸收。两种元素会竞争蛋白载体上同一个结合部位而影响吸收，或者一种过剩的矿物质与另一种矿物质化合后一起排泄掉，造成后者的缺乏。如铁、锰对钴的吸收有抑制作用，因为钴与铁在十二指肠的转运过程相似而存在吸收竞争，缺铁时人对钴的吸收率比正常人高 1 倍。锌抑制铜的吸收作用主要是由于锌可诱导肠粘膜细胞合成金属硫蛋白，后者对铜的亲和力明显高于锌，因此进入细胞的锌更易与之结合，从而减少了铜的吸收。营养素之间相互作用，提高其生物有效性的情况也不少，如氨基酸促进铁的吸收，维生素 A、C 也有利于铁的利用，乳酸促进钙的利用等。

6. 螯合作用

生物系统中有三种螯合物：①传送和储存金属离子的螯合物，如氨基酸与金属离子螯合物；②新陈代谢所必需的螯合物，如亚铁血红素-血红蛋白的螯合部分；③降低生物有效性、干扰营养的螯合物，如植酸-金属螯合物。同一种螯合剂，可能干扰和降低一种元素的生物有效性，而增加另一种元素的生物有效性。例如，在低有效锌的食物中添加 10^{-4} 的 EDTA，相当于增加 8×10^{-6} 的锌，但是却干扰了对铁、锰的利用。金属螯合物的稳定性和溶解度决定了金属元素的生物有效性。

7. 加工方法

加工方法也能改变矿物质营养的生物有效性。磨得细可提高难溶元素的生物有效性；添加到液体食物中的难溶性铁化合物、钙化合物，经加工并延长储存期就可变为具有较高溶解性和较高生物有效性的形式；发酵后面团中锌、铁的生物有效性可显著提高。

二、矿物质成分的生理功能及生物有效性

1. 钙

（1）钙的生理功能　　钙是组成人体骨骼和牙齿的主要成分。成年人体内钙含量为1200～2000g，约占体重的2%，其中99%以羟基磷灰石结晶［$Ca_3(PO_4)_2Ca(OH)_2$］的形式存在于牙齿和骨骼中，其余1%与柠檬酸螯合或与蛋白质结合，但大多数呈离子状态存在于软组织、细胞外液及血液中，这部分钙统称为混溶钙池。它与骨骼钙维持动态平衡。混溶钙池的钙是维持所有细胞正常生理状态所必需的，只有钙、镁、钾和钠等离子保持一定比例，组织才能表现出适当的感应性。例如，心脏的正常搏动，肌肉、神经正常兴奋性的维持，都必须有一定量钙离子的存在。此外，钙还参与血凝过程，并对一些酶系统（如三磷酸腺苷酶）起激活作用，钙还是各种生物膜的一种成分，对细胞膜通透性有重要的影响。钙作为钙调蛋白的重要组分而参与细胞内信息的传递、放大与代谢调控。

儿童、青少年缺钙使骨骼、牙齿发育不正常，引起佝偻病；成年人缺钙会引起骨质软化病及骨质疏松症。肌肉痉挛、高血压等疾病也与缺钙有关。

（2）食品中钙的生物有效性及影响因素　　钙在肠道中的吸收率取决于钙化合物的溶解度，只有呈溶解状态时，钙才能被吸收。植酸、草酸及脂肪酸等阴离子与钙形成不溶性钙盐，降低了钙的吸收率。维生素D能促进钙的吸收，乳糖与钙螯合成相对分子质量低的可溶性螯合物，蛋白质消化产生的氨基酸与钙形成可溶性钙盐，因而都能促进钙的吸收。适当比例的磷（P:Ca摩尔比约为1）也有利于提高食品中钙的生物有效性。

（3）钙的供给量和主要食物来源　　我国推荐供给量：成年男女600mg/天，孕妇1500mg/天，乳母2000mg/天，青少年1000mg/天。世界卫生组织推荐标准：成年男女400～500mg/天，孕妇、乳母1000～1200mg/天。

食物中钙最好的来源是牛奶及其他乳制品，不但含量丰富，而且吸收率高。此外，海产品如鱼类、虾类、可食性海藻、豆类及其制品、蔬菜等都是钙的良好来源。

缺钙在儿童、青少年、老年人中较普遍，在儿童食品、老年人食品中适当强化一些钙化合物是必要的。骨糊、骨粉、葡萄糖酸钙、乳酸钙等都是很好的强化剂。不过应注意，过多地摄入钙会加重动脉硬化，引发肾结石等疾病。

2. 磷

磷广泛存在于动、植物组织中，并与蛋白质或脂肪结合成为核蛋白、磷蛋白和磷脂，也有少量其他有机磷和无机磷化合物。除植酸形式的磷不能被机体充分吸收和利用外，其他大都能被机体所吸收和利用。

谷类种子、大豆中主要为植酸形式的磷，利用率很低，但当用酵母发面或预先将谷粒、豆粒浸泡于热水中，植酸能被酶水解生成肌醇与磷酸盐，从而提高其吸收率。

在蛋黄中，磷大多数是以卵磷蛋白、磷脂体、甘油磷酸等形式存在，在贮存过程中，这些磷化合物会逐步分解成无机磷酸，有助于人体吸收。维生素D也有助于磷的吸收，但在食物中镁、铁等元素过多时，会和磷酸结合形成不溶性或难溶性的盐，妨碍磷的吸收。

用于磷强化食品的物质有正磷酸盐、焦磷酸钠、三聚磷酸钠、偏磷酸钠和骨粉等。常用的为脱胶骨粉，其中 P_2O_5 含量为 24%～30%。

3. 镁

镁在人体内 70% 存在于骨骼和牙齿中，以磷酸镁的形式存在，其余分布在软组织和体液中，是细胞中的主要阳离子。镁能与体内许多重要成分形成复合物，为许多酶的激活剂，对维持心肌正常生理功能有重要作用。镁的缺乏与胆固醇一起发挥作用导致冠状动脉病变。人体缺镁会导致心肌坏死，出现抑郁、肌肉软弱无力和晕眩等症状，儿童严重缺镁会出现惊厥，表情淡漠。

镁广泛分布在植物中，肉和脏器也富含镁，但奶中则较少。因此，平常应多吃一些绿色蔬菜、水果以补充镁。成年人每日镁的需要量为 200～300mg。

4. 钠、钾及氯

在体内，一切组织液中均含有以离子状态存在的钠和钾，主要与氯离子共存。但是钠、钾在生理作用上是一个独立的因素，在一定范围内，与所配合的阴离子（如氯、酸性碳酸根、乳酸根、磷酸根、蛋白质和氨基酸）没有关系。在细胞内钾离子含量多，而在细胞外液（血浆、淋巴、消化液）中钠离子含量多。Na^+ 和 K^+ 是人体内维持渗透压最重要的阳离子，而 Cl^- 则是维持渗透压最重要的阴离子。

人体中的 Na^+ 和 Cl^- 主要来自于食物中的食盐，钠和氯一般不易缺乏，故其实际需要量未确定。但在过度炎热、剧烈运动以至大量出汗时，大量 NaCl 随汗流失，如再大量饮入淡水，常会引起腹部及腿部抽筋，以至虚脱、神志不清。在这种情况下应饮淡盐水以补充失去的钠和氯。人体如果摄入过多的食盐，会使人体渗透压升高，产生浮肿等症状，尤其会对高血压、心脏病、肾功能衰竭等患者造成很大危害，这类病人应进食低钠膳食。

人体中钾主要来源于水果、蔬菜等植物性食物。缺钾可对心肌产生损害，引起心肌细胞变性和坏死，此外，还可引起肾、肠及骨骼的损害。由于各种原因缺钾的病人，可出现肌肉无力、水肿、精神异常、低血压等。钾过多时由于血管收缩，可出现四肢苍白发凉、嗜睡、动作迟笨、心跳减慢以至突然停止。一般植物性食物含有丰富的钾，每人每日可从食物中获 2～4g，一般不会发生缺钾。人及动物进食钠过多则钾的排出增加，反之亦然。

5. 铁

铁是人体中最丰富的一种微量元素，是血红素和一些酶的成分。成年人体内含铁为 4～5g，其中 55% 存在于血液中，10% 在肌肉中，其余则含于各种脏器及骨髓中。缺铁时引起贫血，血液中红血球数目和血红素含量都降低，多见于儿童、妊娠妇女和慢性病患者。

铁在食品中广泛存在，但是由于铁在食品中存在的形态不利于机体对它的吸收利用，所以容易引起缺铁症。铁在食品中的存在有下列两种形式：

（1）高铁离子　高铁离子主要以 $Fe(OH)_3$ 络合物的形式存在于植物性食品中，与其结合的有机分子有蛋白质、氨基酸和有机酸等。这种形式的铁必须先与有机部分分开，并还原成亚铁离子后，才能被吸收。若饮食中有较多的植酸盐或磷酸盐，则会形成不溶性铁盐而降低其吸收率。谷类食物中的铁吸收率低，原因就在于此。抗坏血酸有助于高铁离子的吸收，它不仅能把 Fe^{3+} 还原成 Fe^{2+}，而且还可与 Fe^{2+} 形成可溶性络合物。半胱氨酸对铁的吸收也有类似的促进作用。肉类食品可以提高植物性食品中铁的吸收率，与肉类中较丰富的半胱氨酸有关。

（2）血色素型铁　与血红蛋白及肌红蛋白中的血红素结合的铁为血色素型铁。此种类型的铁不受植酸或磷酸的影响，能以血红素铁的形式直接被肠粘膜上皮细胞吸收，其吸收率比亚铁离子还要高。一般情况下，动物性食品中的铁比植物性食品中的铁易于吸收。

植物性食品中的铁，吸收率多在10%以下，例如大米为1%，菠菜和大豆为7%，玉米和黑豆为3%，莴苣为4%，小麦为5%。动物性食品的铁吸收率高，例如鱼类为11%，血红蛋白为12%，动物肌肉、肝脏可高达22%。蛋类中的铁吸收率较低，约为3%，这是由于蛋黄中磷蛋白与高铁离子结合成不溶性的铁盐，从而难以被吸收。铜对铁的吸收有促进作用。过量的锌、多酚类（茶叶、咖啡中含量丰富）等抑制铁的吸收。

常用强化食品的铁化合物有硫酸亚铁、元素铁、正磷酸铁和焦磷酸铁钠，其中以硫酸亚铁容易被机体吸收，但是容易使食品褪色或氧化。元素铁亦容易被吸收，并且对食品质量变化影响不大。

由于缺铁性贫血很普遍，适当在一些食品中添加铁强化剂和多吃一些富含铁的食物是预防和治疗缺铁性贫血的有效措施。但应注意防止补铁过量，过量的铁质会影响到人体重要器官功能的发挥以及抵抗病菌的能力。过量铁质聚集在人体重要器官如心脏、肝脏、胰腺、肾脏等，造成这些器官的铁锈症。此外，过量的铁质，还会抑制肠道对锌、镁的吸收。

6．锌

人和动物体内很多重要的酶都含有锌。锌对皮肤、骨骼和性器官的正常发育是必需的。缺锌会引起食欲不振、生长停滞、性功能发育不良、味觉及嗅觉迟钝、创伤愈合慢等症状。青少年期在面部产生的"青春痘"或称"粉刺"的皮肤病亦与缺锌有关，用$ZnSO_4$液涂擦面部即可治愈。

动物性食品是锌的可靠来源，其生物有效性优于植物性食品。谷物中含有的植酸盐与锌结合形成不溶性盐而使锌的利用率下降。促使植酸水解的酶是含锌的酶，缺锌时其活力下降。酵母菌含有较高活性的植酸酶，因此面粉发酵后，植酸含量减少，锌的溶解度和生物有效性增加。铜、钙和粗纤维等都不利于锌的吸收。

成年人要求摄入锌量为15mg/天。肉类、蛋品和海味都是有效锌的良好来源，其次为奶和谷类原粮制品等。绿叶蔬菜和水果中含锌量很少。常用强化食品的锌化合物有葡萄糖酸锌和硫酸锌等。

7．铜

铜在体内以铜蛋白的形式存在。铜促进血红蛋白的合成和红血球细胞的发育，也是一些氧化酶的成分。缺铜时可发生贫血和心脏肥大、脸色苍白、生长停滞、食欲不振、易激动等症状。铜不足还影响铁的利用。一般情况下人不会发生营养性的缺铜症，但以牛奶、炼乳、谷类制品或配制代乳品为主要食物的婴儿会因铜不足而出现腹泻、生长发育停滞等症状。

一般每天的铜需要量（μg/kg体重）为：婴儿，80；儿童，40；成人，30。肝、肾、豆类、贝类、鱼、绿叶蔬菜是铜的良好来源。食品中的氨基酸有利于铜的吸收，但钼、锌、镉和硫化物则不利于铜的吸收。铜的氨基酸盐、有机酸盐、硫酸盐、碳酸盐、硝酸盐、氯化物等盐中的铜都能很好地被利用；氧化铜、氧化亚铜及焦磷酸铜的生物有效性较低；而金属铜、硫化铜和卟啉铜则不能被利用。增加膳食中的蛋白质可促进铜的吸收和储存。增加锌的摄入时，机体对铜的需要量增加，铜的吸收率下降。长期补锌会引起铜的缺乏。

8．碘

碘是甲状腺激素的组成成分。缺碘使甲状腺素合成困难，因而引起甲状腺反射性肿大、精神疲惫、四肢无力。缺碘是世界性的地方病。

成人日需碘量为 $50 \sim 75\mu g$；儿童及妊娠、哺乳期的妇女为 $100 \sim 300\mu g$。海产食物（海带、紫菜、鱼类）和海盐是碘的良好来源。大多数植物性食物中含碘量均低。补充膳食碘简便的方法是食用碘化食盐（含 KI $(10 \sim 500) \times 10^{-6}$）。

9. 铬

铬有三价和六价两种氧化态，六价铬有毒，三价铬才是必需营养元素。在生物体中，不发生铬氧化态的转变。

铬在人体中通过促进胰岛素的功能而影响糖代谢。缺铬时生长停滞，血糖增高，产生糖尿。食物中只有能被乙醇提取的结合态铬才具有生物活性。人类铬的补充主要依靠食物获得。除鱼以外的大多数动物蛋白质、全谷原粮制品、酵母等都是有效铬的良好来源。

10. 硒

硒是谷胱甘肽过氧化物酶的重要组分，某些蛋白质中亦结合有活性硒。硒与胰岛素的活性有关，可防止胰岛细胞氧化破坏。含硒酶类可促使体内过氧化物分解，对人体组织起保护作用。缺硒引起克山病、诱发糖尿病等多种疾病。硒多量引起中毒。人体摄入的硒主要来自食物。硒酵母（有效成分为硒代蛋氨酸等，即硒可取代氨基酸分子中的硫原子而掺入到蛋白质中）和 Na_2SeO_3 是最易利用的硒化物，其中硒代氨基酸或含硒蛋白的生物利用率高，且毒性小。

11. 其他微量元素

氟 氟对维持牙齿健康，防止龋齿具有重要作用，对婴儿和儿童尤为重要。氟在骨组织和牙齿珐琅质的构成过程中起重要作用，此外，氟还能加速伤口愈合，促进铁吸收。氟离子主要来自于饮水，但有些地区饮水中含有异常大量的氟，会使牙齿釉质发育不全，发生"牙氟中毒"。饮水中的含氟量以 $0.0001\% \sim 0.00015\%$ 为宜。

钴 钴是维生素 B_{12} 和一些酶的成分，有造血作用。钴必须以特殊形式——氰基钴胺（即维生素 B_{12}）供应才能在人体内有生理作用，一般日需要量为 $0.045 \sim 0.090\mu g$，即相当于 $1 \sim 2\mu g$ 维生素 B_{12}。

锰 锰是正常骨结构及生殖和中枢神经的正常机能所必需的元素，与多种酶的活性有关系，对造血和脂肪代谢有密切关系。人体缺乏时对生长、造骨、生殖均有妨碍。人类明显缺锰的现象不多，坚果、豆类、粮谷是锰良好的来源，蔬菜、水果、茶叶中含锰也很多。

钼 已经证明钼是好几种氧化酶的成分。虽然人体缺钼的具体症状还不清楚，但钼既是酶的组成成分，就说明它对肌体有重要作用。动物肾、豆类、粮谷是钼的良好来源。

锗 随着营养学界对人体微量元素的深入研究，锗的生理功能和药理功能日益被发现，虽然目前尚未列入必需微量元素，但已越来越被人们认识和重视。有机锗参与新陈代谢，有促进血液循环、细胞功能活化的作用，对预防和治疗癌症、心血管疾病、糖尿病等多种疾病具有良好的作用，对提高人体免疫功能也有很好的作用。

镍 镍是多种酶的激活剂，在生物体内能激活许多酶，包括精氨酸酶、酸性磷酸酶、脱羧酶、脱氧核糖核酸酶等。镍还可以激活肽酶，促进细胞生成。镍大量存在于 DNA 和 RNA 中，对 DNA、RNA 和蛋白质的结构或功能起作用。健康的成年人每日从饮食中摄入 $0.3 \sim 0.5mg$ 的镍，主要来自于蔬菜和谷类。世界卫生组织报道，成人每日对镍的需要量为 $0.02mg$，若按 0.5% 的吸收率计算，成人每日摄取 $0.4mg$ 镍即可满足生理需要。人体新陈代谢对镍的需求量极微，而环境中的镍来源充足，因此还未发现正常饮食情况下镍缺乏而导致人体健康受到影响的现象。镍具有刺激造血功能的作用，能促进血红细胞的再生；镍是胰岛素分子中的一个组成部分，相当于胰岛素的一个辅基；镍还可以通过垂体激素而间接影响胰岛素的分泌。

锡　锡为人体必需的微量元素，能促进蛋白质和核酸的合成，与黄素酶的活性有关，对维持某些化合物的三维空间也很重要。从饮食中摄入适量的锡能促进机体的生长发育。锡可以影响人体其他微量元素的代谢，影响较多的是锌，其次是铜、铁、钙和硒。锡通过食物及水进入体内后能在体内形成一个或多个具有抗癌活性的含锡甾族类或肽类化合物。这种含锡甾族类或肽类化合物达到足够的生理水平时，便可直接杀死肿瘤细胞或阻止肿瘤增殖，所以适当补充含锡甾族化合物可预防癌症的发生。

钒　钒能促进骨和牙齿中无机间质的沉积，对骨和牙齿的正常发育起一定作用。钒离子在牙釉质和牙质内可增加羟基磷灰质的硬度，同时可增加有机物和无机物之间的粘合作用。牙釉质和牙质都属于磷灰石，钒可置换到磷灰石分子中，所以钒可预防龋齿。钒还能刺激造血功能发挥作用，促进血液中红细胞的成熟，促进血红蛋白的再生。钒能促进心脏配糖苷对肌肉的作用，使心血管收缩，增强心室肌的收缩力。

硅　硅是一种与长寿有关的微量元素，硅缺乏可导致衰老。人主动脉的硅含量也随年龄的增长而降低。动脉粥样硬化与体内硅缺乏有关。组织中硅含量的下降可引起人体内分泌功能减退而促进衰老。硅对心血管有保护作用。硅含量较高的地区，冠心病死亡率较低，而缺硅地区冠心病死亡率较高。硅还能维持骨骼、软骨和结缔组织的生长，同时参与其他一些重要的生命代谢活动。硅在人体内的含量为 260mg/kg，是人体内含量最多的微量元素。吸收进入血液中的硅很快经血液分布到全身组织。硅主要集中在骨骼、肺、淋巴结、胰腺、肾上腺、指甲和头发中。

三、加工方法对微量元素的影响

微量元素不会因酸碱处理、接触空气、氧气或光线等情况而损失，但加工方法会影响到食物中矿物质的含量和可利用性。

1. 磨粉对微量元素的影响

小麦因磨粉而损失矿物质是由于除去了胚芽和外面的麦麸层而引起的。因矿物质在麦粒中的分布不同，不同矿物质损失量也有差异。损失量在 70% 以上的有钴、锰、锌、铁、铜等；损失接近 5% 的有钼和铬；硒则损失 16% 左右。

2. 加工对大米和蔗糖中微量元素的影响

加工精度愈高，大米和蔗糖中的微量元素损失愈多。精碾大米损失 75% 的铬和锌；锰、铜和钴损失 26%～45%。同白砂糖相比，粗糖和废糖蜜是微量元素更好的来源。

3. 加工对大豆微量元素的影响

大豆在加工过程中不会损失大量的微量元素，而且某些微量元素如铁、锌、硒等可得到浓缩。因为大豆蛋白质经过深度加工后提高了蛋白质的含量，这些矿物成分可能结合在蛋白质分子上。其他如锰、铜、钼和碘等矿物质则变化不大。

总之，各种加工方法对食物中矿物质的含量和组成均有一定的影响。在加工过程中，富含矿物质的食品组分流失或去除，造成某些矿物成分的含量下降。如果食品成分被浓缩或矿物成分从加工器械中溶出，则某些矿物元素含量会增加；如果在加工过程中产生矿物盐类的沉淀或溶解，则会影响矿物营养的生物有效性。

第二十一章 水和冰

各种食品都有其特定的水分含量，因此才能显示出它们各自的色、香、味、形等特征。水在食品中起着分散蛋白质和淀粉等的作用，使它们形成溶胶。水对食品的鲜度、硬度、流动性、呈味性、保藏性和加工等方面都具有重要的影响。水分是微生物繁殖的重要因素。

第一节 水和冰的物理常数与性质

一、物理常数及其在食品中的重要性质

有关水的物理常数列于表 21-1 中。

表 21-1 水与冰的物理常数

相变性质	熔点（℃）	0.000	三相点	0.009 9℃和 610.4kPa
	沸点（℃）	100.000	熔化热（0℃）	6.012kJ/mol
	临界温度（℃）	374.15	蒸发热（100℃）	40.63kJ/mol
	临界压力（MPa）	22.14	升华热（0℃）	50.9kJ/mol

	温　度	20℃	0℃	0℃（冰）	−20℃（冰）
其他性质	密度（kg/L）	0.998 203	0.999 841	0.916 8	0.919 3
	粘度（Pa·s）	1.002×10^{-3}	1.787×10^{-3}	—	—
	表面张力（对空气）（N/m）	72.75×10^{-3}	75.6×10^{-3}	—	—
	蒸汽压力（Pa）	2.337×10^{3}	6.104×10^{2}	6.104×10^{2}	1.034×10^{2}
	热容[J/(kg·K)]	4.181 9	4.217 7	2.100 9	1.954 4
	热导率[J/(m·s·K)]	5.983×10^{2}	5.644×10^{2}	22.40×10^{2}	24.33×10^{2}
	热扩散率（m²/s）	1.4×10^{-5}	1.3×10^{-5}	$\sim 1.1 \times 10^{-4}$	$\sim 1.1 \times 10^{-4}$
	介电常数 静态*	80.36	80.00	91**	98**
	3×10^{9}Hz	76.7（25℃）	80.5（1.5℃）	—	3.2（−12℃）

注：* 低频的极限值；** 平行于冰的 C 轴，比垂直于 C 轴的值约大 15%。

水是所有新鲜食品的主要成分。在食品中的重要性质有：

（1）水在 4℃时密度最大，为 1kg/L；0℃时冰的密度为 0.917kg/L。水冻结为冰时，体积膨胀是 1.62mL/L。

（2）水的沸点和熔点相当高　在 101.32kPa 压力下，100℃时沸腾汽化。但在减压下，沸点则降低。因此，在浓缩牛奶、肉汤、果汁等食品时，高温容易使食品变质，故必须采用减压低温方法进行浓缩。因为水的沸点是随着压力增大而升高的，所以在 100℃下不易煮熟的食品，如动物的筋和骨、豆类等，使用压力锅便能迅速煮熟。如果再增加 101.32kPa，水

的沸点就可升到 121 ～ 123℃。

（3）水的比热客较大。水的比热客之所以较大，是因为当温度升高时，除了分子动能增大需要吸入热量外，同时缔合分子转化为简单分子还要吸入热量。由于水的比热客大，使得水温不易随气温的变化而变化。

（4）水的导热率高，冰的热扩散率比水大。在一定环境中，冰经受温度变化的速率比水快得多，如当采用数值相等而方向相反的温差时，冻结的速度远比解冻的速度快。

（5）水的溶解能力强。由于水的介电常数大，因此水溶解离子型化合物的能力较强。至于非离子型极性化合物如糖类、醇类、醛类、酮类等有机物质亦可与水形成氢键而溶于水中。即使不溶于水的物质，如脂肪和某些蛋白质，也能在适当的条件下分散在水中形成乳浊液或胶体溶液。

二、分子结构

（一）水的结构

1．水的分子结构

水分子间存在着强吸引力，且水和冰具有不寻常的结构。当两个氢原子接近氧的两个 sp^3 成键轨道（ϕ_3'，ϕ_4'），就形成了两个共价 $\phi\delta$ 键（具有 40% 的离子性质），于是形成了水分子，其中第一个 δ 键的解离能为 461.4kJ/mol。定域分子轨道绕着原有轨道轴保持对称定向，形成一个近似四面体的结构，单个水分子的键角（蒸汽态）为 104.5°，此值接近完美的四面体角 109°28′，O—H 核间的距离是 0.96×10^{-8}cm，氧与氢的 Vander Waals 半径各为 1.40×10^{-8}cm 与 1.2×10^{-8}cm。

2．水分子的缔合作用

H_2O 分子的 V 字形式以及 O—H 键的极性导致电荷的不对称分布，使水分子具有较大的偶极距（纯水蒸气态的偶极距为 1.84D）。分子结构上的极性使分子间产生引力，水分子以很大的强度缔合起来。水分子间呈现大的引力是由于水分子在三维空间内形成许多氢键。与共价键（平均键能约 335kJ/mol）相比，氢键是弱键（一般为 2 ～ 40kJ/mol），它的键长较长，而且长短不一。O—H 键的解离能为 13 ～ 25kJ/mol。每个水分子具有数量相等的氢键给予体与氢键接受体的位置，这种排列能形成三维氢键，所以每个水分子能与四个其他的分子形成氢键，由此而形成四面体排列。

形成氢键的程度与温度有关。0℃冰的配位数是 4.0，随着温度增加，水的配位数增大。在 1.5℃时，水的配位数是 4.4；在 83℃时，水的配位数是 4.9。最邻近的水分子间距离从 0℃（冰）时的 2.76×10^{-8}cm 分别增加到 1.5℃ 时的 2.9×10^{-8}cm 和 83℃ 时的 3.05×10^{-8}cm。

冰→水的相变伴随着最邻近的水分子间的距离的增加（使密度减少）与最邻近的水分子的平均数增加（使密度增加），由于后面的因素占优势，所以造成为人熟知的密度的增加。如果进一步加热到熔点以上，则密度值达到最大值后又慢慢地减小。在 0 ～ 3.98℃ 之间配位数增加的效应占优势，而在 3.98℃ 以上，最邻近的水分子之间的距离增加的效应占优势。

由于水分子的缔合作用，使水具有高的热容、熔点、沸点、表面张力和各种相变热等特点。这些都与打破分子间的氢键所需的额外能量有关。

水的介电常数也受氢键的影响。虽然水是偶极分子，但是单纯用偶极并不能解释介电常数的大小。显然，分子间的氢键形成了多分子偶极，它能显著提高水的介电常数。

水的低粘度特点也与水分子的缔合作用有关。因为氢键网是高度动态的，允许单个分子在 10^{-9} s 到 19^{-12} s 的时间间隔内改变它们与相邻分子的氢键关系，于是增加了分子的迁移率与流动性。

（二）冰的结构

纯冰结晶是具有四面体指向作用力的开放六角形对称结构（低密度），冰中 O—O 核间最邻近的距离为 2.76×10^{-8} cm，而 O—O—O 键角约为 $109°$。两个最邻近氧原子的连接线被一个氢原子所占有，氢原子与同它共价成键的氧相距 $(1 \pm 0.1) \times 10^{-8}$ cm，而氢原子与同它形成氢键的氧相距 $(1.76 \pm 0.01) \times 10^{-8}$ cm。当一些晶胞重叠起来，则形成两个相互平行、相互非常靠近的平面。这种类型的平面对由冰的"基面"组成，几个基面堆积，就得到冰的巨大结构，如图 21-1 所示，在 C 轴方向上冰是单折射的，而在所有其他方向上，冰是双折射的，C 轴是冰的光轴。

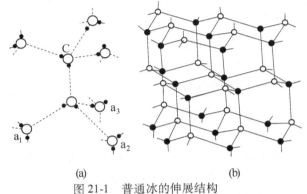

图 21-1　普通冰的伸展结构

（a）在四面体构型中水分子的氢键（用虚线表示）；
（b）仅表明氧原子，白圆圈与黑圆圈分别代表上层基面与低层基面的氧原子

从结晶对称性来看，普通冰属于六方晶系中的双六方双锥体型。另外，冰可能以其他 9 种多晶型结构存在，也可能以无定型或无一定形结构的玻璃态存在。但是，在总的 11 种结构中，只有普通的六方形冰在 $0℃$ 与常压下是稳定的。

冰不是一种完全由氢原子精确地排列在每对氧原子之间的直线上的 HOH 分子组成的静止体系，纯冰不仅含有普通的 HOH 分子，还有离子（H_3O^+ 与 OH^-）和同位素变种（含量极少，可忽略）。冰晶并不是完整的，存在的缺陷一般具有定位型（由质子位错引起并伴随中性定位）或离子型（由质子位错引起，形成了 H_3O^+ 与 OH^-）及其他类型的运动。这些缺陷的存在使冰中质子的迁移比水中的大得多，当水冷冻时直流电导稍有减小。

冰的特性取决于温度。仅在 $-183℃$ 左右或更低的温度下，所有的氢键才是完整的。随着温度升高，完整的（固定的）氢键平均数将慢慢减少。冰的"活动度"与贮藏在低温下的食品及生物的变质速度存在一定的关系。

食品中溶质的含量与种类能影响冰晶数量、大小、结构、位置和定向，已观察到四种主要类型的冰结构：六方形晶体、不规则的树枝状晶体、粗的球晶和瞬息球晶，还发现了许多中间类型的冰结构。

六方形晶型是大多数食品中唯一重要的晶型，它是正常的和最有规则的结晶类型。倘若食品在温度不太低的冷却剂中冷冻（避免极快的冷冻），并且溶质的性质与浓度对水分子的流动干扰不大，就产生六方晶型。除了含有大量明胶的食品外，其他食品中的冰都能形成六方晶体。在明胶中看到的冰结构比六方晶型的不规则程度大，明胶是一个大的复杂亲水分子，能有效地限制水分子的运动以及水分子形成高度定向的六方晶体的能力，随着冷冻速度

的增大或明胶浓度的增加，立方型与玻璃状态的冰较占优势。

三、水的生理功用

水虽无直接的营养价值，但具有某些特殊性能，如溶解力强、介电常数大、热容高、粘度小等，是维持生理活性和进行新陈代谢不可缺少的物质。断水比断食物对人体的危害和影响更为严重。

水是体内化学作用的介质，同时也是生物化学反应的反应物及组织和细胞所需的养分，是代谢物在体内运转的载体。水的热容量大，当人体内产生热量增多或减少时不致引起体温太大的波动；水的蒸发潜热大，因而蒸发少量汗水可散发大量热能，通过血液流动，可平衡全身体温，因此水又能调节体温。水的粘度小，可使摩擦面滑润，减少损伤，所以还有润滑作用。

第二节　食品中的水分状态

食品中的水，是以自由态、水合态、胶体吸润态、表面吸附态等状态存在的。

（1）自由态　存在于植物组织的细胞质、细胞膜、细胞间隙中和任何组织的循环液以及制成食品的结构组织中。

（2）水合态　水分子和含氧或含氮的分子或离子以氢键的形式相结合，如食品中的淀粉、蛋白质和其他的有机物。水和盐类也能形成不同的水合物，如络离子 $[Na(H_2O)_x]^+$、$[Cl(H_2O)_y]^-$。

（3）胶体吸润态　物质和水接触，吸收水而膨胀，称为吸润水，可能伴随着产生氢键。

（4）表面吸附态　指固体表面暴露于含水蒸气的空气中，吸附于表面的水。

水之所以能以各种形态存在于动植物组织中，是由于水能被两种作用力即氢键结合力和毛细管力联系着。由氢键结合力联系着的水一般称为结合水（或称为束缚水），以毛细管力联系着的水称为自由水（或游离水）。但是结合水和自由水之间的界限很难截然区分，只能根据物理、化学性质作定性的区分。

自由水是以毛细管凝聚状态存在于细胞间的水分，可用简单加热的办法把它从食品中分离出来，这部分水与一般的水没有什么不同，在食品中会因蒸发而散失，也会因吸潮而增加，容易发生增减的变化。

结合水是与食品中蛋白质、淀粉、果胶物质、纤维素等成分通过氢键而结合着的。各种有机分子的不同极性基团与水形成氢键的牢固程度有所不同。蛋白质多肽链中赖氨酸和精氨酸侧链上的氨基，天冬氨酸和谷氨酸侧链上的羧基，肽链两端的羧基和氨基，以及果胶物质中的未酯化的羧基，无论是在晶体还是在溶液里，都是呈电离或离子状态的基团（ $-NH_3^+$ 和 $-COO^-$ ）。由于这两种基团与水形成氢键，键能大，结合得牢固，且呈单分子层，故称为单分子层结合水。蛋白质中的酰胺基、淀粉、果胶质、纤维素等分子中的羟基与水也能形成氢键，但键能小，不牢固，称为半结合水或多分子层结合水。

结合水与自由水在性质上有着很大的差别。首先，结合水的量与食品中有机大分子的极性基团的数量有较稳定的比例关系。据测定，每100g蛋白质可结合水分平均高达50g，每100g淀粉的持水能力在30～40g之间。其次，结合水的蒸汽压比自由水低得多，所以在一定温度（100℃）下结合水不能从食品中分离出来。结合水沸点高于一般水，而冰点却低于一般水，甚至环境温度下降到 $-20℃$ 时还不结冰。结合水不易结冰这个特点具有重要的实际意义，由于这种性质，使植物的种子和微生物的孢子（其中几乎不含有自由水）能在很低的温度下保持其生命力。而多汁的组织（含有大量自由水的新鲜水果、蔬菜、肉等）在冰冻时细胞结构容易被冰晶所破坏，解冻时组织容易崩溃。

结合水对食品的可溶性成分不起溶剂的作用。

自由水能为微生物所利用，结合水则不能。因此，自由水也称为可利用的水。在一定条件下，食品是否为微生物所感染，并不取决于食品中水分的总含量，而仅仅取决于食品中自由水的含量。

结合水对食品的风味起着重大作用，尤其是单分子层结合水更为重要，当结合水被强行与食品分离时，食品风味、质量就会改变。

第三节　水分活度

一、水分活度概念

水分活度 A_w 是指溶液中水蒸汽分压（p）与纯水蒸汽压 p_0 之比。表示食品中的水分可以被微生物利用的程度。

$$A_w = p/p_0$$

对纯水来说，因 p 和 p_0 相等，故 A_w 为 1。而食品中的水分，由于其中溶有有机盐和有机物，所以 p 总是小于 p_0，故 $A_w < 1$。

当溶质与水分子之间的作用力等于水分子之间的凝聚力时，根据拉乌尔定律，稀溶液的蒸汽压下降率等于溶质的摩尔分数：

$$\frac{p_0 - p}{p_0} = \frac{n_2}{n_1 - n_2}, \qquad 所以 \quad \frac{p}{p_0} = \frac{n_1}{n_1 + n_2} = A_w$$

式中，n_1 和 n_2 分别为水和溶质的物质的量（mol）。

水分活度也可用平衡相对湿度（ERH）这一概念表示：

$$A_w = \frac{p}{p_0} = \frac{ERH}{100}$$

因此，实际测定食品的 A_w 时，只要将食品放入密闭容器内至水分达平衡，找到容器内的平衡相对湿度，即可算出食品的 A_w。也可通过直接测定食品在一定温度下的蒸汽压而求得。

二、水分活度与食品含水量的关系

一般情况下，食品中的含水量愈高，水分活度也愈大。水分活度与水分含量之间的关系如图 21-2 所示。

对于多数动植物食品，由于水分多，得到的是放湿曲线；对于冻结干燥和其他干燥食品，得到的是吸湿曲线。

根据水分含量和水分活度的关系，等温吸湿曲线可分为 A、B、C 三个区。

A 区段：是低湿度范围，水分子和食品成分中的羧基和氨基等离子基团牢固结合，形成单分子层的结合水，结合力最强，所以 A_w 也最低，一般在 0～0.25 之间，相当于物料含水量为每克干物质 0～0.07g。曲线弯向 A_w 坐标。

从图 21-2 曲线上可以看出，在含水量低的线段上，水分含量只要有少许变动，即可引起水分活度较大的变动。这段曲线放大后，称为等温吸湿曲线。

B 区段：水分多与食品成分中酰胺基、羟基等结合，形成多分子层结合水或称为半结合水，A_w 在 0.25～0.8 之间，相当于物料含水量在每克干物质 0.07g 至 0.33～0.4g，最高为 20g。曲线向含水量坐标轴方向弯曲。

C 区段：是毛细管凝聚的自由水。A_w 在 0.8～0.99 之间，物料含水量最低为每克干物质 0.14～0.33g，最高为 20g。曲线向含水量坐标轴方向弯曲。

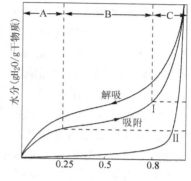

图 21-2　食品在低水分含量（Ⅰ）和宽广的水分含量（Ⅱ）范围内的水分吸附等温线示意图

A—结合水（单分子层）；B—多分子层结合水；C—自由水

三、水分活度的实际应用

各种食品在一定条件下都各有其一定的水分活度，各种微生物的活动和各种化学与生物化学反应也都需要有一定的 A_w 值。只要计算出微生物、化学与生物化学反应所需要的 A_w 值，就可控制食品加工的条件和预测食品的耐藏性。

1. 水分活度与微生物繁殖的关系

不同的微生物在食品中繁殖时，都有它最适宜的水分活度范围，细菌最敏感，其次是酵母和霉菌。在一般情况下，$A_w<0.90$ 时，细菌不能生长；$A_w<0.87$ 时，大多数酵母受到抑制；$A_w<0.80$ 时，大多数霉菌不能生长，但也有例外情况。微生物发育与水分活度的关系如表 21-2 所示。如果水分活度高于微生物发育所必需的最低 A_w 值时，微生物即可导致食品变质。

表 21-2　微生物发育时必需的水分活度

微　生　物	发育所必需的最低 A_w	微　生　物	发育所必需的最低 A_w
普通细菌	0.90	嗜盐细菌	≤0.75
普通酵母	0.87	耐干性酵母、细菌	0.65
普通霉菌	0.80	耐渗透压性酵母	0.61

2. 水分活度与酶促反应的关系

水分在酶反应中起着溶解基质和增加基质流动性等的作用。食品中水分活度极低时，酶反应几乎停止，或者反应极慢；当食品 A_w 值增加时，毛细管的凝聚作用开始，毛细管微孔充满了水，导致基质溶解于水，酶反应速率增大。一般控制食品的 A_w 在 0.3 以下，食品中的淀粉酶、酚氧化酶、过氧化酶受到极大的抑制，而脂肪酶在水分活度 0.05～0.1 时仍能保持其活性。

3. 水分活度与生物化学反应的关系

　　毛细管凝聚水能溶解反应物质，起着溶剂的作用，有助于反应物质的移动，从而促进化学变化，引起食品变质。但对多数食品来说，如果过分干燥，既能引起食品成分的氧化和脂肪的酸败，又能引起非酶褐变（成分间的化学反应）。要使食品具有最高的稳定性所必需的水分含量，最好将水分活度保持在结合水范围内（即最低的 A_w）。这样，既能防止氧对活性基团的作用，也能阻碍蛋白质和糖类的相互作用，从而使化学变化难于发生，同时又不会使食品丧失吸水性和复原性。

　　水分活度与食品中各种反应速度之间的关系，如图 21-3 所示。

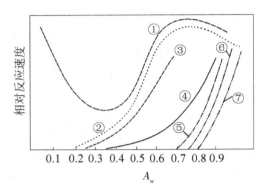

图 21-3　水分活度与食品中各种反应速度之间的关系

①脂肪氧化作用；②非酶褐变；③水解反应；④酶活力；⑤霉菌生长；⑥酵母生长；⑦细菌生长

　　需要指出，即使是含水量相同的食品，在贮藏期间的稳定性也因种类而异。因为食品的成分和组织结构不同，水分结合的程度也不同，因而水分活度也不相同。表 21-3 列出了一组水分活度相同的食品的不同含水量，由此可见，A_w 值对估价食品耐藏性是很重要的。

表 21-3　A_w =0.7 时若干食品的含水量[*]

食　品	含水量	食　品	含水量	食　品	含水量
凤　梨	0.28	干淀粉	0.13	卵蛋白（干）	0.15
苹　果	0.34	干马铃薯	0.15	鳕鱼肉	0.21
香　蕉	0.25	大　豆	0.10	鸡　肉	0.18

　　引自 Karel, M, In "Water Relations of Food"。 *含水量指每克干物质中所含水分的克数。

CHAPTER 21   WATER

Water is the basic cause of life on earth, wherever water is present on surface of earth there is life, even algae grows on melting edges of glaciers. The water molecule (H_2O) is composed of two atoms of hydrogen and one of oxygen. Each hydrogen atom is linked to oxygen atom by a single covalent bond and oxygen is more electronegative than hydrogen (oxygen has greater capacity to attract electrons). The oxygen atom bears a slightly negative charge and two hydrogen atoms bears slightly positive, consequently there is separation of charge within the molecule. The electron distribution in oxygen-hydrogen bond is described as polar or asymmetrical. If water bond were linear, than bond polarities would balance each other and water would be non-polar. However the water molecule is bent, the bond angel is 104.5°. Molecules such as water, in which charge is separated are called dipoles and have opposite charges on two ends.

Because of the large differences between electro-negativity of hydrogen and oxygen, the hydrogen atoms of one water molecule are attracted to the unshared pair of electrons of another water molecule; and this non-covalent bond is called hydrogen bond. In addition to the hydrogen bonds, three other types of other non-covalent interactions of water which with other molecules also exist i. e. electrostatic interactions, Van der waal's forces and hydrophobic interactions.

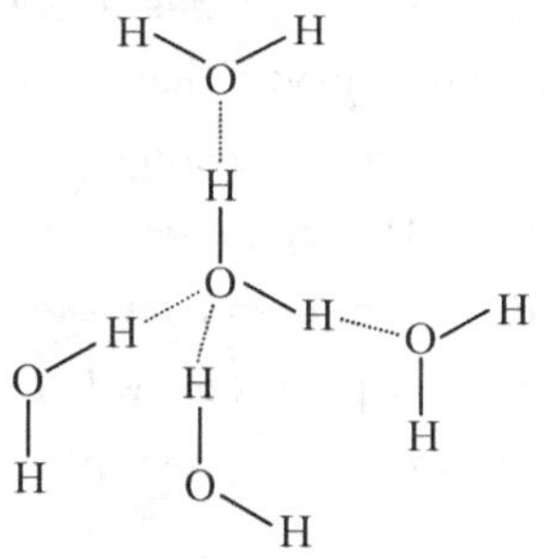

Fig. 21-1   Hydrogen bonding between water molecules

21.1   Properties of Water

The oddest property of water is that it is liquid at room temperature, if we compare it with other molecules of similar molecular weight; it has very high melting and boiling point. If water follow the pattern of hydrogen sulfide, it would melt at $-100\,℃$ and boil at $-91\,℃$, however water melts at $0\,℃$ and boils at $100\,℃$ and hydrogen bonding is responsible for this. Because of its molecular structure one water molecule forms hydrogen bond with four other water molecules and the later molecules form hydrogen bonds with other water molecules. The maximum number of hydrogen bonds are formed when water freezes to ice hence more energy is needed to break these bonds.

Due to water's high heat of vaporization (the energy required to vaporize the one mole of a liquid at pressure of one atmosphere) and high heat capacity (the energy needed to be added or removed to change the temperature one degree Celsius), it acts as an affective moderator of climatic temperature. Water absorbs and stores the solar heat and releases it slowly that's why regions near oceans undergoes moderate temperature transition during the seasonal changes. Water plays an important role in thermal regulation of living organisms and helps to maintain the organism's internal temperature by evaporation.

Water has great solvent properties and large numbers of substances are dissolved in it due to its polar nature of molecule; that's why it is also called universal solvent. Water's solvent properties play great role in transportation of substances from outside to inside and from one tissue to other tissue of living organisms. Water plays key role in metabolism too. Water also has property of producing ions when chemical compounds are dissolved in it and this property allows many chemical and biochemical reactions to take place.

21. 2   Water Activity of Foods

The term water activity (A_w) refers to water present in food, which is not bound to food molecules and can support the growth of bacteria, yeasts and moulds (fungi). The water activity of a food is same like moisture content. Moist foods are likely to have greater water activity than are dry foods, in fact a variety of foods may have exactly the same moisture content and yet have quite different water activities.

21. 2. 1   Predicting Food Spoilage

Water activity (A_w) has its most useful application in predicting the growth of bacteria, yeasts and moulds. For a food to have a useful shelf life without relying on refrigerated storage, it is necessary to control either its acidity level (pH) or the level of water activity (A_w) or a suitable combination of the two. This can effectively increase the product's stability and make it possible to predict its shelf life under known ambient storage conditions. Food can be made safe to store by lowering the water activity to a point that will not allow dangerous pathogens such as *Clostridium botulinum* and *Staphylococcus aureus* to grow in it.

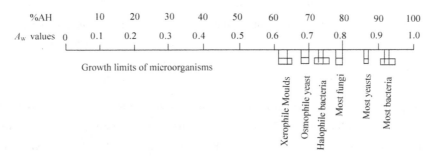

Fig. 21-2   Water activity chart

Fig. 21-2 illustrates the water activity (A_w) levels that can support the growth of particular groups of bacteria, yeasts and moulds. For example, we can see that food with a water activity below 0. 6 will not support the growth of osmophilic yeasts, which can pose a problem in high sugar products. We also know that *Clostridium botulinum*, the most dangerous food poisoning bacterium, is unable to grow at A_w of 0. 93 and below.

The risk of food poisoning must be considered in low acid foods (pH > 4. 5) with a water activity greater than 0. 86. *Staphylococcus aureus*, a common food poisoning organism, can grow down to this relatively low water activity level. Foods that may support the growth of this bacterium include cheese and fermented sausages stored above correct refrigeration temperatures.

21. 2. 2 Semimoist Foods

Refrigeration is always necessary for foods with relatively high water activity e. g. soft cheeses and cured meats, while many foods can be successfully stored at room temperature by controlling their water activity (A_w) and these foods can be described as semi-moist and include fruit cakes, puddings and sweet sauces such as chocolate and caramel. It is usually recommended that products of this type do not have an A_w greater than 0. 75. Still this can't ensure complete freedom from microbial spoilage and few yeasts and moulds, which grow at lower water activities, need only to be considered when special shelf life conditions must be met. For example, a commercial shelf life over twelve months might be required for confectionery; in these circumstances an A_w below 0. 6 would be required.

21. 2. 3 Measurement of Water Activity

Most techniques measure relative humidity of the headspace of a contained food. There are many electronic instruments developed to carry out this measurement. These instruments have the following characteristics. (1) All need frequent calibration. (2) All depend on the equilibration of the moisture in the sample and headspace air. This can take from minutes to several hours depending on the geometry of the system and water activity of the food. (3) All have limited accuracy (or hysteresis) in some regions although for some instruments this is negligible. (4) They give incorrect readings when organic materials such as acetic acid or glycerol are present. These errors are often undetectable. (5) Some of the sensors are attacked by volatile acids and this limits their life. (6) It is difficult to measure the water activity of more than twenty samples a day.

A method of measuring the water activity of foods that avoids many of the above problems has been developed by Dr. Bob Steele. It has been used to measure the water activity of hundreds of equilibrated samples per day. The refractive index of an appropriate detector liquid equilibrated with the headspace of the food is measured and the water activity of the liquid read off from a calibration chart. The water activity of such a detector liquid after equilibration is equal to the water activity of the food. Because the sensor is a liquid, there is no hysteresis of the water activity scale. The initial concentration of water in the detector liquid can be adjusted so that its water activity is close to that of the sample, thus minimizing equilibration time. A feature of the method is that at temperatures between $15 \sim 25\,^{\circ}\!C$ the readings are relatively insensitive to temperature.

Water activity of some foods is given in table 21-1.

Table 21-1 Water activity of some foods

Types of Products	Water Activity (A_w)	Types of Products	Water Activity (A_w)
Fresh meat and fish	0. 99	Dried fruit	0. 6
Bread	0. 95	Biscuits	0. 3
Aged cheddar	0. 85	Milk powder	0. 2
Jams and jellies	0. 8	Instant coffee	0. 2
Plum pudding	0. 8		

第二十二章　褐变作用

食品在加工、贮藏过程中，经常会发生褐、红、蓝、绿、黄等各种变色现象，本质上都是酶促或非酶促化学反应的结果，其中最普遍、最重要的是褐变。在面包、糕点、咖啡等食品的焙烤过程中，褐变产生诱人的焦黄色和特征香气；而在水果、蔬菜加工、贮藏过程中，褐变则影响外观、降低营养价值和风味等。

褐变作用按其发生机理可分为非酶褐变和酶促褐变两大类。

第一节　非酶褐变

非酶褐变主要有羰氨反应、焦糖化反应和抗坏血酸的自动氧化作用。

一、羰氨反应

法国化学家 Maillard 于 1912 年提出，葡萄糖与甘氨酸溶液共热时，即形成褐色色素，称为类黑精。以后就把胺、氨基酸、蛋白质与糖、醛、酮之间的这类反应统称为 Maillard 反应，简称羰（基）氨（基）反应。这是食品在加热或长期贮存后发生褐变的主要原因。

羰氨反应比较复杂，其过程可大体分为初始阶段、中间阶段和终了阶段。

1. 初始阶段

羰氨反应的初始阶段（图 22-1，反应①～⑧）包括羰氨缩合和分子重排两种作用。

羰氨反应的第一步是氨基酸等含氨基化合物中的氨基和糖等含羰基化合物中的羰基之间的缩合，形成 Schiff 碱并随即环化为 N-葡萄糖基胺（反应①～③）。再经过 Amadori 分子重排作用，生成 1-氨基-1-脱氧-2-己酮糖（果糖胺）（反应④～⑦）。

果糖胺还可再与一分子葡萄糖进行羰氨缩合、重排生成双果糖胺（反应⑧）。

酮糖也可与氨基化合物通过与醛糖相同的机制生成糖基胺，然后再经过 Heyenes 分子重排作用生成 2-氨基醛糖：

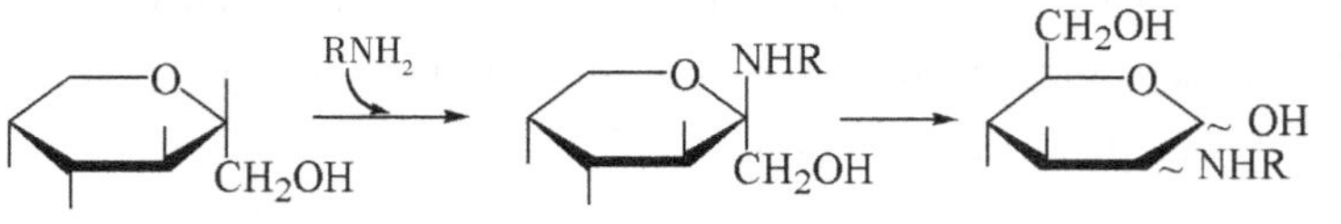

果糖　　　　　　　　　N-果糖基胺　　　　　　2-氨基-2-脱氧-葡萄糖

2. 中间阶段

重排产物果糖基胺的进一步降解（反应⑨～⑲）可有多条途径。

（1）果糖基胺脱水生成羟甲基糠醛（HMF）（反应⑨～⑭）　　双果糖胺不稳定，易分解形成单果糖胺和 3-脱氧葡萄糖醛酮（反应⑨）。果糖胺水解脱去胺残基后也转变为脱氧葡萄糖醛酮（反应⑩～⑪），经水形成 HMF。HMF 积累后不久就可发生褐变。

（2）果糖基胺脱去胺残基重排生成还原酮（反应⑮～⑱）　　酮式果糖胺经过 2,3-烯醇化作用后脱去胺残基重排形成甲基、α-二羰基化合物，再转变为还原酮类化合物。还原酮类的化学性质比较活泼，可进一步脱水后再与胺类缩合，也可裂解成较小的分子如二乙酰、乙酸、丙酮醛等化合物。

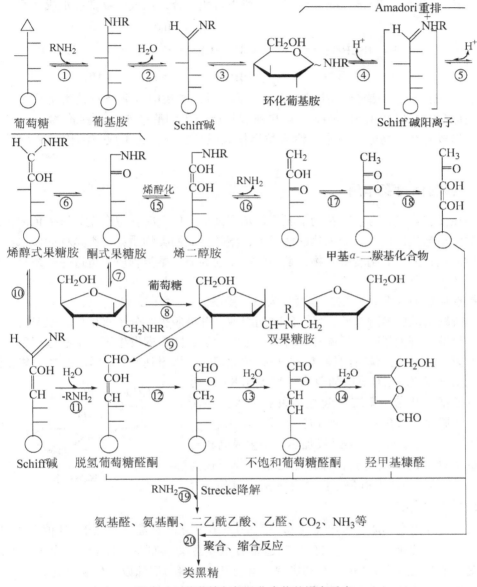

图 22-1 葡萄糖与氨基化合物的褐变反应

（3）氨基酸与二羰基化合物的作用（反应⑲）　二羰基化合物能与氨基酸发生反应，氨基酸可发生脱羧、脱氨作用，成为少一个碳的醛，氨基则转移到二羰基化合物上，反应如下：

$$R-\underset{\underset{O}{\|}}{C}-\underset{\underset{O}{\|}}{C}-R' + R''\underset{\underset{NH_2}{|}}{C}HCOOH \longrightarrow R-\underset{\underset{NH_2}{|}}{C}H-\underset{\underset{O}{\|}}{C}-R' + R''CHO + CO_2\uparrow$$

这一反应称为 Strecker 降解作用，二羰基化合物接受了氨基，进一步形成褐色色素。

3. 终了阶段

羰氨反应的终了阶段（反应⑳）包括两类反应：

（1）醇醛缩合　经 Strecker 降解产生的醛类自相缩合，加成产物常脱水成为不饱和醛：

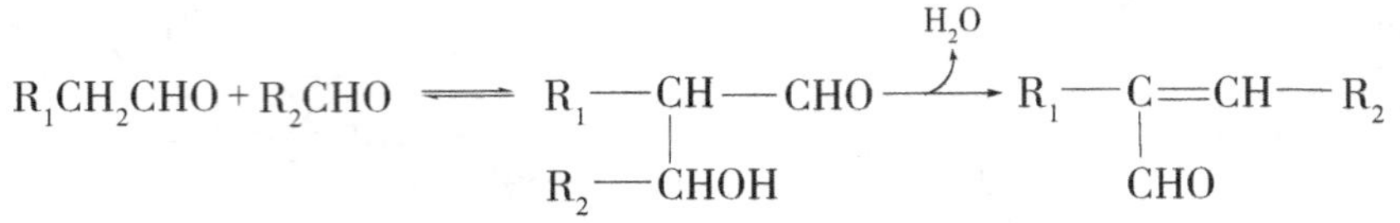

$$R_1CH_2CHO + R_2CHO \Longleftrightarrow R_1-\underset{\underset{R_2-CHOH}{|}}{CH}-CHO \xrightarrow{H_2O} R_1-\underset{\underset{CHO}{|}}{C}=CH-R_2$$

（2）生成黑色素的聚合作用　经过中期反应后，产物中有糠醛及其衍生物、二羰基化合物、还原酮类，以及由 Strecker 降解和糖裂解所产生的醛类等，这些产物进一步随机缩合、聚合形成复杂的高分子色素，称为类黑精或黑色素等，其组成与结构还有待进一步研究。

二、焦糖化褐变作用

糖类在没有氨基化合物存在的情况下加热到其熔点以上时，也会变为黑褐色的物质，这种作用称为焦糖化作用。在受强热的情况下，糖类生成两类物质：一类是糖的脱水产物，即焦糖或称酱色；另一类是裂解产物，是一些挥发性的醛、酮类物质，可进一步缩合、聚合形成粘稠状的黑褐色物质。

蔗糖形成焦糖（酱色）的过程可分为三个阶段。

第一阶段由蔗糖熔融开始，经一段时间起泡，蔗糖脱去一分子水生成异蔗糖酐，起泡暂时停止。异蔗糖酐无甜味而具温和的苦味。继续加热，随后即发生第二次起泡现象，这是形成焦糖的第二阶段，持续时间较第一次长，在此期间失水量达 9%，形成产物为焦糖酐，是一种平均分子式为 $C_{24}H_{36}O_{18}$ 的色素，熔点 138℃，可溶于水及乙醇，味苦。第二次起泡结束后进入第三阶段，进一步脱水形成焦糖烯，平均分子式为 $C_{36}H_{50}O_{25}$，熔点 154℃，可溶于水。若再继续加热，则生成高相对分子质量的难溶性深色物质，称为焦糖素，分子式为 $C_{125}H_{188}O_{80}$，其结构还不清楚，但具有羰基、羧基、羟基和酚羟基等官能团。

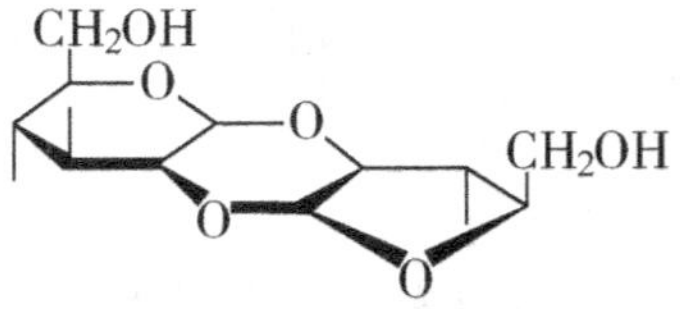

异蔗糖酐

焦糖是一种胶态物质，等电点在 pH 值 3.0～6.9 之间，甚至可低于 pH 值 3.0，随制造方法不同而异。焦糖的等电点在食品制造中有重要意义，如在一种 pH 值为 4～5 的饮料中，若使用了等电点为 pH 值 4.6 的焦糖，就会发生絮凝、混浊以至出现沉淀。

糖在强热下的裂解脱水作用可形成一些醛类物质，经过复杂的缩合、聚合反应或发生羰氨反应生成黑褐色的物质。

三、抗坏血酸褐变作用

抗坏血酸的氧化作用也会引起食品褐变，在果汁的褐变中起着重要作用。

抗坏血酸属于还原酮类化合物，易与氨类化合物产生羰氨反应，其自动氧化产物中的醛基、酮基等可随机缩合、聚合形成褐变物质。

抗坏血酸的褐变主要取决于 pH 值和抗坏血酸的浓度。在中性或碱性溶液中脱氢抗坏血酸的生成速度较快，反应也不易可逆进行；在 pH 值低于 5.0 时，抗坏血酸氧化速度较慢，

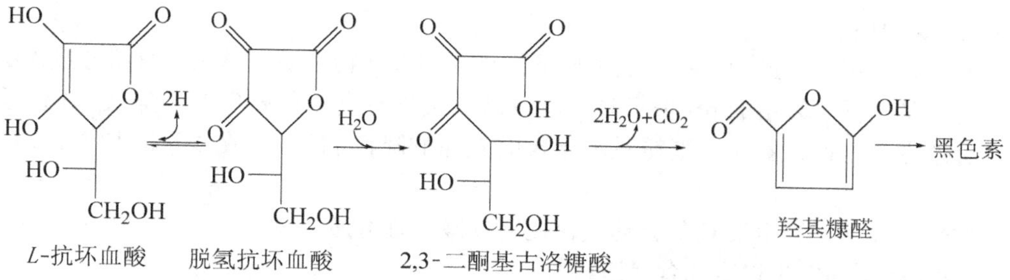

L-抗坏血酸　　脱氢抗坏血酸　　2,3-二酮基古洛糖酸　　　　　　　羟基糠醛

且反应可逆，但在 pH 值 2.0～3.5 范围内，褐变作用与 pH 值成反比。

四、非酶褐变对食品质量的影响

非酶褐变不仅改变食品的色泽，而且对食品营养和风味也有一定的影响，所以非酶褐变与食品质量有密切关系。

非酶褐变对食品营养的主要影响是：氨基酸因形成色素和在 Strecker 降解反应中破坏而损失；色素以及与糖结合的蛋白质不易被酶所分解，故氮的利用率低，尤其是赖氨酸在非酶褐变中最易损失，从而降低了蛋白质的营养效价；水果加工品中维生素 C 也因氧化褐变而减少；奶粉和脱脂大豆粉中加糖贮存时，随着褐变蛋白质的增加，溶解度也随之降低。随着食品褐变反应生成醛、酮等还原性物质，它们对食品氧化有着一定的抗氧化能力，尤其对防止食品中油脂的氧化较为显著。

非酶褐变的产物中有一些是呈味物质，它们能赋予食品以优或劣的气味和风味。由于非酶褐变过程中伴随有二氧化碳的产生，会造成罐装食品出现不正常的现象，如粉末酱油、奶等装罐密封发生非酶褐变后会出现"膨听"现象。

五、非酶褐变的控制

由于食品的种类繁多，褐变的原因不尽相同，难以提出一种通用的控制方法。以下仅从影响非酶褐变的一些物理、化学因素方面提出一些可能的控制途径。

1. 降温

褐变反应受温度影响比较大，温度每差 10℃，其褐变速度差 3～5 倍。一般在 30℃ 以上褐变较快，而在 20℃ 以下进行较慢。如酿造酱油时，提高发酵温度，酱油色素也加深，温度每提高 5℃，着色度提高 35.6%。这是由于发酵中氨基酸与糖产生羰氨反应，随着温度升高而加速。

在室温下，氧能促进褐变。当温度在 80℃ 时，不论有无氧存在，其褐变速度相同，因此容易褐变的食品，在 10℃ 以下的真空贮存（如真空包装、充氮包装），可以减慢褐变的发生。

降低温度可以减缓所有的化学反应速度，因而在低温冷藏下的食品可以延缓非酶褐变的进程。

2. 控制水分含量

褐变反应需要有水分存在才能进行，水分含量在 10%～15% 时最易发生褐变，当完全干燥时，褐变难以进行。容易褐变的奶粉、冰淇淋粉的水分应控制在 3% 以下，才能抑制其褐变。而液体食品由于水分较高，基质浓度低，其褐变反应较慢。适当降低产品浓度，有时也可降低褐变速率。干制猪肉制品虽然水分较低，但能加速油脂氧化，所以能促进褐变（油烧）

的发生。

3. 改变 pH 值

羰氨缩合作用是可逆的，在稀酸条件下，羰氨缩合产物很易水解。羰氨缩合过程中封闭了游离的氨基，反应体系的 pH 值下降，所以碱性条件有利于羰氨反应。降低 pH 值是控制褐变的有效方法之一，例如，蛋粉脱水干燥前先加酸降低 pH 值，在复水时加 Na_2CO_3 恢复 pH 值。

在酸性条件下，维生素 C 的自动氧化速度较慢，且可逆。

4. 使用较不易发生褐变的食品原料

糖类与氨基化合物发生褐变的反应速度，与糖和氨基化合物的结构有关。

还原糖是参与这类反应的主要成分，它提供了与氨基相作用的羰基。一般来说，五碳糖的反应较快，约为六碳糖的 10 倍。各种糖的褐变反应速度顺序为：

五碳糖：核糖 > 阿拉伯糖 > 木糖；

六碳糖：半乳糖 > 甘露糖 > 葡萄糖 > 果糖；

双糖：乳糖 > 蔗糖 > 麦芽糖 > 海藻糖。

还原性双糖类，因其分子比较大，故反应比较缓慢。

在羰基化合物中以 α-己烯醛褐变最快，其次是 α-双羰基化合物，酮褐变的速度最慢。

至于氨基化合物的反应速度，一般是胺类较氨基酸易于褐变，在氨基酸中则以碱性氨基酸褐变较迅速。氨基在 ε 位或在末端者，比在 α 位较易褐变，所以不同氨基酸引起褐变的程度也不同。赖氨酸的褐变损失率最高。

蛋白质能与羰基化合物发生羰氨反应，但其反应速度要比肽和氨基酸缓慢，主要涉及的是末端氨基和侧链残基 R 上的氨基（第二氨基）。

脂类通过氧化和热裂解，可产生不饱和醛、酮及二羰基化合物，因此，不饱和度高、易氧化的脂类亦易与氨基化合物发生褐变反应。

5. 亚硫酸处理

羰基可以和亚硫酸根形成加成化合物，其加成物能与氨基化合物缩合，但缩合产物不能再进一步生成 Schiff 碱和 N-葡萄糖基胺，因此，可用 SO_2 和亚硫酸盐来抑制羰氨反应褐变。

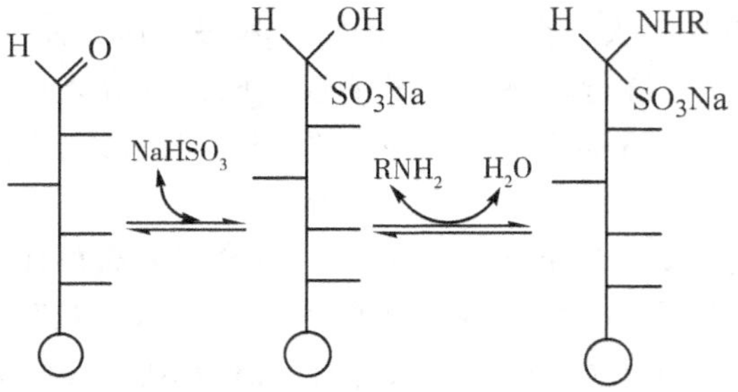

6. 形成钙盐

钙可同氨基酸结合成为不溶性化合物，因此钙盐有协同 SO_2 控制褐变的作用，在马铃薯等多种食品加工中已经成功地得到应用。这类食品在单独使用亚硫酸盐时有迅速褐变的倾向，但在结合使用 $CaCl_2$ 以后可有效抑制褐变。

7. 生物化学方法

有的食品中，糖的含量甚微，可加入酵母用发酵法除糖，如蛋粉和脱水肉末的生产中就采用此法。另一个生物化学方法是用葡萄糖氧化酶及过氧化氢酶混合酶制剂除去食品中的微量葡萄糖和氧。氧化酶把葡萄糖氧化为不会与氨基化合物结合的葡萄糖酸。

$$R \cdot CHO + O_2 + H_2O \xrightarrow{\text{葡萄糖氧化酶}} R \cdot COOH + H_2O_2$$

$$H_2O_2 \xrightarrow{\text{过氧化氢酶}} 2H_2O + O_2$$

此法也用于除去罐（瓶）装食品容器顶隙中的残氧。

第二节　酶促褐变

酶促褐变发生在水果、蔬菜等新鲜植物性食物中。水果和蔬菜在采收后，组织中仍在进行活跃的代谢活动。在正常情况下，完整的果蔬组织中氧化还原反应是偶联进行的，但当发生机械性的损伤（如削皮、切开、压伤、虫咬、磨浆）及处于异常的环境变化下（如受冻、受热等）时，便会影响氧化还原作用的平衡，发生氧化产物的积累，造成变色。这类变色作用非常迅速，需要和氧接触，由酶所催化，称为"酶促褐变"。香蕉、苹果、梨、马铃薯等果蔬很易在削皮切开后褐变，影响其色泽和风味，但像茶叶、可可豆等食品，适当的褐变则是形成良好的风味与色泽所必需的条件。

一、酶促褐变的机理

催化产生褐变的酶类主要是酚酶，其次是抗坏血酸氧化酶和过氧化物酶类等氧化酶类。

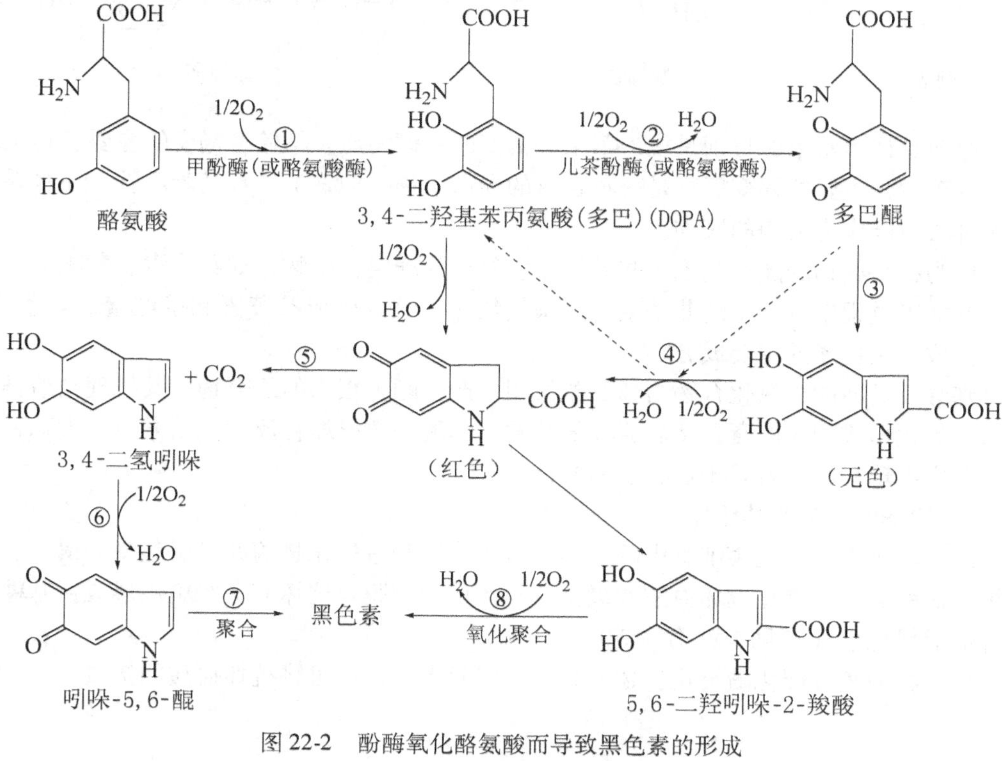

图 22-2　酚酶氧化酪氨酸而导致黑色素的形成

1.　酚酶及其作用

酚酶的系统命名是邻二酚：氧-氧化还原酶（EC. 1. 10. 3. 1）。从植物中分离得到的酚酶是寡聚体，每个亚基含有一个铜离子作为辅基，以氧为受氢体，是一种末端氧化酶。酚酶催化着两类反应：一类是羟基化作用，产生酚的邻羟基化（图22-2中反应①）；第二类是氧化作用，使邻二酚氧化为邻醌（图22-2中反应②）。所以，酚酶可能是一种复合体酶，一种是酚羟化酶，又称甲酚酶；另一种是多元酚氧化酶（PPO），又叫儿茶酚酶。而称为酪氨酸酶的酚酶则能同时催化两类反应，故酚酶可能含有两种以上不同的亚基，分别催化酚的羟基化作用和氧化作用。

植物组织中含有酚类物质，在完整的细胞中作为呼吸作用中质子 H 的传递物质，在酚－醌之间保持着动态平衡，因此，褐变不会发生。但当组织、细胞受损时，氧气进入，酚类在酚酶作用下氧化为邻醌，转而又快速地通过聚合作用形成褐色素或黑色素。醌的形成需要酶促和氧气，当醌形成后，以后的反应就能自动地进行了。

在水果、蔬菜中，酚酶最丰富的基质底物是邻二酚类和一元酚类。在酚酶作用下，反应最快的是邻羟基结构的酚类，对位二酚类也可氧化，但间位二酚则不能被氧化，甚至对酚酶还有抑制作用。邻二酚的取代衍生物也不能为酚酶所催化，如愈疮木酚（邻甲氧基苯酚）及阿魏酸。

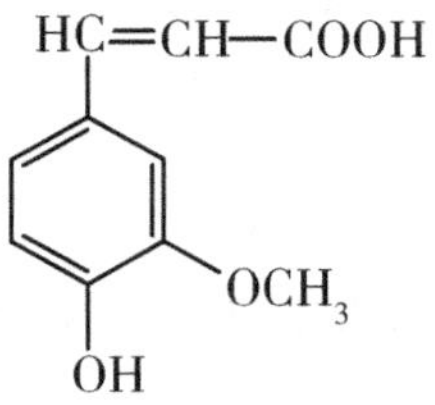

HC=CH—COOH　　　　　　HC=CH—COOH

阿魏酸 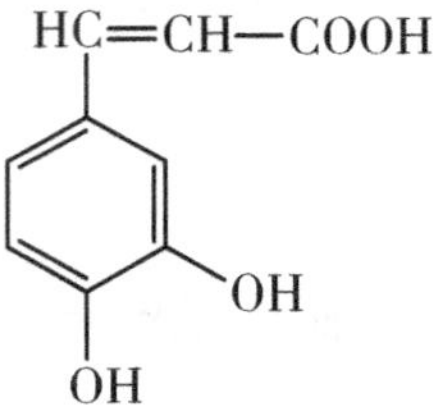　　　　　　　　咖啡酸 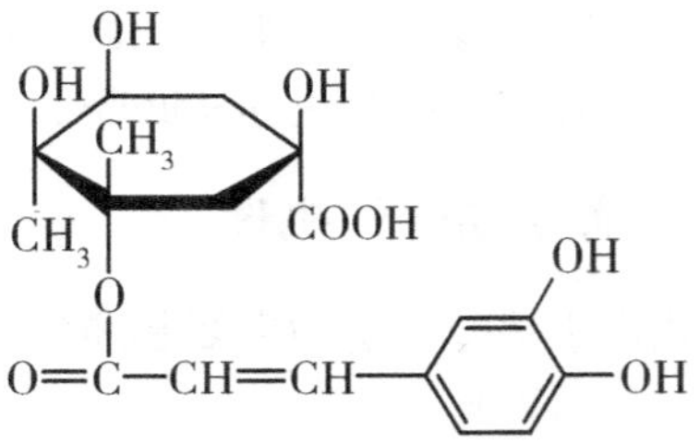　　　　　　　　　　　绿原酸

绿原酸是许多水果，特别是桃、苹果等褐变的关键物质。马铃薯褐变的主要底物是酪氨酸。在香蕉中，主要的褐变底物是一种含氮的酚衍生物，即3,4-二羟基苯乙胺。在水果中存在的咖啡酸也能作为酚酶的底物。

可作为酚酶底物的还有其他一些结构比较复杂的酚类衍生物，如花青素、黄酮类、鞣质等。红茶加工过程中鲜叶中的儿茶素经过酶促氧化，缩合生成茶黄素和茶红素等有色物质，它们是构成红茶色泽的主要成分。

氨基酸及类似的含氮化合物与邻二酚作用可产生颜色很深的复合物，其机理是酚类物质先经酶促氧化形成相应的醌，然后醌和氨基发生非酶的羰氨缩合反应。白洋葱、大蒜、大葱等在加工中出现粉红色就属于这类型的变化。

2.　其他褐变酶类及其作用

广泛存在于水果、蔬菜细胞中的抗坏血酸氧化酶和过氧化物酶亦可引起酶促褐变。

抗坏血酸氧化酶催化抗坏血酸的氧化，其作用产物脱氢抗坏血酸经脱羧形成羟基糠醛后可聚合形成黑色素（参见本章第一节）。

过氧化物酶类可催化酚类化合物的氧化，引起褐变，也可将抗坏血酸间接氧化。

二、酶促褐变的控制

食品发生酶促褐变，必须具备三个条件，即有多酚类物质、氧和氧化酶类，这三个条件缺一不可。有些果蔬中，如柠檬、桔子、西瓜等，由于不含多酚氧化酶，所以不会发生酶促褐变。酶促褐变的程度主要取决于酚类的含量，而氧化酶类活性的强弱似乎没有明显的影响。除去食品中的酚类不仅困难，而且不现实。比较有效的控制方法是抑制氧化酶类的活性，其次是防止与氧接触。抑制酶活性的方法很多，但由于常遇到变味、变臭以及毒性等不容易解决的问题，因而真正可用于食品工业的方法并不多。常用的控制酶促褐变的方法有：

1. 热处理法

短时高温处理可使食物中所有的酶都失去活性，是最广泛使用的控制酶促褐变的方法。热烫、巴氏消毒以及微波加热等都属这一类方法。加热处理的关键是要在最短时间内达到钝化酶的要求，否则易因加热过度而影响质量；相反，如果热处理不彻底，热烫虽破坏了细胞结构，但未钝化酶，则反而会有利于酶和底物接触而促进褐变。虽然来源不同的氧化酶类对热的敏感性不同，但在 $90 \sim 95℃$ 加热 7s 可使大部分氧化酶类失活。

2. 酸处理法

多数酚酶的最适 pH 值范围是 $6 \sim 7$ 之间，在 pH 值 3.0 以下，酚酶几乎完全失去活性。用降低 pH 值的方法抑制果蔬褐变，是果蔬加工中最常用的方法。一般多采用柠檬酸、苹果酸、抗坏血酸以及其他有机酸的混合液降低 pH 值。

柠檬酸对酚酶除降低 pH 值外，还能和酚酶的 Cu 辅基进行螯合，但作为褐变抑制剂，单独使用时效果不大，通常与抗坏血酸或亚硫酸合用。0.5% 柠檬酸与 0.3% 抗坏血酸合用效果较好。抗坏血酸还能使酚酶本身失活。在果汁中，抗坏血酸在酶的催化下能消耗掉溶解氧，从而具有抗褐变作用。

3. 二氧化硫及亚硫酸盐处理

SO_2 及亚硫酸盐是酚酶的强抑制剂，广泛应用于食品工业中，如蘑菇、马铃薯、桃、苹果等加工过程中作护色剂。

SO_2 及亚硫酸盐溶液在微偏酸性（pH 值 ≈ 6）条件下对酚酶抑制的效果最好，只有游离的 SO_2 才能起作用。体积分数为 10^{-5} 的 SO_2 即可完全抑制酚酶，但因挥发损失及与醛、酮类物质生成加成物等原因，实际用量常达 $3 \times 10^{-4} \sim 6 \times 10^{-4}$。$SO_2$ 的规定使用量为小于 3×10^{-4}，成品中最大残留量小于 20mg/kg。

SO_2 防止褐变的机理可能是抑制了酚酶的活性，并把醌还原为酚，与羰基加成而防止了羰基化合物的聚合作用。

SO_2 处理法的优点是使用方便，效力可靠，成本低，有利于保存维生素 C，残存的 SO_2 可用抽真空、炊煮或使用 H_2O_2 等方法驱除。不足之处是使食品失去原色而被漂白（花青素等被破坏）、腐蚀铁罐内壁、有不愉快的嗅感与味感，并破坏维生素 B_1。

4. 驱氧法

将去皮切开的水果、蔬菜用清水、糖水或盐水浸渍；或用真空将糖水、盐水渗入组织内部，驱除空气；也可用浓度较高的抗坏血酸浸泡，以达到除氧的目的。

氯化钠也有一定的防褐效果，一般多与柠檬酸和抗坏血酸混合使用。单独使用时，质量分数高达 20% 时才能抑制酚酶活性。

5. 底物改性

利用甲基转移酶，将邻二羟基化合物进行甲基化，生成甲基取代衍生物，可有效防止褐变。如以 S-腺苷蛋氨酸为甲基供体，在甲基转移酶作用下，可将儿茶酚、咖啡酸、绿原酸分别甲基化为愈疮木酚、阿魏酸和3-阿魏酰金鸡钠酸。

6. 添加底物类似物竞争性抑制酶活性

在食品加工过程中，可用酚酶底物类似物如肉桂酸、对位香豆酸、阿魏酸等酚酸竞争性地抑制酚酶活性，从而控制酶促褐变。

因食品中一般酚类物质含量均较高，而酶促褐变的程度又主要取决于酚类的含量，加上酚酶活性的高低影响不大，所以，底物改性及添加酚酶底物类似物防止酶促褐变的方法在实际应用方面有一定的局限性。

第二十三章　色素和着色剂

食品中呈现各种颜色的物质统称为色素，分为天然色素和人工合成色素两类。天然色素一般对光、热、酸、碱等条件敏感，在加工、贮存过程中常因此而褪色或变色。合成色素一般都有程度不等的毒性。各种色素都是由发色基团和助色基团组成的。

第一节　食品中的天然色素

食品中的天然色素按其来源可分为动物色素、植物色素和微生物色素三大类；按溶解性能可分为脂溶性色素和水溶性色素；按化学结构不同可分为吡咯色素、多烯色素、酚类色素、吡啶色素、醌酮色素以及其他类别的色素。

一、吡咯色素

吡咯类色素是以四个吡咯环的 α-碳原子通过次甲基相连而成的卟啉共轭体系。在卟啉平面结构的中间空隙里以共价键和配位键与不同的金属元素结合，四个吡咯环的 β 位上有不同的取代基。生物组织中的天然吡咯色素有动物组织中的血红素和植物组织中的叶绿素。在天然状态下，这些色素都和蛋白质相结合，其区别在于侧基和结合的金属不同。

1. 叶绿素

叶绿素是一切绿色植物绿色的来源，在植物光合作用中进行光能的捕获和转换。叶绿酸（镁卟啉衍生物）与叶绿醇及甲醇形成二醇酯，绿色来自叶绿酸残基部分。高等植物叶绿素有 a（蓝绿色）、b（黄绿色）两种。陆地植物中叶绿素 a 与叶绿素 b 的含量比一般为3:1，颜色偏蓝绿；绿藻中为 1.3:1，褐藻中为1.9:1，颜色偏黄。叶绿素存在于叶绿体中类囊体及片层膜上，与膜蛋白相结合。细胞死亡后叶绿素即释出。游离叶绿素很不稳定，对光和热均敏感，在稀碱液中可皂化水解为颜色仍为鲜绿色的叶绿酸盐、叶绿醇及甲醇；在酸性条件下分子中的镁原子可为氢原子取代，生成暗绿色至绿褐色的脱镁叶绿素，腌渍菜类失去绿色是因发酵产生的乳酸所致。在适当条件下，分子中的镁原子可为铜、铁、锌、钴等取代。

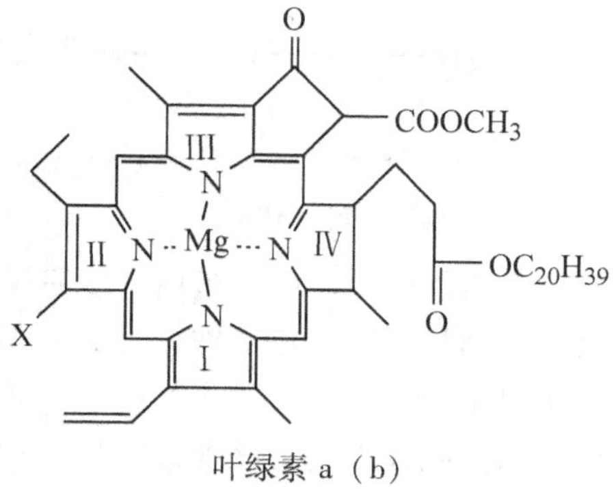

叶绿素 a（b）

X = —CH₃ 为叶绿素 a；X = —CHO 为叶绿素 b

在贮存和衰老过程中，叶绿素在叶绿素酶的作用下水解为脱叶醇基叶绿素及叶绿醇。在烹饪或罐藏杀菌时，热力的作用使叶绿体蛋白变性而释放叶绿素，同时细胞中的有机酸也释出，结果脱镁形成脱镁叶绿素。因此，绿色蔬菜在加工前可用石灰水或 $Mg(OH)_2$ 处理，以提高 pH 值，保持蔬菜的鲜绿色。叶绿素在低温或干燥状态时，其性质较稳定，所以低温贮存或脱水干燥的蔬菜都能较好地保持其鲜绿色。

叶绿素在受光辐射时发生光敏氧化，裂解为无色产物。

在各种取代叶绿素中，以铜叶绿素的色泽最鲜亮，对光和热均较稳定，在食品工业中作染色剂用，并对肝炎、胃溃疡、贫血等有疗效。其制法是将含有丰富叶绿素的原料用碱性乙醇提取、皂化，再以硫酸铜处理，使卟啉中的镁离子为铜离子置换，其产品习惯上称为叶绿素铜钠盐。

2. 血红素

血红素是铁卟啉衍生物，可溶于水，是高等动物血液和肌肉中的红色色素，是活动物机体中 O_2 和 CO_2 的载体血红蛋白的辅基。

血液中的血红蛋白（Hb）是由四分子血红素和一分子四条肽链组成的球蛋白结合而成，肌肉中的肌红蛋白（Mb）则由一分子血红素和一分子一条肽链组成的球蛋白构成。

动物肌肉的红色主要是由肌肉细胞中的肌红蛋白（70%～80%）和微血管中的血红蛋白（20%～30%）构成，在屠宰放血后的胴体肌肉中90%以上是肌红蛋白。肌肉中肌红蛋白的含量随年龄不同而异，一般幼龄动物肌红蛋白含量低于成年动物，所以肌肉色浅，而成年动物肌肉色深。鱼肉中微血管的分布较温血动物少，故肉色也浅。

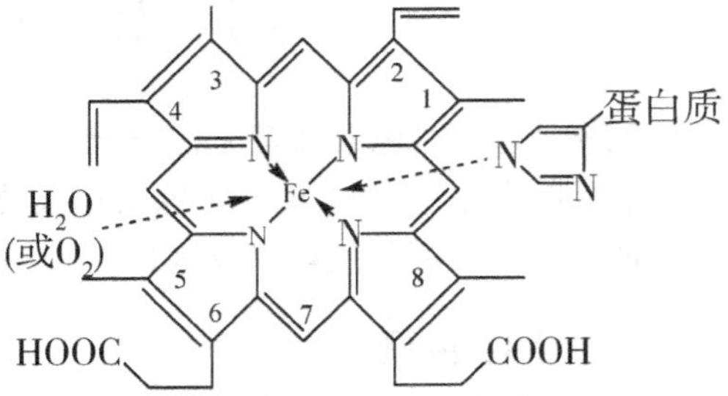

肌红蛋白（示亚铁血红素）

血红素与球蛋白的结合是通过球蛋白分子中的组氨酸残基咪唑环上的一个氮原子和亚铁原子以配位键连接而成的。血红素中亚铁原子和一分子氧以配位键络合后称为氧合血红素（这一步反应是可逆的），在有 O_2 或氧化剂存在时，能被氧化成高铁血红素，形成棕褐色的变肌红蛋白（Met Mb）或称肌色质：

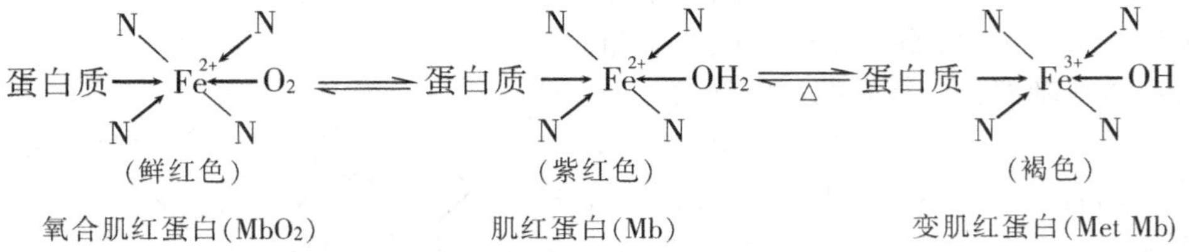

氧合肌红蛋白、肌红蛋白、变肌红蛋白这三种有色蛋白是处在动态平衡中，其比例决定于氧压，加热时则生成高铁血红素。但在缺氧条件下贮存，当存在还原剂时（如蛋白中的—SH基团），Fe^{3+} 可被还原为 Fe^{2+}，又变成紫红色，称为血色质。在肉制品加工和贮藏中，利用还原性肌红蛋白的这种稳定性，对保持肉制品的色泽有重要意义。

肌红蛋白和血红蛋白中的亚铁血红素 Fe^{2+} 可与 NO 以配位键结合而生成亚硝基肌红蛋白（MbNO）和亚硝基血红蛋白（HbNO），加热可生成稳定而鲜红的亚硝基肌色原。这一性质已广泛应用于肉类加工中，以赋予肌肉制品鲜艳的颜色。但过量亚硝酸根的存在也能使血红素卟啉环上的 α-亚甲基硝基化，生成绿色的亚硝酰铁卟啉，称为亚硝酰卟啉肌绿蛋白及亚硝酰卟啉血绿蛋白，使肉制品产生绿色。

血红素卟啉环上的 α-亚甲基可被一些细菌活动产生的 H_2O_2 强烈氧化而生成绿色的胆绿蛋白。在有 O_2 或 H_2O_2 存在下，一些细菌活动产生的 H_2S 等硫化物也可直接与卟啉环 α-亚甲基反应生成绿色的硫卟啉血绿蛋白及硫卟啉肌绿蛋白。这是肉类偶尔会发生变绿现象的原因。

虾、蟹及昆虫体内的血色素物质是含铜的血蓝蛋白。

微量铜的存在可使肉变黑。

二、多烯色素

多烯色素是由异戊二烯残基为单元组成的共轭双键长链为基础的一类色素，习惯上又称为类胡萝卜素。已知的达300种以上，其颜色从黄、橙、红以至紫色都有，属脂溶性色素，大量存在于植物的叶组织中，也存在于花、果实、块根和块茎中；动物体中亦有存在，如蛋黄、甲壳类、金丝鲤鱼、金鱼和鲑鱼等；一些微生物也能大量合成类胡萝卜素。类胡萝卜素按其结构与溶解性质分为胡萝卜素类和叶黄素类两大类。

1. 胡萝卜素类

胡萝卜素类为共轭多烯烃，溶于石油醚，微溶于甲醇、乙醇。大多数的天然类胡萝卜素类都可看作是番茄红素的衍生物，其结构及与维生素A的关系见表6-2。番茄红素是番茄的主要色素，也存在于西瓜、杏、桃、辣椒、南瓜和柑桔等果蔬中。在α，β，γ，ζ胡萝卜素中，以β-胡萝卜素在自然界含量最多，分布最广。

2. 叶黄素类

叶黄素类是共轭多烯烃的含氧衍生物，可以醇、醛、酮、酸的形态存在，可溶于甲醇、乙醇和石油醚。在食品中常见的叶黄素类主要有：

（1）叶黄素　广泛存在于绿色叶子中，结构见表6-2。易溶于乙醇、丙酮，不溶于水，具有强抗氧化能力，可预防各种疾病（包括癌症）。叶黄素色泽鲜艳，广泛应用于食品、化妆品、烟草及药品等的着色。

（2）隐黄素　又名木瓜黄素，存在于番木瓜、南瓜、辣椒、黄玉米、柑桔等中。结构见表6-2。

（3）玉米黄素　3,3'-二羟基-β-胡萝卜素，存在于玉米、辣椒、桃、柑桔、蘑菇等中。主要从玉米加工淀粉的副产物玉米蛋白中提取。可用于点心等食品的着色。

（4）番茄黄素　3-羟基番茄红素（$C_{40}H_{56}O$）。

（5）辣椒红素和辣椒玉红素　从成熟红辣椒中提取。不溶于水，溶于乙醇、油脂及有机溶剂，对酸和可见光较稳定，易被紫外光破坏。主要用于调味品、水产加工和饮料着色。

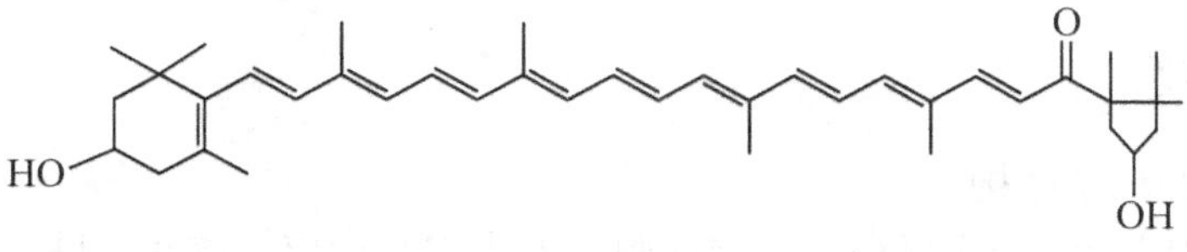

辣椒红素

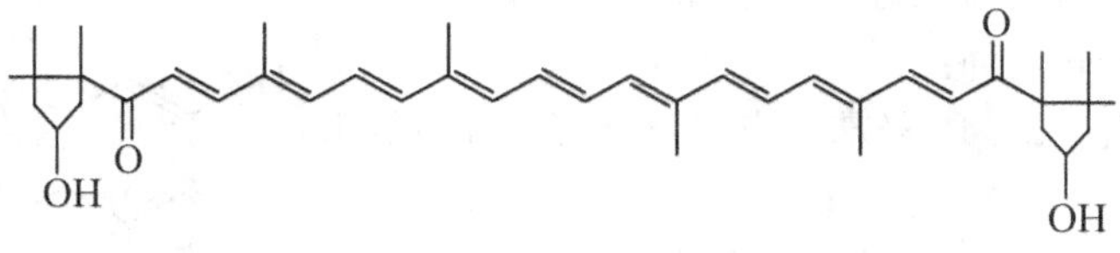

辣椒玉红素

（6）桔黄素　5,8-环氧-β-胡萝卜素，存在于柑桔皮等中。

（7）杏菌红素　4,4-二酮-β-胡萝卜素，橙红色。

（8）虾黄素　3,3'-二羟基-4,4'-二酮-β-胡萝卜素，与蛋白质结合时为蓝色。虾、蟹煮熟后蛋白质变性，虾黄素被氧化为砖红色的虾红素（3,3',4,4'-四酮-β-胡萝卜素）。

（9）藏花酸　存在于栀子属及藏花属植物花丝及果实中的多烯二酸红色素，溶于水，不溶于大多数有机溶剂。其一甲酯称为β-藏花酸，脂溶性而不溶于水。藏花酸与龙胆二糖成苷称藏花素或栀子黄。

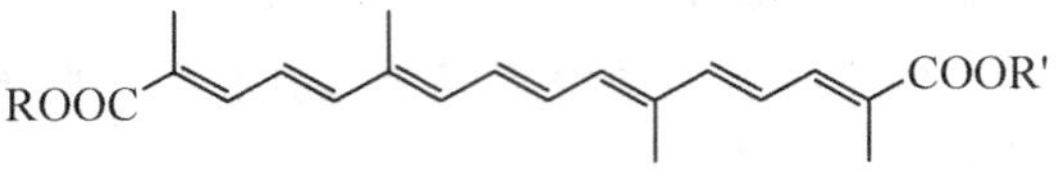

ROOC〜〜〜〜〜COOR'　　　R = R' = H：α-藏花酸；

R = H，R' = CH$_3$：β-藏花酸；

R = R' = C$_{12}$H$_{21}$O$_{10}$：藏花素（栀子黄）

藏花酸类色素安全性高，性质稳定，兼具有镇静、止血、消炎、利尿、退热的药效。宜用于冷饮、糖果、面制品、乳制品和水产品着色。

（10）胭脂树橙色素（商品名 Annatto）　亦称果红，从胭脂树的果实中提取，是一种多烯二酸一甲酯，不溶于水而溶于氯仿、热乙醇以及油脂，其皂化水解物脱甲基胭脂树橙色素的钾或钠盐可溶于水。用于乳制品及冷饮着色。

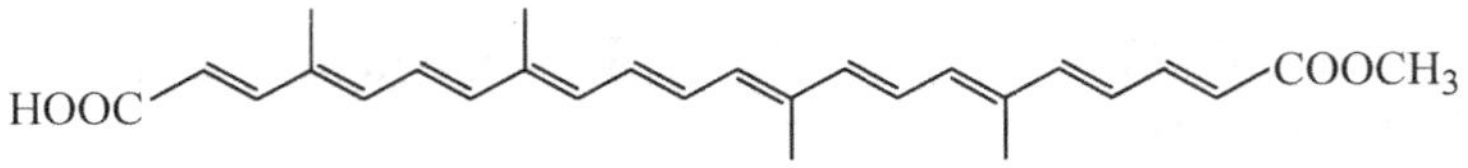

HOOC〜〜〜〜〜〜COOCH$_3$

胭脂树橙色素

类胡萝卜素类耐 pH 值变化，较耐热，在细胞中与蛋白质成结合态时相当稳定，提取后则对光、热、氧较敏感。光、热、酸等因素能使天然的反式构型改变成顺式，使颜色由深变浅，且可被光敏氧化而裂解失色。

商品类胡萝卜素多为人工合成，主要有β-胡萝卜素、杏菌红素、8'-β-胡萝卜醛、8'-β-胡萝卜酸乙酯。主要用于人造黄油、鲜奶油及其他含油脂食品的着色，也可制成微胶相分散体系（吸附于明胶、环糊精等微粒中）而直接用于饮料、乳品、糖浆、面条等食品的着色。

三、酚类色素

酚类色素是植物中水溶性色素的主要成分，可分为花青素、花黄素、儿茶素和鞣质四大类。其中鞣质既可视为呈味（涩味）物质，也可列入呈色物质。

（一）花青素类

1. 花青素类的化学结构

花青素多与糖以苷的形式存在于植物细胞的液泡中，构成植物花、叶、茎、果等的美丽色彩。花青素的基本结构（花色基元）是 2-苯基苯并吡喃，环上的氢可被羟基或甲氧基取代，从而形成了各种不同的花青素。已知的花青素有 20 多种，最常见的有以下几种：

（1）天竺葵色素　2-(4'-羟基）苯基-3,5,7-三羟基-苯并吡喃。

（2）矢车菊色素　3'-羟基天竺葵色素。

（3）飞燕草色素　3',5'-二羟基天竺葵色素。

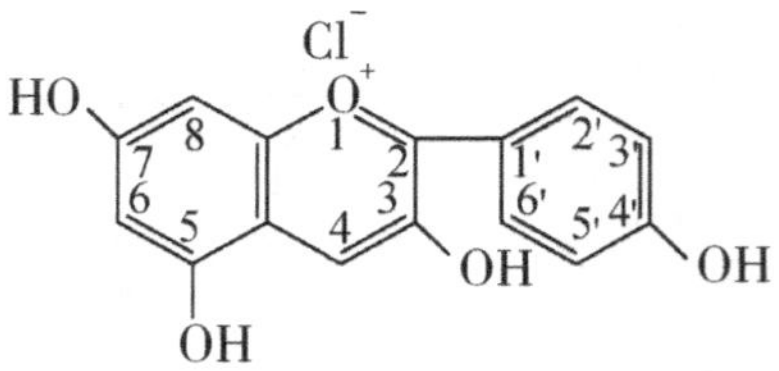

天竺葵色素

（4）芍药色素　3′-甲氧基天竺葵色素。

（5）牵牛色素　3′-甲氧基-5′-羟基天竺葵色素。

（6）锦葵色素　3′,5′-二甲氧基天竺葵色素。

花青素在自然状态下以糖苷形式存在，成苷位置大多在 ^3C 和 ^5C 位上，^7C 位上亦能成苷。其配糖基已发现有 5 种，按其丰度大小依次为葡萄糖、鼠李糖、半乳糖、木糖和阿拉伯糖。花青素分子中糖苷基上的羟基还可与一个或几个分子的有机酸，如对位香豆酸、阿魏酸、咖啡酸、丙二酸、对羟基苯甲酸等成酯结合。

2. 花青素类的性质

在花青素分子中，其吡喃环上的氧原子是 4 价的，具有碱的性质，而其苯基上的酚羟基则具有酸的性质，从而使花青素的分子结构随介质 pH 值不同而异，其颜色也随之而变。例如游离的矢车菊色素具有碱蓝酸红中（性）紫的变色现象：

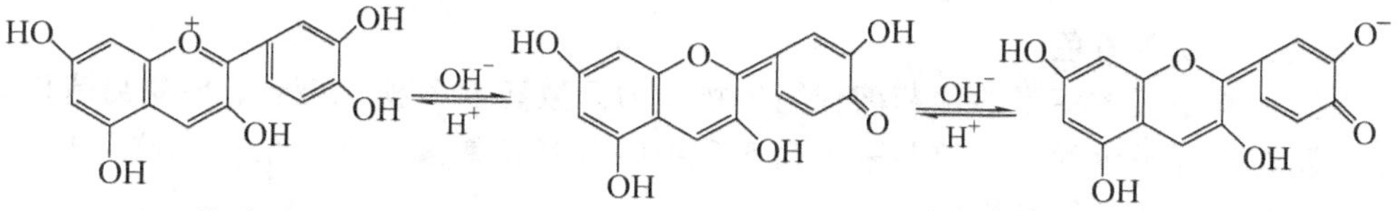

pH≤3.0,阳离子　　　　　　　pH8.5,中性离子　　　　　　　pH11,阴离子
红色　　　　　　　　　　　　紫罗兰色　　　　　　　　　　　蓝色

在已知的各种花青素中，其区别主要是苯基上的取代基不同，并影响到花青素的色泽。在花青素分子中，随着羟基数的增加，颜色向紫蓝方向增强；随着甲氧基增多，颜色向红色方向变动；在 ^5C 位上接上糖苷基则色泽加深。在苯基上有两个以上环状取代基时，则性质特别稳定。

花青素的金属盐都呈灰紫色，因此含花青素的果蔬在加工时不宜接触铁器，并必须装在涂料罐内或玻璃瓶内。花青素金属盐的颜色不受 pH 值的影响。

花青素易受氧化剂、还原剂、光和温度等影响而变色。

含花青素的食品、制成品在光下或稍高的温度下会很快变成褐色。

SO_2 能与花青素发生加成反应，使花青素褪色成微黄色至无色：

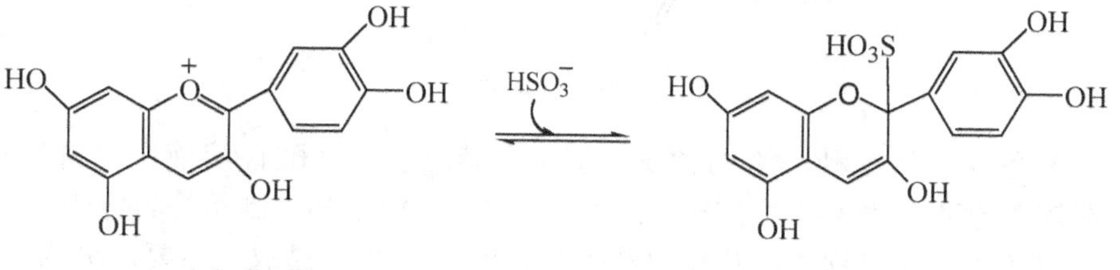

红色　　　　　　　　　　　　　　　　微黄色至无色

除去 SO_2 后，原有的颜色可以部分地得到恢复。

花青素在氧及氧化剂存在时极不稳定，其反应机理还不清楚，可能是酚羟基氧化为醌型结构。

花青苷则可被相应的水解酶类水解成糖及花青素，以致褪色。抗坏血酸、氨基酸类、酚类和糖衍生物等均可促进花青苷的破坏，花青苷可能与这些物质发生缩合反应而生成棕红色的复杂化合物。

花青素与盐酸共热生成无色的物质，称为无色花青素，其基本结构是黄烷-3,4-二醇。

在适当条件下，无色花青素可转变为相应的花青素。无色花青素存在于许多水果、蔬菜中，并常以 4→8 或 4→6 碳位连接方式成二元缩合物、三元缩合物以至高聚物，赋予食品一种收敛性或金属味，是罐藏果蔬果肉变红变褐的原因之一，如可使荔枝罐头发红，也可导致果汁和葡萄酒变浑。

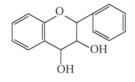

黄烷-3, 4-二醇

3. 花青素在食品中的应用

果蔬中丰富的花青素可用盐酸提取后制备成花青素制剂供食品着色用。

（1）紫葡萄色素　从紫色葡萄皮中提取，主要成分为 3-β-葡萄糖苷基锦葵色素及3′, 5′-二葡萄糖苷基锦葵色素。适用于饮料、色酒、果子露、冰冻点心等。

（2）玉米色素　从原产于热带的一种紫色玉米的穗轴、种子及种皮中提取，对光、热的稳定性较高。可用于饮料、冷饮、糖果和点心的着色。

（3）萝卜色素　从一种紫色萝卜中提取，颜色鲜红，并带有萝卜的风味。可用于饮料、糖果、糕点、冷饮等着色。

萝卜红色素是天竺葵素的葡萄糖苷衍生物，为天竺葵素-3-槐二糖苷，5-葡萄糖苷的双酰基结构，属花色苷类色素。天竺葵素为 3, 5, 7, 4-四羟基花青素，并可结合（酰化）阿魏酸、对羟基苯丙酸、咖啡酸等有机酸。

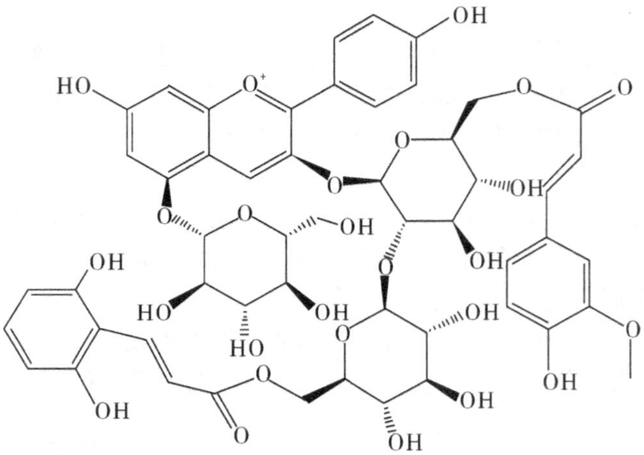

萝卜红色素

（4）红米色素　从一种黑米的种皮中提取，紫红色，在酸性溶液中呈鲜红色，对光、热、氧等有较高的稳定性。可用于冷饮、酒类、糕点、糖果和肉制品等的着色。

（5）朱槿色素　从植物朱槿及玫瑰茄等的花瓣和萼苞中提取，主要成分为飞燕草色素及矢车菊色素的苷。

（6）越桔色素　从植物越桔的浆果果皮中提取，主要成分为 3-半乳糖苷基矢车菊色素、3-半乳糖苷基芍药色素及 3-葡萄糖苷基矢车菊色素。可用于饮料、色酒、糖果等着色。

（7）紫苏色素　存在于紫苏叶中，主要成分为 3,5-二葡萄糖苷基（对香豆酸酯）矢车菊色素及 3-葡萄糖苷基（原儿茶酸酯）飞燕草色素。

（8）紫背天葵色素　存在于紫背天葵叶中。

（二）花黄素类

花黄素类主要是指黄酮及其衍生物，已知的近 800 种，是广泛分布于植物组织细胞中的一类水溶性色素。常为浅黄至无色，偶为鲜明橙黄色。在食品加工过程中会因 pH 值和金属离子的存在而产生难看的颜色，影响食品的外观品质。

1．花黄素类的化学结构

黄酮类的母核结构是 2-苯基苯并吡喃酮。重要的有黄酮与黄酮醇的衍生物，查耳酮、金酮、黄烷酮、异黄烷酮和双黄酮等的衍生物也比较重要。

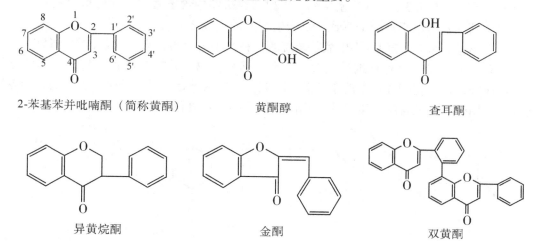

| 2-苯基苯并吡喃酮（简称黄酮） | 黄酮醇 | 查耳酮 |
| 异黄烷酮 | 金酮 | 双黄酮 |

上述黄酮类母核在不同碳位上发生羟基或甲氧基取代，即成为各种黄酮色素。黄酮类也是以苷的形式广泛分布于植物中，成苷位置一般在黄酮类的 4，5，7，3′，4′碳位上，其中以 7 位最常见。成苷的糖有葡萄糖、鼠李糖、半乳糖、阿拉伯糖、木糖、芸香糖〔β-鼠李糖（1→6）-葡萄糖〕、β-新橙皮糖〔β-鼠李糖（1→2）-葡萄糖〕和葡萄糖酸等。

自然界中常见和比较重要的黄酮类色素列举如下：

（1）旃那素 5,7,4′-三羟基黄酮醇。存在于黄芪、茶叶等植物中的 3-葡萄糖苷基旃那素称为黄芪苷。

（2）槲皮素 5,7,3′,4′-四羟基黄酮醇。广泛存在于苹果、梨、柑桔、洋葱、茶叶、啤酒花、玉米、芦笋、海棠等中。在苹果中的槲皮素苷是 3-半乳糖苷基槲皮素，称为海棠苷，柑桔中的芸香苷是 3-β-芸香糖苷基槲皮素，玉米中的异槲皮苷为 3-葡萄糖苷基槲皮素。

（3）橙皮素 5,7,3′-三羟基-4′-甲氧基黄烷酮。大量存在于柑桔皮中，在 7 碳位上与芸香糖成苷称橙皮苷，在 7 碳位上与 β-新橙皮糖成苷，称新橙皮苷。

（4）柚皮素 5,7,4′-三羟基黄烷酮。在 7 碳位上与新橙皮糖成苷，称柚皮苷，味极苦。当在碱性条件下开环、加氢形成二氢查耳酮类化合物时，则是一种甜味剂，甜度可达蔗糖的 2000 倍。

（5）杨梅素 5,7,3′,4′,5′-五羟基黄酮醇。具有抗血栓、抗心肌缺血、改善微循环等多方面的心血管药理作用。3-鼠李糖苷基杨梅素称为杨梅苷。

二氢杨梅素即（2R，3R）-3,5,7-三羟基-2-（3,4,5-三羟基苯基）苯并二氢吡喃-4-酮，是葡萄科蛇葡萄属的主要活性成分，具有抗氧化、抗血栓、抗肿瘤、消炎等功效；二氢杨梅素葡萄糖苷对胃溃疡有很好的治疗作用。

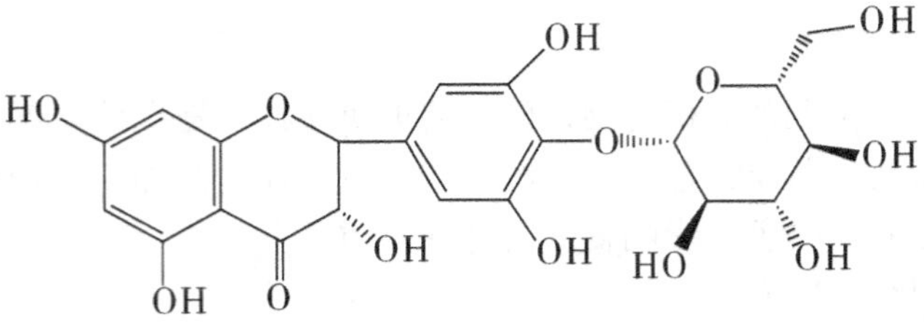

二氢杨梅素葡萄糖苷

（6）圣草素　5,7,3′,4′-四羟基黄酮，以柑桔类果实中含量最多。在柠檬等柑桔类水果中的7-鼠李糖苷基圣草素称为圣草苷，是维生素P的组成之一。

（7）香橼素　5,7-二羟基-2′-甲氧基黄烷酮，在5碳位上与芸香糖成苷，称香橼苷。

（8）红花素　是一种查耳酮类色素，存在于菊科植物红花中的红色色素。自然状态下与葡萄糖成苷，称红花酮苷。易溶于稀酸、稀碱，当用稀酸处理时，转化为黄色的异构体异红花苷。常用于冷饮及含维生素C丰富而酸度较高的饮料着色。

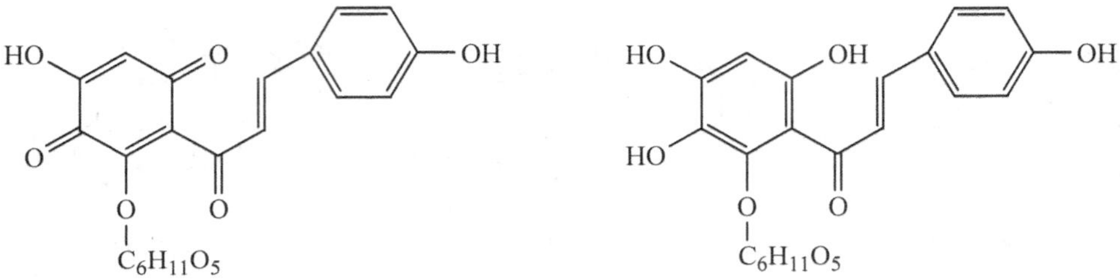

红花酮苷　　　　　　　　　　　　　　异红花苷

（9）芹菜素　5,7,3′-三羟基黄酮。

2. 花黄素的性质及在食品中的重要性

花黄素分子中的酸性酚羟基数目和位置对花黄素的呈色有很大的影响。在3′或4′碳位上有羟基或甲氧基时多呈深黄色；在3碳位上有羟基时呈灰黄色，但能使苯基上取代基的颜色效应加强。在自然情况下，花黄素的颜色自浅黄至无色，遇碱时变成明显的黄色。其机理是在碱性条件下其苯并吡喃酮1,2位的氧O—C键打开成查耳酮型结构所致，各种查耳酮的颜色自浅黄至深黄不等。在酸性条件下，查耳酮又回复闭环结构，于是颜色回归。例如：

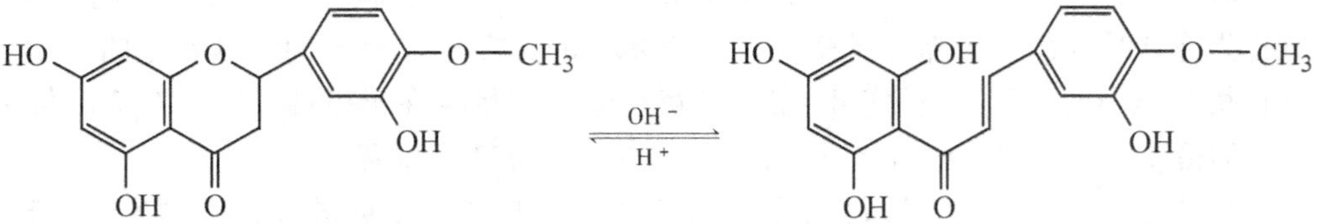

橙皮素（白色）　　　　　　　　　　橙皮素查耳酮（金黄色）

硬水的pH值往往高达8，用$NaHCO_3$软化的水的pH值甚至更高。一些食物如马铃薯、稻米、面粉、芦笋、荸荠等在碱性水中炊煮会发生变黄现象，就是由于黄酮物质遇碱变成查耳酮型结构所致。洋葱特别是黄皮种，这种现象更为突出，当水质为碱性时，葱头因黄酮类物质溶出而呈浅黄色，其汤汁则呈鲜明的黄色。花椰菜和甘蓝也有这种现象。在果蔬加工中用柠檬酸调整预煮水的pH值的目的之一就在于控制黄酮色素的变化。

黄酮类物质遇铁离子可变成蓝、蓝黑、紫、棕等不同颜色。这和分子中3′,4′,5′碳位上带有羟基数目不同有关。3 碳位上羟基与 $FeCl_3$ 作用通常呈棕色。

黄酮类的酒精溶液，在镁粉和浓盐酸还原作用下，迅速出现红色或紫色。如黄酮变成橙红色，黄酮醇变红色，黄烷酮和黄烷酮醇多变为紫红色。这是因为黄酮类还原后形成各种花青素的缘故：

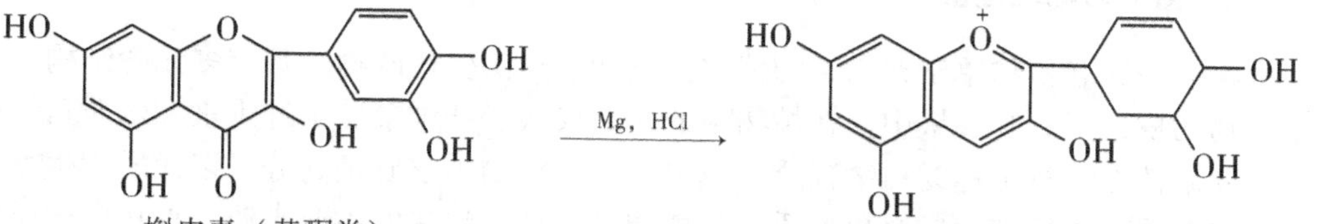

槲皮素（黄酮类） → Mg, HCl → 青芙蓉色素（花青素类）

黄酮类色素在空气中久置，易氧化而成为褐色沉淀，这是果汁久置变褐生成沉淀的原因之一。

在黄酮类物质中，槲皮素、旃那素及杨梅素是三种分布最广和最丰富的黄酮醇，在茶叶中这三种黄酮醇及其苷占可溶性固形物中的大部分。

槲皮素、橙皮素、香橼素、圣草素等在生理上具有降低血管通透性的作用，是维生素 P 的组成成分。芸香苷，即芦丁在柑桔和芦笋中含量较多，是良好的降血压药物。

罐藏的芦笋呈浅浅的黄色，是槲皮素等黄酮类物质与锡反应的结果。

3. 花黄素在食品中的应用

花黄素在植物界的分布虽然极为广泛，但大多数所表现的颜色不令人喜爱，用于食品着色的花黄素不多，已应用的仅有以下几种：

（1）高粱色素 从高粱的外果皮和种皮中提取，主要成分为 7-葡萄糖苷基-3, 3′, 4′-三羟基黄酮和 5, 7, 4′-三羟基黄烷酮。高粱色素溶于水和稀乙醇液，在酸性条件下为红褐色，对光热非常稳定，可用于畜产、水产、糕点和植物蛋白的着色。

（2）菊花黄素 从菊属植物的花序中提取。主要成分为 4, 3′, 4′, 6′-四羟基查耳酮及其 2-葡萄糖苷和 3-葡萄糖苷、4, 6, 7, 4′-四羟基金酮及其葡萄糖苷类等。易溶于水和乙醇，着色力较强，主要用于饮料、糖果、糕点着色。

（3）可可色素 从可可豆外皮中提取的褐色色素，主要成分为黄烷-3, 4-二醇、儿茶酸等，易溶于水及稀乙醇，对光、热稳定，着色优良，可用于畜产品、水产品、糕点和植物蛋白等的着色。微酸性条件下对淀粉着色极佳。

（三）儿茶素

儿茶素是一类黄烷醇的总称。大量存在于茶叶中，其含量为茶叶中多酚类总量的 60% ～ 80%。黄烷-3, 5, 7, 3′, 4′-五醇称为 L-（－)-儿茶素，其 3 位上各基团为反式构型。如为顺式构型，则相应称为 L-（－)-表儿茶素。3, 5, 7, 3′, 4′, 5′-六羟黄烷称为 L-（－)-没食子儿茶素（反式）或 L-（－)-表没食子儿茶素（顺式）。当 ^3C 羟基与 3, 4, 5-三羟基苯甲酸（棓酸、鞣酸、没食子酸、五倍子酸）成酯时，形成 L-（－)-表儿茶素没食子酸酯或 L-（－)-表没食子儿茶素没食子酸酯。

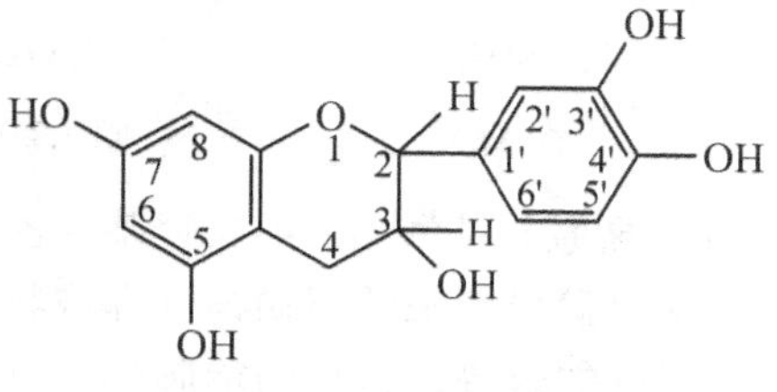

L-（－)-儿茶素

从茶叶中分离出来的多属于表儿茶素，约占总量的70%，儿茶素分子中含有较多的酚性羟基，极易发生氧化、聚合、缩合等反应，形成各种有色物质。儿茶素溶液与$FeCl_3$作用生成绿黑色沉淀，与醋酸铅作用生成灰黄色沉淀，与溴水作用生成黄色沉淀。

（四）植物多酚和酚酸

植物多酚又名植物单宁，为植物体内的复杂酚类次生代谢物，具有多元酚结构，主要存在于植物的皮、根、叶、果中，在植物中的含量仅次于纤维素、半纤维素和木质素。植物单宁具有鞣革性能，故也称为植物鞣质，或单宁质。植物单宁质是高分子多元酚衍生物，易氧化，易与金属离子反应生成黑色物质，是植物可食部分涩味的主要来源。食物单宁质则是指一切有涩味、能与金属离子反应或因氧化而产生黑色的物质。

单宁质主要由邻苯二酚（儿茶酚）、邻苯三酚（焦棓酚、焦性没食子酸）和间苯三酚（根皮酚）等单体组成，有些单宁质还含有3,4-二羟苯甲酸（原儿茶酚）和3,4,5-三羟苯甲酸（棓酸）两种组分。

单宁质分为水解性单宁质及缩合性单宁质两大类。水解性单宁质分子中的芳核通过酯键相连，很易在温和的条件下（稀酸、酶、煮沸等）水解释出其组成单体。缩合性单宁质整个分子具有单一碳架，分子中的芳核以C—C键相连，其连接方式有联苯型、二苯甲烷型和二苯丙烷型，与稀酸共热时不分解为单体，而是进一步缩合为高分子的无定形物质即红粉，又称单宁红。

1．植物酚酸

植物酚酸多数具有生理活性，常常是药食植物或中药材的功能性成分，大多是植物单宁质的组成单体的前体及衍生物类。最常见的有原儿茶酸、莽草酸和咖啡酸、阿魏酸等，是苯甲酸、苯乙酸、苯丙烯酸类的酚性衍生物类，多数对心血管系统病变有疗效。在酒类和饮料生产中，植物酚酸和酚醛单体在低浓度时呈酒黄色，高浓度时呈酒红色，是色酒类陈酿后的主要呈色成分。

（1）原儿茶酸　3,4-二羟基苯甲酸。具有抗菌和祛痰、平喘作用。临床用于治疗慢性气管炎。

（2）莽草酸　3,4,5-三羟基-1-环己烯-1-羧酸。是从中药八角茴香中提取的一种单体化合物，有抗炎、镇痛作用，是抗癌药物中间体。

莽草酸　　　　　原儿茶酸　　　　　高原儿茶酸　　　　　羟基酪酸

（3）高原儿茶酸　3,4-二羟基苯乙酸。高原儿茶酸和羟基酪醇对心血管系统都有保护作用。羟基酪醇最初来源于橄榄叶提取物，对动脉硬化、高血压、心脏病、脑溢血等的预防与治疗有很好的效果，也可防治肺癌、乳腺癌、子宫癌、前列腺癌及促进癌症后期康复。

（4）咖啡酸　3,4-二羟基肉桂酸。具有较广泛的抑菌抗病毒作用，但在体内能被蛋白质灭活。咖啡酸苯乙酯为蜂胶中的主要活性组分之一，具有抗炎和抗肿瘤的作用，是医药的重要原料和中间体。

（5）阿魏酸　4-羟基3-甲氧基肉桂酸。具有抗血小板聚集，增强前列腺素活性，镇痛，缓解血管痉挛等作用。是生产用于治疗心脑血管疾病及白细胞减少等症药品的基本原料。

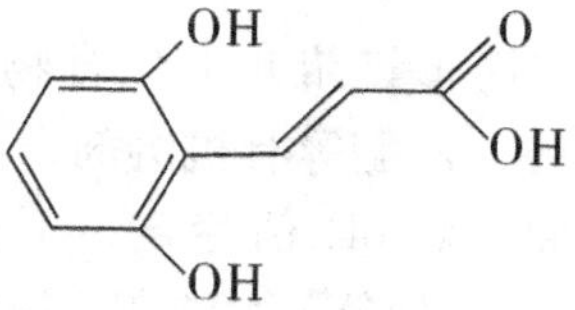

咖啡酸 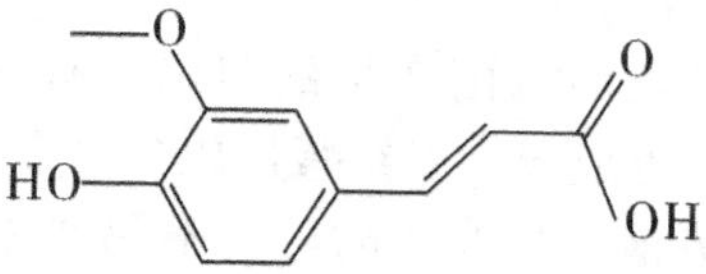　　　　　　　　阿魏酸

（6）绿原酸　（1S，3R，4R，5R）-3-[[3-(3,4-二羟基苯基)-1-氧代-2-丙烯基]氧]-1,4,5-三羟基环己烷甲酸。是由咖啡酸与奎尼酸形成的酯，也称3-咖啡酰奎酸，具有较广泛的抗菌作用，有利胆作用，但在体内能被蛋白质灭活。绿原酸在金银花中含量可达5%～13%。

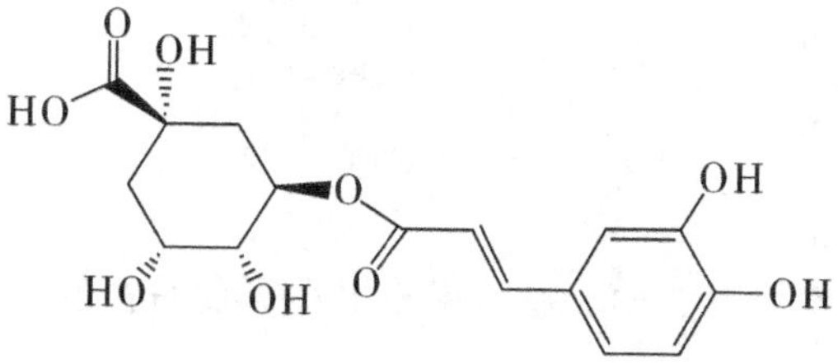

绿原酸 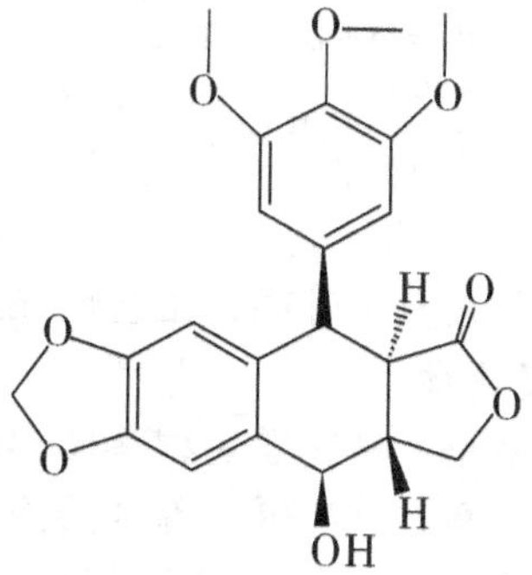　　　　　　　　　隐丹参酮

（7）丹参素和隐丹参酮　丹参素和隐丹参酮是酚性芳香酸类化合物。有活血化瘀、抗衰老功能，对治疗冠心病、心绞痛、心肌损害有一定效果。

2. 植物苯并吡喃衍生物

（1）黄芩素　具有降低脑血管阻力，改善脑血循环、增加脑血流量及抗血小板凝集的作用。临床用于脑血管病后瘫痪的治疗。

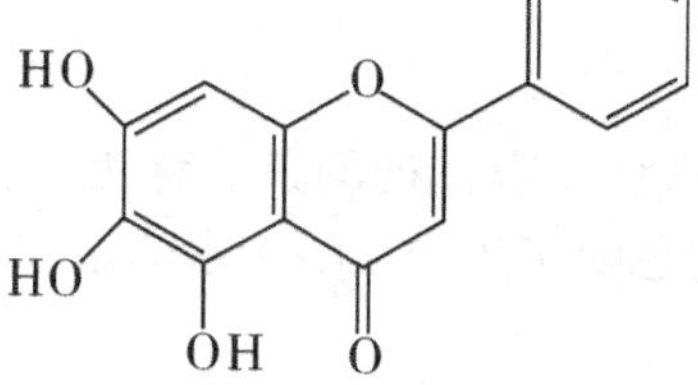

黄芩素 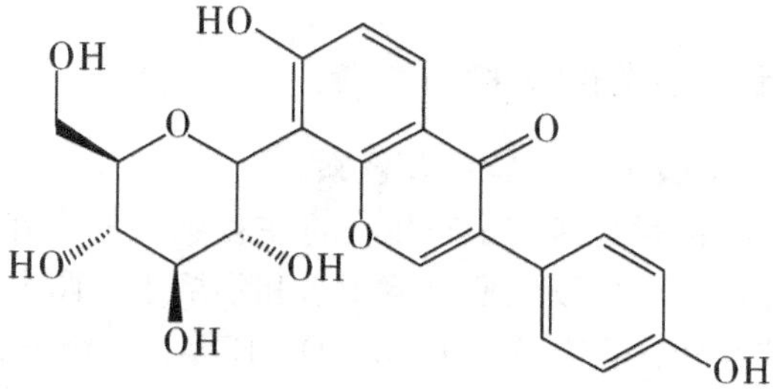　　　　　　　　　葛根素

（2）葛根素 8-β-D-葡萄吡喃糖-4′,7-二羟基异黄酮。具有提高免疫功能、增强心肌收缩力、保护心肌细胞、降低血压、抗血小板聚集等作用。

四、酮类衍生物

1. 红曲色素

红曲色素是红曲霉菌产生的色素，有 6 种组分，均属氧茚并类化合物，含有黄、橙、红、紫、青等颜色成分，以红紫色成分最多。溶于乙醇、乙醚等有机溶剂，不溶于水，但可溶于乙醇的水溶液，耐光、耐热，不易被氧化或还原，对 pH 值稳定，不受 Ca^{2+}，Mg^{2+}，Fe^{2+}，Cu^{2+} 等金属离子的影响，对蛋白质的着色性好，一旦染色，水洗亦不褪色。

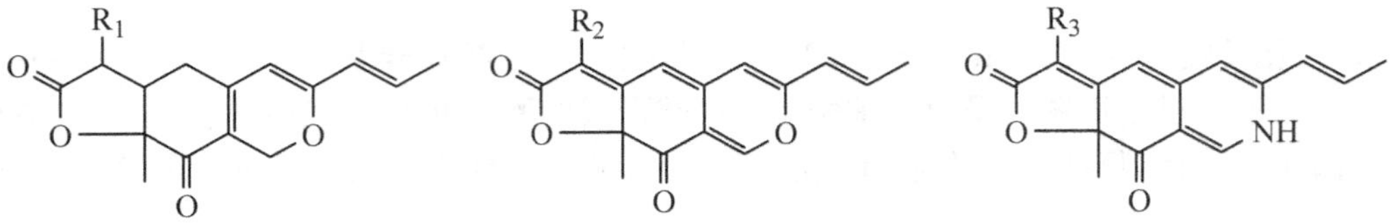

（黄色）
$R_1 = COC_5H_{11}$
红曲素
$R_1 = COC_7H_{15}$
黄红曲素

（橙色）
$R_2 = COC_5H_{11}$
红斑红曲素
$R_2 = COC_7H_{15}$
红曲玉红素

（紫色）
$R_3 = COC_5H_{11}$
红斑红曲胺
$R_3 = COC_7H_{15}$
红曲玉红胺

红曲色素

红曲色素安全性高，工艺性能好，广泛用于肉、豆、面、糖、果酱果汁等食品着色。

2. 姜黄素

姜黄素是从植物姜黄根茎中提取的黄色色素，为一种二酮类化合物。不溶于冷水，溶于乙醇、丙二醇、冰醋酸和碱性溶液，有胡椒香味，稍有苦味。在碱性溶液中呈褐红色，在中性或酸性溶液中呈黄色。不易被还原，易与铁离子结合而变色。对光、热稳定性差，着色性较好，对蛋白质着色力强。可作为咖喱粉及萝卜条等的增香着色剂。

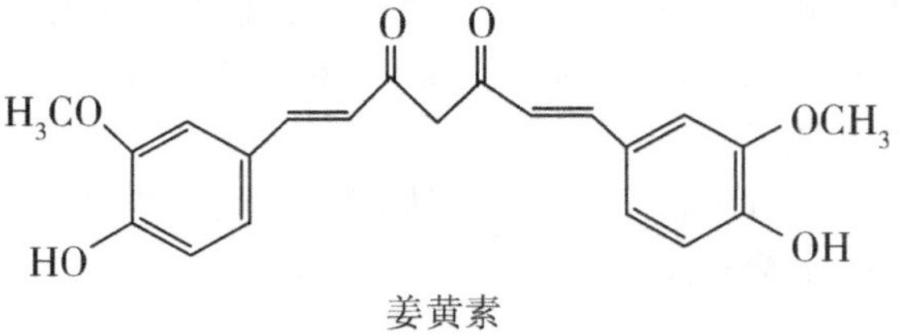

姜黄素

五、醌类衍生物

1. 虫胶色素（紫草茸色素）

虫胶色素是紫胶虫寄生在寄主植物上所分泌的紫胶原胶（带枝梗的紫胶称为紫梗）中的一种色素。虫胶色素有溶于水和不溶于水两大类，均为蒽醌衍生物。溶于水的虫胶色素称为虫胶红酸，含有 A、B、C、D、E 等五个组分：

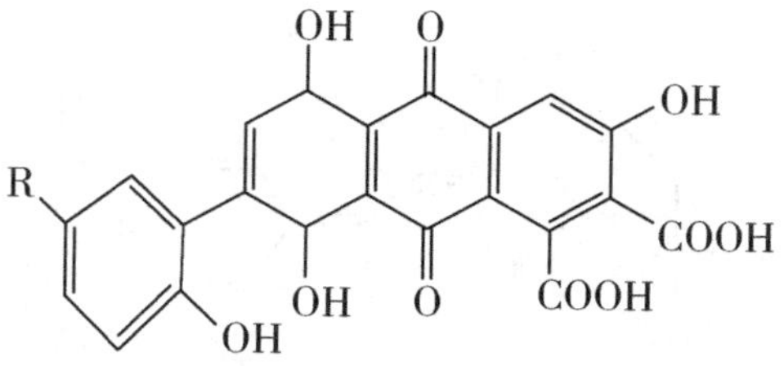

虫胶红酸 A，B，C，E

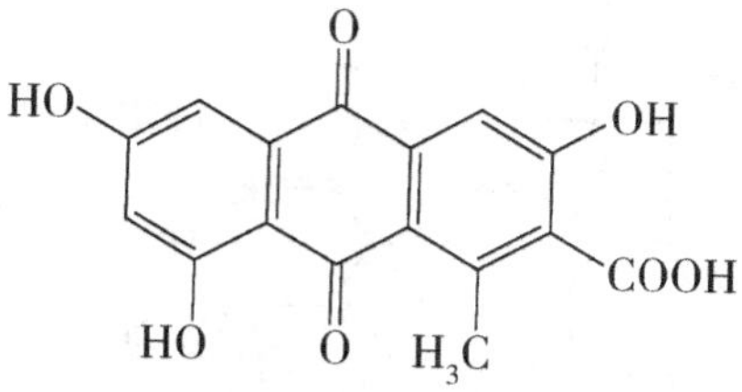

虫胶红酸 D

A：R ＝—CH₂CH₂NHCOCH₃；　　B：R ＝—CH₃CH₂OH；　　C：R ＝—CH₂CH(NH₂)COOH；　　E：R ＝—CH₂CH₂NH₂

虫胶色素

虫胶红酸易溶于碱性溶液中，在酸性时对光和热稳定。pH 值 4 以下为黄色；pH 值 4.5 ～5.5 为橙红色；pH 值 5.5 以上为紫红色；pH 值 12 以上放置后褪色。用于果汁、汽水、配制酒及糖果等食品的着色。

2. 胭脂虫色素

胭脂虫是一种寄生于胭脂仙人掌上的昆虫，其雌虫体内含有一种蒽醌色素叫胭脂红酸，自古用于化妆品和食品着色剂。

胭脂红酸溶于水、乙醇而不溶于油脂。酸性时呈橙黄，中性时呈红色，碱性时呈紫红色。耐热、耐光、耐微生物性好，在酸性环境中十分稳定。但染色力较差，易从被染物上脱落。常用于饮料类的着色，用于乳、肉等蛋白质制品时与蛋白质结合变为暗紫色。

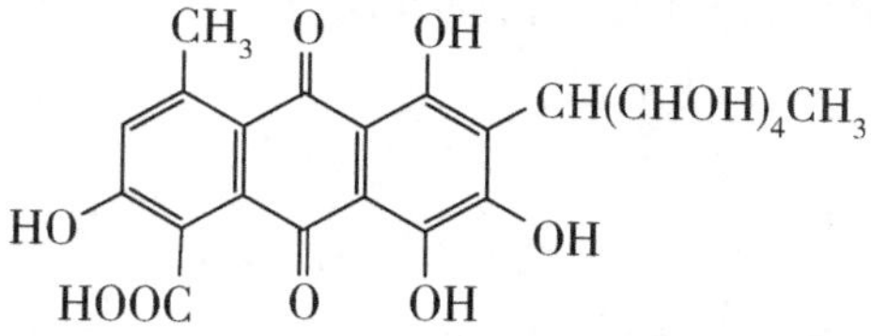

胭脂红酸

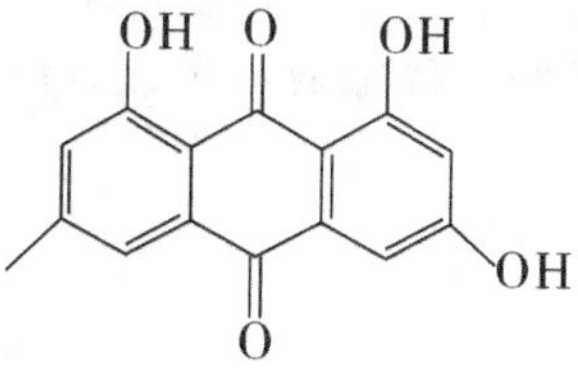

大黄素

3. 大黄素

大黄素化学名为 1′，3′，8-三羟基-6-甲基蒽醌。可用作泻药，虽有泻下活性，但由于在体内易被氧化破坏，实际上泻下作用很弱，如与糖结合成苷类，则可发挥泻下作用。大黄素-1-O-β-D-葡萄糖苷和大黄素-8-O-β-D-葡萄糖苷是大黄素与葡萄糖结合的苷，二者只是结合的位置不同，同时存在于大黄中。有抗菌、止咳、抗肿瘤、降血压等作用。

六、甜菜红

甜菜红是食用红甜菜中有色化合物的总称，由红色的甜菜红素和黄色的甜菜黄素所组成。甜菜红素中主要是甜菜苷，占红色素的 75% ～ 95%，其余尚有异甜菜苷、前甜菜苷等。主要的黄色素是甜菜黄素Ⅰ和甜菜黄素Ⅱ。

甜菜红易溶于水呈红紫色。pH 值小于 4.0 或大于 7.0 时，溶液的颜色由红变紫；pH 值超过 10 时，溶液颜色迅速变黄，因在碱性条件下甜菜红素转变成甜菜黄素。

甜菜红素一般以配糖体形式存在，但有时也有单独的甜菜红素存在。甜菜红素分子的 ^{2}C 和 ^{15}C 是不对称碳原子，缺氧时，在酸或碱性条件下很易在 ^{15}C 位上发生差向异构形成异甜菜红素。在甜菜红苷的糖苷基上还可以连接丙二酸、阿魏酸、对位香豆酸、咖啡酸等有机酸成为酰化物。

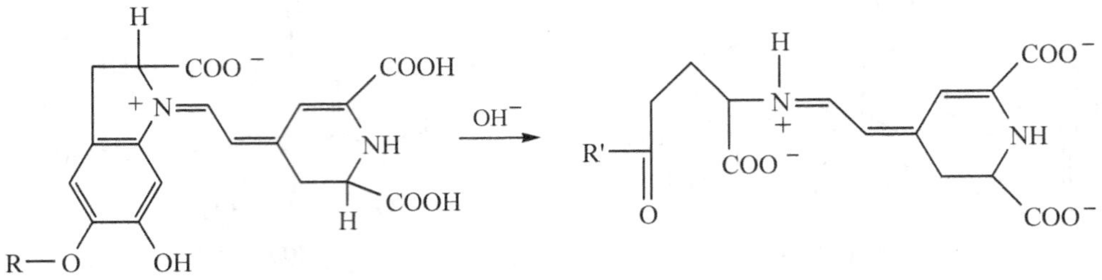

甜菜红素
甜菜红素：R＝H
甜菜红苷：R＝β-葡萄糖
前甜菜红素：R＝6-硫酸葡萄糖

甜菜黄素
甜菜黄素Ⅰ：R'＝NH$_2$
甜菜黄素Ⅱ：R'＝OH

　　甜菜色素在大多数食物 pH 值下是稳定的。在 pH 值 3.5～7.0 范围内，尤其 pH 值 4～6 范围内最稳定，热稳定性在 pH 值 4.0～5.0 时最好。光、氧、金属离子等可促进其降解。稳定性随水分活度降低而增加。对食品染着性好，具有杨梅或玫瑰的鲜红色泽。主要应用于果味水（粉）、果子露、汽水、配制酒、糖果、糕点上彩、罐头浓缩果汁、青梅等生产中。

七、紫草色素

　　紫草色素是紫草属、滇紫草属、红根草属等紫草科植物根中所含的紫红色素，是一种苯醌衍生物。在中性 pH 值下为紫色，在碱性 pH 值下为蓝色，在酸性 pH 值下为红紫色。溶于热水、稀酸、稀碱液及多数有机溶剂。

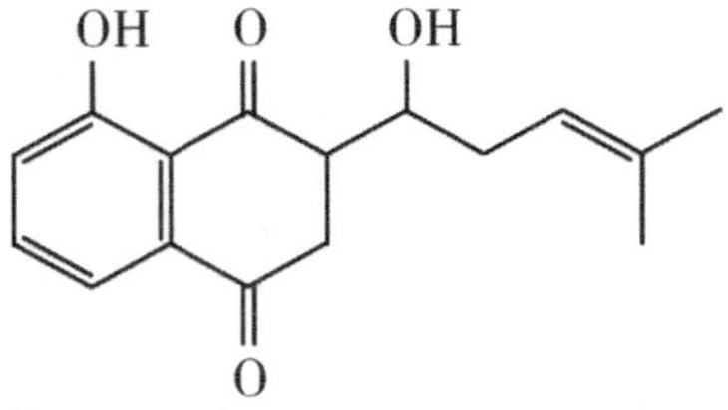

紫草色素

八、焦糖色素

　　焦糖亦称酱色，是多种糖脱水缩合后的混合物，是我国传统使用的色素之一，为红褐色或黑褐色的液体或固体。按制法不同分为非氨（铵）法焦糖（电负性焦糖）和铵法焦糖（正电性焦糖）。加铵盐生产的铵法焦糖色泽较好，但慢性毒性试验时动物出现淋巴细胞和白细胞减少，抑制动物生长等，我国不允许使用。焦糖易溶于水和稀乙醇溶液，不溶于油脂，糖色调不受 pH 值及空气的影响，但在 pH 值 6.0 以上易发霉。非氨法焦糖可用于罐头、糖果和饮料等。ADI 值无特殊规定。

第二节　合成色素

　　人工合成色素一般较天然色素色彩鲜艳，牢固度大，性质稳定，着色力强，并且可任意调色，成本也较低。但合成色素本身无营养价值，大多数对人体有直接危害或在代谢过程中产生有害物质。

　　人工合成色素分为偶氮化合物和非偶氮化合物两大类。偶氮化合物又可分为油溶性色素与水溶性色素。油溶性色素不溶于水，进入人体后不易排出体外，故毒性较大，现已不再用作食品着色剂。水溶性色素含磺酸基愈多，排出体外愈快，毒性愈小。

　　目前，世界各国作为食用色素使用的约有 50 余种，不同的国家所允许使用的色素种类和数量不同（见表 23-1）。根据我国《食品添加剂使用卫生标准 GB2760—86》规定，在我国允许使用的食用合成色素共有 8 种，即苋菜红、胭脂红、柠檬黄、日落黄、靛蓝、亮蓝、赤藓红和新红。

表 23-1　一些国家食用合成色素许可使用情况

	色素名称	染料索引号（1971年）	澳大利亚	奥地利	比利时	保加利亚	加拿大	中国	捷克	丹麦	芬兰	法国	前民主德国	前西德	匈牙利	意大利	日本	荷兰	挪威	菲律宾	波兰	葡萄牙	罗马尼亚	西班牙	瑞典	瑞士	土耳其	南非	前苏联	英国	美国	南斯拉夫	韩国
红色	胭脂红	16255	○	○	○		○	○	○	○	○	○	○	○	○	○	○	○						○	○	○	○			○		○	
	蓝光酸性红	14720	○	○	○			○	○			○			○			○			○			○			○	○		○		○	
	苋菜红	16185	○	○	○	○	○	○	○	○	○	○	○	○	○	○	○	○	○	○	○			○	○	○	○	○	○	○	○	○	○
	樱桃红	45430	○	○	○	○	○	○	○	○	○	○	○	○	○	○	○	○	○	○	○			○	○	○	○	○	○	○	○	○	○
	红色 40	16035						○																							○		
	红色 2G	18050																												○	○		
	红色 6B	18055		○																													
	红色 FB	14780	○	○																													
	坚牢红 E	16045	○	○					○					○										○	○								
	丽春红 3R	16155																				○					○						
	丽春红 6R	16290		○					○					○										○									
	猩红 GN	14815	○	○										○								○					○					○	
	丽春红 SX	14700	○				○																				○						
	酸性品红	17200		○																													
	孟加拉红	45440	○													○																	

续表

色素名称		染料索引号(1971年)	澳大利亚	奥地利	比利时	保加利亚	加拿大	中国	捷克	丹麦	芬兰	法国	前民主德国	前西德	匈牙利	意大利	日本	荷兰	挪威	菲律宾	波兰	葡萄牙	罗马尼亚	西班牙	瑞典	瑞士	土耳其	南非	前苏联	英国	美国	南斯拉夫	韩国
橙色和黄色	橙色 G	16230																											○	○			
	橙色 RN	15970																											○				
	橙色 GGN	15980	○	○																			○							○			
	油溶黄 GG	11920																				○							○				
	柠檬黄	19140	○	○	○	○	○	○	○	○	○	○	○	○	○	○	○	○	○	○	○	○	○	○	○	○	○	○	○	○	○	○	○
	黄色 2G	18965	○																												○		
	日落黄	15985	○	○	○		○		○	○		○	○	○			○							○	○	○					○		
	酸性黄	13015	○	○																											○	○	
	喹啉黄	47005		○	○							○	○	○	○	○	○	○													○		
	间苯二酚黄	14270		○																													
	萘酚黄	10316																			○												
绿色	绿色 S	44090	○		○					○		○							○											○		○	
	酸性绿	42085																															
	坚牢绿	42053					○					○					○							○						○			○
蓝色	靛蓝	73015	○	○	○		○	○	○	○	○	○	○	○	○	○	○		○		○			○		○				○	○	○	○
	阴丹士林蓝	69800	○	○			○					○					○		○												○		
	专利蓝	42051	○	○	○		○					○							○											○	○		
	亮蓝	42090	○				○	○																	○					○	○		○
紫色	紫色 BNP	42580	○																														
棕色	棕色 FK	—	○																											○			
	巧克力棕 FB	—	○																											○			
	巧克力标 KT	20285	○																											○			
黑色	黑色 BN	28440	○	○	○			○		○		○					○													○			
	黑色	27755																									○						

注:○表示许可使用,本表由下述资料汇编而成:

①CRC Handbook Of food Additives. 2nd ed. Vol. Ⅱ, 1980.

②藤井清次,庆田雅洋. 解说食品添加物. 光生馆,1981。

1. 胭脂红

胭脂红又名丽春红 4R,为 1-(4′-磺酸基-1′-萘偶氮)-2-萘酚-6,8-二磺酸钠盐,亦称食用红色 1 号。易溶于水,对光及酸较稳定,但抗热性及还原性相当弱,遇碱变成褐色,易为细菌分解。暂定 ADI 值为 $0 \sim 0.125 \mathrm{mg/kg}$(体重)。美国已禁止使用这种色素。

胭脂红

2. 苋菜红

苋菜红是胭脂红的异构体,即食用红色 2 号,又名蓝光酸性红。对光、热、盐均比较稳定,耐酸性良好,但在碱性溶液中易变成暗红色,对氧化还原作用敏感,不宜用于发酵食品着色。

苋菜红在食品中的最大使用量为 $50 \mathrm{mg/kg}$,仅允许用于糖果、配制酒、汽水、果子露等食品。

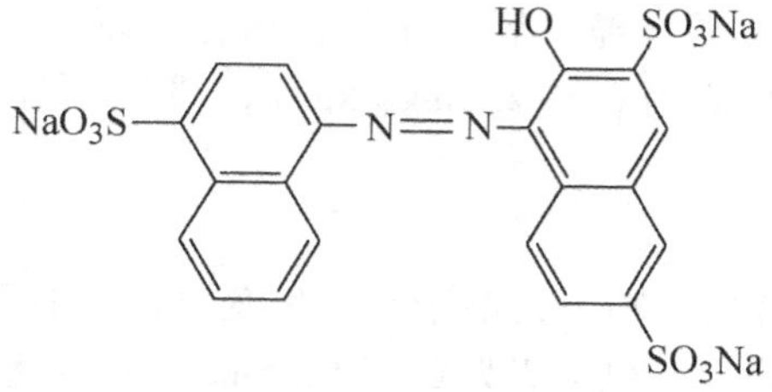

苋菜红

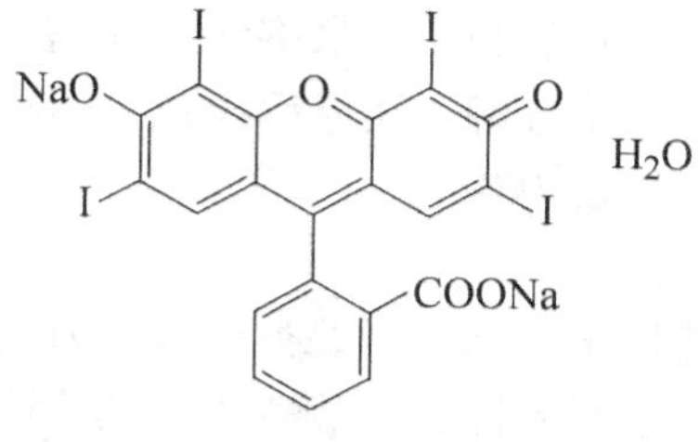

赤藓红

3. 赤藓红

赤藓红即食用红色 3 号，又名樱桃红或新酸性品红，属夹氧蒽类染料。对碱、热、氧化还原的耐性好，染着力强，但耐酸及耐光性弱，在 pH 值 <4.5 的条件下形成不溶性酸。比较适合于需高温烘烤的糕点类的着色。在消化道中不易被吸收，不参与人体代谢，安全性较高。ADI <2.5mg/kg 体重。

4. 新红

属于单偶氮类色素，具酸性染料特性，水溶液呈红色，适用于糖果、糕点、饮料等的着色，使用量与范围同苋菜红。

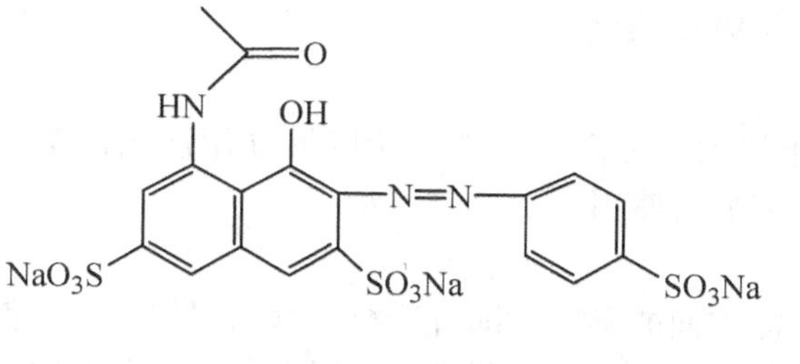

新红

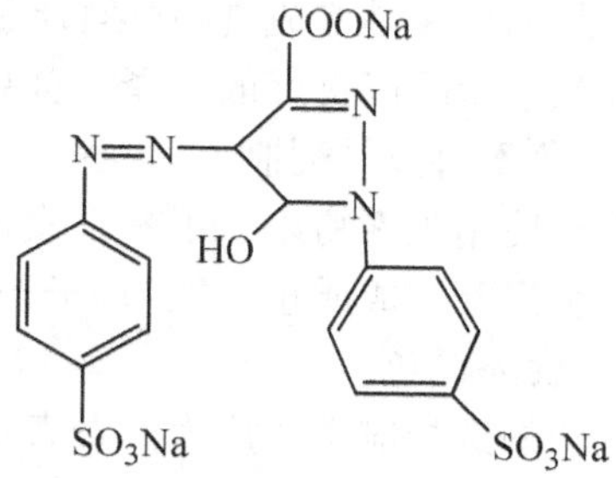

柠檬黄

5. 柠檬黄

柠檬黄即食用黄色 5 号，又称酒石黄。对酸、热、光及盐均稳定，耐氧化性差。遇碱微变红，还原时脱色。我国规定最大使用量为 100mg/kg，ADI <7.5mg/kg（体重）。

6. 日落黄

日落黄又名桔黄，为 1-（对-磺酸苯基偶氮）2-萘酚-6-磺酸钠盐，水溶液为橙黄色，耐光、耐酸、耐热性非常强，耐碱性尚好，但变为红褐色，还原时褪色。日落黄的安全性较高，ADI 值为 0 ～ 2.3mg/kg（体重）。

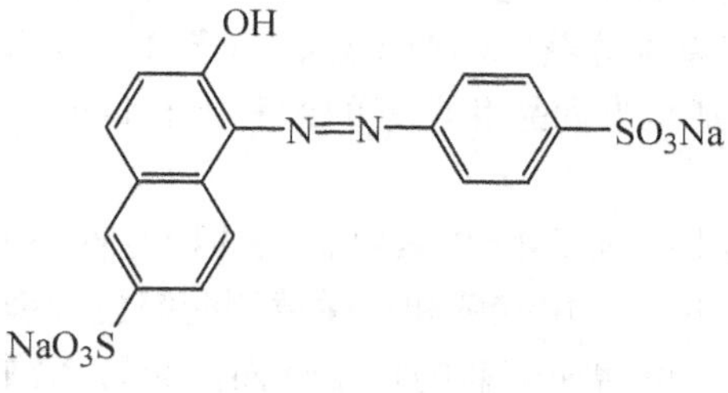

日落黄

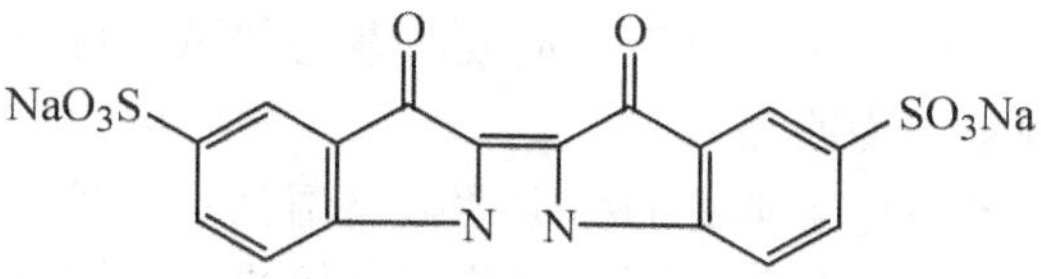

靛蓝

7. 靛蓝

靛蓝也称靛胭脂，水溶液呈紫蓝色。对光、热、酸、碱、氧化作用都敏感，耐盐性较弱，易为细菌分解。还原后褪色，但染着力好，ADI 值为 0 ～ 2.5mg/kg（体重），我国规定最大使用量为 0.1g/kg。

8. 亮蓝

亮蓝属于三苯代甲烷类色素，为呈金属光泽的红紫色粉末，溶于水后呈蓝色，可溶于甘油及乙醇。耐光性、耐酸性、耐碱性均好。安全性较高，ADI 值为 0 ～ 12.5mg/kg（体重）。我国规定亮蓝的最大使用量为 0.025g/kg。使用范围与胭脂红同。

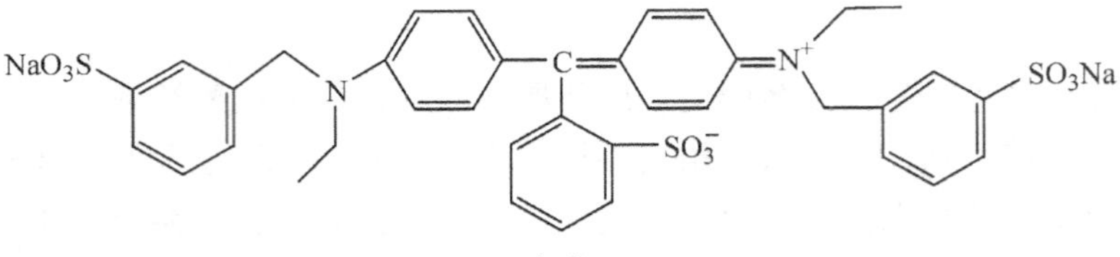

亮蓝

第三节　食品调色

食品的色泽是构成食品感官质量的一个重要因素。食品的色泽能诱导人的食欲，因此，保持或赋予食品以良好的色泽是食品科学的重要技术之一。

1. 色素溶液的配制

直接使用色素粉末，不易在食品中分布均匀，易产生色斑，所以最好用适当的溶剂溶解，将色素配制成质量分数为 1% ～ 10% 的溶液后使用。

2. 食品调色

色调的选择应考虑广大消费者对食品色泽方面的喜好，即宜选择与食品原有色彩相似或与食品名称一致的色调。根据任何两个非补色相混合可得两色中间的混合色，其色调取决于两颜色比例的颜色混合定律，从理论上可由红、绿（或黄）、蓝三种基本色调配出各种不同的色谱，其具体配法如图 23-1 所示。

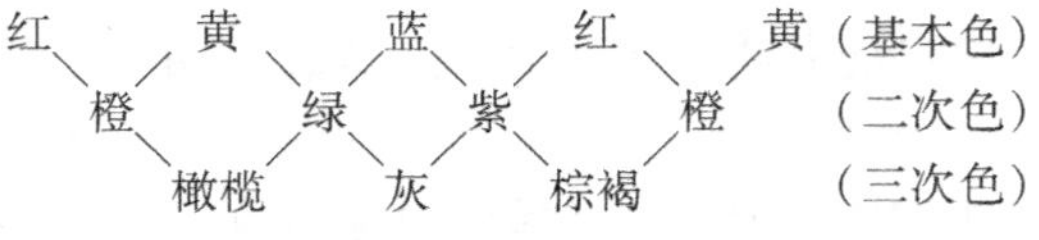

图 23-1　颜色混合

各种食用合成色素溶解于不同溶剂中，可产生不同的色调和强度。如各种酒类因酒精含量不同，色素溶解后的色调也各不相同，故应根据酒精含量及色调强度的需要进行调色。

水分含量的变化对色调也有影响。食品着色后如果水分蒸发逐渐干燥，色素会随着水分的降低而集中于表面，造成所谓的"浓缩影响"，特别是当食品和色素的亲和力较低时，这种现象更为明显。

各种色素本身的稳定性影响调色的持久性和稳定性。如调配色素对日光的稳定性不同，褪色快慢也各不相同。靛蓝褪色较快，柠檬黄则不易褪色。用靛蓝和柠檬黄调配绿色青梅酒时，常因靛蓝褪色而使酒变黄。降低青梅酒的 pH 值，可增加靛蓝的稳定性而防止青梅酒褪色。

第二十四章　食品风味

　　食品的风味是一种感觉现象，包括食物入口以后给予口腔的触感、温感、味感及嗅感等感觉的综合。风味的爱好带有强烈的个人的、地区的、民族的特殊倾向。

　　风味物质成分繁多而含量甚微，多数为易破坏的热不稳定性物质，除了少数成分以外，大多数是非营养性物质。但风味物质对人的食欲具有推动作用，因而间接地对营养（摄食、消化）有良好的影响。

第一节　食品的滋味和呈味物质

一、食品味感

　　味感是指物质在口腔内给予味觉器官舌头的刺激。这种刺激有时是单一性的，但多数情况下是复合性的，包括心理味觉（形状、色泽和光泽等）、物理味觉（软硬度、粘度、温度、咀嚼感、口感等）和化学味觉（酸味、甜味、苦味、咸味等）。

（一）味感的分类和生理学

　　味感有甜、酸、苦、咸、辣、鲜、涩、碱、凉、金属味等十种重要味感，其中甜、酸、咸、苦四种是基本味感。

　　味觉感受器官是由 40 ～ 60 个椭圆形的味细胞组成的味蕾，大部分分布于舌表面的味乳头中，小部分分布于软腭、咽喉与会咽。味蕾的味孔与口腔相通，并紧连着味神经纤维。味蕾接触到食物以后，受到刺激的神经冲动传导到大脑的味觉中枢就产生了味感反应。舌头各部对不同味感的感受能力不同，四种基本味感的感受区如图 24-1 所示。咸味感觉最快，苦味感觉最慢。食物咸、苦味的受体是味蕾细胞的脂质部分，苦味受体可能与蛋白质相连，甜味受体是膜蛋白。

图 24-1　舌头各部味
感区域示意图

　　衡量味的敏感性的标准是呈味阈值，即感受到某种物质的最低浓度。如蔗糖（甜）、氯化钠（咸）、盐酸（酸）和硫酸奎宁（苦）的呈味阈值分别依次为 0.03mol/L，0.01mol/L，0.009mol/L 和 0.00008mol/L。

（二）影响味觉的因素

1. 年龄与生理状况

　　随着年龄的增长，人的味觉功能逐渐减退。一般人的味蕾数在 45 岁时达到峰值，从 50 岁左右开始对味的感受性明显下降，其中酸味的感受性下降不太明显，甜味下降 1/2，苦味下降约 1/3，咸味下降约 1/4。各种病变与身体不适均可使味觉减退或味觉失调。

2．温度

最能刺激味觉的温度在 10 ～ 40℃之间，其中以 30℃时最敏锐。对于热食食品以 60 ～ 65℃最适宜，而冷食食品则在 10℃左右较好。

3．溶解度与时间

味的强度、持味时间与呈味物质的水溶性有关。完全不溶于水的物质实际上是无味的。易溶解的物质呈味快，消失亦快，难溶的物质在口腔中味觉产生较慢，但味觉维持的时间较长。

（三）各种味觉的相互作用

1．味觉的增强与减弱

一些物质的味感可因另一些物质的存在而加强或减弱。前者称为味觉的增强或对比现象，后者称为味觉的减弱或相杀现象。如不纯的砂糖比纯净的砂糖甜；味精在有食盐存在时，其鲜味会增强；在水中加入和酱油含盐量相同的食盐，会嫌其太咸而不能食用，但酱油则反觉得有美味。

2．味觉的抑制与改变

有一些物质能抑制另一些物质的味感，如糖和食盐可以互减甜味和咸味。有些食物在先摄取后会改变和影响后摄取食物的味道。如喝了浓盐水后饮水会感到水甜；西非有一种灌木叫神秘果，其深红色的卵圆形小浆果中含有一种碱性蛋白质，吃了以后会使酸的东西产生甜的感觉而使酸味消失。这种现象称味觉的改变或变调。

3．味觉相乘

两种具有相同味觉的物质同时存在时，其味觉效果显著增强并大于二者味觉的简单相加，这一现象称为味觉相乘。如谷氨酸钠与肌苷酸钠共存时，鲜味显著增强，产生相乘效果。

二、甜味与甜味物质

（一）甜味理论

Shallenberger 和 Acree 于 1967 年首先提出所有产生甜味的化合物都有呈味单元的 AH／B 理论，如图 24-2 所示。该理论认为呈味单元是由一个共价键合的能形成氢键的质子（如 —OH，＝NH，—NH_2 等，以 AH 表示）与距该质子 0.3nm 的一个电负性轨道（如 O，N 等，以 B 表示）组成。甜味化合物上的 AH／B 单元可和味觉感受器上的 AH／B 单元形成氢键结合，产生甜味感。为了将此理论的有效性延伸至强甜味物质，以解释具有相同 AH／B 结构的糖或 D-氨基酸，其甜度可相差数千倍的现象，Kier 认为在甜味分子中存在着一个具有适当立体结构的亲油区（如苯基，甲基，亚甲基等，以γ表示）与味觉受体的类似亲油区域

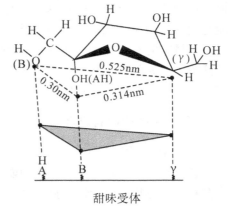

图 24-2　β-D-吡喃果糖呈味单元中 AH／B 和 γ 的关系

可以相互吸收。强甜味分子的几何形状利于所有的活性单元（AH，B 和γ）都能与受体分子的相应位点形成一个三角形的接触，从而产生甜味。这种排列形式成为 Shallenberger 1977 年提出的甜味三点结构理论的基础。

鉴于许多甜味分子并不具备 AH/B 单元及一些不甜的物质，如多糖和多肽，都具备 AH/B 结构，曾广植于 1984 年提出了诱导适应甜味受体理论，认为甜味受体对甜味剂有某种引力，二者的结合产生的能量促使甜味受体的构象发生改变，通过量子交换引起低频声子激发，将甜味信息传导至神经系统。定味基决定甜味分子可达到的最高甜味深度，助味基决定其分子的甜味倍数，二者能否与受体中氨基酸顺序密切契合均将影响甜味强度。

（二）天然甜味剂

天然甜味剂可分为糖及其衍生物糖醇和非糖天然甜味剂两类。

1. 糖及其衍生物糖醇

（1）葡萄糖 α型比β型葡萄糖甜，其甜味有凉爽感，适合直接食用。

（2）果糖 易溶于水，吸湿性特别强，其β型比α型甜，甜度随温度而改变。果糖不需要胰岛素的作用就能被人体代谢利用，适于幼儿和糖尿病患者食用。

（3）蔗糖 在水中溶解度随温度升高而增大。有氯化钠、磷酸钾等盐存在时，溶解度提高；氯化钙存在时，溶解度降低。蔗糖单独加热，在160℃时熔融，继续加热则生成葡萄糖及果糖，达190～220℃时则生成黑褐色的焦糖。

（4）麦芽糖 甜味爽口温和，不像蔗糖那样有刺激胃粘膜的作用。用淀粉酶水解淀粉获得的糊精与麦芽糖混合物称为饴糖，其中麦芽糖约占1/3。

（5）乳糖 水溶性较差，在20℃时溶解度为17g。乳糖吸附性较强，容易吸收气味和有色物质，故可作为肉类食品风味、颜色的保存剂。乳糖吸湿性较低，可用于食品成型剂。乳糖易与蛋白质发生美拉德反应。

（6）山梨醇 有清凉的甜味，食用后在血液中不能转化为葡萄糖，适宜作为糖尿病、肝脏病、胆囊炎患者的甜味剂。山梨醇的耐酸、耐热特性好，保湿性较强，可防止糖、盐等析出结晶。能增加食品的风味，保持甜、酸、苦味强度的平衡，也有保持香气的作用。此外，还有防止淀粉老化的效用。

（7）麦芽糖醇 在水中溶解度大，具有保湿性，人体摄入后不产生热能，不会使血糖升高、血脂合成，是心血管病、糖尿病、动脉硬化、高血压患者理想的疗效甜味剂，也是防龋齿的甜味剂。可代替蔗糖用于食品业。

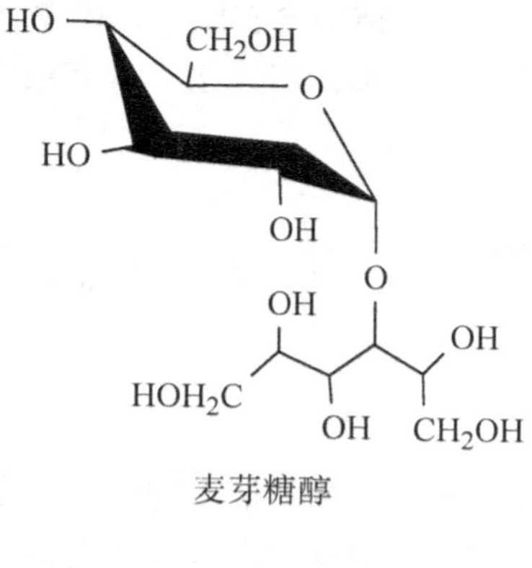

（8）木糖醇 易溶于水，吸湿性较蔗糖高，具有清凉的甜味。木糖醇的代谢与胰岛素无关，但不影响糖原的合成，因此不会增加糖尿病人的血糖值。在人体内代谢很完全，可作为糖尿病人的热能来源，也具有防龋齿作用。

麦芽糖醇

2. 非糖天然甜味剂

（1）甘草苷 是多年生豆科植物甘草根的一种成分，甜度为蔗糖的100～500倍，纯品约为250倍。其甜味产生缓慢而存留时间较长，很少单独使用，与蔗糖混用时有助于甜味发挥。可缓和盐的咸味，并有增香效能。有解毒保肝的疗效。

（2）甜叶菊苷　是菊科植物甜叶菊的茎、叶中所含的一种二萜烯类糖苷。常见有 8 种不同成分的甜叶菊双萜糖苷。对热、酸、碱都较稳定，溶解性好，甜度为蔗糖的 300 倍，甜味纯正，残留时间长，后味可口，有一种轻快的甜感。食用后不被人体吸收，并具有降低血压、促进代谢、防止胃酸过多等疗效。可作为甜味改良剂和增强剂。

甜菊糖苷元 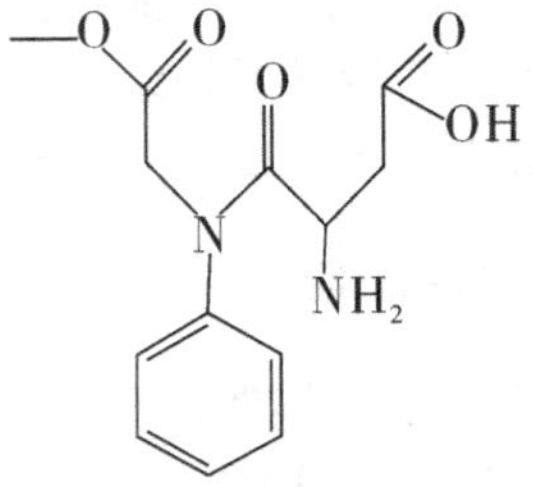　　　　　　　　　　天门冬氨酰苯基甘氨酸甲酯

（三）天然物的衍生物甜味剂

天然物的衍生物甜味剂是由一些本来不甜的非糖天然物经过改性加工形成的高甜度的安全甜味剂。主要有天门冬氨酰二肽衍生物及二氢查耳酮衍生物两类。

1. 二肽和氨基酸衍生物

（1）二肽衍生物　其代表是天门冬氨酰苯丙氨酸甲酯（Asp-Phe-Ome），商品名为 AsPartame，是一种营养性的非糖甜味剂，可被人体代谢，甜味为蔗糖的 150 倍。其缺点是高温下的热稳定性差。

以蔗糖甜度为 100，其他有甜味的二肽衍生物的相对甜度为：天门冬氨酰苯丙氨酸乙酯，1000；天门冬氨酰蛋氨酸甲酯，10000；天门冬氨酰酪氨酸甲酯，1000；天门冬氨酰-β-环己基丙氨酸甲酯，3000～50000；天门冬氨酰丝氨酸乙酯，10000；天门冬氨酰苯基甘氨酸甲酯，17500。

（2）氨基酸衍生物　6-氯-D-色氨酸及 6-甲基-D-色氨酸的甜度可达蔗糖的 1000 倍。

2. 二氢查耳酮衍生物

各种柑桔中含有柚苷、橙皮苷等黄酮类糖苷，在碱性条件下还原，生成开环化合物二氢查耳酮（DHC）衍生物，具有很强的甜味，可达蔗糖的 100～2000 倍。

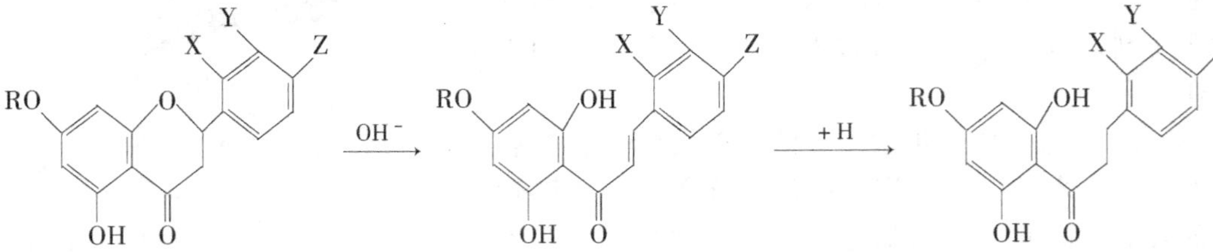

二氢查耳酮类衍生物种类众多，有的有甜味，有的无甜味。一些有甜味的 DHC 衍生物的名称、结构及甜度举例如表 24-1 所示。

表 24-1　若干甜味 DHC 衍生物的结构与甜度

名　　称	R	X	Y	Z	甜　度
柚皮苷 DHC	新橙皮糖*	H	H	OH	100
新橙皮苷 DHC	新橙皮糖	H	OH	OCH₃	1000
高新橙皮苷 DHC	新橙皮糖	H	OH	OC₂H₅	1000
4-O-正丙基新圣草柠檬苷 DHC	新橙皮糖	H	OH	OC₃H₇	2000
洋李苷 DHC	葡萄糖	H	H	OH	40

*新橙皮糖：β-鼠李糖（1→2）葡萄糖。

　　DHC 衍生物的甜度强，回味无苦味，有类似水果甜味。其缺点是热稳定性较差，使应用受到一定限制。

（四）合成甜味剂

　　合成甜味剂是一类用量大、用途广的食品甜味添加剂。不少合成甜味剂对哺乳动物有致癌、致畸作用，我国目前仅准许使用邻甲苯酰磺酰亚胺，俗称糖精。其甜度为蔗糖的 500 ～ 700 倍，无臭，微有芳香，后味稍苦。在常温下其水溶液经长时间放置甜味降低。对热不稳定，中性或碱性溶液中短时加热无变化。一般认为不经代谢即排出体外。

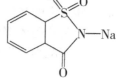

糖精钠盐

　　我国规定，冷饮、配制酒、糕点、酱菜、蜜饯、果脯等糖精用量不得超过 150mg /kg，主食（如馒头）、婴儿食品不允许使用。世界卫生组织的日许量为 0 ～ 5mg /kg。

三、酸味与酸味物质

1．酸味理论

　　酸味是氢离子刺激舌粘膜而引起的味感。酸的定味基是质子 H^+，助味基是其酸根负离子，因而不同酸有不同的酸味感。酸感与酸根种类、pH 值、可滴定酸、缓冲效应以及其他物质特别是糖的存在有关。在同样的 pH 值下，有机酸比无机酸的酸感强，且酸味爽口。多数无机酸有苦、涩味。酸感在水溶液中与实际食物中也不相同。乙醇和糖可减弱酸味。

2．酸味剂

　　（1）食醋　普通食醋除含有 3% ～ 5% 的醋酸外，还含有其他的有机酸、氨基酸、糖、醇类、酯类等。在烹调中除用于调味外，还有去腥臭的作用。

　　（2）乳酸　可用作清凉饮料、酸乳饮料、合成酒、配制醋、辣酱油、酱菜的酸味料，有防止杂菌繁殖的作用。

　　（3）柠檬酸　酸味圆润、滋美，入口即可达到最高酸感，但后味延续较短，在食品中还可用作抗氧化剂的增强剂。通常用量为 0.1% ～ 1.0%。

　　（4）苹果酸　吸湿性强，酸味较柠檬酸强，酸味爽口，微有涩苦感，在口中呈味时间显著长于柠檬酸。与柠檬酸合用，有强化酸味的效果。

　　苹果酸可用作饮料、糕点等的酸味料，尤其适用于果冻等食品。一般用量为 0.05% ～ 0.5%。

　　（5）酒石酸　为 2,3-二羟基丁二酸。有 D, L 和 DL-酒石酸三种立体构型。天然存在的是

D 及 *DL*-酒石酸。其酸味比苹果酸还强，稍有涩感，多与其他酸并用。一般用量为 0.1% ～ 0.2%。

（6）琥珀酸（丁二酸）及富马酸（反丁烯二酸）　在未成熟水果中存在较多。因难溶于水，很少单独使用，多与柠檬酸、酒石酸并用而生成水果似的酸味。利用其难溶性，可用作膨胀剂的迟效性物质，还可用作粉状果汁的持续性发泡剂。

四、苦味及苦味物质

1．苦味理论

因为苦味与甜味的感觉都由类似的分子所激发，所以某些分子既可产生甜味也可产生苦味。甜味分子一定含有两个极性基团，还含有一个辅助性的非极性基团，苦味分子似乎仅需一个极性基团和一个疏水基团。大多数苦味物质也具有与甜味分子中同样的 AH/B 基团及疏水基团。在特定受体部位中，AH/B 单元的取向决定分子的甜味与苦味，而这些特定的受体部位则位于受体腔的平坦底部，当呈味分子与苦味受体部位相契合时则产生苦味感；如能与甜味部位相匹配则产生甜味感。若呈味分子的空间结构能适用上述两种受体，就能产生苦 – 甜感。

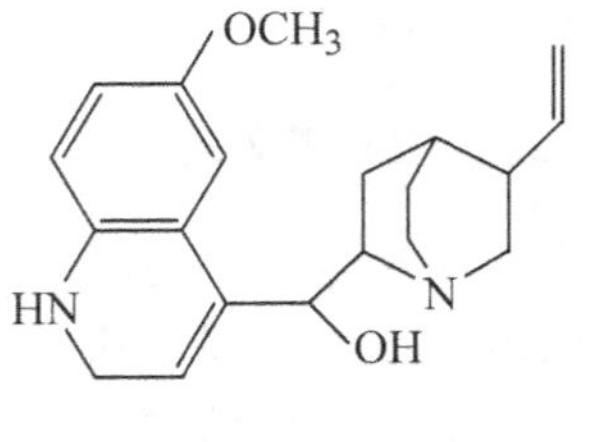

奎宁

苦味本身并不是令人愉快的味感，但当与甜、酸或其他味感恰当组合时却形成了一些食物的特殊风味。食物中的天然苦味物质中，植物来源的有两大类，即生物碱及一些糖苷；动物来源的主要是胆汁。另外一些氨基酸和多肽亦有苦味。苦味的基准物质是奎宁。

2．食物中的重要苦味物质

（1）咖啡碱、可可碱、茶碱　咖啡碱、可可碱、茶碱都是嘌呤衍生物（结构参见第三章第一节），是食品中主要的生物碱类苦味物质，都有兴奋中枢神经的作用，具有升华特性。

（2）柚皮苷、新橙皮苷、苦杏仁苷　柚皮苷及新橙皮苷是柑桔类果实中的主要苦味物质。柚皮苷纯品的苦味比奎宁还要苦，检出阈值可低达 0.002%。黄酮苷类分子中糖苷基的种类与糖苷是否有苦味有决定性关系。

由芸香糖（鼠李糖（1→6）葡萄糖）成苷的黄酮苷类没有苦味，而以新橙皮糖为糖苷基的都有苦味。利用酶制剂水解新橙皮糖苷基是橙汁脱去苦味的有效方法。

苦杏仁苷是苦杏仁素（氰苯甲醇）与龙胆二糖所成的苷，存在于许多蔷薇科植物如桃、李、杏、樱桃、苦扁桃、苹果等的种仁及叶子中，种仁中同时含有分解酶。苦杏仁苷本身无毒，具有镇咳作用。生食杏仁、桃仁过多引起中毒的原因是在同时摄入体内的苦杏仁酶的作用下，苦杏仁苷分解为葡萄糖、苯甲醛及氢氰酸之故。

（3）胆汁　胆汁是动物肝脏分泌并储存于胆囊中的一种液体，主要成分是胆酸、鹅胆酸及脱氧胆酸，味极苦。在禽、畜、鱼类加工中稍不注意破坏了胆囊，即可导致无法洗净的极苦味。

（4）*α*-酸、异 *α*-酸、*β*-酸　啤酒的苦味来源于酒花中一些类异戊二烯衍生物，一般可分为葎草酮的衍生物和蛇麻酮的衍生物，分别称为 *α*-酸和 *β*-酸。*α*-酸是多种混合物，在新鲜酒花中含量为 2% ～ 8%，具有强烈的苦味及很强的防腐能力。在啤酒的苦味物质中，

α-酸占 85% 左右。酒花与麦芽汁在煮沸过程中，酒花中的葎草酮有 40%～60% 异构化为异葎草酮，其相应衍生物称为异 α-酸。

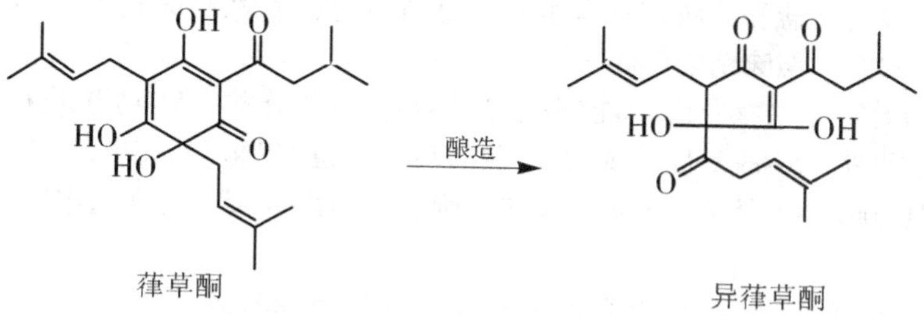

当酒花煮沸超过 2h，异葎草酮水解，生成无苦味的物质。

（5）氨基酸与多肽　L-氨基酸大多有苦味，疏水多肽味苦，偶有甜味。肽的苦味可通过计算平均疏水值 Q 来预测：

$$Q = \frac{\sum \Delta G}{n}$$

式中，ΔG 为各氨基酸侧链的自由能变化；n 为氨基酸残基个数。

Q 值大于 1400 表示该肽是苦的；Q 值低于 1300 表示该肽不苦。当肽的相对分子质量大于 6000 时因体积太大而难以进入受体的作用部位，因而不会产生苦味。只有相对分子质量低于 6000 的肽才可能产生苦味。

苦味物质种类繁多，其中很多对人的生理功能具有调节作用。

五、咸味理论

1. 咸味理论

咸味是中性盐所显示的味，是由离解后的盐离子所决定的。阳离子是定味基，易被味感受器的蛋白质羧基或磷酸吸附而呈咸味；阴离子是助味基，影响咸味的强弱和副味。在盐类中，只有氯化钠才产生纯粹的咸味，其他盐类多带有苦味、涩味或其他味道。一般盐的阳离子和阴离子的相对原子质量越大，越有增大苦味的倾向。

2. 咸味剂

作为咸味剂，只有氯化钠，俗称（食）盐，在体内调节渗透压，维持电解质平衡。人对食盐的摄取过少会引起乏力乃至虚脱，但饮食中盐分长期过量常可引起高血压。在味感性质上，食盐的主要作用是增强风味或调味。

食盐的阈值一般为 0.2%，汤类中含 0.8%～1.2% 的食盐量最为适宜。

六、其他味感和呈味物质

1. 鲜味

鲜味是食品的一种能引起强烈食欲、可口的滋味，呈味成分有核苷酸、氨基酸、肽、有机酸等类物质。

（1）鲜味氨基酸　在天然氨基酸中，L-谷氨酸和 L-天门冬氨酸的钠盐及其酰胺都具有鲜味。L-谷氨酸钠俗称味精，具有强烈的肉类鲜味。味精的鲜味是由 α-NH$_3^+$ 和 γ-COO$^-$ 两个基团静电吸引产生的，因此，在 pH 值 3.2（等电点）时，鲜味最低；在 pH 值 6 时，几乎全部解离，鲜味最高；在 pH 值 7 以上时，由于形成二钠盐，鲜味消失。

食盐是味精的助鲜剂。味精有缓和咸、酸、苦的作用，并可减少糖精的苦味，使食品具自然的风味。

L-天门冬氨酸的钠盐和酰胺亦具有鲜味，是竹笋等植物性鲜味食物中的主要鲜味物质。L-谷氨酸的二肽都有类似味精的鲜味。

（2）鲜味核苷酸　在核苷酸中能够呈鲜味的有 5′-肌苷酸、5′-鸟苷酸和 5′-黄苷酸，前两者鲜味最强。此外，5′-脱氧肌苷酸及 5′-脱氧鸟苷酸也有鲜味。这些 5′-核苷酸单独在纯水中并无鲜味，但与味精共存时，则味精鲜味增强，并对酸、苦味有抑制作用，即有味感缓冲作用。

5′-肌苷酸与 L-谷氨酸一钠的混合比例一般为 1:(5 ～ 20)。

（3）琥珀酸及其钠盐　琥珀酸钠也有鲜味，是各种贝类鲜味的主要成分。用微生物发酵的食品如酿造酱油、酱、黄酒等的鲜味都与琥珀酸存在有关。琥珀酸用于酒精清凉饮料、糖果等的调味，其钠盐可用于酿造品及肉类食品的加工。与其他鲜味料合用，有助鲜的效果。

2. 辣味

辣味是刺激舌部、口腔及皮肤的触觉神经所引起的一种痛觉。适当的辣味有增进食欲，促进消化液分泌，并具有杀菌的功效。辣味物质多具有酰胺基、酮基、异腈基等官能团，多为疏水性强的化合物。

辣味按其刺激性的不同可分为两类：

（1）热辣味或火辣味　这类辣味在口腔中引起一种烧灼感，如红辣椒和胡椒的辣味。红辣椒中的辣味成分主要是辣椒素及二氢辣椒素。两种化合物的辣度差不多是降二氢辣椒素、高二氢辣椒素与高辣椒素的两倍。纯辣椒素难溶于水，可溶于油脂，吃含油的食物可以减轻灼热感。

辣椒素　（反式）8-甲基-N-香草基-6-壬烯酰胺。是辣椒的活性成分。它对哺乳动物都有刺激性，并可在口腔中产生灼烧感。二氢辣椒素具有强而持久的消炎镇痛作用和抗菌、抗肿瘤作用；还可促进胃肠蠕动及胃液分泌，帮助消化。

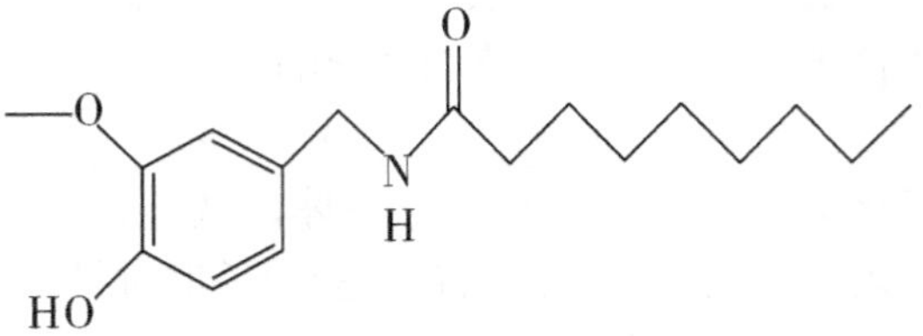

辣椒素

胡椒碱　（E,E)-1-[5-(1,3-苯并二氧戊环-5-基)-1-氧代-2,4-戊二烯基]-哌啶。胡椒碱是胡椒中的辣味成分，也是一种广谱抗惊厥药，对某些类型的癫痫病也有疗效。胡椒碱对蝇类的毒性比除虫菊高。

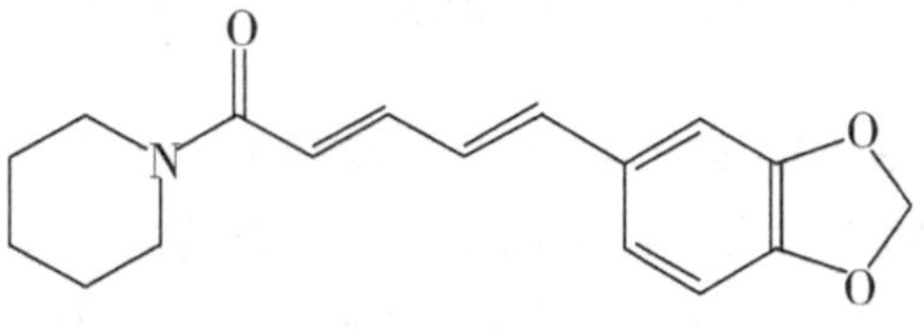

胡椒碱

（2）辛辣味 辛辣味是有冲鼻刺激感的辣味，具有味感及嗅感的双重刺激作用。姜中的辛辣及特征香气成分是姜烯、姜酮及姜脑。蒜的辛辣味成分是硫醚类化合物，加热后失去辛辣味而被还原生成甜味很强的硫醇类化合物。许多十字花科植物中含有辛辣味的芥子苷（碱）。

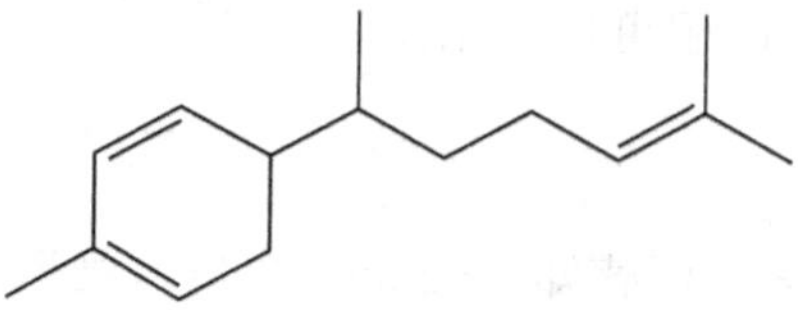

姜烯

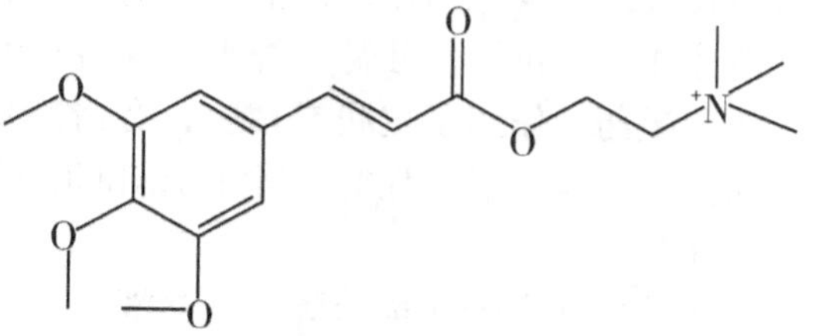

芥子碱

3. 涩味

涩味是舌粘膜蛋白质被鞣质等物质凝固，产生收敛作用而发生的感觉。食品中的涩味主要是由单宁、草酸、香豆素类、奎宁酸等物质引起的。醛类、酚类、铁盐、明矾亦呈涩味。适当的涩味可使食品产生独特的风味，如茶、果酒等。

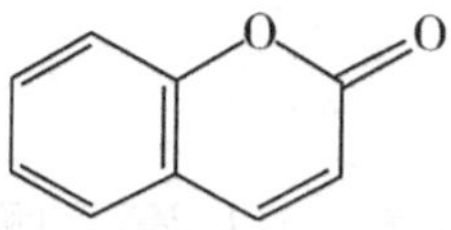

香豆素

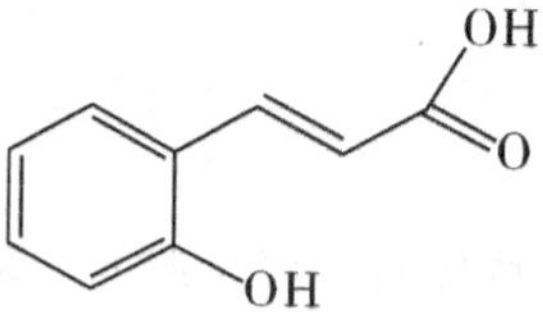

香豆素酸

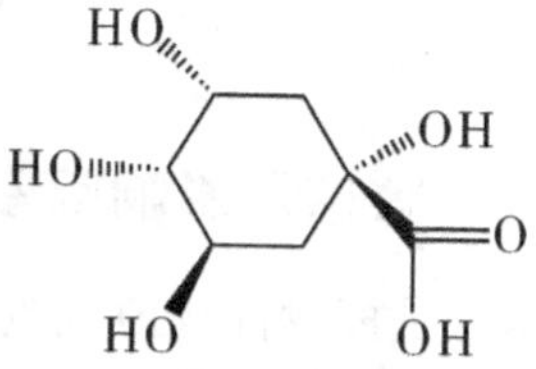

奎宁酸

单宁又称单宁酸、鞣质，存在于多种树木的树皮和果实中，也是树木受昆虫侵袭而生成的虫瘿的主要成分，含量可达50% ~70%。单宁是多酚中高度聚合的化合物，它们能与蛋白质和消化酶形成难溶于水的复合物，影响食物的吸收消化。可分为水解单宁和缩合单宁，两者常共存。单宁长期以来被我国人民用来鞣制生皮使其转化为革。

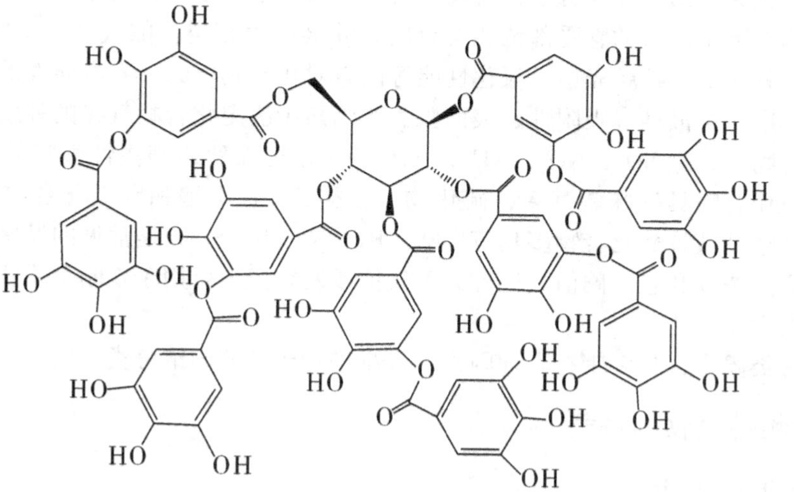

单宁

4. 清凉味

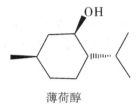

薄荷醇

薄荷醇是薄荷和欧薄荷精油的主要成分，以游离和酯的状态存在。薄荷醇有8种异构体，它们的呈香性质各不相同，左旋薄荷醇具有薄荷香气并有清凉的作用，消旋薄荷醇也有清凉作用，其他的异构体无清凉作用。可用作牙膏、香水、饮料和糖果等的赋香剂。在医药上用作刺激药，作用于皮肤或粘膜，有清凉止痒作用；内服可用于治疗头痛及鼻、咽、喉炎症等。常用于制润喉糖等。

5. 碱味

碱味是羟基离子的呈味属性，溶液中只要有0.01%即可感知。碱味可能是碱刺激口腔神经末梢而引起的感觉，并无确定的感知区域。

6. 金属味

在舌头和口腔表面有很大的一片区域能感知金属味，其阈值在$2 \times 10^{-5} \sim 3 \times 10^{-5}$（质量分数）范围内。

第二节 嗅感及嗅感物质

一、嗅感及影响因素

嗅感是挥发性物质气流刺激鼻腔内嗅觉神经细胞所引起的一种感觉。令人喜爱的称为香气，令人生厌的称臭气。

嗅感微粒理论认为，嗅觉细胞表面呈负电性，其分泌液的分子依极性顺一定方向排列，当挥发性物质分子吸附到嗅觉细胞表面后就使表面的部分电荷发生改变，产生电流并传递到大脑。嗅感电磁波理论则认为嗅感物质的分子由于价电子振动将电磁波传达到嗅觉器官而产生嗅觉。嗅感立体化学理论认为，在同系列的化合物中，低相对分子质量化合物的气味取决于所存在的气味原子团，而高分子化合物的气味则取决于分子结构的形状和大小。只有当分子的空间结构与特定形状的感受部位相契合时，才会产生相类似的气味。事实上，偶极距、空间位阻、红外光谱、拉曼光谱、氧化性能等因素对化合物气味具有本质性的决定作用；而蒸汽压、溶解度、扩散性、吸附性、表面张力等因素则决定化合物气味的强度。

无机化合物中，除SO_2，NO_2，NH_3，H_2S等气体有强烈的刺激性气味外，大部分均无气味。而有机化合物具气味者甚多，硫化物、胺类、α, β不饱和醛类化合物常具有强烈臭味，醇、酮、酯及芳香族化合物多具有香味。P，As，Sb，S，F是常见的发恶臭原子。

呈香物质的浓度和它的阈值之比称为香气值或发香值，可用于判断呈香物质在食品香气中所起作用的大小。

气味的种类繁多，且多带有心理因素，很难进行标准的归纳分类。

二、植物性食物的香气

1. 水果的香气成分

水果中的香气成分比较单纯，但具有浓郁的天然芳香气味。其香气成分中以有机酸酯类、醛类、萜类为主，其次是醇类、酮类及挥发酸等。水果香气成分产生于植物体内代谢过程中，因而随着果实的成熟而增加。人工催熟的果实不及在树上自然成熟水果的香气浓郁。

　　水果中的呈香物质依种类、品种、成熟度等因素不同而异。如苹果的主香成分为乙酸异戊酯，其他成分有挥发性酸、乙醇、乙醛、天竺葵醇等；香蕉的主香成分为乙酸戊酯、异戊酸异戊酯，助香成分有己醇、己烯醛；柑桔类的主香成分为苧、辛醛、癸醛、沉香醇等。

2. 蔬菜的香气成分

　　蔬菜类的香气不如水果类的香气浓郁，但有些蔬菜具有特殊的香辣气味，如蒜、葱等。各种蔬菜的香气成分主要是一些含硫化合物。当组织细胞受损时，风味酶释出，与细胞质中的香味前体底物结合，催化产生挥发性香气物质。风味酶常为多酶复合体或多酶体系，具有作物种类和品种差异，如用洋葱中的风味酶处理干制的甘蓝，得到的是洋葱气味而不是甘蓝气味；若用芥菜风味酶处理干制甘蓝，则可产生芥菜气味。

3. 蕈类的香气成分

　　蕈类即大型真菌，种类很多。白色双孢蘑菇简称蘑菇，是消费量最大的一种，其挥发性成分已经鉴定的有 20 多种。有强烈蘑菇香气的主体成分是辛烯-3-醇和辛烯-3-酮。另外一种著名的蕈类是香菇，子实体内有一种特殊的香气物质，经火烤或晒干后能发出异香，即香菇精。

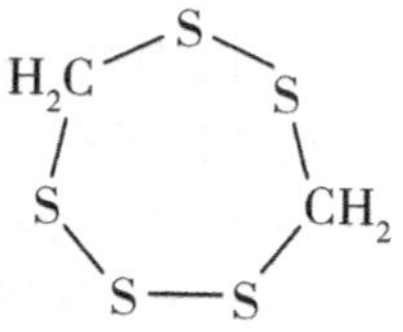

香菇精

三、动物性食物的气味成分

1. 水产品的腥臭成分

　　水产品气味中最具有代表性的是腥臭味，它随着新鲜度的降低而增强。

　　淡水鱼腥味的主体成分是六氢吡啶类化合物。鱼臭的主要成分是三甲胺，新鲜鱼中含量很少，死亡后则大量产生。三甲胺是由氧化三甲胺经酶促还原而产生的，是海产鱼臭的主要成分。赖氨酸在鱼死后可被逐步酶促分解生成各种臭气成分，中间产物之一的 δ-氨基戊醛是河鱼臭气的主要成分。

$$H_2N—(CH_2)_4—CH(NH_2)—COOH \xrightarrow{\text{脱羧}} H_2N—(CH_2)_4—CH_2NH_2$$
L-赖氨酸　　　　　　　　　　　　　　　　　尸胺（臭）

$$\xrightarrow{\text{脱氨}} H_2N—(CH_2)_4—CHO \ + \ H_2N—(CH_2)_4—COOH \ +$$
δ-氨基戊醛（河鱼臭）　　　δ-氨基戊酸（血腥臭）　　　　六氢吡啶（臭）

　　由鱼油氧化分解而成的甲酸、丙烯酸、丙酸、丁烯-2-酸、丁酸、戊酸等也是鱼臭气的组分。

　　鱼体表面粘液中含有蛋白质、卵磷脂、氨基酸等，可被细菌作用而产生氨、甲胺、甲硫醇、硫化氢、吲哚、粪臭素、六氢吡啶等腥臭物质。

$$HS—CH_2—CH(NH_2)—COOH \xrightarrow{\text{细菌}} H_2S + CH_3SH + NH_3 + CO_2$$
半胱氨酸

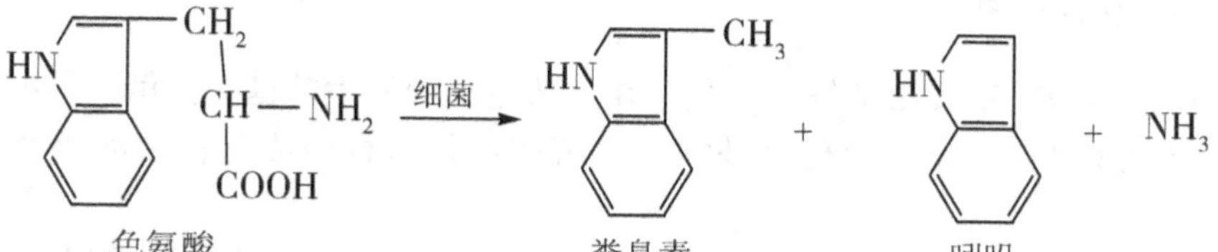

色氨酸　　　　　　　　　粪臭素　　　　　　吲哚　　　　　＋　NH₃

鱼腥臭物质均为碱性化合物，在烹调时，添加食醋可使腥臭气味明显减弱。

2. 肉香成分

肉类在烧烤时发出美好的香气，其成分达数百种之多，其中有醇、醛、酮、酸、酯、醚、呋喃、吡嗪、内酯、芳香族化合物、含硫化合物、含氮化合物等。在已经鉴定的肉香成分中，并没有哪一种成分具有特征性的肉香味，显然，肉香味是许多成分综合作用的结果。肉香物质的前体是肉的水溶性抽出物中的各类生物小分子，这些可溶性成分在加热时形成肉香物质的作用可归纳为三条途经：

（1）脂质自动氧化、水解、脱水、脱羧等反应，生成醛、酮、内酯类化合物；

（2）糖、氨基酸等的分解反应及氧化反应，或糖与氨基酸之间的反应，生成挥发与不挥发性成分；

（3）上列途径中的产物之间的反应，产生众多的香气成分。

在这些途径中，糖和氨基酸之间的 Maillard 反应起着重要的作用。各种氨基酸中，又以含硫氨基酸的贡献最为突出。如鸡肉香主要是由羰基化合物和含硫化合物构成的。

有些肉类具有特殊的膻气成分，如羊肉和牛肉，这些气味来源于这些动物脂质中特有的一些脂肪酸成分，如羊肉中的4-甲基辛酸和4-甲基壬酸。不同动物肌肉的水浸出物的加热香气成分间并无显著区别，而将不同动物脂质部分进行加热则产生某种特异性气味。

3. 乳及乳制品的香气成分

牛乳的香气成分很复杂，主要是低级脂肪酸、羰基化合物如2-己酮、2-戊酮、丁酮、丙酮、乙醛、δ-癸酸内酯等，以及含有极微量的挥发性成分如乙醚、乙醇、氯仿、乙腈、氯化乙烯等，还含有微量的甲硫醚。δ-癸酸内酯具有乳脂香气。甲硫醚则被认为是牛乳风味的主体，该化合物香气阈值约为 1.2×10^{-11}。如稍微高于其阈值，则产生过度的牛奶臭味和麦芽臭味。

新鲜乳酪的香气主体成分有以下几种：挥发性脂肪酸有乙酸、正丁酸、异丁酸、正戊酸、异戊酸、正辛酸等，共含 $80 \sim 110\text{mg/kg}$。丁二酮约含有 0.146mg/kg，3-羟基-2-丁酮约含有 0.447mg/kg，异戊醛含有 $100 \sim 1000\text{mg/kg}$。其中丁二酮、3-羟基丁酮是构成发酵乳制品香味的主体成分。

在微生物作用下，由乙醛 TPP 和丙酮酸合成 α-乙酰乳酸，后者在缺氧条件下经脱羧，还原生成无臭的 2,3-丁二醇；当氧气非常充足时，则经脱羧生成有清香的丁二酮（双乙酰）和3-羟基丁酮。

牛乳中存在有脂酶，能使乳脂水解生成低级脂肪酸，其中，丁酸具有强烈的酸败臭味。空气中的氧也可使乳脂中不饱和脂肪酸自动氧化产生如辛二烯醛和壬二烯醛等呈酸败（氧化臭）味的不饱和醛类化合物。

牛乳暴露于日光下时，其中的蛋氨酸在核黄素的作用下经脱羧、脱氨反应而生成具有日晒气味的 β-甲硫基丙醛，还可再裂解生成甲硫醇和丙烯醛。

四、焙烤食物的香气

许多食物在焙烤时都发出美好的香气。在加热过程中发生的糖类热解、羰氨反应、油脂分解和含硫化合物（硫胺素、含硫氨基酸）分解的产物综合而成各种食品所特有的焙烤香气。

糖类是形成香气物质的重要前体。当温度在300℃以上时，糖类可热解形成多种香气物质，其中最重要的有呋喃衍生物、酮类、醛类和丁二酮等。

羰氨反应不仅生成棕黑色的色素，同时伴随形成多种香气物质。其主要的反应途径如图24-3 所示。

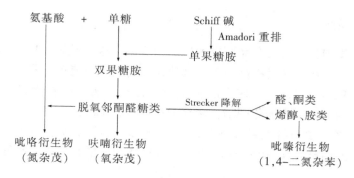

图 24-3　羰氨反应中形成香味物质的主要途径

食品焙烤时形成的香气大部分是由吡嗪类产生的。羰氨反应的产物随温度及反应物不同而异。亮氨酸、缬氨酸、赖氨酸、脯氨酸与葡萄糖一起加热适度时都可产生美好的气味，胱氨酸及色氨酸则发生臭气，但缬氨酸在加热至 200℃以上时又产生异臭的异丁叉异丁胺。

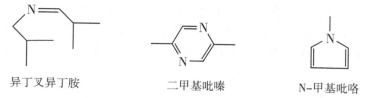

面包等面制品除了在发酵过程中形成醇、酯香气以外，在焙烤过程中还产生许多羰基化合物，已鉴定的达 70 多种，这些物质构成了面包的香气。在发酵面团中加入亮氨酸、缬氨酸、赖氨酸有增强面包香气的效果，二羟丙酮和脯氨酸在一起加热可产生饼干香气。

花生及芝麻经焙炒后都有很强的特有香气。在花生的加热香气中，除了羰基化合物以外，还发现五种吡嗪化合物和甲基替吡咯；芝麻香气中的主要特征性成分是含硫化合物。

五、发酵食品的香气

发酵食品及调味料的香气成分主要是由微生物作用于蛋白质、糖、脂肪及其他物质而产生的，其成分主要有醇、醛、酮、酸、酯类物质。由于微生物代谢产物繁多，各种成分比例各异，使发酵食品的风味各有特色。

1. 酒类的香气

各种酒类的芳香成分极为复杂，其成分因品种而异。例如，茅台酒的主要呈香物质是乙酸乙酯及乳酸乙酯，泸州大曲的主要呈香物质为己酸乙酯及乳酸乙酯。乙醛、异戊醇在这两种酒中含量均较高，此外，鉴定出的其他微量、痕量挥发成分还有数十种之多。

2. 酱及酱油的香气

酱和酱油都是以大豆、小麦为原料，由霉菌、酵母菌和细菌综合作用而成的调味料。其芳香成分亦极为复杂，其中醇类主要有乙醇、正丁醇、异戊醇、β-苯乙醇等，以乙醇最多；酸类主要有乙酸、丙酸、异戊酸、己酸等；酚类以 4-乙基愈疮木酚、4-乙基苯酚、对羟基苯乙醇为代表；酯类中主要成分是乙酸戊酯、乙酸丁酯及 β-苯乙醇乙酸酯；羰基化合物中构成酱油芳香成分的主要有乙醛、丙酮、丁醛、异戊醛、糠醛、饱和及不饱和酮醛等；缩醛类有 α-羟基异己醛二乙缩醛和异戊醛二乙缩醛，是两种重要的芳香成分。酱油芳香成分中还有由含硫氨基酸转化而得的硫醇、甲基硫等，甲基硫是构成酱油特征香气的主要成分。

六、香味增强剂

香味增强剂是指能显著增加食品原有香味的物质。香味增强剂本身一般不具有气味，但通过其对嗅觉神经的刺激，从而提高和改善其他物质的香味或掩盖一些不愉快的气味。

香味增强剂的种类很多，广泛应用的主要是 L-谷氨酸钠、5′-肌苷酸、5′-鸟苷酸、麦芽酚和乙基麦芽酚，后两种是焦糖化产物，麦芽酚在自然界也广泛存在。

麦芽酚为白色或微黄色针状结晶或粉末，在 90℃ 可升华，熔点 160～163℃，阈值为 0.03%，在食品中的用量为 0.005%～0.03%，具有增甜、增香作用，与氨基酸共用后能增强肉类香味。

麦芽酚具有与酚类似的性质，在酸性条件下增香、调香效果好；在碱性条件下因生成盐而降低调香作用；遇到铁盐呈紫红色，故在产品中用量应适当，以免影响食品色泽。

乙基麦芽酚为白色或微黄色针状结晶，熔点 89～92℃，增香性能为麦芽酚的 6 倍，化学性质与麦芽酚相似。在食品中的用量一般为 0.4×10^{-6}～1×10^{-4}（质量分数）。

香兰素又名香草醛，为一种广泛使用的可食用香料，可在香荚兰的种子中找到，也可以人工合成，有浓烈奶香气息。广泛应用在各种需要增加奶香气息的调香食品中，如蛋糕、冷饮、巧克力、糖果；还可用于香皂、牙膏、香水、橡胶、塑料、医药品的生产制造等。

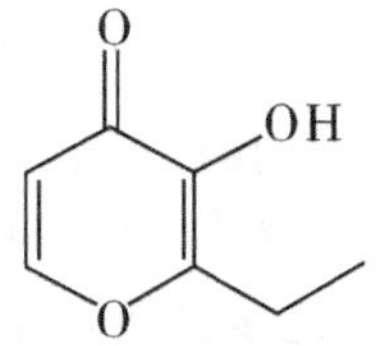

乙基麦芽酚 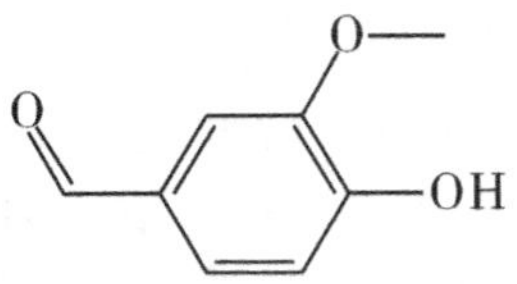   香兰素

第二十五章　食品添加剂

食品添加剂是指在食品生产、加工、储运、保藏等过程中，为了改良食品品质及色、香、味，改善食品结构，防止食品氧化、腐败、变质，以及加工需要而加入食品中的化学合成物质或天然物质。这些物质在食品中必须对人体无害，也不影响食品的营养价值，而且要具有增进食品的感官性状或提高食品质量的作用。

目前世界上直接使用的食品添加剂有近 8000 种，常用的有 800 多种。我国目前批准使用的有 1500 多种。食品添加剂的种类繁多，功能各异，有的一物多能，对其分类目前尚无统一的标准。根据我国 1990 年颁布的"食品添加剂分类和代码"，按其主要功能作用的不同分为 22 类，分为酸度调节剂、抗结剂、消泡剂、抗氧化剂、漂白剂、膨松剂、胶姆糖基础剂、着色剂、护色剂、乳化剂、酶制剂、增味剂、面粉处理剂、被膜剂、水分保持剂、营养强化剂、防腐剂、稳定和凝固剂、甜味剂、增稠剂、食品香料和其他。按其用途分类一般可分为防腐剂、抗氧化剂、漂白剂、发色剂、着色剂、酸味剂、甜味剂、香料和调味剂、凝固剂、膨松剂、增稠剂、乳化剂、品质改良剂、消泡剂、抗结剂、口香糖及泡泡糖基剂、营养强化剂和其他等 18 类。

第一节　食品添加剂的毒性

食品添加剂，特别是化学合成的食品添加剂，往往都有一定的毒性。为了达到安全使用的目的，需要进行充分的毒理学评价，以便制订使用标准。毒理学评价除作必要的分析检验外，一般都要通过动物毒性试验取得依据。通常，每种物质当以足够大的剂量进行喂饲试验时，都可能产生某种有害的作用。在我国，毒理学评价通常分为 4 个阶段进行试验：①急性毒性试验；②蓄积性毒性、致突变性和代谢性试验；③亚慢性毒性试验——90 天喂养、繁殖、致畸试验；④慢性毒性试验（包括致癌试验）。

一、毒性试验

（一）急性毒性试验

急性毒性试验是指一次给予较大剂量后，对动物体产生的作用进行判断。可考查受试物质摄入后在短时间内所呈现的毒性，从而判断对动物的致死量（LD）或半数致死量（LD_{50}）。LD_{50} 是指能使一群试验动物中毒死亡一半所需的剂量，单位是 mg/kg（体重）。它是用来粗略衡量急性毒性高低的一个重要指标。同一种被试物质对各种动物的半数致死量是不同的，有的甚至有较大的差异。由于测试方式不同，其 LD_{50} 值也不相同。对食品添加剂来说，主要是使用大白鼠或小白鼠经口服来判断 LD_{50}。通常按大白鼠经口服 LD_{50} 值的大小，将受试验物质的急性毒性粗略地分为 6 级（单位：mg/kg）：

极毒：<1；剧毒：1～50；中等毒：51～500；低毒：501～5000；实际无毒：5001～15 000；无毒：>15 000。

若剂量大于5000mg/kg而被试验的动物没有死亡，说明急性毒性极低，可认为是相对无毒，就没有必要继续做致死量的精确测定。

（二）亚急性毒性试验

亚急性毒性试验是指在急性毒性试验的基础上，进一步检验被试验物质的毒性对重要器官或生理功能的影响，以及估计发生这些影响的相应剂量，并为慢性毒性试验做准备。如果参考有关资料与急性毒性试验结果，对需要试验的亚急性毒性问题已基本解决，则可直接进行慢性毒性试验。

亚急性毒性试验的内容与慢性毒性试验基本相似，试验期一般为3个月左右（2～6个月）。

如试验中任何一项的最致敏感指标的最大无作用剂量（以mg/kg计）小于或等于人的可能摄入量的100倍者，表示毒性较强，应予以放弃；大于100倍而小于300倍者，可进行慢性毒性试验；若大于或等于300倍者，则不必进行慢性试验，可进行评价。

（三）慢性毒性试验

慢性毒性试验是研究在少量被试验物质的长期作用下所呈现的毒性，从而确定被试验物质的最大无作用量和中毒阈剂量。慢性毒性试验在确定被试验物质能否作为食品添加剂使用方面具有决定性的作用。

如慢性毒性试验所得的最大无作用剂量（以mg/kg计）为：

（1）小于或等于人的可能摄入量的50倍者，表示毒性较强，应予以放弃。

（2）大于50倍而小于100倍者，需由有关专家共同评议。

（3）大于或等于100倍者，则可考虑允许使用于食品，并制定日许量。

如在任何一个剂量发现有致癌作用，且有剂量-效应关系，则需由有关专家共同评议，以作出评价。

中毒阈剂量 就是最低中毒量，指能引起机体某种最轻微中毒的最低剂量。

慢性毒性反应的基础是积累作用，可通过测定被试物在机体内的积累率等方法进行确定。

（四）遗传毒性试验

遗传毒性试验的首要目的是确定被检测化学物质诱导供试生物发生突变的可能性，以致突变试验来定性表明受试物是否有致突变作用或潜在的致癌作用。如果遗传毒理学的研究发现某物质有致突变性，并可能具有致癌性，那么就可以进行该物质的危害性评价。假如某物质在几个试验中都表现出致突变性，并与人类的致癌性有关，即使没有作进一步的慢性试验，也应将该物质从使用名单中删除。如果某物质被检测为低的致突变性，则该物质有必要作进一步的分析。

1. 蓄积毒性试验

用两种性别的大鼠或小鼠，各20只，饲喂试验20天后，如蓄积系数小于3，则放弃，不再继续试验；当大于或等于3时，如$1/20$ LD_{50}组有死亡，且有剂量-效应关系，则认为有较强的蓄积作用，应予以放弃；如$1/20$ LD_{50}组无死亡，则可进入以下的试验。

2. 致突变试验

体外试验采用 Ames 试验法。整体试验采用微核试验法或骨髓细胞染色体畸变分析试验法，同时进行显性致死试验和睾丸生殖细胞染色体畸变分析试验。

（1）如果三项试验均为阳性，则表示受试物可能有致癌作用，除非受试物具有十分重要的价值，一般应予以放弃。

（2）如果其中两项试验为阳性，则由有关专家进行评议，根据受试物的重要性和可能摄入量等，综合权衡利弊再作出决定。

（3）如果其中一项试验为阳性，则再选择两项其他致突变试验（包括体外培养淋巴细胞染色体畸变分析、DNA 修复合成、DNA 合成抑制、姊妹染色单体互换试验等）。如此两项均为阳性，则应予以放弃；如有一项为阳性，则可进入亚急性毒性试验。

（4）如果三项均为阴性，则可进入亚急性毒性试验。

3. 代谢试验

对于我国创制的化学物质，在进行最终评价时，至少应进行以下几项代谢方面的试验：①胃肠道吸收；②测定血浓度，计算生物半减期和其他动力学指标；③主要器官和组织中的分布；④排泄（尿、粪、胆汁）。有条件时，可进一步进行代谢产物的分离、鉴定。对于国际上多数国家已批准使用和毒性评价资料比较齐全的化学物质，可暂不要求进行代谢试验。对属于人体正常成分的物质可不进行代谢研究。

二、食品添加剂的使用标准

食品添加剂使用标准是指安全使用食品添加剂的定量指标。把动物的最大无作用量（MNL）除以 100（安全系数），可求得人体每日允许摄入量（acceptable daily intake ADI），单位为 mg/kg（体重）。ADI 乘以平均体重得每人每日允许摄入总量（A）。然后根据人群膳食调查，了解膳食中含有该物质的各种食品的每日摄入量（C），分别算出其中每种食品含有该物质的最高允许量（D），从而制订出某种添加剂在每种食品中的最大使用量（E），其单位为 g/kg。

（1）最大无作用量 又称最大无效量（耐受量或安全量），是指长期摄入被试验物质仍无任何中毒表现的每日最大摄入剂量，单位是 mg/kg（体重）。它提供了食品添加剂长期（终生）摄入对本代人健康无害，并对下一代生长无影响的重要指标。

（2）人体每日允许摄入量 是指个人终生每日摄入该物质，对其健康没有任何可测知的各种急、慢性有害作用的剂量。以 mg/kg（体重）表示，或以 mg/日表示。换算时以人的平均体重60kg 计。

（3）食品中的总允许量 对某种化学物人体每日允许摄入量是人体每日通过各种途径从外环境摄入体内该物质的总和，通过食品摄入是其中之一，还有通过饮水、呼吸等途径摄入。即食品中的总允许含量是人体每日允许摄入量和非食品性摄入量的差。一般情况下，对于非职业性接触者来说，农药残毒、重金属等环境污染物，随食品摄入的为80%～85%，非食品性摄入的约占15%。在这种条件下，食品中总允许含量为人体每日允许摄入量的80%～85%。

（4）食品中的最高允许含量 各种食品中的最高允许含量一般是指平均量，即按单位质量食品中含有相同数量计算的。欲确定某化学物在各种食品中的最高允许含量，需调查人群膳食中究竟哪些食品含有该化学物及每日膳食中各种食品的摄取量。

如果某化学物仅含于面粉，正常成年人平均每日摄取 400g 面粉，该化学物在食品中的总最高允许含量为 1mg/kg 食品，则该化学物在面粉中的最高允许含量为

$$1mg \times 1000/400 = 2.5mg/kg$$

如果该化学物含于面粉、大米、肉和蔬菜中，正常成人平均每日摄取量分别为 400，100，50 和 1000g，则该化学物在面粉、大米、肉和蔬菜中的平均含量为

$$1mg \times 1000/(400 + 100 + 50 + 1000) = 0.64mg/kg$$

如果有更多种食品中含有该种化学物，均可依此类推。至于面粉、大米、蔬菜等中该化学物的最高容许含量是否平均对待，应视具体情况而定。

第二节 常用食品添加剂

一、防腐剂及杀菌剂

具有杀灭微生物作用的化合物，称为杀菌剂；而那些虽不能杀灭微生物，但却可以抑制微生物的生理活动，以及阻止其生长繁殖者，称为防腐剂。在实际使用过程中，二者难以严格区分。如某一种防腐剂在不同的浓度、不同的时间、不同的对象等情况下，可能起到杀菌剂作用。因此，在食品工业中通常将能起杀菌或抑菌作用的物质都称为抗微生物剂。

食品防腐剂分子结构与抗菌特性间的关系：依据对食品防腐剂的量子生物化学与抗菌性能间关系的系统性研究结果发现，相距约 0.25nm 的电子容纳（接受）中心和电子供给中心组成的电子中继系统是食品防腐剂体现强抗菌活性的反应活性中心的必备条件。最高占有轨道能量和空间位阻效应制约防腐剂最初的抗菌活性，最低的空轨道能量和远离活性中心的残基疏水能则决定食品防腐剂抗代谢性能。

（一）防腐剂

应用于食品中的防腐剂，也称为食品保存剂。其效果与食品中的微生物种类、数量、食品的 pH 值、成分、保存条件，以及添加时的温度、方法等均有关系。

适合于食品的防腐剂，其理想条件为：

（1）对所有可能使食品腐败变质的微生物，包括酵母、霉菌、细菌均有效。

（2）无毒性或毒性极微。

（3）添加后可使食品长期保存而不易变质腐败。

（4）无色、无味、无臭、无刺激性，不因添加于食品而有变化。

（5）使用方便，具有水溶性兼耐热性，不易受 pH 值变化的影响，对食品无副作用。

全部适合上述条件的防腐剂，事实上是难以找到的。因此，使用食品防腐剂应严格按有关规定执行。

1. 苯甲酸及其钠盐

苯甲酸在食品工业中作为防腐剂已获得广泛的应用。未电离的苯甲酸具有较强的抗菌作用，而且其最适 pH 值范围为 2.5 ～ 4.0，因此适合于酸性食品中使用，诸如果酱、碳酸饮料、醋汁食品及泡菜等。由于苯甲酸钠在水中有较大的溶解性，因此食品中常用它。苯甲酸钠在食品中可转化为苯甲酸。苯甲酸能有效地抑制酵母和细菌，而对霉菌抑制作用不大。因此，苯甲酸常和山梨酸及其盐混合使用，使用量为原料质量的 0.05% ～ 0.1%。苯甲酸在人

体内可与甘氨酸结合成苯甲酰甘氨酸而被排出体外。

2. 山梨酸及其盐类

山梨酸又称为己二烯酸，工业上以巴豆油醛与乙烯酮为原料，在 $ZnCl_2$ 与 $AlCl_3$ 等催化剂作用下反应而成。直链单羧基脂肪酸具有抗真菌的活性，而且具有与 α-不饱和脂肪酸相似结构的化学物质对抑制真菌尤为有效，山梨酸正好具有这种结构。山梨酸主要对霉菌、酵母菌和好气性腐败菌有效，而对厌气性细菌和乳酸菌几乎无作用，在微生物数量过高的情况下抑菌效果差。因此，山梨酸及其盐类只适用于卫生条件良好和微生物数量较低的食品的防腐。使用量在 0.3% 以下不会给食品带来异味。随着 pH 值的降低，山梨酸的抑菌性能增加，表明未电离的山梨酸比电离的山梨酸更为有效。一般来说，山梨酸的抗菌有效 pH 值可达6.5。

山梨酸的抗菌机理，一般认为是抑制微生物的各种酶系统，其中主要是含巯基的酶类。霉菌、乳酸杆菌及厌氧性芽孢菌能分解山梨酸而使之失去抗菌性。山梨酸在人体内经脂肪酸代谢途径分解成 CO_2 和 H_2O，故对人体安全无毒。

3. 丙酸钙及丙酸钠

丙酸盐及丙酸的抑菌谱比苯甲酸和山梨酸窄，它对防霉有特效，但对细菌作用有限，对枯草杆菌、变形杆菌等仅能延迟其发育5天左右，对酵母几乎无影响。所以丙酸盐常用于面包发酵以防止杂菌的生长。丙酸盐还可用于乳酪制品的防霉。丙酸钙抑制霉菌的有效剂量比丙酸钠小，但钙盐影响化学膨松剂的作用，所以常用丙酸钠而不用丙酸钙。丙酸盐抑菌效果与 pH 值有很大关系，pH 值越小抑菌效果越强，即未电离的丙酸比电离的丙酸更为有效。其有效 pH 值范围可延伸到5.5。丙酸盐对霉菌和某些细菌的抑制作用，与这类微生物不能代谢三碳骨架物质有关。在哺乳动物体中，丙酸代谢和其他脂肪酸代谢相似，因此，在允许可使用范围内不会引起毒性效应。

4. 对羟基苯甲酸酯类

对羟基苯甲酸酯类对霉菌、酵母的作用较强，但对细菌特别是对革兰氏阴性杆菌及乳酸菌的抗菌活性较弱。其烷基链愈长抗菌作用愈强，但水溶性随之减小。其抑菌作用不像上述酸型防腐剂那样受 pH 值的影响。这类化合物的抗菌作用在于抑制微生物细胞的呼吸酶系与电子传递酶系的活性，并破坏微生物的细胞膜结构。对羟基苯甲酸甲酯的毒性比其他对羟基苯甲酸酯类大，故很少作为食品防腐剂使用。

5. 脱氢醋酸及其钠盐

该类防腐剂具有较强的抑制细菌、霉菌和酵母的作用。其抗菌效果不受 pH 值的影响，受热的影响也较小。

此外，还有双乙酸钠、葡萄糖酸-δ-内酯、甲壳素、鱼精蛋白、乳酸链球菌素（nisin）、纳他霉素（natamax）等防腐剂在食品工业中也有所应用。

各种防腐剂都有各自的作用范围，在某些情况下两种以上的防腐剂并用，往往具有协同作用，比单独使用更为有效。

（二）杀菌剂

二氧化氯、漂白粉、次氯酸钠、双氧水、高锰酸钾和环氧化合物等具有强烈的氧化杀菌作用，主要用于饮用水、包装容器及加工用具等的消毒杀菌。

二、抗氧化剂

抗氧化剂是能阻止或延迟食品氧化，以提高食品质量的稳定性和延长储存期的物质。抗氧化剂的共同特点是具有低的氧化还原电位，能够提供还原性的氢原子而降低食品内部及其周围的氧含量或使一些活性游离基淬灭及过氧化物分解破坏，从而阻止氧化过程的进行。有些抗氧化剂则可阻止或减弱氧化酶类的活性。

常用的油溶性抗氧化剂有天然的维生素 E 和人工合成的没食子（棓）酸丙酯（PG）、抗坏血酸酯类、丁基羟基茴香醚（BHA）、二丁基羟基甲苯（BHT）、特丁基对苯二酚（TBHQ）、L-抗坏血酸棕榈酸酯（AP）、卵磷脂等。

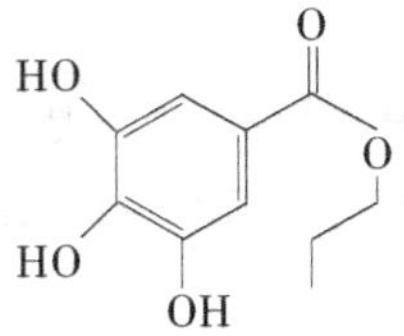

棓酸丙酯（PG） 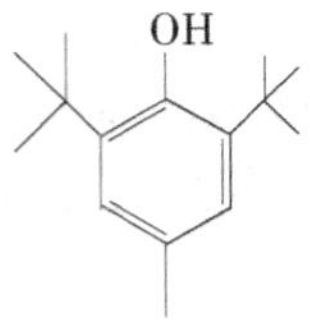　　二丁基羟基甲苯（BHT） 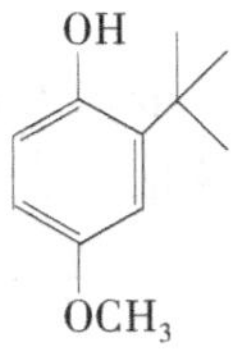　　（3-BHA） 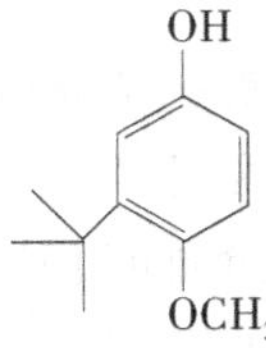　　（2-BHA）
丁基羟基茴香醚（BHA）

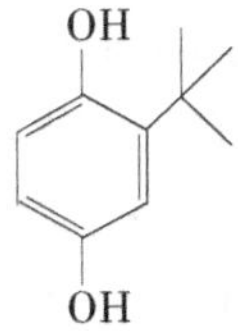

特丁基对苯二酚（TBHQ） 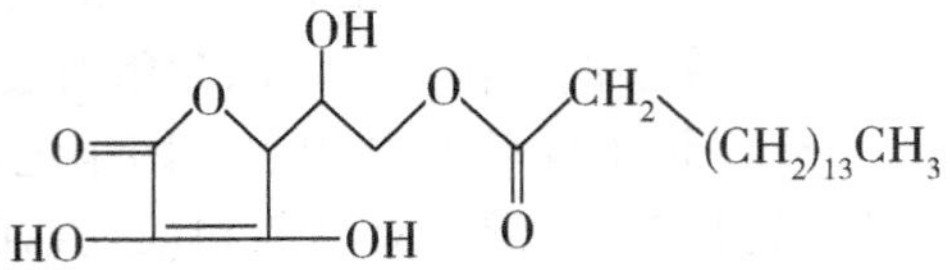　　L-抗坏血酸棕榈酸酯（AP）

常用的水溶性抗氧化剂有维生素 C 和异维生素 C 及其盐类、植酸、茶多酚等。多用于保护食品的颜色，防止氧化褪色以及防止因氧化而降低食品的风味和质量。柠檬酸亚锡、氯化亚锡则能阻止罐头容器内面的镀锡铁板氧化腐蚀。

植物中含有各种天然的功能性抗氧化剂，如白藜芦醇、地黄梓醇、芦荟苷、茶多酚、二氢杨梅素等。这些功能性抗氧化剂都具有一定的生理活性。

（1）白藜芦醇　　（E）-5-[2-(4-羟苯基)-乙烯基]-1,3-苯二酚。主要来源于蓼科植物虎杖（*Polygonum cuspidatum*）的根茎提取物。白藜芦醇可降低血液粘稠度，抑制血小板凝结和血管舒张，保持血液畅通，预防癌症的发生及发展，具有抗动脉粥样硬化和冠心病、缺血性心脏病、高血脂的作用。

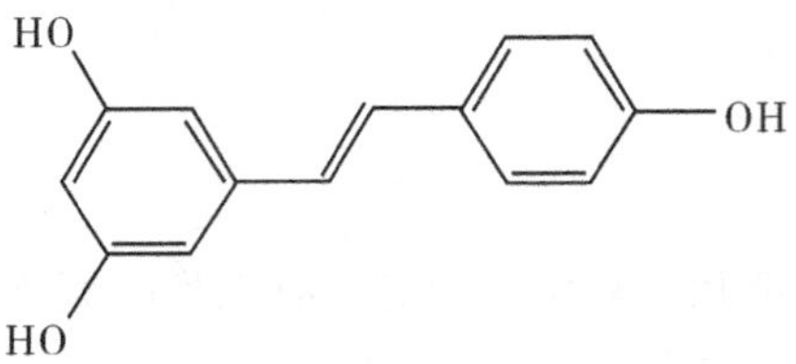

白藜芦醇 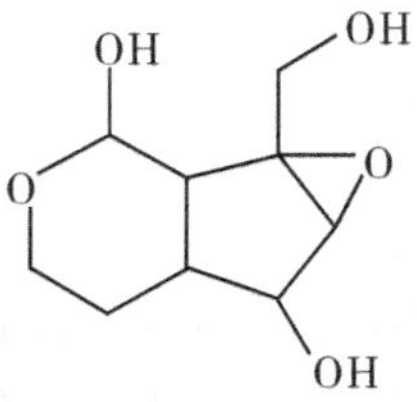　　　　　　　　地黄梓醇 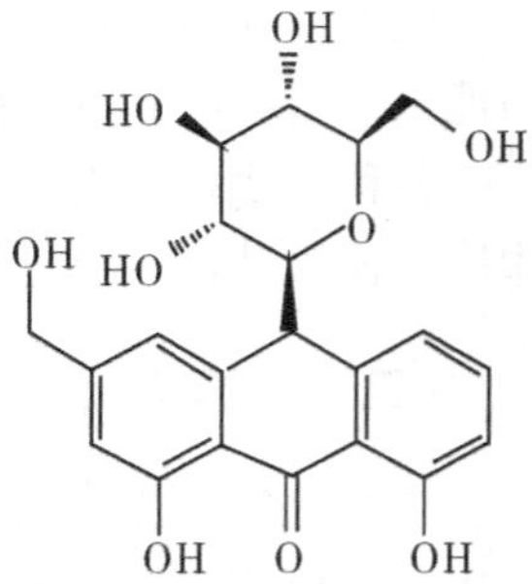　　　　　　芦荟苷

（2）地黄梓醇　是生地及成药熟地的主要功能性成分。

（3）芦荟苷　是从芦荟中提取的羟基蒽醌衍生物和蒽酚衍生物，可净化血液、软化血管，降低血压和血液粘度，促进血液循环，防止动脉硬化和脑溢血的发生。

氧化作用是导致食品在贮存期间变质的重要因素之一。氧化除使食品中的油脂酸败外，还会使食品发生褪色、褐变、维生素破坏，甚至产生有害物质，引起食物中毒。防止食品氧化，可适当地配合使用一些安全性高、效果好的抗氧化剂，但重点应从原料、加工、包装、储存等环节采取相应的措施，如降温、干燥、排气、充氮、密封等。抗氧化剂只能阻碍氧化作用和延缓食品开始败坏的时间，不能恢复已经变质的食品。在抗氧化作用中，抗氧化剂本身会逐渐被氧化而失效。

三、漂白剂

漂白剂的作用是抑制或破坏食品中的各种发色因素，使色素褪色，使有色物质分解为无色物质，或使食品免于褐变，以提高食品的品质。漂白剂又可分为还原性漂白剂和氧化性漂白剂两大类。前者利用还原作用除去着色物质，当漂白剂存在时，具有漂白作用，但这类漂白剂易因氧化而逐渐消失，以致再度着色；氧化漂白剂则是利用氧化作用破坏着色物质，因其作用激烈，会破坏食品中的一些营养成分，故很少在食品中直接应用。

1. 还原性漂白剂

这类漂白剂主要为亚硫酸盐类，能产生还原性的亚硫酸。亚硫酸在被氧化时将着色物质还原，产生强烈的漂白作用。亚硫酸可破坏氧化酶的活性（还原维持酶三维结构所必需的二硫键）而有效地防止酶促褐变，并能与葡萄糖等进行加成反应而阻止羰氨反应所造成的非酶褐变。在酸性条件下，亚硫酸能消耗组织中的氧而抑制好气性微生物的活动，具有一定的防腐作用。

用亚硫酸漂白的物质，由于 SO_2 的消失容易变色，所以通常在食品中残留一定量的 SO_2。但残留量高时会造成食品有 SO_2 的臭气，同时对所添加的香料、色素及其他添加剂也有影响。用 SO_2 残留量较高的原料制罐时，易腐蚀罐壁，并产生较多的 H_2S。亚硫酸对维生素 B_1 有破坏作用，一般不适用于肉类、谷物、乳制品及坚果类食品。食品中如存在金属离子，则可将残留的亚硫酸氧化，需用多聚磷酸盐等螯合剂除去食品中过多的金属离子。各种亚硫酸类物质中有效 SO_2 含量见表 25-1。

表 25-1　各种亚硫酸类物质中有效 SO_2 的含量

名　称	分　子　式	溶解度（g/L）	有效 SO_2（%）
液态二氧化硫	SO_2	110（20℃）	100.00
亚硫酸（6%溶液）	H_2SO_3		6.00
亚硫酸钠	Na_2SO_3	280（40℃）	50.84
亚硫酸氢钠	$NaHSO_3$	300（20℃）	61.59
焦亚硫酸钠	$Na_2S_2O_5$	250（0℃）	57.65
低亚硫酸钠	$Na_2S_2O_4$		73.56

2. 氧化性漂白剂

前述的氧化杀菌剂即属此类，由于其作用过于激烈，很少在食品中直接使用。盐干带壳花生、海藻胶生产中常用这类漂白剂。此外，淀粉漂白、甜菜糖精制也用这类漂白剂。

四、乳化剂

将两种互不相溶的液体混合后，其中一种呈微滴状分散于另一种液体中的作用称为乳化。在体系中量大的称为连续相，量小的称为分散相。能使互不相溶的两相中的一相均匀地分散于另一相的物质称为乳化剂。其分子中同时含有极性（亲水）基和非极性（亲油）基。乳化剂大体上可分为产生水包油（油/水）型乳浊液的亲水性强的水溶性乳化剂和产生油包水（水/油）型乳浊液的亲油性强的油溶性乳化剂两大类。

通常使用亲水亲油平衡值（HLB）表示乳化剂的亲水性和亲油性的平衡。HLB 值均以石蜡为 0、油酸为 1、油酸钾为 20、十二烷基磺酸钠为 40 作为参考标准。各种乳化剂的 HLB 值通过相应的乳化对比实验确定。非离子表面活性剂的 HLB 值均处于 1 ～ 20 之间。HLB 值为 1.5 ～ 3 时，在水中不分散，适合作消泡剂；HLB 值为 3.5 ～ 6 时，在水中稍分散，可作水/油型乳化剂；HLB 值为 7 ～ 9 时，在水中呈稳定乳状分散，可作湿润剂；HLB 值在 8 ～ 16 时，可作油/水型乳化剂；HLB 值为 13 ～ 15 时可作洗涤剂；HLB 值 15 以上时可作增溶剂、溶化剂。即 HLB 值越小，亲油性愈强，HLB 值越大，亲水性越强。

乳化剂是连接水相和油相的表面活性剂，因此，一个理想的乳化剂应与水相和油相都有较强的亲和力，但一种乳化剂很难达到这种理想的状态，所以实际应用时，往往把 HLB 值小的乳化剂与 HLB 值大的乳化剂混合使用，这样可以得到较为满意的效果。两种以上不同 HLB 值的乳化剂并用，比用单一乳化剂效果好。

乳化剂在食品工业中的重要应用可概括为以下几个方面：

（1）乳化作用 乳化剂在食品工业中应用最广的是它的乳化作用。食品中大多含有两类溶解性质不同的组分，乳化剂有助于它们均匀、稳定地分布，从而防止油水分离，防止糖和油脂起霜，防止蛋白质凝集或沉淀。此外，乳化剂可以提高食品耐盐、耐酸、耐热、耐冷冻保藏的稳定性，乳化后营养成分更易为人体消化吸收。

（2）对淀粉和蛋白质的作用 乳化剂可与直链淀粉结合为稳定的络合物，因此淀粉制品冷却后直链淀粉难以结晶析出，所以有助于延缓淀粉的老化作用，是淀粉食品的柔软保鲜剂。可使面包、馒头、包子、蛋糕等较长时间保持新鲜、松软和良好的切片性。乳化剂能和面粉中的脂类和蛋白质形成氢键或偶联络合物，起到面团调理剂的作用。加入乳化剂，强化了面团的网状结构，提高了面团的弹性和吸水性，增加了揉面时空气的混入量，缩短发酵时间，使面包等制品膨松、内心柔软、孔隙分布均匀，使面条制品煮时不易碎烂。因此乳化剂广泛应用于面包、糕点、饼干、面条等米面制成的淀粉食品中。

（3）调节粘度的作用 乳化剂有降低粘度的作用，因此，可作饼干、口香糖等的脱模剂，并使制品表面光滑。在巧克力中，乳化剂可降低粘度，提高物料的流散性，便于生产操作；在口香糖中，乳化剂可促进各种成分向树脂分散，在低温短时间内便混合均匀，并使产品不粘牙，具有增塑性和柔软性；在制糖工业中，乳化剂降低糖蜜粘度，可增加糖的回收率。

（4）润湿和分散作用 奶粉、可可粉、麦乳精、速溶咖啡、粉末饮料冲剂和汤味料等食品中使用乳化剂，可提高其分散性、悬浮性和可溶性，有助于方便食品在冷水或热水中速溶和复水。

（5）控制结晶作用 乳化剂对结晶有促进成长或阻止成长的作用。在巧克力中，乳化剂可促进可可脂的结晶变得微细和均匀；在冰淇淋等冷冻食品中，高 HLB 值的乳化剂可阻止糖类等产生结晶；而在人造奶油中，低 HLB 值的乳化剂可阻止油脂产生结晶。

（6）增溶作用　HLB 值在 15 以上的乳化剂可作脂溶性色素、香料、强化剂的增溶剂，另外，在食品加工中还可作破乳剂使用。

（7）抗菌、保鲜作用　蔗糖酯等还具有一定的抗菌性，可用作蛋品、水果、蔬菜等保鲜涂膜剂的乳化剂。在果蔬表面涂膜，有抑制水分蒸发、防止细菌侵袭和调节呼吸等作用。天然乳化剂磷脂还有抗氧化作用。

食品工业中常用的乳化剂有磷脂、单甘酯、蔗糖酯、山梨糖醇酐脂肪酸酯（司盘）、聚氧乙烯山梨糖醇酐脂肪酸酯（吐温）、木糖醇酐单硬脂酸酯、硬脂酰乳酸钙、硬脂酰乳酸钠、松香甘油酯、氢化松香甘油酯、乙酸异丁酸蔗糖脂、双乙酰酒石酸单甘油酯等。一般使用量为 0.1% ～ 1%，具体量应视具体情况而定。

五、膨松剂

膨松剂又称面团调节剂，可使面团起发、体积膨大，形成松软的海绵状多孔组织，柔软可口易咀嚼，增加营养，容易消化吸收，并呈特殊风味，是面包、馒头、蛋糕、饼干等的重要添加剂。饼干、糕点一般不用酵母作膨松剂，而使用化学膨松剂。因为糕点、饼干多糖、多油脂，不利于酵母生长繁殖，而应用化学膨松剂操作简便，不需发酵设备，而且生产周期短。

（一）化学膨松剂

我国常用的化学膨松剂主要是以碳酸氢盐和明矾为主的复合盐，按其性质可分为碱性膨松剂和复合膨松剂。

1. 碱性膨松剂

最常用的是碳酸钠、碳酸钙、碳酸氢钠、碳酸氢铵等碳酸盐，它们受热后产生膨胀的气体，是食品产生多孔海绵状组织的原动力，如：

$$2NaHCO_3 + NH_4HCO_3 \xrightarrow{\Delta} Na_2CO_3 + 2H_2O + 2CO_2 \uparrow + NH_3 \uparrow$$

碳酸氢钠分解时产气量不如碳酸氢铵，但产气过快、过多时容易造成产品出现大的空洞。单独应用碱性膨松剂很难调节产气速度，而且分解产物还影响产品的质量。如碳酸氢钠分解后残留碳酸钠，致使产品碱性增加，使用过量或混合不均匀可使产品发黄或杂有黄斑，并带有碱味。某些维生素和营养成分在碱性条件下加热很易破坏。碳酸氢铵分解产生氨气影响食品的风味。

2. 复合膨松剂

膨松剂常由几种原料混合制成。市售的发酵粉就是用各种酸性盐和碱性盐加上填充料配合而成。常用的酸性盐为磷酸氢钙、葡萄糖酸-δ-内酯、酒石酸、钾明矾、铵明矾等，主要用于中和碱性盐，以避免食品产生不良的气味。如：

$$NaHCO_3 + 酸性盐 \longrightarrow 中性盐 + H_2O + CO_2 \uparrow$$

酸性盐除了中和碱性盐、避免因碱性增高而影响食品的质量外，还能控制膨松剂的产气速度。酸性盐解离出的氢离子与碱性盐反应释放出二氧化碳气体，而氢离子的离解速度与酸性盐的溶解度、温度等有关。如常温下，酒石酸钾、磷酸二氢钙的反应速度较快；而明矾与葡萄糖酸-δ-内酯反应较慢，磷酸氢钙则几乎不发生反应。有些酸性盐只有在加热时才与碳酸氢钠起反应，如明矾很少单独使用，一般只在炸油条时才用。

复合膨松剂品种繁多，常用的碳酸氢钠用量为 20%～40%，酸性盐 35%～50%，另外再加入淀粉、脂肪酸等填充料（占 10%～40%）以防止吸潮结块，延长保存期。

复合膨松剂比单纯的碱性盐产气量大，在冷面团里产气慢，加热时气体产生多而均匀，分解后的残留物对产品的风味、质量影响也小。复合膨松剂的配合原则主要根据加工产品的需要分为快速发酵粉、慢速发酵粉和双重反应发酵粉等。快速发酵粉通常在食品焙烤前已开始产生二氧化碳气体，而焙烤时得不到膨松所需的气体，所以不适应于面包、糕点的生产。慢速发酵粉则随着温度升高，反应速度随之加快，大部分气体在加热后才放出。当加热初期焙烤食品的组织尚未凝结时发酵粉的气体产生过多过快，则焙烤后期所需膨胀的气体难以继续产生，结果成品易塌下；相反，若用慢性发酵粉，在焙烤后期制品凝固后才放出二氧化碳气体，致使制品体积得不到膨胀，就失去了膨松剂的意义。因此，双重反应发酵粉的优点在于把快性和慢性的酸性盐适当配合，使加热前后都能分解放出气体，以满足焙烤制品膨胀所需气体。

常用的复合膨松剂是采用淀粉等作为填充料，隔离小苏打和酸性盐，以免二者过早接触而失效，但用淀粉效果并不理想，发酵粉的货架寿命较短。采用微胶囊技术包埋小苏打，使其在适当的温度下释放出来，这样不仅可以达到更佳的膨松效果，而且延长了膨松剂的有效期。

（二）生物膨松剂

酵母是常用的生物膨松剂，主要用于面包、馒头和苏打饼干。酵母在发酵过程中，由于酶类的作用，糖类发酵生成酒精及二氧化碳，使面团起发、体积增大，经烘烤定形面包可形成蜂窝状的膨松体并具有弹性，同时还产生醛类、酮类、酸类及酯类等特殊风味物质。酵母本身也含有大量的蛋白质、糖、脂肪及维生素，提高了面包的营养价值。市售酵母大致有以下三种。

1. 新鲜酵母

将发酵培养的酵母液离心分离，压榨除去大部分水分，产品含水分 71%～73%，每克含酵母 50 亿～100 亿个。新鲜酵母易腐坏变质，必须保存在 0～4℃条件下。

2. 干酵母

由新鲜酵母低温脱水后制得，含水分 7.0%～8.5%。产品易保存，便于运输，但发酵力有所减弱，使用时需经活化培养，不太方便。

3. 活性干酵母

干酵母中混合有酵母生长必需的各种酵母营养物质，含水分 5.0%～6.0%。使用时通常不需复活培养，即可直接和面，十分方便，常温下可保存 1～2 年。

第二十六章　食品中的有害成分

食物中除营养成分和虽然不一定有营养作用，但能赋予食物以色、香、味等感官性状的成分外，还常含有一些无益有害的成分，称为嫌忌成分。

这些成分或来源于食物原料本身，或来源于食品加工过程，或来源于微生物污染和环境污染等。当食品中的有害成分的含量超过一定限度时，即可造成对人体健康的损害。

第一节　食品中的天然毒素

食品中的天然毒素主要是指有些动植物中所含有的一些有毒的天然成分，如河豚毒素。有些动植物食品在一般情况下并不含有毒物质，但储存不当会形成某种有毒物质，积累到一定数量，食用后即可引起中毒。如马铃薯储存不当，发芽后可产生龙葵素。另外，由于某些特殊原因，也可使食品带毒。如蜂蜜是无毒的，但蜜源植物中含有毒素时会酿成有毒蜂蜜，误食后也会引起中毒。

一、植物性和蕈类食品中的毒素

（一）有毒植物蛋白及氨基酸

1. 凝集素

在豆类及一些豆状种子（如蓖麻）中含有一种能使红血球细胞凝集的蛋白质，称为植物红血球凝集素，简称凝集素，它通过与红细胞膜高度特异性的结合而使红细胞凝集，并能刺激培养细胞的分裂。当给大白鼠口服黑豆凝集素后，明显地减少了所有营养素的吸收。在离体的肠管试验中，观察到通过肠壁的葡萄糖吸收率比对照组低 50%。因此，推测凝集素的作用是与肠壁细胞结合，从而影响了肠壁对营养成分的吸收。

已知凝集素有很多种类，其中大部分是糖蛋白，含糖类 4%～10%。生食或烹调不足会引起食者恶心、呕吐等症状，严重者甚至死亡。所有凝集素在湿热处理时均被破坏，在干热处理时则不被破坏。可采取加热处理、热水抽提等措施去毒。

（1）大豆凝集素　大豆凝集素是一种糖蛋白，相对分子质量为 110 000，糖类占 5%，主要是甘露糖和 N-乙酰葡萄糖胺。吃生大豆的动物比吃熟大豆者需要更多的维生素、矿物质以及其他营养素。

（2）菜豆属豆类的凝集素　菜豆属中已经发现有凝集素的有菜豆、绿豆、红花菜豆和芸豆等。菜豆属的凝集素明显地抑制饲喂动物的生长，剂量高时可致死。

其他豆类如扁豆、蚕豆、立刀豆等也都有类似毒性。

（3）蓖麻毒蛋白　人、畜生食蓖麻籽或油，轻则中毒呕吐、腹泻，重则死亡。蓖麻中的毒素成分是蓖麻毒蛋白，毒性极大，对小白鼠的最小致死量为 1g/kg(体重)。

2. 蛋白类酶抑制剂

在豆类、谷物及马铃薯等植物性食物组织中还有另一类小分子毒蛋白——蛋白类酶抑制剂。在体外试验中能与有关酶类迅速结合并形成非常稳定的复合物，从而抑制相应酶类的作用。其中比较重要的有胰蛋白酶抑制剂和淀粉酶抑制剂。

（1）胰蛋白酶抑制剂 存在于大豆等豆类及马铃薯块茎等食物中，相对分子质量14300～38000，分布极广。生食上述食物，由于胰蛋白酶受到抑制，反射性地引起胰腺肿大。

（2）淀粉酶抑制剂 在小麦、菜豆、芋头、未成熟香蕉和芒果等食物中含有各种蛋白类的淀粉酶抑制剂，影响糖类的消化吸收。

3．毒肽

最典型的毒肽是存在于毒蕈中的鹅膏菌毒素及鬼笔毒素，如图26-1和图26-2所示。

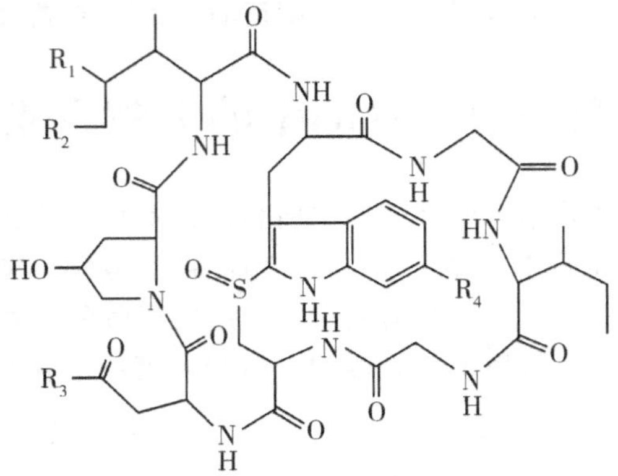

毒肽	R_1	R_2	R_3	R_4
α- 鹅膏菌素	OH	OH	NH_2	OH
β- 鹅膏菌素	OH	OH	OH	OH
γ- 鹅膏菌素	OH	H	NH_2	OH
ε- 鹅膏菌素	OH	H	OH	OH
三羟基鹅膏菌素	OH	OH	OH	H
一羟基毒蕈环肽酰胺	H	H	NH_2	OH

图 26-1 鹅膏菌毒素

鬼笔菌毒素是一种环七肽类，又称毒伞素，有五种同系物。鹅膏菌毒素是环八肽类，亦称毒伞肽，有六种同系物。这两种毒肽的毒性作用机理相仿，都是作用于肝脏。鹅膏菌毒素作用于肝细胞核，鬼笔菌毒素作用于肝细胞微粒体。鹅膏菌毒素的毒性大于鬼笔菌毒素，其作用速度较慢，潜伏期也较长，每100g鲜蕈中两者的含量分别为10～13mg，足以杀死2个成年人。毒肽中毒的临床经过一般可分为六期：潜伏期、胃肠炎期、假愈期、内脏损害期、精神症状期和恢复期。

潜伏期的长短可因毒蕈中两类毒肽含量的比重不同而异，一般为10～24h。开始时出现恶心、呕吐及腹泻、腹痛等症状，称为胃肠炎期。有少数病例出现类霍乱症状，并迅速死亡。胃肠炎症状消失后，病人并无明显症状，或仅有乏力，不思饮食，但毒肽则逐渐侵害实质性脏器，称为假愈期。此时，轻度中毒病人肝损害不严重，可由此进入恢复期。严重病例则进入内脏损害期，损害肝、肾等脏器，使肝脏肿大，甚至发生急性肝坏死，死亡率可高达90%。经过积极治疗的病例，一般在2～3周后进入恢复期，各项症状和体征渐次消失而痊愈。

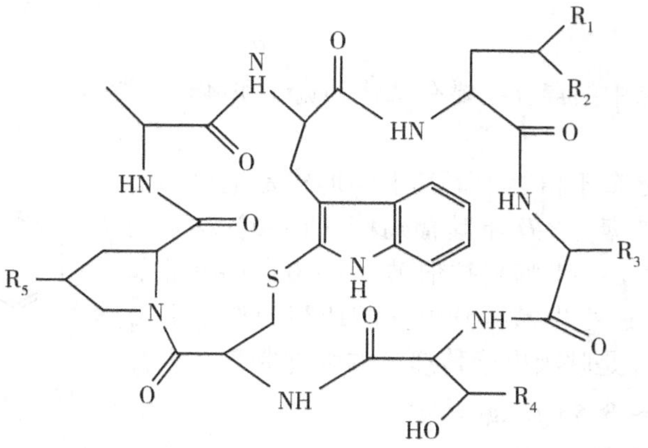

毒肽	R_1	R_2	R_3	R_4	R_5
鬼笔环肽	OH	C_2H_5	CH_3	CH_3	OH
一羟基鬼笔碱	H	C_2H_5	CH_3	CH_3	OH
三羟基鬼笔碱	OH	C_2H_4OH	CH_3	CH_3	OH
二羟基鬼笔酸	OH	C_2H_5	$CH(CH_3)_2$	COOH	OH
毒菌溶血苷 B	H	C_2H_5	$CH_2C_6H_5$	CH_3	H

图 26-2　鬼笔菌毒素

4. 有毒氨基酸及其衍生物

（1）山黎豆毒素　山黎豆毒素主要有两类：一类是致神经麻痹的氨基酸毒素，有 α, γ-二氨基丁酸、γ-N-草酰基-α, γ-二氨基丁酸和 β-N-草酰基-α, β-二氨基丙酸；另一类是致骨骼畸形的氨基酸衍生物毒素，如 β-N-(γ-谷氨酰)-氨基丙腈、γ-甲基-*L*-谷氨酸、γ-羟基戊氨酸及山黎豆氨酸等。

人的典型山黎豆中毒症状是肌肉无力，不可逆的腿脚麻痹，甚至死亡。

（2）β-氰基丙氨酸　存在于蚕豆中，是一种神经毒素，能引起和山黎豆中毒相同的症状。

（3）刀豆氨酸　是存在于豆科蝶形花亚科植物中的一种精氨酸同系物，在许多植物体内是抗精氨酸代谢物。刀豆属中某些种生食有毒即为此故，焙炒或煮沸 15 ～ 45min 可破坏大部分刀豆氨酸。

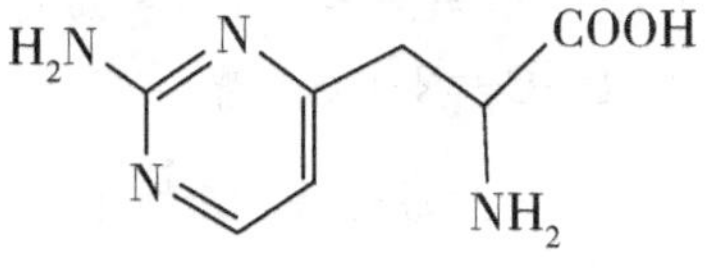

山黎豆氨酸

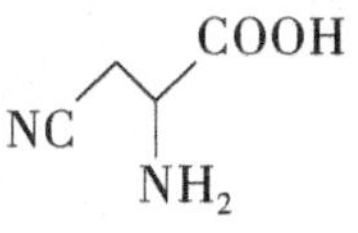

β-氰基丙氨酸

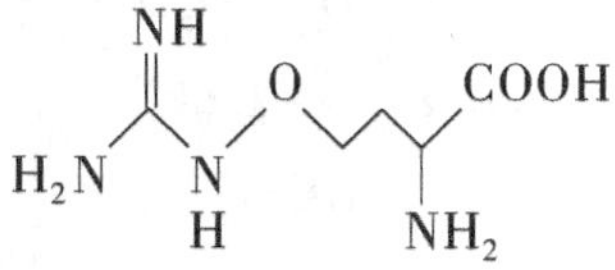

刀豆氨酸

（4）*L*-3, 4-二羟基苯丙氨酸（*L*-DOPA）　*L*-DOPA 广泛存在于植物中，蚕豆的豆荚中含量极丰富，以游离态或 β-糖苷态存在的 *L*-DOPA 高达 0.25%，是蚕豆病的重要病因。症状是急性溶血性贫血症，食后 5 ～ 24h 发病，急性发作期可长达 24 ～ 48h，然后自愈。蚕豆病的发生多数是由于摄食过多的青蚕豆（无论煮熟、去皮与否）所致。

L-DOPA 也是一种药物，能治震颤性麻痹。

（二）毒苷

存在于植物性食品中的毒苷主要有氰苷、硫苷和皂苷三类。

1. 氰苷类

微量氰化物广泛分布于植物中，其主要形式是生氰的葡萄糖苷，其次是龙胆二糖［β-D-吡喃葡萄糖（1→6）D-吡喃葡萄糖］及荚豆二糖［β-L-吡喃阿拉伯糖（1→6）D-吡喃葡萄糖］，均呈 β 构型。这些生氰糖苷类在酸或酶的作用下可水解产生氰氢酸，HCN 是呼吸电子传递链的强抑制剂。人类 HCN 的致死量为 0.5 ～ 3.5mg/kg(体重)。

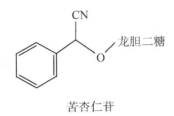

苦杏仁苷

常见食物中的生氰糖苷类见表 26-1。

表 26-1　常见食用植物中的氰苷

苷　类	存在植物	水解产物
苦杏仁苷	蔷薇科植物，包括杏仁、苹果、梨、桃、杏、樱桃、李等	龙胆二糖 + HCN + 苯甲醛
洋李苷	蔷薇科植物	葡萄糖 + HCN + 苯甲醛
荚豆苷	野豌豆属植物	荚豆二糖 + HCN + 苯甲醛
蜀黍苷	高粱属植物	D-葡萄糖 + HCN + 对羟基苯甲醛
亚麻苦苷	菜豆、木薯、白三叶草等	D-葡萄糖 + HCN + 丙酮

2. 硫苷

硫苷类物质存在于甘蓝、萝卜、芥菜、卷心菜等十字花科植物及葱、大蒜等植物中，是这些蔬菜辛味的主要成分，均含有 β-D-硫代葡萄糖作为糖苷中的糖成分。过多摄入硫苷类物质有致甲状腺肿的生物效应，总称为致甲状腺肿原。主要的致甲状腺肿原是异硫氰酸化合物的衍生物——致甲状腺肿素。各种天然含硫糖苷中已被鉴定的有 70 多种，都与一种或多种相应的苷酶同时存在，但在完整组织中，这些苷酶并未与底物接触，只在组织破坏时，如将湿的、未经加热的组织匀浆、压碎或切片等处理时，苷酶才与硫苷接触，并迅速将其水解成糖苷配基、葡萄糖和硫酸盐：

$$R\text{—}C\text{=}N\text{—}O\text{—}SO_3H \quad \xrightarrow[\text{苷酶}]{H_2O} \quad H_2SO_4 + 葡萄糖 + \left[R\text{—}C\text{=}NH \right] \xleftrightarrow{\quad} \begin{array}{l} R\text{—}S\text{—}C\text{≡}N \quad 硫氰酸酯 \\ R\text{—}N\text{=}C\text{=}S \quad 异硫氰酸酯 \\ R\text{—}C\text{≡}N + S \quad 腈 + 硫 \end{array}$$

$\quad\quad|$
$\quad S\text{—}\beta\text{-}D\text{-}葡萄糖 \quad\quad\quad\quad\quad\quad\quad\quad\quad\quad SH$

　　硫代葡萄糖苷　　　　　　　　　　　　　糖苷配基　　　　配基分子重排产物

在生成的糖苷配基中可发生分子间的重新排列，产生硫氰酸酯、异硫氰酸酯和腈。硫氰酸酯抑制碘吸收，具有抗甲状腺作用；腈类分解产物有毒；异硫氰酸酯经环化可成为致甲状腺肿素，在血碘低时妨碍甲状腺对碘的吸入，从而抑制了甲状腺素的合成，甲状腺也因之而发生代谢性增大。

这些抗甲状腺物质在人类地方性甲状腺肿病因学中所起的作用是很小的，但含硫苷物质作动物饲料时，则对动物生长有不利的影响。

3. 皂苷类

皂苷类是一类广泛分布于植物界的苷类，由于溶于水能生成胶体溶液，搅动时会像肥皂一样产生泡沫，因而称为皂苷或皂素。在试管中有破坏红血球的溶血作用，对冷血动物有极大毒性。食品中的皂苷被人、畜口服时，多数没有毒性，少数有剧毒（如茄苷）。

按苷配基不同，可将皂苷分为三萜烯类苷、螺固醇类苷和固醇生物碱类苷三大类。

（1）三萜烯类苷　大豆皂苷属于三萜烯类型皂苷，其苷配基称为大豆皂苷配基醇，是三萜烯类物质，有 A、B、C、D、E 五种同系物。大豆皂苷的成苷糖类有木糖、阿拉伯糖、半乳糖、葡萄糖、鼠李糖及葡萄糖醛酸。

虽然大豆皂苷也有溶血及发生泡沫等性质，但熟食大豆后未见对人、畜有损害。

（2）螺固醇类苷　薯芋中的薯芋皂苷是一种螺固醇类皂苷，其苷配基称为薯芋皂苷元。

（3）固醇生物碱类苷　茄子、马铃薯等茄属植物中，含有苷配基为茄碱（又译龙葵碱）及茄解碱的固醇生物碱类皂苷。正常情况下，在茄子、马铃薯中的茄苷含量不过 $3 \times 10^{-5} \sim 6 \times 10^{-5}$（质量分数），在马铃薯中主要存在于表皮层中，但发芽马铃薯的芽眼附近及见光变绿后的表皮层中含量极高。当茄苷达到 $3.8 \times 10^{-4} \sim 4.5 \times 10^{-4}$（质量分数）时，足以致命。茄苷是一种胆碱酯酶抑制剂。茄碱具有热稳定性，在烹煮以后也不会受到破坏。

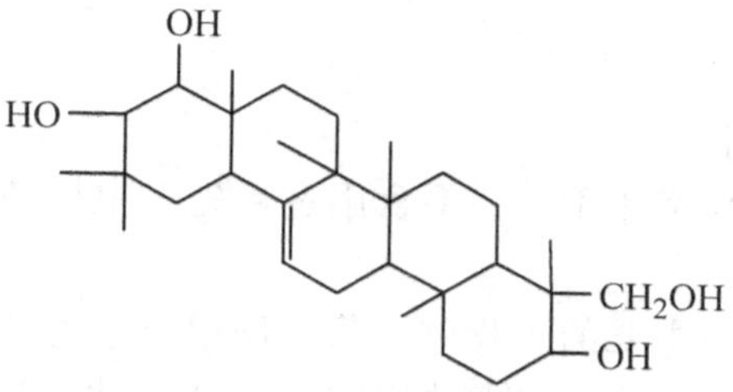

大豆皂苷配基醇 A

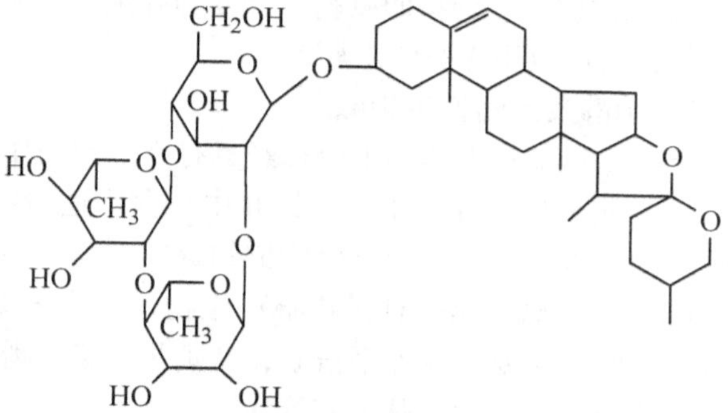

薯芋皂苷

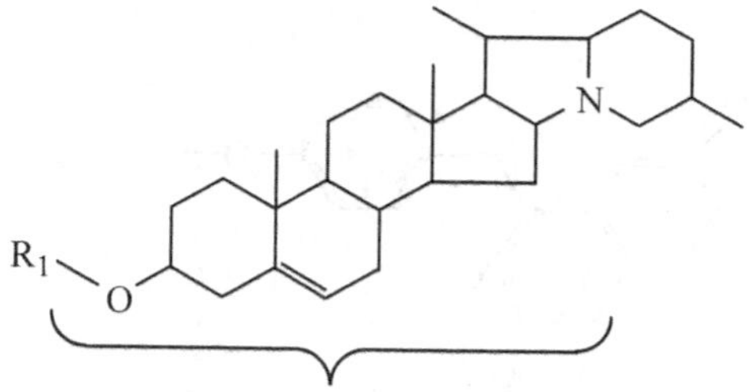

R_1：D-半乳糖$(2 \leftarrow 1)\beta$-L-鼠李糖
　　　$(3 \leftarrow 1)$ β-D-葡萄糖（茄三糖）
茄苷

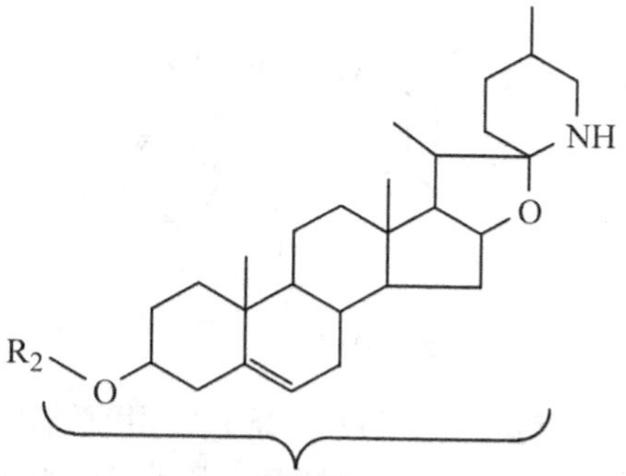

R_2：茄三糖-L-鼠李糖
茄解苷

除了茄苷以外，与之共存的还有一种茄解苷，其苷配基称为茄解碱，与之成苷的糖是一种四糖。

（三）生物碱

生物碱一般是指存在于植物中的含氮碱性化合物，大多数生物碱都具有毒性。

1. 兴奋性生物碱

黄嘌呤衍生物咖啡碱、茶碱和可可碱是食物中分布最广的兴奋性生物碱。咖啡碱存在于咖啡、茶叶及可可中。这些物质具有刺激中枢神经兴奋的作用，常作为提神饮料。相对而言，这类生物碱是无害的。

（1）烟碱 俗名尼古丁，是一种存在于茄科植物（茄属）中的生物碱，也是烟草的重要成分。尼古丁会使人上瘾或产生依赖性（最难戒除的毒瘾之一），人们通常难以克制自己，重复使用尼古丁可增加心跳速度、升高血压并降低食欲。

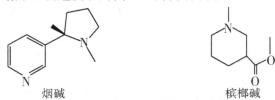

烟碱   槟榔碱

（2）槟榔碱 为拟胆碱药，能使瞳孔缩小、眼内压下降，滴眼用于青光眼治疗，能使绦虫瘫痪，所以也用作驱绦虫药。

2. 镇静及致幻性生物碱

有些生物碱对人体的中枢神经具有麻醉致幻作用。

（1）古柯碱 存在于古柯树叶中。食用适量有兴奋作用，如果食用过量先对中枢神经有强烈的镇静作用，继而产生麻醉幻觉。

（2）罂粟碱 是一种异喹啉型生物碱，为罂粟中主要的生物碱。药理作用介于吗啡和可待因之间，主要能解除平滑肌，特别是血管平滑肌的痉挛，并可抑制心肌的兴奋性。其盐酸盐可治疗心绞痛和动脉栓塞等症。

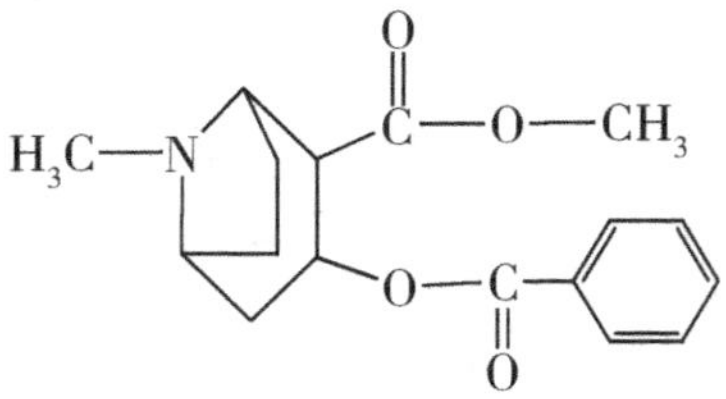

β-古柯碱 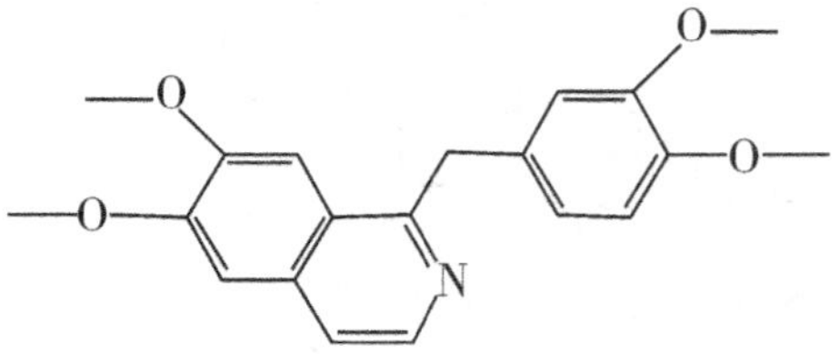   罂粟碱

（3）麻黄碱 （1R，2S）-2-甲氨基-苯丙烷-1-醇。存在多种立体异构体，是中草药麻黄的主要成分。麻黄碱为拟肾上腺素药，能兴奋交感神经，药效较肾上腺素持久，口服有效。它能松弛支气管平滑肌，收缩血管，有显著的中枢神经兴奋作用。临床主要用于治疗习惯性支气管哮喘和预防哮喘发作，对严重支气管哮喘病人疗效则不及肾上腺素。

合成兴奋剂甲基苯丙胺，俗称冰毒，是在麻黄素化学结构基础上改造而来的，故又有去氧麻黄素之称。

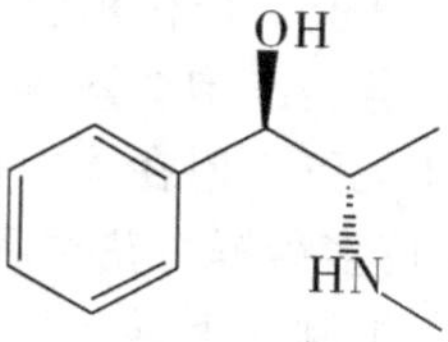

麻黄碱 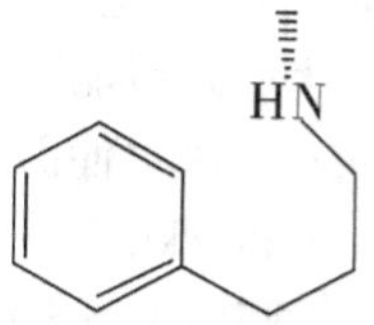   甲基苯丙胺

（4）吗啡 属于阿片类生物碱，亦称鸦片碱，为阿片受体激动剂。为镇痛麻醉药品。吗啡的二乙酰衍生物即是海洛因，其化学名为二乙酰吗啡。

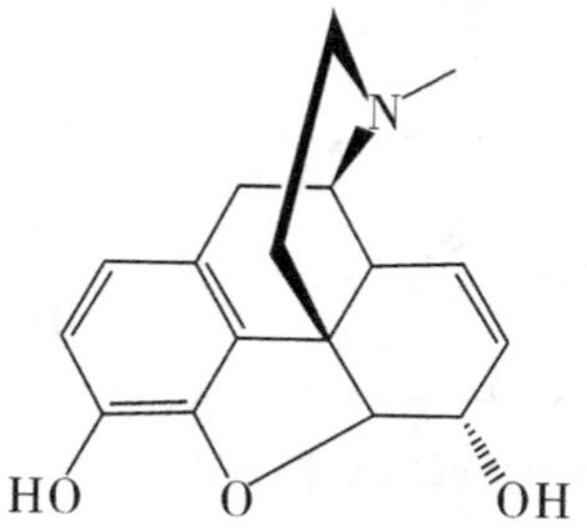

吗啡 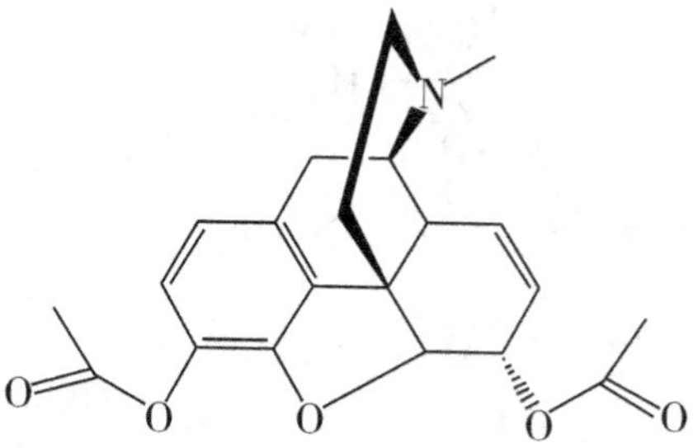   二乙酰吗啡

（5）毒蝇伞菌碱及蟾蜍碱 存在于毒蝇伞菌等毒伞属蕈类中。中毒症状一般食用后15～30min出现，症状最突出的是大量出汗。严重者发生恶心、呕吐和腹痛，并有致幻作用。

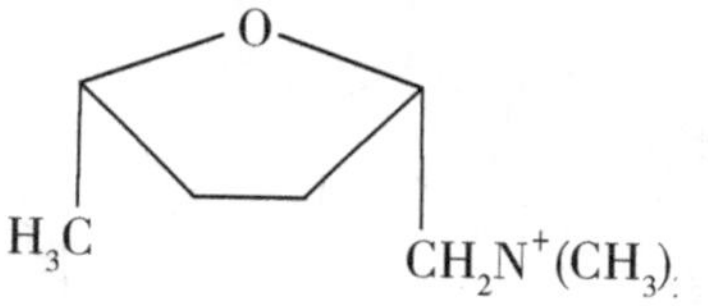

毒蝇伞菌碱 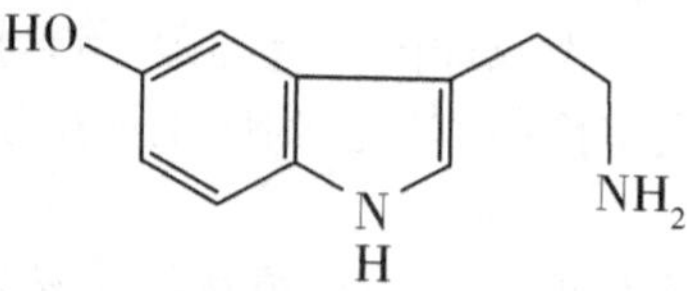   蟾蜍碱

（6）裸盖菇素及脱磷酸裸盖菇素 存在于墨西哥裸盖菇、花褶菇等蕈类中。误食后出现精神错乱、狂歌乱舞、大笑、极度愉快，有的烦躁苦闷，甚至杀人或自杀。花褶菇在我国各地都有分布，生于粪堆上，故称粪菌，又称笑菌或舞菌。

食用香料肉豆蔻中也含有致幻性成分肉豆蔻醚。

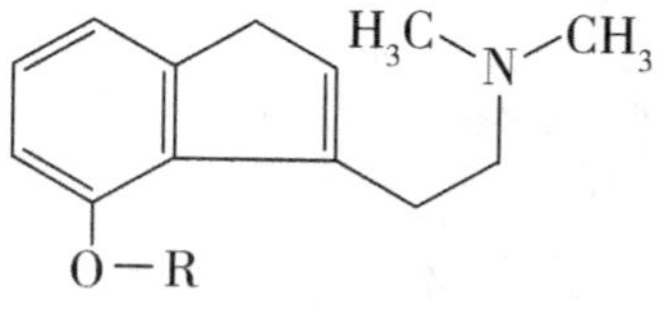

R＝H：脱磷酸裸盖菇素
R＝PO₃H₂：裸盖菇素   肉豆蔻醚

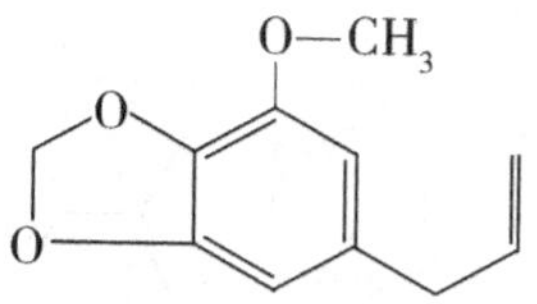

3. 毒性生物碱

毒性生物碱种类繁多，在植物性和蕈类食品中有双稠吡咯啶类生物碱、秋水仙碱及马鞍菌素等。

双稠吡咯啶类生物碱广泛分布于植物界，在紫草科、菊科、豆科及茶叶等植物中已鉴定出150多种。此类生物碱导致肝脏静脉闭塞，有时引起肺部中毒，其中一些还有致癌作用。

（1）秋水仙碱　属有机胺类生物碱，最先发现于百合科植物秋水仙的球茎和种子中，在鲜黄花菜中含量较高。秋水仙碱能阻止植物有丝分裂细胞纺锤体的形成，从而抑制有丝分裂而导致多倍体细胞的产生。秋水仙碱本身对人体无毒，但在体内被氧化成氧化秋水仙碱后则有剧毒，致死量为 3 ~ 20mg/kg（体重）。食用较多炒鲜黄花菜后数分钟至十几小时发病，主要为恶心、呕吐、腹痛、腹泻、头昏等。黄花菜干制后无毒。

（2）马鞍菌素　存在于某些马鞍菌属蕈类中，易溶于热水和乙醇，熔点5℃，低温易挥发，易氧化，对碱不稳定。马鞍菌素中毒潜伏期为 8 ~ 10h，中毒时脉搏不齐，呼吸困难，惊厥等。

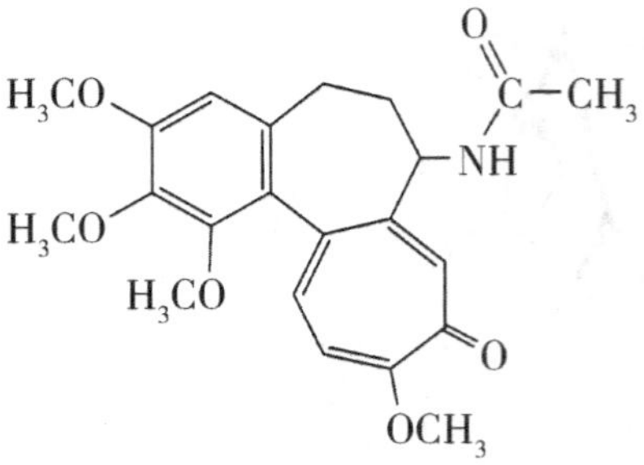

秋水仙碱

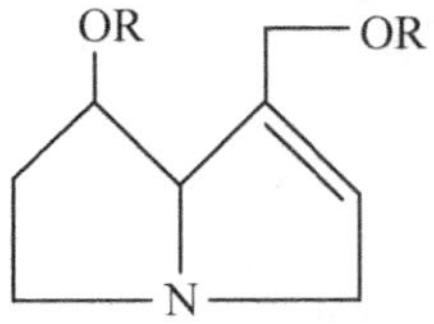

双稠吡咯啶类生物碱的基本结构

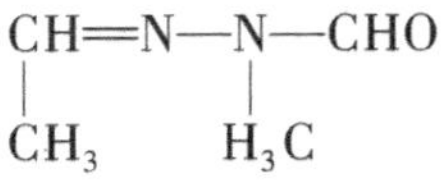

马鞍菌素

（3）小檗碱　是一种异喹啉生物碱，又称黄连素。存在于小檗科等4科10属的许多植物中。对痢疾杆菌、大肠杆菌、肺炎双球菌、金葡菌、链球菌、伤寒杆菌及阿米巴原虫有抑制作用。临床主要用于肠道感染及菌痢等。

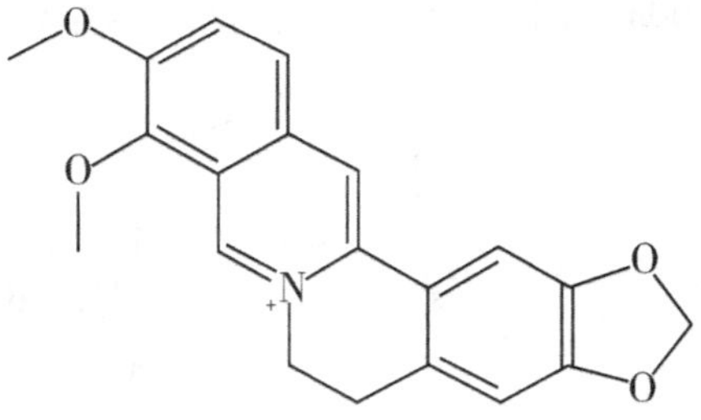

小檗碱

（4）喜树碱　是一种植物抗癌药物，从中国中南、西南分布的珙桐科植物喜树（*Camptotheca acuminata*）的果实、叶中提取得到。喜树碱对肠胃道和头颈部癌等有较好的近期疗效，但对少数病人有尿血的副作用。
10-羟基喜树碱的抗癌活性超过喜树碱，对肝癌和头颈部癌也有明显疗效，而且副作用较少。10-羟基喜树碱用于胃癌、肝癌、头颈部癌及白血病治疗。

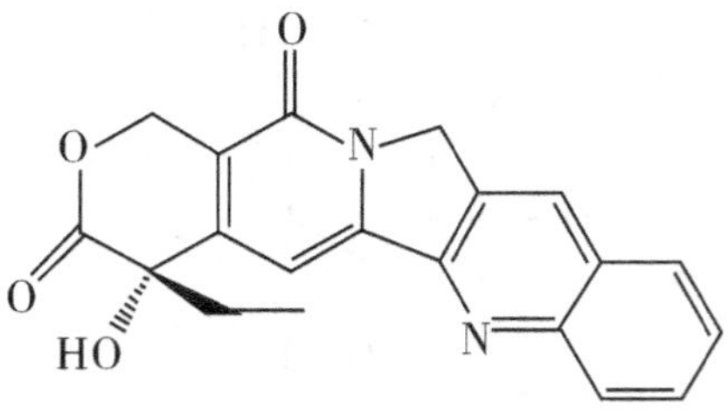

喜树碱 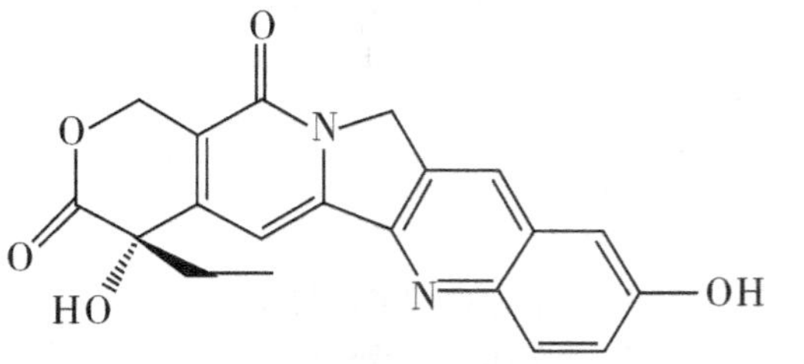　　　　　　　　　　　　　　　　10-羟基喜树碱

生物碱的兴奋、镇静、致幻及中毒作用之间并无截然界限。上述归类仅是为叙述方便，根据性质相对划分而已。事实上，许多生物碱是中药的有效成分，适量摄入对人体有一定的药理功效，过量时则导致中毒甚至死亡。

（四）棉酚

棉酚是一种重要的毒酚，是存在于棉花全株中的酚类色素，主要存在于棉籽子叶的"色素腺"中，呈深褐红色，纯晶为黄色。已知有 15 种之多。棉酚能使人体组织红肿出血、神精失常、食欲不振、体重减轻、影响生育力。棉酚对反刍动物无毒，对猪、鸡、兔等有毒。

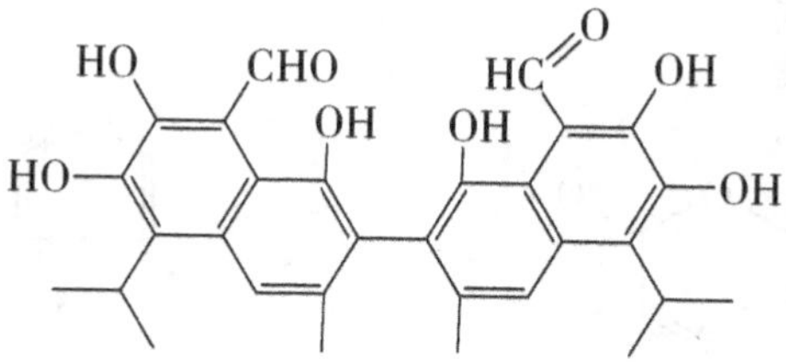

棉酚

棉酚呈酸性，易被氧化，能成酯、成醚、成盐，加热时可与赖氨酸的碱性 ε-氨基结合成不溶于油脂与醚的结合棉酚，称为 α-棉酚，无毒。

去除棉酚可采用 $FeSO_4$ 处理法、碱处理法、尿素处理法、氨处理法等化学方法和湿热蒸炒处理法及微生物发酵法等方法。

（五）荞麦素和原荞麦素

荞麦素和原荞麦素是两种有毒的致光敏酚类色素，二者均以糖苷的形式存在于荞麦花中。经阳光照射后原荞麦素即转变为荞麦素。食用荞麦花即可引起中毒，一般 4～5 天后，面部有烧灼感，颜面潮红并出现豆粒大小的红色斑点，经日晒后加重。在阴凉处又出现麻木感，尤以早晚为重。发麻的部位以口、唇、耳、鼻、手指等外露部位较明显。严重者颜面、小腿均有浮肿，皮肤破溃。病程持续 2～3 周，一般无死亡，轻者数日可自愈。

（六）白果酚和白果酸

白果又名银杏，在果实肉质外种皮、种仁及绿色的胚中含有有毒的白果二酚、白果酚和白果酸等。以白果二酚毒性较大，经皮肤接触或经口进入人体后，作用于中枢神经，潜伏期 1～12h，轻者神情呆滞、反应迟钝、食欲不振、口干、头昏等，1～2 天可自愈。重者除肠胃道症状外，还有抽搐、肢体强直、呼吸困难、紫绀、神志不清、脉细、瞳孔放大、对光反射迟钝或消失等症状。更严重者常于 1～2 天因呼吸衰弱、肺水肿或心力衰竭而危及生命。少数人可引起末梢神经功能障碍，表现为下肢轻度或重度瘫痪。

（七）植物抗毒素

植物在霉菌感染、紫外线、寒冷、重金属盐类处理及外伤等逆境下常产生一些应激性的次生代谢产物，如甘薯黑疤霉酮、豌豆素、菜豆素、芹菜黄毒素等，统称为植物抗毒素。豌豆素和菜豆素在试管中能使红血球分解，芹菜黄毒素则使牲畜产生肺水肿和死亡等。目前对人体的毒性则知之不多。

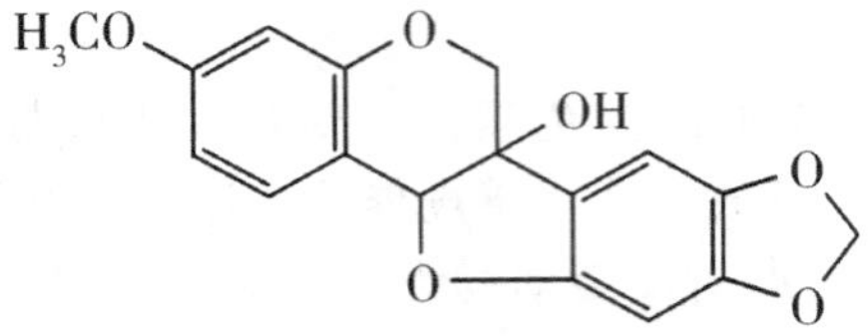

豌豆素

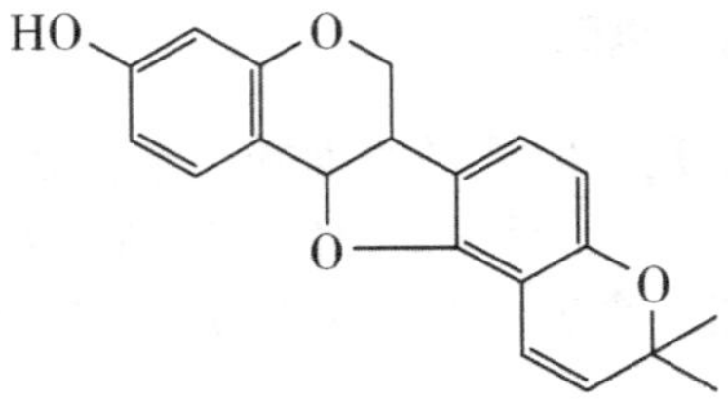

菜豆素

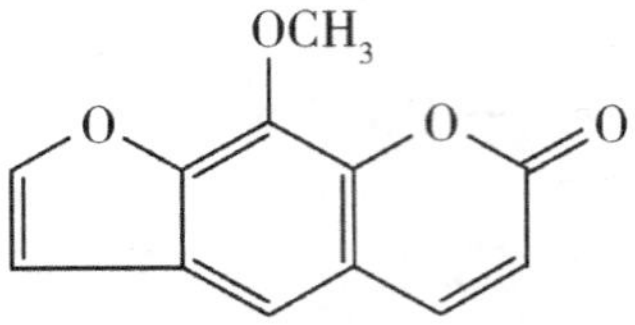

芹菜黄毒素

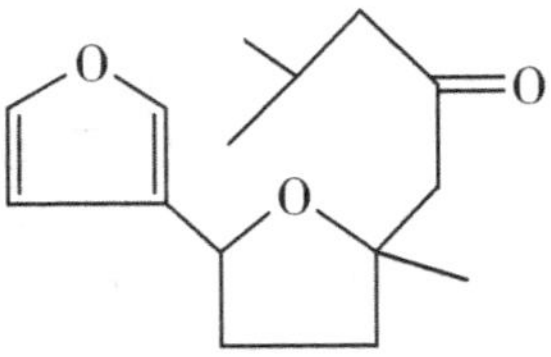

甘薯黑疤霉酮

二、动物性食品中的毒素

有毒的动物性食品几乎都属于水产品。已知 1000 种以上的海洋生物是有毒的或能分泌毒液的，其中许多是可食用的或能进入食物链的。这些水产动物的毒素成分可分为鱼类毒素和贝类毒素两大类。其中有些是蛋白质，有些是小分子季胺化合物。

1. 贝类毒素

海产贝类毒素中毒虽然是由于摄食蛤、淡菜等贝类而引起的，但此类毒素本质上并非贝类代谢产物，而是贝类曾摄入有毒的双鞭甲藻等并有效地浓缩其所含的毒素。当局部条件适合双鞭甲藻等毒藻生长而超过正常量时，海水被称为"红潮"，这种海水中的贝类即带毒。这种贝类毒素称为石房蛤毒素，分子式为 $C_{10}H_{17}N_7O_4 \cdot 2HCl$，亦存在于淡水蓝绿藻体中。石房蛤毒素对热稳定，烹煮时不会被破坏。这种毒素是一种神经毒素，为低分子毒素中最毒的一种。纯毒素的急性毒性试验（鼠）半数致死剂量（LD_{50}）

石房蛤毒素

为 9μg/kg 体重，估计人类致死量在 1 ~ 4mg。这种毒素抑制位于脑中的呼吸和心血管调节中枢，常由于呼吸衰竭而引起死亡。中毒时的主要症状是在食后几分钟内迅速发生口唇、舌、指尖麻木，然后延及大腿、双臂及颈项，以至全身肌肉失调，严重者可因呼吸肌麻痹而在 2 ~ 12h 内死亡。染毒的贝类在清水中放养 1 ~ 3 星期即可排净毒素。

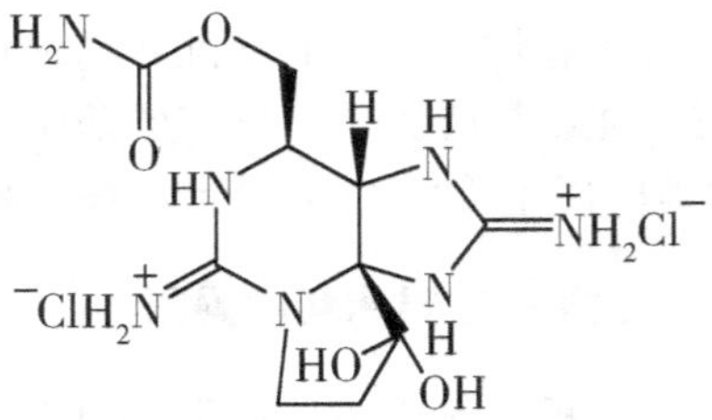

有的贝类毒素是由蓝绿藻 *Anabaena flos-aquae* 及 *Microcystis aeroginosa* 产生的环状多肽。

少数种类的螺也含有有毒物质。如节棘骨螺的鳃下腺或紫色腺中含有骨螺毒素，能兴奋颈动脉窦的受体，刺激呼吸和兴奋交感神经带，以及阻碍神经肌肉的传导作用。

2. 鱼类毒素

已知约有 500 种海洋鱼类可引起人体中毒，进食后的中毒症状各不相同。其毒素来源有内源性的，也有外源性的。

河豚鱼毒素是鱼类毒素中研究最详细的一种，主要存在于卵巢、肝、肠、皮肤及卵中，无论淡水产还是海产的河豚大多有毒。河豚的肌肉一般无毒，但有些河豚的肌肉有毒。

河豚毒素是氨基全氢间二氮杂萘 $C_{10\sim12}H_{15\sim19}O_{8\sim10}N_3$，纯品为无色结晶，能溶于酸性溶液和 60% 的酒精溶液，微溶于水，不溶于其他有机溶剂，在 pH 值 7 以上及 pH 值 3 以下不稳定，分解成河豚酸，但毒性并不消失。极耐热，通常罐藏杀菌温度（116℃）都不能使其完全失活，加热到 220℃ 经 20 ～ 60min 方能使其毒素破坏。

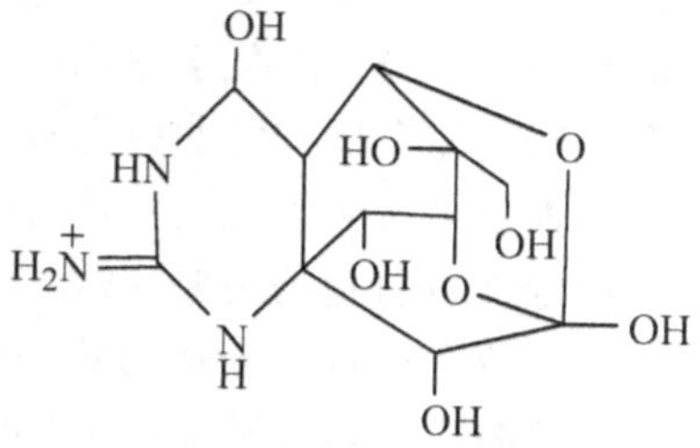

河豚毒素

河豚毒素专一性地堵塞产生神经冲动所必需的钠离子向神经或肌肉细胞的流动，使神经末梢和神经中枢发生麻痹，最后使呼吸中枢和血管神经中枢麻痹而致死。

进食鲳鱼、海鲈鱼、鲷鱼等鱼类后，常可发生中毒。这种性质的中毒与鱼的食物链有关。毒素多源自蓝绿藻。草食鱼类食用毒藻后，又可间接地进入食肉鱼类体内，此类毒素的分子式为 $C_{35}H_{65}NO_8$。鼠的 LD_{50} 值为 80μg/kg（体重）。中毒者表现为心血管系统衰竭而亡。

摄食某些种类的鲱鱼、蕨鱼、海鲢及北梭鱼等鱼类之后，亦可发生中毒现象，其毒素的来源和性质不清楚。其他鱼类，如某些鲭鱼、鲨鱼、八目鱼、长江江豚、龟、鳖等都有报道引起中毒的例子，一般症状为恶心、呕吐、腹泻、呼吸困难、昏迷等，其毒素来源及性质亦有待研究。

第二节　微生物毒素

许多污染食品的微生物可产生对人、畜有害的毒素，其中有些是致癌物和剧毒物。

一、霉菌毒素

霉菌属于真菌，霉菌毒素也是真菌毒素的一部分。就含义较广的真菌毒素来说，有些是真菌生长、繁殖过程中产生的代谢产物；还有些真菌能使食品中某些成分转变为有毒物质。简单地说，霉菌毒素主要是指霉菌在其所污染的食品中所产生的有毒代谢产物。

霉菌产毒只限于少数的产毒霉菌，而产毒菌种也只有一部分菌株产毒。

产毒霉菌产生毒素需要一定的条件，这些条件主要是基质（食品）、水分、湿度、温度以及空气流通情况等。霉菌污染食品并在食品中繁殖是产毒的先决条件，而霉菌能否在食品中繁殖又与食品的种类和环境因素等有关。

一般情况下，霉菌在天然食品中比在人工合成培养基中更易于繁殖。不同的霉菌菌种易在不同的食品中繁殖，即各种食品出现的霉菌以一定的菌种为主。大米、面粉、玉米、花生和发酵食品中，主要以曲霉、青霉为主，在个别地区以镰刀菌及其毒素污染为主，青霉及其毒素主要在大米中出现。

很多种霉菌毒素都具有耐热性，在一般的烹饪或加工条件下都相当稳定。

（一）曲霉毒素

1. 黄曲霉毒素

黄曲霉毒素是由黄曲霉和寄生曲霉中少数几个菌株所产生的肝毒性代谢物。这类霉菌的孢子分布极广，土壤中尤多。虽然其产毒菌株在特定条件下仅能产生两种或三种黄曲霉毒素，但已经陆续分离到 16 种同系物，其中以黄曲霉毒素 B_1 最为常见，毒性也最大，对狗的

LD$_{50}$值为 0.5 ~ 1.0mg/kg（体重）。许多动物试验（鱼类、鸟类、哺乳类）结果都证明黄曲霉毒素是一种极强的化学致癌物。虽然不同种类的动物对急性中毒的敏感性存在差异，但是尚未发现能完全抵抗黄曲霉毒素的动物，其毒性和致癌作用主要在肝脏。一些地区肝癌多发病因调查结果表明，人类对该毒素具有和动物相似的反应，肝脏疾病，特别是肝癌，是摄入黄曲霉毒素后引起的主要疾病。

黄曲霉毒素具有较强的热稳定性，在 98.06kPa 的蒸汽压下，加热到 100℃后经 2h，有 80% 的黄曲霉毒素被破坏；加热到 200℃时发生裂解。所以，一般的烹调、加工法均不能彻底破坏黄曲霉毒素。氢氧化钠可使黄曲霉毒素的内酯六元环开环形成相应的钠盐，溶于水，在水洗时可被洗去。因此，植物油可采用碱炼脱毒，其钠盐加盐酸酸化后又可内酯化而重新闭环。

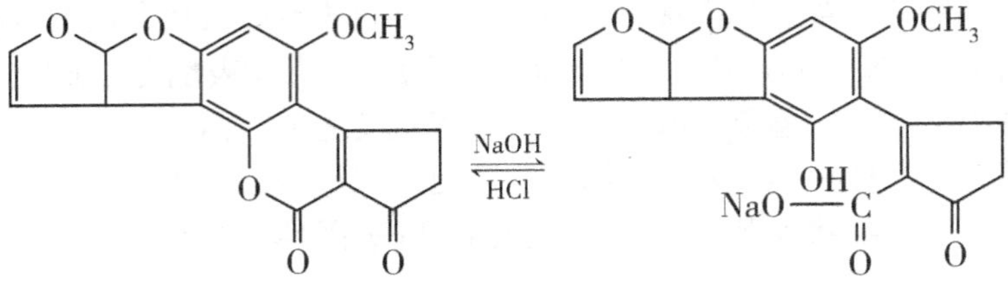

黄曲霉毒素 B$_1$ 黄曲霉毒素 B$_1$ 钠盐

黄曲霉产毒菌株繁殖的温度在 37℃左右，在相对湿度为 80% ~ 85% 以上时产生的黄曲霉毒素量最高。毒素主要在菌体内产生，而后分泌到被污染的食品或培养基中。产生黄曲霉毒素所需要的基质并无特异性，任何食品只要霉变，就可能被黄曲霉毒素所污染。食品中黄曲霉毒素被发现的频率与浓度显著地取决于食品的种类及其产地。黄曲霉毒素主要污染粮油及其制品，如花生、花生油、玉米、稻米，棉籽等。豆类一般不易受污染。

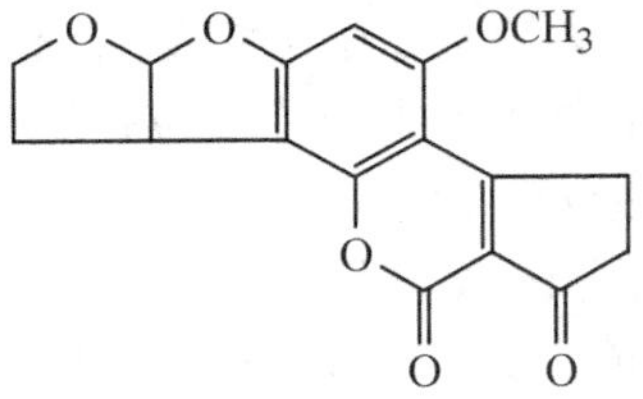

黄曲霉毒素 B$_2$ 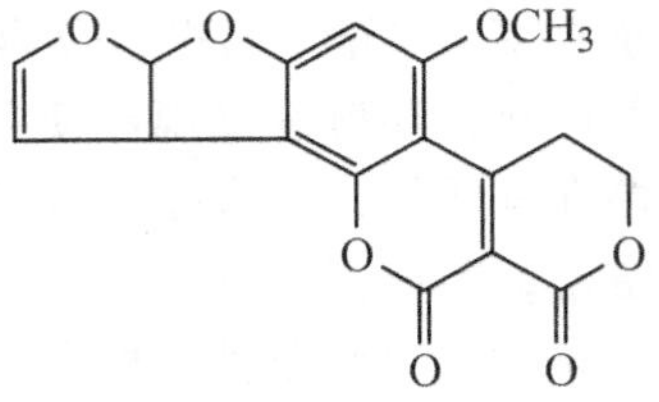   黄曲霉毒素 G$_1$ 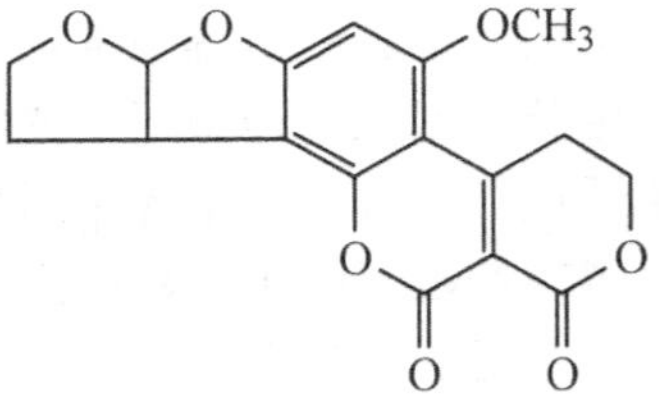   黄曲霉毒素 G$_2$

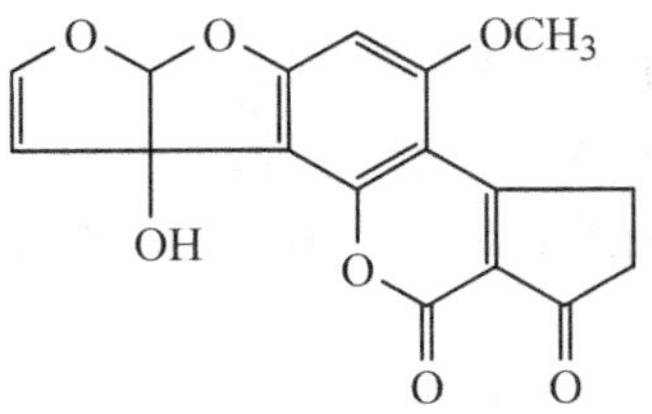

黄曲霉毒素 M$_1$ 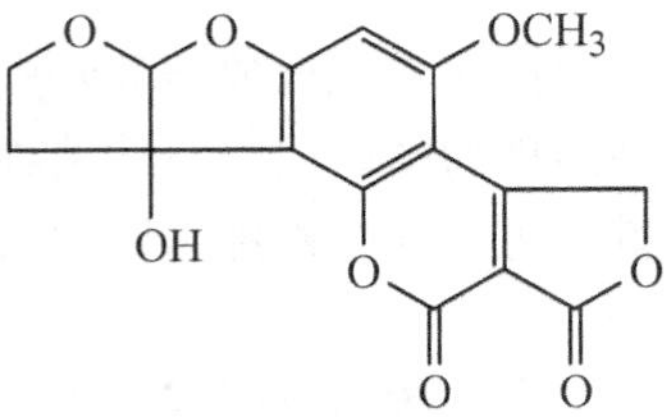   黄曲霉毒素 M$_2$ 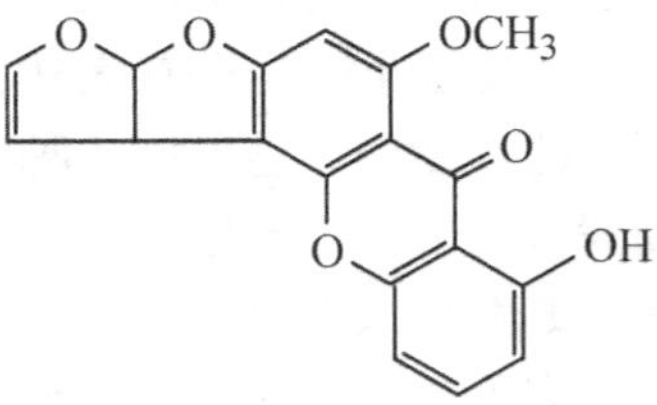   小柄曲霉毒素

2. 小柄曲霉毒素

杂色曲霉、构巢曲霉等产生的毒素叫小柄曲霉毒素，分子结构与黄曲霉毒素类似，已知有 14 种同系物，也是致肝癌毒素，其毒性较低，存在于玉米等粮食中。

3. 棕曲霉毒素

棕曲霉毒素是棕曲霉的毒性代谢物，有 A，B，C 三种同系物，以棕曲霉毒素 A 毒性最大。动物实验证明其能致肝、肾损伤和肠炎。存在于玉米、小麦、花生、大豆、大米等粮食中。

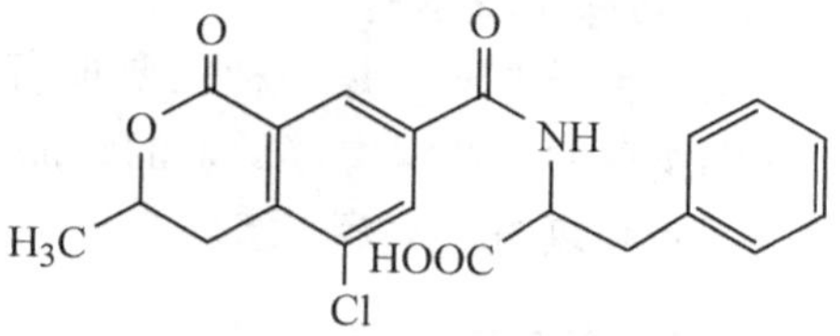

棕曲霉毒素 A

（二）青霉毒素

青霉属中有不少污染食物、产生毒素的菌种。稻谷在收割后和贮存过程中由于含水分过多，极易被青霉菌污染而霉变，其米质呈黄色，称为黄变米。从霉变后的黄变米中常可分离出各种青霉毒性代谢物，其中重要的有岛青霉、桔青霉和黄青霉等霉菌所产生的毒素。

1. 岛青霉毒素

从岛青霉中可分离出多种毒素，其中重要的有黄变米毒素（黄天精）、环氯素和岛青霉毒素。其他的毒素如红天精、虹天精、瑰天精、天精以及链精等也较为重要。

（1）黄变米毒素　又称为黄天精，是双多羟二氢蒽醌衍生物，经验式为 $C_{30}H_{22}O_{12}$，熔点为 287℃（裂解），溶于脂肪溶剂。小鼠经口摄入的 LD_{50} 为 221mg/kg（体重），经腹腔注射为 40.3mg/kg（体重）。中毒时主要引起肝脏病变。

（2）环氯素　是一种毒性较高的含氯肽类化合物，由 β-氨基苯丙氨酸、二分子丝氨酸、氨基丁酸及二氯脯氨酸组成环肽。纯品为白色针状结晶，溶于水，熔点为 251℃（裂解）。环氯素是作用迅速的肝脏毒素，能干扰糖原代谢。小鼠经口服 LD_{50} 为 5.6mg/kg（体重）。

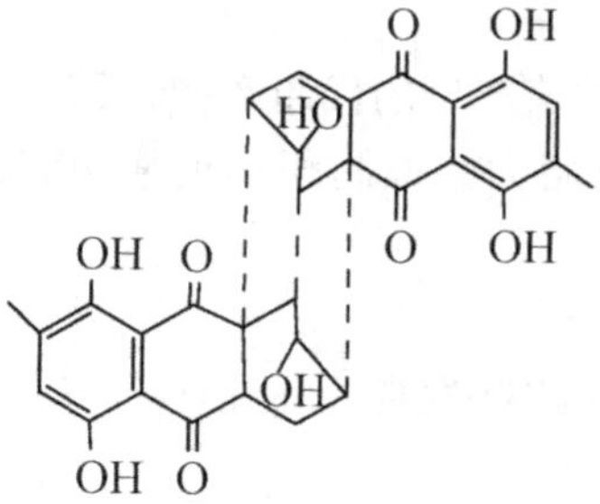

黄变米毒素 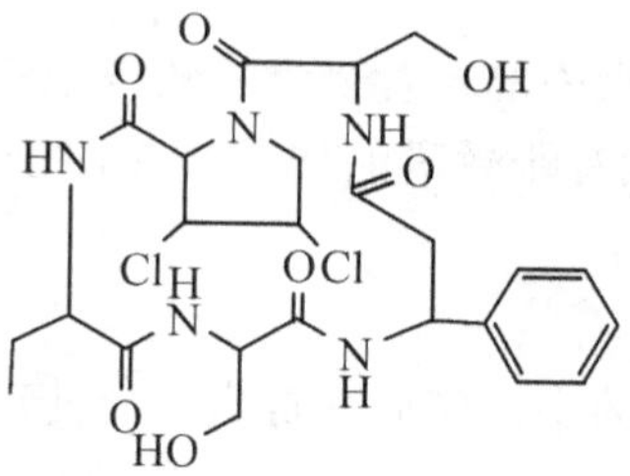　　　　　环氯素 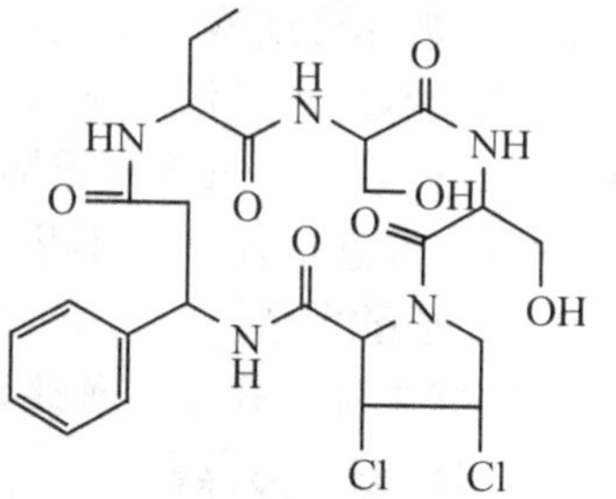　　　　　岛青霉毒素

（3）岛青霉毒素　也为含氯环肽，其理化性质与环氯素类似，是作用较快的肝毒素。

2. 桔青霉毒素

引起大米黄变染毒的另一种青霉菌是桔青霉，它能产生一种主要损害神经系统的毒素。桔青霉毒素对中枢神经和脊髓运动细胞具有抑制作用。开始中毒时四肢麻痹，继而发生呼吸困难而致死。小白鼠经口服该毒素每日 5mg/kg（体重），半数死亡。

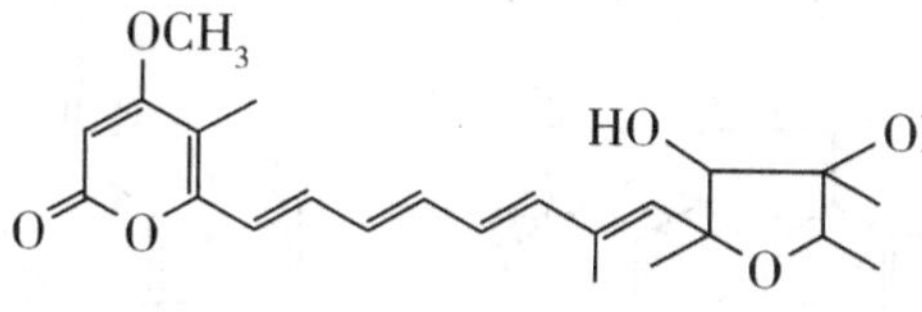

桔青霉毒素

3. 黄绿青霉毒素

黄绿青霉毒素也是一种主要损害神经系统的青霉毒素，最初也是从黄变米中黄（绿）青霉中发现的。黄绿青霉毒素的纯品为深黄色针状结晶，熔点 100～110℃，易溶于乙醇、丙酮、苯和氯仿，不溶于水。

（三）镰刀菌毒素

镰刀菌类是常见污染粮食与饲料的霉菌菌属之一。镰刀菌毒素主要是镰刀菌属和个别其他菌属霉菌所产生的有毒代谢产物的总称。主要药理效应是引起实验动物高雌激素症。按其化学结构及毒性，可大体分为四类：①顶孢霉毒素类；②玉米赤霉烯酮；③丁烯酸内酯；④串珠镰刀菌毒素。

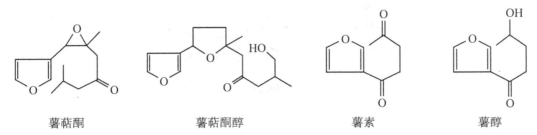

顶孢霉毒素基本结构　　　　　玉米赤霉烯酮　　　　　丁烯酸内酯　　串珠镰刀菌毒素

1. 顶孢霉毒素（单端孢霉毒素）

顶孢霉毒素的基本结构为四环倍半萜烯，已知有 20 余种同系物，均为无色结晶，微溶于水；性质稳定，用一般烹调方法不易破坏。中毒症状主要为皮炎、呕吐、腹泻、拒食等。

2. 玉米赤霉烯酮

玉米赤霉烯酮是污染玉米、大麦等粮食最常见的玉米赤霉菌产生的代谢产物，已知其衍生物有 15 种以上。玉米赤霉烯酮有雌激素的作用，能使子宫肥大，抑制卵巢正常功能，使之萎缩，因而造成流产、不孕。

3. 丁烯酸内酯

丁烯酸内酯存在于多种镰刀菌中，属血液毒素，能使动物皮肤发炎、坏死。

4. 串珠镰刀菌毒素

串珠镰刀菌是寄生于植物的病菌之一。用串珠镰刀菌污染的玉米喂马，会发生皮下出血、黄疸、心出血、肝损害等。

（四）霉变甘薯毒素

甘薯因含水及糖分多，易受霉菌感染。当被甘薯黑斑病菌及腐皮镰孢等霉菌侵染后，甘薯本身会产生应激反应而产生一些有毒的甘薯次生产物，统称霉变甘薯毒素。主要有薯萜酮、薯萜酮醇、4-薯醇及薯素。前两种为肝毒素，后两种为肺水肿因子。

薯萜酮　　　　　　　　薯萜酮醇　　　　　　　　薯素　　　　　　　　薯醇

除薯素为无色结晶外，其余三种均为油状液体，纯晶均无臭味，在 pH 值为中性时稳定，遇酸、碱易被破坏。

二、细菌毒素

污染人类食物的细菌毒素最主要的是沙门氏菌毒素、葡萄球菌肠毒素、肉毒杆菌毒素及致病性大肠杆菌毒素，还有许多尚未清楚的细菌毒素亦存在于食品中。

1. 肉毒杆菌毒素

肉毒杆菌是一种厌氧性芽孢杆菌，在自然界常聚集于土壤中。已知有 7 种血清型的产毒肉毒杆菌：A，B，C_α 和 C_β，D，E，F，其中以 A，B，E 与人类肉毒杆菌中毒有关。肉毒杆菌生长繁殖必须在厌氧及其他所有菌株都受到抑制的条件下才能进行，能产生毒性极强的蛋白质类外毒素。其生长繁殖和产毒的最适温度为 18 ～ 30℃，芽孢能耐高温，但肉毒杆菌毒素对热不稳定，在 80℃加热 30min 即失去生物活性。

肉毒杆菌毒素主要作用于周围神经系统的突触，阻碍神经末梢乙酰胆碱的释放，引起肌肉麻痹，患者多因横膈和其他呼吸器的麻痹而造成窒息死亡。

2. 葡萄球菌肠毒素

金黄色葡萄球菌是一种常见于人类和动物的皮肤以及表皮的细菌，只有少数亚型能产生肠毒素，均为成分相似的蛋白质，相对分子质量为 30 000 ～ 35 000。据免疫特性的不同，可分为 A，B，C，D，E 等类型。肠毒素耐热性强，120℃加热 20min 仍不被破坏；在 218 ～ 248℃加热 30min 才能失活。

肠毒素中毒症状一般在摄食染毒食物后 2 ～ 3h 发生流涎、恶心、呕吐、痉挛及腹泻等症状，大多数患者于 24 ～ 28h 后恢复正常，死亡者较少见。

3. 沙门氏菌毒素

在细菌性食物中毒中最常见的是沙门氏菌属细菌引起的食物中毒。

沙门氏菌不产生外毒素，但有毒性较强的内毒素。内毒素是类脂、糖类和蛋白质的复合物。由沙门氏菌引起的食物中毒，一般需吞入大量病菌才能致病。病菌仅见于肠道中，很少侵入血液，菌体在肠道内被破坏后放出肠毒素引起发病，潜伏期一般为 8 ～ 24h。一般症状为发病突然、恶心、呕吐、腹泻、发热等急性胃肠炎症状，在 2 ～ 4 天可复原，严重者偶尔也可致死。

沙门氏菌引起中毒多由动物性食物引起。此类菌虽在肉、乳、蛋等食物中滋生，却不分解蛋白质产生吲哚类臭味物质，所以熟肉等食物被沙门氏菌污染，甚至已繁殖到相当严重的程度，通常也无感官性质的改变，故不易被觉察。

4. 致病性大肠杆菌毒素

致病性和非致病性大肠杆菌，不能从形态、生理、生化等性状区分，只能用血清学方法依据抗原性质的不同加以区分。致病性大肠杆菌变异株有数百种，症状各异，主要有：①产肠毒素大肠杆菌引起的肠炎，肠致病性大肠杆菌能产生一种与痢疾志贺菌毒素相似的毒素。②肠侵袭性大肠杆菌不产生毒素，主要侵犯结肠，形成肠壁溃疡。③肠出血性大肠杆菌，其毒性最强，如大肠杆菌 O157：H7，该菌产生强毒素，造成肠出血，约有 10% 可发展成肾出血，主要症状是突发性腹痛，并危及肝、肾。在小儿中常导致溶血性尿毒综合症，威胁生命。目前对这种毒素尚无有效的治疗方法，主要预防措施是不吃生食，并在这类肠出血性大肠杆菌产毒前将其杀灭。

第三节　化学毒素

食品中的化学毒素主要来源于食物原料生长繁殖环境的污染、兽药残留、加工机械污染及加工过程中的化学污染等方面。

一、环境染毒

由于环境污染致使食物含有化学毒素的原因主要有两方面：一是工业废物污染水源、土壤和大气，最后在食用动植物组织中富集；二是大量施用无机、有机农药及化肥、生长调节剂等，造成在食用动植物组织中的残留污染。

1. 多氯联苯化合物（PCB）和多溴联苯化合物（PBB）

PCB 和 PBB 是稳定的惰性分子，具有良好的绝缘性与阻燃性，在工业中广泛应用。如作为抗燃剂、抗氧化剂加于油漆中，作为软化剂等加到塑料、橡胶、油墨、纸与包装材料中。PCB 和 PBB 不易通过生物和化学途径分解，极易随工业废弃物的排放而污染环境。由于其具有高度稳定性与亲油性，可通过各种途径富积于食物链中，特别是水生生物体中。鱼是人食入 PCB 和 PBB 的主要来源，家禽、乳和蛋中也常含有这类物质。PCB 和 PBB 进入人体后主要积蓄在脂肪组织及各种脏器中，中毒表现为皮疹、色素沉积、浮肿、无力、呕吐等症状，病人脂肪中 PCB 和 PBB 的含量为 $1.31 \times 10^{-5} \sim 7.55 \times 10^{-5}$（质量分数）。

美国规定家禽体内 PCB 残留量为 $5\mathrm{mg/kg}$（体重）。

2. 农药和生长调节剂

各种杀虫、杀菌及除草农药中，以有机氯、有机磷、有机汞及无机砷制剂的残留毒性最强。粮食是农药污染最广的食物，其次是水果和蔬菜。

各种植物生长调节剂则是农业上广泛使用的一类具有激素作用的生物活性物质，受其污染最广的是水果等经济作物。

一些长效农药及生长调节剂随着可食性植物部分进入人体，或随饲料转移到家畜、家禽体中并富集起来，然后随动物性食品进入人体。各种有残毒的农药和生长调节剂绝大多数是油溶性化学毒素，在人体内不能代谢分解，多数蓄积于人体脂肪组织中而不能排到体外。虽然到目前为止，还没有明确的材料证实农药等引起的病变、癌变，但动物性试验证明长效农药及有些生长调节剂等可致肝癌、病变，且由于误食含有农药的食物而引起人、畜急性中毒的事例在世界各国时有所闻。所以，农药和生长调节剂的大量使用，特别是滥用时造成的公害值得社会各界认真考虑。

3. 兽药

为预防和治疗家畜和养殖鱼患病而大量投入抗生素、磺胺类等化学药物，往往造成药物残留于食品动物组织中，从而对公众健康及环境造成潜在危害。兽药残留包括原药，也包括药物在动物体内的代谢产物以及药物或其代谢产物与动物内源大分子共价结合产物。主要残留兽药有抗生素类、磺胺药类、呋喃药类、抗球虫药、激素药类和驱虫药类。

4. 重金属

相对密度在 4.0 以上的金属统称为重金属。重金属对机体损害的一般机理是与蛋白质、酶结合成不溶性盐而使蛋白质变性。当人体的功能性蛋白，如酶类、免疫性蛋白等变性失活时，对人体的损伤极大，严重者可致死亡。

重金属主要是因工业污染而进入环境的，并经过多种途经进入食物链。人和动物体通过食物吸收和富积大量重金属，严重时可出现中毒症状，其中以汞、镉、铅最为重要。

（1）汞　汞的毒性主要取决于化学状态，有机汞，特别是甲基汞（CH_3—$HgCl$），比无机汞的毒性强得多，且对机体的损伤是不可逆的。两种形式的汞均损害中枢神经系统。甲基汞是在微生物的作用下合成和分解的。当生成的速度超过降解速度时，极易在鱼体内聚积。植物则可吸收环境中的汞。

被汞污染的食品虽经加工处理，也不能将汞除净。微量汞在人体内不会引起危害，可经尿、粪和汗液等途径排出体外，如数量过多，即产生神经中毒症状，严重者精神紊乱，进而疯狂，甚至痉挛致死。

成人每周汞的摄入量不得超过 0.05mg／kg（体重），其中甲基汞每周摄入量不得超过0.003 3mg／kg（体重）。

（2）铅　食品铅污染的来源主要有：①使用含铅农药；②环境污染；③食品加工、贮藏、运输使用含铅器械。

铅可在人体内蓄积，生物半衰期为 1460 天。

铅主要损害神经系统、造血器官和肾脏，常见症状是食欲不振、胃肠炎、口腔金属味、失眠、头昏、头痛、关节肌肉酸痛、腰痛、贫血等。

成人每周铅的可耐受量为 0.05mg／kg（体重）。

（3）镉　食品中镉污染主要来源于环境污染和含有镀镉层的食品容器等。生物，特别是鱼类，可富积镉。镉在摄入后很易被人体吸收，其中一小部分以金属蛋白质复合物的形式储存在肾脏中。长期接触过量的镉导致肾小管损伤，其毒性反应为贫血、肝功能损害和睾丸损伤，可致畸胎，并影响与锌有关的酶而干扰代谢功能，改变血压状况等。

镉在人体内的生物半衰期为 16 ～ 23 年。成人每周可耐受量为 0.006 7 ～ 0.008 3mg／kg（体重）。

（4）砷　砷污染来源于环境及食品加工中使用不纯的酸、碱类和不纯的食品添加剂等。砷的氧化物和盐类经人体吸收后可经肾或粪便排出，亦能从乳汁排出，但排泄极缓慢，因此常因蓄积而导致慢性中毒。

亚砷酸离子可与细胞中含巯基的酶类结合，使其失活而干扰代谢；砷亦能麻痹血管运动中枢并直接作用于毛细血管，使内脏毛细血管麻痹、扩张及透性增加。人体每日容许摄入量为 0.05mg/kg（体重）。

二、加工化学染毒

因加工的需要，在食品加工过程中会有意或无意地引入一些有毒的化学成分，如肉类制品中常添加有亚硝酸盐，致使形成强致癌物亚硝胺类；熏制食品时随熏烟而引入致癌物苯并芘及其他稠环芳烃等。在食品加工过程中，食品原料也会发生变化而产生一些有毒物质，如油脂的氧化产物等。

1. 硝酸盐类及亚硝胺的形成

硝酸盐和亚硝酸盐均属生理毒性盐类。在硝酸还原酶作用下，硝酸盐还原成亚硝酸盐。食物中的硝酸盐及亚硝酸盐来源于土壤施肥和腌制加工（如肉制品中加入硝酸盐和亚硝酸盐作发色剂）。

亚硝酸盐的急性毒性作用导致高铁血红蛋白症。血红蛋白的亚铁离子被氧化为高铁离子，血氧运输严重受阻。

硝酸盐及亚硝酸盐的慢性中毒作用有：①硝酸盐浓度较高时干扰正常的碘代谢，导致甲状腺代谢性增大；②长期摄入过量亚硝酸盐导致维生素 A 的氧化破坏，并阻碍胡萝卜素转化为维生素 A；③与仲胺或叔胺结合成致癌剂 N-亚硝胺类化合物：

$$\begin{array}{c} R_1 \\ R_2 \end{array}\!\!\!>\!\!NH + HNO_2 \xrightarrow{\;\;H_2O\;\;} \begin{array}{c} R_1 \\ R_2 \end{array}\!\!\!>\!\!N\!-\!N\!=\!O \xrightleftharpoons{\;\;R_3OH\;\;} \begin{array}{c} R_1 \\ R_2 \end{array}\!\!\!>\!\!N\!-\!R_3 + HNO_2$$

亚硝胺的基本结构可分为两大类：①R 基为烷基和芳基，化学性质稳定，但在紫外线下可发生光解作用，在哺乳动物体内经酶解作用可转化成具有致癌作用的活性代谢物；②R 基中有一个是酰基，为亚硝酰胺类，化学性质活泼，经水解后可生成具有致癌作用的化合物。

亚硝胺合成的前体亚硝酸盐和仲胺（如脯氨酸等）广泛存在于食品中，并产生于人体代谢过程中。

除了食物中天然含有的以外，硝酸盐和亚硝酸盐的每日许可摄入量分别为 5mg/kg(体重) 和 0.4mg/kg(体重)。

2. 稠环芳烃类（PAH）

稠环芳烃类是在煤炭、汽油、木柴等物质燃烧过程中产生的烃热解产物，也可在生物体内合成，其中已知很多种对动物具有致癌作用。食品中天然存在的 PAH 含量甚微，主要来自加工环境污染。油脂在高温下热解就可产生 PAH；一些食品的加工采用烟熏、烘烤、烘焦等处理，其燃料燃烧所产生的 PAH 可直接污染食品。

3,4-苯并芘是 PAH 中一种主要的环境和食品污染物，污染广泛、污染量大、致癌性最强，主要表现为胃癌和消化道癌。进入人体的 3,4-苯并芘，一部分与蛋白质结合，另一部分则参与代谢分解。与蛋白质结合的 3,4-苯并芘通过结构中的高能电子密度区和亲电子的细胞受体结合，使控制细胞生长的酶和激素受体中的蛋白质部分发生变异或丢失，造成细胞失去控制地生长而发生癌变；或当 3,4-苯并芘被机体吸收后，在体内被氧化酶系中的芳烃羟化酶转化为多环芳烃的环氧化物或过氧化物，进一步与 DNA、RNA 或蛋白质大分子结合，最终生成致癌物。参与代谢分解的 3,4-苯并芘形成带有羟基的化合物，最后与葡萄糖醛酸、硫酸、谷胱甘肽结合从尿中排出。

环境中的 PAH 有致皮肤癌与肺癌的作用，食物中的 PAH 则有致胃癌的作用。

3. 脂肪氧化及加热产物

油脂氧化和热解产物与许多疾病有密切关系。

脂肪自动氧化可使营养价值降低，而且带有毒性。用过氧化物直线上升时期的油脂自动氧化产物饲喂老鼠，其发育受阻，过氧化物价高时大鼠死亡，其毒性与过氧化物价相平行。除去过氧化物后，则无毒性。

脂肪自动氧化物对蛋白质有沉淀作用，能抑制琥珀酸脱氢酶、唾液淀粉酶、马铃薯淀粉酶的活性。

油脂在 200℃ 以上高温下可发生分解、聚合等反应，生成有毒性的己二烯环状化合物。用高温处理后的油脂喂食大鼠时，生长受到抑制，降低食物成分的利用率，并能引起肝脏肿大。

食用油脂在一般的烹饪温度下几乎不产生环状化合物，所以在食品烹饪时要注意避免 200℃ 以上的高温。

4．杂环胺类化合物

杂环胺是在食品加工、烹调过程中由于蛋白质、氨基酸热解产生的一类化合物。目前，已发现了 20 多种杂环胺。杂环胺具有强烈的致突变性，有些还被证明可以引起实验动物多种组织的肿瘤。形成杂环胺的前体物质主要是肌酸、肌酐、游离氨基酸和糖。反应温度是杂环胺形成的最关键因素，温度从 200℃ 至 300℃，致突变性增加 5 倍。肉类进行油炸和烧烤较烘烤、煨炖及微波炉烹调致突变性高。

杂环胺可在体外和动物体内与 DNA 形成加合物，这是其致癌、致突变性的基础。

5．氯丙醇

大多数酸解植物蛋白（HVP）采用盐酸生产，由于在植物蛋白中常常伴有脂肪的存在，在高温条件下甘油三酯可以水解成甘油并被氯化取代，形成氯丙醇。氯丙醇是酸水解植物蛋白的重要污染物，酸解 HVP 常被用作调味食品（如汤料、加工食品、风味食品、鸡精、方便面调料、配制酱油、保健食品等）的重要成分而造成这些食品的污染。动物实验表明，氯丙醇可以造成精子活性降低和雄性生殖能力的损害。剂量高时，可以发生中枢神经系统损害和肾脏毒性。职业接触 1,3-二氯丙醇的人群具有肝脏毒性。在细菌和哺乳动物体系等体外试验中，1,3-二氯丙醇具有明显的致突变性和遗传毒性。

6．溶剂萃取和毒素的形成

一些化合物本身在一定浓度范围内并不具有毒性，但与食品组分发生化学反应后能生成有毒产物。例如，在某些国家中曾用三氯乙烯萃取多种油料作物种子，甚至从咖啡豆中萃取咖啡。在萃取加工过程中，溶剂与原料中的半胱氨酸作用产生有毒的 S-（二氯乙烯）-L-半胱氨酸，当用萃取后的残留物喂养动物时即产生再生障碍性贫血。

7．添加剂引起的毒害

为了有助于加工、包装、运输、储存过程中保持食品的营养成分与质量，适当使用一些食品添加剂是必要的，但使用量应控制在最低有效量水平。因为食品添加剂中有害杂质的污染、某些添加剂的特殊生理效应及代谢、转化产物常可引起对人体的损伤和毒害。

（1）食品添加剂代谢、转化引起的毒害　食品添加剂随食品进入人体后，有些代谢产物及化学转化产物有毒性，一般可分为以下几类：

①制造过程中产生的杂质　例如，糖精中的邻甲苯磺酰胺、氨法生产焦糖色素中的 4-甲基咪唑等。

②食品处理和贮藏过程中添加剂的转化　例如，天冬酰胺甜肽转化为二羰哌嗪，赤藓红色素转变为荧光素等。

③同食品成分起反应生成有毒产物　如焦碳酸二乙酯形成强致癌物氨基甲酸乙酯；亚硝酸盐形成亚硝基化合物等。

④代谢转化产物　例如，环己胺糖精在体内代谢转化为环己胺；偶氮染料代谢形成游离芳香族胺等。

（2）食品添加剂中污染杂质引起的毒害　无害添加剂中有害杂质污染常可造成严重的中毒事件。如 1955 年，日本"森永"牌调和奶粉中由于加入了含砷达 3%～9% 的磷酸氢二钠作稳定剂，酿成了"森永砷乳"中毒事件，全国中毒婴儿达 12 131 名，死亡 131 名。因此，切不可忽视作为食品添加剂的化学物质的规格、级别，决不能随便代用。

（3）某些食品添加剂的特殊生理效应

①营养性添加剂过量的毒性效应　食品加工中常加入一些营养物质作为强化剂，如维生

素类、矿物营养等，但过量摄食这类强化物质时可引起中毒。如过量摄取维生素 A 可发生无食欲、头痛、视力模糊、失眠、脱发、肩背有红疹、皮肤干燥脱屑、唇裂出血、鼻出血、贫血等慢性中毒现象。成人维生素 A 急性中毒剂量为 200 万～500 万国际单位（1 国际单位维生素 A 等于 0.3mg 视黄醇），在进食后 6～8h 发生，主要是头痛、眩晕、嗜睡、恶心、呕吐，12～13h 后皮肤红肿，以至开始脱皮。

维生素 D 也可引起血清钙增加，总胆固醇增高，骨髓钙质过度沉积。婴儿患者食欲缺乏、呕吐、烦躁、便秘、体重下降、生长停滞。

谷氨酸钠在被大量摄入后，可引起头痛、肩背痛等。世界卫生组织规定 1 岁以内婴儿不能食用谷氨酸钠，以防引起婴儿脑病。

②过敏反应　一些人在摄食或接触某些食品时会引起一些不良反应，称为过敏反应。导致过敏反应的物质统称过敏原。毒素对每个摄入者均引起毒性反应，而食物过敏原则不同。过敏原引起不良反应并非由于其固有的毒性，而是由于过敏者本身生理体质上的原因。

原因不明的过敏反应疾患中，可能很大部分是由食品添加剂所引起的。已知添加柠檬黄合成色素的饮料有引起支气管哮喘、荨麻疹、血管性浮肿等过敏反应；糖精可引起皮肤瘙痒、日光过敏皮炎等症状；很多香料也可引起过敏反应，如鼻炎、咳嗽、喉头浮肿、支气管哮喘、便秘、浮肿性关节炎等。

在过敏人群中，能产生过敏反应的食物成分的范围非常广泛，并非限于食品添加剂。大多数过敏原属于蛋白质，特别是结合蛋白，如脂蛋白、糖蛋白等。乳品中乳糖过敏现象则在儿童中极为常见，主要症状是腹泻、腹痛、呕吐等。主要原因是乳糖有异构化现象，不同种类来源的乳类，其乳糖的组成有所不同，虽然这种差别极微，但足以引起一些儿童及幼哺乳动物产生过敏反应。

大多数组织、器官都可发生过敏性反应，但最易发生的是皮肤、呼吸器官及肠胃系统。

参考文献

［1］沈同，王镜岩主编. 生物化学［M］. 2 版. 北京：高等教育出版社，1991.

［2］Lehninegr AL. Principles of Biochemistry［M］. New York：Worth Publishers. Inc., 1982.

［3］Stryer L. Biochemistry［M］. New York：W. H. Freeman and Co., 1988.

［4］吴东儒主编. 糖类的生物化学［M］. 北京：高等教育出版社，1987.

［5］张力田. 碳水化合物化学［M］. 北京：中国轻工业出版社，1988.

［6］Aspinall. Go. the Polysaccharides［M］. Vol. 3. New York：Academic Press，1985.

［7］Watson J, et al. Molecular Biology of the Gene［M］. 4th ed. The Benjamin/Cumings Publishing Co. Inc, 1987.

［8］陶慰孙. 蛋白质分子基础［M］. 北京：人民教育出版社，1981.

［9］Creighton TE. Protein-structure and Molecular Properties［M］. New York：W. H. Freeman and Co., 1984.

［10］祁国荣. 生命的化学［M］. 1990, 10（3）：34.

［11］陈惠黎，李文杰. 分子酶学［M］. 北京：人民卫生出版社，1983.

［12］王璋编. 食品酶学［M］. 北京：中国轻工业出版社，1990.

［13］Chibata I, et al. Enzyme Engineering［M］. New York：Plenum Press，1982.

［14］Lehninger AL. Biochemistry —The Molecular Basis of Cell Structure and Function［M］. 3rd ed. New York：Worth PublishersInc., 1983.

［15］Rechcigl M Jr. Handbook of Nutritive Value of Processed Food［M］. CRC Press Inc., 1986.

［16］Scott Ml. Nutrition of Humans and Selected Animal Species［M］. New York：John Wiley-Sons，1986.

［17］黄梅丽，江小梅. 食品化学［M］. 北京：人民教育出版社，1980.

［18］郑国锠编著. 细胞生物化学［M］. 北京：人民教育出版社，1980.

［19］哈里森·龙特著. 生物膜的结构与功能［M］. 唐同庚，管汀鹭译. 北京：科学出版社，1981.

［20］Alberts B, et al. Molecular Biology of the Cell［M］. New York & London：Garland Publishing Inc., 1983.

［21］Finean JB, Coleman R, Michell Rh. Memrance and their Cellular Function［M］. 2nd ed. Oxford：Blackwell Scientific Publications，1978.

［22］沈仁权等编. 基础生物化学［M］. 上海：上海科学技术出版社，1980.

［23］Conn EE, Stumpf PK. Outlines of Biochemistry［M］. 4th ed. New York：John Wiley & Sons. Inc., 1976.

［24］Weissbach H, et al. Molecular Mechanisms of Protein Biosynthesis［M］. New York：Academic Press，1977.

［25］Kornberg A. DNA Replication［M］. New York：WH. Freeman & Co, 1980.

［26］Armstrong FB, Bennett TP. Biochemisty［M］. New York：Oxford University Press，1979.

［27］McGilvery RW. Biochemistry［M］. 2nd ed. Philadelphia WB：Saunders Company，1979.

［28］Racker E. A New Look at Mechanisms in Bioenergetics［M］. New York：Academic Press，1976.

［29］Kun E, Grisoliz S. Biochemical Regulatory Mechanisms in Eukaryotic Cells［M］. New York：Wiley Interscience，1972.

［30］Weber G. Advances in Enzyme Regulation［M］. Oxford：Pergamon Press，1976.

［31］Bourne GH. The Structure and Function of Muscle［M］. 2nd ed. New York：Academic Press，1973.

［32］〔美〕M. 里切西尔主编. 加工食品的营养价值手册. 陈葆新译. 北京：中国轻工业出版社，1989.

［33］天津轻工业学院，无锡轻工业学院合编. 食品生物化学［M］. 北京：中国轻工业出版社，1983.

［34］〔美〕O. R 菲尼马著. 食品化学［M］. 王璋等译. 北京：中国轻工业出版社，1991.

［35］张力田编著. 淀粉糖［M］. 北京：中国轻工业出版社，1981.

［36］钱生球，高梅芳编著. 油脂化学原理与深度加工工艺［M］. 贵州：贵州人民出版社，1988.

［37］Fennema O R. Food chemistry［M］. 2nd ed. Marcel Dekker Inc.，1985.

［38］凌关庭等编. 食品添加剂手册［M］. 北京：化学工业出版社，1989.

［39］曾广植，魏诗泰著. 味觉的分子识别［M］. 北京：科学出版社，1984.

［40］朱瑞鸿等编译. 合成食用香料手册［M］. 北京：中国轻工业出版社，1984.

［41］夏强编著. 医学生理学［M］. 北京：科学出版社，2005.

［42］蒋正尧编著. 人体生理学［M］. 北京：科学出版社，2005.

［43］邱一华，彭聿平编著. 生理学［M］. 北京：科学出版社，2004.

［44］宁正祥主编. 食品成分分析手册［M］. 北京：中国轻工业出版社，2001.

［45］王德峰编著. 食品香味料制备与应用手册［M］. 北京：中国轻工业出版社，2000.

［46］王学敏，焦炳华. 高级医学生物化学教程［M］. 北京：科学出版社，2004.

［47］〔美〕O. R 菲尼马著. 食品化学［M］. 3 版. 王璋等译. 北京：中国轻工业出版社，2003.

［48］王淼，田亚平著. 食品风味物质与生物技术［M］. 北京：中国轻工业出版社，2004.

［49］刘钟栋编著. 食品添加剂原理及应用技术［M］. 2 版. 北京：中国轻工业出版社，2001.